计算机科学概论

Computer Science: An Overview, 12th Edition

第12版

[美] J. Glenn Brookshear Dennis Brylow 著

刘艺 吴英 毛倩倩 译

人 民 邮 电 出 版 社

北 京

图书在版编目（CIP）数据

计算机科学概论 : 第12版 / (美) J.格伦·布鲁克希尔 (J. Glenn Brookshear) , (美) 丹尼斯·布里罗 (Dennis Brylow) 著 ; 刘艺, 吴英, 毛倩倩译. -- 北京: 人民邮电出版社, 2017.1（2020.8重印）
书名原文: Computer Science: An Overview, 12th Edition
ISBN 978-7-115-44427-1

Ⅰ. ①计… Ⅱ. ①J… ②丹… ③刘… ④吴… ⑤毛… Ⅲ. ①计算机科学－高等学校－教材 Ⅳ. ①TP3

中国版本图书馆CIP数据核字(2017)第003500号

内容提要

本书是计算机科学概论课程的经典教材，全书对计算机科学做了百科全书式的精彩阐述，充分展现了计算机科学的历史背景、发展历程和新的技术趋势。本书首先介绍的是信息编码及计算机体系结构的基本原理，进而介绍操作系统和组网及因特网的相关内容，接着探讨算法、程序设计语言及软件工程，然后讨论数据抽象和数据库方面的问题，讲述图形学的主要应用以及人工智能，最后以计算理论的介绍结束全书。本书在内容编排上由具体到抽象逐步推进，很适合教学安排，每一个主题自然而然地引导出下一个主题。此外，书中还包含大量的图、表和示例，有助于读者对知识的了解与把握。

第 12 版主要变化是将 Python 程序设计语言方面的介绍纳入了重点章节，除了增加与 Python 相关的内容，几乎每一章都能看到对前一版对应章节的修订、更新以及修正。

本书非常适合作为高等院校计算机以及相关专业本科生教材，也可以供有意在计算机方面发展的非计算机专业读者作为入门参考。

◆ 著 [美] J. Glenn Brookshear Dennis Brylow
译 刘 艺 吴 英 毛倩倩
责任编辑 杨海玲
责任印制 焦志炜
◆ 人民邮电出版社出版发行 北京市丰台区成寿寺路 11 号
邮编 100164 电子邮件 315@ptpress.com.cn
网址 http://www.ptpress.com.cn
涿州市京南印刷厂印刷
◆ 开本：787×1092 1/16
印张：27.5
字数：770 千字 2017 年 1 月第 1 版
印数：33001–39000 册 2020 年 8 月河北第 10 次印刷
著作权合同登记号 图字：01-2014-4188 号

定价：69.00 元

读者服务热线：(010)81055410 印装质量热线：(010)81055316
反盗版热线：(010)81055315

版 权 声 明

前　　言

本书是计算机科学的入门教材。在力求保持学科广度的同时，还兼顾深度，以对所涉及的主题给出中肯的评价。

读者对象

本书面向计算机科学以及其他各个学科的学生。大多数计算机科学专业的学生在最初的学习中都有这样一个误解，认为计算机科学就是程序设计、网页浏览以及因特网文件共享，因为这基本上就是他们所看到的一切。实际上计算机科学远非如此。在入门阶段，学生们需要了解他们主攻的这门学科所涉及内容的广度，这也正是本书的宗旨。本书力图使学生对计算机科学有一个总体的了解，希望在这个基础上，他们可以领会该领域今后其他课程的特点以及相互关系。事实上，本书采用的综述方式也是自然科学入门教程的常用模式。

其他学科的学生如果想融入这个技术化社会，也需要具备这些宽泛的知识背景。适用于他们的计算机科学课程提供的应该是对整个领域很实用的剖析，而不仅仅是培训学生如何上网和使用一些流行的软件。当然，这种培训也有其适用的地方，但本书的目的不在于此，而是用作计算机科学的教科书。

在编写本书先前各版时，我们力求保持其对非技术类学生的可读性。因此，本书已经成功地用作教科书，读者囊括了从高中生到研究生的各个教育层次众多专业的学生。这一版将保持这一传统。

第12版新增的内容

第12版主要是将Python程序设计语言方面的介绍纳入了重点章节。在前几章中，对这些补充内容做了选读标记。在第5章，我们用Python和Python风格的伪代码替换了先前版本中类似Pascal的表示法。

这代表了本书的一个重要改变，本书之前一直努力回避突出任何一种特定语言。我们做出这种改变的原因有几个。首先，本书已经包含了相当多的各种语言代码，有几章还有详细的伪代码。其次，读者已经吸收了相当多的句法方面的知识，似乎可以将句法重新定位为在后续课程中会实际看到的语言。最后，更重要的是，越来越多的使用本书的教师断定，即使是优先介绍计算的广度，对于学生来讲，如果缺乏用于探索和实验的编程工具，许多课题也会很难掌握。

那为什么选择Python呢？语言的选择始终是一个有争议的问题，任何一种选择，反对的人都至少和支持的人一样多。Python是一个极好的中间选择，因为：

- 其句法简洁易学；
- 其I/O原语简单；

- 其数据类型和控制结构与先前版本中使用的伪代码原语很接近；
- 它支持多个程序设计范式。

Python是一门成熟的程序设计语言，它拥有充满活力的开发社区和丰富的在线资源，便于进一步的研究。根据某些衡量标准，Python仍然是业界十大最常用的程序设计语言之一，并且在计算机科学入门课程中的使用急剧增加。对非计算机专业的学生来讲，它是一门极其受欢迎的入门课程，并且已被其他物理学和生物学这样的STEM[①]领域广泛接受，作为计算科学应用的首选语言。

然而，本书的重点仍然是广义的计算机科学概念；补充Python语言的内容是为了让读者能体会到比先前版本更浓的编程味儿，而不是为了全面地介绍编程。所涵盖的Python主题是由本书现有的结构决定的。因此，第1章涉及的是Python句法，用于表示数据——整数、浮点数、ASCII字符串或Unicode字符串，等等。第2章涉及的是Python运算，详细地反映了本章其余部分所讨论的机器原语。条件、循环以及函数是在第5章引入的，那里需要使用这些结构来设计一个足够完整的描述算法的伪代码。简而言之，Python结构是用来进一步阐明计算机科学概念而不是劫持话题的。

除了Python的内容，几乎每一章都能看到对前一版对应章节的修订、更新以及修正。

章节安排

本书主题由具体到抽象逐步推进——这是一种很利于教学的顺序，每一个主题自然而然地引出下一个主题。首先介绍的是信息编码、数据存储及计算机体系结构的基本原理（第1章和第2章）；进而是操作系统（第3章）和计算机网络（第4章）；探讨了算法、程序设计语言及软件开发（第5章至第7章）；探索如何更好地访问信息（第8章和第9章）；考虑了计算机图形学技术的一些重要应用（第10章）及人工智能（第11章）；最后介绍了抽象的计算理论（第12章）。

虽然本书的编排顺序自然连贯，但各个章节都具有很强的独立性，可以单独阅读，也可以根据不同学习顺序重新排列。事实上，本书通常被用作各类课程的教材，内容选择的顺序是多种多样的。其中一种教法是先介绍第5章和第6章（算法和程序设计语言），然后按照需要返回到前面的相应章节。我还知道有门课程是从第12章有关可计算性的内容开始的。这本书还曾作为深入不同领域项目的基础，用于“高级研讨班”课程的教科书。对于不需要了解太多技术的学生，教学中可以重点讲述第4章（组网及因特网）、第9章（数据库系统）、第10章（计算机图形学）和第11章（人工智能）。

每章开篇都用星号标出了选学章节。选学章节要么是讨论更专业的话题，要么是对传统内容作深入探究。此举仅仅是为那些想采取不同阅读顺序的人提供一点建议。当然，还有其他读法。尤其对于那些寻求快速阅读的读者，我们建议采取下面的阅读顺序。

章　节	主　题
1.1～1.4	数据编码和存储基础
2.1～2.3	机器体系结构和机器语言
3.1～3.3	操作系统
4.1～4.3	组网及因特网
5.1～5.4	算法和算法设计
6.1～6.4	程序设计语言
7.1～7.2	软件工程

① STEM是4个英语单词Science（科学）、Technology（技术）、Engineering（工程）和Mathematics（数学）的缩写。——译者注

续表

章　节	主　题
8.1～8.3	数据抽象
9.1～9.2	数据库系统
10.1～10.2	计算机图形学
11.1～11.3	人工智能
12.1～12.2	计算理论

在本书中有几条贯穿始终的主线。主线之一是计算机科学是不断发展变化的。本书从历史发展的角度反复呈现各个主题，讨论其当前的状况，并指出研究方向。另一条主线是抽象的作用以及用抽象工具控制复杂性的方式。该主线在第0章引入，然后在操作系统、体系结构、组网、算法的发展、程序设计语言设计、软件工程、数据组织和计算机图形学等内容中反复体现。

致教师

本教材所包含的内容很难在一个学期内讲授完，因此一定要果断砍掉不适合自己教学目标的那些主题，或者根据需要重新调整讲授顺序。你会发现，尽管本书有它固有的结构体系，但各个主题在很大程度上是相对独立的，完全可以根据需要作出选择。我写本书的目的是把它作为一种课程的资源，而非课程的定义。我们建议鼓励学生自己阅读课堂上没有讲授的内容。如果我们认为所有的东西都一定要在课堂上讲，那就低估学生的能力了。我们应该教会他们独立学习。

关于本书从具体到抽象的组织结构，我们觉得有必要多言几句。作为学者，我们总以为学生会欣赏我们对于学科的观点，这些观点通常是我们在某一领域多年工作中形成的。但作为教师，我们认为最好从学生的视角呈现教材。这就是为什么本书首先介绍数据的表示/存储、计算机体系结构、操作系统以及组网，因为这些都是学生们最容易产生共鸣的主题：他们很可能听说过JPEG、MP3这些术语用CD和DVD刻录过资料，买过计算机配件，应用过某一操作系统，上过因特网。从这些主题开始讲授这门课程，学生可以为许多让他们困惑多年的问题找到答案，并且把这门课看成是实践课程而不是纯理论的课程。由此出发，就会很自然地过渡到较抽象的算法、算法结构、程序设计语言、软件开发方法、可计算性以及复杂性等内容上，而这些内容就是我们本领域的人认为的计算机科学的主要内容。正如前面所说的，以这种方式呈现全书并不是强求大家都按此顺序讲课，只是鼓励大家如此尝试一下。

我们都知道，学生能学到的东西要远远多于我们直接传授的内容，而且潜移默化传授的知识更容易被吸收。当要“传授”问题的解决方法时，就更是如此。学生不可能通过学习问题求解的方法变成问题的解决者，他们只有通过解决问题，而且不仅仅是解决那些精心设计过的“教科书式的问题”，才能成为问题的解决者。因此，本书加入了大量的问题，并特意让其中一些问题模棱两可——这意味着正确方法或正确答案不一定是唯一的。我们鼓励大家采用并拓展这些问题。

“潜移默化学习”类的其他话题还有职业精神、道德和社会责任感。我认为这种内容不应该独立成章，而是应该在有所涉及时讨论，而这正是本书的编排方法。你会发现，3.5节、4.5节、7.9节、9.7节和11.7节分别在操作系统、组网、软件工程、数据库系统和人工智能的上下文中提及了安全、隐私、责任和社会意识的问题。你还会发现，每一章都包含了一些“社会问题”，这些问题将鼓励学生思考他们所生活的现实社会与教材中的内容的关系。

感谢你对本书感兴趣。无论你是否选用本书作为教材，我都希望你认同它是一部好的计算机科学教育文献。

教学特色

本书是多年教学经验的结晶，因此在辅助教学方面考虑较多。最主要的是提供了丰富的问题以加强学生的参与——这一版包含1 000多个问题，分为“问题与练习”“复习题”和“社会问题”。

“问题与练习”列在每节末尾（除了第0章外），用于复习刚刚讨论过的内容，扩充以前讨论过的知识，或者提示以后会涉及的有关主题。这些问题与练习的答案可在网上下载①。

“复习题”列在每章的末尾（第0章除外）。它们是课后作业，内容覆盖整章，书中没有给出答案。

“社会问题”也列在每章的末尾，供思考讨论。许多问题可以用来开展课外研究，可要求学生提交简短的书面或口头报告。

在每章的末尾还设有“课外阅读”，它列出了与本章主题有关的参考资料。同时，前言以及正文中所列的网址也非常适合用于查找相关资料。

补充材料

本书的许多补充材料可以从配套网站www.pearsonhighered.com/brookshear上找到。以下内容面向所有读者。

- 每章的实践项目帮助读者加深理解本教材的主题，并可以帮助读者了解其他相关主题。
- 每章的“自测题”帮助读者复习本书中的内容。
- 介绍Java和C++基本原理的手册，它在教学顺序上与本书是兼容的。

除此之外，教师还可以登录Pearson Education的教师资源中心（www.pearsonhighered.com）网站申请获得下面的教辅资料。

- 包含“复习题”答案的教师指南。
- PowerPoint幻灯片讲稿。
- 测试题库。

本书的勘误表（如果有的话）网址为www.mscs.mu.edu/~brylow/errata/。

致学生

Glenn Brookshear有一点点偏执（他的一些朋友说可远不是一点点），所以写本书时，他很少接受他人的建议，许多人认为其中一些内容对于初学者过于高深。但是，我们相信即使学术界把它们归为“高级论题”，但只要与主题相关就是合适的。读者需要的是一本全面介绍计算机科学的教科书，而不是“缩水”的版本——只包括那些简化了的、被认为适合初学者的主题。因此，我们不回避任何主题，而是力求寻找更好的解释。我们力图在一定深度上向读者展示计算机科学最真实的一面。就好比对待菜谱里的那些调味品一样，你可以有选择地略过本书的一些主题，但我们全部呈现出来是为了在你想要的时候供你“品尝”，而且我们也鼓励你们去尝试。

我们还要指出的是，在任何与技术有关的课程中，当前学到的详细知识未必就适合以后的需要。这个领域是发展变化的——这正是使人兴奋的方面。本书将从现实及历史的角度展现本

① “问题与练习答案”可以从异步社区（www.epubit.com.cn）本书网页免费注册下载。——编者注

学科的内容。有了这些背景知识，你就会和技术一起成长。我们希望你现在就开始行动起来，不要局限于课本的内容，而要进行大胆探索。要学会学习。

感谢你的信任，选择了我们的这本书。作为作者，我们有责任创作出值得一读的作品。我们希望你觉得我们已经尽到了这份责任。

致谢

首先，我要感谢Glenn Brookshear，他一直照看着这本书——“他的孩子”——包括之前的11个版本，跨越了计算机科学领域快速发展和动荡变化的超过四分之一个世纪的时间。虽然这是他头一版允许合著者来审查所有的修订，但这一版收录的仍然基本是Glenn的“声音”，并由他主导，这也是我所希望的。任何新的瑕疵都是我造成的，而优雅的基本框架都是他设计的。

我和Glenn要一同感谢那些支持本书（阅读并使用本书前几个版本）的人们，我们感到很荣幸。

在David T. Smith（宾夕法尼亚州印第安纳大学）和我共同编写第11版修订的过程中，David发挥了很重要的作用。他做的许多修订在第12版中仍然存在。David对本版的仔细阅读和对补充材料的仔细关注对本书来讲至关重要。Andrew Kuemmel（Madison West）、George Corliss（Marquette）和Chris Mayfield（James Madison）为本版本的初稿提供了有价值的反馈、深刻的见解和/或鼓励，同时James E. Ames（Virginia Commonwealth）、Stephanie E. August（Loyola）、Yoonsuck Choe（Texas A&M）、Melanie Feinberg（UT-Austin）、Eric D. Hanley（Drake）、Sudharsan R. Iyengar（Winona State）、Ravi Mukkamala（Old Dominion）和Edward Pryor（Wake Forest）对Python方面的修订提供了宝贵的评价。

其他对这一版和之前版本作出贡献的人包括J. M. Adams、C. M. Allen、D. C. S. Allison、E. Angel、R. Ashmore、B. Auernheimer、P. Bankston、M. Barnard、P. Bender、K. Bowyer、P. W. Brashear、C. M. Brown、H. M. Brown、B. Calloni、J. Carpinelli、M. Clancy、R. T. Close、D. H. Cooley、L. D. Cornell、M. J. Crowley、F. Deek、M. Dickerson、M. J. Duncan、S. Ezekiel、C. Fox、S. Fox、N. E. Gibbs、J. D. Harris、D. Hascom、L. Heath、P. B. Henderson、L. Hunt、M. Hutchenreuther、L. A. Jehn、K. K. Kolberg、K. Korb、G. Krenz、J. Kurose、J. Liu、T. J. Long、C. May、J. J. McConnell、W. McCown、S. J. Merrill、K. Messersmith、J. C. Moyer、M. Murphy、J. P. Myers、Jr.，D. S. Noonan、G. Nutt、W. W. Oblitey、S. Olariu、G. Riccardi、G. Rice、N. Rickert、C. Riedesel、J. B. Rogers、G. Saito、W. Savitch、R. Schlafly、J. C. Schlimmer、S. Sells、Z. Shen、G. Sheppard、J. C. Simms、M. C. Slattery、J. Slimick、J. A. Slomka、J. Solderitsch、R. Steigerwald、L. Steinberg、C. A. Struble、C. L. Struble、W. J. Taffe、J. Talburt、P. Tonellato、P. Tromovitch、P. H. Winston、E. D. Winter、E. Wright、M. Ziegler，还有一位匿名的朋友。我们向他们中的每一位致以最真诚的谢意。

如前所述，本书的配套网站上有Java和C++手册来讲述这两种语言的基础知识，与本书的内容相得益彰。它们是由Diane Christie撰写的，在此表示感谢。另外，还要感谢Roger Eastman，他是本书配套网站上每章实践项目的出题人。

我同时要感谢支持本项目的Pearson出版集团的员工。特别是，和Tracy Johnson、Camille Trentacoste、Carole Snyder一起工作特别愉快，他们为本书贡献了自己的智慧，提供了许多改进。

最后，我要感谢我的妻子Petra——“the Rock”，这本书是专门献给她的。她的耐心和毅力往往超出了我，这本书因她的稳定影响而更好了。

D. W. B.

目　　录

第 0 章

绪　论

在开篇的这一章，我们探讨计算机科学所涉及的领域，介绍其历史背景，然后为我们的深入学习奠定基础。

本章内容

0.1　算法的作用
0.2　计算机器的由来
0.3　学习大纲
0.4　计算机科学的首要主题

计算机科学这门学科，是要为计算机设计、计算机程序设计、信息处理、问题的算法解决方案和算法过程本身等主题建立科学的基础。计算机科学既是当今计算机应用的支柱，又是今后计算基础设施的基础。

本书将详细介绍计算机科学，探索广阔的主题，包括构成大学计算机科学课程的大部分主题。我们要领略这个领域的博大精深和变化发展。因此，除了这些主题本身，我们还关注它们的历史发展、现今的研究动态以及今后的前景。我们的目标是让人们以学以致用的态度来对待计算机科学——既帮助那些要在此领域继续深入学习的人，也促成其他领域的人在技术不断进步的社会崭露头角。

0.1　算法的作用

首先让我们了解一下计算机科学最基础的概念——“算法”。一般来讲，**算法**（algorithm）是完成一项任务所遵循的一系列步骤。（在第5章，我们将给出比较精确的定义。）例如，有关于烹饪的算法（称为菜谱），有在陌生城市准确定位的算法（通常称为道路指南），有使用洗衣机的算法（通常标示在洗衣机盖子的内侧或者贴在自助洗衣店的墙上），有演奏音乐的算法（以乐谱的形式表示），还有魔术表演的算法（见图0-1）。

在一台机器（如计算机）执行一项任务之前，必须先找到完成这项任务的算法，并且用与该机器兼容的形式表示出来。某一个算法的表示称作一个**程序**（program）。为了人们读写方便，计算机程序通常打印在纸上或者显示在计算机屏幕上。为了便于机器识别，程序需要采取一种与该机器技术兼容的形式进行编码。开发程序、采取与机器兼容的形式进行编码并将其输入到机器中的过程，称作**程序设计**（programming）。程序及其所表示的算法总称为**软件**（software），而机器设备本身则称为**硬件**（hardware）。

效果：表演者从一副普通的扑克牌中抽取若干张牌，正面朝下放在桌上，充分洗牌后展开。然后，表演者会根据观众的要求相应地翻出红牌或者黑牌。

秘诀：

步骤 1　从一副普通扑克牌中抽取10张红牌和10张黑牌。把它们根据颜色分为两摞，正面朝上放在桌面上。

步骤 2　告诉观众你已经选取了若干张红牌和黑牌。

步骤 3　拿起红牌，装作整理成一摞的样子，将它们正面朝下放在左手里，同时用右手的拇指和食指挤压这摞牌的两端，把牌面向下推，使得每张牌呈现略微向下的弧形。然后，把这摞红牌扣在桌子上并宣布："这是其中的红牌。"

步骤 4　拿起黑牌，模仿步骤3的方法，但要使这些牌呈现略微向上的弧形。然后，把牌扣在桌子上并宣布："这是其中的黑牌。"

步骤 5　把黑牌放回桌面后，立即用双手把红牌和黑牌混在一起（仍然正面朝下），平铺在桌面上。告诉大家你已经洗好了牌。

步骤 6　只要桌面上还有扣着的牌，就重复下面的步骤：

6.1　请观众要一张红牌或黑牌。

6.2　如果所要的牌为红色，而且桌面上倒扣有凹形的牌，就翻开其中的一张并告诉大家："这是一张红牌"。

6.3　如果所要的牌为黑色，而且桌面上倒扣有凸形的牌，就翻开其中的一张并告诉大家："这是一张黑牌"。

6.4　否则，就告诉大家桌面上没有所要求颜色的牌了，然后翻开桌面上所有的牌，以证实你的断言。

图0-1　一个魔术的算法

算法的研究起源于数学学科。事实也的确如此，它是数学家的重要活动，远远早于当今计算机的出现。它的目标是找出一组指令，描述如何解决某一特定类型的所有问题。求解两个多位数商的长除算法（long division algorithm）是早期研究中一个最著名的例子。另一个例子是古希腊数学家欧几里得发现的欧几里得算法——求两个正整数的最大公约数（见图0-2）。

描述：本算法假定输入是两个正整数，目的是要计算这两个数的最大公约数。

过程：

步骤 1　将这两个数中较大的一个和较小的一个分别赋予M和N。

步骤 2　用M除以N，余数设为R。

步骤 3　如果R不为0，那么将N的值赋予M，并将R的值赋予N，然后回到步骤2；否则最大公约数就是N当前被赋予的值。

图0-2　求两个正整数的最大公约数的欧几里得算法

一旦我们找到了执行一个任务的算法，那么在执行该任务时，就不再需要了解该算法所依据的原理——任务的执行演变成了遵照指令操作的过程。（我们可以根据长除算法求商，或者根据欧几里得算法求得最大公约数，不需要了解算法的工作原理。）在某种意义上，解决这个问题的智能被编码到算法中。

通过算法来捕获和传达智能（至少是智能行为），我们能够设计出执行有用任务的机器。因此，机器的智能级别受限于算法所传达的智能。只有存在执行某一项任务的算法时，我们才可以制造出执行这一任务的机器。换言之，如果我们找不到解决某问题的算法，机器就解决不了这个问题。

20世纪30年代，库尔特·哥德尔（Kurt Gödel）发表了不完备性定理的论文，它使确定算法能力的局限性成为数学的一个研究课题。这个定理的主旨就是，在任何一个包括传统意义的算术系统的数学理论内，总有一些命题的真伪无法通过算法的手段来确定。简言之，对于我们算术系统的任何全面研究都超越了算法活动的能力。这一认识动摇了数学的基础，于是关于算法能力的研究随之而来，它开创了今天计算机科学这门学科。的确，正是算法的研究构成了计算机科学的核心。

0.2 计算机器的由来

今天的计算机有着庞大久远的世系渊源，其中较早的一个计算设备是算盘。历史告诉我们，它可能源于中国古代且曾被用于早期希腊和罗马文明。算盘本身非常简单，一个矩形框里固定着一组小棍，而每个小棍上又各串有一组珠子（见图0-3）。在小棍上，珠子上下移动的位置就表示所存储的值。正是这些珠子的位置代表了这台“计算机”所表示和存储的数据。这台机器是依靠人的操作来控制算法执行的。因此，算盘自身只算得上一个数据存储系统，它必须在人的配合下才能成为一台完整的计算机器。

图0-3 中国木制算盘（Pink Badger/Fotolia）

从中世纪到近代，人们开始探求更复杂的计算机器。一些发明人开始基于齿轮技术设计计算机器。采用这种技术的发明家有法国的布莱斯·帕斯卡尔（Blaise Pascal，1623—1662）、德国的戈特弗里德·威廉·莱布尼茨（Gottfried Wilhelm Leibniz，1646—1716）和英国的查尔斯·巴贝奇（Charles Babbage，1792—1871）等。这些机器利用齿轮的位置来表示数据，要在规定齿轮初始位置的基础上机械地输入数据。帕斯卡尔和莱布尼茨的机器所计算的结果是通过观察齿轮的最终位置得到的。而巴贝奇构想的机器，则可以把计算的结果打印在纸上，从而消除可能出现的抄写错误。

就执行算法的能力而言，我们可以看到这些机器在灵活性上的进步。帕斯卡尔的机器只是为了执行加法而设计，因此必须将正确的步骤序列嵌入到机器结构本身。同样，莱布尼茨的机器也把算法嵌入了其机器结构中，但它提供了多种算术运算供操作员选择。巴贝奇设计的差分机（Difference Engine）仅造了一个演示模型，可以通过修改执行各种计算，但他设计的分析机（Analytical Engine）（从未得到过建设资助）则能够在纸卡片上读取以洞孔形式表示的指令。所以，巴贝奇的分析机是可编程的。事实上，奥古斯塔·艾达·拜伦（Augusta Ada Byron，通称Ada Lovelace）经常被认为是世界上第一位程序员，她曾发表过一篇论文，阐述巴贝奇的分析机是如何通过编程实现各种计算的。

巴贝奇的差分机

查尔斯·巴贝奇设计的这台机器，的确是现代计算机设计的先驱。如果能用比较经济的技术制造出这台机器，如果当时商业和政府数据处理需求达到今天的规模，那么巴贝奇的思想可能在19世纪就引发了计算机革命。事实上，他在有生之年只造出了差分机的演示模型。该机器通过计算“逐次差分”来确定数字值。我们可以通过考虑整数平方的计算问题，深入了解这一技术。我们先从基础知识开始，0的平方是0，1的平方是1，2的平方是4，3的平方是9。据此，可以按照下面的方法得到4的平方（见下图）。现在，我们来计算一下已知平方之间的差：$1^2-0^2=1$，$2^2-1^2=3$，$3^2-2^2=5$。然后，我们计算这些结果的差：$3-1=2$，$5-3=2$。注意看，这些差都是2。假设这个规律能够成立（数学上可以证明它是成立的），那么我们可以得出这样的结论：(4^2-3^2) 和 (3^2-2^2) 之间的差也一定是2。因为 (4^2-3^2) 比 (3^2-2^2) 大2，所以$4^2-3^2=7$，$4^2=3^2+7=16$。现在，我们已经知道了4的平方，那么就可以依据1^2、2^2、3^2和4^2的值继续计算5的平方。（虽然更深入地讨论逐次差分已经超出了本书范围，但是学过微积分的学生可能已观察到，前面的例子是基于“$y=x^2$的二阶导数是一条直线”这个实事得出的。）

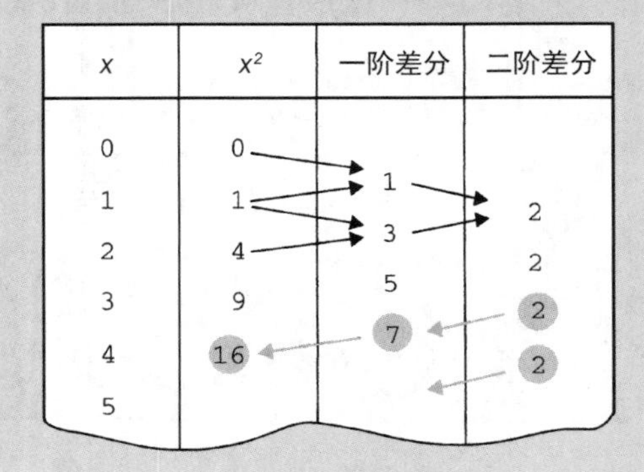

奥古斯塔·艾达·拜伦

奥古斯塔·艾达·拜伦（洛夫莱斯伯爵夫人）是计算界关注的焦点人物。艾达·拜伦的一生近乎悲惨，去世时还不到37岁（1815—1852）。她体弱多病，身处限制妇女从业的社会，是个不墨守成规的人。尽管她对很多科学都感兴趣，但最感兴趣的还是数学。1833年，目睹了查尔斯·巴贝奇的差分机样机演示后，她就被这台机器迷住了，从此对“计算科学”产生了兴趣。她把一篇讨论巴贝奇分析机设计的论文从法文翻译为英文，算是她最早对计算机科学做出的贡献。巴贝奇还鼓励她在翻译中增加一个附录，介绍该机器的应用，以及该机器如何编程实现各种任务的示例。巴贝奇对艾达·拜伦的工作十分热情，他希望论文的出版可以帮他得到资金援助，建造他的分析机。（作为拜伦勋爵的女儿，艾达·拜伦具有名人的地位，在生意场上也有一定的关系。）虽然巴贝奇最终没有得到资金援助，但是艾达·拜伦的附录保存了下来，人们认为该附录包含了第一批计算机程序的例子。关于巴贝奇对艾达的工作影响有多大，研究计算机历史的学者们一直争论不休。有些历史学家认为，巴贝奇作出了重大贡献，但另外一些人则认为，巴贝奇并没有帮到艾达，从很大程度上来看反而是一种阻碍。无论如何，奥古斯塔·艾达·拜伦都被认为是世界上第一位计算机程序员，美国国防部为了纪念这位伟大的女性，用她的名字命名了一种程序设计语言（Ada）。

通过纸卡片上的洞孔来传达算法的思想并不是源于巴贝奇。他是从约瑟夫·雅卡尔（Joseph Jacquard，1752—1834）那里得到这个想法的。约瑟夫·雅卡尔于1801年研制出一种织布机，它在织布过程中执行的步骤，是由宽大厚实的木制（或纸板）卡片上的洞孔样式决定的。因此，织布机的算法很容易进行修改，可以得出不同的编织设计。另一个受益于雅卡尔思想的人是赫尔曼·霍尔瑞斯（Herman Hollerith，1860—1929），他灵活运用这一概念——用纸卡片上洞孔的样式来表示信息，加速了美国1890年人口普查中的表格处理。（霍尔瑞斯的这项改造促成了IBM的诞生。）这种卡片最终被称作穿孔卡片，直到20世纪70年代，它仍是与计算机交互的流行工具。

从成本效益上来讲，19世纪的技术无法让帕斯卡尔、莱布尼茨和巴贝奇设计的复杂齿轮驱动机器付诸生产。但是，随着20世纪初期电子技术的进步，人们克服了这个障碍。这种进步的例子包括，乔治·斯蒂比兹（George Stibitz）的电子机械机器和马克一号（Mark I）；前者由贝尔实验室于1940年建造，后者由霍华德·艾肯（Howard Aiken）和一组IBM工程师于1944年在哈佛大学建造。这些机器大量使用了电子控制的机械式继电器。从这个意义上说，这些机器几乎是刚造出来就过时了，因为其他研究人员已在应用电子管技术建造完全电子化的计算机。第一台真空管机器显然是阿塔纳索夫-贝瑞（Atanasoff-Berry）机器，由约翰·阿塔纳索夫（John Atanasoff）和他的助手克利福德·贝里（Clifford Berry），于1937—1941年，在艾奥瓦州立学院（现在的艾奥瓦州立大学）建造。另一台是称为巨人（Colossus）的机器，在汤米·弗劳尔斯（Tommy Flowers）的指导下建造于英国，该机器在第二次世界大战后期曾被用来破解德国的情报。（实际上，这类机器有十余台，但是由于军方的保密和国家安全问题而未能列入"计算机家谱"。）不久，更为灵活的机器出现了，如电子数字积分器和计算器（Electronic Numerical Integrator And Calculator，ENIAC），它是由约翰·莫奇利（John Mauchly）和普雷斯波·埃克特（J. Presper Eckert）在宾夕法尼亚大学莫尔电子工程学院研制的（见图0-4）。

图0-4 三个女人在操作莫尔学院的ENIAC主控制板。这台机器后来搬到了美国陆军弹道研究实验室（照片由美国陆军提供）

从那时起，计算机器的发展史就开始和技术进步紧紧相连，包括晶体管的发明（物理学家威廉·肖克利、约翰·巴丁和沃尔特·布拉顿因此获得了诺贝尔奖）和后来集成电路的开发（杰克·基尔比因此荣获了诺贝尔物理学奖）。由于这些技术，以往20世纪40年代房间大小的机器在数十年间缩小到了单机柜大小。与此同时，计算机器的处理能力每两年便会翻倍（这一趋势一直持续到了今天）。随着集成电路技术的进步，计算机中的许多部件都可封装在玩具大小的塑料块中做成芯片，放到电子市场上销售。

计算机的普及在很大程度上得益于台式计算机的发展。台式计算机的出现是计算机爱好者的功劳，他们通过芯片组合构建了家用计算机。正是在这些计算机爱好者的"地下"活动中，史蒂夫·乔布斯（Steve Jobs）和斯蒂芬·沃兹尼亚克（Stephen Wozniak）两个人制造出了有商业价值的家用计算机，并于1976年成立了苹果计算机公司（现称苹果公司），专门制造和销售他们的产品。其他经销类似产品的公司有Commodore、Heathkit和Radio Shack。虽然这些产品在计算机爱好者中很畅销，但是并没有被商业界普遍接受。面对大量的计算需要，这些商家仍然青睐于著名的IBM公司及其大型计算机。

1981年，IBM公司推出了它的第一款台式计算机，称为个人计算机，简称PC，其基础软件由一个称为微软（Microsoft）的年轻公司开发。PC一经推出立即获得了极大的成功，并且奠定了这种台式计算机在商界人士心目中作为日用品的地位。今天，术语PC已被广泛用于指称整个这一类机器（来自各个不同厂商），其设计都是从IBM公司最初的台式计算机演变而来的，而且它们大多数继续与微软公司的软件一起销售。不过，有时候，术语PC也能与通用术语台式机或笔记本电脑互换使用。

在20世纪后期，**因特网**（Internet）的出现大大改变了人们的沟通方式，这种技术将个人计算机连成了一个全球系统。在这个背景下，蒂姆·伯纳斯·李（Tim Berners-Lee）是英国的一位科学家，他提出了一个系统，这个系统可以通过因特网把计算机上存储的文档链接起来形成错综复杂的链接信息网，这便是**万维网**（World Wide Web），简称Web。为了能够访问Web信息，人们开发了一种叫作**搜索引擎**（search engine）的软件系统，筛选Web上的信息，对结果进行“归类”，然后通过搜索结果帮助用户研究特定内容。这一领域的主要参与者有谷歌、雅虎和微软。这些公司不断扩展其与Web相关的活动，而且经常会挑战我们的传统思维方式。

谷　歌

谷歌公司创立于1998年，已经成为世界上最受认可的一家技术公司。现在，数亿人使用其核心服务——谷歌搜索引擎——在万维网上搜索文档。此外，谷歌提供了电子邮件服务（Gmail）、基于因特网的视频共享服务（YouTube），以及其他一系列因特网服务（包括Google地图、Google日历、Google地球、Google图书和Google翻译）。

然而，谷歌除了极具创业精神以外，还为不断发展的科技如何挑战现代社会做出了榜样。例如，谷歌的搜索引擎带来的问题是，一个国际化公司应该在何种程度上遵守各个政府的意愿；YouTube带来的问题是，一个公司对于他人利用其服务分发的信息应负何种程度的责任；Google图书引起了人们对于知识产权的适用范围和局限性的关注；Google地图则被指责侵犯了隐私权。

与此同时，台式计算机和笔记本电脑正在被人们所接受，并用于家庭，计算机器的微型化仍在继续。今天，大量的电子装置和设备中都嵌有微型计算机。现在的汽车可能就包含了几十个小计算机，用于运行全球定位系统（Global Positioning System，GPS），监控发动机的功能，并提供控制汽车音频和电话通信系统的语音命令服务。

也许，计算机微型化最革命性的应用就是**智能手机**（smartphone）能力的扩展。智能手机是小型手持通用计算机，通话应用仅是其众多应用之一。从功能上讲，这种钱包大小的设备比几十年前的超级计算机还要强大，它配备有大量传感器和接口，包括照相机、话筒、指南针、触摸屏、加速计（用以检测手机的方向和动作），以及一系列无线技术（以便与其他智能手机和计算机通信）。很多人认为智能手机对全球社会的影响大于PC革命。

0.3　学习大纲

本书遵循自底向上的方法讲述计算机科学，先从读者有亲身体验的主题开始（如计算机硬件），继而引出比较抽象的主题（如算法复杂性和可计算性）。结果是，我们的学习遵循了这样一个模式：随着我们对主题理解的深入，我们构建的抽象工具会越来越大。

我们首先学习与设计和构造执行算法的机器有关的主题。第1章（数据存储）学习现代计算机的信息编码和信息存储问题，第2章（数据操作）研究简单计算机的内部基本操作。虽然部分学习内容涉及技术问题，但总体上是独立于具体技术的。也就是说，像数字电路设计、数据编码与压缩系统，以及计算机体系结构这样的主题，与很多技术都相关，并且不管未来技术的发展方向如何，它们的相关性都不会变。

第3章（操作系统）将学习控制一台计算机总体操作的软件，这种软件称为操作系统。操作系统控制机器与其外部世界之间的接口：保护机器及其内部存储数据不被非授权用户访问；允许计算机用户请求执行各种程序；协调内部活动，以满足用户请求。

第4章（组网及因特网）将学习计算机是如何连接成计算机网络的，网络又是如何连接成互联网的。这些知识涉及很多主题，如网络协议、因特网结构和内部操作、万维网，以及诸多的安全问题。

第5章（算法）比较正式地介绍了算法。我们要研究算法的发现，明确几种基本的算法结构，开发几项表示算法的初等技术，并介绍算法的有效性和正确性问题。

第6章（程序设计语言）研究的问题是算法表示和程序开发过程。在这一章中，我们会发现，人们在不断改善程序设计技术的过程中，创造出了各种各样的程序设计方法学或范式，而每一种都有自己的一套程序设计语言。我们将研究这些范式和语言，以及语法和语言翻译的问题。

第7章（软件工程）将介绍计算机科学的一个分支——软件工程。软件工程处理的是开发大型软件系统时所遇到的问题。大型软件系统的设计是一项复杂的任务，会遇到传统工程未涉及的许多问题。因此，软件工程这一学科已经成为计算机科学中一个重要的研究领域，它借鉴了诸如工程、项目管理、人事管理、程序设计语言设计，甚至是建筑学等众多领域的研究经验。

在接下来的两章中，我们将学习在计算机系统中组织数据的方法。第8章（数据抽象）介绍传统上用于在计算机主存储器中组织数据的技术，然后探索数据抽象的演变发展，从原语的概念一直到今天的面向对象式技术。第9章（数据库系统）介绍传统上用于在计算机海量存储器中组织数据的方法，并研究如何实现非常大的复杂数据库系统。

第10章（计算机图形学）将研究图形和动画，这是一个创建并图像化虚拟世界的领域。在计算机科学传统领域（如机器体系结构、算法设计、数据结构和软件工程）发展的基础上，图形和动画学科取得了显著进展，业已发展成为激动人心、充满活力的学科。此外，这个领域说明了，计算机科学的各个组成部分，是如何与物理、艺术和摄影等学科相结合产生显著成果的。

在第11章（人工智能）中，我们将了解到，为了开发更有用的机器，计算机科学现已一马当先，转向研究人类智能。研究人员希望通过对我们自己的思维推理和认知的了解，设计出模拟这些过程的算法，从而把这些比较的能力传递给机器。结果，计算机科学就有了这个称为人工智能的领域，它非常依赖于心理学、生物学和语言学等领域的研究。

我们的学习到第12章（计算理论）结束，这一章将介绍计算机科学的理论基础，这个主题会让我们了解到算法（和机器）的局限性。在本章，我们不但明确了几个算法上不能解决的问题（它们在理论上也是超出机器能力的），而且认识到许多其他问题的解决都需要大量的时间或空间，以致从实践的角度上讲也是不可解的。因此，通过本章的学习，我们将能够掌握算法系统的应用范围和局限性。

我们的目标是，每一章主题的探讨都足够深入，使读者真正理解。我们希望所阐述的计算机科学知识对大家的工作能有所帮助——使读者了解自己所生活的技术社会，打好跟随科技进步自我学习的基础。

0.4 计算机科学的首要主题

除了上面列出的每一章的主题之外，我们希望通过对以下几个首要主题的探讨，拓宽读者对计算机科学的理解。

计算机的微型化及其功能的扩展，已经把计算机技术推向了当今社会的最前沿。如今，计算机技术已经非常普及，熟练掌握其应用已经成为现代社会成员的基本要求。计算机技术已经改变了政府施加控制的能力，对全球化经济产生了巨大的影响，导致科学研究领域出现了一些令人瞩目的成就，革新了数据收集、存储和应用的作用，为人们提供了新的通信和交互方式，不停地挑战着社会现状。结果是，围绕着计算机科学的学科大量涌现，每门学科现在都成了重要的研究领域。此外，就像很难区分机械工程和物理一样，我们也很难在这些领域与计算机科学之间画出一条分界线。因此，为了获得合适的视角，我们的研究不仅要涉及以计算机科学为核心的中心主题，而且还将探索与科学应用和影响相关的各种学科领域。因此，对计算机科学的介绍是跨学科的。

探索计算领域的广度，能帮助我们记住那些主要的与计算机科学相结合的主题。虽然“计算机科学的七大思想”（Seven Big Ideas of Computer Science）的编纂晚于本书的第10版，但这些思想与本书接下来的各章所要讲述的主题思想有很多相似之处。这“七大思想”简单地说就是：算法、抽象、创新、数据、程序设计、因特网和影响。在接下来的章节中，我们将介绍各种主题，在每一种主题的介绍中，都会涉及这个主题的核心思想、目前的研究领域，以及推动该领域知识进步的一些技术。当我们在后面一遍又一遍地提到这些“大思想”的时候，请多留意。

0.4.1　算法

数据存储容量有限，程序设计过程复杂耗时，这些限制了早期计算机器所能处理的算法的复杂性。如今，随着这些局限性的消除，机器能完成的任务越来越大、越来越复杂。人们试图用算法表达这些任务，但单凭人类的智力无法做到，于是，越来越多的研究工作转向了算法和程序设计过程的研究。

正是在这种背景下，数学家的理论研究开始有了回报。由于哥德尔不完备性定理，数学家已经在研究有关算法过程的问题了，而这正是先进技术目前面临的问题。由此，孕育出了被称作计算机科学的这门学科。

如今，计算机科学已经奠定了它算法科学的地位。这门科学范围很广，涉及数学、工程学、心理学、生物学、商业管理和语言学等多个学科。事实上，研究计算机科学不同分支的研究人员对计算机科学的定义也许会截然不同。例如，计算机体系结构领域中的研究人员，主要关注微型电路技术，因此他们将计算机科学视为技术的进步和应用，但数据库系统领域的研究人员则认为，计算机科学就是要寻求方法来提升信息系统的有用性，而人工智能领域的研究人员则把计算机科学视为智能和智能行为的研究。

尽管如此，所有这些研究人员的工作还是都涉及了算法科学的方方面面。鉴于算法在计算机科学中扮演的核心角色（见图0-5），找出焦点问题，对学习算法会非常有益。

- 算法过程可以解决哪些问题？
- 怎样才能比较容易地发现算法？
- 如何改进表示和传达算法的技术？
- 如何分析和比较不同算法的特征？
- 如何使用算法来操作信息？
- 如何应用算法来产生智能行为？
- 算法的应用对社会有何种影响？

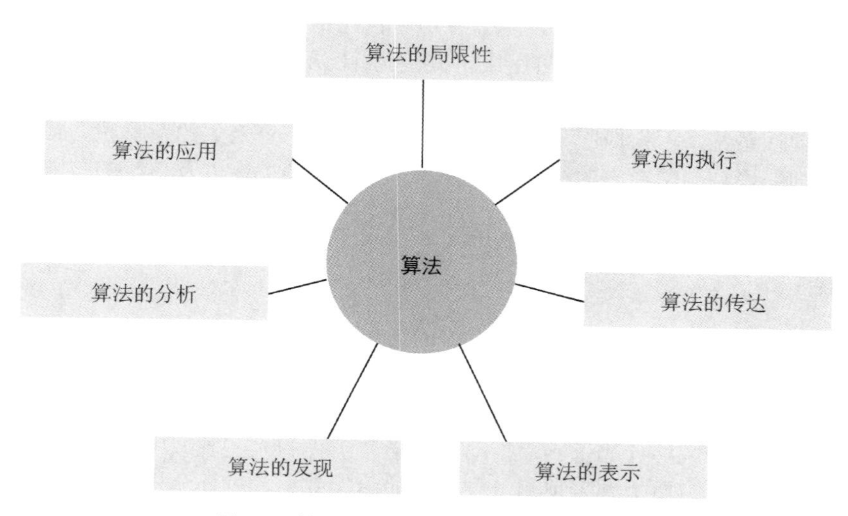

图0-5　算法在计算机科学中的核心地位

0.4.2　抽象

术语**抽象**（abstraction）在本书中是指一个实体的外部特征与其内部构成细节之间的分离。抽象使我们可以忽略一些复杂设备（如计算机、汽车和微波炉）的内部细节，把它们当作一个单个的、可理解的单元使用。此外，正是通过抽象，这些复杂的系统才能够被设计和生产出来。计算机、汽车和微波炉都是由若干部件构成的，其中每一个部件表示一层抽象，在此层面上，该部件的使用是独立于这个部件的内部构成细节的。

运用抽象，我们能够构造、分析和管理大型的复杂计算机系统，但如果从细节的层面上看问题，就会不识庐山真面目。在每一个抽象层面上，我们都把此系统看成是由若干称为**抽象工具**（abstract tool）的部件组成，而忽略这些部件的内部构成。这样我们的精力就集中了，可以考虑一个部件如何与同一层面其他部件发生作用，以及这些部件如何作为一个整体构成更高级别的部件。由此，我们就可以理解该系统中与手头任务有关的那部分，而不会在众多的细节中迷失方向。

需要强调的是，抽象并不局限于科学和技术领域。它是一门重要的简化技术，我们的社会形成的任何一种生活方式都离不开抽象。很少有人知道，日常生活中各种各样的便利是怎样实现的：我们需要吃饭穿衣，但我们自己无法生产；我们使用电器设备和通信系统，但不了解它们的内部技术；我们享受其他人提供的服务，但不知道他们的专业细节。对每一项新的发展，只有一小部分社会成员专职于其实现，其他人则将实现的结果作为抽象工具来使用。这样，社会的抽象工具仓库扩大了，社会进一步发展的能力也增强了。

抽象这一话题在本书中会被反复提及。我们将了解到，计算设备是通过各种抽象工具构建的。我们还会看到，大型软件系统的开发是以模块化的方式完成的，其中每个模块都是较大模块中的一种抽象工具。此外，在计算机科学本身的发展中，抽象也扮演了很重要的角色，有了它，研究人员可以把精力集中在一个复杂领域中的特定范围上。实际上，本书的编排也反映了该科学的这种特征：每一章都围绕着计算机科学的一个特定的方面，而且往往出人意料地完全独立于其他各章，但所有这些章合在一起，又形成了这一巨大研究领域的全面介绍。

0.4.3　创新

虽然计算机可能只是复杂的机器，机械地执行着机械式算法指令，但是我们应该看到，计算机科学领域是一个创造性的领域。发现并应用新算法是人类的一项活动，这项活动取决于我们天生的用工具解决我们周围世界中的问题的欲望。计算机科学不仅扩展了表示形式，使其跨越了视觉、语言和音乐艺术，而且还让新的数字表示模式遍及了现代世界。

创建大型软件系统，不太像照菜谱做菜，更像是设想一个宏大的新雕塑。构想雕塑的形式和功能需要仔细的规划。制造它的组件需要时间、对细节的关注以及熟练的技能。最终的产品体现了设计美学及其创造者的情感。

0.4.4　数据

计算机能表示任何可以被离散化或数字化的信息。算法可以用各种令人眼花缭乱的方式，处理或转换这种数字表示信息。因此，算法不仅能将计算机的一部分数字数据与另一部分混洗；还能让我们搜索模式、创造模拟，以产生新知识和新见解的方式来关联连接。海量存储容量、高速计算机网络以及强大的计算工具，推动着科学、工程和人文领域中许多其他学科的发现。无论是通过模拟复杂蛋白质折叠来预测一种新药的治疗效果，统计分析横跨数百年的数字化图书的语言的演化，还是渲染通过非入侵式医学扫描获得的三维内脏图像，数据都在驱动着现代发现超越人类自身的能力。

在本书中，我们会探讨一些有关数据的问题，具体如下。

- 计算机是如何存储那些与常见的数字人工制品有关的数据（如数字、文本、图像、声音和视频）的？
- 计算机是如何粗略估计那些现实世界中模拟人工制品的数据的？
- 计算机是如何检测和避免数据中的错误的？
- 我们现在所掌控的这个由日益增长的、互连的数据构成的数字宇宙，最后会变成什么样子？

0.4.5　程序设计

尽管现在产生的大量的可用语言和工具，与20世纪50年代及20世纪60年代早期的可编程计算机，没什么相似之处，但是将人类的意图翻译成可执行的计算机算法的这种行为，现在被广泛称为程序设计。虽然计算机科学的组成部分并不只有计算机程序设计，还包括许多其他方面，但是通过设计可执行算法（程序）解决问题的能力依然是所有计算机科学家的一项基本技能。

计算机硬件只能执行相对简单的算法步骤，但有了计算机程序设计语言所提供的抽象，人类就能针对复杂得多的问题，进行推理并制定出编码解决方案。下面这几个关键的问题为我们这个主题的讨论提供了框架。

- 如何构建程序？
- 程序中会出现哪些类型的错误？
- 程序中的错误是如何被发现并修复的？
- 现代程序中的错误对程序有什么影响？
- 如何对程序进行文档化和评估？

0.4.6　因特网

因特网连接了全世界的计算机和电子设置，这对我们这个技术社会存储、检索和共享信息的方式产生了深远的影响。现在，商业、新闻、娱乐和通信都越来越依赖这个由较小的计算机网络组成的互联网络。我们的讨论将不仅限于把因特网的机制描述为人工制品，还会涉及人类社会业已被全球网络交织在一起的许多方面。

因特网的覆盖对我们的隐私和个人信息的安全也有着深远的影响。网络空间里有很多危险，所以在我们这个互联的世界里，密码学和网络安全正变得越来越重要。

0.4.7 影响

计算机科学不仅对我们使用的通信、工作和娱乐的技术有深远的影响，对我们的社会生活也有巨大的影响。计算机科学的进步正淡化着许多差别，而这些差别正是我们过去作出某些决策的基准；计算机科学的进步也向许多长久以来的社会准则提出了挑战。在法律上，因此产生了某些疑问——知识产权的度以及伴随这个所有权的权利和义务。在伦理上，人们面临着许多挑战传统社会行为准则的抉择。对于政府，又产生了许多争议——计算机技术及其应用应该规范到什么程度？在哲学上，人们开始争论智能行为的存在与智能本身的存在。同时，整个社会也在讨论：新的计算机应用是代表新的自由还是新的控制。

这些话题对于那些想涉足计算或者计算机相关领域的人，还是很重要的。科学中的新发现有时会使许多应用产生争议，这使人们对相关的研究人员产生极大不满。进一步而言，伦理上的过错足以摧毁本可以很成功的事业。

计算机技术的发展给人们提出了许多难题，而具备一些解决此类问题的能力对于非计算机领域的人也十分重要。的确，计算机技术已经在全社会迅速普及，几乎无人不受其影响。

本书提供了一些技术背景，有助于人们以一种理智的思维来处理计算机科学所产生的问题。然而，计算机科学的技术知识本身无法提供全部问题的解决办法。因此，本书的一些章节致力于介绍计算机科学的社会、伦理和法律上的问题，包括安全问题、软件所有权和义务问题、数据库技术的社会影响以及人工智能发展的后果。

此外，一个问题通常并不只有唯一一个正确的答案，许多有效的解决方案都是在两个对立的（也许都是有理的）观点之间进行折中的。寻找解决方案通常需要这样的能力：能够倾听、辨别其他各种观点、开展理性的讨论，并在获得新的见解时改变自己的观点。因此，本书每章最后都有一系列“社会问题”，研究计算机科学和社会的关系。这些问题不是需要作答的，而是需要思考的。在许多情况下，当人们发现其他答案时，就不会再满意于那个最先出现的明显答案了。简言之，给出这些问题的目的，并不是让大家找到“正确”答案，而是要提高大家的意识：要意识到一个问题会牵扯多位利益相关者，一个问题会有多个解决方案，那些解决方案都同时具有长短期效应。

哲学家在基础理论的研究中提出了许多伦理学方法，从而产生了指导决策和行为的原则。

性格伦理（有时称为德行伦理）是由柏拉图和亚里士多德提出的，他们认为“好行为”不是应用可识别规则的结果，而是“良好性格”的自然结果。而其他伦理基础（如结果伦理、职责伦理以及合同伦理）认为，一个人在解决伦理难题时，应该考虑的是：“结果会怎样？”“我的职责是什么？”或者“我有什么合同？”而性格伦理考虑的是：“我想成为什么样的人？”因此，好行为是建立在好性格基础上的，而这通常得益于良好的教育以及德行习惯。

在向不同专业领域人士教授伦理知识时，一般以性格伦理为基础。不用教授专门的伦理理论，只要举一些能够暴露该专业领域中各种伦理问题的案例即可。然后，通过讨论这些案例的利弊，让这些专业人士对职业生活中潜在的危险有一个更清醒、更深入和更敏感的认识，并将这种认识融入他们的性格中。这就是每章最后设计社会问题的精神所在。

社会问题

希望下面的问题能引导读者思考一些与计算领域相关的伦理、社会和法律问题。回答出这些问题还不够，还应该考虑为什么这样回答，以及你的判断是否对每个问题都标准如一。

1. 如果没有计算机革命，我们现在的社会将有很大不同。人们已经广泛接受这种观点。与没有计算机革命的社会相比，现在的社会是更好了？还是更差了？如果你在社会中的地位不同，答案会有所不同吗？
2. 想参与到当今的技术社会中，却又不想努力了解技术的基础知识，这种做法是否可行？例如，要通过表决来决定如何支持和使用某种技术，那么表决者是否有责任了解那种技术？你的答案是否与具体哪种技术有关？例如，考虑使用核技术时和考虑使用计算机技术时，回答是否一样？
3. 传统上，人们使用现金进行交易，因而处理账务时不需要支付服务费用。然而，随着我们经济生活中自动化程度的不断提高，金融机构正在对这些自动化系统的使用推行服务收费。那么，“服务收费不公正地限制了人们参与经济活动”这种说法是否正确呢？例如，假设雇主仅用支票支付雇员的工资，并且所有金融机构都对支票兑现和存款收取服务费用，那么雇员是否因此受到了不公正的待遇呢？如果雇主坚持通过直接存款的方式支付工资，那该怎么办呢？
4. 在交互式电视节目中，某一个公司有可能会从孩子那里获取有关其家庭的信息（也许是通过交互式游戏），那应该控制到什么程度呢？例如，是否可以允许公司通过孩子得知其父母的购物习惯？关于孩子自己的信息呢？
5. 政府对计算机技术及其应用的法规管制应当到什么程度？例如，考虑一下问题3和问题4中提到的问题。政府管制的依据是什么？
6. 对于技术，尤其是计算机技术，我们所作出的决策会对我们的后代产生多大的影响？
7. 随着技术的进步，我们的教育系统不断面临挑战，要重新考虑在哪些抽象层次上安排哪些主题。许多问题是类似的，如某项技能是否必要，是否允许学生依赖某种抽象工具等。学三角时，不再教学生如何利用函数表求三角函数的值，而是允许学生用计算器作为抽象工具来求函数值。有些人认为，长除也应该让位于抽象。还有哪些主题涉及类似的争论？现代的文字处理软件是否会使人们不需要练习书法？视频技术的使用是否会在将来的某一天取代阅读？
8. 公共图书馆这个概念，建立的前提是，民主国家里的所有公民都有权获得信息。越来越多的信息通过计算机技术存储和传播，是否每一位公民都应该有权利访问这个技术系统呢？答案如果是肯定的，那么公共图书馆是否应该为这种访问提供渠道呢？
9. 在一个依靠抽象工具的社会里，会产生什么样的伦理问题呢？是否存在这样的情况，当我们使用某个产品或某项服务时，不了解它的工作原理有悖伦理吗？那不知道它是如何生产出来的呢？再或者，不了解其使用的副产品呢？
10. 随着我们社会的逐步自动化，政府监督公民的活动变得很容易。这是好还是坏呢？
11. 乔治·奥威尔（埃里克·布莱尔）在他的小说《1984》中想象出来的那些技术，其中哪些已经实现？它们的使用方法是否与奥威尔预想的一样？
12. 如果你有一台时间机器，你想生活在哪一个历史阶段？有你想带去的现代技术吗？你所选择的技术可以脱离其他技术而被你单独带走吗？一项技术可以在多大程度上独立于其他技术？抗议全球变暖，却又接受现代医疗，这两者一致吗？
13. 假如由于工作关系，你必须生活在另一种文化氛围中。你会按照自己的本土文化习惯我行我素，还是会选择遵循所在地的异域生活习俗？对这个问题的回答，是否会因跟穿衣打扮有关还是跟人权有关而不同呢？如果你是在本国生活，但需要处理因特网上各种外来文化的冲突，那你会坚持什么伦理标准？
14. 在商务、通信或社交互动方面，社会是否已太过依赖于计算机应用？例如，如果长期中断因特网或移动电话服务，会有什么后果？

15. 大多数智能手机都能够利用GPS识别手机的位置。这样一来，相关的应用程序就可以基于手机的当前位置提供与该位置相关的信息（如本地新闻、本地天气，或者附近的商业机构）。然而，这些GPS功能却也能让其他应用将手机的位置广播给其他各方。这样好吗？手机的位置（继而手机用户的位置）信息会被如何滥用呢？

课外阅读

Goldstine, J. J. *The Computer from Pascal to von Neumann*. Princeton, NJ: Princeton University Press, 1972.

Kizza, J. M. *Ethical and Social Issues in the Information Age*, 3rd ed. London: Springer-Verlag, 2007.

Mollenhoff, C. R. *Atanasoff: Forgotten Father of the Computer*. Ames, IA: Iowa State University Press, 1988.

Neumann, P. G. *Computer Related Risks*. Boston, MA: Addison-Wesley, 1995.

Ni, L. *Smart Phone and Next Generation Mobile Computing*. San Francisco, CA: Morgan Kaufmann, 2006.

Quinn, M. J. *Ethics for the Information Age*, 5th ed. Boston, MA: Addison-Wesley, 2012.

Randell, B. *The Origins of Digital Computers*, 3rd ed. New York: Springer-Verlag, 1982.

Spinello, R. A., and H. T. Tavani. *Readings in CyberEthics*, 2nd ed. Sudbury, MA: Jones and Bartlett, 2004.

Swade, D. *The Difference Engine*. New York: Viking, 2000.

Tavani, H. T. *Ethics and Technology: Ethical Issues in an Age of Information and Communication Technology*, 4th ed. New York: Wiley, 2012.

Woolley, B. *The Bride of Science: Romance, Reason, and Byron's Daughter*. New York: McGraw-Hill, 1999.

第1章 数据存储

在本章中，我们学习有关计算机中数据表示和数据存储的内容。我们要研究的数据类型包括文本、数值、图像、音频和视频。除了传统计算外，本章的很多内容还涉及数字摄影、音频/视频录制和复制，以及远程通信等领域。

本章内容

在计算机科学中，我们首先要学习的是，信息是如何编码并存储在计算机中的。我们第一步要讨论的是计算机数据存储设备的基础知识，然后研究如何对信息进行编码并将其存储到这些系统内。最后我们将探讨现今数据存储系统的各个分支，以及如何用数据压缩和错误处理这样的技术来克服它们的不足。

1.1 位和位存储

在现今的计算机中，信息是以0和1的模式编码的，这些数字称为**位**（bit，是binary digit的简写，意思是二进制数字）。尽管你可能倾向于把它们与数值联系在一起，但它们的确只是些符号，其意义取决于正在处理的应用：它们有时表示数值，有时表示字母表里的字符和标点符号，有时表示图像，还有时表示声音。

1.1.1 布尔运算

为了理解单个的位在计算机中是如何存储和操作的，这里我们假设位0表示假（false），位1表示真（true）。为了纪念数学家乔治·布尔（George Boole，1815—1864），处理真/假值的运算被称为**布尔运算**（Boolean operation）。乔治·布尔是逻辑数学领域的先驱。3个基本的布尔运算是AND（与）、OR（或）和XOR（异或），图1-1概述了这3种运算。（我们之所以用大写字母来表示这些逻辑运算符的名字，是为了与它们对应的英语单词区分开来。）这些运算类似于算术运算的乘法和加法，因为它们都是结合一对值（运算输入），得出第三个值（运算输出）。不过，与算术运算不同的是，布尔运算结合的是真/假值，而不是数值。

布尔运算AND可用于计算，连接词AND和两个较小或较简单的语句组成的一条语句的真/假值。这种语句的一般形式如下：

P AND *Q*

其中，*P*代表一个语句，*Q*代表另外一个语句。例如：

克米特是一只青蛙 AND 佩吉小姐是一位演员

AND运算的输入是复合语句分句的真/假值，输出则是复合语句本身的真/假值。因为*P* AND *Q*语句的值只有在其两个分句都是真时才为真，所以可以得出结论：1 AND 1的输出应该是1，而其他所有情况的输出值都应该是0，如图1-1所示。

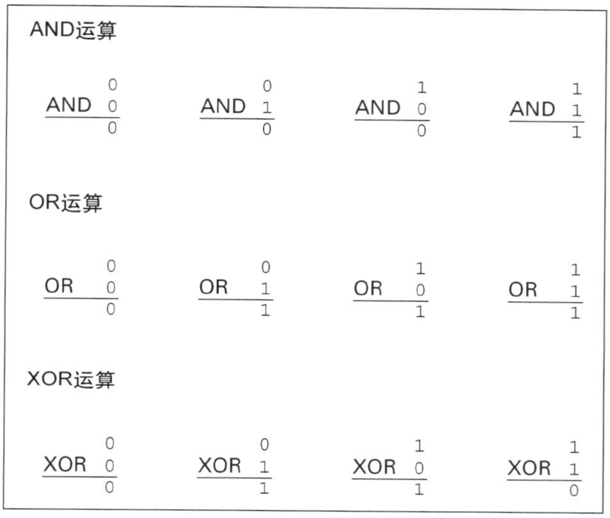

AND运算

0	0	1	1
AND 0	AND 1	AND 0	AND 1
0	0	0	1

OR运算

0	0	1	1
OR 0	OR 1	OR 0	OR 1
0	1	1	1

XOR运算

0	0	1	1
XOR 0	XOR 1	XOR 0	XOR 1
0	1	1	0

图1-1 布尔运算AND、OR和XOR（异或）的输入值和输出值

同理，OR运算是建立在如下形式的复合语句的基础之上的：

P OR *Q*

其中，同样，*P*代表一个语句，*Q*代表另外一个语句。当其中至少有一个分句为真时，语句才为真，如图1-1所示。

英语中没有可以单独表示XOR运算含义的连词。当两个输入一个为1（真），另一个为0（假）时，XOR运算的输出为1（真）。例如，*P* XOR *Q*语句的意思是“或者是*P*，或者是*Q*，但不会是两个共存。”（简言之，当两个输入不同时，XOR运算的输出为1。）

NOT（非）运算是另一个布尔运算。它与AND、OR和XOR不同，因为它只有一个输入。它的输出值与输入值是相反的；如果NOT运算的输入值为真，那么它的输出值就为假，反之亦然。因此，如果NOT运算的输入是下面语句的真/假值：

Fozzie is a bear.

那么，其输出就是下面语句的真/假值：

Fozzie is not a bear.

1.1.2 门和触发器

门（gate）指的是一种设备，给定一种布尔运算的输入值，门可以得出该布尔运算的输出值。门可以通过很多种技术制造出来，如齿轮、继电器和光学设备。现在的计算机中，门通常是由小型电子电路实现的，其中数字0和1由电压电平表示。不过，我们不需要关注这些细节问题。对于我们来说，知道如何用门的符号形式来表示门就足够了，如图1-2所示。注意，与门、或门、异或门和非门，是由不同形状的符号表示的，输入值在一边，输出值在另一边。

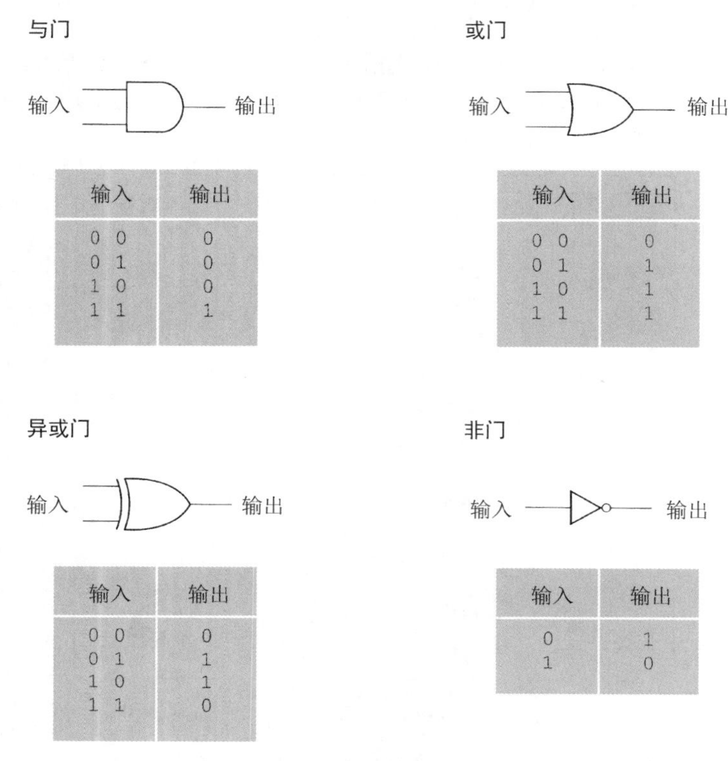

与门

输入	输出
0 0	0
0 1	0
1 0	0
1 1	1

或门

输入	输出
0 0	0
0 1	1
1 0	1
1 1	1

异或门

输入	输出
0 0	0
0 1	1
1 0	1
1 1	0

非门

输入	输出
0	1
1	0

图1-2　与门、或门、异或门和非门的图形表示及其输入输出值

门为构造计算机提供了构件。计算机构造的一个重要步骤如图1-3的电路所示，这个电路是**触发器**（flip-flop）电路的一个特例。触发器是计算机存储器的基本部件，它是一个可以产生0或1输出值的电路，它的值会一直保持不变，直到有另一个电路过来的临时脉冲（临时变成1之后再变为0）使其变换成其他值。换句话说，通过设置，可以让输出在外界刺激的控制下“记住”0或者1。例如，在图1-3中，只要电路的两个输入值一直都是0，输出值（无论是0还是1）就不会变。不过，在它的上输入端临时放置一个1，会强制其输出值为1；反之，在它的下输入端临时放置一个1，会强制其输出值为0。

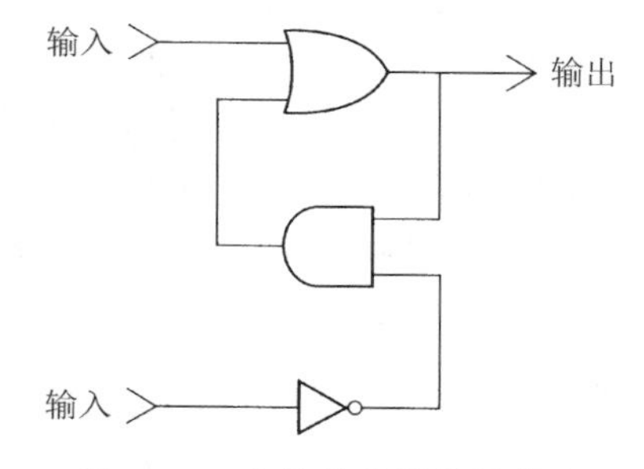

图1-3　一个简单的触发器电路

我们来仔细研究一下这个问题。在我们不知道图1-3中电路的当前输出值的情况下，假设上面的输入值变为1，而下面的输入值仍为0（见图1-4a），那么不管或门的另外一个输入值是什么，它的输出值都将为1。接着，因为与门的另外一个输入值已经为1（触发器下输入端为0时非门的输出值），所以它的两个输入值都为1。于是，与门的输出值变成1，这意味着，现在或门的第二次输入值将为1（见图1-4b）。这样就可以确保即使触发器上面的输入值变回0（见图1-4c），或门的输出值也会保持为1。总之，触发器的输出值已经为1，上面的输入值变回0后，其输出值仍然保持不变。

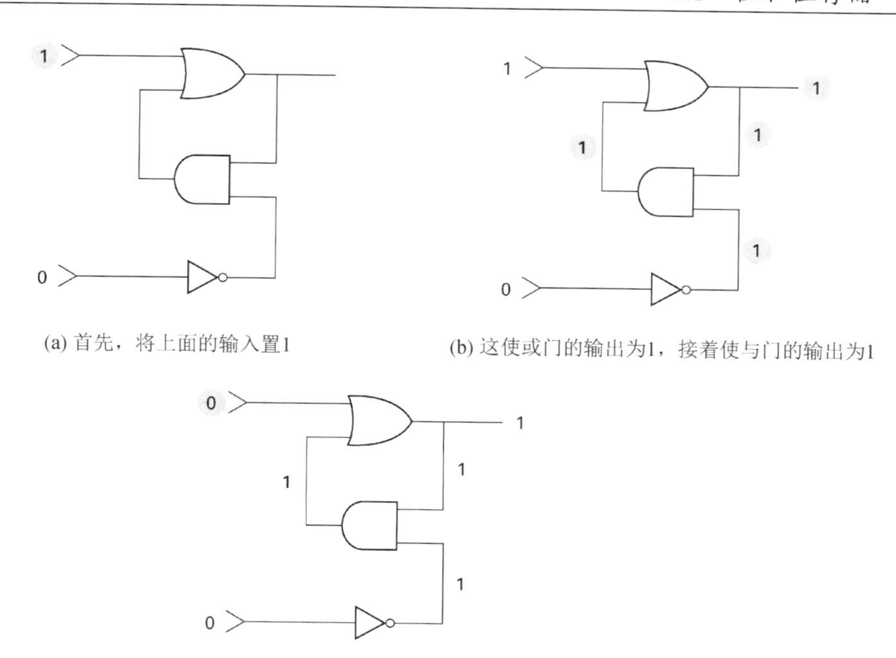

(a) 首先，将上面的输入置1

(b) 这使或门的输出为1，接着使与门的输出为1

(c) 最后，将上面的输入变为0之后，由于与门的输出为1，所以或门的输出仍然为1

图1-4 将一个触发器的输出值设置为1

同理，在下输入端上临时放置数值1，会强制触发器的输出值为0，而且输入值变回0后，输出值仍然保持不变。

我们介绍图1-3和图1-4中的触发器电路的目的有3个。第一，展示设备是如何通过门制造出来的，这是一个数字电路的设计过程，是计算机工程领域的一个重要课题。事实上，在计算机工程中，触发器只是诸多基础工具电路中的一种。

第二，通过触发器的概念为抽象和抽象工具的使用提供一个例子。事实上，还有很多其他的构建触发器的方法。其中一种方法如图1-5所示。如果你用这个电路做实验就会发现，尽管它有着不同的内部结构，但它的外部特性与图1-3中的是一样的。计算机工程师不必知晓触发器中实际使用的是哪种电路，只需理解触发器的外部特性并将其作为一个抽象工具来使用即可。一个触发器和其他定义良好的电路一起形成了一个构件集合，工程师可以直接利用这个构件集合构造更复杂的电路。因此，计算机电路的设计就会呈现一种层次结构，其中每一层都将较低层次的构件作为抽象工具使用。

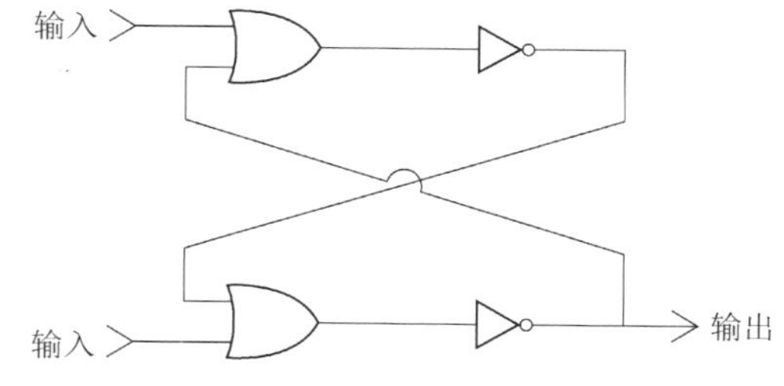

图1-5 构建触发器的另一种方法

第三，触发器是现代计算机中存储二进制位的一种方法。更确切地说，可以将触发器的输出值设置为0或1。其他电路可以通过向触发器的输入端发送脉冲来调整这个值，还有一些电路可以通过将这个触发器的输出用作它们的输入来响应存储的值。因此，许多触发器（被构造成非常小的电子电路）可以用作计算机内部记录信息的一种方法，将信息编码成0和1的模式。实际上，众所周知的**超大规模集成**（very large-scale integration，VLSI）技术支持将数百万个电子元件构造在一个称为**芯片**（chip）的晶片上，从而创建出包含数百万个触发器及其控制电路的微型设备。因此，这些芯片被用作构建计算机系统的抽象工具。事实上，在某些情况下，还可以用超大规模集成技术在单块芯片上创建整个计算机系统。

1.1.3 十六进制记数法

当我们考虑计算机的内部活动时，必须考虑位模式（也叫位串）的处理问题，有些位串相当长，长位串常被称为**流**（stream）。不幸的是，人脑很难理解流。即便只是抄录位模式101101010011也会令人厌烦，而且容易出错。因此，为了简化这种位模式的表示方法，我们常使用一种称为**十六进制记数法**（hexadecimal notation）的简写符号，它是利用机器位模式的长度为4的倍数这样一个事实制定的。具体来说就是，十六进制记数法用一个符号表示位模式的4位。例如，一个12位的串只需要3个十六进制符号就可以表示。

位模式	十六进制表示
0000	0
0001	1
0010	2
0011	3
0100	4
0101	5
0110	6
0111	7
1000	8
1001	9
1010	A
1011	B
1100	C
1101	D
1110	E
1111	F

图1-6 十六进制编码系统

图1-6展示了十六进制编码系统。左边一列是所有长度为4的位模式，右边一列是十六进制记数法使用的符号，表示左边那列位模式。使用这个系统，位模式10110101可以表示为B5。具体方法是，把位模式拆分为长度为4的子串，然后用十六进制的符号代替每一个子串，即用B来表示1011，用5来表示0101。同理，16位模式1010010011001000可以简化成更易为人接受的形式A4C8。

第2章将广泛使用十六进制记数法，由此你就能体会到它的效率。

问题与练习

1. 什么样的位模式输入可以使得下面的电路输出值为1？

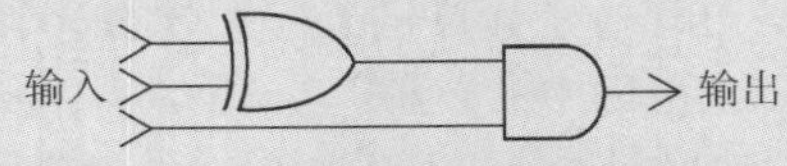

2. 对于图1-3中的触发器，我们在文中强调，下输入端放置1（同时保持上输入端为0），会迫使触发器的输出为0。描述一下这种情况触发器内部的活动序列。
3. 假定图1-5中的触发器的输入都以0开始，描述一下当上输入端被临时设为1时所发生的活动序列。
4. a. 如果一个与门的输出值传递给了一个非门，那么这个组合电路计算的布尔运算称为与非（NAND），当且仅当两个输入值都为1时，输出值为0。与非门的符号和与门的符号类似，只是输出有一个圆圈。下面的电路包含一个与非门。这个电路完成的是什么布尔运算？

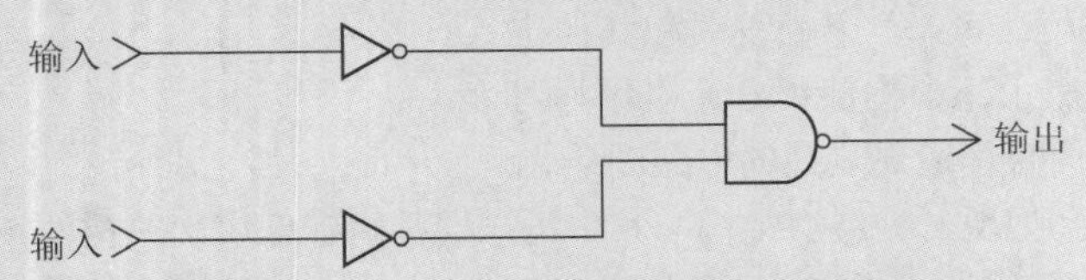

b. 如果一个或门的输出值传递给了一个非门，那么这个组合电路计算的布尔运算称为或非（NOR），当且仅当两个输入值都为0时，输出值为1。或非门的符号和或门的符号类似，只是输出有一个圆圈。下面的电路包含一个与门和两个或非门。这个电路完成的是什么布尔运算？

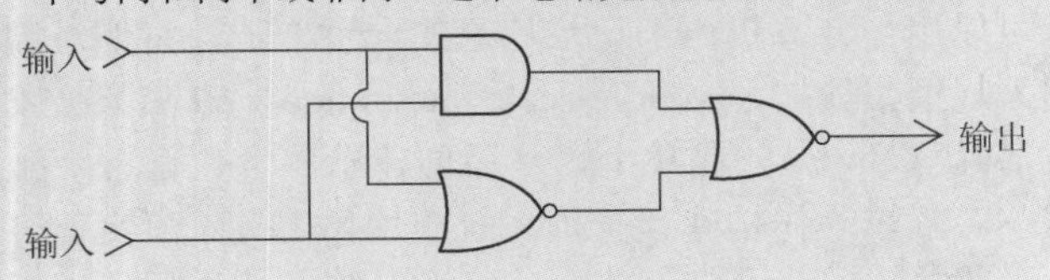

5. 用十六进制记数法来表示下面的位模式。
   a. 0110101011110010　b. 111010000101010100010111　c. 01001000
6. 下面的十六进制模式表示的是什么位模式？
   a. 5FD97　b. 610A　c. ABCD　d. 0100

1.2 主存储器

为了存储数据，计算机包含大量的电路（如触发器），每一个电路能够存储一个位。这种位存储器被称为计算机的**主存储器**（main memory）。

1.2.1 存储器结构

计算机的主存储器是由称为**存储单元**（cell）的可管理单位组成的，一个典型存储单元的容量是8位。因为一个8位的串称为一个**字节**（byte），所以一个典型存储单元的容量是一个字节。像微波炉这样的家用电器中嵌入的小型计算机的主存储器，可能仅仅包含几百个存储单元，但是大型计算机的主存储器可能有几十亿个存储单元。

虽然计算机中没有左或右的概念，但是我们通常假设存储单元的位是排成一行的。该行的左端称为**高位端**（high-order end），右端称为**低位端**（low-order end）。高位端的最左一位称作高位或**最高有效位**（most significant bit）。取这个名称是因为，如果把存储单元里的内容解释为数值，那么这一位就是该数的最高有效数字。类似地，低位端的最右一位称为低位或**最低有效位**（least significant bit）。于是，我们可以如图1-7所示的那样描述字节型存储单元的内容。

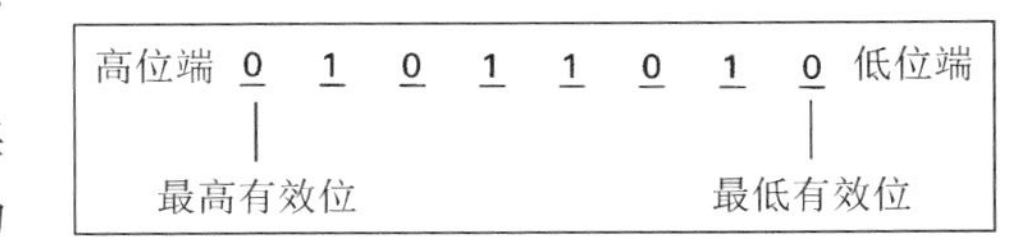

图1-7　字节型存储单元的结构

为了区分计算机主存储器中的各存储单元，每一个存储单元都被赋予了一个唯一的“名字”，称为**地址**（address）。这类似于通过地址找到城市里的一座座房屋。不过，存储单元中的地址都是用数字表示的。更精确地说，我们把所有的存储单元都看作是排成一行的，并按照这个顺序从0开始编号。这样的编址系统不仅为我们提供了唯一标识每个存储单元的方法，而且也给存储单元赋予了顺序的概念（见图1-8），这样就有了诸如“下一个单元”“前一个单元”的说法。

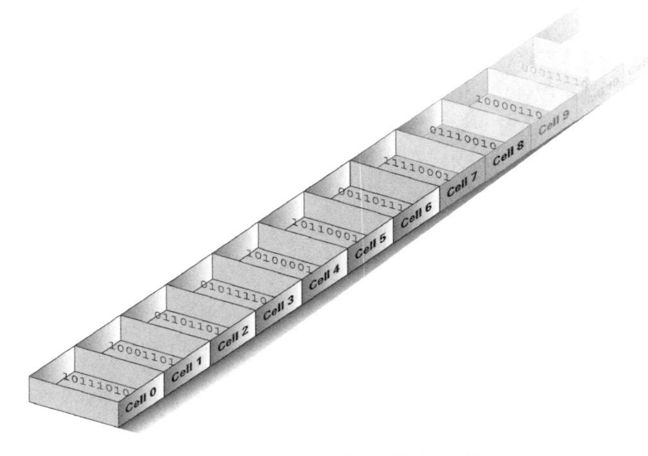

图1-8　按地址排列的存储单元

将主存储器中的存储单元和每个存储单元中的位都进行排序，会产生一个重要的结果：计算机主存储器的所有二进制位会实际排成一长行。这个长行上的片段可以存储的位模式因此比单个存储单元要长。特别是，我们只需要两个连续的存储单元就可以存储16位的串。

为了做成一台计算机的主存储器，实际存放二进制位的电路还组合了其他的电路，这个电路使得其他电路可以在存储单元中存入和取出数据。以这种方式，其他电路可以通过电信号请求从存储器中得到指定地址的内容（称为读操作），或者通过请求把某个位模式存放到指定地址的存储单元里（称为写操作）。

因为计算机的主存储器是由独立的、可编址的存储单元组成的，所以可以根据需要独立访问这些存储单元。为了反映用任何顺序访问存储单元的能力，计算机的主存储器常被称为**随机存取存储器**（random access memory，RAM）。主存储器的这种随机存取特性，与1.3节中将要讨论的海量存储系统，形成了鲜明的对比，在海量存储系统中，长位串被当作合并块来操控。

尽管我们介绍说，触发器是存储二进制位的一种方法，但是在现代的大多数计算机中，RAM都是用其他类似的更复杂的技术制造的，这些技术可以让RAM高度小型化、响应时间更短。其中许多技术将位存储为可快速消散的电荷。因此，这些设备需要附加电路（称为刷新电路），在1秒内反复补充电荷很多次。因为它的这种不稳定性，通过这种技术构造的计算机存储器常被称为**动态存储器**（dynamic memory），于是就产生了术语**DRAM**（读作“DEE-ram”），用来表示动态RAM（dynamic RAM）。有时动态存储器会用术语**SDRAM**（读作“ES-DEE-ram”）来表示同步DRAM（synchronous DRAM），采用这种附加技术可以缩短从存储单元取出信息所需要的时间。

1.2.2　存储器容量的度量

在第2章我们会学到，如果主存储器中存储单元的总数是2的幂，那么主存储器设计起来会很方便。因此，早期计算机存储器的大小通常以1024（即2^{10}）个存储单元为单位来度量。因为1024接近于数值1000，所以计算机行业的许多人采用前缀千（kilo）来表示这个单位。也就是说，术语千字节（kilobyte，符号表示为KB）被用于表示1024字节。因此，带有4096个存储单元的机器会被说成是有一个4KB的存储器（4096=4×1024）。随着存储器容量的增大，这个术语逐渐扩大到了兆字节（megabyte，符号表示为MB）、吉字节（gigabyte，符号表示为GB）和太字节（terabyte，符号表示为TB）。遗憾的是，这种前缀千（kilo-）、兆（mega-）等的用法属于术语的误用，因为这些前缀已经是其他领域用于指称1000的幂。例如，在度量距离时，千米（kilometer）指的是1000米，在度量无线电频率时，兆赫（megahertz）指的是1 000 000赫兹。在20世纪90年代后期，国际标准组织为2的幂制定了专门的术语：千位字节（*kibi*-byte）、兆位字节（*mebi*-byte）、吉位字节（*gibi*-byte）和太位字节（*tebi*-byte），用来表示1024的幂，而不是1000的幂。然而，尽管这种区别在世界上许多地方的当地法律里都有规定，但一直以来，普通大众和许多计算机科学家都不愿意放弃这个已经比较熟悉但会引起歧义的“兆字节”（megabyte）。因此，提醒大家：一般说来，千、兆等术语在涉及计算机度量时表示2的幂，但在其他环境中表示1000的幂。

问题与练习

1. 如果地址为5的存储单元存有值8，那么“将值5写入6号存储单元”和“将5号存储单元的内容移到6号存储单元”之间有什么差别？
2. 假定你想交换存储在2号和3号存储单元中的值。那么下面的步骤错在哪里？
   步骤1：把2号存储单元中的内容移到3号存储单元。

步骤2：把3号存储单元中的内容移到2号存储单元。

请设计能够正确交换这两个存储单元内容的步骤。如有必要，可以使用额外的存储单元。

3. 一台带有4 KB存储器的计算机，其存储器里有多少个二进制位？

1.3 海量存储器

由于计算机主存储器的不稳定性和容量的限制，大多数计算机都有称为**海量存储**（mass storage，或者二级存储）**系统的**附加存储设备，包括磁盘、CD盘、DVD盘、磁带、闪存驱动器和固态硬盘（所有这些我们稍后会讨论）。相对于主存储器，海量存储系统的优点是更稳定、容量大、价格低，并且在许多情况下，能从机器上取下存储媒介进行存档。

磁性和光学海量磁存储系统和海量光存储系统的主要不足是，它们一般都需要机械运动。因为主存储器的所有工作都是由电子器件实现的，所以比起计算机主存储器来，海量存储系统的数据存取需要花费更长的时间。此外，与固态系统相比，带有移动部件的存储系统更容易出现机械故障。

1.3.1 磁系统

很多年以来，磁技术已经占据了海量存储领域。最常见的例子便是我们现在使用的**磁盘**（magnetic disk）或者**硬盘驱动器**（hard disk drive，HDD），它里面是可以旋转的薄盘片，表面有用以存储数据的磁介质涂层（图1-9）。读/写磁头安装在盘片的上面和/或下面，当盘片旋转时，每个磁头在盘片上面或下面相对于称为**磁道**（track）的圆圈转动。通过重定位读/写磁头，可以对各个同心的磁道进行存取。在很多情况下，一个磁盘存储系统包含若干个盘片，这些盘片安装在同一根轴上，层叠在一起，盘片之间有足够读/写磁头滑动的空间。在这种情况下，所有读/写磁头是一起移动的。每当读/写磁头重定位时，都可以访问一组新磁道，这组磁道称为**柱面**（cylinder）。

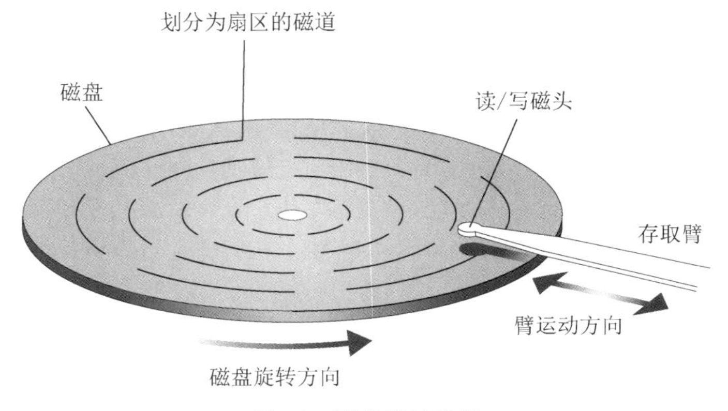

图1-9 磁盘存储系统

因为一个磁道可以包含的信息通常比我们每一次想要处理的多，所以每个磁道又被划分成若干个称为**扇区**（sector）的小弧区，这些扇区上记录的信息是连续的二进制位串。磁盘上所有的扇区都包含相同数目的二进制位（典型的容量是512个字节到若干KB），而且在最简单的磁盘存储系统里，每一个磁道包含的扇区数都相同。因此，靠近盘片外边缘的磁道扇区上的位的存储密度，要比靠近盘片中心的磁道上的小，因为外磁道比内磁道长。相反，在大容量磁盘存储系统里，靠近外边缘的磁道包含的扇区要远多于靠近中心的磁道，这种存储能力常通过一种称作**区位记录**（zoned-bit recording，ZBR）的技术得以应用。在使用区位记录技术时，一些相邻的磁道会被统称为区，一个典型的盘片大约包含10个区。一个区的所有磁道有相同数目的扇区，但是靠外的区中每一个磁道包含的扇区数，比靠内的区中每一个磁道包含的扇区数多。采用这种方式，能够有效利用整个磁盘的表面。不管细节如何，一个磁盘存储系统都包含许多独立的扇区，每一个扇区都可以作为独立的位串进行存取。

一个磁盘存储系统的容量取决于使用的盘片数目以及磁道与扇区的划分密度。容量较小的系统可能只有一个盘片。大容量磁盘系统的容量可达数GB，甚至TB，同一根轴上可能装有3到6个盘片。此外，数据有可能存储在每个盘片的上下两面。

有4个标准可以用来评估一个磁盘系统的性能：（1）**寻道时间**（seek time），读/写磁头从一个磁道移到另一个磁道所需要的时间；（2）**旋转延迟**（rotation delay）或**等待时间**（latency time），盘片旋转一周所需时间的一半，也就是读/写磁头到达所要求磁道后，等待盘片旋转使读/写磁头位于所要存取的数据（扇区）上所需要的平均时间；（3）**存取时间**（access time），即寻道时间和旋转延迟之和；（4）**传输速率**（transfer rate），在磁盘上读出或写入数据的速率。需要注意的是，在区位记录存储情况下，盘片旋转一次，外区磁道通过读/写磁头传递的数据量，要多于内区磁道，因此，数据传输速率会随所使用的盘片部位的不同而有所变化。

限制磁盘存取时间和传输速率的一个因素是磁盘系统旋转的速度。为了支持高速旋转，这些系统里的读/写磁头并不接触盘片，而只是“悬浮”在盘片表面。磁头与盘片之间的空间很小，以至于一粒小小的灰尘都可能卡在其中，导致磁盘和磁头损坏，这一现象便是磁头划伤（head crash）。因此，磁盘系统出厂时都密封在箱子里。凭借这样的构造，磁盘系统能够以每秒几百次的速度旋转，达到每秒数以MB的传输速率。

因为磁盘系统的操作需要物理运动，所以难以与电子电路的速度相比。电子电路的延迟时间是以纳秒（十亿分之一秒）甚至更小的时间单位计算的，而磁盘系统的寻道时间、等待时间和存取时间是以毫秒（千分之一秒）度量的。因此，与电子电路等待结果的时间相比，从磁盘系统检索信息所需要的时间非常长。

磁存储技术现在很少使用了，包括**磁带**（magnetic tape）和**软盘驱动器**（floppy disk drive）。磁带是将信息记录在一条绕在卷轴上的薄塑料带的磁涂层上，软盘驱动器则是将带有磁涂层的单个盘片封在一个为了便于从驱动器中取出而设计的便携式的盒子里。磁带驱动器的寻道时间极长，它和它的兄弟——录音带——一样，都要花费很长的倒带时间和快进时间。不过，低成本和大数据容量，使磁带非常适用于那些数据主要被线性读或写的应用，如存档数据备份。虽然软盘盘片的可移动特性是以比硬盘盘片低得多的数据密度和存取速度为代价的，但是，在更大容量、更耐用的闪存驱动器诞生之前的几十年里，软盘盘片的便携性还是极其有价值的。

1.3.2 光系统

另一类海量存储器应用的是光技术。**光盘**（compact disk，CD）就是其中的一种。光盘的直径为12厘米（大约5英寸），由涂着光洁保护层的反射材料制成。光盘上的信息是通过在反射层上创建偏差的方法记录的，可以通过激光检测CD快速旋转时反射层的不规则反射偏差来读取。

CD技术最初是用于音频记录的，采用的记录格式叫作**数字音频光盘**（compact disk-digital audio，CD-DA），而现在的CD，作为计算机的数据存储设备，实质上使用的仍是同样的格式。特别值得一提的是，CD上的信息存储在一条磁道上，它呈螺旋形缠绕在CD上，很像老式留声机唱片里的凹槽，不过与老式留声机唱片不同的是，CD上的磁道是由内至外的（见图1-10）。

这条磁道被划分为称为扇区的单元，每个扇区都有自己的标识，数据存储容量为2 KB，这个容量在录制音频时，大约能录制$\frac{1}{75}$秒的音乐。

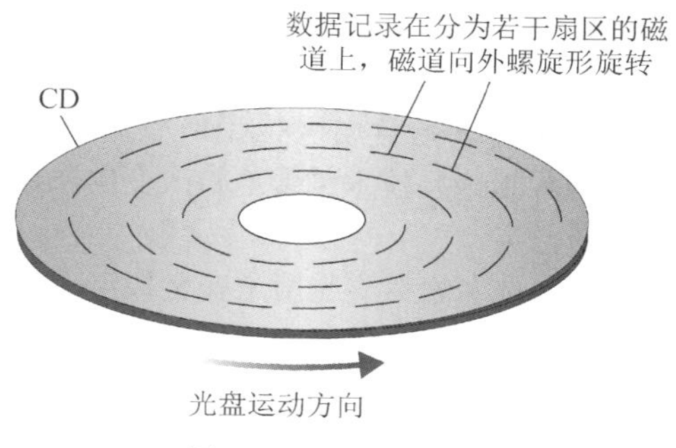

图1-10 CD存储格式

需要注意的是，盘片外边缘螺旋形磁道的距离比内部螺旋形磁道的要长。为了使CD的存储能力达到最大，信息是按照统一的线性密度存储在整个螺旋形磁道上的，这就意味着，在螺旋形磁道上，外部边缘环道存放的信息比内部环道的多。所以，如果盘片旋转一整圈，激光在扫描外部螺旋形磁道时，读到的扇区个数要比扫描内部时读到的多。因此，为了获得统一的数据传输速率，CD-DA播放器要能够根据激光在盘片上的位置来调整盘片的旋转速度。不过，由于用于计算机数据存储的大多数CD系统，其盘片都是以比较快的恒定速度旋转的，所以其CD驱动器必须适应数据传输速率的变化。

由于采用这种设计思想，CD存储系统在处理长且连续的数据串（如音乐复制）时，表现最好。但是，当一个应用需要随机存取数据项时，磁盘存储器所用的方法（单个的同心磁道被划分成独立存取的扇区）就优于CD所用的螺旋形方法。

传统CD的存储容量是600～700 MB。但是，**数字多功能光碟**（digital versatile disk，DVD）可具有多达几个GB的存储容量，它由多个半透明的层面构成，精确聚焦的激光可以识别其不同的层面。这种盘片能够存储冗长的多媒体信息，包括完整的电影。最后，蓝光技术（blu-ray technology）使用蓝色（而非红色）激光，能够极为精确地聚焦激光束。因此，**蓝光光碟**（blu-ray disk，BD）的容量是DVD的5倍多，其巨大的存储器容量能满足高清视频的需要。

1.3.3 闪存驱动器

基于磁技术或光技术的海量存储系统的一个普遍特征是，通过物理运动来存储和读取信息，例如，旋转磁盘、移动读/写磁头和扫描激光束。这就意味着，其数据的存储和读取速度比电子电路的要慢。**闪存**（flash memory）技术有克服这个缺点的潜力。在闪存系统里，二进制位是由电子信号直接发送到存储介质中的，电子信号使得该介质中二氧化硅的微小晶格截获电子，从而转换微电子电路的性质。因为这些微小晶格能够在没有外力的情况下保持截获的电子很多年，所以闪存技术非常适合存储可移植的、非易失性数据。

尽管存储在闪存系统里的数据能够像在RAM应用中一样，以小字节单元存取，但是现代技术规定存储的数据应批量擦除。不过，反复的擦除会逐渐损坏二氧化硅的晶格，这就意味着，现今的闪存技术不适合一般的主存储器应用，因为主存储器的内容一秒可能要改很多次。然而，在那些改变可以被控制在一个合理的水平的应用里（如数码相机和智能手机），闪存已经成为海量存储技术的一个选择。的确，因为闪存对物理震动不敏感（与磁系统和光系统不同），所以它现在正代替便携式应用（如笔记本电脑）中的其他海量存储技术。

闪存设备称为**闪存驱动器**（flash drive），容量可达几百GB，可用于一般的海量存储应用。闪存设备被封装在极小的塑料格子里，其一端有一个可以取下的帽，当驱动器处于脱机状态时，可以保护这个设备的电子连接器。因为这些便携设备容量大，很容易与计算机进行连接或断开，所以是理想的便携数据存储器。不过，由于它们的微小存储晶格的缺点，当涉及真正长期应用时，它们不如光学盘片可靠。

较大的闪存驱动器称为**固态硬盘**（solid-state disk，SSD），是专为替代磁硬盘设计的。与硬盘相比，固态硬盘防震抗摔性能更好，能更安静地运行（因为没有移动部件），存取时间更短。不过，固态硬盘要比同等大小的硬盘贵，所以在购买计算机时，它仍然被看作是高端选择。虽然固态硬盘扇区也受所有闪存技术所共有的寿命比较有限的影响，但通过**耗损均衡**（wear-leveling）技术频繁地将改变的数据块重定位到驱动器中使用次数最少的位置上，可以减小这个影响。

闪存技术的另一应用是**安全数字**（secure digital，SD）**存储卡**（memory card），简称SD卡。SD卡的容量高达2 GB，它们被制成塑料封装的晶圆，有邮票大小（还有更小的小型和微型SD卡），其中，**安全数字高容量**（secure digital high capacity，SDHC）存储卡（简称SDHC卡）的存储容量可以高达32 GB，新一代的**安全数字扩展容量**（secure digital extended capacity，SDXC）**存储卡**（简称SDXC卡）的容量可超过1 TB。由于这些卡物理结构紧凑，可以方便地插入小型电子设备的插槽，因此它们是数码相机、智能手机、音乐播放器、汽车导航系统，以及其他许多电子产品的理想选择。

问题与练习

1. 我们可以从加快磁盘或CD转速中获得什么？
2. 当记录数据到多盘片存储系统时，我们是应该写满一张盘片后再写另一张盘片，还是应该写满一个柱面后再写另一个柱面？
3. 为什么预订系统里的那些需要经常更新的数据，要存储在磁盘里，而不是CD或DVD里？
4. 哪些因素能使同一个驱动器能读包含CD、DVD以及蓝光光碟在内的所有光碟？
5. 相对于本节介绍的其他海量存储系统，闪存驱动器有什么优势？
6. 让磁硬盘驱动器仍具竞争力的优势是什么？

1.4　用位模式表示信息

在研究了位存储的技术后，现在来了解如何将信息编码为位模式。我们将集中学习一些流行的文本编码方法、数字数据编码方法、图像编码方法以及声音编码方法。其中每一个编码系统都可能会影响到典型的计算机用户。我们的目标是充分了解这些技术，以便知道应用这些技术的效果。

1.4.1　文本的表示

文本形式的信息通常由一种代码表示，其中文本中的每一个不同的符号（如英文字母和标点符号）均被赋予唯一的位模式。这样，文本就表示为一个长的位串，位串中的连续位模式表示的是原文本中的连续符号。

在20世纪的40年代和50年代，人们设计了许多这样的代码，并结合不同的设备使用，随之增加了不少通信问题。为了缓解这种情况，**美国国家标准化学会**（American National Standards Institute，ANSI，读作“AN–see”）采用了**美国信息交换标准码**（American Standard Code for Information Interchange，ASCII）。这种代码使用长度为7的位模式来表示大小写英文字母、标点符号、数字0～9以及某些控制信息（如换行、回车和制表符）。后来，ASCII码通过在每个7位位模式的最高端添加一个0，扩展为8位位模式。这个技术不仅使所产生的代码的位模式与字节型存储单元相匹配，而且还提供了128个附加位模式（通过给附加的位赋予数值1），可以表示除英语字母和关联的标点符号之外的符号。

美国国家标准化学会

美国国家标准化学会（ANSI）成立于1918年，是由一些工程师协会和政府机构联合创办的非营利性联盟，致力于协调私人部门自发标准的发展。现在，ANSI成员中有1300多个企业、专业组织、行业协会和政府机构。ANSI的总部设在纽约，它是美国在ISO的代表。它的网站是`http://www.ansi.org`。

其他国家的类似组织包括澳大利亚标准组织（Standards Australia）、加拿大标准委员会（Standards Council of Canada）、中国国家质量技术监督局（China State Bureau of Quality and Technical Supervision）、德国标准化学会（Deutsches Institut für Normung）、日本工业标准调查会（Japanese Industrial Standards Committee）、墨西哥标准指导委员会（Dirección General de Normas）、俄罗斯联邦国家标准和度量委员会（State Committee of the Russian Federation for Standardization and Metrology）、瑞士标准化协会（Swiss Association for Standardization）和英国标准学会（British Standards Institution）。

8位位模式的一部分ASCII码可见附录A。利用这个附录，我们可以将位模式

```
01001000  01100101  01101100  01101100  01101111  00101110
```

解码为报文“Hello.”，如图1-11所示。

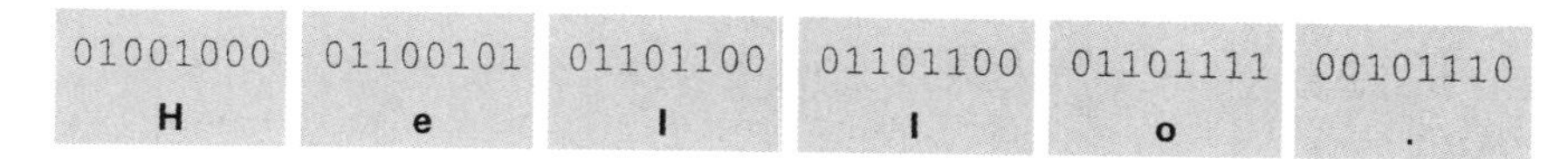

图1-11 报文“Hello.”的ASCII或UTF-8编码

国际标准化组织（International Organization for Standardization）简称ISO，这个简称来源于希腊语中的“*isos*”一词，意思是平等。ISO开发了大量的ASCII扩展，每种扩展都是针对某一主要语种设计的。例如，其中一个标准提供了表达大部分西欧语言文本所需的符号。在其128个附加模式中，有表示英镑和德语元音ä、ö、ü的符号。

ISO——国际标准化组织

国际标准化组织（常称为ISO）建立于1947年，是一个由各国标准化团体组成的世界范围的联合会。现如今，它的总部设在瑞士日内瓦，有100多个成员团体和许多通信成员。（一个通信成员通常是一个国家的标准化团体，这个国家还没有国家认可的标准化团体。这些成员不能直接参与标准的开发，但可以了解ISO的活动。）ISO的网站是`http://www.iso.org`。

ISO扩展的ASCII标准在支持全世界多语言通信方面取得了巨大进展，但是仍有两个主要障碍。首先，扩展的ASCII中额外可用的位模式数不足以容纳许多亚洲语言和一些东欧语言的字母表。其次，因为一个特定文档只能使用一个选定标准中的符号，所以无法支持包含不同语种的语言文本的文档。实践证明，这两者都会严重妨碍其国际化使用。为弥补这一不足，**Unicode**在一些主要软硬件厂商的合作下诞生了，并迅速赢得了计算界的支持。这种代码采用唯一的21位模式来表示每一个符号。当Unicode字符集与**Unicode转换格式8位**（Unicode transformation format 8-bit，UTF-8）编码标准结合在一起时，原来的ASCII字符仍然可以用8位来表示，而像汉语、日语和希伯来语这样的语言所产生的数以千计的其他字符则可以用16位来表示。除了可

以表示世界上所有常用语言所需的字符以外，UTF-8的24位或32位模式还可以表示比较鲜为人知的Unicode符号，为未来的扩展留出了充足的空间。

由一长串根据ASCII或Unicode编码的符号组成的文件常称为**文本文件**（text file）。区分下面两类文件很重要：一类是由称为**文本编辑器**（text editor，常简称为编辑器）的实用程序操作的简单文本文件；一类是由**字处理程序**（word processor），如微软的Word，产生的较复杂的文件。两者都是由文本材料组成的，但是，文本文件只包含文本中各个字符的编码，而由字处理程序产生的文件还包含许多表示字体变化、对齐信息和其他参数的专有代码。

1.4.2　数值的表示

当所记录的信息只有数值时，以字符编码的形式存储信息效率就会很低。为了了解其中的原因，让我们来看看数值25的存储问题。如果我们坚持用ASCII编码符号来存储，每个符号一个字节，那么总共需要16个二进制位。此外，用16个二进制位可以存储的最大数是99。不过，我们马上就可以看到，使用**二进制记数法**（binary notation），16个二进制位可以存储0～65 535范围内的任何一个整数。因此，二进制记数法（或它的变体）被广泛应用于计算机存储器中数值数据的编码。

二进制记数法是一种数值表示方法，只使用数字0和1，区别于传统的使用数字0、1、2、3、4、5、6、7、8和9的十进制记数系统。我们将在1.5节中更详细地学习二进制系统，现在只需要初步了解该系统。我们来考虑一种老式的汽车里程表，它的显示轮只包含数字0和1，而不是传统的十进制数字0～9。里程表以全0读数开始，在汽车行驶的前几英里，最右方的滚动显示轮从0旋转至1；当这个1旋转回0时，会使其左边出现一个1，产生模式10；接着，右边的0旋转至1，产生模式11；现在，最右边的数从1旋转回0，使得它左边的1也旋转回0，这就使另一个1出现在第3位上，产生模式100。简言之，在我们驾驶汽车时，将看到下列顺序的里程表读数：

```
0000
0001
0010
0011
0100
0101
0110
0111
1000
```

这个序列包括了整数0～8的二进制表示。尽管这种计数技术有些冗长乏味，但是我们可以扩展它，发现16个1组成的位模式是可以表示数值65 535的，这就证实了我们的说法：0～65 535范围内的任何整数都可以利用16个二进制位进行编码。

由于它的高效性，数字信息通常使用某种形式的二进制记数法来存储，而不用编码符号。我们之所以说“某种形式的二进制记数法”，是因为上面描述的简单二进制系统只是机器里应用的若干数值存储技术的基础。本章后面会讨论一些二进制系统的变体。现在我们只需要知道，称为**二进制补码**（two’s complement）记数法（见1.6节）的系统通常用于存储整数，因为它提供了一种便利的表示负数和正数的方法。为了表示$4\frac{1}{2}$或$\frac{3}{4}$这样带有分数部分的数，我们还要使用一种称为**浮点记数法**（floating-point notation）的技术（见1.7节）。

1.4.3 图像的表示

图像的一种表示方法是：将图像解释为一组点，每一个点称为一个**像素**（pixel，是picture element的简写）；然后，对每个像素的显示进行编码，整个图像就表示成了这些编码像素的集合，这个集合被称为**位图**（bit map）。这种方法很常用，因为许多显示设备（如打印机和显示器）都是基于像素概念操作的。因此，位图格式的图像更便于格式化显示。

位图中的像素编码方式随着应用的不同而不同。对于简单的黑白图像，每个像素由一个位表示，位的值取决于相对应像素是黑还是白。这是大多数传真机采用的方法。对于更加精致的黑白照片，每个像素由一组位（通常是8个）表示，这使得许多灰色阴影也可以表示出来。对于彩色图像，每个像素通过更为复杂的系统来编码。有两种方法很常用，其中一种是RGB编码，每个像素表示为3种颜色成分——红、绿、蓝，它们分别对应于光线的三原色。每一种颜色成分的强度一般是用一个字节来表示。因此，要表示原始图像中的一个单独像素，就需要3个字节的存储空间。

另一种替代简单RGB编码的方法是，使用一个“亮度”成分和两个颜色成分。在这种方法中，“亮度”成分被称为像素亮度，基本上就是红、绿、蓝三种颜色成分的总和。（事实上，它是像素中白光的数量，但是现在我们不需要考虑这些细节。）其他两种成分，称为蓝色色度和红色色度，分别由像素中的像素亮度与蓝或红光数量之间的差来决定。这3个成分合在一起就是再现这个像素所需要的全部信息。

利用亮度和色度成分进行图像编码这种方式的普及源自彩色电视广播领域，因为这种方法提供的彩色图像编码方式可以兼容老式黑白电视接收器。事实上，只需要利用编码彩色图像的亮度成分就可以制造出图像的灰度版本。

用位图表示图像的缺点在于，图像不能轻易调整到任意大小。基本上，放大图像的唯一途径就是变大像素，而这会使图像模糊。（这就是应用于数字照相机的“数字变焦”技术，与此相对的“光学变焦”是通过调整照相机镜头实现的。）

图像的另外一种表示方法，避免了这个缩放问题，将图像描述成了几何结构（如直线和曲线）的集合，这些几何结构可以用解析几何技术来编码。这种描述允许最终显示图像的设备决定几何结构的显示方式，而不是让设备再现特殊像素模式。这种方法被用在了当今的字处理系统中，用于产生可缩放的字体。例如，TrueType（由微软公司和苹果公司开发）是用几何结构描述文本符号的系统，而PostScript（由Adobe系统开发）提供了一种描述字符及更一般的图形数据的方法。这种表示图像的几何方法在**计算机辅助设计**（computer-aided design，CAD）系统中也很常见，用于在计算机屏幕上显示和操控三维物体的绘制。

许多绘图软件系统（如微软的画图工具）都允许用户用预先设定的形状（如矩形、椭圆形、基本线条等）画图，对于这些用户来说，用几何结构表示图像与用位图表示图像之间的区别是很明显的。用户只需从菜单中选择所需的几何形状，就可以用鼠标绘制出形状。在绘制过程中，软件保存了所画形状的几何描述。当鼠标给出方向后，内部的几何表示就被修改，再转化成位图形式显示出来。这种方法方便图像的缩放和形状的改变。然而，一旦绘制过程完成，系统就会去除基本的几何描述，仅保存位图，这意味着，再做其他修改需要经历冗长的一个像素接一个像素的修改过程。另外，一些绘图系统会将描述作为几何图形保存下来，并允许在之后进行修改。有了这些系统，就可以轻松地调整图形的大小，并可按各种尺寸显示清晰图像。

1.4.4 声音的表示

为了便于计算机存储和操作，对音频信息进行编码的最常用方法是，按有规律的时间间隔对声波的振幅采样，并记录所得到的数值序列。例如，序列0、1.5、2.0、1.5、2.0、3.0、4.0、

3.0、0可以表示这样一种声波：它的振幅先增大，然后经短暂的减小，再回升至较高的幅度，接着又减回至0（见图1-12）。这种技术采用每秒8000次的采样频率，已经在远程语音电话通信中使用了许多年。通信一端的语音被编码为数字值，表示每秒8000次的声音振幅。接着，这些数字值通过通信线路被传输到接收端，用来重现声音。

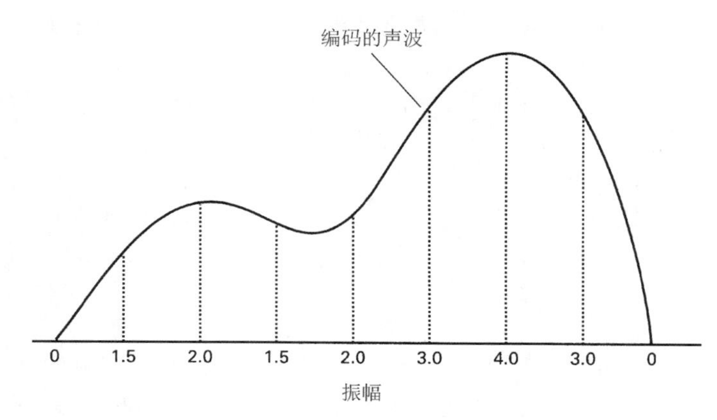

图1-12　序列0、1.5、2.0、1.5、2.0、3.0、4.0、3.0、0所表示的声波

尽管每秒8000次的采样频率似乎是很快的速率，但它还是满足不了音乐录制的高保真需求。为了实现现在音乐CD重现声音的质量，我们需要采用每秒44 100次的采样频率。每次采样得到的数据要用16位的形式表示（32位用于立体声录制）。因此，录制成立体声的音乐，每一秒需要100多万个存储位。

乐器数字化接口（musical instrument digital interface，MIDI，读作“MID–ee”）是另外一种编码系统，被广泛用于电子键盘的音乐合成器、视频游戏声音，以及网站的辅助音效。MIDI是在合成器上编码产生音乐的指令，而不是对音乐本身进行编码，因此它避免了采样技术那样的大存储容量要求。更精确地说，MIDI是对什么乐器演奏什么音符以及持续时间进行编码。例如，单簧管演奏D音符2秒，可以编码为3个字节，而不必按照每秒44 100次的采样频率用两百多万个二进制位来编码。

简言之，可以把MIDI看作是对演奏者乐谱编码的一种方法，而不是对演奏本身编码。因此，MIDI“录制”的音乐在不同合成器上演奏时声音可能是截然不同的。

问题与练习

1. 下面是用ASCII编码的一条消息，每个符号8位。它的含义是什么？（见附录A）

   ```
   01000011 01101111 01101101 01110000 01110101 01110100 01100101
   01110010 00100000 01010011 01100011 01101001 01100101 01101110
   01100011 01100101
   ```

2. 在ASCII码中，大写字母码和相应小写字母码之间的关系是什么？（见附录A）
3. 用ASCII对下列语句编码：

   a. “Stop!” Cheryl shouted.

   b. Does 2+3=5?
4. 描述一种在日常生活中能够呈现两种状态的设备，例如，旗杆上的旗帜，或者升起或者降下。给一种状态赋值1，另一种赋值0，请说明当以这样的位来存储时，字母b的ASCII码会怎样表示？
5. 将下列二进制表示分别转化为相应的十进制形式。

   a. 0101　b. 1001　c. 1011　d. 0110　e. 10000　f. 10010

6. 将下列的十进制表示分别转化为相应的二进制形式。
   a. 6　　b. 13　　c. 11　　d. 18　　e. 27　　f. 4
7. 如果每个数字采用每字节一个ASCII码的模式编码，那么3个字节可以表示的最大数字值是多少？如果采用二进制编码，那么又能够表示多大的数字值？
8. 除十六进制记数法以外，另一种表示位模式的方法是**点分十进制记数法**（dotted decimal notation），其中每个字节由相对应的十进制数来表示，而且这些字节表示之间是用句点分开的。例如，12.5表示模式0000110000000101（12表示字节00001100，5表示字节00000101），而136.16.7表示模式100010000001000000000111。用点分十进制记数法表示下列位模式：
   a. 0000111100001111　　b. 001100110000000010000000
   c. 0000101010100000
9. 相对于位图技术，用几何结构表示图像有哪些优点？位图技术相对于几何结构又有哪些优点？
10. 假如采用文中所讨论的每秒44 100次的采样频率，对1小时音乐的立体声录音进行编码。请问这段音乐编码的大小与CD的存储容量相比结果如何？

*1.5 二进制系统

在1.4节中我们看到，二进制记数法是表示数字值的一种方法，它只使用数字0和1，而不用较常见的十进制记数系统中的10个数字0到9。现在，我们来深入了解一下二进制记数法。

1.5.1 二进制记数法

回顾十进制系统，表示中的每一个位置都与一个量值相关联。在375这个表示中，5的位置与量1相关联，7的位置与量10相关联，3的位置与量100相关联（见图1-13a）。每一个量值是它右边量值的10倍。整个表达式代表的数值是，每一个数字值与其位置的量值相乘所得积之和。举例说明：模式375表示（3×100）+（7×10）+（5×1），用更加技术性的表示法表示就是（3×10^2）+（7×10^1）+（5×10^0）。

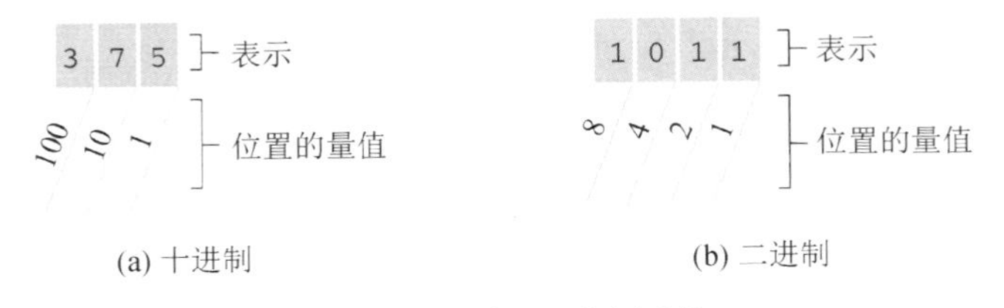

图1-13　十进制和二进制系统

在二进制记数法中，每个数字的位置也与一个量值相关联，只是与每个位置相关联的那个量值是它右边量值的两倍。更精确地说，在二进制表示中，最右边的数字与量值1（即2^0）相关联，其左边的下一个位置与量值2（即2^1）相关联，下一个与量值4（即2^2）相关联，再下一个与量值8（即2^3）相关联，依次类推。例如，在二进制表示1011中，最右边1的位置与量值1相关联，接下来一个1的位置与量值2相关联，0的位置与量值4相关联，最左边1的位置与量值8相关联（见图1-13b）。

为了求得二进制表示所表示的数值，我们可以采取和十进制相同的步骤：先求得每个数字值与其量值的积，再计算各个乘积之和。例如，100101表示的数值是37，如图1-14所示。需要注意的是，因为二进制记数法仅使用数字0和1，这种求积再求和的步骤就可以简化为求数字值为1的位置对应的量值的和。因此，二进制模式1011表示的是十进制数值11，因为3个1的位置分别与量值1、2和8相关联。

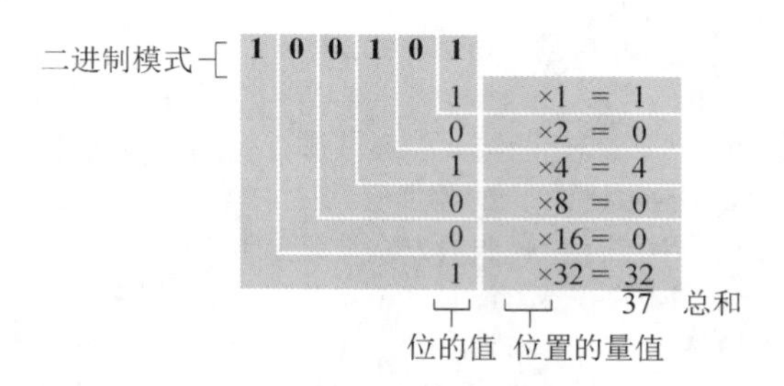

图1-14　二进制表示100101的解码

在1.4节中，我们学习了如何用二进制记数法计数，这就使得我们可以对小整数进行编码。为了求得大数值的二进制表示，你可能更倾向于图1-15所描述的算法。让我们利用这个算法来求十进制数值13的二进制表示（见图1-16）。首先，将13除以2，得到商数6和余数1。因为这个商不是0，步骤2告诉我们还要在商数（6）的基础上除以2，得到新的商数3和余数0。最新的商数仍然不为0，所以再除以2，得出商数1和余数1。再一次，将最新的商数（1）除以2，此时得到商数0和余数1。因为现在的商数是0，我们进入步骤3，从余数列中得到原数（13）的二进制表示1101。

步骤1	将该值除以2，记下余数。
步骤2	只要所得的商不是零，就继续将最新的商除以2，并记下余数。
步骤3	商为0时，将余数按所记录的顺序从右到左依次排列，即得到原数的二进制表示。

图1-15　求正整数二进制表示的算法

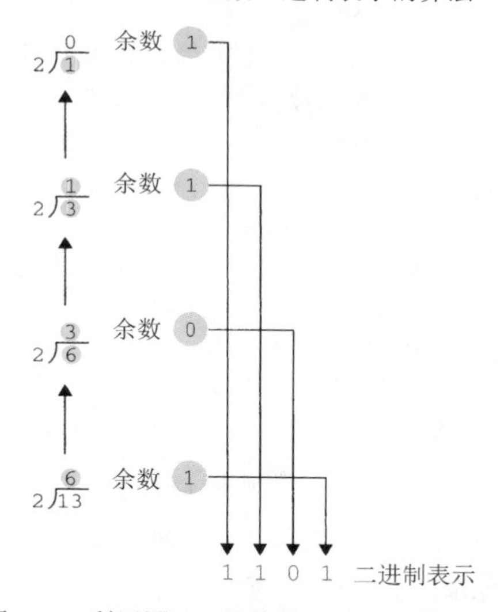

图1-16　利用图1-15的算法求13的二进制表示

1.5.2　二进制加法

为了理解两个用二进制表示的整数的相加过程，首先让我们回顾一下用传统十进制记数法表示的数值的相加过程。例如，考虑下面的问题：

```
  58
+ 27
```

我们先把最右列的8和7相加，得到和15，我们把5记录在这一列的底部，进位1放到下一列中，得到：

```
    1
   58
 + 27
    5
```

现在我们把下一列的5和2相加，并加上进位到这一列的1，得到和8，我们把8记录在这一列的底部，得到：

```
   58
 + 27
   85
```

总之，这个过程就是从右到左相加每一列中的数字，把和中的最低有效位写在列的底部，把和的较高有效位（如果有）进位到下一列。

为了将两个用二进制表示的正整数相加，我们遵照相同的过程，只是所有和的计算都使用图1-17中显示的加法规则，而不是你在小学所学的传统的十进制加法法则。例如，为了解决问题：

```
  111010
+  11011
```

首先将最右边的0和1相加，得到1，写于该列下方。接着将下一列的1和1相加，得到10。把其中的0写于该列下方，将1记在了下一列的上面。这时，加法如下：

```
     1
  111010
+  11011
      01
```

把下一列的1、0和0相加，得到1，将1写于该列下方。下一列的1和1总和为10，将0写于该列下方，将1记于下一列。这时，加法如下：

```
   1
  111010
+  11011
    0101
```

下一列的1、1和1总和为11（数值3的二进制表示），将低位1写于该列下方，并将另外一个1写在下一列的上面。把那个1与那列原本的1相加，得到10。再一次，在该列下方写下低位0，并将1写在下一列的上面。现在得到

```
 1
  111010
+  11011
  010101
```

下一列的唯一项就是1，是上一列进过来的，所以我们将其记录为答案。最终的结果是：

```
  111010
+  11011
 1010101
```

```
  0     1     0     1
+ 0   + 0   + 1   + 1
  0     1     1    10
```

图1-17 二进制加法法则

1.5.3 二进制中的小数

为了扩展二进制记数法，使其包含小数数值，我们使用了**小数点**（radix point），其功能与十进制记数法中的十进制小数点是相同的，即小数点左边的数字代表数值的整数部分（整个部

分），其解释和前面讨论的二进制系统一样。小数点右边的数字代表数值的小数部分，其解释和其他二进制位类似，只是它们的位置被赋予了小数的量值。更确切地说，小数点右边第一位的量值是$\frac{1}{2}$（即2^{-1}），下一位的量值是$\frac{1}{4}$（即2^{-2}），再下一位是$\frac{1}{8}$（即2^{-3}），依次类推。需要注意的是，这仅仅是前面所述规则的延续：即每位所被赋予的量值是它右边大小的两倍。利用这些赋予二进制位位置的量值，对包含小数点和不包含小数点的二进制表示进行解码的步骤基本是相同的。更精确地说，我们是把表示中每一个位值与其对应位位置的量值相乘。举例来说，二进制表示101.101的解码为$5\frac{5}{8}$，如图1-18所示。

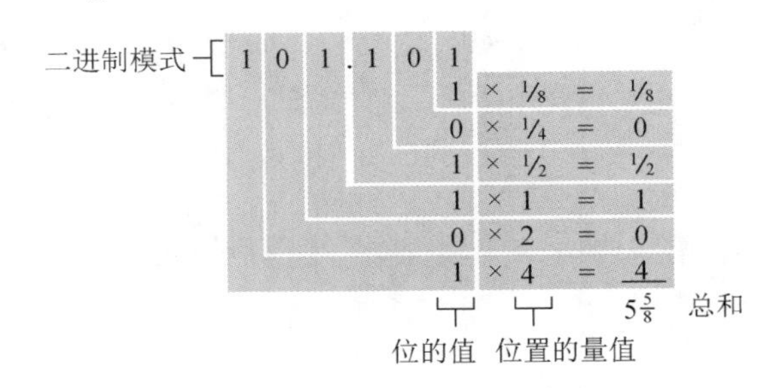

图1-18　二进制表示101.101的解码

另外，应用于十进制系统的加法技术同样适用于二进制系统，即两个有小数点的二进制表示相加时，我们只需要对齐小数点，然后应用前面介绍的加法步骤进行计算即可。例如，10.011加100.11得111.001，如下所示：

```
   10.011
+ 100.110
  111.001
```

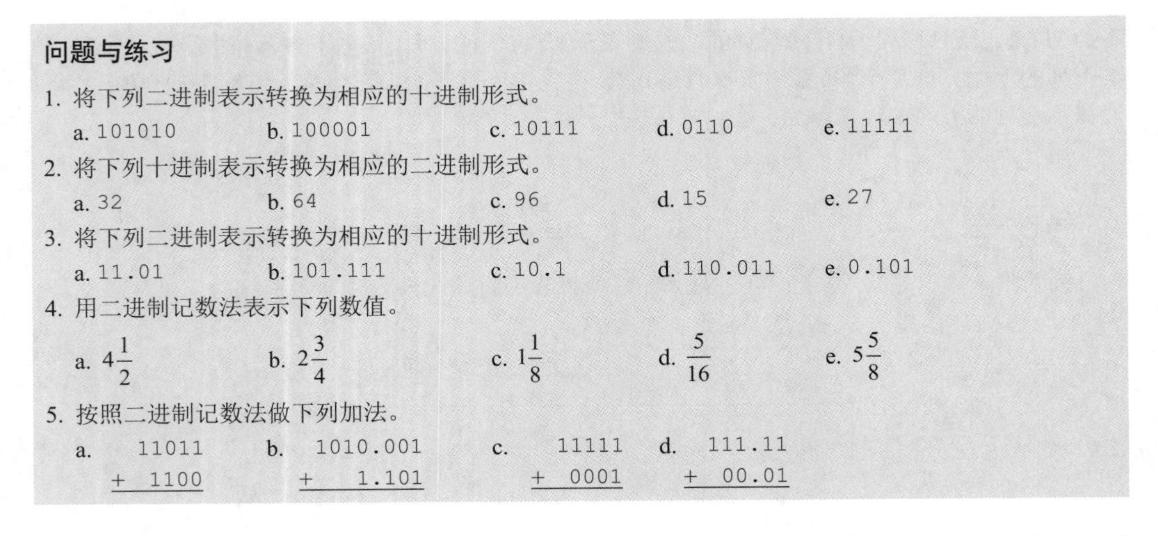

问题与练习

1. 将下列二进制表示转换为相应的十进制形式。

   a. 101010　　b. 100001　　c. 10111　　d. 0110　　e. 11111

2. 将下列十进制表示转换为相应的二进制形式。

   a. 32　　b. 64　　c. 96　　d. 15　　e. 27

3. 将下列二进制表示转换为相应的十进制形式。

   a. 11.01　　b. 101.111　　c. 10.1　　d. 110.011　　e. 0.101

4. 用二进制记数法表示下列数值。

   a. $4\frac{1}{2}$　　b. $2\frac{3}{4}$　　c. $1\frac{1}{8}$　　d. $\frac{5}{16}$　　e. $5\frac{5}{8}$

5. 按照二进制记数法做下列加法。

```
a.   11011    b.   1010.001    c.   11111    d.   111.11
   + 1100        +    1.101       + 0001        + 00.01
```

*1.6　整数的存储

数学家们长久以来就对数字记数系统很感兴趣，而且他们的许多想法已经被证明与数字电路的设计是相符的。本节，我们将研究其中两种记数系统：二进制补码记数法和余码记数法。

它们都是计算设备用于表示整数的方法。虽然这些系统都是基于二进制系统的，但是它们增加了一些其他的特性，因而与计算机设计更加兼容。尽管它们有这么多的优点，但是它们也有缺点。我们的目标是了解这些特性以及它们是如何影响计算机用法的。

模拟与数字

在21世纪之前，许多研究人员都在讨论数字技术和模拟技术的优缺点。在数字系统里，一个数值会被编码成一系列数字，存储在若干设备中，每个设备表示一个数字。在模拟系统里，每个数值都存储在一个单独的设备里，这个设备可以表示一个连续范围内的任何数值。

让我们用水桶当存储设备来比较这两种方法。为了模拟数字系统，我们让一个空桶表示数字0，一个满桶表示数字1，然后我们利用浮点记数法（见1.7节）将一个数字值存储在一排水桶中。相反，为了模拟模拟系统，我们用水桶水位表示数字值。乍一看，模拟系统看起来更精确，因为它不会有数字系统中的截断误差（见1.7节）。不过，在模拟系统中，水桶的任何移动都会使水位检测出错，而在数字系统中，则必须有剧烈的晃动才能区分出水桶是满的还是空的。因此，数字系统不像模拟系统对错误那样敏感。由于数字系统的这种健壮性，许多原来基于模拟技术的应用（如电话通信、音频录制和电视）都转而使用数字技术。

1.6.1 二进制补码记数法

现今计算机中最流行的整数表示系统是**二进制补码**（two's complement）记数法。这个系统采用固定数目的二进制位来表示系统中的每一个数值。现今设备中普遍采用二进制补码系统，其中每个数值用一个32位的模式表示。这种大系统能表示很大范围的数字，但不方便演示。因此，在学习二进制补码系统的特性时，我们将着重介绍较小的系统。

图1-19列出了两种完整的二进制补码系统，一种基于长度为3的位模式，另一种基于长度为4的位模式。要构造这种系统，首先要规定一组适当长度的二进制0，接着用二进制计数，直到只有一个0、其他都是1的模式形成。这些模式表示数值0, 1, 2, 3, …。要想获得表示负值的模式，首先要规定一组适当长度的二进制1，接着按照二进制反向计数，直到只有一个1、其他都是0的模式形成。这些模式表示数值−1, −2, −3, …。（如果你认为利用二进制反向计数有困难，那么可以从表格底部只有一个1、其他都为0的模式开始，向上计数到全是1的模式。）

位模式	所表示的值
011	3
010	2
001	1
000	0
111	-1
110	-2
101	-3
100	-4

(a) 使用长度为3的位模式

位模式	所表示的值
0111	7
0110	6
0101	5
0100	4
0011	3
0010	2
0001	1
0000	0
1111	-1
1110	-2
1101	-3
1100	-4
1011	-5
1010	-6
1001	-7
1000	-8

(b) 使用长度为4的位模式

图1-19 二进制补码记数法系统

注意，在二进制补码系统中，位模式最左边的二进制位指明了所表示的数值的符号。因此，最左边的位常称为**符号位**（sign bit）。在二进制补码系统中，符号位为1的模式表示负值，符号位为0的模式表示非负值。

在二进制补码系统中，绝对值相同的正负数值的表示模式之间有一种对应关系，从右向左读时，直到第一个二进制1（包括），它们都是相同的。然后，以这个1为分界线，左面的位模式互为补码。要得到一个模式的**补码**（complement），需要将所有的二进制0转换为1，并将所有的二进制1转换为0。例如，图1-19中的4位系统，表示2和−2的模式都是以10结束，但是表示2的模式开始为00，而表示−2的模式开始为11。观察到这一点，我们就可以得出在绝对值相同的、表示正负值的位模式之间进行转换的算法。我们只需要从右到左复制原始的模式直到第一个1，接着在将剩余位转换为最终位模式时，对这些剩余位取反（图1-20）。

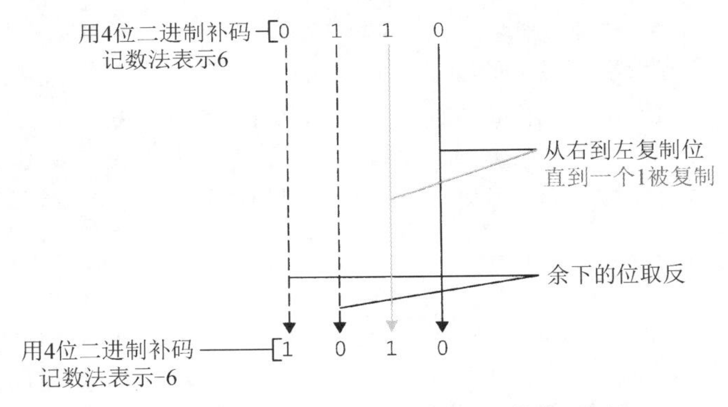

图1-20　用4位二进制补码记数法对数值6编码

理解了二进制补码系统的这些基本特性，还可以得出二进制补码表示法的一个解码算法。如果要解码的模式有一个符号位0，我们仅仅需要读出这个数值，就好像这个模式是一个二进制表示。例如，0110表示十进制数值6，因为110是6的二进制表示。如果要解码的模式有一个符号位1，我们就知道表示的数值是负的，而我们所要做的就是找到其绝对值。为了实现这个目的，我们首先要利用图1-20中“复制和取反”的步骤，然后对获得的模式进行解码，就仿佛它只是一个简单的二进制表示。例如，为了对模式1010解码，我们首先要意识到，因为这个符号位是1，表示的数值就是负的。因此，我们利用“复制和取反”步骤获得模式0110，认识到这是6的二进制表示，然后得出结论：原始的模式表示−6。

1．二进制补码记数法中的加法

为了计算二进制补码记数法中的数值相加，我们采用了二进制加法中使用的算法，只是包括答案在内的所有位模式长度都相同。这就意味着，在做二进制补码系统的加法时，如果最后一个进位导致答案左边产生了附加位，那么这个附加位一定会被截断。因此，“加法运算”0101和0010得出0111，0111和1011得出0010（0111+1011=10010，被截断为0010）。

十进制问题	二进制补码问题	十进制答案
3 + 2	0011 + 0010 = 0101	5
−3 + −2	1101 + 1110 = 1011	−5
7 + −5	0111 + 1011 = 0010	2

图1-21　转换为二进制补码记数法的加法问题

根据这个理解，我们来分析一下图1-21中的3个加法问题。每一个情况，我们都把问题转化为二进制补码记数法（采用长度为4的位模式），演示先前描述过的加法过程，然后对结果进行解码，回到一般的十进制记数法。

注意，图1-21中的第3个问题涉及正数和负数的加法，它展示了二进制补码记数法的一个主要优点：有符号数的任何组合加法，都可以使用相同的算法从而使用相同的电路来实现。这与人们传统的算术运算截然不同。尽管小学生是先学加法，后学减法，但是应用二进制补码记数法的机器只需要知道如何相加就可以了。

例如，减法问题7−5与加法问题7+（−5）是一样的。因此，如果人们命令计算机执行7（存储为0111）减5（存储为0101），那么它首先要将5转换为−5（表示为1011），然后执行0111+1011的加法过程，得到代表数值2的0010，如下所示：

```
  7          0111          0111
 -5    →   - 0101    →   + 1011
                           0010   →   2
```

由此我们可以看到，当用二进制补码记数法表示数字值时，只需要将一个加法电路与一个取负电路组合在一起，就足以同时解决加法和减法这两个问题了。（这些电路的图示及解释详见附录B。）

2．溢出问题

我们在前面的例子中避开了这样一个问题：任意一个二进制补码系统对所能表示的数值大小都有限制。当使用4位模式二进制补码时，可以表示的最大正整数是7，最小负整数是−8。具体来说，就是无法表示数值9，这就意味着我们不能指望得出5+4的正确答案。事实上，它的结果会为−7。这种现象称为**溢出**（overflow）。也就是说，溢出指的是这样一个问题，即计算得出的数值超出了可以表示的数值范围。使用二进制补码记数法时，两个正值相加或两个负值相加都可能会出现这种情况。无论哪种情况，检查答案的符号位就可以发现溢出的条件。如果两个正值相加的结果是负值的模式，或者两个负值相加的结果为正，那么就发生了溢出问题。

当然，使用二进制补码系统的大多数计算机的位模式，都比我们上面例子中给出的长，因而在进行较大数值操作时不会产生溢出。现在，人们普遍使用二进制补码记数法的32位模式来存储数值，可以得到的最大正值是2 147 483 647。如果需要更大的数值，我们可以使用更长的位模式，或者改变度量单位。例如，在解答一个问题时用英尺代替英寸，所得的数值就会变小，而且也可以达到所要求的精确度。

关键问题是计算机会制造错误。因此，使用机器的人一定要意识到可能涉及的危险。其中一个问题就是，计算机程序员和使用者会自满而导致忽视一个事实——小数值可以累加成大数值。例如，人们过去普遍使用二进制补码记数法的16位模式表示数值，这就意味着出现大于或等于2^{15}=32 768的数值时就会产生溢出。1989年9月19日，一家医院多年来运行良好的计算机出现了故障。仔细检查后发现，那天距1900年1月1日共32 768天，而计算机的程序正是基于那个起始日期开始计算日期的。因此，由于溢出原因，1989年9月19日的日期产生了负值——设计计算机程序时没有考虑到这种现象。

1.6.2 余码记数法

表示整数值的另外一种方法是**余码记数法**（excess notation）。与二进制补码记数法相同，余码记数法中的每一个数值也都是用相同长度的位模式表示的。为了建立余码系统，我们首先要选择所使用的模式长度，然后根据二进制记数呈现的顺序写下那个长度的所有位模式。接着我们发现，二进制1作为其最高位的第一个模式大约就在数列的中间。我们用这个模式表示0，其前的模式就分别用于表示−1, −2, −3, …，其后的模式分别用于表示1, 2, 3, …。使用长度为4的模式产生的编码如图1-22所示。我们可以看到，模式1101表示数值5，0011表示数值−5。（注意，余码系统和二进制补码系统的区别就是符号位相反。）

图1-22表示的系统称为余8记数法。为了了解其由来，我们先用传统二进制系统的编码解释每

一个模式，然后将其与余码记数法表示的数值进行比较。你会发现，每一个模式的二进制解释值都要比余码记数法解释值大8。例如，模式1100在二进制记数法中表示数值12，在余码系统中表示4；0000在二进制记数法中表示数值0，但是在余码系统中表示−8。与此类似，在基于长度为5的位模式的余码系统中，模式10000表示的是0，而不是通常的数值16，该记数法称为余16记数法。同样，你可以证明3位余码系统应该称为余4记数法（见图1-23）。

位模式	所表示的值
1111	7
1110	6
1101	5
1100	4
1011	3
1010	2
1001	1
1000	0
0111	-1
0110	-2
0101	-3
0100	-4
0011	-5
0010	-6
0001	-7
0000	-8

图1-22 余8代码转换表

位模式	所表示的值
111	3
110	2
101	1
100	0
011	-1
010	-2
001	-3
000	-4

图1-23 使用长度为3的位模式的余码记数系统

问题与练习

1. 将下面每一个二进制补码表示转换为相应的十进制形式。
   a. 00011　b. 01111　c. 11100
   d. 11010　e. 00000　f. 10000
2. 用8位位模式将下列每一个十进制表示转换为相应的二进制补码形式。
   a. 6　b. −6　c. −17
   d. 13　e. −1　f. 0
3. 假定下列位模式表示的是用二进制补码记数法存储的数值，求出每一个值的负值的二进制补码表示。
   a. 00000001　b. 01010101　c. 11111100
   d. 11111110　e. 00000000　f. 01111111
4. 假定一台机器用二进制补码记数法存储数值，如果机器分别采用下列长度的位模式，那么可以存储的最大数和最小数分别是什么？
   a. 4　b. 6　c. 8
5. 在下列问题中，每个位模式表示一个用二进制补码存储的数值。请执行文中所述的加法过程，按照二进制补码记数法求出它们的答案。并将问题及答案转换为十进制记数法进行验证。
   a. 0101+0010　b. 0011+0001　c. 0101+1010
   d. 1110+0011　e. 1010+1110
6. 计算下列由二进制补码记数法表示的问题，但这次要观察溢出问题，并指出哪个答案因产生溢出而不正确。
   a. 0100+0011　b. 0101+0110　c. 1010+1010
   d. 1010+0111　e. 0111+0001
7. 将下列问题从十进制记数法转换为长度为4的位模式的二进制补码记数法，然后将每一个问题转换成一个相应的加法问题（如机器的做法），然后执行加法。将求得的答案转换为十进制记数法进行验证。
   a. 6−(−1)　b. 3−(−2)　c. 4−6
   d. 2−(−4)　e. 1−5

8. 在二进制补码记数法里，一个正数和一个负数相加时会产生溢出吗？请说明理由。
9. 将下面每一个余8码表示转换为相应的十进制形式（解题时不要看文中的表格）。

a. 1110	b. 0111	c. 1000
d. 0010	e. 0000	f. 1001

10. 将下列的每一个十进制表示转换为相应的余8码形式（解题时不要看文中的表格）。

a. 5	b. -5	c. 3
d. 0	e. 7	f. -8

11. 数值9可以用余8记数法表示吗？用余4记数法表示6呢？请说明理由。

*1.7　小数的存储

不同于整数存储，对于包括小数部分的数值的存储，我们不仅要存储代表其二进制表示的0和1，还要存储其小数点的位置。有一种流行的基于科学记数法的存储方法，称为**浮点**（floating-point）记数法。

1.7.1　浮点记数法

为了解释浮点记数法，我们来看一个只用一个字节来存储的例子。尽管机器通常使用更长的模式，但是这种8位格式也可以表示实际的系统，而且既可以展示重要的概念，又避免了长位模式的混乱。

首先，我们规定这个字节的高位端为符号位。再次说明，符号位中的二进制0代表存储的数值为非负值，1代表数值为负值。接着，我们将这个字节剩余的7个位分为2组，或称其为域：**指数域**（exponent field）和**尾数域**（mantissa field）。我们规定符号位右边的3个位为指数域，余下的4个位为尾数域。图1-24描述了如何拆分字节。

我们可以借助下面的例子解释这些域的含义。假如一个字节由位模式01101011组成。利用前面的形式分析这个模式，可以看出符号位是0，指数是110，尾数是1011。为了对这个字节解码，我们首先要求解它的尾数，并在它的左边放置一个小数点，得到

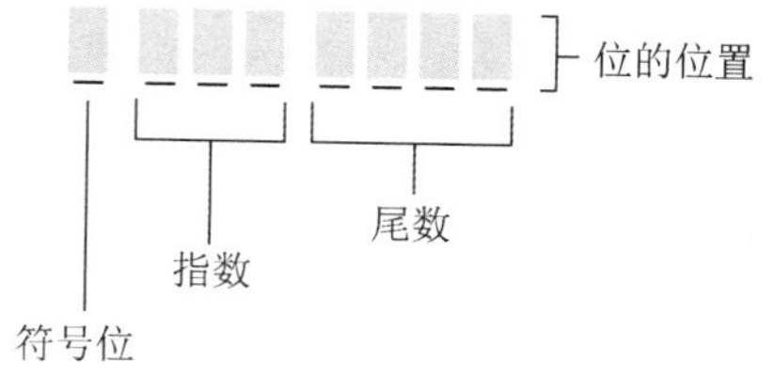

图1-24　浮点记数法成分

```
.1011
```

接着，我们求解指数域（110）的内容，并将其解释为一个用3位余码方法（见图1-23）存储的整数。从而得出，我们所举例子的指数域模式表示正数2。这就要求我们将上面所得结果的小数点向右移动2位。（负指数域就意味着向左移动小数点。）因此，我们可以得到

```
10.11
```

这就是$2\frac{3}{4}$的二进制表示（二进制中的小数的表示参见图1-18）。接着，我们看到例子中的符号位是0，因此所表示的值为非负值。最后得出结论：字节01101011表示$2\frac{3}{4}$。如果模式是11101011（除了符号位都与之前相同），表示的数值就将为$-2\frac{3}{4}$。

再看一个例子，字节00111100。求尾数后得到

```
.1100
```

因为指数域（011）表示数值-1，所以将小数点向左移动一位，得到

```
.01100
```

这表示$\frac{3}{8}$。因为原始模式中的符号位是0，所以存储的数值为非负值。最后得出结论：模式00111100表示$\frac{3}{8}$。

在用浮点记数法存储数值时，要颠倒前面的过程。例如，为了对$1\frac{1}{8}$编码，我们首先要将其用二进制记数法表示，得到1.001。接着，我们要从左到右从二进制表示的最左边的1开始，将其位模式复制到尾数域。此时，这个字节如下：

```
_ _ _ _ 1 0 0 1
```

我们现在必须填充指数域。为了达到这个目的，假定尾数域的左边有一个小数点，然后规定位的数量以及小数点移动的方向，以此得到原始的二进制数字。在这个例子中我们可以看到，.1001中的小数点要向右移动一位才能得到1.001，指数因此为正1，所以我们将101（在余4记数法中表示正1，见图1-23）置于指数域。最后，因为存储的数值是非负的，我们用0填充符号位。完成的字节如下：

```
0 1 0 1 1 0 0 1
```

当填充尾数域时，你可能会漏掉一个微妙的细节。这个规则是从最左边的1开始，从左到右复制以二进制表示的位模式。为阐述清楚，让我们考虑一下存储数值$\frac{3}{8}$的过程，它的二进制记数法表示为.011。这时，其尾数为

```
_ _ _ _ 1 1 0 0
```

而不会是

```
_ _ _ _ 0 1 1 0
```

这是因为我们是从二进制表示最左边的1开始填充尾数域。遵循这个规则的表示称为**规范化形式**（normalized form）。

使用规范化形式减少了同一数值多种表示的可能性。例如，00111100和01000110都可以解码成$\frac{3}{8}$，但是只有第一个模式才是规范化形式。遵循规范化形式也意味着，所有非0数值的表示都会有一个以1开始的尾数。不过，数值0是一个特例，它的浮点表示就是全部为0的位模式。

1.7.2 截断误差

下面我们来考虑一下，用我们的1字节浮点记数系统存储数值$2\frac{5}{8}$，看看会出现什么恼人的问题。我们首先用二进制写$2\frac{5}{8}$，得到10.101。但是，当把这个模式复制到尾数域时，我们就用尽了空间，最右边的1（表示最后的$\frac{1}{8}$）因此丢失了（见图1-25）。如果现在忽视这个问题，继续填充指数域和符号位，那么我们最后得到的位模式将为01101010，它表示的是$2\frac{1}{2}$，而不是

$2\frac{5}{8}$。这个现象称为**截断误差**（truncation error）或**舍入误差**（round-off error）。这就意味着，由于尾数域空间不够大，存储的部分数值丢失了。

使用较长的尾数域可以减少这种误差的发生。事实上，现在生产的大多数计算机都至少采用32位存储浮点记数法表示的数值，而不是我们在本书中采用的8位。这同时使得指数域也更长。不过，即使有这样较长的格式，有时候还是需要更高的精确度。

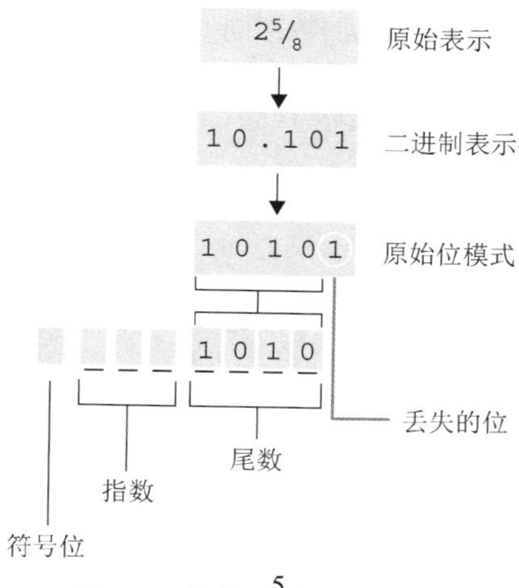

图1-25 数值 $2\frac{5}{8}$ 的编码过程

截断误差的另外一个来源是十进制记数法中比较常见的一个现象，即无穷展开式问题，例如，我们在用十进制形式表示 $\frac{1}{3}$ 的时候。有些数值无论我们用多少位数字都无法精确地表示。传统的十进制记数法与二进制记数法的区别在于，二进制记数法中有无穷展开式的数值多于十进制。例如，数值 $\frac{1}{10}$ 表示为二进制时为无穷展开式。想象一下，一个粗心的人用浮点记数法存储和处理美元与美分时会产生什么样的问题？尤其是，如果美元被用作度量单位，那么一角就不能被精确地存储。其中一个解决方式就是，以分为单位处理数据，这样所有的数值就都是整数，都可以用诸如二进制补码这样的方法精确存储。

单精度浮点数

1.7节介绍的浮点记数法过于简单，不能用于实际的计算机中。毕竟，在全部实数中，这一记数法的8位只能表示其中256个数。我们在讨论中使用了8位模式来保持示例的简单性，但依然涵盖了重要的基本概念。

现在的许多计算机都支持32位形式的**单精度浮点**（single precision floating point）记数法。这一格式使用1位表示符号位，用8位表示指数（余码记数法中的），用23位表示尾数。因此，单精度浮点最多有7位十进制有效数字，可以表示极大的数（数量级为10^{38}）直至极小的数（数量级为10^{-37}）。也就是说，给定一个十进制数，可以非常精确地存储前7位十进制有效数字（但仍有可能存在少量误差），前7位之后的数字一定会因截断误差丢失（虽然数字的近似值会被保留下来）。

另一种形式是64位的**双精度浮点**（double precision floating point）记数法，最多有15位十进制有效数字。

截断误差和与之相关的问题是工作在数值分析领域的人们每天都很关注的问题。这个数学分支研究的是执行大规模、高精度有效计算所涉及的问题。

下面的例子可以激起任何一位数值分析家的兴趣。假设我们要应用前面定义的1字节浮点记数法来做这3个数值的加法：

$$2\frac{1}{2}+\frac{1}{8}+\frac{1}{8}$$

如果我们按照上述顺序加数值，首先就是 $2\frac{1}{2}$ 加上 $\frac{1}{8}$，得到 $2\frac{5}{8}$，二进制表示为10.101。遗憾的是，因为这个数值不能被精确地存储（如同前面所看到的），我们第一步的结果最后被存储为 $2\frac{1}{2}$

（与其中一个加数相同）。下一步是把这个结果再加到最后的$\frac{1}{8}$上。截断误差在这里再一次出现，最后的结果是错误的$2\frac{1}{2}$。

现在让我们以相反的顺序来加这些数值：首先将$\frac{1}{8}$加到$\frac{1}{8}$上，得到$\frac{1}{4}$，其二进制表示为.01。于是，第一步的结果在一个字节里被存储为00111000，这是精确的。然后，我们将这个$\frac{1}{4}$加到数列中的下一个数值$2\frac{1}{2}$上，得到$2\frac{3}{4}$，我们可以在一个字节里精确地将其存储为01101011。这次的答案是正确的。

总而言之，在浮点记数法表示的数字值加法中，它们相加的顺序很重要。问题是，如果一个很大的数字加上一个很小的数字，那么小数字就可能被截断。因此，多个数值相加的一般规则是先加小数字，即希望在将它们加到一个较大的数值上时，能累计成一个显著的值。这就是前面例子中反映的现象。

现在商用软件包的设计师们在这方面做得很好，他们使没有经过培训的使用者也能很好地避免这种问题的发生。在一个典型的电子表格系统中，除非相加的各个数值大小差别达到10^{16}或更多，否则所得结果都是正确的。因此，如果你认为有必要对数值

```
10 000 000 000 000 000
```

加1，那么会得到答案

```
10 000 000 000 000 000
```

而不是

```
10 000 000 000 000 001
```

这样的问题在一些应用（如导航系统）中是很严重的，微小的误差会在加法运算中累加，最终产生严重的后果。但是，对于一般的PC使用者，大多数商用软件提供的精确度已经足够了。

问题与练习

1. 用文中所述的浮点格式对下列位模式进行解码。

   a. 01001010　　b. 01101101　　c. 00111001　　d. 11011100　　e. 10101011

2. 将下列数值编码成文中所述的浮点格式。指出截断误差的出现情况。

   a. $2\frac{3}{4}$　　b. $5\frac{1}{4}$　　c. $\frac{3}{4}$　　d. $-3\frac{1}{2}$　　e. $-4\frac{3}{8}$

3. 根据文中所述的浮点格式，模式01001001和00111101中哪一个表示的值更大？描述一种确定哪个模式表示的值更大的简单过程。

4. 使用文中所述的浮点格式时，可以表示的最大值是什么？可以表示的最小正值是什么？

*1.8　数据与程序设计

虽然人类发明了构成现代计算机的数据表示和基本操作，但很少有人特别擅长于直接在计算机的这个层面上工作。人们喜欢在更高的抽象层次上推理计算问题，他们依赖计算机来处理最底层的细节问题。程序设计语言（programming language）是人类创造的一个计算机系统，通

过它，人们能够使用更高层次的抽象向计算机精确地表达算法。

在20世纪，对计算机进行程序设计被认为是少数训练有素的专家们才能涉足的领域；当然，仍然有许多计算问题需要有经验的计算机科学家和软件工程师的关注。不过，到了21世纪，随着计算机和计算与我们现代生活中的方方面面交织在一起的程度的日益加深，更加难以确定哪些职业不需要至少有某种程度的编程技能。事实上，一些人已经把程序设计或编码确定为现代读写能力中继阅读、写作及算术之后的又一个基础支柱了。

在本节以及后续章节的程序设计补充部分，我们会看到程序设计语言是如何反映本章主要内容，以及如何让人类更容易地解决计算问题的。

1.8.1 Python入门

Python是一门程序设计语言，由吉多·范罗苏姆（Guido van Rossum）于20世纪80年代后期创立。现在它是十大最常用的语言之一，仍然深受网络应用开发领域及科学计算领域人士的喜爱，并被视为学生的入门语言。使用Python的组织，从谷歌到美国国家航空航天局（NASA），从DropBox公司到工业光魔公司（Industrial Light & Magic），范围很广；使用Python的计算机用户也横跨非正式、科学和艺术领域。Python强调可读性，包括命令型程序设计范型、面向对象型程序设计范型和函数式程序设计范型等三大要素，这些将在第6章中介绍。

用于编辑和运行用Python编写的程序的软件可以免费从`www.python.org`获得，这里还有很多其他的入门资源。Python语言一直在不断演变，本书的所有示例都将使用Python 3这个版本。更早的Python版本能够运行非常类似的程序，但是自Python 2版本开始有了许多细微的变化，如标点符号。

Python是一种解释型语言（interpreted language），这意味着初学者可以将Python指令键入交互提示符中，或者将Python指令存储在一个（称为“脚本”的）纯文本文件里以后运行。在下面的示例中，这两种模式都可以使用，但练习和复习题一般都要求用Python脚本来完成。

1.8.2 你好，Python

许多程序设计语言的介绍长久以来一直有一个传统，描述的第一个程序都是“Hello, World”。这个简单的程序输出一个名义上的问候，演示一种特定语言是如何产生结果以及如何表示文本的。在Python[①]中，这个程序的写法如下：

```
print('Hello, World!')
```

可以将这条语句键入Python的交互解释器里，也可以把它存为Python脚本后再执行。不管用哪一种方式，最后的结果都应该是：

```
Hello, World!
```

Python会把两个引号之间的文本返回给用户。

即使是在这种简单的Python脚本里面，也有几个需要注意的方面。首先，`print`是一个内置函数，是Python脚本用来产生输出的一个预定义操作，输出指的是一个能够让用户看到的程序结果。这个打印函数后面有一个开括号和一个闭括号，这两个括号之间的内容就是要打印的值。

其次，Python可以使用单引号来表示文本串。大写字母`H`前面的引号和感叹号后面的引号，分别表示由字符组成的字符串的开头和结尾，在Python中，这个字符串会被当作值。

程序设计语言能够非常精确地完成它们的指令。即使用户只是稍微修改一下打印语句中开

① 下面这个Python代码是用该语言的3版本写出来的，本书后面会直接把这个版本的Python称作“Python”。较早的Python版本并不总是要求开括号和闭括号。

始引号和结束引号之间的消息，最后打印出来的文本也会相应地变化。花一点儿时间，在打印语句中试试不同的大小写、不同的标点符号，甚至不同的单词，读者会看到确实是这样。

1.8.3 变量

Python允许用户给值命名以备日后使用，这是构造简洁、易懂的脚本时的一个重要抽象。这些命名的存储位置被称为变量（variable），类似于代数课程中的数学变量。下面来看一下略有增强的Hello World版本：

```
message = 'Hello, World!'
print(message)
```

在这个脚本中，第一行是一个赋值语句（assignment statement）。=号的使用可能会让习惯了等号的代数用法的初学者感到迷惑。这个赋值语句应该读作："变量message被赋予字符串值'Hello, World!'。"通常，赋值语句由等号左边的变量名和等号右边的值构成。

Python是一种动态类型（dynamically typed）语言，这意味着，我们不需要在建立脚本时提前创建好一个名为message的变量，或是什么类型的值应该存储在message中，而只需要在这个脚本中说明我们的文本串会被赋给message，接着在后面的print语句中引用这个变量message就行了。

变量的命名很大程度上取决于Python用户。Python的简单规则是：变量名必须以字母开头，可以包含任意数量的字母、数字和下划线字符（_）。虽然对于一个两行的示例脚本来说，可能把变量命名为m就可以了，但有经验的程序员都会在他们的脚本中尽量给变量起一个有意义的、具有描述性的名字。

Python变量名是区分大小写的（case-sensitive），即有大小写问题。名为size的变量，与名为Size或SIZE的变量是截然不同的。有一小部分关键字（keyword），即为Python中的一些特殊含义保留的名字，不能用作变量名。在Python的内置帮助系统里能查看到这个关键字清单。

```
help('keywords')
```

变量可用于存储Python能表示的所有类型的值。

```
my_integer = 5
my_floating_point = 26.2
my_Boolean = True
my_string = 'characters'
```

观察上面这些值的类型，它们与本章前面介绍的表示方法是相对应的：布尔值真和假（见1.1节）、文本（见1.4节）、整数（见1.6节）和浮点数（见1.7节）。通过Python的其他代码（超出了本书简单介绍的范围），我们还能够用Python变量存储图像和声音数据（见1.4节）。

Python使用0x前缀来表示十六进制值，如

```
my_integer = 0xFF
print(my_integer)
```

不管程序员在推理过程中使用什么样的记数系统，指定一个十六进制的值都不会改变计算机存储器中该值的表示，存储器都会把整数值存储为许多个1和0。十六进制记数法仍然是人类在用的一种有助于理解脚本的快捷表示。因此，上面的print语句打印出来的是255，即十六进制0xFF的十进制解释，因为这是print的默认行为。用更复杂的print语句可以输出其他表示形式的值，但本书只讨论我们比较熟悉的十进制表示。

Unicode字符包含着无所不在的ASCII子集中所没有的字符，在文本编辑器支持Unicode字符

时，可以直接在字符串里包含Unicode字符：

```
print('₹1000']        # Prints ₹1000, one thousand Indian Rupees
```

或者用前缀'\u'和4个十六进制数字来指定Unicode字符：

```
print('\u00A31000')     # Prints £1000, one thousand British
                        # Pounds Sterling
```

字符串的'\u00A3'部分会对英镑符号的Unicode表示进行编码。后面紧跟着写'1000'，这样最终输出的货币符号和数量之间就不会有空格了：£1000。

除了Unicode文本串，这些示例语句引入了另外一种语言特性。#号表示注释（comment）的开始，这是一个人类可读的Python代码符号，在计算机执行时会被忽略。有经验的程序员会在他们的代码中使用注释来解释算法难懂的部分，包括历史或来源信息，或者只写些读代码的人应该注意的问题。#号右边一直到行尾的所有字符都会被Python忽略。

1.8.4 运算符和表达式

Python的内置运算符允许用各种熟悉的方式对值进行操作和组合。

```
print(3 + 4)     # Prints "7", which is 3 plus 4.
print(5 - 6)     # Prints "-1", which is 5 minus 6
print(7 * 8)     # Prints "56", which is 7 times 8
print(45 / 4)    # Prints "11.25", which is 45 divided by 4
print(2 ** 10)   # Prints "1024", which is 2 to the 10th power
```

当一个操作（如45除以4）产生的是非整数结果（如11.25）时，Python会将表示类型隐式转换为浮点表示。如果希望结果是整数，就要使用另外一组运算符。

```
print(45 // 4)   # Prints "11", which is 45 integer divided by 4
print(45 % 4)    # Prints "1", because 4 * 11 + 1 = 45
```

双斜线（//）表示整除（integer floor division）运算符，百分号（%）表示取模（modulus）或取余运算符。将这两个计算综合起来，可读作："4除45等于11，余数为1。"在前面的示例中，我们用**表示幂运算符，这看起来可能有些奇怪，因为在打印文本甚至一些其他程序设计语言中，幂运算符一般都是用插入符号（^）表示。在Python中，^运算符是一种按位布尔运算（bitwise Boolean operation）运算符，有关按位布尔运算的内容将在下一章中介绍。

还可以用一些直观的方式对字符串值进行组合和操作。

```
s = 'hello' + 'world'
t = s * 4
print(t)    # Prints "helloworldhelloworldhelloworldhelloworld"
```

其中，加（+）运算符用于拼接（concatenate）字符串值，乘（*）运算符用于复制（replicate）字符串值。

有些内置运算符的多重含义会导致混淆。下面这个脚本会产出一个错误：

```
print('USD$' + 1000)    # TypeError: Can't convert 'int' to str implicitly
```

这个错误指出，字符串拼接运算符不知道在第二个操作数不是字符串的情况下要怎么做。不过幸运的是，Python提供了允许将值从一种表示类型转换为另外一种表示类型的函数。int()函数能把浮点型值转换回整数表示，丢弃小数部分。如果字符串可以正确地拼出一个有效数字，那么int()函数还能将一个文本数字串转换为一个整数表示。同样地，str()函数能把数字表示转换成UTF-8编码的文本串。因此，对上述print语句做如下修改就能改正错误。

```
print('USD$' + str(1000))      # Prints "USD$1000"
```

1.8.5 货币转换

下面这个完整的Python脚本示例演示了许多本节要介绍的概念。给定一定数量的美元，脚本会对其进行货币转换，转换成4种其他货币。

```
# A converter for international currency exchange.
USD_to_GBP = 0.66   # Today's rate, US dollars to British Pounds
USD_to_EUR = 0.77   # Today's rate, US dollars to Euros
USD_to_JPY = 99.18  # Today's rate, US dollars to Japanese Yen
USD_to_INR = 59.52  # Today's rate, US dollars to Indian Rupees

GBP_sign   = '\u00A3' # Unicode values for non-ASCII currency symbols.
EUR_sign   = '\u20AC'
JPY_sign   = '\u00A5'
INR_sign   = '\u20B9'

dollars    = 1000  # The number of dollars to convert

pounds     = dollars * USD_to_GBP   # Conversion calculations
euros      = dollars * USD_to_EUR
yen        = dollars * USD_to_JPY
rupees     = dollars * USD_to_INR

print('Today, $' + str(dollars))  # Printing the results
print('converts to ' + GBP_sign + str(pounds))
print('converts to ' + EUR_sign + str(euros))
print('converts to ' + JPY_sign + str(yen))
print('converts to ' + INR_sign + str(rupees))
```

执行该脚本时，输出如下：

```
Today, $1000
converts to £660.0
converts to €770.0
converts to ¥99180.0
converts to ₹159520.0
```

1.8.6 调试

程序设计语言对初学者不是很宽容，初学者在编写软件时，需要花费大量的时间努力查找代码中的**bug**或者错误。软件中的bug可分为3大类：**语法错误**（syntax error，键入时产生的符号错误）、**语义错误**（semantic error，程序含义的错误）和**运行时错误**（runtime error，程序运行时发生的错误）。

对于新手来说，语法错误是最常见的，包括一些简单的错误，如忘记文本串开头或者结尾的其中一个引号，没有关闭开括号，或者拼错函数名`print`。当Python解释器遇到这些错误时，通常会努力指出这些错误，显示问题代码所在行的行号以及问题描述。经过一些练习之后，初学者能很快学会识别和解释常见的错误情况。下面来看几个例子：

```
print(5 + )
SyntaxError: invalid syntax
```

上述表达式在加法运算符和闭括号之间缺少一个值。

```
print(5.e)
SyntaxError: invalid token
```

Python希望小数点后面是数字，而不是字母。

```
pront(5)
NameError: name 'pront' is not defined
```

就像叫错一个人的名字一样，拼错已知函数或变量的名字会产生混淆和尴尬。

语义错误是算法中的缺陷，或者某种语言表达算法方式中的缺陷。这样的例子可能包括：在一个计算中使用了错误的变量，或者弄错了复杂表达式中算术运算符的顺序。Python遵循运算符优先级的标准规则，所以在像`total_pay = 40 + extra_hours * pay_rate`这样的表达式中，乘法会在加法之前执行，错误地计算总工资。（除非你的工资率恰好是1美元/小时。）使用括号正确地指定复杂表达式中的运算顺序，如`total_pay = (40 + extra_hours) * pay_rate`，既可以避免语义错误，又可以避免写出的代码难于理解。

最后，这个层次上的运行时错误可能包括：无意识地除以0，或者使用未定义的变量。Python是从上到下读取语句的，在表达式里使用变量之前，Python必须看到变量的赋值语句。

测试是高效编写Python脚本（或者任何种类的实际程序）必不可少的一部分。在编写脚本时要频繁运行它，可能每完成一行代码就需要运行一次。这样做能尽早识别和修复语法错误，把程序设计者的注意力集中在脚本每一步应该做什么上。

问题与练习

1. 是什么使Python成为一门解释型程序设计语言？
2. 编写Python语句输出下列内容。
   a. "Computer Science Rocks"这些词，后面跟一个感叹号。
   b. 数字42。
   c. π的近似值，精确到小数点后第4位。
3. 编写Python语句按下列描述给变量赋值。
   a. 将"programmer"这个词赋值给一个名为`rockstar`的变量。
   b. 将1小时的秒数赋值给一个名为`seconds_per_hour`的变量。
   c. 将人体的平均温度赋值给一个名为`bodyTemp`的变量。
4. 编写一条Python语句，给定一个已有的名为`bodyTemp`的变量，单位为华氏度，将与其相等的摄氏度存储到一个名为`metricBodyTemp`的新变量中。

*1.9 数据压缩

为了存储或传输数据，在保留原有内容的同时，缩小所涉及数据的大小是有益的（有时也是必需的）。用于完成这一过程的技术称为**数据压缩**（data compression）。本节，我们首先要学习一些普通的数据压缩方法，然后要了解一些为特殊应用设计的方法。

1.9.1 通用的数据压缩技术

数据压缩方案有两类，一类是**无损的**（lossless），另一类是**有损的**（lossy）。无损方案在压缩过程中是不丢失信息的，有损方案在压缩过程中会丢失信息。通常有损技术比无损技术更能压缩，因此在可以容忍小错误的应用中很流行，如图像和音频压缩。

对于被压缩数据由一长串相同的数值组成的情况，普遍使用称为**行程长度编码**（run-length encoding）的压缩技术，这是一种无损方法。它的过程是，将一组相同的数据成分替换成一个编码，指出重复的成分以及其在序列中出现的次数。例如，指出一个位模式包括253个1，接着118个0，接着87个1，这样要比实际列出458个位节省空间。

另外一种无损数据压缩技术是**频率相关编码**（frequency-dependent encoding），在这个系统里，用于表示数据项的位模式的长度与这个项的使用频率是反相关的。这种编码是变长编码的例子，意思是项由不同长度的模式表示。戴维·赫夫曼的功劳是发现了一般用于开发频率相关编码的算法，人们一般称用这种方法开发的编码为**赫夫曼编码**（Huffman code）。因此，现在使用的大多数频率相关编码都是赫夫曼编码。

让我们看一个频率相关编码的例子，考虑一下编码英文文本的任务。在英文中，字母e、t、a和i的使用频率要大于字母z、q和x。因此，当为英文文本编码时，如果用短位模式表示前面的字母，用长位模式表示后面的字母，那么就能节省空间。结果得到的编码中，英文文本的表示长度要比用统一长度编码时的短。

在某些情况下，压缩的数据流由各个数据单元组成，每一个数据单元与其前面一个差别很小。动画的连续帧就是一个例子。这时，使用**相对编码**（relative encoding）——也称为**差分编码**（differential encoding）——技术是很有用的。这些技术记录下了两个连续数据单元之间的区别，而不是全部单元；也就是说，每个单元是根据其与前一个单元的关系被编码的。相对编码用无损形式或有损形式都可以实现，具体取决于两个连续数据单元之间的差别是精确编码还是近似编码。

还有其他流行的基于**字典编码**（dictionary encoding）技术的压缩系统，这里的术语**字典**（dictionary）指的是一组构造块，压缩的信息通过它们建造起来，而信息本身被编码成字典的一系列参照符。我们一般认为字典编码系统是无损系统，不过在学习图像压缩时我们将看到，有时候字典条目仅仅是正确数据成分的近似值，这就使其成了有损压缩系统。

字处理程序可以使用字典编码来压缩文本文档，因为这些字处理程序中已经包含了用于拼写检查的字典，而这些字典都是出色的压缩字典。特别值得一提的是，一个完整的单词可以编码成字典的一个单独参照符，而不是像使用UTF-8系统那样编码成一系列单独的字符。在字处理程序中，一个典型的字典大约有25 000个条目，这就意味着，单个的字典条目可以用0到24 999范围内的整数来标识。也就是说，字典中的一个特定条目用15位的模式就足可标识。相反，如果用到的单词包括6个字母，则它的逐字符编码在使用UTF-8时需要48位。

字典编码的一个变体是**自适应字典编码**（adaptive dictionary encoding，也称动态字典编码）。在自适应字典编码系统中，字典在编码过程中是可以改变的。一个流行的例子是**LZW编码**（Lempel-Ziv-Welsh encoding），这个编码的名称是根据它的创造者Abraham Lempel、Jacob Ziv和Terry Welsh的姓氏命名的。要用LZW对信息编码，首先要从包含基础构造块的字典开始，用字典中的构造块来构造信息。但是，当人们在信息中发现更大的单元时，会把它们加到字典上——这意味着，这些单元在未来出现时可以被编码为一个（而不是多个）字典参照符。例如，当对英文文本编码时，人们首先要从包含单独字符、数字和标点符号的字典开始。但是，当信息中的单词被标识后，会被加到字典中。因此，随着信息的不断编码，字典会不断增大，而随着字典的不断增大，信息中会有更多的单词（或者重复的单词模式）被编码为单个的字典参照符。

结果是，信息用一部相当大的、完全针对本信息的字典进行编码。但是在对这条信息进行解码时，不必用这个大字典，只需要用原始的小字典即可。事实上，解码过程可以与编码过程用同一个小字典。接着，随着解码进程的继续，会遇到编码过程中发现的相同单元，因此可以将它们加到字典中，作为未来编码过程的参照符。

举例说明，考虑对下列信息应用LZW编码：

```
xyx  xyx  xyx  xyx
```

首先从一个只有3个条目的字典开始，第1个条目是*x*，第2个条目是*y*，第3个条目是空格。我们先将*xyx*编码为121，意思是这个信息的第一个模式依次包括第一个字典条目、第二个字典条目、第一个字典条目。接着，空格被编码产生结果1213。但是因为有了一个空格，我们知道前面的字符串已经形成了一个单词，所以我们将模式*xyx*加到字典里作为第4个条目。继续使用这种编码方式，整个信息将被编码为121343434。

如果我们现在从原始的3条目字典开始对这条信息进行解码，那么我们首先要将起始的1213串解码为*xyx*加1个空格。这时我们意识到*xyx*串形成了一个单词，因此将其加到字典中作为第4个条目，同编码过程中所做的一样。我们接着对这个信息解码，发现信息中的4指的是这第4个新条目，将其解码为单词*xyx*，因此产生模式：

```
xyx  xyx
```

继续使用这种解码方式，我们最终把121343434串解码为：

```
xyx  xyx  xyx  xyx
```

这就是原始信息。

1.9.2 图像压缩

在1.4节中，我们已经看到如何用位图技术对图像编码。不过，得到的位图通常是非常大的。因此，人们专门为图像表示开发出了许多压缩方案。

一种称为**GIF**（是graphic interchange format的缩写，即图像交换格式，一些人将其读作“Giff”，还有一些人将其读作“Jiff”）的系统是一个字典编码系统，由CompuServe公司研制开发。它处理压缩问题的方法是，将赋予一个像素的颜色数量减少到只有256个。每一种颜色的“红–绿–蓝”组合都用3个字节编码，这256个编码被存储在一个称为调色板的表格（一个字典）里。图像中的每个像素都可以用一个字节表示，该字节的值指出了这个像素的颜色是由256个调色板条目中的哪一个表示的。（回顾：一个字节能够包括256个不同位模式中的任意一个。）需要注意的是，在将GIF应用于任意图像时，它是一个有损压缩系统，因为调色板中的颜色可能与原始图像中的颜色不一致。

通过使用LZW技术将这个简单的字典系统扩展为自适应字典系统，GIF可以进一步压缩。尤其是，编码过程中遇到的像素模式可以被加到字典中，使得这些模式在将来出现时可以被更加高效地编码。因此，最终的字典是由原始调色板和一组像素模式构成的。

GIF调色板中的某一个颜色通常会被赋予值“透明”，意思是背景色可以透过每一个被赋予该“颜色”的区域表现出来。这个选择，与GIF系统的相对简便性相结合，使得GIF成为简单动画应用（这个动画应用中的多重图像必须在计算机屏幕上移动）的合理选择。另一方面，它只能够对256种颜色编码，这使得它不适合精确度要求较高的应用，如摄影领域。

另外一种流行的图像压缩系统是**JPEG**（读作“JAY-peg”）。它是由ISO中的**联合图像专家组**（Joint Photographic Experts Group，标准因此得名）研制开发的标准。JPEG已经被证明是压缩彩色照片的一种有效标准，并被广泛用于摄影业，这一点可由大多数数码相机都将JPEG作为它们默认的压缩技术这一事实来证明。

JPEG标准实际上包含多种图像压缩方法，每种都有它自己的目标。在需要绝对精确的情况下，JPEG可提供无损模式。不过，相对于JPEG的其他模式，JPEG的无损模式不能形成高级别的压缩。而且，JPEG的其他模式已被证明很成功，这就意味着人们很少使用其无损模式。相反，称为JPEG基线标准（也称为JPEG的有损顺序模式）的JPEG模式已经成为许多应用的选择标准。

使用JPEG基线标准的图像压缩有几个步骤，其中有一些是利用人眼的局限性设计的。尤其是，相对于颜色的变化，人眼对亮度的变化更为敏感。因此，我们首先来看一幅用亮度成分和色度成分进行编码的图像。第一步是在一个2×2的像素方块中求色度的平均值。这能将色度信息的大小减小为$\frac{1}{4}$，同时保留所有的原始亮度信息。结果是，在没有明显损失图像质量的情况下获得了很高的压缩率。

下一步是将图像划分成8×8的像素块，然后将每一个块作为一个单元来压缩信息。这是通过一种称为离散余弦转换的数学技术实现的，我们现在不需要关心这个转换的细节。更重要的是，这种转换将原始的8×8块变成了另外一种块（这种块中的条目反映了原始块中的像素之间是如何相互联系的），而不是实际像素值。在这个新块里，那些低于预定极限的数值将被0替代，反映的是这些数值所表示出的变化非常小，人眼无法觉察。例如，如果原始块中包含一个棋盘（checkerboard）模式，那么新块就可能表现为平均色。（一个典型的 8 × 8 像素块表示的是图像中一个非常小的方块，因此人眼根本不能够识别棋盘的外观。）

这时候，可以应用更传统的行程长度编码、相对编码以及变长编码技术进行进一步的压缩。总之，JPEG基线标准一般能在没有明显质量损失的情况下，将彩色图像压缩至少10倍，有时甚至能压缩30倍。

另外一个数据压缩系统是**TIFF**（tagged image file format的缩写，即标记图像文件格式）。不过，TIFF最普遍的应用不是数据压缩，而是存储照片及其相关的信息（如日期、时间以及相机设置）的一个标准格式。在存储照片时，图像本身通常会被存储为没有压缩的红、绿、蓝像素成分。

TIFF标准集合里的确有数据压缩技术，其中大多数是为在传真应用中压缩文本文档的图像设计的。为了利用文本文档包含长串的白色像素这一事实，这些标准使用了行程长度编码的变体。TIFF标准中的彩色图像压缩选择是以类似于GIF所使用的技术为基础的，因此并没有被广泛应用于摄影业。

1.9.3 音频和视频压缩

音频及视频的编码和压缩最常用的标准是由ISO领导的**运动图像专家组**（Motion Picture Experts Group，MPEG）研制开发的，因此这些标准称为MPEG。

MPEG包含许多不同应用的各种标准。例如，高清晰度电视（high definition television，HDTV）广播的要求与视频会议的就不同，广播信号必须找到在各种容量可能很有限的通信路径上传输的方式。另外，这两种应用又都不同于存储视频的应用，它的有些部分可以被重放或略过。

MPEG使用的技术已经超出了本书的范围，但是一般说来，视频压缩技术是以图片序列构建成的视频为基础的，与将运动图像录制到胶片上的方式基本相同。为了压缩这些序列，只有一部分称为I帧（I-frame）的图片是被整个编码的。在两个I帧之间的图片是采用相对编码技术进行编码的，即并没有对整个图片进行编码，而只是记录了与前一个图片的差别。I帧本身经常使用类似于JPEG的技术压缩。

最著名的音频压缩系统是**MP3，**它是在MPEG标准中开发出来的。事实上，MP3是MPEG layer 3的缩写。与其他压缩技术相比，MP3利用人耳的特性，删除了人耳觉察不到的细节。其中一个特性称为**暂时模糊**（temporal masking），指的是在一次巨大声响后，短时间内人耳觉察不到本可以听见的轻柔声音。另一个称为**频率模糊**（frequency masking），指的是某一频率的声音可能掩盖相近频率的轻柔声音。利用这些特性，可以通过MP3获得显著的音频压缩，而且保持接近CD的音质。

使用MPEG和MP3压缩技术，摄像机用128 MB的存储空间就可以录制长达1小时的视频，便携音乐播放器用1 GB的存储空间就可以存储多达400首流行歌曲。但是，不同于其他压缩目的，音频和视频的压缩目的不一定是节省存储空间。真正重要的是获得编码，使得信息能够通过现在的通信系统得到及时的传输。如果每一个视频帧需要1 MB的存储空间，而传播帧的通信路径每秒只能传输1 KB，那么根本无法实现成功的视频会议。因此，除了被认可的复制质量，音频和视频压缩系统的选择还要看及时数据通信的传输速度。这些速度通常用**比特每秒**（bits per second，bit/s）来度量。常见的单位包括Kbit/s（kilo-bps的简写，即千比特每秒，等于10^3 bit/s）、Mbit/s（mega-bps的简写，即兆比特每秒，等于10^6bps）和Gbit/s（giga-bps的简写，即吉比特每秒，等于10^9 bit/s）。使用MPEG技术，视频展示可以在40 Mbit/s传输速率的通信路径上成功传输。MP3录制需要的传输速率一般不超过64 Kbit/s。

问题与练习

1. 列出4种通用的压缩技术。
2. 如果使用LZW压缩，并且最初字典只包含*x*、*y*和一个空格（如文中所述），对下列信息编码，结果是什么？

   ```
   xyx yxxxy xyx yxxxy yxxxy
   ```
3. 在对彩色卡通编码时，为什么GIF比JPEG要好？
4. 假设你是航天器设计团队的一员，要设计能驶向其他星球并发回照片的航天器。那么，为了减少存储和传输图像所需的资源，使用GIF或JPEG的基线标准压缩照片是否是一个好主意？
5. JPEG的基线标准利用了人眼的什么特性？
6. MP3利用了人耳的什么特性？
7. 说出一种在把数字信息、图像和声音编码为位模式时常见的麻烦现象。

*1.10 通信差错

当信息在一台计算机的各个部分之间来回传输，或在月球和地球之间来回传输，又或者只是被保存在存储器中时，最终检索到的位模式有可能和最原始的不一致。灰尘颗粒、磁记录面的油脂或者出了故障的电路，都可能使数据被错误地记录或读取。传输通道上的静电干扰可能会损坏部分数据。在某些技术条件下，普通的背景辐射（background radiation）可以改变存储在机器主存储器中的模式。

为了解决这样的问题，人们开发了许多编码技术来检测甚至校正错误。现在，由于这些技术被大规模地内置于计算机系统的内部构件中，所以计算机的使用者们并不了解它们。不过，它们是很重要的，为科学研究作出了很大的贡献。因此，我们有必要了解其中一些使现在设备可靠的技术。

1.10.1 奇偶校验位

有一种简单的差错检测方法，其依据的原则是：如果被操作的每个位模式都有奇数个1，但却遇到了有偶数个1的模式，那么一定是出错了。要使用这个原则，需要编码系统中的每个模式有奇数个1。这是很容易做到的，首先在已经可用的编码系统中的模式（也许在高位端）上添加一个称为**奇偶校验位**（parity bit）的附加位。根据不同情况，我们给这个新的位赋值1或0，使整个模式有奇数个1。当我们这样调整了编码系统后，如果出现有偶数个1的模式，就表示出现了错误，被操作的模式是不正确的。

图1-26展示了如何将奇偶校验位加到字母A和F的ASCII码上。注意，A的编码变成了101000001（奇偶校验位为1），F的ASCII码变成了001000110（奇偶校验位为0）。尽管A原始的8

位模式有偶数个1，F原始的8位模式有奇数个1，但它们的9位模式都有奇数个1。如果将这种技术应用于所有的8位ASCII模式，我们就能够得到一个9位编码系统，其中任何一个9位模式有偶数个1就表示出错了。

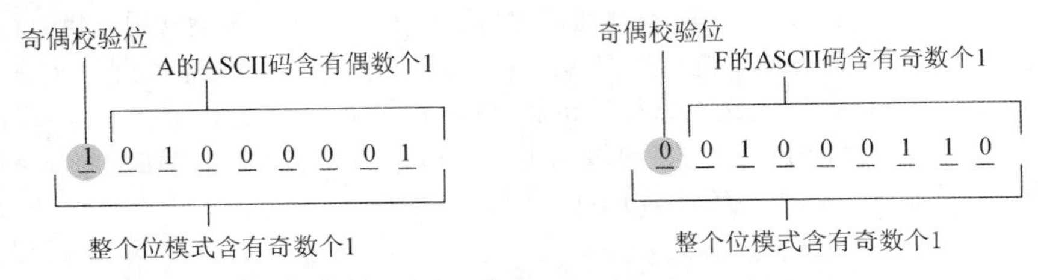

图1-26　适用奇校验的字母A和F的ASCII码

上面描述的奇偶校验系统称为**奇校验**（odd parity），因为我们设计的系统中每一个正确的模式都有奇数个1。另一种技术称为**偶校验**（even parity）。在偶校验系统中，每个模式都会被设计成包含偶数个1，因此，如果出现了奇数个1，就表明有错误。

现在，在计算机主存储器中使用奇偶校验位已经不是一件稀奇的事了。尽管我们假设这些计算机存储单元是8位的，但事实上，它们可能是9位，其中一个位被用作奇偶校验位。每次存储器电路收到要存储的8位模式，都会先给其加上一个奇偶校验位，形成9位模式，然后再存储。稍后检索模式时，存储器电路会检查这个9位模式的奇偶性。如果检查没有发现错误，存储器会移除校验位，然后自信地返回余下的8位模式。否则，存储器会返回那8个数据位，并警告返回的模式可能与原本委托给存储器的模式不同。

直接使用奇偶校验位很简单，不过它有局限性。如果一个模式最初有奇数个1，并出现了2次错误，那么它就仍然有奇数个1，这样校验系统就无法检测到这些错误。事实上，直接使用奇偶校验位并不能发现模式中的任何偶数个错误。

有时会对长位模式（如记录在磁盘扇区中的位串）应用一种方法来最大限度地减少这类问题。在这种情况下，模式都有一组奇偶校验位构成的**校验字节**（checkbyte）。校验字节中的每一个位都是一个奇偶校验位，与散布于整个模式中的一组特殊位相联系。例如，一个奇偶校验位可能与该模式中从第一个位起的每个第8位相关联，而另一个与该模式中从第二位起的每个第8位相关联。用这种方式，更容易检测到集中在原模式某个区域中的一些差错，因为这些差错会在一些奇偶校验位的范围内。这个校验字节概念的演变引出了称为**校验和**（checksum）及**循环冗余校验**（cyclic redundancy check，CRC）的差错检测方案。

1.10.2　纠错码

虽然使用奇偶校验位可以检测到差错，但是它不能提供纠正那个差错所需的信息。让很多人感到惊讶的是，居然有人能设计出既能够检测出差错又能够纠正差错的**纠错码**（error-correcting code）。毕竟，直觉告诉我们，如果不知道信息的内容就无法纠正接收信息中的错误，但图1-27给我们展示了一个具有这种纠错特性的简单编码。

为了明白这个编码是如何运作的，我们先来定义**汉明距离**（Hamming distance），这个术语是根据R. W. Hamming的姓氏命名的，由于受20世纪40年代早期继电器缺乏可靠性的挫折，他开始开创性地研究纠错码。两个位模式之间的汉明距离指的是这两个模式中不相同位的个数。例如，在图1-27的编码中，表示A和B的模式之间的汉明距离是4，而B和C之间的汉明距离是3。图1-27中的编码的重要特征是，任何两个模式之间的汉明距离至少是3。

如果用图1-27中的某个模式来修改单个位，就能检测到错误，因为结果不会是一个合法的模式。（我们必须至少改变任意一个模式的3个位，这个模式才会像另外一个合法模式。）而且，我们还能够指出原始模式是什么。毕竟，修改过的模式和其原始形式的汉明距离是1，而和其他任何合法模式的汉明距离至少是2。

因此，对最初用图1-27编码的信息解码，我们只需要简单地对比接收到的模式和用此编码表示的模式，直到我们找到一个和接收到的模式之间的汉明距离是1的模式为止。我们将其视为正确的符号进行解码。例如，我们接收到位模式010100，并将其与编码中的模式相比，我们就会得到图1-28中所示的表格。因此，我们得出结论，传输的字符一定是D，因为这是最接近的匹配。

符 号	编 码
A	000000
B	001111
C	010011
D	011100
E	100110
F	101001
G	110101
H	111010

图1-27 一个纠错码

字 符	编 码	接收到的模式	接收到的模式与编码之间的距离
A	0 0 0 0 0 0	0 1 0 1 0 0	2
B	0 0 1 1 1 1	0 1 0 1 0 0	4
C	0 1 0 0 1 1	0 1 0 1 0 0	3
D	0 1 1 1 0 0	0 1 0 1 0 0	1 最小距离
E	1 0 0 1 1 0	0 1 0 1 0 0	3
F	1 0 1 0 0 1	0 1 0 1 0 0	5
G	1 1 0 1 0 1	0 1 0 1 0 0	2
H	1 1 1 0 1 0	0 1 0 1 0 0	4

图1-28 用图1-27中的编码对模式010100解码

通过观察可以发现，使用图1-27的编码技术，每个模式我们可最多检测出2个错误并改正1个。如果我们能设计出一种编码，使得每个模式和其他任何模式之间的汉明距离都至少是5，那么我们就能最多检测出4个错误并最多改正2个。当然，设计一种具有长汉明距离的编码并不是一件简单的事。事实上，它是称为代数编码理论的数学分支的一部分，这个理论是线性代数和矩阵理论的子领域。

纠错技术被广泛用于提高计算设备的可靠性。例如，它们经常被用于大容量磁盘驱动器，以减少因磁盘表面瑕疵而损坏数据的可能性。此外，最初用于音频盘的CD格式与后来用于计算机数据存储的格式之间的主要差别是纠错的程度。CD-DA格式具有纠错功能，它能把错误率减少到2张CD只有1个错误。这种格式非常适合于音频录制，但是对于用CD向客户交付软件的公司，若50%的盘有瑕疵是令人无法忍受的。因此，附加纠错功能被用在CD中来存储数据，将错误率减少到20 000个盘1个错误。

问题与练习

1. 下面的字节最初是用奇校验编码的。你知道它们中哪个出错了吗？
   a. 100101101 b. 100000001 c. 000000000 d. 111000000 e. 011111111
2. 问题1中没发现错误的字节还会有错误吗？解释你的答案。
3. 如果将奇校验换成偶校验，那么问题1和问题2的答案又将如何？
4. 用带奇校验的ASCII码对下列语句编码，在每一个字符编码的高位端加一个奇偶校验位。
   a. “Stop!” Cheryl shouted.
   b. Does 2+3=5?
5. 用图1-27的纠错码解码下面的信息。
   a. 001111 100100 001100
   b. 010001 000000 001011
   c. 011010 110110 100000 011100
6. 用长度为5的位模式，为字符A、B、C和D构造编码，使得任何两个模式之间的汉明距离至少是3。

复习题

（带*的题目涉及选学章节的内容。）

1. 假设上面输入为1，下面输入为0，请确定下面每一个电路的输出值。如果上面输入为0，下面输入为1呢？

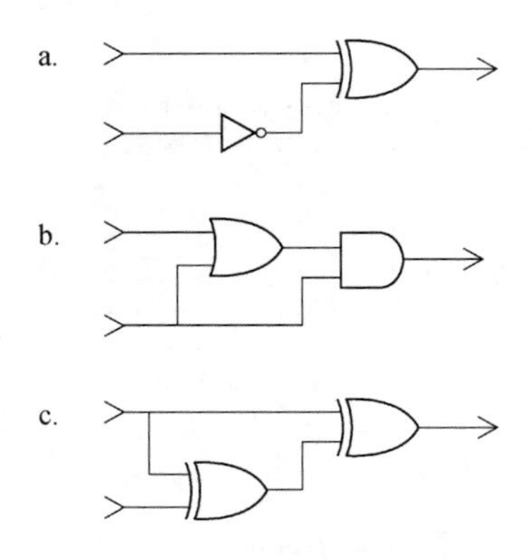

2. a. 下面这个电路做的是什么布尔运算？

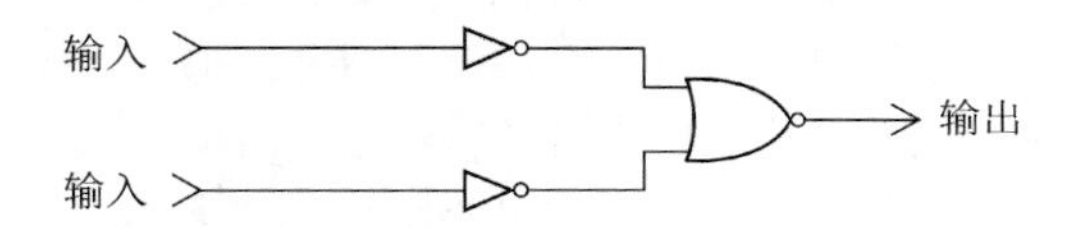

   b. 下面这个电路做的是什么布尔运算？

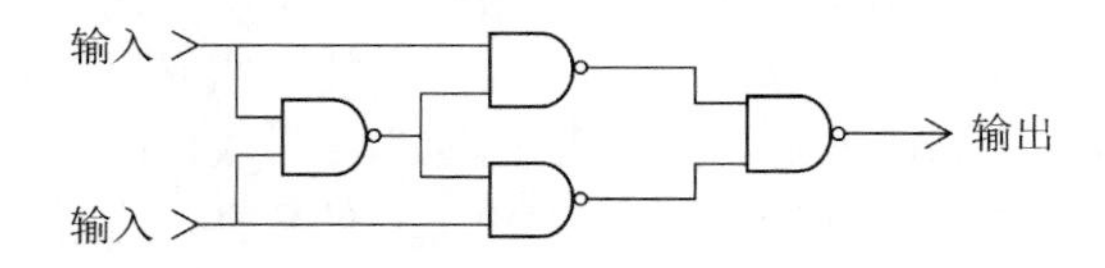

*3. a. 如果要从某个电子元件商店购买触发器电路，我们会发现它有一个额外的输入端，称为反向器（flip）。当反向器的输入从0变成1时，输出将翻转状态（如果原来是0，现在就是1，反之亦然）。但是，当反向器输入从1变为0时，什么都不会发生。虽然我们可能不知道这个电路完成这一行为的细节，但我们仍然可以将其用作其他电路的抽象工具。请考虑使用下面两个触发器的电路。如果在电路的输入端发送一个脉冲，下面的那个触发器将变换状态。但是，另一个触发器不会改变，因为其输入（这一输入是从非门的输出接收到的）从1变成了0。因此，这一电路现在的输出为0和1。在电路输入端发送第二个脉冲将翻转两个触发器的状态，并产生输出1和0。如果在电路输入端发送第三个脉冲，将会产生什么输出呢？发送第四个脉冲呢？

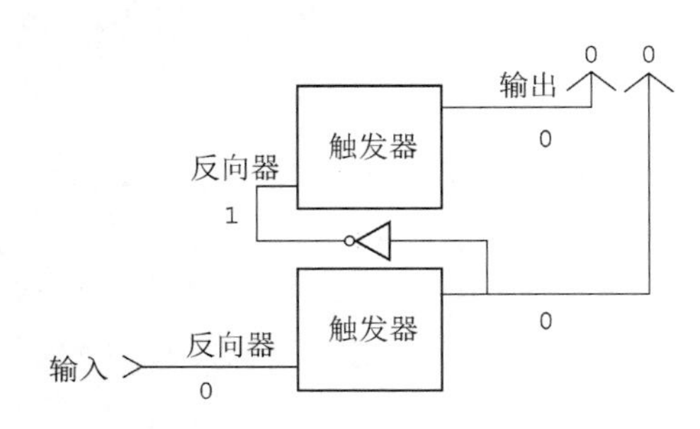

   b. 计算机中不同组件的活动一般是需要协调的。只需将脉冲信号（称为时钟）连接到类似a中的电路即可。额外的门（如图所示）以协同的方式发送信号到其他连接的电路。研究这一电路时，你应该能够确认这样一个事实，即在第1个、第5个、第9个……时钟脉冲下，输出端A将发送1。哪些时钟脉冲将使输出端B发送1？哪些时钟脉冲将使输出端C发送1？在第4个时钟脉冲下，哪个输出端的输出为1？

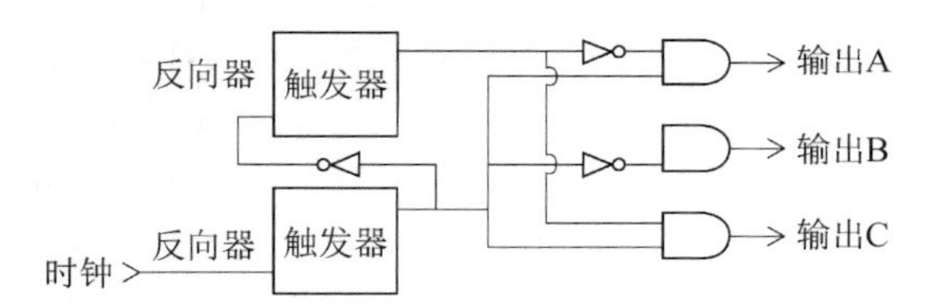

4. 假设下面电路的两个输入都是1。请描述如果上面输入暂时变为0，会发生什么。如果下面输入暂时变为0，又会发生什么。用与非门重新绘制这个电路。

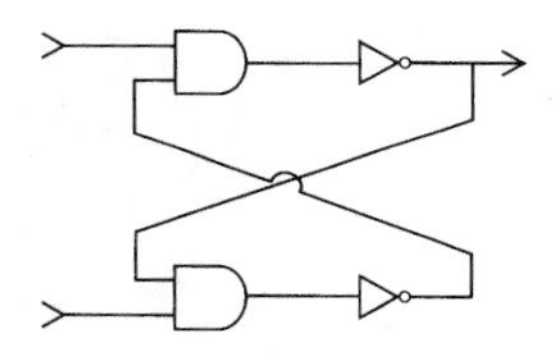

5. 下面表格显示的是（采用十六进制记数法表示的）机器主存储器某些单元的地址和内容。根据这个存储安排，按照下列指令，记录下这些存储单元的最后内容。

地 址	内 容
00	AB
01	53
02	D6
03	02

步骤1：将地址为03的单元的内容移动到地址为00的单元中。

步骤2：将值01移动到地址为02的单元。

步骤3：将地址01中存储的值移动到地址为03的单元。

6. 如果每个单元地址都可以用2个十六进制数字表示，那么一台计算机的主存储器中可以有多少个单元？如果用4个十六进制数字呢？
7. 什么位模式可以用下面的十六进制记数法表示？

   a. CD　b. 67　c. 9A
   d. FF　e. 10
8. 下列用十六进制记数法表示的位模式中，最高有效位的值是什么？

   a. 8F　b. FF
   c. 6F　d. 1F
9. 用十六进制记数法表示下面的位模式。

   a. 101000001010
   b. 110001111011
   c. 000010111110
10. 假设一个数码相机的存储容量是256 MB。如果一张照片每行每列都有1024个像素，而且每个像素需要3个字节的存储空间，那么这个数码相机可以存储多少张照片？
11. 假设显示屏上的一张图片是由一个768行×1024列的像素矩阵表示的。如果每个像素的颜色需要用8位进行编码，并且亮度需要用另外8位进行编码，那么要保存整幅图片需要多少字节的存储单元？
12. a. 指出主存储器优于磁盘存储器的两个优点。

    b. 指出磁盘存储器优于主存储器的两个优点。
13. 假设个人计算机上120 GB的硬盘只剩下50 GB是空闲的，那么用CD备份硬盘上的资料是否合理？用DVD呢？
14. 如果磁盘的每一个扇区包含1024个字节，而且每个字符用2个字节的Unicode字符表示，那么存储一页文本（如50行，每行100个字符）需要多少扇区？
15. 如果用ASCII码，每页3500个字符，那么存储一本400页的小说需要多少字节的存储空间？如果用2个字节的Unicode字符又需要多少字节？
16. 一个典型硬盘驱动器的转速为每分钟3600转，那么它的等待时间是多少？
17. 如果一个硬盘驱动器的转速为每秒360转，寻道时间是10 ms，那么它的平均存取时间是多少？
18. 假设一个打字员每天打字24小时，每分钟打60个字，那么这个打字员要多久才能填满容量为640 MB的CD？假定一个单词由5个字符构成，每个字符需要1个字节的存储空间。
19. 下面是用ASCII编码的信息。内容是什么？

    01010111　01101000　01100001　01110100
    00100000　01100100　01101111　01100101
    01110011　00100000　01101001　01110100
    00100000　01110011　01100001　01111001
    00111111
20. 下面信息使用ASCII编码，每个字符一个字节，并用十六进制记数法表示出来。内容是什么？

    686578206E6F746174696F6E
21. 用ASCII对下面的句子编码，每个字符一个字节。

    a. Does 100/5=20?
    b. The total cost is $7.25.
22. 将前面问题的答案用十六进制记数法表示出来。
23. 列出整数8到18的二进制表示。
24. a. 通过用ASCII表示2和3，写出数字23。

    b. 用二进制表示写出数字23。
25. 什么值的二进制表示只有一个位为1？列出具有这个特性的最小的6个值的二进制表示。
26. 将下面的每个二进制表示转换成相应的十进制表示。

    a. 1111　b. 0001　c. 10101
    d. 1000　e. 10011　f. 000000
    g. 1001　h. 10001　i. 100001
    j. 11001　k. 11010　l. 11011
27. 将下面每个十进制表示转换成相应的二进制表示。

    a. 7　b. 11　c. 16
    d. 17　e. 31

*28. 将下面的每一个余16表示转换成相应的十进制表示。

    a. 10001　b. 10101　c. 01101
    d. 01111　e. 11111

*29. 将下面的每一个十进制表示转换成相应的余4表示。

a. 0　b. 3　c. −2
d. −1　e. 2

*30. 将下面的每个二进制补码表示转换成相应的十进制表示。

a. 01111　b. 10100　c. 01100
d. 10000　e. 10110

*31. 将下面的每个十进制表示转换成相应的二进制补码表示，其中每个值用7位表示。

a. 13　b. −13　c. −1
d. 0　e. 16

*32. 假定下面这些位串都是用二进制补码记数法表示的值，执行下面这些加法运算。指出哪一个加法的答案是由于溢出而不正确的。

a. 00101+01000　b. 11111+00001
c. 01111+00001　d. 10111+11010
e. 11111 +11111　f. 00111 +01100

*33. 解答下面的每个问题：将这些值翻译成二进制补码记数法（用5位模式），把减法问题转换成相应的加法问题，并执行那个加法。将所得答案转换成十进制记数法进行验证。（观察溢出现象。）

a. 5+1　b. 5−1　c. 12−5
d. 8−7　e. 12+5　f. 5−11

*34. 将下面的每个二进制表示转换成相应的十进制表示。

a. 11.11　b. 100.0101　c. 0.1101
d. 1.0　e. 10.01

*35. 用二进制记数法表示下面每个值。

a. $5\frac{3}{4}$　b. $15\frac{15}{16}$　c. $5\frac{3}{8}$
d. $1\frac{1}{4}$　e. $6\frac{5}{8}$

*36. 用图1-24中描述的浮点格式对下面的位模式解码。

a. 01011001　b. 11001000　c. 10101100
d. 00111001

*37. 用图1-24中描述的8位浮点格式对下面的值编码。指出出现截断误差的每个情形。

a. $-7\frac{1}{2}$　b. $\frac{1}{2}$　c. $-3\frac{3}{4}$
d. $\frac{7}{32}$　e. $\frac{31}{32}$

*38. 假定你不受使用标准化格式的限制，用图1-24中描述的浮点格式列出所有可以表示值 $\frac{3}{8}$ 的位模式。

*39. 用图1-24中描述的8位浮点格式，求可以表示的最近似于2的平方根的值。如果机器利用这一浮点格式对这个数做平方，实际得到的值是什么？

*40. 用图1-24所示的8位浮点格式可以表示的最近似于 $\frac{1}{10}$ 的数值是什么？

*41. 当用浮点记数法记录使用米制系统的度量时，为什么会产生误差？例如，若110cm用米制单位记录情况会怎样？

*42. 位模式01011和11011表示的是同一个值，一个是用余16记数法存储的，另一个是用二进制补码记数法存储的。

a. 关于这个公共的值可以确定的是什么？
b. 分别用二进制补码记数法和余码记数法存储同一个值，并且这两个系统采用相同的位模式长度，那么表示此值的这两种模式是一种什么关系？

*43. 3个位模式10000010、01101000和00000010表示的是同一个值，采用的是3种不同的表示法：二进制补码记数法、余码记数法和图1-24所示的8位浮点格式。但这3个位模式和这3个表示法的顺序不一定是一一对应的。它们共同表示的那个值是什么？哪个模式对应哪个记数法？

*44. 在下面的值中，哪一个不能用图1-24所示的浮点格式精确地表示出来？

a. $6\frac{1}{2}$　b. $\frac{13}{16}$　c. 9
d. $\frac{17}{32}$　e. $\frac{15}{16}$

*45. 如果用于表示二进制整数的位串长度由4变成6，那么能够表示的最大整数的值会发生什么变化？用二进制补码记数法又将如何呢？

*46. 如果一个4 MB的存储器每个单元可以存储1字节，那么其最大地址的十六进制表示是什么？

*47. 如果使用LZW压缩和最初只包含x、y和一个空格（如1.8节所述）的字典，对下面信息编码

xxy yyx xxy xxy yyx

那么编码结果是什么？

*48. 下面信息是使用LZW压缩的，其字典的第1、2、3个条目分别是x、y和空格。这条信息的解压缩结果是什么？

22123113431213536

*49. 如果信息

xxy yyx xxy xxyy

是用LZW压缩的，并且最初字典的第1、2、3个条目分别是x、y和空格，那么最后的字典里有哪些条目？

*50. 我们将在下一章学到，通过传统电话系统传输位的一种方法：首先将位模式转换成声音，然后通过电话线传输声音，最后再将声音转换回位模式。这种技术的传输速率最高可达57.6 Kbit/s。如果视频采用MPEG压缩，那么这种技术能否满足远程会议的需要？

*51. 使用ASCII对下面的句子编码，使用偶校验，在每个字符编码的高位端添加一个奇偶校验位。

a. Does 100/5=20?

b. The total cost is $7.25.

*52. 下面信息的每一个短位串，最初都是用奇校验传输的。哪一个位串绝对出现了差错？

11001 11011 10110 00000 11111
10001 10101 00100 01110

*53. 假如一个24位的编码是这样产生的：将一个符号的ASCII表示连续复制3次，用得到的结果表示该符号（例如，符号A用位串010000010100000101000001表示）。这个新编码有哪些纠错特性？

*54. 用图1-28的纠错码对下面的词语进行解码。

a. 111010 110110

b. 101000 100110 001100

c. 011101 000110 000000 010100

d. 010010 001000 001110 101111
000000 110111 100110

e. 010011 000000 101001 100110

*55. 国际货币汇率变化很频繁。研究一下货币汇率，并相应地更新1.8节的货币转换器脚本。

*56. 找出一种1.8节的那个货币转换器里没有的货币。得到它的当前汇率，并在网络上找到它的Unicode货币符号。扩展货币转换器脚本，让它能够转换这个新货币。

*57. 如果你的网络浏览器和文本编辑器能很好地支持Unicode和UTF-8，那么请把实际的国际货币符号复制/粘贴到1.8节的转换器脚本中，替换掉'\u00A3'这样的复杂代码。（如果你的软件处理Unicode有困难，那么当你尝试这样做时，你的文本编辑器里可能会出现奇怪的符号。）

*58. 1.8节的货币转换器脚本在执行每一个乘法之前，使用了一个变量dollars来存储要转换的金额。这使得脚本中每个乘法代码行的长度，比直接键入整数数量1000的长度要长。提前创建这个额外的变量有什么好处？

*59. 编写并测试一个Python脚本，给定一个字节数，输出与其相等的千字节数、兆字节数、吉字节数和太字节数。再编写并测试一个互补脚本，给定一个太字节数，输出与其相等的GB数、MB数、KB数以及字节数。

*60. 编写并测试一个Python脚本，给定一个录音的分秒数，计算对这个时长的未压缩的CD音量的立体声音频数据进行编码所需的位数。（复习1.4节的必要参数和公式。）

*61. 指出下面Python脚本中的错误。

```
days_per_week = 7
weeks_per_year = 52
days_per_year = days_per_week **
                weeks_per_year
PRINT(days_per_year)
```

社会问题

希望下面的问题能引导读者思考一些与计算领域相关的道德、社会和法律问题。回答出这些问题还不够，还应该考虑为什么这样回答，以及你的判断是否对每个问题都标准如一。

1. 某个截断错误出现在一个关键时刻，引起了巨大的损失和人身伤亡。如果有人需要对此负责，那么是谁？是硬件设计者？软件设计者？编写那段程序的程序员？还是决定在那个特定应用中使用这个软件的人？如果最初开发这个软件的公司已经修正过这个软件，但是用户没有为那个关键应用购买并应用这个升级版，又将如何？如果这个软件是盗版的呢？
2. 对于个人来讲，在开发他自己的应用时忽略截断错误的可能性以及它们的后果，是可以接受的吗？

3. 20世纪70年代开发的软件只用2个数字表示年（如用76表示1976年），忽视了这个软件在即将到来的世纪之交会有缺陷这个事实，这道德吗？若现在只用3个数字表示年（如用982表示1982年，用015表示2015年）又是否道德呢？如果只用4个数字呢？
4. 许多人认为，对信息进行编码经常会削弱或歪曲该信息，因为这实质上迫使信息必须被量化。他们认为，若一份调查问卷要求调查对象只能用给定的5个等级来发表他们的意见，这份问卷本身就是有缺陷的。信息可以量化到什么程度？垃圾处理场选址的利弊可以量化吗？关于核能源及核废料的辩论是可量化的吗？将结论建立于平均值和其他统计分析上的做法危险吗？如果新闻通讯社在报导调查结果时不使用问题的准确措辞，这道德吗？能够量化一个人的生命值吗？假设一个公司要停止对一个产品改进的投资，尽管知道附加投资可以减少产品使用的危险性，这是可以接受的吗？
5. 收集和散发数据的权利是否应该根据数据形式的不同而有所差别？也就是说，收集和散发照片、音频或者视频的权利是否应该与收集和散发文本的一样？
6. 无论是有意的还是无意的，记者的报道中通常都会反映出记者本人的偏见。一般只要改几个词语，一个故事就可能被赋予正面或负面的含义。（比较“大多数受访者都反对公民投票。”与“受访者中有相当一部分支持公民投票。”）修改一个故事（删掉某些观点或者仔细选词）和修改一张照片有区别吗？
7. 假设数据压缩系统的使用会导致一些微小但重要的信息的丢失。这会产生什么样的责任问题？应该如何解决？

课外阅读

Drew, M., and Z. Li. *Fundamentals of Multimedia*. Upper Saddle River, NJ: Prentice-Hall, 2004.

Halsall, F. *Multimedia Communications*. Boston, MA: Addison-Wesley, 2001.

Hamacher, V. C., Z. G. Vranesic, and S. G. Zaky. *Computer Organization*, 5th ed. New York: McGraw-Hill, 2002.

Knuth, D. E. *The Art of Computer Programming*, *Vol. 2*, 3rd ed. Boston, MA: Addison-Wesley, 1998.

Long, B. *Complete Digital Photography*, 3rd ed. Hingham, MA: Charles River Media, 2005.

Miano, J. *Compressed Image File Formats*. New York: ACM Press,1999.

Petzold, C. *CODE: The Hidden Language of Computer Hardware and Software.* Redman, WA: Microsoft Press, 2000.

Salomon, D. *Data Compression: The Complete Reference*, 4th ed. New York: Springer, 2007.

Sayood, K. *Introduction to Data Compression*, 3rd ed. San Francisco, CA: Morgan Kaufmann, 2005.

第2章

数 据 操 控

本章学习计算机如何操控数据以及如何与外围设备（如打印机和键盘）通信。为此，我们将研究计算机体系结构的基础知识，学习计算机是如何利用称为机器语言指令的编码指令来进行编程工作的。

本章内容

2.1 计算机体系结构

2.2 机器语言

2.3 程序执行

*2.4 算术/逻辑指令

*2.5 与其他设备通信

*2.6 数据操控编程

*2.7 其他体系结构

在第1章中，我们学习了有关计算机数据存储的主题，本章将介绍计算机如何操控这些数据。这里所说的操控包括将数据从一个位置移动到另一个位置，以及执行各种操作，如算术计算、文本编辑和图像处理等。首先我们要了解除数据存储系统之外的计算机体系结构。

2.1 计算机体系结构

计算机中控制数据操控的电路称为**中央处理器**（central processing unit），即**CPU**，通常简称为处理器。在20世纪中期的机器中，CPU属于大部件，由若干机架中的电子线路组成，这也反映了该部件的重要性。不过，科技进步已经极大地缩小了这些部件。现在，台式计算机和笔记本电脑中的CPU都是很小的正方形薄片（大约都只有2×2英寸），它们的连接引脚插在机器主电路板［称为**主板**（motherboard）］的插座上。在智能手机、小型笔记本电脑和其他**移动因特网设备**（Mobile Internet Device，MID）上，CPU大约是邮票的一半大小。由于它们的尺寸小，这些处理器被称作**微处理器**（microprocessor）。

2.1.1 CPU基础知识

CPU由3部分构成（见图2-1）：**算术/逻辑单元**（arithmetic/logic unit），它包含在数据上执行运算（如加法和减法）的电路；**控制单元**（control unit），它包含协调机器活动的电路；**寄存器单元**（register unit），它包含称为**寄存器**（register）的数据存储单元（与主存储器存储单元相似），用作CPU内部的信息临时存储。

寄存器单元中的一些寄存器被看成是**通用寄存器**（general-purpose register），而其他一些则被看成是**专用寄存器**（special-purpose register），我们将在2.3节讨论一些专用寄存器，现在我们只关注通用寄存器。

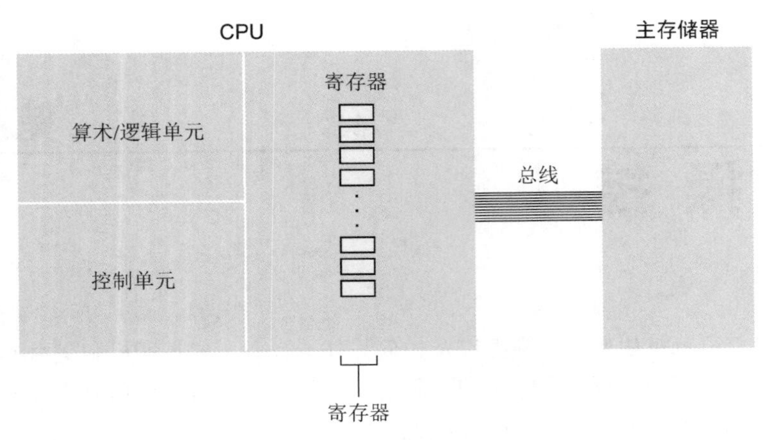

图2-1 通过总线连接的CPU和主存储器

通用寄存器用于临时存储CPU正在操控的数据。这些寄存器存储算术/逻辑单元电路的输入值以及该部件所产生的结果。为了操作存储在主存储器中的数据，控制单元要把存储器里的数据传送到通用寄存器，通知算术/逻辑单元哪些寄存器保存了这一数据，激活算术/逻辑单元中的有关电路，并告知算术/逻辑单元哪个寄存器将接收结果。

为了传输位模式，机器CPU和主存储器通过一组称为**总线**（bus，见图2-1）的线路进行连接。利用总线，CPU给出相关存储单元的地址以及相应的电信号（告知存储器电路，将在指定单元中获取数据），从主存储器中取出（读）数据。同理，CPU可以向主存储器中放入（写入）数据，方法是提供目的单元地址和一起写入的数据以及适当的电信号（告知主存储器，将要存储发送给它的数据）。

基于此设计，将存储在主存储器中的两个值相加的任务不仅仅涉及执行加法运算。数据必须先从主存储器传输到CPU的寄存器中，值相加后，先把结果放在寄存器中，然后再把结果存储到主存储器存储单元中。整个过程被总结成如图2-2所示的5个步骤。

步骤 1　从存储器中取出一个要加的值放入一个寄存器中。
步骤 2　从存储器中取出另一个要加的值放入另一个寄存器中。
步骤 3　激活加法电路，以步骤1和2所用的寄存器作为输入，用另一个寄存器存放相加的结果。
步骤 4　将结果存入存储器。
步骤 5　停止。

图2-2 主存储器中的值相加

2.1.2 存储程序概念

早期计算机不是很灵活，每个设备所执行的步骤都被内置于控制单元中，作为计算机的一部分。为了增加其灵活性，一些早期电子计算机的设计使得CPU可以方便地重新布线。其灵活性通过插拔装置体现，类似于老式的电话交换台上把跳线的端子插到接线孔中。

认识到一个程序可以像数据一样进行编码并存储在主存储器中，这是一个突破性进展（但是将其归功于约翰·冯·诺依曼显然是不正确的）。如果控制单元可以从存储器中读取程序、将指令解码并执行它们，那么机器要遵照执行的程序就可以被修改，这只需要改变计算机存储器中的内容而不必对CPU进行重新布线。

高速缓冲存储器

将计算机存储设备与其对应功能进行比较是很有启发性的。寄存器用于存储可立即进行运算的数据，主存储器用于存储即将使用的数据，海量存储器用于存储最近也许不会使用的数据。许多计算机设计都增加了一个附加的存储器层次，称为高速缓冲存储器。**高速缓冲存储器**（cache memory）是位于CPU内部的高速存储器的一部分（也许有几百KB）。在这个特殊的存储区域中，机器试图保存主存储器中当前最重要的那部分内容的一个副本。这样，通常要在寄存器与主存储器之间进行的数据传输将变成寄存器与高速缓冲存储器之间的数据传输。因此，高速缓冲存储器中的任何改变都会在恰当时间被一起传输给主存储器。于是，CPU可以较快地执行它的机器周期，因为它不会被与主存储器的通信所延迟。

谁发明了什么？

将某项发明的荣誉授予个人总是备受争议。人们将白炽灯的发明归功于托马斯·爱迪生（Thomas Edison），但是其他研究员也曾研制了类似的灯泡，从某种意义上说，爱迪生只是比较幸运地获得了专利。人们认为是莱特（Wright）兄弟发明的飞机，但他们曾与其他人竞争并受益于其他人的研究，在某种程度上，他们又被列奥纳多·达·芬奇（Leonardo da Vinci）抢先了，他早在15世纪就有了玩玩飞行机器的想法。甚至达·芬奇的设计看起来也是假借前人的思想。当然，对于这些发明，被认定的发明人还是有权拥有被授予的荣誉的。但对于其他一些情况，历史上的有些荣誉授予似乎是不恰当的，如存储程序的概念。毫无疑问，约翰·冯·诺依曼（John von Neumann）是一位卓越的科学家，理应为自己的许多贡献获得荣誉。但是，历史选择授予他荣誉的贡献是存储程序概念，但这一思想很显然是由宾夕法尼亚大学莫尔电子工程学院以埃克特（J. P. Eckert）为首的研究人员提出的。约翰·冯·诺依曼不过是第一个在著作中转述这一思想的人，因此计算机界选择他作为发明人。

将计算机程序存储在主存储器中的思想称为**存储程序概念**（stored-program concept），它已经成为今天所使用的标准方法——实际上它的标准性很显然。最初的困难源于人们将程序和数据视为不同的实体：数据存储在存储器中，而程序为CPU的一部分。于是就成了“只见树木，不见森林”的一个极好实例。人们很容易被老一套所束缚，如果今天仍不了解这一点，那么计算机科学的发展也许还会裹足不前。的确，科学中令人兴奋的部分是，新的思想不断为新的理论和新的应用开启大门。

问题与练习

1. 将计算机中一个存储单元的内容移到另一个存储单元，你认为需要哪些事件序列？
2. 要想将一个值写入存储单元中，CPU必须给主存储器电路提供什么信息？
3. 海量存储器、主存储器以及通用寄存器都是存储系统。它们在用法上有什么不同？

2.2 机器语言

为了应用存储程序概念，CPU被设计成可以识别位模式编码的指令。这组指令以及编码系统统称为**机器语言**（machine language）。使用此语言表达的指令称为机器级指令，更多人称其为**机器指令**（machine instruction）。

2.2.1 指令系统

一个典型CPU必须能够解码及执行的机器指令列表非常短。实际上，一旦机器能够实现某些基本而精选的任务，那么添加再多的特性也不会增加该机器理论上的能力。换句话说，超过某个特定点之后，附加的特性也许能够增加一些好处，如便利性，但是机器的基本能力不会有任何改变。

在设计机器时，根据该事实被利用的程度的不同，产生了两种CPU体系结构哲学。一种是CPU只需要执行最小的机器指令集，在这种思想的作用下，产生了**精简指令集计算机**（reduced instruction set computer，RISC）。RISC体系结构的支持者认为，这种计算机效率高、速度快，制造成本较低。另一方面，另外一些人则认为CPU应能够执行大量复杂的指令，尽管其中许多在技术上是多余的，在这种思想的作用下，产生了**复杂指令集计算机**（complex instruction set computer，CISC）。CISC的支持者认为，CPU越复杂越容易应对现代软件日益增加的复杂性。通过CISC，程序可以利用一个强大的丰富指令集，其中很多指令都需要RISC设计中的一个多指令序列。

20世纪90年代至21世纪，市场上在售的CISC处理器和RISC处理器都在积极地争抢桌面计算的霸主地位。用于个人计算机中的英特尔处理器是CISC体系结构的代表，而PowerPC处理器（由苹果、IBM和摩托罗拉公司联合开发）是RISC体系结构的代表，被用于苹果Macintosh中。随着时间的推移，CISC的制造成本大大降低了，因此英特尔的处理器（或AMD公司的处理器）现在已经几乎遍及台式计算机和笔记本电脑（现在连苹果公司生产的计算机都开始使用英特尔公司的产品了）。

虽然CISC在台式计算机领域站稳了脚跟，但其电功率非常大。与此相反，Advanced RISC Machine（ARM）公司专门针对低电耗设计了一种RISC体系结构。（Advanced RISC Machine的前身是Acorn Computers，现在是ARM Holdings。）因此，在游戏控制器、数字电视、导航系统、汽车部件、移动电话、智能手机和其他消费性电子产品中，很容易找到由高通（Qualcomm）和德州仪器（Texas Instruments）等多个供应商制造的基于ARM的处理器。

不管是选择RISC还是选择CISC，机器指令都可以分为3类：（1）数据传输类；（2）算术/逻辑类；（3）控制类。

1. 数据传输类

数据传输类指令包含将数据从一个位置移动到另一个位置的请求指令，图2-2中的步骤1、2和4都属于这一类。我们应该注意到，使用诸如传输（transfer）或移动（move）之类的术语来标识这类指令实际上是用词不当。因为传输的数据很少被从原始位置擦除。执行传输指令的过程更像是复制数据而不是移动数据，因此，使用诸如复制（copy）或克隆（clone）之类的术语能更好地描述这类指令的活动。

关于术语，我们应注意到，提到CPU与主存储器之间的数据的传输时，有专门的术语。用存储单元的内容填充通用寄存器的请求通常称为加载（LOAD）指令；相反，将寄存器中内容传输给存储单元的请求称为存储（STORE）指令。在图2-2中，步骤1和2是LOAD指令，步骤4是STORE指令。

在数据传输类中，有一组与CPU-主存储器环境之外的设备（打印机、键盘、显示屏、磁盘驱动器等）进行通信的重要指令。这些指令负责处理机器的输入/输出（I/O）活动，因此被称为**I/O指令**（I/O instruction），有时因为其特别会被单独归为一类。另一方面，2.5节将描述如何利用一些相同的指令来处理这些I/O活动，这些指令是请求在CPU及主存储器之间传输数据的。因此，我们应考虑将I/O指令归入数据传输类。

2. 算术/逻辑类

算术/逻辑类指令告诉控制单元请求在算术/逻辑单元内实现一个活动。图2-2中的步骤3属于这一类。正如其名称所示，算术/逻辑单元还能够执行基本算术运算之外的运算。在这些附加的运算中，有第1章中介绍的布尔运算与、或和异或，本章后面会进一步讲解。

大多数算术/逻辑单元中都还有另外一组运算能让寄存器中的内容在寄存器中左右移动。这些运算称为移位（SHIFT）运算或循环移位（ROTATE）运算，前者丢弃一端“移出的位”，而后者将它们放到另一端留出的空位上。

3. 控制类

控制类指令包含指导程序执行而非数据操作的指令。图2-2中的步骤5属于此类，但它是一个很初级的例子。这一类指令包括机器指令系统中许多比较有趣的指令，如转移（JUMP）或分支（BRANCH）系列指令用于指示CPU执行列表中下一条指令以外的其他指令。转移指令分两种：**无条件转移**（unconditional jump）和**条件转移**（conditional jump）。前者的一个例子是指令“跳转到步骤5”；后者的一个例子是指令“如果所得数值为0，跳转到步骤5”。两者的区别是，只有满足某个条件时，条件转移才会引起“地点改变”。举例说明，图2-3中的指令序列是表示两个数值相除的算法，其中步骤3是条件转移，用以防止除数为0。

步骤 1　把存储器中的一个值加载到一个寄存器中。
步骤 2　把存储器中的另一个值加载到另一个寄存器。
步骤 3　如果第二个值为0，那么转移到步骤6。
步骤 4　用第一个寄存器中的值除以第二个寄存器中的值，结果留在第三个寄存器中。
步骤 5　把第三个寄存器的值存储到存储器中。
步骤 6　停止。

图2-3　存储器中数值的除法运算

2.2.2 一种演示用的机器语言

现在让我们来看一下典型计算机的指令是如何编码的。附录C中描述了我们要讨论的机器，其体系结构见图2-4。它有16个通用寄存器，256个主存储器存储单元，每个存储单元容量为8位。为了便于参考，我们将寄存器标号为数值0～15，把存储单元的地址编为数值0～255。方便起见，我们将这些标号及地址看作以二进制表示的数值，并使用十六进制记数法压缩它们的位模式。于是，寄存器标号为0～F，存储单元的地址为00～FF。

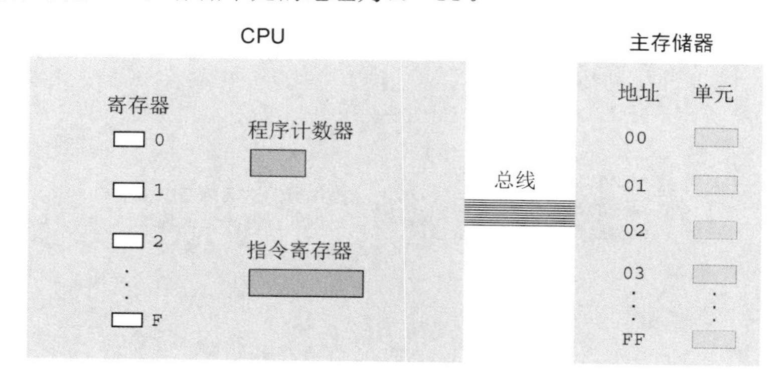

图2-4　附录C描述的机器的体系结构

机器指令编码形式包括两部分：**操作码**（operation code，简写为op-code）字段和**操作数**（operand）字段。操作码字段中的位模式指明该指令要求的是什么基本运算，如STORE、SHIFT、

XOR和JUMP等。操作数字段中的位模式提供操作码指定运算的更详细信息。以STORE操作为例，其操作数字段中的信息指示哪个寄存器包含将被存储的数据，哪个存储单元用于接收该数据。

我们演示用的机器（见附录C）的整个机器语言只包含12条基本指令。每条指令都用16位编码，由4个十六进制数字表示（见图2-5）。每条指令的操作码由前4位组成，等价于第一个十六进制数字。注意（见附录C），这些操作码是用十六进制数字1～C表示的。特别是，附录C中的表说明以十六进制数字3起始的指令表示STORE指令，以十六进制A起始的指令表示ROTATE指令。

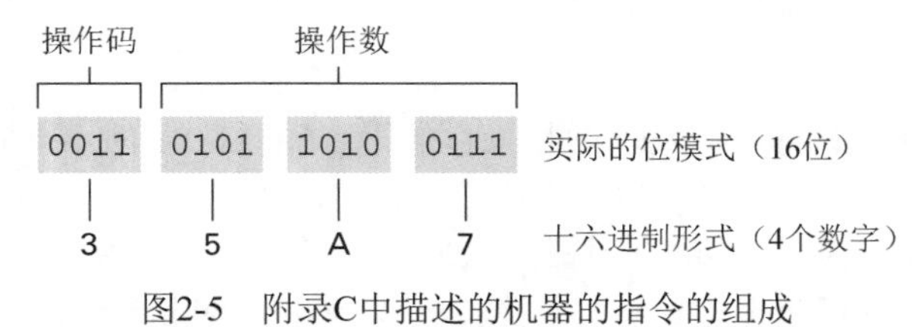

图2-5　附录C中描述的机器的指令的组成

变长指令

为了简化文中的解释，本章示例所用的机器语言（在附录C中有描述）对于所有指令都使用了固定的大小（2个字节）。因此，为取得一个指令，CPU总是需要检索2个连续存储单元的内容，然后给其程序计数器加2。这种一致性简化了取指令的任务，是RISC机器的特性。不过，CISC机器的机器语言的指令长度是可变的。例如，现在的英特尔处理器的指令长度有长有短，短的只有1字节，长的有多个字节，具体取决于该指令的确切应用。使用这种机器语言的CPU根据指令操作码来确定所引入的指令的长度。也就是说，CPU首先取指令的操作码，然后基于收到的位模式得知，要得到余下的指令还需要从存储器中取多少字节。

在我们演示用的机器中，每条指令的操作数字段由3个十六进制数字（12位）组成，在每种情况下对操作码给定的通用指令做了进一步澄清（HALT指令除外，因为它不需要进一步的规定）。例如，如果一条指令的第一个十六进制数字为3（存储寄存器中内容的操作码），那么该指令的下一个十六进制数字会指出哪个寄存器中的内容需要存储，最后的两个十六进制数字会指出由哪个存储单元接收该数据（见图2-6）。因此，指令35A7（十六进制）翻译过来就是“将寄存器5中的位模式存储（STORE）到地址为A7的存储单元中”。（注意十六进制记数法的使用是如何简化我们的讨论的。事实上，指令35A7是指位模式0011010110100111。）

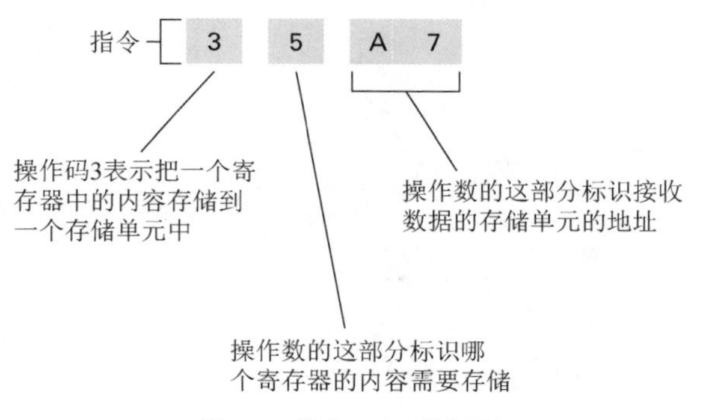

图2-6　指令35A7的译码

通过指令35A7这个例子，还能清楚地解释为什么主存储器容量是以2的幂为度量单位的。因为该指令保留了8位用于指定该指令所用的存储单元，所以能够准确地引用2^8个不同的存储单元。因此我们理所当然要用这么多存储单元（地址从0～255）构建1个主存储器。如果主存储器有更多的存储单元，我们就写不出能区分它们的指令了；如果主存储器的存储单元比较少，我们写出的指令可能就会引用不存在的存储单元。

为了说明操作数字段是如何澄清操作码给定的通用指令的，下面再举一个例子。我们来考虑一个操作码为7（十六进制）的指令，它请求将两个寄存器的内容进行OR（或）运算。（在2.4节中，我们会看到两个寄存器的“或”运算意味着什么。现在我们感兴趣的只是指令是如何编码的。）在这种情况下，下一个十六进制数字指示的是运算结果应该存储在哪一个寄存器中，而操作数的最后两个十六进制数字指示的是要对哪两个寄存器进行“或”运算。因此。指令70C5翻译过来就是“对寄存器C和寄存器5的内容进行‘或’运算，并将结果存入寄存器0中”。

我们所讲的这两条机器的LOAD指令存在细微的差别。这里，操作码1（十六进制）表示的指令是将某一存储单元的内容载入寄存器，操作码2（十六进制）表示的指令是把一个特定的值加载到寄存器。它们的差别在于，第一种类型的指令的操作数字段包含的是1个地址，而第二种类型的指令的操作数字段包含的是一个要载入的实际位模式。

注意，该机器有两条ADD（加法）指令，一条用于二进制补码记数法表示的数值相加，一条用于浮点记数法表示的数值相加。把它们区分开来的原因是，这两种加法在算术/逻辑单元内部有不同的实现步骤。我们用图2-7结束本节，图2-7中显示的是图2-2中指令的编码版本。我们已经假定，两个相加的数值以二进制补码记数法的形式存储在存储地址6C和6D中，其相加的结果存放在地址为6E的存储单元里。

编码的指令	翻　译
156C	把地址为6C的存储单元里的位模式加载到寄存器5
166D	把地址为6D的存储单元里的位模式加载到寄存器6
5056	把寄存器5和6的内容按二进制补码表示相加，结果存入寄存器0
306E	把寄存器0的内容存储到地址为6E的存储单元中
C000	停止

图2-7　图2-2中指令的编码版本

问题与练习

1. 为什么使用术语移动（move）来描述“将数据从机器的一个位置移动到另一个位置的操作”有可能不恰当？
2. 在本书中，JUMP指令是通过在指令中给出目的地名称（或步骤号）的方式来表示的（如“转移到步骤6”）。这种技术的缺点是，如果一个指令名称（或步骤号）后来改变了，那么必须找到所有转移到该指令的JUMP指令，并改变这些JUMP指令中的目的地。请另外设计一种表达JUMP指令的方式，使得不需要明确给出目的地的名字。
3. 指令“如果0等于0，那么就转移到步骤7”是条件转移还是无条件转移？请解释你的答案。
4. 用实际的位模式编写图2-7中的示例程序。
5. 下列指令是用附录C描述的机器语言编写的。请用自然语言解释这些指令。
   a. 368A　　b. BADE　　c. 803C　　d. 40F4
6. 在附录C描述的机器语言里，指令15AB和25AB有什么区别？
7. 下面是用自然语言描述的一些指令。请把它们翻译成附录C中描述的机器语言。
   a. 将十六进制数值56加载（LOAD）到3号寄存器中。
   b. 将5号寄存器循环（ROTATE）右移3位。
   c. 将寄存器A中的内容与寄存器5中的内容做加（ADD）操作，并将其结果存入寄存器0中。

2.3 程序执行

计算机总是按照需要把存储器里的指令复制到CPU中来执行存储器中的程序。每个指令一旦到达CPU，就会被解码并执行。从存储器中取指令的顺序与这些指令存储在存储器中的顺序相对应，除非被JUMP指令更改。

为了理解整个执行过程是如何进行的，我们有必要仔细了解一下CPU内部的2个专用寄存器：**指令寄存器**（instruction register）和**程序计数器**（program counter）（再见图2-4）。指令寄存器用于存储正在执行的指令。程序计数器中包含的是下一个待执行的指令的地址，因此它用于以机器方式跟踪程序执行到了什么地方。

CPU通过不断重复执行一个算法来完成它的工作，该算法引导它完成一个称为**机器周期**（machine cycle）的三步处理。该机器周期的3个步骤分别为取指、译码和执行（见图2-8）。在取指步骤，CPU请求主存储器给它提供程序计数器指定的地址中存储的指令。因为我们机器的每一条指令的长度为2个字节，所以取指过程需要从主存储器中读取2个存储单元的内容。CPU将从存储器中读取的指令存放在它的指令寄存器中，然后将程序计数器的值加2，使得程序计数器包含存储器中存储的下一条指令的地址。这时，程序计数器为下一次取指做好了准备。

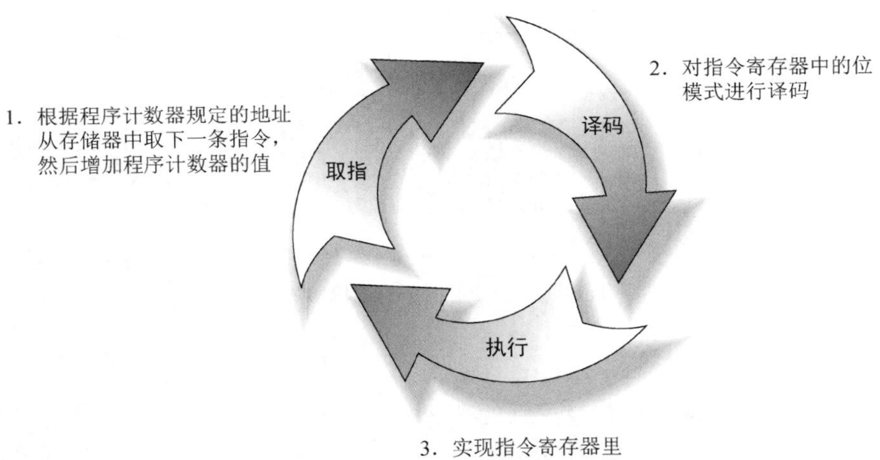

图2-8　机器周期

比较计算机能力

购买个人计算机时，通常用时钟速度来比较计算机。计算机的**时钟**（clock）是一个称为振荡器的电路，能生成用于协调机器活动的脉冲——这个振荡器电路生成脉冲的速度越快，机器执行其机器周期的速度就越快。时钟速度以赫兹（hertz，简写为Hz）为单位，1Hz相当于每秒1个周期（或脉冲）。台式计算机的典型时钟周期是几百MHz（较老的型号）到几GHz。（MHz是megahertz的缩写，1 MHz=10^6 Hz，GHz是gigahertz的简写，1 GHz=1000 MHz。）

不过，不同的CPU设计在一个时钟周期里完成的工作量是不同的。因此，在比较具有不同CPU的机器时，单单比较时钟速度没有太大的意义。如果你在比较的两台机器，一台基于英特尔处理器，一台基于ARM处理器，那么通过**基准测试**（benchmark）来比较它们的性能则更有意义。基准测试是指，在比较不同机器时，让它们执行同样的程序（称为基准），然后比较它们的性能。通过选择代表不同类型应用的基准，就能够得到对各类市场细分有意义的比较结果。

由于指令现在已经存入了指令寄存器，CPU对该指令译码，其中包括根据该指令的操作码将操作数字段分解为适当的部分。

然后，CPU激活相应电路以执行指令，完成所请求的任务。例如，如果该指令是从存储器中加载的，那么CPU将给主存储器发送相应信号，等待主存储器发送数据，再将数据存入要求的寄存器；如果该指令是算术运算，那么CPU将用正确的寄存器作为输入，激活算术/逻辑单元中相应的电路，计算结果并将结果存入相应的寄存器。

一旦指令寄存器中的指令执行完毕，CPU又将从取指步骤开始下一个机器周期。观察可知，由于程序计数器在前一个取指步骤的最后已经增加了值，所以它再次为CPU提供了正确的指令地址。

JUMP指令的执行比较特殊。例如，指令B258（见图2-9）的含义是“如果寄存器2的内容与寄存器0的内容相同，则转移到地址为58（十六进制）的指令”。在这种情况下，该机器周期的执行步骤首先是比较寄存器2和寄存器0。如果它们包括不同的位模式，那么执行步骤结束，开始下一个机器周期。不过，如果这两个寄存器的内容相同，那么机器要在执行步骤中将数值58（十六进制）存入它的程序计数器里。然后，在这种情况下，下一个取指步骤发现程序计数器中的值为58，于是该地址的指令将成为下一条被读取和执行的指令。

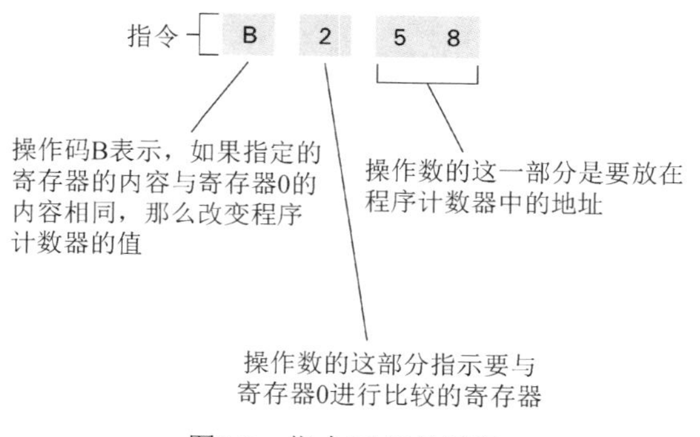

图2-9 指令B258的译码

注意，如果该指令为B058，那么该程序计数器是否需要更改，取决于这个寄存器0的内容和那个寄存器0的内容是否相同。不过，这两个寄存器是同一个寄存器，因此内容必然是相同的。于是，无论寄存器0的内容是什么，形式为B0XY的指令都将使程序转移至存储器位置XY执行。

2.3.1 程序执行的一个例子

让我们从机器周期的角度看图2-7的程序是如何执行的。该程序从主存储器中取出两个值，计算它们的和，并将结果存储在一个主存储器存储单元里。首先，我们需要将该程序存放在存储器的某个地方。对于这个例子，假设该程序存放在从地址A0（十六进制）开始的连续地址中。在按照这种方法存储好该程序后，要执行这个程序只需要把该程序的第一条指令的地址（A0）存放在程序计数器里并开启机器（见图2-10）。

CPU开始机器周期的取指步骤，该步骤从主存储器中取出存储在地址A0的指令，并将该指令（156C）放入指令寄存器里（见图2-11a）。注意，在我们的机器里，指令的长度为16位（2个字节）。因此，要读取的整个指令占用了存储单元的地址A0和A1。CPU的设计考虑到了这点，它取指时同时读两个存储单元的内容，并将获得的位模式存放在长度为16位的指令寄存器中。接着，CPU给程序计数器加2，使得该寄存器包含下一条指令的地址（见图2-11b）。在第一个机器周期的取指步骤结束时，程序计数器和指令寄存器包含下列数据：

程序计数器：A2
指令寄存器：156C

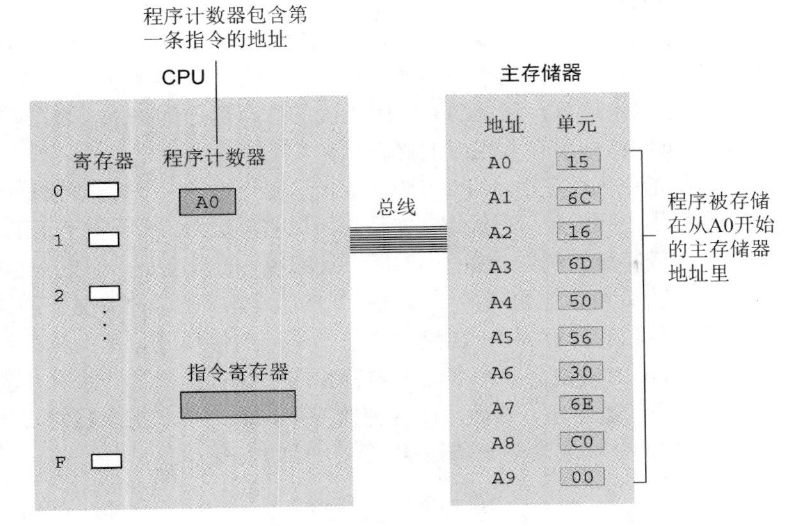

图2-10　图2-7中的程序被存储在主存储器中准备执行

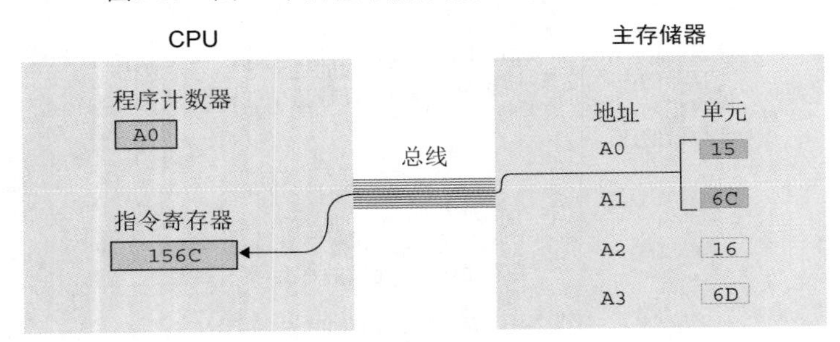

(a) 取指步骤开始时，从存储器中取出从地址A0开始的指令，放在指令寄存器中

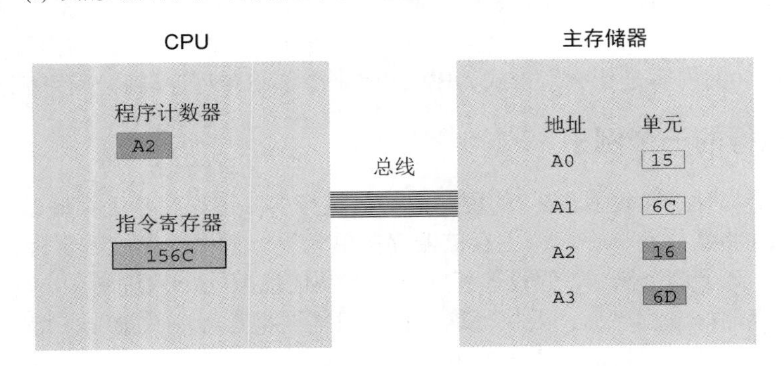

(b) 然后增加程序计数器的值，使它指向下一条指令

图2-11　执行机器周期的取指步骤

然后，CPU要分析其指令寄存器中的指令，并得出结论：它要把地址为6C的存储单元的内容

加载到寄存器5中。该加载工作是在机器周期的执行步骤完成的，接着CPU开始下一个机器周期。

这个周期首先要从以地址A2开始的2个存储单元中取指令166D。CPU要将此指令存入指令寄存器，并将程序计数器增加到A4。因此，此时的程序计数器和指令寄存器中的值如下：

```
程序计数器：A4
指令寄存器：166D
```

现在，CPU对指令166D进行译码，确定它要将地址为6D的存储单元的内容加载到寄存器6，然后执行该指令。这时候，寄存器6才真正加载了数据。

因为该程序计数器现在的值是A4，所以CPU从这个地址开始取下一条指令。于是，指令5056被放入指令寄存器，程序计数器增加到A6。现在，CPU对其指令寄存器的内容进行译码，然后激活二进制补码加法电路，用寄存器5和寄存器6作为输入执行加法运算。

在该执行步骤中，算术/逻辑单元执行所请求的加法运算，将结果存入寄存器0（如控制单元所要求的那样），然后向控制单元报告它已经完成了任务。之后CPU开始另一个机器周期，再一次借助程序计数器，从以存储地址A6开始的2个存储单元中取下一条指令（306E），然后将程序计数器增加到A8，接着译码并执行该指令。此时，和已经被放在了存储单元6E中。

下一条指令从存储单元A8开始读取，同时程序计数器被增加到AA。指令寄存器（C000）的内容现在被译码为停止指令。因此，机器在该机器周期的执行步骤停止，程序完成。

综上，我们看到，如果我们需要遵照详细的指令列表执行程序，那么一个存放在存储器里的程序的执行过程就如同你我都可以做的那样。我们可以通过标记指令来确定执行到的位置，而CPU则利用程序计数器来确定执行到的位置。在确定下一步要执行什么指令后，我们需要读该指令并分析它的含义，然后实现所请求的任务并返回到指令的列表，为下一条指令做准备。这与计算机执行指令寄存器中的指令，然后从另一个取指步骤开始继续进行是一样的。

2.3.2 程序与数据

许多程序可以同时存储在一个计算机的主存储器里，只要它们的地址不同。机器开启时运行哪个程序可以通过适当地设置程序计数器来决定。

然而，我们必须记住：数据也存储在主存储器中，也是用0和1编码的，所以机器自己无法知道哪是数据，哪是程序。如果程序计数器被赋予了数据的地址而非所希望的程序的地址，那么在没有更好选择的情况下，该CPU会像取指令一样读取此数据的位模式并执行。最终的结果取决于该数据。

然而，我们不应该就此得出结论，以为将程序和数据以相同的形式存入机器的存储器是错误的。事实上，这已经被证明是一个有用的特性，因为它使得某一个程序可以操控其他程序（甚至是自己），就像它可以操控数据一样。例如，可以设想有这样的一个程序，它可以根据其与环境的交互自我修正，从而表现出学习能力；抑或有这样一个程序，它可以编写执行其他程序，以解决它所遇到的问题。

问题与练习

1. 假设在附录C描述的机器中，从地址00到05的存储单元中包含下列（十六进制）位模式：

地 址	内 容
00	14
01	02
02	34
03	17
04	C0
05	00

如果启动机器时，程序计数器被设为00，那么该机器停止时，地址为十六进制17的存储单元里会有什么样的位模式？

2. 假设在附录C描述的机器中，从地址B0到B8的存储单元中包含下列（十六进制）位模式：

地 址	内 容
B0	13
B1	B8
B2	A3
B3	02
B4	33
B5	B8
B6	C0
B7	00
B8	0F

a. 如果程序计数器最初为B0，那么第一条指令执行之后，3号寄存器中存储的位模式是什么？
b. 在执行停止指令时，存储单元B8里的位模式是什么？

3. 假设在附录C描述的机器中，从地址A4到B1的存储单元中包含下列（十六进制）位模式：

地 址	内 容
A4	20
A5	00
A6	21
A7	03
A8	22
A9	01
AA	B1
AB	B0
AC	50
AD	02
AE	B0
AF	AA
B0	C0
B1	00

假设该机器启动时其程序计数器的值为A4，请回答下面的问题。
a. 地址为AA的指令第一次执行时，寄存器0中是什么？
b. 地址为AA的指令第二次执行时，寄存器0中是什么？
c. 该机器停止之前，存放在地址AA里的指令执行了多少次？

4. 假设在附录C描述的机器中，从地址F0～F9的存储单元中包含下列（十六进制）位模式：

地 址	内 容
F0	20
F1	C0
F2	30
F3	F8
F4	20
F5	00
F6	30
F7	F9
F8	FF
F9	FF

如果机器启动时其程序计数器的值为F0，当到达地址为F8的指令时，该机器执行什么？

*2.4 算术/逻辑指令

如前所述，算术/逻辑指令组由请求算术、逻辑和移位运算的指令组成。在本节中，我们将详细介绍这些运算。

2.4.1 逻辑运算

第1章介绍了逻辑运算AND（与）、OR（或）和XOR（异或，一般读作“ex-or”），它们都是组合两个输入的二进制位，得到一个输出的二进制位。这些运算可以扩展成为这样的**按位运算**（bitwise operation）：组合两个二进制位串，在各个列上应用基本运算，产生一个输出串。例如，位模式10011010与11001001进行AND运算所得结果如下：

```
    10011010
AND 11001001
    10001000
```

这里，我们只是将每一列的两个二进制位的AND运算结果写在了那一列的底部。同理，对这些位模式进行OR运算及XOR运算时得到的结果是：

```
   10011010         10011010
OR 11001001     XOR 11001001
   11011011         01010011
```

AND运算的一个主要用途是将位模式的一部分设为0，而不影响另外一部分。这一用途在实践中有很多应用，如过滤用RGB格式表示的数字图像的某些颜色，如前一章中描述的那样。再看一个例子，如果字节00001111是AND运算的第一个操作数，那么会产生什么结果？即使不知道第二个操作数的内容，我们仍然能够得出这样的结论，即结果的最高4位均为0。其次，结果的最低4位将与第二个操作数的最低4位相同，如下例所示：

```
    00001111
AND 10101010
    00001010
```

AND运算的这个应用是一个称为**屏蔽**（masking）的过程的例子。这里，一个称为**掩码**（mask）的操作数决定另一个操作数的哪个部分会影响结果。在这个AND运算中，屏蔽得出的结果中，其中一部分是一个操作数的复制品，没有复制的部分置0。在这个上下文中，AND运算的一个简单应用就是屏蔽图像像素中与红色部分相关联的所有位，只留下蓝色和绿色部分。这种转换在图像操作软件中是经常使用的。

除了操作图像以外，AND运算在操作其他类型的**位映射**（bit map）方面也很有用，只要所用位串中的每个位表示的都是一个特定对象存在与否，即可使用。再举一个非图形的例子，一个由52位组成的串，其中每个位与一张特定的扑克牌相联系，此位串可以表示一手5张牌，我们只需要将1赋予和手中牌相对应的5个位，而将0赋予所有其他位。同理，13个位为1的52位位**映射**可以表示一手桥牌，32位位**映射**可以表示32种口味冰激凌的有无。

接着，假设一个8位存储单元被用作一个位**映射**，我们希望查明与从高位端算起的第3位相联系的对象是否存在。我们只需要将整个字节与掩码00100000进行AND运算，当且仅当该位**映射**从高位端算起的第3位本身为0时，结果的字节值全为0。于是，在该AND运算中安排一个条件转移指令，程序就可以实现相应的动作。其次，如果该位**映射**从高位端算起的第3位为1，我们想在不破坏其他位的情况下将其改为0，那么可以把该位**映射**与掩码11011111进行AND运算，然后用结果替代原来的位**映射**。

AND运算可用于复制一个位串的一部分，方法是将不复制的部分置0，OR运算也可用于复制一个串的一部分，但方法是将不复制的部分置1。为此，我们再次使用掩码，但是这次用0来指示要复制的位的位置，用1指示不复制的位置。例如，一个任意字节和11110000做OR运算，得到的结果是最高有效4位为1，其余位是另外一个操作数最低有效4位的副本，如下例所示：

```
   11110000
OR 10101010
   11111010
```

因此，可以用掩码11011111做AND运算，强制一个字节从高位端算起的第3位变为0，用掩码00100000做OR运算，强制同样的位置变为1。

XOR运算的一个主要用途是形成一个位串的补码。任意一个字节与全部为1的掩码做XOR运算得到的是该字节的补码。例如，注意下面示例中第二个操作数与结果的关系：

```
    11111111
XOR 10101010
    01010101
```

XOR运算可以用于反转一个RGB位图图像的所有位，结果产生一个“反转的”彩色图像，其中浅色被替换成深色，深色被替换成浅色。

在附录C描述的机器语言中，操作码7、8和9分别用于逻辑运算OR、AND和XOR。每个操作码要求2个指定寄存器的内容之间进行相应的逻辑运算，并将结果存放在另一个指定的寄存器中。例如，指令7ABC要求的是：将寄存器B和C的内容进行OR运算，并将结果存放在寄存器A中。

2.4.2　循环移位运算及移位运算

循环移位运算及移位运算提供了移动寄存器内二进制位的方法，常用于解决对齐问题。这些运算根据移动方向（向右或向左）和其过程是否循环来分类。这些分类准则的混合使用产生了许许多多变体。下面我们简单介绍一下所涉及的概念。

我们来考虑含一个字节二进制位的寄存器。如果我们将其内容向右移一位，我们想象最右端的位被移出边界，最左端出现一个空位。对于这个额外的位及留出的空位如何操作是区别各种移位运算的特征。一种技术是将右端移出的位放置在左端的空位上，这类运算称为**循环移位**（circular shift或rotation）。因此，如果我们针对一个字节的位模式进行8次右循环移位，那么我们得到的位模式将与初始位模式相同。

另外一种技术是丢弃移出边界的位，并用0填充空位，这类运算称为**逻辑移位**（logical shift）。这种向左的移位可以实现2乘以二进制补码的运算。因此，二进制数字左移相当于乘2，而十进制数字左移就相当于乘10。此外，被2除的运算可以通过二进制位右移来完成。无论哪种移位，在使用某种记数法系统时都必须注意保留符号位。因此，右移时留出的空位（符号位位置）总是用它原来的值来填。保留符号位不变的移位称为**算术移位**（arithmetic shift）。

在各种可能的移位和循环移位指令中，附录C描述的机器语言仅包括一条右循环移位指令，操作码为A。在这个移位运算中，操作数的第一个十六进制数字指定了要循环移位的寄存器，操作数的其余部分规定了要循环移位的位数。因此，指令A501的意思是“将寄存器5的内容循环右移1位”。特别地，如果寄存器5最初包含位模式65（十六进制），那么执行此指令（见图2-12）后将包含B2。（不妨尝试一下如何组合使用附录C描述的机器语言提供的指令来产生其他移位及循环移位指令。例如，因为一个寄存器的长度为8位，所以循环右移3位与循环左移5位所得结果一样。）

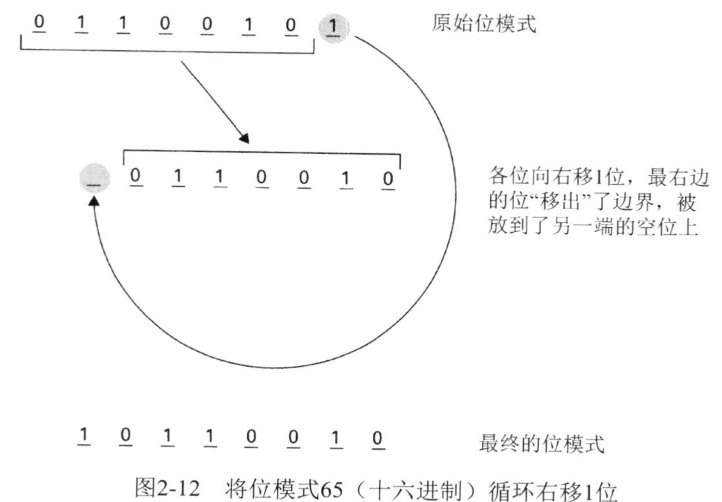

图2-12 将位模式65（十六进制）循环右移1位

2.4.3 算术运算

尽管我们已经提到过算术运算——加、减、乘和除，但一些细枝末节的问题还需要再解释一下。首先，我们已经看到减法运算可以通过加法及取负来模拟。此外，乘法只不过就是反复进行加法运算，除法就是反复进行减法运算。（因为6中可以减去3个2，所以6除以2等于3。）因此，一些小型CPU都只装有加法指令，或者加法和减法指令。

我们还应该注意到，每种算术运算都有许多变体。对于附录C描述的机器语言里使用的加法运算，我们已经暗示了这一点。例如，对于加法运算，如果相加的数值用二进制补码记数法存储，此加法过程的实现就一定是每列数字直接相加。然而，如果操作数用浮点值存储，加法过程则为读取每个操作数的尾数，根据指数字段将其向左或右移位，检查符号位，执行加法，最后将其结果翻译成浮点记数法。因此，尽管它们都是加法运算，但是机器的实现过程并不相同。

问题与练习

1. 完成指定的运算。

```
a.      01001011     b.      100000011     c.      11111111
    AND 10101011         AND  11101100         AND 00101101

d.      01001011     e.       10000011     f.      11111111
    OR  10101011         OR   11101100         OR  00101101

g.      01001011     h.      100000011     i.      11111111
    XOR 10101011         XOR  11101100         XOR 00101101
```

2. 假设你想从一个字节中分离出中间的4位，方法是中间的4位保持不变，将其他4位设为0。那么必须使用什么掩码及什么运算？
3. 假设你想对一个字节的中间4位取反码，其他4位保持不变。那么必须使用什么掩码及什么运算？
4. a. 假设你对一个位串的前2位进行XOR运算，然后相继对每一个结果与位串的下一个位进行XOR运算。那么最后的结果与该串中1的个数有什么关系？

   b. 在对一个信息编码时，需要确定使用什么样的奇偶校验位，问题a与此问题有什么联系？
5. 通常使用逻辑运算代替数值运算是很方便的。例如，逻辑运算AND组合两个位的方法同乘法运算一样。哪一种逻辑运算和两个位的加法几乎相同，这种情况下会导致什么问题？

6. 用什么逻辑运算和什么掩码能将ASCII码中的小写字母变为大写字母？大写变小写时呢？
7. 对下列位串执行循环右移3位会得到什么结果？
   a. 01101010　　b. 00001111　　c. 01111111
8. 对下面用十六进制记数法表示的字节，执行循环左移1位的运算，结果是什么？请用十六进制形式给出答案。
   a. AB　　b. 5C　　c. B7　　d. 35
9. 一个8位位串循环右移3位等价于循环左移多少位？
10. 如果位模式01101010与11001100是以二进制补码记数法表示的值，那么它们的和的位模式是什么？如果这两个位模式是用第1章讨论的浮点格式表示的呢？
11. 使用附录C描述的机器语言编写一个程序，将地址为A7的存储单元的最高有效位置为1，其他位的值保持不变。
12. 使用附录C描述的机器语言编写一个程序，将存储单元E0的中间4位复制到存储单元E1中的最低4位，并将存储单元E1的最高4位置为0。

*2.5 与其他设备通信

主存储器和CPU构成了计算机的核心。本节将研究这个核心（将称它为计算机）如何与外围设备通信，如海量存储系统、打印机、键盘、鼠标、显示屏、数码相机甚至其他计算机。

2.5.1 控制器的作用

计算机与其他设备的通信通常是通过称为**控制器**（controller）的中间设备来处理的。对于个人计算机，控制器可能由计算机主板上固定安装的电路组成，有时为了灵活，它还会以电路板的形式插在主板的插槽中。无论哪种形式，控制器都是通过电缆与计算机机箱里的外围设备，或者是与计算机背面称为**端口**（port）的连接器相连接的，端口上可以插其他设备。这些控制器有时候本身就是小型计算机，每个都有其自己的存储电路和简单的CPU，可以执行引导控制器活动的程序。

控制器将信息和数据在两种形式之间来回翻译：一种是与计算机内部特征相适应的形式，另外一种是与所连接的外围设备相适应的形式。最初，每个控制器都是为特定类型的设备设计的，因此，购买一种新的外围设备常常还需要同时购买一种新的控制器。

最近，人们已经开始开发个人计算机标准，如**通用串行总线**（universal serial bus，USB）和**火线**（FireWire），这样一个控制器就可以处理多种设备。例如，一个USB控制器可以用作计算机与其他任何同USB兼容的系列设备的接口。现在，市场上可以与USB控制器通信的设备包括鼠标、打印机、扫描仪、海量存储设备、数码相机，以及智能手机。

每一个控制器通过连接到相同的总线（该总线用来连接计算机的CPU和主存储器）完成与计算机的通信（见图2-13）。由于这种连接，每个控制器都能够监视到CPU与主存储器之间正在发送的信号，还能够将自己的信号插入总线。

通过这种安排，CPU能够以与主存储器通信的方式与连接在总线上的控制器通信。为了给控制器发送一个位模式，首先要在CPU的其中一个通用寄存器中构建该位模式，然后由CPU执行一个类似STORE指令的指令，将该位模式“存储”到控制器中。类似地，当要从一个控制器接收一个位模式时，要使用一条类似LOAD指令的指令。

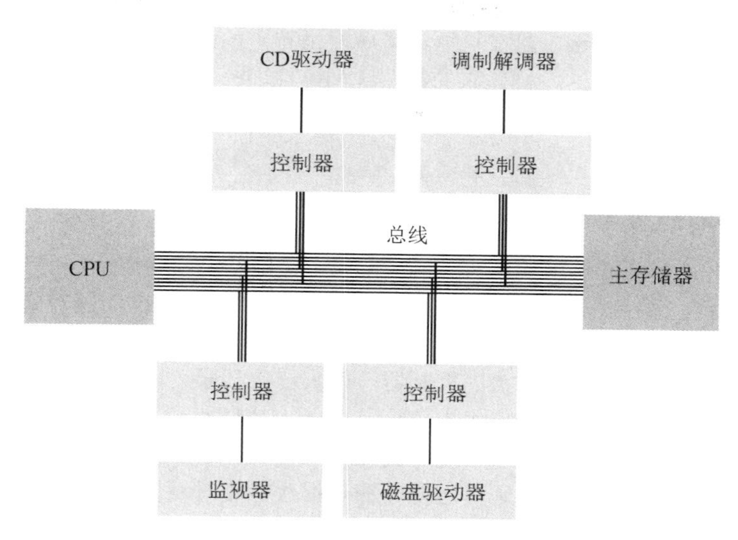

图2-13 与机器总线连接的控制器

USB与FireWire

通用串行总线（USB）和FireWire都是标准化的串行通信系统，它们简化了给个人计算机添加外围设备的过程。USB由英特尔公司主导研发，FireWire则由苹果公司主导研发。两者的目的都是通过一个控制器提供多个与各种外围设备连接的外部端口。在该设置中，控制器将计算机内部信号特征翻译成相应的USB或FireWire标准信号。反之，为了与控制器通信，与控制器相连接的每个设备都将其内部特性翻译成相同的USB或FireWire标准。于是，给PC添加新设备就不再需要增加新的控制器，只需要将USB兼容的设备插入USB端口，或者将FireWire兼容的设备插入FireWire端口即可。

相比而言，FireWire的传输速率更高，但是USB 2.0的技术成本更低，因此在低成本的大众市场的竞争中占据了突出地位。USB标准的一个更快的新版本是3.0版，也开始出现在市场上。现在，市场上兼容USB的设备有鼠标、键盘、打印机、扫描仪、数码相机、智能手机，以及为备份应用设计的海量存储系统。FireWire应用趋向于集中在需要更高传输速率的设备上，如摄像机和联机海量存储系统。

在一些计算机的设计中，通过控制器的数据传输（输入与输出）直接使用LOAD和STORE操作码（这些操作码已经用于同主存储器的通信）。在这种情况下，每个控制器都被设计为响应唯一一组地址的引用，而主存储器被设计成忽略对这些位置的引用。因此，当CPU在总线上发送一条消息，要把一个位模式存储到一个分配给某个控制器的存储器位置时，这个位模式实际上是“存储”到该控制器中，而不是主存储器中。同理，如果CPU试图从这样的存储器位置读取数据（如用LOAD指令），那么它所接收到的位模式将来自控制器而不是存储器。这样的通信系统称为**存储映射输入/输出**（memory-mapped I/O），因为该计算机的输入/输出设备好像是在各种存储器位置里（见图2-14）。

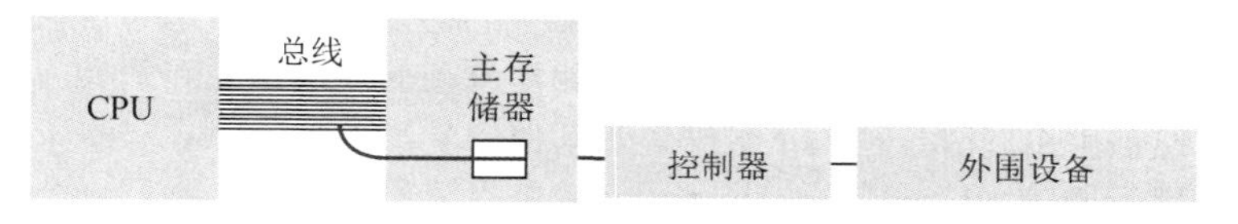

图2-14 存储映射输入/输出的概念表示

另外一种存储映射输入/输出是在机器语言中提供特定的操作码，用以规定通过控制器的数据传输（输入与输出）。具有这些操作码的指令称为I/O指令。例如，如果附录C中描述的机器语言遵循这种方法，它可能包括诸如F5A3这样的指令，表示“将寄存器5的内容存储在由位模式A3指定的控制器中”。

2.5.2 直接存储器存取

因为控制器是连接到计算机的总线上的，所以它能在CPU不使用总线的几纳秒时间里实现与主存储器的通信。控制器这种存取主存储器的能力称为**直接存储器存取**（direct memory access，DMA），它是计算机性能的重大资本。例如，要从磁盘扇区检索数据，CPU可以将编码为位模式的请求发送给连接这个磁盘的控制器，要求该控制器读取这个扇区并将数据存储在指定的主存储器区域中。在该控制器执行此读操作并通过DMA将数据存储在主存储器时，CPU可以继续执行其他任务。因此，这两个活动将会被同时执行。CPU将执行某个程序，而控制器则监视磁盘与主存储器之间的数据传输。这样，在数据传输相对缓慢时，CPU的计算资源不会被浪费。

使用DMA同样也有不利影响，它会使计算机总线的通信复杂化。位模式必须在CPU与主存储器之间、CPU与每个控制器之间，以及每个控制器与主存储器之间进行传送。协调总线上的所有这些活动是个很大的设计难题。即使设计非常出色，CPU与控制器竞争总线存取时，中央总线也可能成为障碍。此障碍称为**冯·诺依曼瓶颈**（von Neumann bottleneck），因为它源于**冯·诺依曼体系结构**（von Neumann architecture），在该结构中，CPU是通过中央总线从存储器读取指令的。

2.5.3 握手

两个计算机部件之间的数据传输很少是单向进行的。即使我们可以把打印机看作是接收数据的设备，但事实上它也向计算机发送数据。毕竟，计算机产生字符并向打印机发送字符的速度要远远快于打印机能够打印的速度。如果计算机盲目地把数据发送给打印机，那么打印机很快就会落在后面，导致数据丢失。因此，诸如打印文档这样的过程都会涉及持续的称为**握手**（handshaking）双向对话，计算机和外围设备通过这种双向对话交换设备的状态信息，协调它们之间的活动。

握手通常涉及一个**状态字**（status word），它是由外围设备生成并发送给控制器的一个位模式。该状态字是一个位**映射**，其中的各个二进制位反映了该设备的各种情况。以打印机为例，其状态字的最低有效位的值可以表示该打印机是否缺纸，而下一个位可以表示该打印机是否已经准备好再接收数据，另外还有一个位可用于指出是否卡纸了。控制器是自己响应这些状态信息，还是交由CPU来处理，这取决于不同的系统。无论哪种情况，状态字都提供了一种机制，用于协调与外围设备的通信。

2.5.4 流行的通信媒介

两个计算设备之间的通信可通过两种途径来处理：并行及串行。这两个术语指的是传输信号的方式。**并行通信**（parallel communication）是指若干信号同时传输，每个信号都在各自的“线路”上。这种技术传输数据的速度快，但是需要相对复杂的通信路径。例如，计算机的内部总线，其中多条线路被用于同时传输大量数据块及其他信号。

与此相反，**串行通信**（serial communication）是指信号在一条线路上一个接一个地传输。相对于并行通信，串行通信只需要一条相对简单的数据路径，这也是它很流行的原因。USB

与FireWire，能在短短几米的距离内提供相对高速的数据传输，是串行通信系统的例子。对于相对较长的距离（在家中或者办公楼里），通过以太网连接（见4.1节）的串行通信，无论是通过电线连接还是通过无线电广播连接，都很流行。

多年来，传统的语音电话线在远距离通信方面一直主宰着个人计算机领域。这些通信路径都只有一根电线并通过它逐一传输语音信号，本质上属于串行系统。这样的数字数据传输实现过程如下：首先利用**调制解调器**（modulator-demodulator，简写为modem）将位模式转换为听得见的音调，并通过电话系统串行传输，然后在目的地由另一个调制解调器将这些音调重新转换成二进制位。

为了通过传统的电话线实现更加快速的远距离通信，电话公司提供了一种称为**数字用户线**（Digital Subscriber Line，DSL）的服务，它利用了以下事实：现有的电话线实际上能够处理比传统语音通信所用频率范围更宽的频率范围。确切地说，DSL是将高于可听范围的频率用于传输数字数据，而将较低频谱用于语音通信。虽然DSL已非常成功，但电话公司也在迅速将自己的系统升级为光纤线（光纤线比传统电话线更容易支持数字通信）。

线缆调制解调器（cable modem）是一种竞争技术，它可以调制和解调位模式，使其能够在有线电视系统上传输。许多线缆提供商现在都同时使用光纤线和传统的同轴电缆，同时提供高清晰度电视信号和计算机网络访问。

卫星链路通过高频无线电广播甚至能使一些远离高速电话和有线电视网络的偏远地区访问到计算机网络。

2.5.5 通信速率

一个计算部件与另外一个计算部件之间传输数据位的速率是以**比特每秒**（bits per second，bps，bit/s）计量的。常用的单位有**Kbit/s**（kilo-bps的简写，即千比特每秒，等于10^3 bit/s）、**Mbit/s**（mega-bps的简写，即兆比特每秒，等于10^6 bit/s）和**Gbit/s**（giga-bps的简写，即吉比特每秒，等于10^9bit/s）。注意位与字节之间的区别：8 Kbit/s相当于1 KB/s。使用简写形式时，小写的英文字母b通常表示位（bit），而大写的英文字母B通常表示字节（byte）。

对于短距离通信，USB 2.0及FireWire可以提供几百Mbit/s的传输速率，对于大多数多媒体应用已经足够了。再加上便利性及相对低价，如今它们已被广泛用于家用计算机与本地外围设备（如打印机、外部磁盘驱动器及相机）之间的通信。

通过结合**多路复用技术**（multiplexing，数据编码或混合，使得一条通信路径可完成多条通信路径的功能）及数据压缩技术，传统的语音电话系统能够支持57.6 Kbit/s的传输速率。这无法满足当今多媒体和因特网应用（如来自Netflix或YouTube这类网站的高清视频流）的需要。播放MP3音乐录音需要大约64 Kbit/s的传输速率，即使播放低品质的视频也需要用Mbit/s计量的传输速率。这正是能够提供Mbit/s范围的传输速率的DSL、线缆以及卫星链路等已取代传统音频电话系统的原因。（例如，DSL提供的传输速率是54 Mbit/s级的。）

一个特定设置可获得的最大速率，取决于通信路径的种类以及其实现过程中使用的技术。这个最大速率通常大致等同于通信路径的**带宽**（bandwidth），但带宽这个术语除了传输速率这个含义之外还有容量的含义。也就是说，说一条通信路径具有高带宽（或提供**宽带**服务）意味着一条通信路径能以高速率传输位，同时意味着该通信路径还能够同时携带大量信息。

问题与练习

1. 假设附录C描述的机器使用存储映射输入/输出，地址B5是打印机端口所在的位置，要打印的数据应该发送给它。
   a. 如果寄存器7包含字母A的ASCII码，那么要通过打印机打印该字母，应该使用哪条机器语言指令？

b. 如果该计算机每秒执行100万条指令，那么在1秒内可以向打印机发送这个字符多少次？

c. 如果该打印机每分钟可以打印5页传统文本，那么在(b)的情况下，它能够跟得上发送给它的字符吗？

2. 假设你的个人计算机硬盘的转速为每分钟3000转，每个磁道有16个扇区，每个扇区有1024字节。如果磁盘控制器打算从磁盘驱动器中接收从旋转磁盘中读到的位，那么磁盘驱动器与磁盘控制器之间的通信速率大约是多少？

3. 一本用16位Unicode字符编码的300页小说，按照54 Mbit/s的传输速率需要传输多久？

*2.6　数据操控编程

诸如Python这样的计算机程序设计语言的一个基本特征是，向用户屏蔽机器最底层的乏味的工作细节。刚刚用了多半章的篇幅介绍了计算机处理器中最底层的数据操控，回顾一下Python脚本屏蔽无须程序员操心的主要细节是有益的。

我们将在第6章更详细地探讨，高级程序设计语言语句为了执行会映射为低级机器指令。一条Python语句可能会映射为一条机器指令，也可能会映射为数十或者数百条机器指令，具体取决于语句的复杂性和机器语言的效率。Python语言解释器的不同实现，和计算机操作系统软件的其他元素是一致的，会为每个特定的计算机处理器处理这个映射过程。因此，Python程序员无须知道自己的Python脚本是在一个RISC处理器上执行，还是在一个CISC处理器上执行。

我们会认识许多与现代计算机或附录C所描述的简单机器中所具有的基本机器指令密切对应的Python操作。Python的整数加法和浮点数加法明显类似于附录C所描述的简单机器的ADD操作码。给变量赋值一定会涉及某个安排中的LOAD、STORE和MOVE操作码。Python不用我们操心都使用了哪些处理器寄存器，它利用机器操作码来执行我们的指令。我们无法看到指令寄存器、程序计数器或者存储单元地址，但是Python脚本是一条语句接着一条语句顺序执行的，和简单机器语言程序的执行方式一样。

2.6.1　逻辑运算和移位运算

逻辑运算和移位运算可以在任何类型的数值数据上执行，但因为它们经常处理数据的各个二进制位，所以用二进制值为例来说明这些运算是最容易的。就像Python使用0x前缀指定十六进制值一样，0b前缀可用于指定二进制值[①]。

```
x    = 0b00110011
mask = 0b00001111
```

注意，实际上，这与给x赋值51（它的二进制值是110011）或者0x33（这是51的十六进制表示）没什么不同，与给mask赋值15（它的二进制值是1111）或者0x0F（15的十六进制表示）也没什么不同。我们在Python赋值语句里使用的拼出整数值的表示，不会改变这个值在计算机中的表示，而只是为了阅读的人能理解它。

2.4节介绍了每个按位逻辑运算符的内置Python运算符。

```
print(0b00000101 ^ 0b00000100)    # Prints 5 XOR 4, which is 1
print(0b00000101 | 0b00000100)    # Prints 5 OR  4, which is 5
print(0b00000101 & 0b00000100)    # Prints 5 AND 4, which is 4
```

① 这个语法是最近加到演变的Python语言中的。请确保你使用的是最新的Python 3来复制这些示例。

因此，我们可以将2.4节中的每一个示例问题复制为Python代码。

```
                                  #      10011010
print(0b10011010 & 0b11001001)    #  AND 11001001
                                  #      10001000

                                  #     10011010
print(0b10011010 | 0b11001001)    #  OR 11001001
                                  #     11011011

                                  #      10011010
print(0b10011010 ^ 0b11001001)    #  XOR 11001001
                                  #      01010011
```

对于所有这些示例，Python会用它默认的输出表示（即十进制）来打印这个结果。如果用户也喜欢用二进制记数法显示输出结果，那么可以用内置函数将整数值转换成与二进制表示相对应的字符0和1组成的串。

```
print(bin(0b10011010 & 0b11001001))    # Prints "0b10001000"
print(bin(0b10011010 | 0b11001001))    # Prints "0b11011011"
print(bin(0b10011010 ^ 0b11001001))    # Prints "0b1010011"
```

因为较新版的Python可以使用任意个数字来表示一个数，不打印开头的0，所以上面的第3行只打印了7个数字，而不是8个。

Python用于执行逻辑移位运算的内置运算符由两个大于号（>>）和两个小于号（<<）组成，直观地显示了移位方向。运算符右边的操作数指示了要移位的位位置数。

```
print(0b00111100 >> 2) # Prints  "15", which is 0b00001111
print(0b00111100 << 2) # Prints "240", which is 0b11110000
```

将位进行移位除了能屏蔽二进制数的左边或右边，位移位运算符还是一种有效的乘以2的幂（左移）或者除以2的幂（右移）的方法。

2.6.2 控制结构

本章前面介绍的机器语言控制组指令为我们提供了一种从程序的一个位置跳转到另一个位置的机制。在Python这样的高级语言中，这实现了所谓的**控制结构**（control structure），使我们能更有力地表达算法的语法模式。这方面的一个例子是`if`语句，它允许代码段在脚本中的布尔值不为真的情况下被条件性地跳过。

```
if (water_temp > 140):
  print('Bath water too hot!')
```

直观来看，这个Python片段将被映射为多条机器指令，对`water_temp`变量和整数值140进行比较，二者很可能是事先载入寄存器的。如果`water_temp`值不是140或者更大，条件转移指令会跳过内置`print()`函数的机器指令。

另一种控制结构是循环结构`while`，它允许一个代码段被执行多次，一般受某个条件控制。

```
while (n < 10):
  print(n)
  n = n + 1
```

假设变量`n`从小于10的值开始，这个循环会一直打印`n`并在`n`上加1，直到它变为大于或等于

10的数为止。

我们将在第5章及以后的章节中[0]用更多的时间来研究这些控制结构和其他控制结构。现在，我们重点研究“允许我们从程序的一个位置跳转到另一个位置，在那里执行一个要求的任务之后再返回到之前所在的程序点”的机制。

函数

我们已经看到了3种不遵循算术运算和逻辑运算语法形式的内置Python运算。print()、str()和bin()运算都是使用特定名称而不是符号来调用的，而且它们的操作数外面还包有括号。

这两个都是一种称之为**函数**（function）的Python语言特性的例子。在数学中，术语函数经常用于描述代数关系，如“$f(x) = x^2 + 3x + 4$”。当看到这种函数定义时，我们就明白，在随后的行中，表达式“$f(5)$”的意思就是值5应该被插入到定义 $f(\,)$的表达式中参数x所在的位置上。因此，$f(5) = 5^2 + 3 \times 5 + 4 = 25 + 15 + 4 = 44$。程序设计语言函数都是非常相似的，因为它们都允许我们使用一个名称来指代一系列应该在给定的一个参数或多个参数上执行的运算。由于这个语言特性被映射为较低级的机器语言的方式，表达式或语句中的函数的出现被称作**函数调用**（function call），有时称为**调用**（calling）函数。

上面例子中出现的print()和bin()就是两个这样的函数调用：它们指明Python解释器要执行的指定函数的定义，然后返回继续它们的工作。语法是在函数名称后面紧接着放一个开括号，然后给出函数**参数值**（argument value），用于在对函数定义进行求值时插入参数，最后跟一个闭括号。开括号与闭括号的匹配很重要——不匹配会导致Python语法错误，这是初学者常犯的错误。

从现在起，我们将遵从我们讨论print()这样的Python函数时提到的括号使用约定，以便清楚地表示它们与变量或其他项不同。

函数有许多种类，比我们看到的多。有些函数有多个参数，如max()函数：

```
x = 1034
y = 1056
z = 2078
biggest = max(x, y, z)
print(biggest)                # Prints "2078"
```

括号内的多个参数是由逗号分隔的。有些函数**返回**（return）值，也就是说，这种函数调用本身可以出现在一个更复杂的表达式中，或者出现在赋值语句的右边。这些函数有时称为**有返回值函数**（fruitful function）。max()（如上）和bin()都是这种函数，它们以整数值为参数，返回相应的由0和1组成的串。其他函数不返回值，通常被用作独立语句，print()就是这种函数。不返回值的函数有时称为**无返回值函数**（void function）或**过程**（procedure），虽然它们在Python的语法规则中没有区别。将无返回值函数的结果赋值给变量是没有意义的，如

```
x = print('hello world!')     # x is assigned None
```

虽然在Python里这不是错误，但它与根本不给x赋值还不太一样。

到目前为止，我们所看到的函数都是Python知道的内置函数，这种函数有几十个，但还有一些更高级的脚本可以引用的附加函数的扩展库。Python库模块包含许多可能一般用不到但当需要的时候就可以调用的有用函数。

```
# Calculates the hypotenuse of a right triangle
import math

sideA = 3.0
```

```
sideB = 4.0
# Calculate third side via Pythagorean Theorem
hypotenuse = math.sqrt(sideA**2 + sideB**2)

print(hypotenuse)
```

在这个例子中，import语句预先警告了Python解释器：这个脚本引用的是名为“math”的库，它恰巧是Python配备的一组标准库模块中的一个。math库模块中定义的sqrt()函数提供了参数的平方根，在这个例子里，参数是表达式“sideA的平方加上sideB的平方”。注意，库函数调用包括模块名（math）和函数名（sqrt），中间由一个点连接。

Python的math模块包括几十个有用的数学函数，包括对数函数、三角函数和双曲函数，还有一些熟悉的常数值，如math.pi。

除了内置模块函数和库模块函数，Python还为脚本提供了语法来定义其自己的函数。我们将在本节末尾定义一些非常简单的例子，并在下一章研究更复杂的变体。

2.6.3 输入和输出

前面的示例片段和脚本已经使用了Python内置的print()函数来输出结果。许多程序设计语言都提供了相同的实现输入和输出的机制，为程序员提供了一个方便的抽象，用于将数据移入或移出计算机处理器。事实上，这些I/O内置函数都是与硬件控制器及上一节讨论的外围设备进行通信的。

到目前为止，我们的示例脚本还没有要求用户输入。简单的用户输入可以用Python内置的input()函数来完成。

```
echo = input('Please enter a string to echo: ')
print(echo * 3)
```

input()函数把一个可选的提示字符串当作参数，在等待输入时呈现给用户。当这个脚本运行时，在显示完“Please enter a string to echo:”这个提示后，脚本会暂停，等待用户键入内容。当用户按下回车键时，脚本将键入的字符组成的字符串（不包括回车键）赋给变量echo。接着，脚本的第二行将这个字符串重复输出3次。（回顾：*运算符复制字符串操作数。）

现在有了获取输入的能力，让我们重写前面的斜边脚本来提示用户输入边长，而不是将值硬编码到赋值语句中。

```
# Calculates the hypotenuse of a right triangle
import math

# Inputting the side lengths, first try
sideA = input('Length of side A? ')
sideB = input('Length of side B? ')
# Calculate third side via Pythagorean Theorem
hypotenuse = math.sqrt(sideA**2 + sideB**2)

print(hypotenuse)
```

运行时，这个脚本提示用户“Length of side A? ”，并等待输入。假设用户键入“3”并回车。该脚本继续提示用户“Length of side B? ”，并等待输入。假设用户键入“4”并回车。此时，Python解释器中止脚本，打印输出：

```
hypotenuse = math.sqrt(sideA**2 + sideB**2)
TypeError: unsupported operand type(s) for ** or pow(): 'str' and 'int'
```

像Python这样的动态类型语言很容易产生这种类型的错误。我们的斜边计算在这个脚本的早期版本中能正常工作，现在把值改为由用户输入后就会导致错误。这个问题实际是一个“TypeError”错误，这个错误源于Python不再知道如何获取变量sideA的平方这一事实，因为现在这个脚本中的sideA是一个字符串，而不是之前那样的整数。这个问题不是在这个脚本中计算斜边的那一行产生的，而是在前面input()返回sideA和sideB的值时产生的。这个问题也是使用程序设计语言出错时常见的问题。Python解释器试图提供这个程序出错的脚本行，但真正导致出错的行实际上在这行脚本的前面。

在字符串中回送上面的片段，很明显，赋给echo的值应该是用户键入的字符串。虽然程序员的目的现在是输入整数值，但input()函数的行为方式还和斜边程序中的一样。字符串“4”的ASCII或UTF-8编码表示与整数4的二进制表示不同，在使用整数继续进行计算之前，该Python脚本必须显式地进行从一种表示到另一种表示的转换。

幸运的是，另一个内置函数提供了这种功能。int()函数会尝试将其参数转换为整数表示。如果无法转换，会产生相应的错误信息。

在这个脚本中，至少有3个地方可以使用int()函数修正bug。我们甚至可以在将input()函数的结果赋给变量之前就调用它，可以只为转换函数的调用添加新脚本行，还可以只在对math.sqrt()函数调用里的变量进行平方运算之前进行转换。下面这个修订后的脚本使用了第一种方案，第二种方案作为练习留给读者。

```
# Calculates the hypotenuse of a right triangle
import math

# Inputting the side lengths, with integer conversion
sideA = int(input('Length of side A? '))
sideB = int(input('Length of side B? '))
# Calculate third side via Pythagorean Theorem
hypotenuse = math.sqrt(sideA**2 + sideB**2)

print(hypotenuse)
```

修订后的脚本能按预期运行，并且能用于许多直角三角形，而无须编辑脚本，就像预输入版本一样。

最后需要注意的一点是，int()函数是通过仔细检查其字符串参数并将其解释为数来执行转换的。如果输入的字符串是一个数，但不是整数，如“3.14”，那么int()函数会丢弃小数部分，返回一个整数值。这是一个截断操作，不会像人类期望的那样“向上舍入”。Python中所有的其他标准值类型都有相似的转换函数。

2.6.4 马拉松训练助手

下面这个完整的Python脚本演示了本节介绍的许多概念。随着休闲长跑受欢迎程度的增加，许多参与者发现自己在追求复杂的身体训练计划，为跑马拉松做准备。这个脚本能根据跑步者想跑的距离和步速，帮助跑步者计算他需要多久的训练性锻炼。给定步速（pace，跑1英里的分钟和秒数）和总里程，该脚本计算跑步锻炼的预计跑行时间，以及一个用户友好的速度，以每小时的英里数为单位。图2-15给出了一些示例数据点，在每行中，前3列是输入，后3列是预期的结果。注意，不同的Python实现输出的速度值的小数点后的位数可能跟图2-15中的不同，

图2-15中的值没有算出约整数。

时间每英里				总跑行时间	
分	秒	英里	速度（mph）	分	秒
9	14	5	6.49819494584	46	10
8	0	3	7.5	24	0
7	45	6	7.74193548387	46	30
7	25	1	8.08988764044	7	25

图2-15　马拉松训练数据示例

```
# Marathon training assistant.
import math

# This function converts a number of minutes and seconds into just seconds.
def total_seconds(min, sec):
  return min * 60 + sec

# This function calculates a speed in miles per hour given
# a time (in seconds) to run a single mile.
def speed(time):
  return 3600 / time

# Prompt user for pace and mileage.
pace_minutes = int(input('Minutes per mile? '))
pace_seconds = int(input('Seconds per mile? '))
miles = int(input('Total miles? '))

# Calculate and print speed.
mph = speed(total_seconds(pace_minutes, pace_seconds))
print('Your speed is')
print(mph)

# Calculate elapsed time for planned workout.
total = miles * total_seconds(pace_minutes, pace_seconds)
elapsed_minutes = total // 60
elapsed_seconds = total % 60

print('Your total elapsed time is')
print(elapsed_minutes)
print(elapsed_seconds)
```

上面的脚本既使用了内置函数`input()`、`int()`和`print()`，又使用了用户定义的函数`speed()`和`total_seconds()`。关键字`def`的后面是用户函数定义，再后面是函数调用时要提供的函数名称和参数列表。接下来的缩进行称为函数体（**body**），表示的是定义该函数的步骤。在后面的章节中，我们会看到一些函数体内包含多条语句的函数示例。关键字`return`突出显示了用于计算该函数结果的表达式。

虽然用户定义的函数都是在脚本的顶部定义的，但实际上并没有在顶部被调用，而是在后面的脚本中作为一个较大表达式的一部分被调用的。另外还请注意这个脚本堆叠函数调用的方式。input()函数的调用结果被立即当作参数传递给int()函数，然后int()函数的结果被赋值给一个变量。同样，total_seconds()函数的结果也被立即当作参数传递给speed()函数，speed()函数的结果然后又被赋值给变量mph。在这两种情况下，都允许一次调用一个函数，将结果赋值给新变量，然后调用下一个依赖头一个结果的函数。然而，这种更紧凑的形式更简洁，不需要增加临时变量来存储计算的中间结果。

给定输入每英里7分45秒，跑6英里，该脚本输出：

```
Your speed is
7.74193548387
Your total elapsed time is
46
30
```

此输出的格式仍然相当原始。它缺乏适当的单位（7.74193548387 mph和46 minutes、30 seconds），对于一个简单计算来讲，这个输出值的小数位数不合适，而且整个输出结果有太多断行。更清晰的输出作为练习留给读者。

问题与练习

1. 斜边示例脚本将两个边长截断为整数，但输出却为浮点数，为什么？改写这个脚本，使其输出整数。
2. 改写斜边脚本，使用浮点数作为输入，不截断它们。前一个问题里的整数版本和这个问题里的浮点数版本，哪个更合适？
3. Python内置函数str()能把一个数值参数转换为一个字符串表示，'+'可以用于将字符串连接在一起。使用这些修改马拉松脚本，产生更清晰的输出，例如：

```
Your speed is 7.74193548387 mph
Your total elapsed time is 46 minutes, 30 seconds
```

4. 使用Python内置的bin()函数写一个脚本，读取一个十进制整数作为输入，用1和0输出这个整数对应的二进制表示。
5. XOR运算常常用于高效地计算校验和（见1.9节）和加密（见4.5节）。写一个简单的Python脚本，读取一个数字，输出这个数字与一个1、0模式进行XOR运算的结果，如0x55555555。同样的脚本将把一个数字“加密”为一个看似不相关的数字，但当再次运行时，给定这个加密数字当作输入将返回原来的数字。
6. 通过为本节的示例脚本提供一些意外的输入，创造一些错误，研究这些错误条件。如果你在斜边脚本或马拉松脚本中输入全0会怎么样？负数呢？用字符串代替数值呢？

*2.7 其他体系结构

为了拓宽视角，我们来考虑一些已经讨论过的传统计算机体系结构的替代方案。

2.7.1 流水线

电子脉冲在电线上传播的速度比光速慢。光大约每纳秒（十亿分之一秒，ns）能传播1英尺的距离，然而CPU中的控制单元至少需要2 ns才能从1英尺之外的存储单元中读取到指令。（读请求必须发送到存储器，这至少需要1 ns，而指令又必须送回CPU，这至少也需要1 ns。）因此，在这样的机器中取指和执行一条指令需要若干纳秒——这就意味着提高机器执行速度的问题最终将变成小型化问题。

然而，提高执行速度并不是改进计算机性能的唯一途径。真正目的是改进机器的**吞吐量**（throughput）——机器在给定时间内可以完成的工作总量。

在不要求提高执行速度的前提下，增加计算机吞吐量的一个例子涉及**流水线**（pipelining）技术，该技术允许一个机器周期内的各个步骤重叠进行。特别是，当执行一条指令时，可以取下一条指令，这也就意味着在任何一个时刻可以有不止一条指令在"流水线"上，每条指令处在不同的处理阶段。这样，尽管读取和执行每条指令的时间保持不变，机器的总吞吐量却提高了。（当然，当到达JUMP指令时，不会实现预取指令来提高效率的效果，因为"流水线"上的指令不是所需要的。）

现代机器设计已使得流水线思想大大超越了我们所举的例子。它们经常能够同时读取若干条指令，并且一次可以执行多条彼此互不依赖的指令。

多核CPU

科技进步使得一个硅片上可以放置越来越多的电路，以致计算机部件之间的物理差别逐渐变小。例如，单个芯片就可以包括CPU和主存储器。这是"片上系统"（system-on-a-chip，SoC）方法的一个例子，目的是在单个设备中提供一个完整的系统，使得其可在更高的设计层面被用作一个抽象工具。在其他情况下，单个设备中还包含相同电路的多个复制品。它最初的形式是包含若干独立门或者多重触发器的芯片。在现在的技术条件下，单个芯片可以存放不止一个完整的CPU。这就是多核CPU设备的基础体系结构：在同一芯片上存在两个或更多CPU以及共用的高速缓冲存储器。（包含两个处理单元的多核CPU通常被称作双核CPU。）这种设备简化了MIMD系统的构建，并已被迅速应用于家用计算机。

2.7.2 多处理器机器

可以把流水线技术看作迈向**并行处理**（parallel processing）的第一步，并行处理是若干活动在同一时间里实现的性能。然而，真正的并行处理需要多个处理单元，于是产生了称为多处理器或者**多核**（multi-core）机器的计算机。

当今大多数计算机的设计都基于这种思想。一个策略是将若干处理单元（每一个都像单处理器机器中的CPU）都连接到同一个主存储器上。在这样的配置下，各处理器可以独立工作，并通过把相关的信息放在公共存储单元里来协调各自的工作。例如，当某个处理器遇到一个大任务时，它可以将部分任务的程序存储在这个公共存储器中，然后请求另一个处理器执行它。结果产生这样的计算机：不同的指令序列在不同的数据集上操作，相对于较传统的**单指令流单数据流**（single-instruction stream，single-data stream，SISD）体系结构，它被称为**多指令流多数据流**（multiple-instruction stream，multiple-data stream，MIMD）体系结构。

多处理器体系结构的一个变体是将多个处理器链接起来，使得它们一起执行同一个指令序列，每个处理器都有各自的数据集。这就产生了**单指令流多数据流**（single-instruction stream，multiple-data stream，SIMD）体系结构。这种机器适用于这样的应用：在一大堆数据中，对于其中每组类似的数据项都要执行同样的任务。并行处理的另外一种方法是将许多小型机器聚集成为大的计算机，每台机器都有自己的存储器和CPU。这样，每台小型机器都与它的邻居们相连接，使得赋予整个系统的任务可以分割到各台小机器上实现。因此，如果分配给某台内部机器的一项任务可以分割为若干独立的子任务，那么这台内部机器可以请求它的邻居们并发地完成各个子任务。这样，完成任务的时间可以比由一台单处理器机器独立完成任务所需要的时间少得多。

问题与练习

1. 回到2.3节问题3，如果该机器使用本书讨论的流水线技术，当地址为AA的指令被执行时，“流水线”里有什么？在什么条件下，该程序不会从流水线技术得到好处？
2. 在一台流水线机器上运行2.3节问题4中的程序时，必须要解决什么冲突？
3. 假设有两个“中央”处理器连接到同一个存储器上，但执行不同的程序；再假设，其中一个处理器需要给一个存储单元的内容加1，几乎同时，另外一个处理器需要给同一个存储单元的内容减1。（净效果应该是该存储单元最终保持开始时的值。）
   a. 描述一个执行序列，其结果为该单元最终数值比开始值少1。
   b. 描述一个执行序列，其结果为该单元最终数值比开始值大1。

复习题

（带*的题目涉及选读章节的内容。）

1. a. 在什么情况下，通用寄存器和主存储单元类似？
   b. 在什么情况下，通用寄存器和主存储单元不同？
2. 根据附录C描述的机器语言回答下列问题。
   a. 将指令2304（十六进制）写成16位位串。
   b. 将指令B2A5（十六进制）的操作码写成4位位串。
   c. 将指令B2A5（十六进制）的操作数字段写成12位位串。
3. 假设在附录C描述的机器里一个数据块存储在地址从98到A2（含）的存储单元中。这一数据块占据多少存储单元？列出它们的地址。
4. 在附录C描述的机器里，刚执行完指令B0CD后程序计数器的值是多少？
5. 假设在附录C描述的机器里，从地址00到05的存储单元中包含下列位模式。

地址	内容
00	22
01	11
02	32
03	02
04	C0
05	00

   假定该程序计数器初始值为00，请记录该程序执行到机器停止这一过程中在每个机器周期取指阶段末尾，程序计数器、指令寄存器以及地址为02的存储单元的内容。
6. 假设3个值x、y、z存储在机器的存储器中。描述在计算$x + y + z$时发生的事件序列（如从存储器装入寄存器，将值保存在存储器中，等等）。计算$(2x)+ y$时又如何呢？
7. 下面是用附录C描述的机器语言编写的指令。把它翻译成为自然语言。
   a. 7123　b. 40E1　c. A304
   d. B100　e. 2BCD
8. 假设有一机器语言，指令的操作码字段为4位。那么该语言可以有多少种不同的指令？如果操作码字段增加到6位呢？
9. 将下列指令由自然语言翻译为附录C描述的机器语言。
   a. 将十六进制值77加载（LOAD）到寄存器6中。
   b. 将存储单元77的内容加载到寄存器7。
   c. 如果寄存器0的内容与寄存器A的值相同，则转移（JUMP）到存储器位置为24的指令。
   d. 将寄存器4循环右移（ROTATE）3位。
   e. 对寄存器E和2的内容进行AND运算，结果存在寄存器1中。
10. 重写图2-7中的程序，假定相加的数值用浮点记数法编码，而不是二进制补码记数法。

11. 下面是用附录C描述的机器语言编写的指令。请按照它们的执行是否改变位置为3C的存储单元的值、是否读取位置为3C的存储单元的内容、是否与位置为3C的存储单元的内容没有关系进行分类。

    a. 353C　b. 253C　c. 153C
    d. 3C3C　e. 403C

12. 假设附录C描述的机器里，从地址00到03的存储单元中包含下列位模式。

地　址	内　容
00	26
01	55
02	C0
03	00

    a. 将第一条指令翻译为自然语言。
    b. 如果机器在程序计数器的值为00时启动，那么机器停止时寄存器6中是什么位模式？

13. 假设附录C描述的机器里，从地址00到02的存储单元中包含下列位模式。

地　址	内　容
00	12
01	21
02	34

    a. 如果机器在程序计数器值为00时启动，执行的第一条指令会是什么？
    b. 如果机器在程序计数器值为01时启动，执行的第一条指令会是什么？

14. 假设在附录C描述的机器里，从地址00到05的存储单元中包含下面的位模式。

地　址	内　容
00	12
01	02
02	32
03	42
04	C0
05	00

假设机器在程序计数器的值为00时启动，回答下面的问题。

    a. 将要执行的指令翻译成自然语言。
    b. 当机器停止时，地址为42的存储单元中是什么位模式？
    c. 当机器停止时，程序计数器中是什么位模式？

15. 假设在附录C描述的机器里，从地址00到09的存储单元中包含下列位模式。

地　址	内　容
00	1C
01	03
02	2B
03	03
04	5A
05	BC
06	3A
07	00
08	C0
09	00

假设机器在程序计数器的值为00时启动，回答下列问题。

    a. 当机器停止时，地址为00的存储单元里有什么？
    b. 当机器停止时，程序计数器中会是什么位模式？

16. 假设在附录C描述的机器里，从地址00到07的存储单元中包含下列位模式。

地　址	内　容
00	2B
01	07
02	3B
03	06
04	C0
05	00
06	00
07	23

    a. 假设机器在程序计数器的值为00时启动，请列出包含待执行程序的存储单元的地址。
    b. 列出用于存储数据的存储单元的地址。

17. 假设在附录C描述的机器里，从地址00到0D的存储单元中包含下列位模式。

地　址	内　容
00	20
01	04
02	21
03	01
04	40
05	12
06	51

续表

地　址	内　容
07	12
08	B1
09	0C
0A	B0
0B	06
0C	C0
0D	00

假设机器在程序计数器的值为00时启动。

a. 当机器停止时，寄存器0中是什么位模式？

b. 当机器停止时，寄存器1中是什么位模式？

c. 当机器停止时，程序计数器中是什么位模式？

18. 假设在附录C描述的机器里，从地址F0到FD的存储单元中包含下列（十六进制）位模式。

地　址	内　容
F0	20
F1	00
F2	22
F3	01
F4	23
F5	04
F6	B3
F7	FC
F8	50
F9	02
FA	B0
FB	F6
FC	C0
FD	00

如果机器在程序计数器的值为F0时启动，那么当机器最终执行到地址为FC的停机指令时，寄存器0中的值是什么？

19. 如果附录C描述的机器每微秒（百万分之一秒）执行一条指令，那么完成题18中的程序需用时多少？

20. 假设在附录C描述的机器里，从地址20到28的存储单元中包含下列位模式。

地　址	内　容
20	12
21	20
22	32
23	30
24	B0

续表

地　址	内　容
25	21
26	24
27	C0
28	00

假设机器在程序计数器的值为20时启动。

a. 当机器停止时，寄存器0、1和2中是什么位模式？

b. 当机器停止时，地址为30的存储单元中是什么位模式？

c. 当机器停止时，地址为B0的存储单元中是什么位模式？

21. 假设在附录C描述的机器里，从地址AF到B1的存储单元中包含下列位模式。

地　址	内　容
AF	B0
B0	B0
B1	AF

如果机器在程序计数器的值为AF时启动，那么会发生什么？

22. 假设在附录C描述的机器里，从地址00到05的存储单元中包含下列（十六进制）位模式。

地　址	内　容
00	25
01	B0
02	35
03	04
04	C0
05	00

如果机器在程序计数器的值为00时启动，那么机器在什么时候会停止？

23. 对于下面每种情况，用附录C描述的机器语言编写一个小程序来完成以下任务。假定每个程序都放在从地址00开始的存储器里。

a. 将存储器位置D8的值移动到存储单元B3。

b. 交换存储器位置D8和B3中的值。

c. 如果存储器位置44中存储的值是00，则将值01存放在存储器位置46中；否则，将值FF存放在存储器位置46中。

24. 在计算机爱好者中曾经流行一种叫磁芯大战（Core Wars）的游戏——战舰游戏的变体。（术语磁芯来源于早期的一种存储技术，它用磁材料的小环的磁场方向表示0和1。小环称为磁芯。）这个游戏是在两个对立的程序之间玩的，每个程序分别存储在同一台计算机的存储器的不同位置里。假设该计算机轮流执行这两个程序，先执行一个程序的一条指令，再执行另一个程序的一条指令。每个程序的目标是通过把额外数据写到另外一个程序上来破坏对立程序；不过，哪个程序都不知道对方的位置。

a. 用附录C描述的机器语言编写一个程序，采用防卫的方式，以最小的代价玩此游戏。

b. 用附录C描述的机器语言编写一个程序，通过不断变动自己的位置来避免受到对立程序的袭击。更确切地说，从位置00开始，编写一个程序，将自身复制到位置70，再转移到位置70。

c. 扩展（b）中的程序，继续重定位到新的存储器位置。具体来说，先让程序移至位置70，然后移到E0（=70+70），再移到60（=70+70+70），等等。

25. 用附录C描述的机器语言编写一个程序，计算存放在存储单元A0、A1、A2、A3中的浮点数的和，并将结果存入存储器位置A4中。

26. 假设在附录C描述的机器里，从地址00到05的存储单元中包含下列（十六进制）位模式。

地　址	内　容
00	20
01	C0
02	30
03	04
04	00
05	00

如果机器在程序计数器的值为00时启动，会发生什么？

27. 如果在附录C描述的机器里，地址为08和09的存储单元中分别包含位模式B0和08，并且机器启动时程序计数器中包含值08，那么会发生什么？

28. 假设下列用附录C中描述的机器语言编写的程序存储在从地址30（十六进制）开始的主存储器中。当执行该程序时它会完成什么任务？

```
2003
2101
2200
2310
1400
3410
5221
5331
3239
333B
B248
B038
C000
```

29. 概述当附录C描述的机器执行一条操作码为B的指令时所涉及的步骤。用一组说明来表示你的答案，就像你在告诉CPU做什么。

*30. 概述当附录C描述的机器执行一条操作码为5的指令时所涉及的步骤。用一组说明来表示你的答案，就像你在告诉CPU做什么。

*31. 概述当附录C描述的机器执行一条操作码为6的指令时所涉及的步骤。用一组说明来表示你的答案，就像你在告诉CPU做什么。

*32. 假设在附录C描述的机器里，寄存器4和5中分别包括位模式3A和C8，在执行下列每条指令后，寄存器0中会留下什么位模式？

a. 5045　　b. 6045　　c. 7045
d. 8045　　e. 9045

*33. 利用附录C描述的机器语言，为完成下面每个任务分别编写一个程序。

a. 将存储器位置44中存储的位模式复制到存储器位置AA中。

b. 将存储器位置34中的最低有效4位变成0，并保持其他位不变。

c. 将存储器位置A5中的最低有效4位复制到存储器位置A6中的最低有效4位，并保持A6中的其他位不变。

d. 将存储器位置A5中的最低有效4位复制到存储器位置A5中的最高有效4位。（于是，A5中的前4位将和后4位相同。）

*34. 完成下列运算。

```
a.      111001      b.      000101
    AND 101001          AND 101010

c.      001110      d.      111011
    AND 010101          AND 110111

e.      111001      f.      010100
    OR  101001          OR  101010
```

```
g.      000100        h.      101010
    OR  010101            OR  110101

i.      111001        j.      000111
   XOR  101001           XOR  101010

k.      010000        l.      111111
   XOR  010101           XOR  110101
```

*35. 为了完成下面的任务，确定所需要的掩码和逻辑运算。
- a. 将一个8位位模式的高4位置1，并且不影响其他位。
- b. 将一个8位位模式最高有效位取反，并且不影响其他位。
- c. 将一个8位位模式取反。
- d. 将一个8位位模式的最低有效位置0。并且不影响其他位。
- e. 将一个8位位模式除最高有效位外的所有位都置1，并且不改变最高有效位。
- f. 过滤掉一个RGB位图图像像素中的所有绿色部分，其中24位模式的中间8位存储的是绿色信息。
- g. 反转一个24位RGB位图像素中的所有位。
- h. 将一个24位RGB位图像素中的所有位设置为1，表示“白”色。

*36. 编写并测试几个小Python脚本，实现前一个问题中的每个小问题。

*37. 确定一个逻辑运算（以及相应的掩码），使得当其用于一个8位的输入串时，当且仅当输入串为10000001时，产生的输出为全0位串。

*38. 编写并测试一个小Python脚本，实现前一个问题。

*39. 描述一组逻辑运算（以及它们相应的掩码），使得当其用于一个8位的输入串时，当这个输入串的最高位和最低位都是1时输出结果为全0位串；否则输出中至少应包含一个1。

*40. 编写并测试一个小Python脚本，实现前一个问题。

*41. 对下列位模式执行循环左移4位后，结果如何？

a. 10101　　b. 11110000　　c. 001
d. 101000　　e. 00001

*42. 下列字节用十六进制记数法表示，对其执行循环右移2位后，结果如何？（用十六进制记数法写出答案。）

a. 3F　　b. 0D
c. FF　　d. 77

*43. a. 在附录C描述的机器语言中，用什么样的单个指令可以完成寄存器B循环右移5位？

b. 在附录C描述的机器语言中，用什么样的单个指令可以完成寄存器B循环左移2位？

*44. 用附录C描述的机器语言编写一个程序，把地址为8C的存储单元的内容颠倒过来。（也就是说，对于地址8C最后的位模式，从左向右读取与最初从右向左读取一致。）

*45. 用附录C描述的机器语言编写一个程序，将地址A2中存储的值减去A1中存储的值，并将结果存于地址A0中。假定值用二进制补码记数法编码。

*46. 高清视频可以以30帧每秒（fps）的速率传输，其中每一帧的分辨率为1920×1080像素，每像素使用24位。这种格式的无压缩视频流可以通过USB 1.1串行端口发送吗？USB 2.0串行端口呢？USB 3.0串行端口呢？（注意：USB 1.1、USB 2.0、USB 3.0串行端口的最大速度分别是12 Mbit/s、480 Mbit/s和5 Gbit/s。）

*47. 假设某人在键盘上每分钟能打40个单词。（假设一个单词以5个字符计。）如果计算机每微秒（百万分之一秒）执行500条指令，那么该计算机在此人打两个连续的字符之间可以执行多少条指令？

*48. 对于一个每分钟打40个单词的打字员，键盘每秒传输多少位才能跟得上？（假定每个字符以ASCII编码，每个单词以6个字符计。）

*49. 假设附录C中描述的机器与使用存储映射输入/输出技术的打印机通信，同时假设地址FF用于将字符发送给打印机，地址FE用于接收该打印机的状态信息。特别地，假设地址FE的最低有效位用于指示该打印机是否准备好接收下一个字符（0表示“未准备好”，1表示“准备好”）。从地址00开始，编写一个机器语言例程，它等待打印机准备好接收下一个字符，然后把由寄存器5中位模式表示的字符发送给打印机。

*50. 用附录C描述的机器语言编写一个程序，在地址从A0到C0的所有存储单元中存放0，但是它应该足够小以致能够存放在地址从00到13（十六进制）的存储单元中。

*51. 假设某机器硬盘上有200 GB存储空间可用，以15 Mbit/s的速率从宽带上接收数据。以这个速率，需要多久可以存满可用的存储空间？

*52. 假设某卫星系统正以250 Kbit/s的速率接收串

行数据流。如果一个突发的大气干扰持续了6.96秒，那么有多少数据位会受到影响？

*53. 假设给你32个处理器，每个处理器在1秒内能够完成两个多位数字求和运算100万次。描述如何使用并行处理技术，使得能够在 6×10^{-6} 秒的时间内完成64个数的求和。单独一个处理器完成相同的计算需要多少时间？

*54. 概述CISC体系结构和RISC体系结构之间的区别。

*55. 说出两种提高吞吐量的方法。

*56. 对于计算一组数值的平均值，说明在一台多处理器机器上为何比在一台单处理器机器上快得多？

*57. 编写并测试一个Python脚本，读取一个圆的浮点半径，输出这个圆的周长和面积。

*58. 编写并测试一个Python脚本，读取一个字符串和一个整数，输出将这个字符串重复给定的整数次后得到的结果。

*59. 编写并测试一个Python脚本，读取一个直角三角形的两个浮点边长，输出斜边长度、周长和面积。

社会问题

希望下面的问题能引导读者思考一些与计算领域相关的道德、社会和法律问题。回答这些问题不是唯一的目的，还应该考虑为什么这样回答，以及你的判断是否对每个问题都标准如一。

1. 假设某计算机生产商开发了一种新型的机器体系结构。该公司在多大程度上可以拥有该体系结构的所有权？什么样的政策对社会最好？
2. 从某种意义上说，1923年是现今被许多人称为有计划淘汰（planned obsolescence）现象诞生的时间。这一年，由阿尔弗雷德·斯隆（Alfred Sloan）领导的通用汽车公司将汽车工业引向了型号概念的年代。其思想是通过改变风格，而不是必须推出更好的车来提高销售。引用斯隆的一句话："我们希望你们对自己现在的车不满意，于是你们将会购买新车。"如今，计算机行业在多大程度上使用了这种市场策略？
3. 我们常常在想，计算机技术如何改变了我们的社会。不过，许多人争辩说，这门技术常常抑制改变的产生，它试图使老系统继续存在，甚至使其地位更加牢固。例如，如果没有计算机技术，中央政府在社会中的角色会继续存在吗？如果没有计算机技术，中央集权在今天能够达到什么程度？如果没有计算机技术，我们在多大程度上会更好或更坏？
4. 如果某人认为自己不需要知道机器的任何内部细节，因为有其他人会建造它，维护它，并解决可能发生的问题，这种想法合理吗？你的答案会因这个机器具体是计算机、汽车、核电厂还是烤面包机而不同吗？
5. 假设一家厂商生产了一种计算机芯片，但是后来发现它设计上有一个缺陷。再假设该生产商在接下来的生产中修正了这个缺陷，但决定掩盖最初有缺陷这一事实，不回收已经售出的芯片，理由是：已经售出的芯片没有一个在该缺陷会导致严重后果的应用中使用。有人会因为该生产商的决定受到伤害吗？如果没有人受到伤害，而且该决定避免了该生产商资金的流失或者避免了辞退员工，那么该生产商的决定正确吗？
6. 技术进步有助于治愈心脏病，还是会导致久坐的生活习惯进而导致心脏病？
7. 很容易想象，由于溢出和截断错误而产生的算术差错可能会导致金融或导航方面的灾难。对于图像存储系统，由于丢失图像细节（也许在勘察或医疗诊断领域）而产生的错误会有什么后果？
8. ARM Holdings是一家为各种消费性电子设备设计处理器的小型公司。它并不制造任何处理器，而是将其设计授权给半导体厂商（如高通、三星和德州仪器），这些厂商为生产出的每个部件支付特许权使用费。这种商业模式将计算机处理器的高研发成本分散到了整个消费性电子市场。现在，95%以上的移动电话（不仅是智能手机）、40%以上的数码相机和25%的数字电视都在使用ARM处理器。此外，ARM处理器还用于小型笔记本、MP3播放器、游戏控制器、电子书阅读器、导航系统等设备中。鉴于此，你是否认为该公司是垄断者呢？为什么是？为什么不是？因为消费类设备在当今社会中扮演着越来越重要的角色，依赖这样一个鲜为人知的公司好吗？或者，是否会引起人们的担忧？

课外阅读

Carpinelli, J. D. *Computer Systems Organization and Architecture*. Boston, MA: Addison-Wesley, 2001.

Comer, D. E. *Essentials of Computer Architecture*. Upper Saddle River, NJ: Prentice-Hall, 2005.

Dandamudi, S P. *Guide to RISC Processors for Programmers and Engineers*. New York: Springer, 2005.

Furber, S. *ARM System-on-Chip Architecture*, 2nd ed. Boston, MA: Addison-Wesley, 2000.

Hamacher, V. C., Z. G. Vranesic, and S. G. Zaky. *Computer Organization*, 5th ed. New York: McGraw-Hill, 2002.

Knuth, D. E. *The Art of Computer Programming*, *Vol*. 1, 3rd ed. Boston, MA: Addison-Wesley, 1998.

Murdocca, M. J., and V. P. Heuring. *Computer Architecture and Organization: An Integrated Approach,* New York: Wiley,2007.

Stallings, W. *Computer Organization and Architecture*, 9th ed. Upper Saddle River, NJ: Prentice-Hall, 2012.

Tanenbaum, A. S. *Structured Computer Organization*, 6th ed. Upper Saddle River, NJ: Prentice-Hall, 2012.

第3章

操作系统

这一章，我们研究操作系统。操作系统是用来协调计算机的内部活动以及检查计算机与外部世界通信的软件包。操作系统能将计算机硬件转化为有用的工具，我们的目标就是要理解操作系统做哪些工作，以及它们是如何完成这些工作的。要成为有知识的计算机使用者，这样的背景是极为重要的。

本章内容

3.1 操作系统的历史
3.2 操作系统的体系结构
3.3 协调机器的活动
*3.4 处理进程间的竞争
3.5 安全性

操作系统（operation system）是控制计算机整体运行的软件。它为用户提供了可以存储和检索文件的方法、可以请求执行程序的接口，以及执行被请求程序所必需的环境。

操作系统最著名的例子可能要数Windows了，微软公司已经发布了很多版本，并广泛用于PC领域。另一个被广泛认可的例子是UNIX，它是较大计算机系统和PC的流行选择。事实上，UNIX是其他两个流行操作系统Mac OS和Solaris的核心。其中，Mac OS是苹果公司为其一系列Mac机提供的一种操作系统；Solaris是Sun Microsystems（现归Oracle所有）开发的。另外，还有能够运用于大型机和小型机的Linux操作系统，该系统最初是由一些计算机爱好者以非营利的目的开发的，到目前为止，包括IBM公司在内的许多商业机构都发布了Linux操作系统。

对于非专业的计算机用户，他们只能感觉到不同操作系统表面上的不同，而对于计算机专业人员来说，不同的操作系统可能意味着使用完全不同的工具或在传播和维护工作中遵循完全不同的理念。然而，所有主流操作系统的核心都是解决计算机专家在半个多世纪之前就已经遇到的那些问题。

3.1 操作系统的历史

今天的操作系统经过长期的演变已经成为大而复杂的软件包。20世纪四五十年代的计算机不是很灵活，效率也不高。一台机器会占据整个房间。程序执行需要大量的设备准备工作，如安装磁带、把穿孔卡片放在卡片读入机上、设置开关等。每个程序的执行称为一个**作业**（job），它是作为一个独立的活动处理的——为执行该程序准备好机器，执行程序，然后在下一个程序的准备工作开始之前，必须重新获取磁带、穿孔卡片等所有一切。当几个用户需要共享一台机器时，操作系统提供签名表，以便各个用户能够预订到一段机器时间。在分配给某个用户的时间段内，机器就完全处于该用户的控制之下。这段时间通常是从程序的准备开始，接下来是短时间的程序执行过程。一个用户本可以在很短的时间内尽可能多做一件事情（“它仅需1分钟”），但下一个用户已经迫不及待地要使用机器做准备工作了。

在这样的环境下，操作系统开始作为一个系统致力于简化程序的准备工作，提高作业之间的过渡效率。操作系统早期的开发是用户与设备的分离，用以避免人员进出计算机机房，为此雇用了计算机操作员来操作机器。任何人如果需要运行程序，就必须把程序、所需的数据以及有关程序需求的特别说明提交给操作员，由操作员返回结果。操作员所做的工作就是把这些资料输入机器的海量存储器，然后由称为操作系统的程序从那里一次一个地读入并执行程序。这就是**批处理**（batch processing）的开始——把若干个要执行的作业收集到一个批次中，然后执行而无需与用户发生进一步的交互。

在批处理系统中，驻留在海量存储器中的作业在**作业队列**（job queue）里等待执行（见图3-1）。**队列**（queue）是一种存储组织，对象（这里指作业）按照**先进先出**（first-in，first-out，FIFO，读作"FI-foe"）的方式在队列里排队。也就是说，对象的出列顺序和入列顺序一致。实际上，大多数作业队列不是严格遵循FIFO结构的，主要是因为大多数操作系统都考虑了作业的优先级，结果就造成了在队列中等待的作业有可能被优先级更高的作业挤掉。

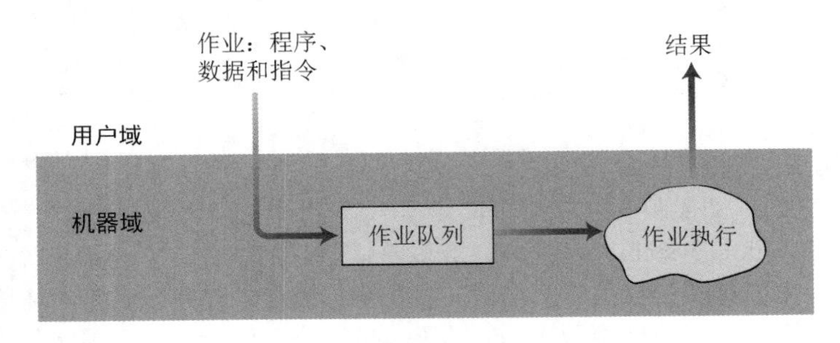

图3-1　批处理

在早期的批处理系统中，每个作业都伴随着一组指令，用来说明为这个特定的作业准备机器时所需的步骤。这些指令用作业控制语言（job control language，JCL）进行编码，与作业一起存储在作业队列里。当一个作业被选中执行时，操作系统在打印机上打印出这些指令以便计算机操作员阅读和遵照执行。现在，计算机操作员与操作系统之间的通信仍然存在，如报告"网络不可用"和"打印机没有响应"之类的错误的PC操作系统。

在计算机和计算机用户之间，用计算机操作员作为媒介的最大缺点是：作业一旦提交给操作员，用户就无法与作业交互了。这种方法对于某些应用是可以接受的，如工资表的处理，因为在这里，数据与所有的处理决策事先已经建立了。然而，当在一个程序的执行期间，用户必须与该程序进行交互时，这种方法就无法让人接受了。例如，在预订系统中，预订和取消操作必须及时报告；在字处理系统中，文档是以动态的写入和重写方式开发的；在计算机游戏中，与机器的交互性是游戏的主要特征。

为了适应这些需求，人们开发了新的操作系统，它们允许执行一个程序来通过远程终端与用户对话——这种特性称为**交互式处理**（interactive processing）（见图3-2）。（一个终端只不过是一台电子打字机，通过电子打字机，用户能够进行输入并且读出那些打印在纸上的计算机响应。当今的终端已经演变成更为复杂的称为工作站的设备，而且在必要时甚至还可以是一台完全独立运行的完整PC。）

成功的交互式处理的最重要之处在于，计算机的动作能够足够快速地协调用户的需求，而不是让用户遵循机器的时间表。（在进行工资表的处理时，计算机能够根据所需的时间量调度得很好，但是在使用字处理程序时，如果机器不能敏捷地对字符的打印作出响应，用户会很沮丧。）

从某种意义上说，计算机是被强制在一个限期内执行任务，这一过程就是众所周知的**实时处理**（real-time processing），并且动作的完成也是按实时方式发生的。也就是说，要是说一台计算机以实时的方式完成一个任务，就意味着这台计算机完成任务的速度足以跟上该任务所在的（外部现实世界）环境中的行为。

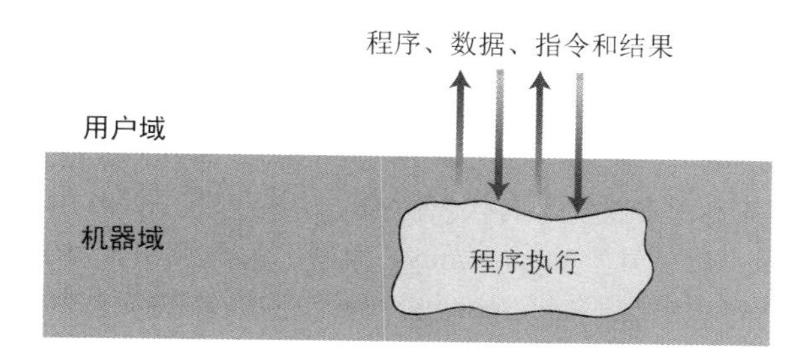

图3-2 交互式处理

如果要求交互式系统一次只服务于一个用户，那么实时处理就不存在问题了。但是20世纪六七十年代的计算机比较昂贵，所以每台机器不得不服务于多个用户。因此，工作在远程终端的若干个用户在同一时间寻求一台机器的交互式服务，从而导致实时交互障碍的现象很常见。如果操作系统对于多用户环境仍然坚持一次执行一个作业，那么将只有一个用户可得到满意的实时服务。

针对这个问题的解决方案就是设计能同时给多个用户提供服务的操作系统，这一特点称为**分时**（time-sharing）。实现分时的一种方法就是应用**多道程序设计**（multiprogramming）技术，其中时间被分割成时间片，每个作业的执行被限制为每次仅一个时间片。在每个时间片结束时，当前的作业暂时放弃执行，允许另一个作业在下一个时间片里执行。通过这种方法可以快速地在各个作业之间进行切换，形成若干个作业同时执行的假象。依据所执行的作业的类型，早期的分时系统能够同时为多达30个用户提供可接受的实时服务。今天，多道程序设计既可用于单用户系统，也可以用于多用户系统，前者通常称为**多任务处理**（multitasking）。也就是说，分时指的是多个用户共享对同一计算机的访问，而多任务处理指的是一个用户同时执行多个任务。

随着多用户的发展，分时操作系统作为一种典型计算机配置，被用在大型的中央计算机上，用来连接大量的工作站。通过这些工作站，用户能够从机房外面直接与计算机进行通信，而不用把请求递交给计算机操作员。通常，常用的程序会被存储在机器的海量存储设备上，然后通过操作系统来响应工作站的请求并执行这些程序。这样，作为计算机与用户的中间媒介的计算机操作员的作用就不那么明显了。

到今天，计算机操作员在事实上已经不存在了，特别是在个人计算机领域，计算机用户已经能够承担操作计算机的所有职责。即使是最大型的计算机系统，其运行也基本上无须人工参与。事实上，传统的计算机操作员已经让位于系统管理员，系统管理员管理计算机系统：获得和监控计算机新设备和软件的安装，实施一些本地的规则，例如，建立新的账号，为不同的用户划分一定的海量存储空间，协调用户一起解决系统中出现的问题，这样就比纯手工方式操作机器要好得多。

总之，操作系统已经从一次获取和执行一个程序的简单程序，发展为能够协调分时，能够维护机器海量存储设备上的程序和数据文件，并能直接响应计算机用户请求的复杂系统。

但是，计算机操作系统的发展仍在继续。多处理器机器的发展已经让操作系统能够进行分时/多任务处理，操作系统把不同的任务分配给不同的处理器进行处理，并且采用分时机制共享单个处理器。这些操作系统必须处理**负载平衡**（load balancing，把任务动态地分配给各个处理器，使得所有处理器都得到有效的利用）和**均分**（scaling，把任务划分为若干个子任务，与可用的处理器数目相匹配）问题。

此外，计算机网络的出现（相距很远的大量机器连接在一起）使得有必要发展相应的软件系统来规范网络的行为。计算机网络领域（我们将在第4章学习这部分内容）在许多方面拓展了操作系统这个学科，其目标是跨多个用户和多个机器（而非单个的、孤立的计算机）管理资源。

操作系统的另一个研究方向的侧重点是专用于特定任务的设备，如医疗设备、车载电子设备、家用电器、手机或其他手持电脑。这些设备中的计算机系统称为**嵌入式系统**（embedded system）。嵌入式操作系统通常能够节省电池电量、满足严格的实时截止时间，或在只有很少或完全没有人为监管的情况下连续工作。在这些努力中，有代表性的成功系统有：Wind River Systems公司开发的曾用于"勇气号"（Spirit）和"机遇号"（Opportunity）火星探测器的VxWORKS；微软开发的Windows CE（也就是众所周知的Pocket PC）；PalmSource公司开发的用于手持设备的Palm OS。

智能手机有什么功能

手机的功能越来越强大，除了能够简单处理语音通话之外还能提供其他服务。现在，常见的**智能手机**（smartphone）可以用于编写文本信息、浏览万维网、导航、查看多媒体内容等，简而言之，它可以提供许多传统的个人计算机所能提供的服务。因此，智能手机需要成熟的操作系统来管理有限的智能手机硬件资源，并提供一些支持迅速增加的智能手机应用软件的特性。智能手机操作系统市场的争夺战将日趋激烈，而争夺的焦点很有可能在于哪个操作系统可以以最优的价格提供最有创意的功能。智能手机操作系统领域中的竞争者包括苹果公司的iPhone OS、Research In Motion的BlackBerry OS、微软的Windows Phone、诺基亚的Symbian OS，以及谷歌的Android。

问题与练习

1. 举出几个队列的例子。对于每一种情况，请指出任何可能破坏FIFO结构的情况。
2. 下列任务中哪些需要用到实时处理技术？
   a. 打印邮件标签。
   b. 玩计算机游戏。
   c. 拨号时，把这些数字显示在智能手机屏幕上。
   d. 执行一个预报下一年经济状况的程序。
   e. 播放MP3录音。
3. 嵌入式系统与PC的区别是什么？
4. 分时与多任务处理的区别是什么？

3.2 操作系统的体系结构

为了能够理解一个典型操作系统的组成，这里我们首先考虑一个典型的计算机系统中有哪些软件，这些软件是如何分类的，然后我们再回到操作系统上来。

3.2.1 软件概述

我们通过提出一个软件分类方案来考察一个典型计算机系统中的软件。这种分类方案总是把一些类似的软件单元放在不同的类里，其方法如同时区的划分，时区的划分使得相邻时区的设置相差一小时，即使其日出与日落的时间没有明显的差别。其次，在软件分类的情况下，学科的发展变化和某种权威的缺乏，导致出现了一些矛盾的术语。例如，微软公司Windows操作系统的用户会发现，“附件”和“管理工具”程序组，既包括应用类软件又包括实用类软件。因此，下面的分类方法应该被看作在广泛的、动态的学科里占有一席之地的方法，而不是对人们普遍接受的事实的一种表述。

先把机器软件分为两大类：**应用软件**（application software）和**系统软件**（system software）（见图3-3）。应用软件是由一些完成机器特定任务的程序组成的。一台用来维护某个制造公司库存单的机器所包含的应用软件与电气工程师用的机器里的应用软件是不同的。应用软件的例子有电子制表软件、数据库系统、桌面出版系统、记账系统、程序开发软件以及游戏等。

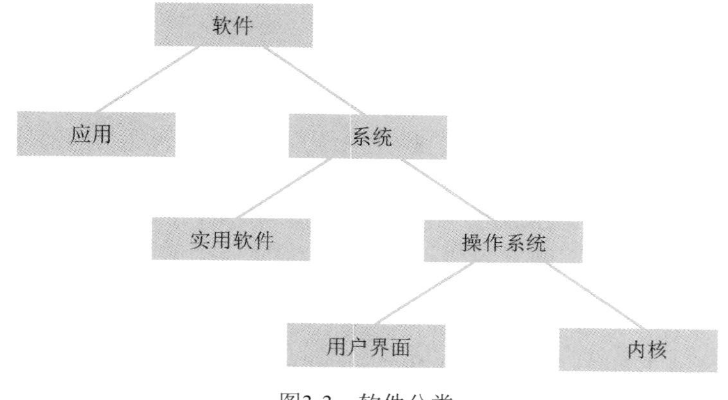

图3-3　软件分类

相对于应用软件而言，系统软件完成的是一般的计算机系统都需要完成的任务。从某种意义上来说，系统软件提供了应用软件所需要的基础架构，这和国家基础架构（政府、道路、公共设施、金融机构等）提供公民维系各自生活方式的基础的方式大致相同。

系统软件又可分两类，一类是操作系统本身，另一类是统称为**实用软件**（utility software）的软件单元。安装的大多数实用软件包括这样一些程序，它们实现的活动仅仅是计算机安装的基础，而没有包含在操作系统中。从某种意义上说，实用软件是由一些能够扩充（或定制）操作系统功能的软件单元组成的。举例来说，格式化磁盘或将文件从磁盘复制到光盘中去的能力一般都是借助于实用程序来实现的，而不是在操作系统内部实现的。其他的实用软件的例子包括压缩数据和解压缩数据的软件、播放多媒体演示的软件以及处理网络通信的软件。

把某些活动实现为实用软件，比把它们放在操作系统中，更容易按特定安装需求定制系统软件。事实上，公司或个人对机器操作系统原先提供的实用软件进行修改和扩充，已经是很普通的事情了。

遗憾的是，应用软件与实用软件之间的差别已经很模糊了。从我们的观点来看，它们的差别在于其是否是计算机“软件架构”的一部分。因此，当一个新应用变成一种基础工具时，这个应用就很可能成为一种实用软件。当用于因特网通信的软件还在研究阶段时，它被认为是一种应用软件；而如今，像这样的工具对大部分PC应用而言已经是非常基础的了，因此被归类为实用软件。

实用软件和操作系统的差别同样是模糊的。特别是，美国和欧洲的反垄断诉讼案争论的都是这样一个问题：像浏览器和媒体播放器这样的软件单元是微软公司操作系统的一部分，还是微软公司用来压制竞争对手的实用软件。

Linux

对于计算机爱好者而言，如果想通过亲手实验来了解一个操作系统，那么就应该选择Linux。Linux操作系统最初是由Linus Torvalds在赫尔辛基大学学习期间设计的。Linux操作系统是一个非专有产品，我们可以免费获得它的源代码（见第6章）和相关文档。因为可以免费获得其源代码，所以该系统在计算机爱好者、学习操作系统的学生和程序员中非常流行。而且，Linux操作系统被认为是当今可用的较可靠的操作系统之一。正因为这个原因，一些公司开始以更实用的形式包装和销售Linux操作系统产品，现在这些产品开始向市场上长期被认可的商用操作系统产品发出了挑战。我们可以在www.linux.org这个网站了解更多有关Linux的知识。

3.2.2 操作系统组件

现在，我们把注意力集中在操作系统领域内的组件上。为了完成计算机用户请求的动作，操作系统必须能够与这些用户进行通信。操作系统负责处理这种通信的部分通常称为**用户界面**（user interface）。老式的用户界面称为**外壳**（shell），通过键盘和显示屏用文本信息与用户通信。更现代化的系统利用**图形用户界面**（Graphical User Interface，GUI）实现与用户的通信，其中操作的对象（如文件和程序）被表示为显示屏上的图标（icon）。这些系统允许用户使用某种常用的输入设备发出命令。例如，有一个或多个按键的计算机鼠标可用来单击或拖曳屏幕上的图标。另外，平面设计师或某些类型的手持设备常使用专用的点击设备（pointing device）或手写笔（stylus）代替鼠标来操作图标。最近，高密度触摸屏的进步使得用户可以直接用手指操作图标。而当今的GUI使用二维图像投影系统，三维界面允许人类用户通过3D投影系统、触觉感知设备和环绕声音频再生系统与计算机进行通信，这些都是当前研究的课题。

虽然操作系统的用户界面在实现机器的功能上扮演了重要的角色，但它仅仅是计算机用户与操作系统真实内核之间的一个接口而已（见图3-4）。用户界面与操作系统内部之间的区别的呈现是因为这样一个事实，即一些操作系统允许用户从各种界面中选择最合适的界面为自己服务。例如，UNIX操作系统的用户就可以选择不同的shell，包括Bourne shell、C shell和Korn shell，以及称为X11的GUI。最早的Microsoft Windows是一个GUI应用程序，可以通过MS-DOS操作系统的shell命令加载。在最新版Windows中，人们仍可看见作为实用程序存在的DOS shell cmd.exe，但非专业用户几乎完全不需要使用这一界面。类似地，苹果公司的OS X保留了一个Terminal实用软件（utility shell），它承袭了系统的UNIX shell。

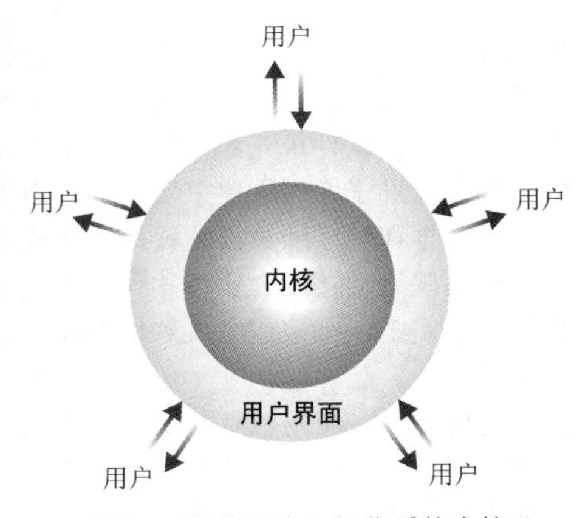

图3-4 作为用户和操作系统内核之间中介的用户界面

现在的GUI shell中的重要组件是**窗口管理程序**（window manager），该程序在屏幕上分配若干个称为窗口的块，跟踪与每个窗口相联系的应用程序。当一个应用程序想在屏幕上显示图像时，它就会通知窗口管理程序，窗口管理程序就会把所需的图像放在分配给该应用程序的窗口里。然后，当鼠标被单击时，窗口管理程序计算鼠标在屏幕上的位置，并把这个鼠标动作通知给相应的应用程序。窗口管理程序负责生成GUI“样式”，大多数管理程序会提供一系列配置选项。Linux用户甚至可以选择窗口管理程序，常用的选项包括KDE和Gnome。

与操作系统的用户界面相对，我们把操作系统的内部部分称为**内核**（kernel）。操作系统的内核包含一些完成计算机安装所需的极基本功能的软件组件。其中一个组件是**文件管理程序**（file manager），它的工作是协调机器海量存储器设施的使用。更准确地说，文件管理程序维护着存储在海量存储器上的所有文件的记录，包括每个文件的位置、哪些用户有权访问各种文件以及海量存储器里的哪些部分可以用来建立新文件或扩充现有文件。这些记录被存放在单独的包含相关文件的存储介质中，这样，每次存储介质联机时，文件管理程序就能够检索相关的文件，进而就能知道特定的存储介质中存放的是什么。

为了方便机器用户，大多数文件管理程序都允许把若干个文件组织在一起，放在**目录**（directory）或**文件夹**（folder）里。这种方法允许用户将自己的文件依据用途划分，把相关的文件放在同一个目录里。一个目录可以包含称为子目录的其他目录，这样就可以构建层次化的目录结构。例如，用户可以创建一个名为`MyRecords`的目录，它又包含了3个名为`FinancialRecords`、`MedicalRecords`和`HouseHoldRecords`的子目录。每个子目录中都会有属于该类别的文件。（Windows操作系统的用户可通过执行实用程序“Windows资源管理器”，让文件管理程序显示当前的目录结构。）

一条由目录内的目录所组成的链称为**目录路径**（directory path）。路径通常是这样表示的：列出沿该路径的目录，然后用斜杠分隔它们。例如，路径`animals/prehistoric/dinosaurs`表示的是：该路径是从目录名为`animals`的目录开始的，经过名为`prehistoric`的子目录，终止于名为`dinosaurs`的子目录。（对于Windows用户而言，目录路径是用反斜杠表示的，如`animals\prehistoric\dinosaurs`。）

其他软件单元能否访问某个文件，由文件管理程序来决定。该访问过程先通过一个称为打开文件的过程来请求文件管理程序授权访问该文件。如果文件管理程序批准了该访问请求，那么它就会提供查找和操控该文件所需的信息。

内核的另外一个组件是一组**设备驱动程序**（device driver），它们负责与控制器（有时直接与外围设备）通信，以操作连接到机器的外围设备的软件单元。每个设备驱动程序都是专门为特定类型的设备（如打印机、磁盘驱动器或显示器）设计的，它把一般的请求翻译为这种设备（分配给这个驱动程序的设备）所需要的更富技术性的步骤。例如，打印机的设备驱动程序包含的软件能够读取和解码特定打印机的状态字，而且还能够处理其他一些信息交换的细节。这样，其他软件组件就不必为打印一个文件而处理那些技术细节了。相反，只需运用设备驱动程序软件完成打印文件的任务，并把技术细节交由设备驱动程序处理。按照这种方式，其他软件组件的设计可以独立于具体设备特有的特征。这样做的结果是，我们只要为一个普通的操作系统安装合适的设备驱动程序，它就能够使用特殊的外围设备。

在操作系统的内核中，还有一个组件就是**内存管理程序**（memory manager），它担负着协调机器使用主存储器的任务。在计算机一次仅执行一个任务的环境中，这些职责是最小的。这些情况下，执行当前任务的程序会被放在主存储器中已经定义好的位置上执行，然后被执行下一个任务的程序替换。然而，在多用户和多任务处理的环境下，计算机被要求在同一时刻能够处理多个需求，这时内存管理程序的职责就扩展了。在这些情况下，许多程序和数据块必须同时驻留在内存里。因此，内存管理程序必须为这些需求寻找并分配内存空间，并且要保证每个程序只能限制在程序所分配的内存空间内运行。此外，随着不同活动的需求进出内存，内存管理程序必须能跟踪那些不再被占用的内存区域。

当所需的总主存储器空间超过该计算机实际所能提供的可用内存空间时，内存管理程序的任务会更复杂。在这种情况下，内存管理程序会在主存储器与海量存储器之间来回切换程序和数据［这种技术称为**页面调度**（paging）］，从而造成有额外内存空间的假象。例如，假设需要一个8 GB大小的主存储器，但是计算机所能提供的只有4 GB。为了造成具有更大内存空间的假象，内存管理程序在磁盘上预留了4 GB的存储空间。在这块存储区域里，将记录内存实际容量有8 GB时本应存储在内存中的位模式。这块数据区被分成大小一致的称为**页面**（page）的存储单元，典型的页面一般是几KB大小。于是，内存管理程序就在主存储器和海量存储器之间来回切换这些页面。这样，在任何给定的时间内，我们所需的页面都会出现在4 GB的主存储器之中，最后的结果是计算机能够像确实拥有8 GB主存储器一样工作。这块由页面调度所产生的大的“虚构的”内存空间被称作**虚拟内存**（virtual memory）。

另外，在操作系统内核中还有**调度程序**（scheduler）和**分派程序**（dispatcher）这两个组件，我们将在下一节介绍。在此，我们只需注意，在多道程序设计系统中调度程序决定哪些活动是可以执行的，而分派程序控制这些活动的时间分配。

3.2.3 系统启动

我们已经可以看出，操作系统提供了其他软件单元所需的软件基础设施，但是我们还没有细想操作系统本身是如何启动的。这是通过**引导**（boot strapping，简称为booting）过程实现的，这个过程是由计算机在每次启动的时候完成的。正是这个过程把操作系统从海量存储器（操作系统永久存储的地方）传送到主存储器（在开机时，主存储器实际上是空的）中。为了理解启动过程和必须有启动过程的原因，我们先来考察机器的CPU。

CPU的设计使得每次CPU启动时，它的程序计数器都从事先确定的特定地址开始。CPU就期望能在这个地址上找到程序要执行的第一条指令。从概念上讲，只需在这个地址上存储操作系统。然而，从技术上讲，计算机的主存储器通常是采用易失性技术制造的，这意味着，当计算机关闭时，存储在内存上的数据会丢失。因此，在每次重启计算机的时候，必须重新填充主存储器的内容。

简言之，当计算机首次打开时，我们需要一个程序（最好是操作系统）存在于主存储器中，但是每次关机时，计算机的易失性存储器都会被擦除。为了解决这个两难问题，计算机的一小部分主存储器就用特殊的非易失性存储单元建造，而这里正是CPU期望找到初始程序的地方。由于这种存储器的内容可以读取，但不可以改变，因而被称为**只读存储器**（read-only memory，ROM）。打个比方，虽然所使用的技术是更先进的，但我们可以把在ROM中存储位模式想象成熔断微小的保险丝（熔断的表示1，未熔断的表示0）。更确切地说，如今个人计算机中大多数的ROM是用闪存技术构建的（即不是严格意义上的ROM，因为它可以在特定情况下被改变）。

在一般的计算机中，**引导装入程序**（boot loader）被永久存储在机器的ROM中。这样，在计算机开机的时候将最先执行这个程序。引导装入程序的任务是引导CPU把操作系统从海量存储器中预先定义的位置调入主存储器的易失性存储区（见图3-5）。现代的引导装入程序可以从各种位置将操作系统复制到主存储器中。例如，在嵌入式系统如智能手机中，操作系统是从特殊的闪速（非易失性）存储器复制的；在大型公司或大学的小型工作站上，可能要通过网络从远程机器上复制操作系统。一旦操作系统被放入主存储器，引导装入程序就引导CPU执行转移指令，转到这个存储区。这时，操作系统接管并开始控制机器的活动。执行引导装入程序和启动操作系统的整个过程称作**引导**（booting）计算机。

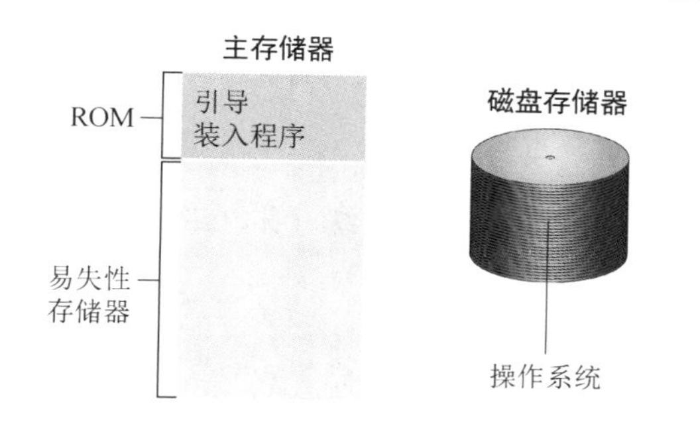

步骤1：机器由执行已在存储器中的引导装入程序开始启动。操作系统存放在海量存储器中

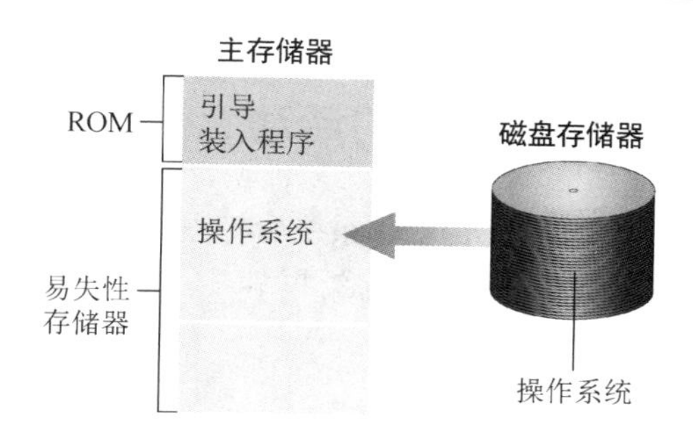

步骤2：引导装入程序把操作系统传送到主存储器中，并把控制权交给它

图3-5 引导过程

固 件

除了引导装入程序外，PC的只读存储器还包括了一组软件例程，用于实现基本的输入/输出活动，如从键盘上接收信息、把信息显示在计算机的屏幕上，以及从海量存储器上读数据等。因为这些例程存储在非易失性存储器（如FlashROM）中，所以它们不会不变地固化到机器的硅片（硬件）中，也不像海量存储器中的其他程序（软件）那样随时可被更改。人们创造了**固件**（firmware）这个术语来描述这一“中间地带”。固件例程可以被引导装入程序用来在操作系统开始工作之前完成I/O活动。例如，它们可用于在引导过程真正开始之前，与计算机用户进行通信，并在引导期间报告错误。得到广泛使用的固件系统包括PC中一直使用的基本输入/输出系统（Basic Input/Output System，BIOS）、较新的可扩展固件接口（Extensible Firmware Interface，EFI）、Sun公司的Open Firmware（现为Oracle的一个产品），以及用于许多嵌入式设备的通用固件环境（common firmware environment，CFE）。

你也许会问，为什么台式计算机不提供足够的ROM来装载整个操作系统呢，这样就不必从海量存储器来引导启动了。虽然对于使用小型操作系统的嵌入式系统而言这是可行的，但就当今的技术而言，把通用计算机的大块主存储器专用于非易失性的存储，效率就不高了。另一方面，计算机操作系统要频繁地进行更新，以确保安全性并与改良了最新硬件的新设备驱动程序同步。虽然也有可能去更新存储在ROM中的操作系统和引导装入程序——通常称为**固件更新**（firmware update），但技术上的限制使得海量存储器成为了较传统的计算机系统的最普遍选择。

最后，我们要指出，理解引导过程，以及操作系统、实用软件和应用软件之间的区别，能帮助我们更好地领会大多数通用计算机操作系统的运行方法。当这样的机器第一次开机时，引导装入程序会装入并激活操作系统，然后用户向操作系统提出请求，执行实用程序或应用程序。当实用程序或应用程序终止时，用户需要再次与操作系统联系，这时用户可以再次提出请求。因此，学习使用这样的系统是一个双层过程，除了学习指定的实用程序或期望的应用程序的细节之外，还必须学习足够多的关于机器操作系统的知识，这样才能游刃有余地切换应用程序。

问题与练习

1. 列举典型操作系统的组件，并分别用一句话概括每个组件的作用。
2. 应用软件与实用软件之间的区别是什么？
3. 什么是虚拟存储器？
4. 概述引导过程。

3.3 协调机器的活动

本节我们讨论操作系统如何协调应用软件、实用软件以及操作系统自身内部软件单元的执行。首先，从进程的概念开始。

3.3.1 进程的概念

现代操作系统的一个最基本概念就是程序与执行程序的活动之间的区别。前者是一组静态的指令，而后者是一个动态的活动，其属性会随着时间的推进而改变。（我们可以把程序想象成插在架子上一本书里的一页乐谱，而把活动想象成用行动将这个乐谱描述的音乐演奏出来的音乐家。）在操作系统的控制下执行某个程序的活动称为**进程**（process）。与进程联系在一起的活动的当前状态称为**进程状态**（process state）。这个状态包含正在执行的程序的当前位置（程序计数器的值）、其他CPU寄存器中的值以及相关的存储单元。大约说来，进程状态就是机器在特定时刻的快照。在程序执行期间的不同时刻（一个进程中的不同时刻），将观察到不同的快照（不同的进程状态）。

与一次仅尝试演奏一部音乐作品的音乐家不同，典型的分时/多任务处理计算机通常会有许多进程同时运行，并且所有进程都竞争计算机资源。操作系统的任务就是管理这些进程，使每个进程都能获得其需要的资源（外围设备、主存储器空间、对文件的访问以及对CPU的访问），确保独立进程不会相互干扰，确保需要交换信息的进程能够进行信息交换。

3.3.2 进程管理

与协调进程的执行有关的任务是由操作系统内核中的调度程序和分派程序处理的。调度程序维护一个有关计算机系统中现存进程的记录（也就是进程池），将新的进程加入到该进程池中，并把已经完成的进程移出进程池。这样，当用户请求执行一个应用时，调度程序就把这个应用加到当前进程池加以执行。

为了跟踪所有的进程，调度程序在主存储器中维护着一个称为**进程表**（process table）的信息块。每当要请求程序执行时，调度程序都在进程表中为该程序创建一个新的表项。这个表项包含有如分配给该进程的存储区域（从内存管理程序得到）、进程的优先级以及该进程是处于就绪状态还是处于等待状态这样的信息。如果进程能够继续执行，那么该进程就处于**就绪**（ready）状态；如果进程因为要等待某个外部事件（如海量存储操作的完成、等待键盘的按键或者等待其他进程传来的消息）的发生而延迟，那么该进程就处于**等待**（waiting）状态。

分派程序是内核的一个组件，它确保被调度的进程能实际执行。在分时/多任务处理系统中，这个任务是依靠**多道程序设计**（multiprogramming）来完成的；也就是说，先将时间划分为小的时间段，每段称为一个**时间片**（time slice），通常用毫秒（ms）或微秒（μs）来计量，然后把CPU的注意力放在就绪进程上，允许每个进程一次执行一个时间片（见图3-6）。这种从一个进程到另一个进程的改变过程称为**进程切换**（process switch）或进程**上下文切换**（context switch）。

每次分派程序给进程分配一个时间片，它都会初始化一个计时器电路，通过产生一个**中断**（interrupt）信号来指示时间片的结束。CPU对这个中断信号的反应，与你的任务被中断时的反应大致相同。你被中断时，会停止当时正在做的工作，记录当时任务进展的位置（这样就能在以后返回到这个位置），然后处理中断事件。当CPU收到一个中断信号时，它会完成当前的机器周期，保存它在当前进程中的位置，然后开始执行**中断处理程序**（interrupt handler），该程序存储在主存储器中预先定义的位置上。中断处理程序是分派程序的一部分，它用来描述分派程序如何响应中断信号。

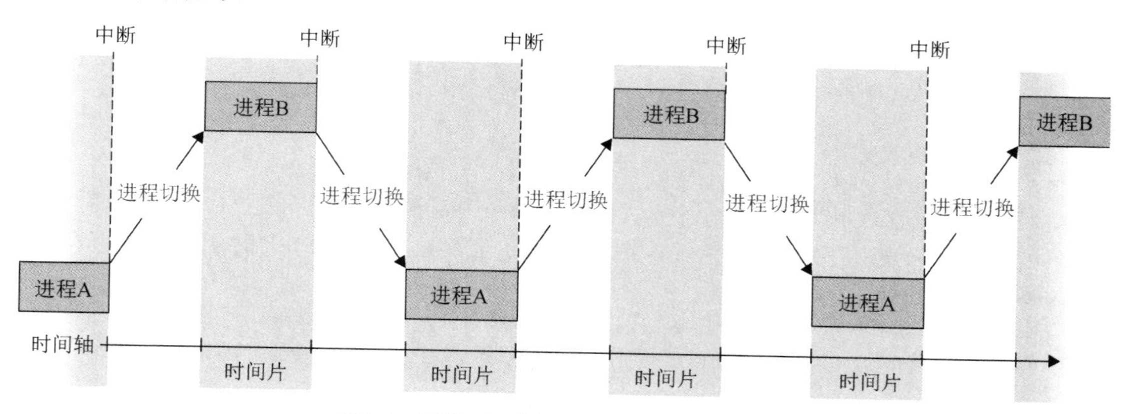

图3-6 进程A与进程B之间的多道程序设计

中　断

中断是用来终止时间片的，正如文中描述的那样，这只是计算机中断系统中众多应用中的一个。有许多可以产生中断信号的环境，每个都有自己的中断例程。事实上，中断为协调计算机的活动与相关环境提供了一个重要的工具。例如，单击鼠标和按下键盘中的一个按键都能产生中断信号，使CPU放下正在处理的工作，转而去解决中断。

为了管理识别和响应中断的任务，不同的中断信号被赋予了不同的优先级，这样较重要的任务能够得到优先处理。最高级别的中断通常与电源故障有关，像计算机电源意外中断而产生的中断信号，相关的中断例程会赶在电压降到不能再进行操作前的几毫秒时间内，引导CPU完成一系列的“内务”琐事。

于是，中断信号的作用就是抢占当前进程，将控制权传回分派程序。此时，分派程序从进程表的就绪进程中选择优先级最高的进程（由调度程序决定），重启计时器电路，使被选择的进程开始它的时间片加以执行。

多道程序设计系统能够成功的最大关键是能够停止并在稍后重启一个进程。如果你在读一本书的时候被打断了，那么你能否在稍后继续阅读就取决于你是否记得中断时读到的位置，以及那个位置之前的信息。简而言之，你必须能够重新建立起中断前的那个环境。

在一个进程的情况下，必须重新建立的环境就是该进程的状态，前面提到过，这个状态包括程序计数器的值以及寄存器和相关存储单元的值。在为多道程序设计系统开发的CPU中，保存这种信息的任务是CPU对中断信号反应的一部分。这类CPU还提供机器语言指令，以重新装入先前保存的状态。这种特性简化了分派程序执行进程切换时的任务，它也例证了现代的CPU设计是如何受当今操作系统的需求影响的。

最后，我们应当注意到，多道程序设计的使用提高了机器的总体效率。这有点违反直觉，因为多道程序设计对进程的来回切换会产生开销。但是，如果没有多道程序设计处理技术，每个进程都要运行到完成才能开始下一个进程的话，就意味着进程等待外围设备来完成任务的时间，或者等待用户发出下一个请求的时间被浪费了。多道程序设计技术可以把这些浪费的时间给另一个进程。例如，如果一个进程执行一个I/O请求，如向磁盘提出读数据请求，那么调度程序就会更新进程表来反映出这个进程正在等待外部事件。结果是，分派程序将不再给该进程分配时间片。之后（也许是几百毫秒），当这个I/O请求完成时，调度程序将会更新进程表来显示该进程处于就绪状态，这样这个进程就可以重新竞争时间片了。简而言之，当I/O请求正在执行时，其他任务就会被执行，因此一组任务的完成时间要比按照顺序方式执行所花的时间少。

问题与练习

1. 概述程序和进程的差别。
2. 概述在中断出现时，CPU要完成哪些步骤。
3. 在多道程序设计系统中，如何能使高优先级的进程运行得比其他进程快？
4. 在一个多道程序设计系统里，如果每个时间片是50 ms，每次上下文切换所花费的时间最多是1 μs，那么机器在1 s内能够服务多少个进程？
5. 在问题4中，如果每个进程都完全使用了它的时间片，那么实际花费在进程执行上的时间占整个机器时间的比例是多少？如果每个进程在它的时间片开始后的1 μs执行I/O请求，那么这个比例又是多少？

*3.4 处理进程间的竞争

操作系统的一个重要任务就是将机器的各种资源分配给系统中的各个进程。从广义上讲，我们所用的**资源**（resource）这个术语，不仅包括机器的外围设备，还包括机器本身的特性。文件管理程序分配对文件的访问，并为新文件的建立分配海量存储空间；内存管理程序分配内存空间，调度程序分配进程表中的空间，分派程序分配时间片。正如计算机系统里的许多问题一样，这种分配任务表面上看起来很简单，但实际上，对于一个设计不佳的操作系统，几个微小的错误就将导致系统失灵。要记住，机器不会自己思考，它仅仅是遵照指令办事。因此，为了构建一个可靠的操作系统，我们必须设计算法克服各种可能出现的意外情况，不管它出现的概率有多小。

3.4.1 信号量

让我们来考虑一个分时/多任务处理操作系统，它控制只有一台打印机的计算机的活动。如果一个进程需要打印它的结果，那么它必须向操作系统提出请求，要求访问打印机的设备驱动程序。这个时候，操作系统必须根据该打印机是否被另一个进程占用来决定是否批准这个请求。如果没有被占用，那么操作系统应该批准这个请求，并允许该进程继续执行；否则，操作系统应当拒绝这个请求，或者把这个进程归类为等待进程，直到打印机可用为止。毕竟，如果两个进程同时获得对打印机的访问权，那么结果对两者都将毫无用处。

为了控制对打印机的访问，操作系统必须跟踪打印机是否已经被分配。解决这个任务的一种方法是使用一个标志，在这里，它指存储器中的一个位，其状态通常是指置位（set）和清零（clear），而不是1和0。清零标志（值为0）表示打印机可用，置位标志（值为1）表示打印机当前已经分配出去了。表面上看，这种方法似乎可行。每次访问打印机的一个请求到来时，操作系统要做的工作仅仅是检查这个标志位。如果是清零标志位，那么操作系统就批准该请求，同时对标志位进行置位。如果是置位标志位，操作系统就将请求进程放入等待队列中。每当一个进程完成了访问打印机的任务，操作系统就将打印机分配给一个等待进程，在没有等待进程时，将这个标志清零。

微软的任务管理器

通过执行“任务管理器”这个实用程序（同时按下Ctrl、Alt和Delete键），你可以深入了解微软Windows操作系统的内部活动。特别地，通过选择“任务管理器”窗口的“进程”选项卡，你可以看到进程表。这里你可以做一个试验：在激活任何应用程序之前，看一下进程表。（你也许会惊讶于表中已经有了如此多的进程，它们都是系统基本操作所必需的。）现在激活一个应用，并且确认一个新进程已经进入到表中。你还能够看到该进程分配到了多少内存空间。

然而，这个简单的标志系统还是有个问题。测试任务和可能有的标志置位任务也许需要几条机器指令。（从主存储器检索到标志的值，在CPU中操控，最终存回主存储器。）因此，在检测到清零标志之后、标志被置位之前，这个任务有可能被中断。具体而言，假设这个打印机当前是可用的，且一个进程请求它的使用权。从主存储器中检索到标志，而且发现它已清零，表示该打印机可用。但是，在这个时候这个进程被中断了，另一个进程开始了它的时间片，它也请求打印机的使用权。于是再一次从主存检索标志，发现它仍是清零的，因为前一个进程在操作系统有时间将主存储器中的标志置位之前被中断了。因此，操作系统允许第二个进程开始使用打印机。过后，第一个进程在它被中断的地方恢复执行，那个地方正是操作系统发现标志是清零的地方。于是，操作系统继续对主存储器中的标志置位并允许第一个进程访问打印机。现在，这两个进程在使用同一台打印机。

这个问题的解决办法就是，要坚持让测试任务和可能有的标志置位任务必须在没有中断的条件下完成。一种方法是使用大多数机器语言都提供的禁止中断指令和允许中断指令。在执行时，禁止中断指令能锁定未来的中断，而允许中断指令能使CPU恢复对中断信号的响应。于是，如果操作系统用禁止中断指令开始一个标志测试例程，并以允许中断指令结束，那么该例程一旦开始就不会有其他活动中断它。

另一种方法是使用许多机器语言里都可用的**测试并置位**（test-and-set）指令。这条指令要求CPU检索一个标志的值，记录接收到的值，然后置位该标志——所有这些工作都在一条机器指令内完成。它的优点是，因为CPU在辨认一个中断之前必须完成当前的指令，所以测试和标志置位任务作为一条指令实现时不可能被分割。

刚才描述的一个正确实现的标志称为**信号量**（semaphore），它源自于控制轨道区段使用的铁路信号机。事实上，信号量在软件系统里的用法与信号机在铁路系统里的用法是一样的。就像一个轨道区段一次只能有一列列车通过，一个指令序列一次也只能由一个进程执行。这样的一个指令序列称为**临界区**（critical region）。这种一次只允许一个进程执行一个临界区的要求称为**互斥**（mutual exclusion）。概括地说，获得对一个临界区的互斥的常用办法是用一个信号量守护这个临界区。一个进程要进这个临界区，必须确定这个信号量是清零的，并在进入临界区之前把它置位；然后在出临界区时把这个信号量清零。如果发现这个信号量在置位状态，那么试图进入临界区的进程必须等待，直到这个信号量被清零。

3.4.2 死锁

在资源分配中可能发生的另一个问题是**死锁**（deadlock）。在死锁状态下，两个或更多的进程被阻塞，不能继续执行，因为它们中的每一个都在等待已分配给另一个的资源。例如，一个进程可能已有对计算机打印机的访问权，同时它还在等待访问这台计算机的CD播放器，而另一个进程有CD播放器的访问权，却在等待访问打印机。另一个例子出现在允许进程创建新进程[这种动作在UNIX术语中称为**派生**（forking）]来完成子任务的系统里。如果调度程序因为进程表没有空间而无法创建新进程，同时系统里的每个进程又都必须创建额外的进程才能完成任务，那么没有一个进程可以继续。这种情况和其他环境下的情况一样（见图3-7），会严重降低系统性能。

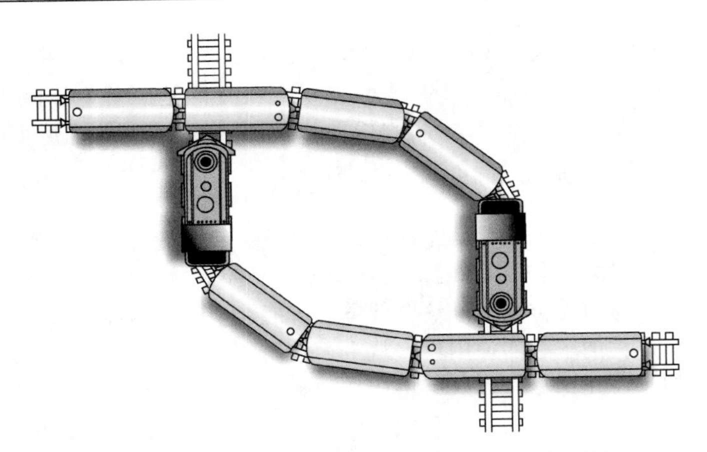

图3-7 由于竞争不可共享的铁路区段造成的死锁

对死锁的分析表明，只有以下3个条件全部满足它才会出现。

（1）存在对不可共享资源的竞争。

（2）这些资源是在不完整的基础上请求的；也就是说，一个进程接受了某些资源后，稍后还将请求其他的资源。

（3）一个资源一旦被分配出去，就不能以强制的办法再收回。

分离出这些条件的意义在于，只要努力抑制这3个条件当中的任何一个，就可以避免出现死锁问题。着力于抑制第三个条件的技术被称为死锁检测和改正方案。在这些情况下，死锁状态被认为不大容易出现，因而不必特别采取办法避免死锁，而只是在死锁出现的时候检测出它，然后通过强制性收回某些已经分配出去的资源来改正它。进程表已满就属于这种情况。如果死锁是由于进程表满产生的，那么操作系统中的例程（或人类管理员利用其“超级用户”的特权）可以移除［专业术语是**杀死**（kill)］一些进程，释放一些进程表的空间，打破死锁并使得剩下的进程可以继续它们的任务。

着力于抑制前两个条件的技术，一般被称为死锁避免方案。例如，针对上述第二个条件的一个方法是要求每个进程一次性请求它所需要的全部资源。另一个针对第一个条件的方案，不是直接移除竞争，而是把不可共享的资源转变为可共享的资源。例如，假定出问题的资源是打印机，各种进程都请求使用它。每当一个进程请求打印机时，操作系统都会批准这个请求。但是，操作系统不是把这个进程连接到打印机的设备驱动程序上，而是连接到一个设备驱动程序上，该驱动程序把要打印的信息存储在海量存储器上，而不把它发送到打印机上。于是，每个进程都认为它访问了打印机，能正常工作。以后，当打印机可用时，操作系统可以把数据从海量存储器传送到打印机。按照这个方法，操作系统通过建立有多个打印机的假象把不可共享的资源变成了好像是可共享的。这种保存数据供以后在合适的时候输出的技术称为**假脱机**（spooling)。

Python和操作系统

当一个用户执行一个Python脚本时，操作系统会启动一个新进程来运行这个脚本。这种脚本通常是应用软件，但如果它们扩展或定制了系统的功能，也可以被视为实用软件。Python脚本通过与操作系统组件（如读写文件的文件管理器或者提供用户交互的GUI或shell）的交互来完成它们的工作。Python模块“os”提供了各种预定义的、系统无关的（system-agnostic）函数，用于访问通用操作系统的特性，如派生新的Python进程，或者执行其他实用程序或应用程序。

多核操作系统

传统分时/多任务处理系统通过以快过人类感知的速度快速切换时间片，制造了同时执行多个进程的假象。现代系统继续通过这种方式实现多任务处理，但最新的多核CPU确实能够同时运行2个、4个或更多个进程。与一组协同工作的单核计算机不同，一台多核机器包含多个独立的处理器（称为核），它们共享计算机的外围设备、内存等资源。对于一个多核操作系统，这意味着分派程序和调度程序必须考虑在每个核上应该执行哪些进程。随着不同的进程运行于不同的核上，进程间的处理竞争变得更具有挑战性，因为每当一个进程需要进入临界区时，所有核上都会禁用中断，但这种做法效率极低。构建能更好地适应新的多核环境的操作系统机制，是计算机科学中比较活跃的研究方向。

假脱机是一种允许多个进程访问一个公共资源的技术，它可以有许多变体。例如，文件管理程序可以批准若干个进程访问同一个文件，前提是它们只是从该文件读取数据，但是如果多个进程试图同时更改一个文件就会发生冲突。于是，文件管理程序可以根据进程的需要分配对文件的访问权限，允许若干个进程有读访问权，但在任何给定时刻只有一个进程有写访问权。其他的系统可能把这种文件分成区段，使得不同的进程可以并发地更改文件的不同部分。然而，其中每一项技术要得到一个可靠的系统，都有一些必须解决的微妙问题。例如，当有写访问权的进程更改了这个文件时，如何通知那些只有读访问权的进程呢？

问题与练习

1. 假定进程A和B共享同一台机器的时间，并且每个进程都需要短时间使用同一个不可共享的资源。（例如，每个进程可能都打印一系列独立的短报告。）每个进程可能都重复地获得这个资源，释放它，稍后又再次请求它。按照下面的方法控制对该资源的访问存在什么缺点？

   开始时，给一个标志赋予值0。如果进程A请求这个资源并且该标志为0，那么就批准这个请求；否则使进程A处于等待状态。如果进程B请求这个资源并且该标志为1，那么就批准这个请求；否则使进程B处于等待状态。每当进程A完成对这个资源的访问，就把标志变为1。每当进程B完成对这个资源的访问，就把标志变为0。

2. 假定一条双车道的道路在过隧道时合并为一个车道。为了协调这个隧道的使用，安装了下述信号系统：

   一辆汽车无论从哪个入口进入隧道，隧道入口处上方的红灯都会被打开。当这辆汽车离开隧道时，红灯会被关闭。如果一辆到达的汽车发现红灯是开着的，那么它就要等待，直到红灯关闭时才能进入隧道。

   这个系统存在什么缺陷？

3. 为了解决单行桥上两辆汽车相遇的死锁问题，假设已提出下面几个解决方案。说明每个解决方案各消除了前文中提到的3个死锁条件中的哪一个。
   a. 在桥上变空之前不允许汽车上桥。
   b. 如果两辆汽车相遇，让其中一辆倒退。
   c. 为这座桥添加第二个车道。

4. 假定我们用圆点表示多道程序设计系统中的每一个进程，从第一个圆点到第二个圆点的箭头表示第一个（圆点所表示的）进程正在等待第二个（圆点所表示的）进程正在使用的（非共享）资源。数学家把得到的这种图称为**有向图**（directed graph）。有向图的什么性质等价于操作系统的死锁问题？

3.5 安全性

由于操作系统监督着计算机的活动，很自然，它在维护安全性方面也起了重要的作用。从广义上说，这种责任本身也有多种表现形式，可靠性就是其中一种。如果文件管理程序的缺陷使得一个文件的一部分丢失了，那么这个文件就是不安全的。如果一个分派程序里的缺陷导致系统故障（通常称为系统崩溃），使得一小时的打字工作白费了，那么我们会说，产品是不安全的。因此，计算机系统的安全性需要一个精心设计的可信赖的操作系统。

可靠软件的开发不再受制于操作系统，它贯穿于整个软件的开发过程，在计算机科学里称为软件工程，我们将在第7章讨论这个论题。在本节，我们集中讨论与操作系统息息相关的安全性问题。

3.5.1 来自外部的攻击

操作系统的一个重要任务就是，保护计算机的资源不被未授权用户访问。在多个人使用计算机的时候，操作系统一般会通过为不同的授权用户建立“账户”的方法来标记不同权限的用户。账户实际上是包含了授予该用户的诸如用户名、口令和权限等条目的记录。操作系统在每个**登录**（login）过程（一个事务序列，在这个过程中，用户建立与计算机操作系统的初步联系）中使用这些信息控制用户对系统的访问权限。

账户由一个称为**超级用户**（super user）或**管理员**（administrator）的人创建。这个人通过将自己标识为管理员（通常是通过用户名和口令），享有对操作系统的高度访问特权。这个联系一旦建立，管理员就可以更改操作系统内的设置、修改关键的软件包、调整其他用户访问系统的权限，进行一般用户不能进行的各种活动。

通过这种“极高的高位”，管理员能够监视计算机系统中的活动，检测到恶意的或者偶然的破坏行为。为了协助监视，人们开发了大量称为**审计软件**（auditing software）的软件实用程序，来记录和分析发生在计算机系统内的活动。特别地，审计软件可以揭露许多试图用错误的口令登录系统的活动，指出一个未授权用户正在试图获取计算机的访问权。审计软件还可以识别用户账户中与该用户以往行为不一致的活动，这可能表明一个未授权用户访问了这个账户。（以下这样的事情不太可能发生：一个用户，以前仅仅使用文字处理软件和电子制表软件，突然开始访问技术性很强的软件应用，或者试图执行超出其用户权限的实用程序包。）

设计审计软件的另外一个目的是检测**嗅探软件**（sniffing software），这种软件在计算机上运行时能够记录活动并在稍后将之报告给潜在的入侵者。一个老的众所周知的例子是一个能够模拟操作系统登录过程的程序。这样的一个程序可以用来欺骗操作系统的授权用户，使他们认为自己是在和操作系统通信，然而，实际上他们是在把自己的用户名和口令提供给骗子。

在所有与计算机安全相关的技术复杂性上，让很多人感到吃惊的是，计算机系统安全性的其中一个主要障碍居然是用户自己的粗心大意。例如，用户选择的口令相对比较容易猜（如名字和日期）；与朋友共享自己的口令；没有及时更换自己的口令；将自己的离线海量存储设备在机器间来回地转移，这样就潜在地降低了其安全性；在计算机系统中安装未经认可的可能会损坏系统安全性的软件。对于类似这样的问题，大多数使用大型计算机的机构都采用强制的策略，明文规定用户的需求和职责。

3.5.2 来自内部的攻击

一旦潜行者（也可能是怀有恶意的授权用户）获得了计算机系统的访问权限，那么他们下一步的工作通常是浏览机器，寻找其感兴趣的信息或者是插入破坏性软件的地方。如果一个潜行者获取了系统的管理员账号，那么上述事情就很容易做到，这也是我们为什么要严格保护好管理员口令的原因。然而，如果是通过普通用户账号进行访问，那么潜行者必然会欺骗操作系统，以获得未授予该用户的权限。例如，潜行者会尝试着欺骗内存管理程序，让一个进程访问其被分配的存储区以外的内存区域；或者欺骗文件管理程序，访问本应该被拒绝访问的文件。

现在的CPU在设计时已经加强了一些功能，能够阻止上面谈到的攻击尝试。举一个例子来说，我们可以考虑这样一个需求：通过内存管理程序，将进程限制在给它分配的主存储器区域内。如果没有这样的限制，一个进程就能够从主存储器中擦除操作系统，从而接管对计算机的控制。为了应对这样的尝试，为多道程序设计系统设计的CPU通常包括若干个专用寄存器，操作系统可以在这些寄存器中存储分配给一个进程的存储区域的上下界。于是，当执行该进程时，CPU把每个存储器引用与这些寄存器中的值进行比较，以确保该引用在指定的界限之内。如果发现这个引用在为该进程指定的区域之外，CPU将自动把控制权交还给操作系统（借助于中断处理），这样操作系统可以采取适当的行动。

这个方案中还存在一个小的但很重要的问题。如果没有进一步的安全特性，一个进程还是能够访问指定区域以外的存储单元，只要改变含有存储区界限的专用寄存器的值即可。也就是说，一个进程想要访问更多的内存区域，它只需要增加存放存储区域上界的寄存器的值，然后不需要得到操作系统的批准，就可以使用这些额外的存储空间。

为了防止这样的行为，将多道程序设计系统的CPU设计为工作在两种**特权级别**（privilege level）之一的模式下；我们将其中之一称为“有特权模式”，而另外一个称为“无特权模式”。当处在有特权模式下时，CPU能够用自己的机器语言处理所有的指令，但处在无特权模式下时，能够接受的指令就是有限的。这种仅在有特权模式下可用的指令，我们称为**特权指令**（privileged instruction）。（典型的有特权指令有：改变内存界限寄存器的内容的指令和改变CPU当前的特权模式的指令。）当CPU处于无特权模式时，任何执行特权指令的企图都将引起中断。这个中断将CPU转变为有特权模式，并将控制权交给操作系统内部的中断处理程序。

当开机时，CPU处于有特权模式，因此操作系统在引导过程结束后开始启动时，所有的指令都可以执行。然而，每当操作系统允许一个进程开始一个时间片时，它就通过执行“改变特权模式”的指令，将CPU切换到无特权模式。于是，如果一个进程试图执行有特权指令，操作系统就会得到通知，这样操作系统就充当了维护计算机系统完整性的角色。

有特权指令和特权级别的控制是操作系统维护安全性可用的一个主要工具。然而，这些工具的使用对操作系统设计而言是一项复杂的任务，且在当前的操作系统中，错误还在不断出现。因此，在特权级别的控制中，任何一个缺陷都可能给灾难打开大门，不论是恶意程序员引起的，还是无意中的程序设计错误造成的。如果允许一个进程更改控制系统多道程序设计系统的计时器，那么这个进程就能够延长它自己的时间片，甚至控制整个机器。如果允许一个进程直接访问外围设备，那么它就能不受系统文件管理程序的监管而读取文件。如果允许一个进程访问分配给它的区域之外的存储单元，那么它就能读取甚至更改其他进程正在使用的数据。因此，维护计算机的安全性，既是管理员的一个重要任务，也是操作系统设计的一个目标。

问题与练习

1. 列举几个口令选取不好的例子，并说明为什么不好。
2. 英特尔奔腾系列处理器提供4个特权级别。为什么CPU的设计人员选择提供4个特权级别，而不是3个或5个？
3. 如果多道程序设计系统里的一个进程可以访问分配给它的区域之外的存储单元，那么它怎样获得该机器的控制权？

复习题

（带*的题目涉及选读章节的内容。）

1. 列出一个典型操作系统的4个活动。
2. 概述批处理和交互式处理的区别。
3. 假设有3个作业R、S、T，按这个顺序排在一个作业队列里。接着，1个作业移出队列，第4个作业X进入队列。然后又有1个作业移出队列，作业Y和作业Z进入队列，最后，按照一次一个作业地顺序移出，使队列变空。请按移出的顺序列出所有的作业。
4. 嵌入式系统和PC的差别是什么？
5. 什么是多任务处理操作系统？
6. 如果你有一台PC，列举几个你能用到多任务处理功能的情形。
7. 根据你所熟悉的计算机系统，列举两个应用软件单元和两个实用软件单元，然后说明为什么这样归类。
8. a. 操作系统的用户接口的作用是什么？
   b. 操作系统的内核的作用是什么？
9. 路径X/Y/Z描述的是什么目录结构？
10. 定义操作系统环境下使用的术语“进程”。
11. 操作系统的进程表里包含什么信息？
12. 就绪进程和等待进程的差别是什么？
13. 虚拟内存和主存储器之间的差别是什么？
14. 假设某计算机有512 MB（MiB）的主存储器，操作系统要创建主存储器两倍大小的页式虚拟内存，页面大小为2KB（KiB），请问需要多少页？
15. 在分时/多任务处理系统里，如果两个进程同时访问同一个文件，会发生怎样混乱的情况？是否存在文件管理程序应批准这种请求的情形？是否存在文件管理程序应拒绝这种请求的情形？
16. 应用软件和系统软件之间的区别是什么？请各举一个例子。
17. 定义多处理器体系结构情况下的负载平衡与均分。
18. 概述引导过程。
19. 为什么说引导过程是必要的？
20. 如果你有一台PC，记录开机时你所观察到的一连串活动。然后确定在引导进程实际开始工作之前有哪些信息显示在计算机屏幕上？什么软件写下的这些信息？
21. 假定多道程序设计操作系统分配的时间片是10 ms，机器每纳秒平均执行5条指令，那么在一个时间片内能执行多少条指令？
22. 如果一个打字员每分钟能打60个单词（在这里假设一个单词含5个字符），问每打一个字符要多久？如果多道程序设计操作系统分配的时间片为10 ms，我们忽略进程间切换的时间，问打一个字符要分配多少时间片？
23. 假定一个多道程序设计操作系统分配的时间片为50 ms。如果把磁盘的读写磁头定位到所希望的磁道上通常要花费8 ms，并且磁道上所要的数据旋转到读写磁头之下通常要17 ms，那么等待一个读磁盘操作发生可能要多少个时间片？如果该机器每纳秒能执行10条指令，那么在这个等待时间里可以执行多少条指令？（这就是为什么当第一个进程用外围设备完成操作时，多道程序设计系统终止这个进程的时间片，让另一个进程运行而让第一个进程等待外围设备的服务。）
24. 列举一个多任务处理操作系统必须协调访问的5种资源。
25. 如果一个进程需要执行大量的I/O操作，我们就说这个进程是I/O密集型的，而如果一个进程由大多数在CPU/存储系统中完成的计算构成，我们就说这个进程是计算密集型的。如果这两种进程都在等待分配时间片，那么谁将获得优先权？为什么？
26. 在多道程序设计环境里运行两个进程，如果它们两个都是I/O密集型的，或者一个是I/O密集型的，另一个是计算密集型的（如上题所述），那么它们是否能达到较大吞吐量？为什么？
27. 编写一组指令告诉操作系统的分派程序，在一个进程的时间片用完时该做什么？
28. 一个进程的状态中包含哪些信息？
29. 列出多道程序设计系统中一个进程不会全部用完分配给它的时间片的情况。
30. 按照时间顺序列出一个进程被中断时发生的主要事件。
31. 按照你所使用的操作系统回答下列问题。
    a. 如何让操作系统把一个文件从一个地方复制到另一个地方？
    b. 如何让操作系统显示磁盘上的目录？
    c. 如何让操作系统执行一个程序？

32. 按照你所使用的操作系统回答下列问题。
   a. 操作系统如何限制仅允许已批准用户访问资源？
   b. 如何让操作系统显示当前在进程表里的进程？
   c. 如何告诉操作系统你不想该机器的其他用户访问你的文件？

*33. 解释许多机器语言里“测试并置位”指令的重要用法。为什么整个测试并置位过程作为单个指令实现很重要？

*34. 一个银行家只有100 000美元，贷款给两个客户，每位50 000美元。后来这两位客户回了同样的话：他们在能够还贷之前各自还需10 000美元来完成与先前贷款有关的商业交易。这个银行家通过从其他地方借来资金（提高贷款利率）贷款给这两个客户，解决了这个死锁问题。在死锁的3个条件中，银行家消除了其中的哪个条件？

*35. 每个想参加本地大学的铁路修建模型II课程的学生，都要得到教师的允许，并且交纳实验费。这两个要求可以在校园的不同地点办理，可以按照任意顺序独立完成。注册学生限制为20名；这个限制由教师和财务处一起掌握，前者只授权20名学生，后者只收20名学生的费用。假定这个注册系统有19名学生成功注册了这一课程，但是最后这个名额有两名学生竞争——一名仅得到了老师的允许，另一名仅交纳了费用。
   下面解决该问题的各个方案中，分别消除了死锁的3个条件中的哪个？
   a. 同意这两名学生都参加该课程。
   b. 该班人数降为19人，因此这两名学生都不能注册该课程。
   c. 拒绝这两名竞争的学生，让第三名学生成为第20名。
   d. 注册该课程的要求改为一个：交纳费用。于是交了费用的学生注册成功，另一名被拒绝。

*36. 由于计算机显示器上的每块区域一次只能被一个进程使用（否则屏幕上的图像将难以认清），因此这些由窗口管理程序分配的区域是不可共享的资源。为了避免死锁，窗口管理程序应消除死锁的3个必要条件中的哪一个？

*37. 假设一个计算机系统里的不可共享资源分为3类：1级资源，2级资源，3级资源。其次，假设系统中的每一个进程都要根据这个类别请求它所需要的资源。也就是说，它请求2级资源之前必须一次请求所有必要的1级资源。一旦它得到了1级资源，就可以申请所有必要的2级资源，依次类推。这个系统会出现死锁吗？为什么？

*38. 机器人的两个手臂是程序控制的，它们从传送带上取零件，测试它们的公差并根据结果分别把它们放到两个箱子中。零件一次到达一个，它们之间有足够的距离。为了防止两个手臂尝试抓同一个零件，控制手臂的计算机共享一个公共的存储单元。如果一个手臂在一个零件到来时是可用的，那么控制它的计算机就读公共单元的值。如果该值非0，那么这一手臂让那个零件通过；否则，起控制作用的计算机把一个非0的值放到这个存储单元，指挥这个手臂抓起该零件，动作完成后再把值0存入该存储单元。什么样的事件序列可能导致两个手臂之间激烈竞争？

*39. 说明队列在假脱机输出到打印机的过程中的使用。

*40. 如果一个等待时间片的进程一直都没有获得时间片，我们就说这个进程在遭受**饥饿**（starvation）。
   a. 对于竞争通过交叉口的汽车来说，交叉口的地面是不可共享的资源。控制这个资源分配的是交通灯，而不是操作系统。如果这个灯能够感知来自每个方向的交通流量，并通过程序给较大流量的方向以绿灯，流量少的方向就可能遭受饥饿。请问怎么避免“饥饿”？
   b. 在一个进程优先级保持固定的优先级系统中，如果调度程序总是按优先级分配时间片，那么在什么时候一个进程会感到“饥饿”？（提示：相对于正在等待的进程来说，刚执行完时间片的进程的优先级是什么，并且接下来按哪种规则分配下一个时间片？）你能猜到许多操作系统是怎么避免这个问题的吗？

*41. 死锁和饥饿（参见问题40）的相似之处是什么？差别又是什么？

*42. 下面是“哲学家进餐”问题，它最初是由E. W. Dijkstra提出的，现在已经是计算机科学传说中的一部分。5个哲学家围着一个圆桌就座，每个人面前放了一盘意大利面条。桌上有5把叉子，每个盘之间有一把，每个哲学家都在思

考和吃面之间轮换。为了吃面，一个哲学家需要拥有紧挨他盘子的2把叉子。说明“哲学家进餐”问题中的死锁和饥饿（见问题40）问题。

*43. 对于一个多道程序设计系统中的时间片，如果使其越来越短，那么会发生什么情况？越来越长呢？

*44. 随着计算机科学的发展，机器语言已被扩展以提供专门指令。在3.4节中介绍了这样3条在操作系统中广泛使用的指令。这些指令是什么？

45. 列举操作系统管理员能进行而一般用户不能进行的两个活动。

46. 操作系统如何防止一个进程访问另一个进程的存储空间？

47. 假定一个口令由9个取自英文字母表（26个字符）的字符组成。如果测试每个可能的口令需要1 ms，那么测试所有可能的口令需要多长时间？

48. 为什么为多任务处理操作系统设计的各个CPU能够在不同特权级别运行？

49. 列举两个由有特权的指令请求的典型活动？

50. 列举一个进程可能挑战计算机系统（如果未被操作系统防止这样做）安全性的3种方式。

51. 什么是多核操作系统？

52. 固件更新和操作系统更新之间的区别是什么？

53. 窗口管理程序与操作系统有什么关系？

54. 因特网浏览器（Internet Explorer）是微软的Windows操作系统的一部分吗？

55. 嵌入式操作系统能够解决哪些特殊问题？

社会问题

希望下面的问题能引导读者思考一些与计算领域相关的道德、社会和法律问题。回答出这些问题还不够，还应该考虑为什么这样回答，以及你的判断是否对每个问题都标准如一。

1. 假定你在使用一个多用户操作系统，它允许你查看其他用户的文件的名字，而且如果那些文件没有加保护措施，它还允许查看那些文件的内容。未经允许就查看这些信息是类似于未经允许就闲逛别人未锁门的房间，还是类似于阅读放在公共休息室（如医生的候诊室）的资料？
2. 若访问一个多用户计算机系统，你在选择口令时有什么责任？
3. 如果一个操作系统有安全性缺陷，使得一个恶意的程序员能够在未经批准的情况下访问其敏感数据，那么该操作系统的开发人员应该负多大的责任？
4. 你有责任锁好门防止入侵者入内，还是公众有责任在未受邀请时待在屋外？操作系统有责任防备别人对计算机及其内容的访问，还是黑客有责任不入侵机器？
5. 在《瓦尔登湖》一书中，亨利·戴维·梭罗坚持认为，我们已经变成自己工具的工具；也就是说，我们并非从所拥有的工具中受益，而是要花费时间得到和维护工具。对于计算机，这在多大程度上是真的？如果你有一台PC，那么你要花多少时间去赚钱承担它的费用、学习如何使用它的操作系统、学习如何使用它的实用软件和应用软件、维护它，以及为它的软件下载更新包？你得到的好处的时间量与你花费的时间总量相比又如何？使用它时，你花费的时间值得吗？有没有PC对你的人际交往活跃度有影响吗？

课外阅读

Bishop, M. *Introduction to Computer Security*. Boston, MA: Addison-Wesley, 2005.

Craig, B. *Cyberlaw: The Law of the Internet and Information Technology*. Upper Saddle River, NJ: Prentice-Hall, 2012.

Davis, W. S., and T. M. Rajkumar. *Operating Systems: A Systematic View*, 6th ed. Boston, MA: Addison-

Wesley, 2005.

Deitel, H. M., P. J. Deitel, and D. R. Choffnes. *Operating Systems*, 3rd ed. Upper Saddle River, NJ: Prentice-Hall, 2005.

Silberschatz, A., P. B. Galvin, and G. Gagne. *Operating System Concepts*, 9th ed., New York: Wiley, 2012.

Stallings, W. *Operating Systems*, 8th ed. Upper Saddle River, NJ: Prentice-Hall, 2014.

Tanenbaum, A. S. *Modern Operating Systems*, 3rd ed. Upper Saddle River, NJ: Prentice-Hall, 2008.

第4章 组网及因特网

本章讨论计算机科学中被称为组网的领域，包括学习如何将计算机连接起来共享信息和资源。学习的内容包括网络的结构与操作、网络的应用以及网络安全问题。学习的一个重点主题是遍布世界范围的特殊网络——因特网。

本章内容

人们对不同计算机之间共享信息和资源的需求催生了相互连接的计算机系统，它被称为**网络**（network）。计算机通过网络连接在一起，数据可以从一台计算机传送到另一台计算机。在网络中，计算机用户可以相互交换信息，并且可以共享分布在整个网络系统中的资源，如打印功能、软件包以及数据存储设施。用于支持这类应用的基础软件也已经从简单的实用软件包升级为扩展网络软件系统，从而可以提供一个复杂的网络范围的基础架构。从某种意义上说，网络软件正发展为网络范围的操作系统。本章将探讨计算机科学中这个不断发展的领域。

4.1 网络基础

我们从多种基本的组网概念开始学习网络。

4.1.1 网络分类

计算机网络通常分为**个域网**（personal area network，PAN）、**局域网**（local area network，LAN）、**城域网**（metropolitan area network，MAN）和**广域网**（wide area network，WAN）。个人域网通常用于小范围的通信，一般范围只有几米，如无线耳机与智能手机之间的通信，或者无线鼠标与PC之间的通信。相比之下，局域网通常由一个建筑物或者一个建筑群中的若干计算机组成。例如，大学校园的计算机或者制造厂中的计算机都可以用局域网连接。城域网属于中型网络，如横跨一个社区的城域网。而广域网能连接距离更远的机器，如周边城市或世界的两端。

网络的另一种分类依据是，网络的内部操作是基于公共领域的设计，还是基于特定实体（如个人或公司）所拥有并控制的创新。前一种类型的网络称为**开放式**（open）网络，后一种称为**封闭式**（closed）网络，有时也称为**专用**（proprietary）网络。开放式网络允许自由流通，因此更容易被大众所接受，这就是它们通常最终战胜专有网络的原因，因为专有网络的应用受到许可费和合约条件的限制。

因特网（马上要讲到的一种全球流行的网络的网络）属于开放式系统。尤其是，贯穿因特网的通信是由一组称为TCP/IP协议簇的开放标准（这是4.4节的主题）控制的。任何人都可以自由地使用这些标准，而不需要付费或是签署许可协议。相反，像Novell公司这样的公司可能会开发一些专用系统并选择保持其所有权，允许公司通过出售或出租它们获利。

还有一种网络分类方法依据的是网络的拓扑，即机器连接的模式。两种比较流行的拓扑是：总线型，即所有机器都通过同一条被称为“总线”的通信线路连接起来（见图4-1a）；星型，即将一台机器作为中心焦点，所有其他机器都与之相连（见图4-1b）。20世纪90年代，总线型拓扑得以流行，当时是通过称为以太网的一组标准实现的，而且以太网依然是目前使用的最流行的组网系统之一。

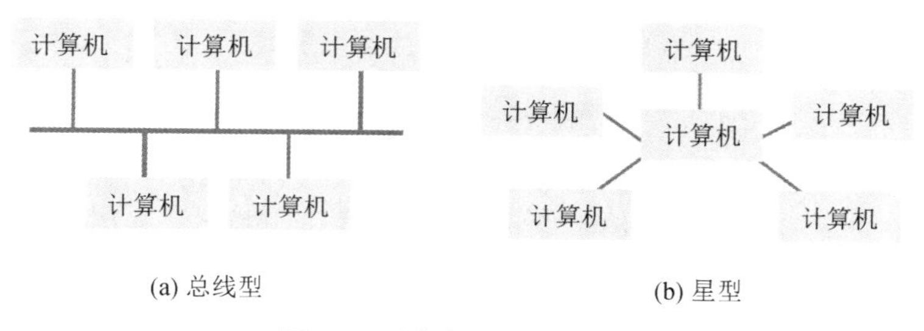

图4-1 两种流行的网络拓扑

星型拓扑可以追溯到20世纪70年代，它由一台大型中央计算机服务于多个用户的范例发展而来。随着用户使用的简单终端发展成为小型计算机，星型拓扑应运而生。目前，星型配置在无线网络中比较流行，无线网络中的通信是通过无线电广播和中央机器实现的，这里的中央机器被称为**接入点**（access point，AP），是协调所有通信的焦点。

总线型网和星型网在设备的物理排列上的区别并非总是很明显。二者的区别在于网络中的机器是通过一条公共总线直接通信，还是通过中间的中央机器间接通信。例如，总线型网可能不会出现图4-1中描述的那种各个计算机通过一条短链路连接到一条长总线上的情况。相反，总线型网的总线可能很短，到各个机器的链路却很长，这意味着总线型网看起来会比较像星型网。确实，有时总线型网会通过链路将每台计算机连接到中央位置，在中央位置再连接到一种叫作**集线器**（hub）的设备上。集线器其实就是一条非常短的总线，其功能在于将接收到的任何信号（可能会经过一些放大）传回给与之相连的所有机器。尽管使用集线器的结果看起来像星型网，但在运作上像总线型网。

4.1.2 协议

为了网络运行可靠，建立管理网络活动的规则很重要，这类规则称为**协议**（protocol）。通过开发及采纳协议标准，厂商能够生产出与其他厂商的网络应用产品相兼容的产品。因此，在网络技术的开发中，协议标准的开发是一个必不可少的环节。

为了介绍协议概念，我们考虑这样一个问题，如何协调网络中计算机之间报文的传输。如果没有控制此类通信的规则，所有的计算机就很可能同时抢着传输报文，或者在其他机器需要协助时也无法提供帮助。

在基于以太网标准的总线型网中，报文传输的许可是通过名为**带冲突检测的载波侦听多址访问**（carrier sense，multiple access with collision detection，CSMA/CD）的协议控制的。该协议规定每条报文都要广播给总线上的所有机器（见图4-2）。每台机器都对所有报文进行监听，但是只保存发送给自己的报文。要想传输报文，机器需要等到总线空闲时才能开始传输并继续监听总线。如果另一台机器也开始传输报文，那么两台机器都会检测到这种冲突，并各自暂停一段随机长的时间，然后再次尝试传输。这样的结果类似于一小群人在交谈中使用的系统：如果两个人同时开始讲话，他们两个都会停下来。不同的是，人们可能会有一系列对话，如："对不起，刚才你想说什么？""不，不，你先说。"但是在CSMA/CD协议下，每台机器都只会稍后再作尝试。

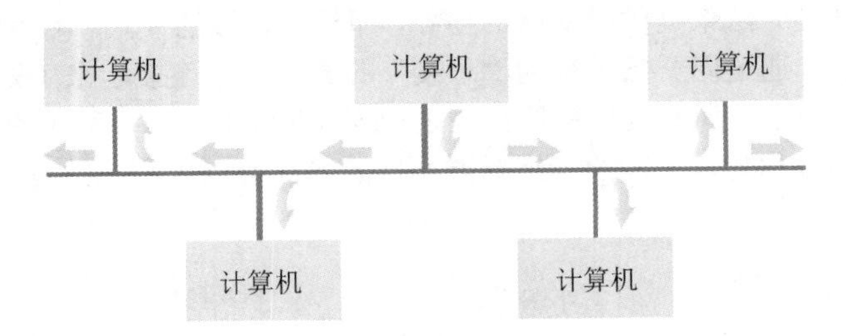

图4-2　通过总线型网通信

注意，CSMA/CD和无线星型网并不兼容。在无线星型网中，所有的机器都通过中央接入点进行通信，因为一台机器可能无法检测到它与其他计算机的传输冲突。例如，一台机器可能监听不到其他机器，因为自己的信号淹没了其他机器的信号。另一个原因可能是不同机器的信号由于障碍物或者距离的原因互相阻塞了，虽然它们都能与中央接入点进行通信，这种情况称为**隐藏终端问题**（hidden terminal problem）（见图4-3）。这样的结果就是无线网络采用尝试避免冲突的策略，而不是尝试检测冲突的策略。这种策略被归类为**带冲突避免的载波侦听多址访问**（carrier sense, multiple access with collision avoidance，CSMA/CA），其中很多策略是由IEEE（见第7章中提及的"美国电气电子工程师学会"）在IEEE 802.11中定义的协议下进行标准化的，通常被称为**无线保真**（WiFi）。需要强调的是，冲突避免协议的设计目的是避免冲突，也许并不能完全消除冲突。当冲突发生时，必须重新传输报文。

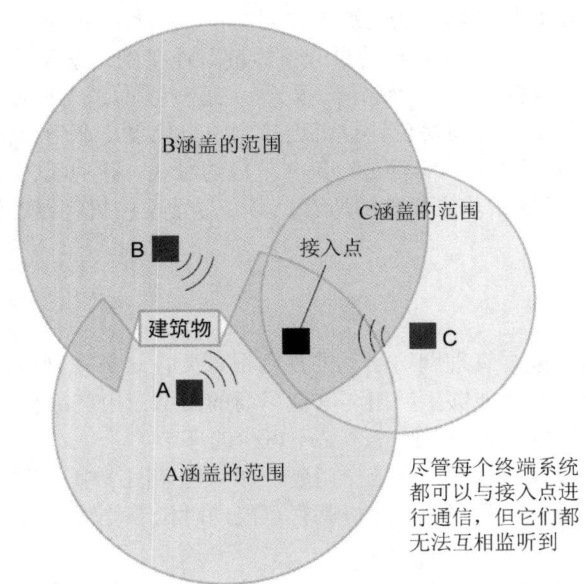

图4-3　隐藏终端问题

最常见的冲突避免方法是将优先权赋予已经在等待传输机会的计算机。这种协议和以太网的CSMA/CD有相似之处。二者的主要区别在于，当一台机器首次需要传输报文，并且发现通信信道处于空闲时，它并不是立即开始传输。相反，它会等一小段时间，只有当信道在这一段时间内都保持空闲时才会开始传输。如果在这个过程中，发现这是一个忙信道，那么机器会等待一段随机决定的时间，然后再重新尝试。一旦这段时间耗尽，这台机器就被允许立即要求占用空闲信道。这就意味着避免了“新来者”和已经处于等待状态的机器之间的冲突，因为“新来者”需要等到一直处于等待状态的所有机器都开始传输之后，才会被允许要求占用空闲信道。

然而，该协议无法解决隐藏终端问题。毕竟，任何基于辨别闲信道或者忙信道的协议都需要每个站点都能够监听到其他所有站点。为了解决这一问题，一些WiFi网络要求每台计算机向接入点发送简短的“请求”报文，并等待接入点确认收到请求，然后再传输完整的报文。如果接入点由于正在处理“隐藏终端”处于繁忙状态，将会忽略请求，然后请求的机器将获悉并等待。否则，接入点会确认请求，机器将获悉现在进行传输是安全的。注意，尽管机器无法监听到正在发生的报文传输，但是网络中所有的机器都能监听到接入点发出的所有确认，因此就能知道接入点在任何给定时间是否繁忙。

4.1.3 组合网络

有时候需要连接现有网络以形成一个扩展的通信系统，这可以通过将网络连接成一个相同“类型”的更大的网络来实现。例如，对于基于以太网协议的总线型网，经常可以将总线连接起来形成一根长总线。这可以通过中继器、网桥、交换机等不同的设备来完成，这些设备的区别微妙且信息量大。它们中最简单的是**中继器**（repeater），它仅仅是在两个原始总线间简单地来回传送信号（通常有某种形式的放大）的设备，而不会考虑信号的含义（见图4-4a）。

网桥（bridge）类似于中继器，但是比中继器更复杂。与中继器相似，它也是连接两条总线，但是不必在连接上传输所有的报文。相反，网桥要检查每条报文的目的地址，当报文的目的地是另一边的计算机时才在连接上转发这个报文。因此，在网桥同一侧的两台机器不需要干扰另一边的通信就可以互相传输报文。相对于中继器，网桥形成的系统更加高效。

交换机（switch）本质上就是具有多连接的网桥，可以连接若干条总线，不止两条。因此，交换机形成的网络包括若干从交换机延伸出来的总线，它们就类似于车轮的辐条（见图4-4b）。与网桥一样，交换机也要考虑所有报文的目的地址，并且仅仅转发那些目的地是其他“辐条”的报文。此外，被转发的每一个报文只会被转送至相应的“辐条”，因此最大限度地减轻了每根“辐条”的传输流量。

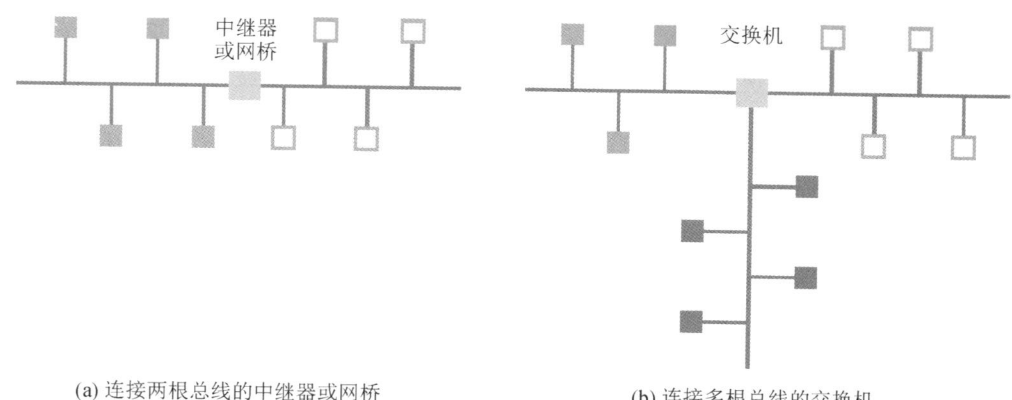

(a) 连接两根总线的中继器或网桥

(b) 连接多根总线的交换机

图4-4 将规模较小的总线型网组建成大型总线型网

需要重点注意的是，当计算机通过中继器、网桥以及交换机连接时得到的是一个大型网络。整个系统（使用相同的协议）以相同的方式运作，就像每个规模较小的原始网络一样。

然而，要连接的网络有时候会有不兼容的特性。例如，WiFi网络的特性就可能与以太网网络中的不兼容。在这种情况下，网络必须按建立一个网络的网络［称为**互联网**（internet）］的方式连接。在这个网络中，原始网络仍然保持其独立性，并且继续作为独立的网络运行。注意，通用术语互联网（internet）不同于因特网（Internet）。后者的首字母是大写的I，指的是一种独特的、世界范围的互联网，本章后面会介绍。现实中有许多互联网的例子。事实上，在因特网流行之前，传统的电话通信就是由世界范围的互联网系统操控的。

把网络连接起来形成互联网的设备是**路由器**（router），这是一种用来传送报文的专用计算机。注意，路由器的任务与中继器、网桥和交换机的不同，路由器提供的是网络之间的链接，并允许每个网络保持它独特的内部特性。作为一个例子，图4-5描述了通过路由器组连接两个WiFi星型网和一个以太总线型网的情形。当某个WiFi网络中的一台机器想要给以太网中的一台机器发送报文时，它首先会把报文发送到其网络中的接入点，接入点再把报文发送到与之相连的路由器，该路由器把报文转发至以太网中的路由器。在那里该报文被发送给总线上的一台机器，然后这台机器把报文转发到它在以太网中的最终目的地。

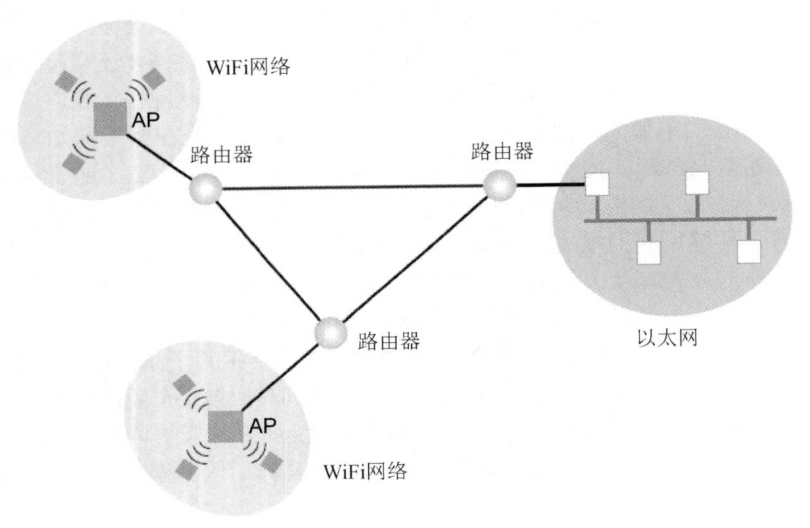

图4-5　路由器将两个WiFi网络和一个以太网连接成了一个互联网

路由器得名的原因在于它们的用途是向适当的方向转发报文。转发过程是基于互联网范围的寻址系统进行的，这个系统为互联网上的所有设备（包括原始网络中的机器和路由器）都赋予了唯一的地址。（这样，原始网络中的每台机器都有两个地址：自己网络内的“本地”地址和它的互联网地址。）一台机器想给远程网络中的另一台机器发送报文，需要先将报文的目的地互联网地址附在报文上，然后再把报文发送给其本地的路由器，在那里报文将向适当的方向转发。为了转发报文，每个路由器都维护了一张**转发表**（forwarding table），表中包含的信息能让路由器依据每条信息的目的地址来确定其应该被发送到哪个方向。

一个网络与互联网链接的“点”通常称为**网关**（gateway），因为它是网络与外部世界之间的通道。网关有多种形式，因而这个术语的使用不太严谨。在许多情况下，网络的网关仅仅是路由器，通过它，网络能与互联网上的其他网络通信。在其他情况下，术语网关所指的可能不仅仅是一台路由器。例如，在连接到因特网的多数住宅WiFi网络中，术语网关指的是网络的接入点和与接入点相连的路由器，因为这两个设备通常安装在一个单元中。

4.1.4 进程间通信的方法

一个网络中，在不同计算机上执行（甚至在一台计算机上通过分时/多任务处理执行）的各种活动（或进程）必须经常互相通信，以便协调行动并完成指派的任务，这种进程之间的通信称为**进程间通信**（interprocess communication）。

进程间通信通常采用的是**客户机/服务器**（client/server）模型。这种模型规定了进程的基本角色，或者是向其他进程发出请求的**客户机**（client），或者是满足客户机请求的**服务器**（server）。

客户机/服务器模型的一种早期应用出现在连接办公室间的所有计算机的网络中。在这种应用中，只要把一台高质量的打印机连接到网络上，网络中的所有机器就都能使用它。在这种情况下，打印机的角色就是服务器，常称为**打印服务器**（print server），其他机器为客户机，传递打印请求给打印服务器。

客户机/服务器模型的另外一种早期应用是用于减少磁盘存储成本，同时消除复制记录副本的需要。在这种情况下，网络中的某一台机器需要配备高容量海量存储系统（通常是磁盘），存储某一组织的所有记录；网络中的其他机器在需要记录时，可以请求访问记录。于是，实际包含记录的机器扮演的就是服务器的角色，称为**文件服务器**（file server），而那些请求访问存储在文件服务器中的文件的其他机器扮演的就是客户机的角色。

客户机/服务器模型在当今的网络应用中使用广泛，这一点在本章后面能看到。不过，客户机/服务器模型不是进程间通信的唯一方式，另外一种模型是**对等**（peer-to-peer，通常简称为**P2P**）模型。客户机/服务器模型是一个进程（服务器）为许多其他进程（客户机）提供服务，而对等模型中的进程既为对方提供服务，也接收对方的服务（见图4-6）。此外，为了随时服务于客户机，服务器必须持续运作，但是对等模型中的进程通常都是临时执行的。例如，对等模型的应用包括即时消息处理，人们利用即时消息处理通过因特网或者一些竞技性交互游戏进行文字交流。

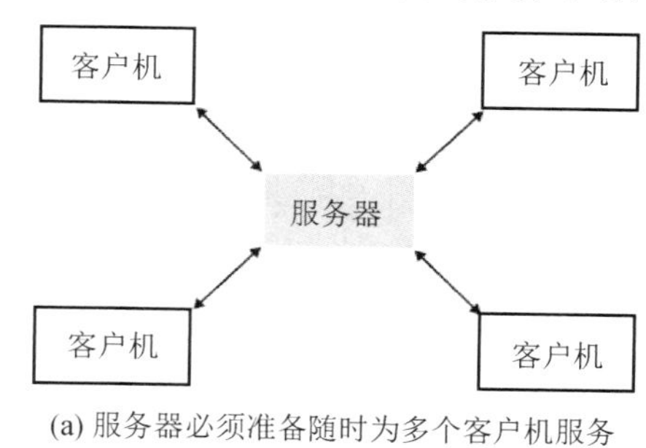

(a) 服务器必须准备随时为多个客户机服务

(b) 两个对等体在一对一的基础上平等地通信

图4-6 客户机/服务器模型与对等模型的比较

对等模型也是通过因特网分发诸如音乐录音和运动图像这类文件的常用方法。在这种情况下，一个对等体可以从另一个对等体接收文件，然后把此文件提供给其他的对等体。参与这种分发的对等体集合有时称为蜂群（swarm）。文件分发的蜂群方法与先前使用客户机/服务器模型的方法相反，该模型需要建立中央分发中心（服务器），以使客户端从该中心下载文件（或至少是找到那些文件的源）。

从文件共享的角度来看，P2P模型正在取代客户机/服务器模型的一个原因在于，它把服务任务分布到许多的对等体上，而不是集中在一个服务器上。这种非集中化的操作构建了更高效的系统。遗憾的是，基于P2P模型的文件分发系统流行的另一个原因在于，在合法性遭到质疑的情况下，缺乏中心服务器使得版权执法行动变得更为困难。但是，也存在许多案例，其中，一些人发现“困难”并不意味着“不可能”，并且由于版权侵犯的问题，他们发现自己面临着重大的责任。

你可能经常读到或者听到对等网络这个术语，这个例子正好说明了非科技界采用科技术语时是如何产生误用的。术语对等指的是两个进程通过网络（或者互联网）通信的一种系统，并不是网络（或者互联网）的一种特性。一个进程可以开始采用对等模型与另外一个进程通信，接着又采用客户机/服务器模型通过同一个网络与另外一个进程通信。因此，更准确地说，应该是利用对等模型通信，而不是通过对等网络通信。

4.1.5 分布式系统

因为组网技术的成功，计算机之间通过网络的交互已经很普遍，并且涉及方方面面。许多现代软件系统，如全球信息检索系统、公司范围的会计和库存系统、计算机游戏甚至操控网络基础设施本身的软件，都被设计成**分布式系统**（distributed system）。这意味着，它们由在网络中不同计算机上作为进程执行的软件单元组成。

早期的分布式系统是从零开始独立开发的。不过现在，研究显示，公共的基础设施正运行在包括诸如通信系统及安全系统这样的系统上。于是，人们开始努力生产能够提供这种基础设施的预制系统，因此要构建一个分布式应用，只需要开发系统中应用所特有的部分即可。

现在，一些类型的分布式计算系统很常见。**集群计算**（cluster computing）指的是一种分布式系统，其中多个独立的计算机密切合作，提供的计算或服务可与大得多的机器相比拟。这些独立的机器，加上连接它们的高速网络的总成本，要比一台高价位的超级计算机的成本低，但其可靠性更高，维护成本更低。这样的分布式系统用于提供**高可用性**（high-availability，因为这更有可能保证集群中至少有一个成员能够响应请求，即使集群中其他成员发生故障或不可用）和**负载平衡**（load-balancing，因为负载可以自动从集群中负载太大的成员转移到负载太小的成员）。**网格计算**（grid computing）是指耦合度没有集群高但是仍能共同协作完成大型任务的分布式系统。网格计算可能需要专门的软件，以便更容易地分发数据和算法到网格中的机器。威斯康星大学的Condor系统和伯克利开放式网络计算平台（Berkeley's Open Infrastructure for Network Computing，BOINC）都属于这种类型。这两种系统通常安装在用于其他目的的计算机上（如办公用PC和家用PC），当机器空闲时便可为网格自愿提供计算能力。由于因特网日益增强的连通性，即这种自愿行动，分布式网格计算使得数以百万计的家用PC都可以解决无比复杂的数学问题和科学问题。凭借**云计算**（cloud computing），网络上大量的共享计算机得以被按需分配给客户机使用。云计算是分布式系统中的最新趋势。就像20世纪初大城市电网的发展使得个体工厂和企业不再需要维护自己的发电机一样，因特网使得实体可以将其数据和计算委托给“云”，这里的“云”指的是网络上可用的大量计算资源。例如，亚马逊的弹性计算云（Elastic Compute Cloud）服务允许客户按小时租用虚拟计算机，而不需要考虑计算机硬件的实际位置。另外，Google Drive和Google Apps允许用户在信息方面进行协作，允许他们在构建Web服务时不需要了解多少台计算机在用于求解同一问题或相关数据存储在何处。云计算服务提供了合理的可靠性和可扩展性保证，但却引发了人们对于隐私和安全性的担忧，因为我们也许再也无法知晓谁在拥有着、操作着我们所用的计算机。

问题与练习

1. 什么是开放式网络？
2. 概述网桥和交换机之间的区别。
3. 什么是路由器？
4. 列举社会中一些符合客户机/服务器模型的关系。
5. 列举社会中应用的一些协议。
6. 概述集群计算和网格计算之间的区别。

4.2 因特网

互联网中最著名的例子就是**因特网**（Internet，注意首字母是大写的），它起源于20世纪60

年代的研究项目。它的目标是开发出将许多计算机网络链接起来的能力，以便它们能作为一个连接的系统发挥作用，而这个系统不受局部灾难的干扰。这项工作的大部分是由美国政府资助并通过美国国防部高级研究计划局（Defense Advanced Research Projects Agency，DARPA——读作“DAR–pa”）发起的。这些年来，因特网的开发已经从政府资助的项目转变成了学术研究项目，而且如今它在很大程度上已经是商业项目了，用于连接全世界个域网、局域网、城域网及广域网，涉及数百万台计算机。

第二代因特网

由于因特网已经由科研项目转变为日常产品，科研界也转向了称为第二代因特网（Internet2）的项目。第二代因特网被定位为纯学术系统，涉及许多与工业及政府有合作关系的大学。目标是对需要高带宽通信的因特网应用（如对诸如望远镜和医学诊断仪器这样昂贵的最新型设备进行的远程访问及控制）进行科研。现在的一个科研例子是：由机械手实施远程外科手术，机械手模仿远程外科医生的手，而外科医生通过视频观察病人。

4.2.1 因特网体系结构

我们已经提到，因特网是相连网络的集合。总体上，这些网络的构建和维护是由称作**因特网服务提供商**（Internet service provider，ISP）的组织来完成的。就网络本身而言，通常也习惯使用术语ISP来表示。因此，当说到要连接到一个ISP时，我们真正的意思是连接到由ISP所提供的网络。

由ISP运作的网络系统可以按照各网络在整个因特网结构中所起的作用分类成一个层次结构（见图4-7）。整个层次结构的顶部是数量相对较少的**第一层ISP**（tier-1 ISP），这些ISP拥有非常高速的、高容量的国际化广域网。这些网络被看成是因特网的主干，它们通常是由通信行业中的大公司来运作的。例如，有一家公司最初是传统的电话公司，后来它把服务领域扩展到提供其他通信服务。

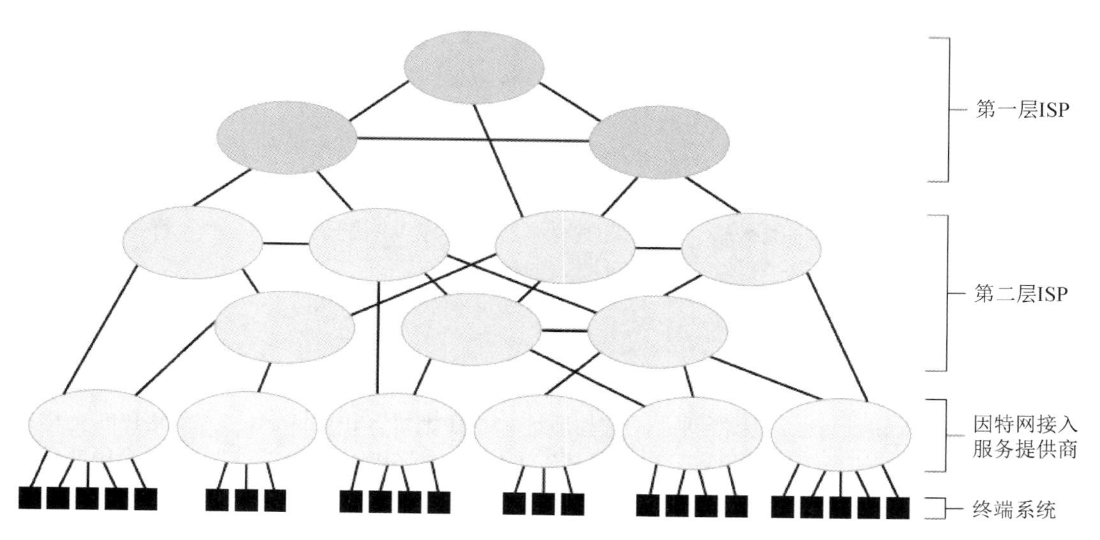

图4-7 因特网的构成

与第一层ISP连接的是**第二层ISP**（tier-2 ISP），第二层ISP往往是区域性的，在能力上更弱一些。（第一层ISP和第二层ISP的区别通常是仁者见仁，智者见智。）此外，这些网络通常也是由通信行业的公司运营。

第一层ISP和第二层ISP本质上是路由器的网络，集中提供因特网通信基础设施。它们同样可以被认为是因特网的核心。通常由称为**因特网接入服务提供商**（access ISP）或**第三层ISP**（tier-3 ISP）的中间商提供与这一核心的接入服务。因特网接入服务提供商本质上是独立的互联网，有时也称为**内联网**（intranet），由向个人家庭和企业提供因特网接入业务的机构来运营。这些公司包括通过提供服务收取服务费的有线电视和电话公司，另外还包括一些大学或者公司等组织，它们为组织内部的个人用户提供因特网接入。

个人用户与因特网接入服务提供商连接的设备称为**终端系统**（end system）或者**主机**（host）。这些终端系统可能是笔记本电脑或PC，但随着其应用范围的不断扩大，终端系统还可能是其他很多种设备，如电话、摄像机、汽车和家用电器。毕竟，因特网本质上是一个通信系统，因此任何可以与其他设备进行通信并从中获益的设备都是潜在的终端系统。

终端系统与大型网络连接的技术也不尽相同。或许，发展最快的是基于WiFi技术的无线连接。策略是将接入点与因特网接入服务提供商相连接，因此可以在接入点的广播范围内通过因特网接入服务提供商向终端系统提供因特网接入。接入点或接入点组范围内的区域通常称为**热点**（hot spot），尤其是当这些区域的网络访问公开可用或者免费的时候。在个人住宅、酒店、写字楼、小型企业、公园里都可以找到热点，并且在某些情况下，热点会遍布整座城市。目前手机行业也使用相似的技术，在手机行业中热点就是我们所知的服务区，当终端系统从一个服务区移动到另一个服务区时，通过调整产生服务区的“路由器”来提供连续的服务。

连接因特网接入服务提供商的其他常见技术使用的是电话线或者电缆/卫星系统。这些技术可以用来提供到单个终端系统的直接连接，或者连接用户的路由器从而实现连接多个终端系统。后一种方法在个人住宅中的应用日益流行，利用现有的电缆或者电话线，通过连接因特网接入服务提供商的路由器/接入点形成本地热点。

20世纪的电话、有线电视和卫星广域网都被设计为传送模拟通信信号，如人的语音或预数字（pre-digital）电视信号。现代网络可以被设计成直接在两台计算机之间传送数字数据，但较旧的模拟网络基础设施仍然是因特网的一个重要组成部分。这些传统模拟链接所产生的问题通常被统称为**最后一英里问题**（last mile problem）。通过高速数字技术（如光纤），广域网、城域网和许多局域网的主干线比较容易实现现代化，但替换那些现有的将主干线连接到个人家庭或办公室的铜电话线和同轴电缆的费用就要昂贵得多。因此，源自远离终端的因特网大陆的信息，几乎整个旅程都在高速数据连接上，就在要到达终端的这“最后一英里”要穿越一根慢速的、有百年历史的模拟电话线。第2章中提到过，已经开发了几种巧妙的方案，用于扩展这些传统的模拟链路，以适应数字数据的传输。DSL调制解调器、电缆调制解调器、卫星上行链路，甚至是直接光纤连接入户都被用于将宽带因特网接入到终端用户。

4.2.2 因特网编址

如4.1节所介绍的，一个因特网需要一个互联网范围的编址系统，为该系统中的每台计算机分配一个唯一的标识地址。在因特网中，这些地址称为**IP地址**（IP address）。（术语IP的全称是Internet Protocol，指的是因特网协议，这个术语在4.4节中会详细介绍。）最初，每一个IP地址都是32位的位模式，但是为了提供更多的地址，人们现在正计划将其扩展到128位（见4.4节中关于IPv6的介绍）。**因特网名称与数字地址分配机构**（Internet Corporation for Assigned Names and Numbers，ICANN）向因特网服务提供商提供了大量连续数字的IP地址，它是一家非营利性的国际组织，致力于协调因特网的运营。然后，因特网服务提供商就可以将其被授权范围内的地址块中的IP地址分配给其管辖范围内的机器。因此，因特网上的机器都被分配了唯一的IP地址。

IP地址通常是采用**点分十进制记数法**（dotted decimal notation）书写的，其中地址的每个字节用圆点分隔，每个字节用传统的十进制记数法所表示的整数表示。例如，使用点分十进制记数法，位模式5.2将可以表示2字节位模式0000010100000010，其中依次包含字节00000101（5的表示）和字节00000010（2的表示）；而位模式17.12.25将可以表示3字节的位模式，其中依次包含字节00010001（用二进制记数法写的17）、字节00001100（用二进制记数法写的12），以及字节00011001（用二进制记数法写的25）。总之，当用点分十进制记数法表示时，32位的IP地址可以表示为192.207.177.133。

用位模式表示的地址（即使采用点分十进制记数法压缩）很难为人们所用。基于这个原因，因特网拥有另外一种编址系统，利用助记名称来标识机器。该编址系统是基于**域**（domain）的概念建立的，可以认为是单个机构（如大学、俱乐部、公司或者政府机构）操作的因特网“区域”。（此处区域一词加了引号，这是因为它可能不同于因特网的物理区域，稍后我们将看到这点。）每一个域都必须在ICANN进行注册，这一过程由称为**注册商**（registrar）的公司操作，注册商由ICANN指定。作为注册流程的一部分，助记**域名**（domain name）会分配给域，域名在因特网中是唯一的。域名通常是注册域的机构的描述，从而提高它们对人类的实用性。

例如，马凯特大学的域名是mu.edu。需要注意的是点后面的后缀，它反映了域的分类，在这个域名中，后缀edu就表明了它是一家教育（educational）机构。这些后缀称为**顶级域名**（Top-Level Domain，TLD）。其他顶级域名包括，表示商业机构的com，表示政府机构的gov，表示非营利机构的org，表示博物馆的museum，表示无限制使用的info，以及最初打算用于表示ISP但是现在使用范围更广一些的net。除了这些一般的TLD外，也有用于表示特定国家的2字母TLD，称为**国家代码顶级域名**（country-code TLD），如表示澳大利亚的au，以及表示加拿大的ca。

一旦一个域的助记名被注册，注册该域名的机构就可以在域内自由扩展名称，为个体项获取助记标识符。例如，马凯特大学内的某台主机可以标识为eagle.mu.edu。注意，域名是向左扩展的，并用圆点分开。在一些情况下，使用称为**子域**（subdomain）的多个扩展在域内组织名称。这些子域通常代表域管辖内不同的网络。例如，如果Yoyodyne公司被分配的域名为yoyodyne.com，那么Yoyodyne的某台计算机的域名可以为overthruster.propulsion.yoyodyne.com，其含义是计算机overthruster在顶级域名com的yoyodyne域的propulsion子域内。（我们需要注意的是，在助记地址中使用的点分表示法与在位模式形式的地址中使用的点分十进制记数法没有关系。）

虽然助记地址对于人类来说比较方便，但是因特网中还是使用IP地址来传送消息。因此，如果某人想要给远程机器发送消息并通过助记地址来标识目的地，那么使用的软件必须能够在发送消息之前将助记地址转换成IP地址。这种转换可以通过**域名服务器**（domain name server）来完成，其实它是可以向客户端提供地址转换服务的目录。这些域名服务器被统统用作因特网范围内的目录系统，称为**域名系统**（domain name system，DNS）。使用域名系统进行转换的过程称为**域名系统查找**（DNS lookup）。

因此，如果一台机器可以通过助记域名连接，那么这个域名必须存在于域名系统内的域名服务器上。在注册了域名的实体拥有资源的情况下，可以在域内建立并维护包含所有名称的域名服务器。事实上，这就是域名系统最初构建所用的模型。每一个注册域都代表了地方当局（如公司、大学或者政府机构）所运行的一个因特网的物理区域。实际上，这个当局就是一个因特网接入服务提供商，通过与因特网链接的内联网向其成员提供因特网接入。作为该系统的一部分，组织维护自己的域名服务器，为域中使用的所有名称提供转换服务。

目前，这种模式依然很常见。然而，许多个体或者小型组织想要建立展示在因特网上的域，但却不想承担必要的支持资源。例如，一家本地国际象棋俱乐部想要在因特网上展示为KingsandQueens.org，但是俱乐部很可能没有“建立自己的网络、维护网络与因特网的链接以及实现其自己的域名服务器”的资源。这种情况下，俱乐部可以和因特网接入服务提供商签订合同，使用因特网服务提供商已经建好的资源实现注册域名的展示。俱乐部一般可能会通过因特网服务提供商的帮助，注册由俱乐部选好的域名，并与因特网服务提供商签订合同，将域名放入因特网服务提供商的域名服务器。这就意味着所有关于新域名的域名系统查找都会指向因特网服务提供商的域名服务器，从而获取正确的域名转换。通过这种方法，许多注册的域名就可以存在于一个因特网服务提供商的域名服务器中，每个域名只占用一台计算机的很小一部分。

4.2.3 因特网应用

在因特网发展的早期，大多数应用都是分开的简单程序，每个应用都遵循一个网络协议。新闻阅读器应用使用**网络新闻传送协议**（network news transfer protocol，NNTP）联系服务器，用于通过网络来列出和复制文件的应用实现了**文件传送协议**（file transfer protocol，FTP），用于访问远距离的另一台计算机的应用使用了**远程登录**（Telnet）协议，后来又有了**安全外壳**（secure shell，SSH）协议。由于Web服务器和浏览器变得越来越成熟，越来越多的传统网络应用开始通过网页和强大的**超文本传送协议**（hyper text transfer protocol，HTTP）来处理。然而，在刚开始研究因特网应用的网络协议时，我们有必要在下一节介绍HTTP之前先介绍几个比较简单的例子。

1．电子邮件

现在有很多系统可以通过网络交换两个终端用户之间的消息，即时消息（Instant Messaging，IM）、基于浏览器的在线聊天、基于Twitter的“tweet”以及Facebook的“wall”就是其中的几个。因特网最古老、最持久的用途之一就是电子邮件系统，简称**电子邮件**（email）。虽然许多用户现在依靠他们的浏览器或者复杂的应用程序（如微软的Outlook、苹果的Mail或者Mozilla的Thunderbird）来阅读和撰写他们的电子邮件，但电子邮件信息在因特网上从一台计算机实际发送到另一台计算机时，使用的仍然是像简单邮件传送协议这样的基本网络协议。

简单邮件传送协议（simple mail transfer protocol，SMTP）定义了一种方法，通过这种方法，网络上的两台计算机可以在将一个电子邮件信息从一台主机传送到另外一台主机的时候进行交互。考虑**邮件服务器**（mail server）mail.skaro.gov将一封电子邮件从终端用户“dalek”发送给域tardis.edu的终端用户“doctor”的例子。首先，mail.skaro.gov上的一个邮件处理进程联系mail.tardis.edu上的邮件服务器进程。为此，它使用域名系统（另一个网络协议）将人类可读的目的域名映射为正确的邮件服务器名，然后再映射到它的IP地址。这与拨号前查找一个熟人电话号码没有什么不同。同样，当另一端的服务器进程应答时，协议规定，它必须向调用者标识自己。它们的SMTP交换的转换可能看起来像这样：

```
1 220 mail.tardis.edu SMTP Sendmail Gallifrey-1.0; Fri, 23
    Aug 2413 14:34:10
2 HELO mail.skaro.gov
3 250 mail.tardis.edu Hello mail.skaro.gov, pleased to meet you
4 MAIL From: dalek@skaro.gov
```

```
 5 250 2.1.0 dalek@skaro.gov... Sender ok
 6 RCPT To: doctor@tardis.edu
 7 250 2.1.5 doctor@tardis.edu... Recipient ok
 8 DATA
 9 354 Enter mail, end with "." on a line by itself
10 Subject: Extermination.
11
12 EXTERMINATE!
13 Regards, Dalek
14 .
15 250 2.0.0 r7NJYAE1028071 Message accepted for delivery
16 QUIT
17 221 2.0.0 mail.tardis.edu closing connection
```

在第1行，远程邮件服务器进程在应答调用者时，宣布了它的名字、它所使用的协议以及其他选项信息，如协议版本、日期和时间。在第2行，发送邮件服务器进程介绍了它自己。在第3行，远程服务器确认了发送服务器的名字。

大多数因特网协议都不必用ASCII字符发送，所以很容易被人理解。当然，第3行中的那个古怪的礼貌用语“pleased to meet you”既不会受这个连接两端的软件的欣赏，也不是SMTP的正常功能所必要的。但是，这是一个流行的SMTP邮件服务器内置的实际行为，是因特网初期留下来的，那时人工操作员需要频繁地通过审查SMTP转换来调试两个邮件服务器之间的不兼容性。这样的交换每天在网络上发生无数次，只有负责在整个因特网上传输电子邮件的软件代理才能够知道确切的数字。

在这个最简单的案例中，远程邮件服务器将听信于第2行中的mail.skaro.gov，接受发送服务器是来自域skaro.gov的名为mail的机器。SMTP是建立在信任基础上的典范，但后来被垃圾邮件发送者和其他因特网的不法之徒滥用。现代邮件服务器必须使用SMTP的扩展版本或者与其同等的协议来帮助确保电子邮件被安全发送。在本章的最后部分，我们将会对有关网络安全性的问题进行更详细的讨论。

返回到转换，在第4行，发送服务器宣布它有一个邮件信息要传递，并标识了这个发送用户。在第5行，远程服务器确认它将接收来自这个域的这个用户的邮件。在第6行，发送服务器宣布了远程服务器上的收件人。在第7行，远程服务器确认它将接收发往那个用户的电子邮件。在第8行，发送服务器免除了介绍，并宣布它准备发送DATA，即电子邮件信息的实体。在第9行，远程服务器（根据SMTP，用354响应码）确认它已准备好接收该信息体，此外该行还包含了一个有用的关于如何结束该信息传送的人类可读指令。

在第10～14行，发送服务器传送要交付的电子邮件信息文本。远程服务器在第15行确认接受，在第17行确认发送服务器在第16行宣布的QUIT。

描述SMTP的技术文档定义了像上面转换那样的对话中的每个允许的步骤。根据关键字HELO、MAIL、RCPT、DATA和QUIT将被如何发送、可以带哪些选项以及应该被如何解释，对这些关键字进行了精确的定义。同样，远程服务器用于确认的数字响应码也是枚举定义的。软件设计者使用协议描述来开发可正确实现通过网络发送和接收电子邮件的算法。

电子邮件传输的其他方面采用了其他协议。因为SMTP最初是为传送ASCII编码的文本信息而设计的，所以又开发了**多用途因特网邮件扩展**（multipurpose Internet mail extensions，MIME）等协议，将非ASCII编码的数据转换成SMTP兼容的格式。

有两种常见的协议可以用于访问已到达并积累在用户邮件服务器里的电子邮件，它们是**邮局协议第3版**（post office protocol version 3，POP3）和**因特网邮件访问协议**（Internet mail access protocol，IMAP）。二者中，POP3（读作“pop-THREE”）较为简单。使用POP3，用户可以向其本地计算机传送（下载）信息，在本地计算机中，这些信息可以被读取、被存储在不同的文件夹中、被编辑，还可以按照用户的需要进行其他操作。这些操作都是通过使用本地机器的海量存储器在用户的本地机器上完成的。IMAP（读作“EYE-map”）支持用户在与邮件服务器相同的机器上存储和操作信息以及相关的资料。这样，必须从不同计算机上访问邮件的用户，就可以在邮件服务器上维护记录，并通过任何一台远程计算机访问。

2. VoIP

下面来看一个较近的因特网应用的例子——**因特网协议语音**（voice over Internet protocol，VoIP），它利用因特网基础设施提供与传统电话系统类似的语音通信。最简单的形式下，VoIP由不同机器上的两个进程构成，这些机器通过P2P模型传送音频数据——这种方法本身没有明显的问题。但是，初始化和接收呼叫，把VoIP与传统电话系统对接，以及提供像紧急911通信这样的服务，诸如此类的任务都是超出了传统的因特网应用范畴的问题。此外，在美国，拥有国家传统电话公司的政府把VoIP看成一种威胁，对它们征收很高的税，或彻底宣布它们不合法。

现在有4种不同形式的VoIP系统在竞争。**VoIP软电话**（soft phone）由P2P软件构成，允许两个或多个PC共享一个电话，所需硬件只是一个扬声器和一个麦克风。VoIP软电话系统的一个例子就是Skype，它还为客户提供与传统电话通信系统的链接。Skype的一个缺点是它是一个专有系统，因而它的许多操作结构是不对外公开的，这意味着Skype用户必须要在没有第三方证明的基础上相信Skype软件的完整性。例如，为了接收呼叫，Skype用户必须把PC与因特网相连，供Skype系统使用，这就意味着在PC机主毫无意识的情况下，PC的一些资源可能会被用来支持其他的Skype通信（这一功能已经引起了一些抵触）。

第二种形式的VoIP由**模拟电话适配器**（analog telephone adapter）构成，模拟电话适配器允许用户将其传统电话连接到由某个因特网接入服务提供商提供的电话服务上。这一选择经常与传统的因特网服务和/或数字电视服务捆绑。

第三种形式的VoIP是嵌入式VoIP电话，嵌入式VoIP电话把传统电话替换成了直接连接到TCP/IP网络上的等效的手持设备。嵌入式VoIP电话在大型组织中越来越常见，很多大型组织都在将其传统的内部铜线电话系统替换为基于以太网的VoIP，以降低成本并增强功能。

最后，目前这一代智能手机使用的是无线VoIP技术。也就是说，早期的几代无线电话仅使用特定公司的协议与该电话公司的网络通信。通过该公司的网络和因特网间的网关，我们便可以接入因特网，而信号会在那儿被转换为TCP/IP系统。然而，4G电话网络是完全基于IP的网络，即4G电话本质上只是全球因特网上接入宽带的另一台主机。

3. 因特网多媒体流

当前因特网上的音频和视频的实时传输占用了相当大的一部分因特网流量，这种传输被称作**流**（streaming）。仅Netflix一家网站在2013年的前3个月就给终端用户传送了40亿小时的节目。如果再加上YouTube，那么这两个服务将会用掉2014年一半以上的因特网带宽。

无线电话的演进

自从20世纪80年代引入第一个简单的手持电子设备以来，移动电话技术得到了迅速的发展。自那时起，基本上每10年手机技术就会出现一个全新的浪潮，这一个个浪潮引领我们来到了现在这个复杂的多功能智能手机时代。第一代无线电话网络通过空气传输模拟语音信号，与传统的电话系统非常相似，只是没有穿墙而过的铜线。我们把这些早期的电话称为“1G”，即第一代。第二代使用数字信号对语音编码，能够更高效地使用无线电波，还能够传输其他种类的数字数据，如文本消息。第三代（3G）电话网络提供了更高的数据速率，支持手机视频通话和其他带宽密集型活动。4G网络提供了更高的数据速率和一个完全的分组交换IP网络，它允许智能手机利用从前只有支持宽带的PC才有的连接性和灵活性。

从表面上看，因特网流似乎不需要特殊的考虑。例如，人们可能猜想，一个因特网无线站点仅需建立一台能把节目消息发送给请求它们的每个客户端的服务器即可。这种技术称作**N单播**（N-unicast）。（严格地说，单播是指一个发送者向一个接收者发送消息，而N单播是指一个发送者参与多个单播。）N单播方法已经投入实际使用，但这种方法有缺陷，它把大量的负担放在了站点服务器和与服务器紧邻的因特网邻居上。实际上，N单播强迫服务器按照实时基准把各条消息发送给它的每个客户端，而所有这些消息必须再由服务器的邻居们转发。

N单播的大多数候选方法都是试图缓解这个问题。其中一种方法是使用过去的文件共享系统方法中的P2P模型。也就是说，一旦一个对等体接收到数据，它就开始把数据分布到那些仍在等待的对等体，这意味着许多分布问题从数据源转移到了对等体。

另外一种候选方法称为**多播**（multicast），它把分布问题转移给了因特网路由器。使用多播，服务器通过单个地址把一个消息传送给多个客户端，依赖因特网中的路由器来识别这个地址的含义，产生消息的副本并将其转发到合适的目的地。注意，依赖多播的应用需要因特网路由器具有超过它原来职责范围的功能。多播在小型网络中已经实现，但还没有扩展到全球因特网。

更重要的是，这一类中的大多数应用现在都是**点播流**（on-demand streaming），点播流中的终端用户希望能在自己选定的任意时间观看或收听媒体。这是一个与因特网无线站点截然不同的问题，因为每个终端用户都希望能够根据自己的节奏来开始、暂停或回放内容。在这种情况下，N单播和多播技术帮不上什么忙。每个点播流就是能有效地从有存储着内容的媒体服务器到希望得到它的终端用户的单播。

为了将这种类型的流扩展到几千甚至几百万的并发用户，每个人都有自己的个人流，必须将内容复制到许多不同的服务器。大规模流服务利用**内容分发网络**（content delivery network，CDN）来工作，通过战略性地分布因特网上的各个服务器组，专门将内容副本流传输到附近的在服务器组的网络“邻居”中的终端用户。在许多情况下，CDN机器可驻留在一个因特网接入服务提供商的网络中，允许那个因特网接入服务提供商的客户通过流从附近的服务器（在网络中，这台服务器比流服务器的中央服务器距客户的距离近得多）高速下载多媒体内容副本。有一种称为**任播**（anycast）的网络技术，能使终端用户自动连接到一个规定的服务器组之外的最近一台服务器，让CDN更实用。

因特网高清点播视频流的渗透已远超传统PC。一大类嵌入式设备，如各种电视机、DVD/蓝光播放机、智能手机、游戏控制台，现在都可以直接连接到TCP/IP网络，以便从众多的免费服务器和订阅服务器中选择可观看的内容。

问题与练习

1. 第一层ISP和第二层ISP的作用是什么？因特网接入服务提供商的作用是什么？
2. 什么是DNS？
3. 在点分十进制记数法中，3.6.9代表什么位模式？用点分十进制记数法表示位模式0001010100011100。
4. 计算机在因特网中的助记地址（如`overthruster.propulsion.yoyodyne.com`）的结构在哪方面与传统的邮寄地址相似？在IP地址中会出现同样的结构吗？
5. 列出因特网上发现的3种服务器，并说出每种的用途。
6. 协议描述了网络通信的哪些方面？

7. 因特网无线广播的P2P和多播方法与N单播在广播方式上有何不同？
8. 当要在4种VoIP中选择一种时，应该考虑什么标准？

4.3　万维网

万维网源于蒂姆・伯纳斯-李（Tim Berners-Lee）所作出的努力，他意识到了将互联网技术与称为**超文本**（hypertext）的链接文档的概念结合会产生巨大的潜力。他于1990年12月发布了第一个万维网的实现软件。虽然这个早期原型还不支持多媒体数据，但它包括了我们现在公认的万维网的关键组成部分：超文本文档格式，用于把**超链接**（hyperlink）嵌入到其他文档；协议，用于通过网络传送超文本；服务器进程，用于根据请求提供超文本页面。从这个不起眼的软件开始，万维网迅速成长为支持图像、音频和视频的系统，到20世纪90年代中期，已经成为推动因特网发展的主要应用。

4.3.1　万维网实现

允许用户访问因特网上超文本的软件包分为两类：**浏览器**（browser）和**万维网服务器**（webserver）。浏览器安装在用户的计算机上，负责获取用户请求的材料，并将这些材料条理清晰地展示给用户。常见的因特网浏览器包括：Firefox、Safari和Internet Explorer。万维网服务器驻留在含有待访问的超文本文档的计算机中。它的任务是根据客户端（浏览器）的请求提供对机器里文档的访问权。超文本文档通常使用超文本传送协议（Hypertext Transfer Protocol，HTTP）在浏览器与万维网服务器之间传送。

为了在万维网上定位及检索文档，每个文档都被赋予了一个唯一的称为**统一资源定位地址**（Uniform Resource Locator，URL）的地址。每个URL都包含浏览器要联系正确服务器和请求所需文档所需要的信息。因此，为了浏览网页，人们首先要给浏览器提供所需文档的URL，然后要求该浏览器检索和显示这个文档。

图4-8给出了一个典型的URL，它包含以下4段：用于与控制文档访问的服务器进行通信的协议，服务器所在机器的助记地址，服务器在查找包含该文档的目录时所需的目录路径，以及该文档本身的名字。简言之，图4-8中的URL告知浏览器：使用HTTP协议与称为eagle.mu.edu的计算机上的万维网服务器联系，并检索名为Julius_Caesar.html的文档，该文档存放在authors目录的Shakespeare子目录中。

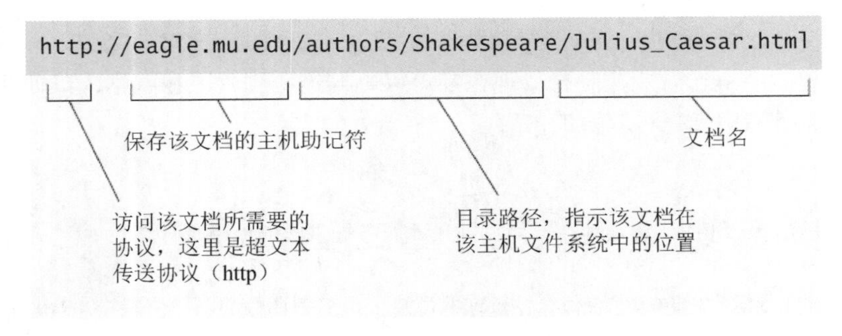

图4-8　一个典型的URL

有时，URL可能不会明确包含图4-8中所示的所有段。例如，如果服务器不需要根据目录路径就能读到那个文档，那么URL中就不会出现目录路径。此外，有时一个URL只包含一个协议以及一台计算机的助记地址。在这些情况下，该计算机的万维网服务器将返回一个预定的文档，该文档一般称为主页，通常描述该网站上可用的信息。这种缩短的URL提供了一种简单的联系机构的方法。例如，`http://www.google.com`这个URL将指向谷歌公司的主页，它包含许多与该公司相关的服务、产品和文档的超链接。

为了进一步简化网站定位，许多浏览器都假定：如果没有明确说明协议，就使用HTTP协议。当给定的“URL”只包含`www.google.com`时，这些浏览器也能正确地检索到谷歌公司的主页。

万维网联盟

万维网联盟（World Wide Web Consortium，W3C）创建于1994年，宗旨是通过开发协议标准（称为W3C标准）来促进万维网的发展。W3C总部设在瑞士日内瓦欧洲粒子物理研究所（CERN）高能粒子物理实验室。CERN是原来的HTML标记语言和用于在因特网上传送HTML文档的HTTP协议的诞生地。今天的W3C制订了许多标准（包括用于XML和许多多媒体应用的标准），这些标准使得大量因特网产品彼此兼容。在网站`http://www.w3c.org`上，你可以了解到关于W3C的更多信息。

4.3.2 HTML

传统的超文本文档类似于文本文档，因为它的正文是使用诸如ASCII或者Unicode这样的系统一个字符接一个字符地编码的。区别是，超文本文档还包含称为**标签**（tag）的特殊符号，用于描述该文档应该如何呈现在显示屏上，该文档还需要什么多媒体资源（如图像），以及该文档的哪些项被链接到了其他文档上。这个标签系统称为**超文本标记语言**（Hypertext Markup Language，HTML）。

因此，按照HTML的要求，网页的作者要描述浏览器所需要的信息，使得浏览器能够将该页呈现在用户的屏幕上，并找到当前网页所引用的任何相关文档。该过程类似于向纯输入文本中加入排版说明（也许是用红笔），以便排版人员知道文档最后应该以什么形式出现。对于超文本，HTML标签就是红色记号，浏览器最终充当了排版人员的角色，读取HTML标签就会知道文本应以什么方式呈现在计算机屏幕上。

图4-9a给出了一个极其简单的网页的HTML编码版本，称为**源**（source）版本。注意，标签是用符号“<”和“>”来划定的。HTML源文档由两部分组成——头（在`<head>`和`</head>`标签之间）和体（在`<body>`和`</body>`标签之间）。网页的头和体之间的区别类似于各办公室间备忘录的头和体之间的区别，两者都是：头包含文档的预备性信息（如备忘录的日期、主题等）；体包含文档的实质内容，对于网页就是该页可能会呈现在计算机屏幕上的内容。

图4-9a给出的网页头只包含了该文档的标题（在两个“title”标签之间）。该标题只是用于文档编制目的，并不会显示在计算机屏幕上。要显示在屏幕上的内容包含在该文档的体内。

图4-9a所示的文档体的第一个条目是一个包含文本“My Web Page”的一级标题（在`<h1>`和`</h1>`标签之间）。一级标题意味着浏览器要将该文本明显地呈现在屏幕上。文档体的下一个条目是一个包含文本“Click here for another page.”的文本段落（在`<p>`和`</p>`标签之间）。图4-9b给出的是浏览器显示在计算机屏幕上的页面。

图4-9所示的这个页面现在的形式是没有实际意义的，因为当用户单击单词*here*时，什么也不会发生，虽然页面上暗示了如此操作会使得浏览器显示另外一个页面。为了引发相关的动作，我们必须将单词*here*链接到另一个文档上。

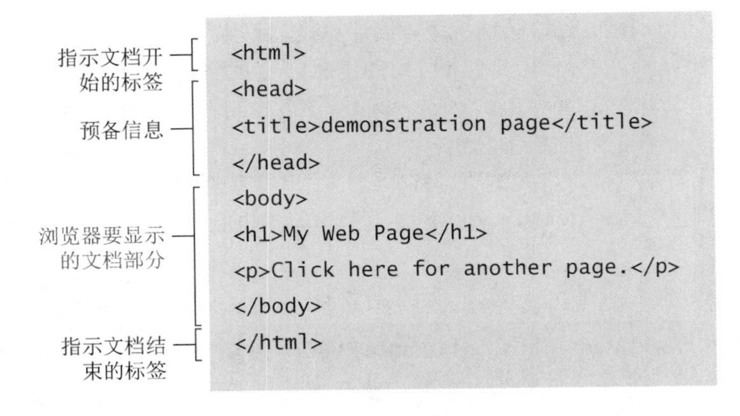

(a) 用HTML编码的页面

My Web Page

Click here for another page.

(b) 显示在计算机屏幕上的页面

图4-9　一个简单的网页

假设单击单词*here*时，我们打算让浏览器检索并显示URL为`http://crafty.com/demo.html`的页面。为此，我们必须先用锚标签`<a>`和`</a>`在该网页源版本中将单词*here*括住。在开锚标签（opening anchor tag）里，我们要插入参数（如图4-10a所示）

```
href = http://crafty.com/demo.html
```

表示与该标签相关的超文本引用（`href`）是跟在等号后面的URL（`http://crafty.com/demo.html`）。加上锚标签后，网页将会像图4-10b所示的那样呈现在计算机屏幕上。注意，它与图4-9b是一样的，只是单词*here*用彩色突出显示了，表示它是到另一个网页的链接。单击这类突出显示的词会使得浏览器检索并显示相关的网页。因此，网页是通过锚标签链接到彼此的。

最后，我们来说明一下，如何将图像加入到我们这个简单的网页里来。为此，假设要插入的图像的JPEG编码是存储在`Images.com`的`Images`目录中的文件`OurPic.jpg`，且对那一位置的万维网服务器可用。在这些条件下，我们可以通过在HTML源文档的`<body>`标签后插入图像标签`<img src="http://Images.com/Images/OurPic.jpg">`，告诉浏览器在该网页的顶部显示该图像。这告诉浏览器的是名为`OurPic.jpg`的图像应该显示在该文档的开头。（`src`是“source”的简写，意思是等号后面的信息表示的是要显示的图像的来源。）浏览器发现这个标签时，就会给位于`Images.com`的HTTP服务器发送一条报文，请求`OurPic.jpg`图像，然后恰当地显示该图像。

如果我们将该图像标签移到文档的后面，恰好放在`</body>`标签的前面，那么该浏览器就会在该网页的底部显示该图像。当然，在网页上定位图像还有许多更复杂的技巧，但是现在我们不必关心这些问题。

含有参数的锚标签

闭锚标签

```
<html>
<head>
<title>demonstration page</title>
</head>
<body>
<h1>My Web Page</h1>
<p>Click
   <a href="http://crafty.com/demo.html">
   here
   </a>
   for another page.</p>
</body>
</html>
```

(a) 用HTML编码的页面

My Web Page

Click here for another page.

(b) 显示在计算机屏幕上的页面

图4-10 一个增强的简单网页

4.3.3 XML

HTML本质上是一个符号系统，文本文档及其外观都可以通过它编码成一个简单的文本文件。同理，我们也可以将非文本内容编码成文本文件，如乐谱。乍一看，传统上表示音乐的“五线谱、小节线和音符”模式并不符合文本文件规定的一个字符接着一个字符的格式。不过，我们可以通过开发另外一种符号系统来克服这个问题。更准确地说，我们可以规定用`<staff clef = "treble">`表示五线谱的开始，用`</staff>`表示五线谱的结束，用`<time> 2/4 </time>`这个形式表示拍号，用`<measure>`和`</measure>`分别表示小节的开始和结束，用`<notes> egth C </notes>`表示八分音符C，等等。那么，文本

```
<staff clef = "treble"> <key>C minor</key>
<time> 2/4 </time>
<measure> <rest> egth </rest> <notes> egth G,
egth G, egth G </notes></measure>
<measure> <notes> hlf E </notes></measure>
</staff>
```

就可以用于编码图 4-11 所示的音乐。使用这种符号，乐谱就可以作为文本文件编码、修改、存储和在因特网上传送。此外，还可以编写软件，将这类文件的内容以传统乐谱的形式表现出来，

甚至可以用一个音乐合成器来演奏这个音乐。

图4-11　贝多芬第五交响曲的前两小节

注意，我们的乐谱编码系统沿用了HTML使用的风格。对于标识组成部分的标签，我们选择了符号“<”和“>”来划定标签。我们选择用相同的标签名表示结构（如五线谱、音符串，或者小节）的开始和结束，结束标签由一条斜线指定（以`<measure>`开始的就以`</measure>`结束）。我们选择用诸如`clef= "treble"`这样的表达式来指示标签中的特殊属性。这种风格还可以用于开发表示其他格式（如数学表达式和图形）的系统。

可扩展标记语言（eXtensible Markup Language，XML）是一种标准化的风格（类似于上面乐谱的例子），用于设计将数据表示为文本文件的符号系统。事实上，XML是从一套比较老的称为标准通用标记语言（Standard Generalized Markup Language，SGML）的标准中派生出来的简化版。遵照XML标准，人们已经开发出了一批称为**标记语言**（markup language）的符号系统，可以表示数学、多媒体演示以及音乐。事实上，HTML就是一种基于XML标准开发的用于表示网页的标记语言。（实际上，HTML的原始版本在XML标准巩固之前就已经开发出来了，因此HTML的一些特征不严格遵守XML。正是这个原因，我们可能需要参考XHTML，它是严格遵守XML的HTML版本。）

关于如何设计标准以获得广泛应用，XML是个很好的范例。为了编码各种类型的文档，我们不应设计单独的、无关联的各种标记语言，XML所表示的方法就是要开发一种通用标记语言标准，通过这个标准，就可以为各种应用开发不同的标记语言。这样开发出来的标记语言具有一致性，可以组合起来获得复杂应用的标记语言，如包含乐谱片段和数学表达式的文本文档。

最后，要说明的是，XML允许开发与HTML不同的新的标记语言，因为新的标记语言强调的是语义而不是词本身。例如，使用HTML可以标记菜谱里的配料，使得它们以列表形式出现，每一种配料单独占一行。不过，如果我们使用面向语义的标签，菜谱里的配料就可以标记为配料（也许是用标签`<ingredient>`和`</ingredient>`）而不仅仅是列表中的各个项。这个区别很细微但是很重要。语义方法使得**搜索引擎**（search engine，协助用户定位与关注主题相关的网页信息的网站）能够确定哪些菜谱包含或者不包含某些配料，这将是现在搜索引擎技术的一项重大改进，因为现在的技术只能够分离出含有或者不含有某些单词的菜谱。更准确地说，如果使用语义标签，搜索引擎就可以找到不包含菠菜的卤汁宽面的菜谱，而只根据单词内容进行的类似搜索就会跳过以“这个卤汁宽面不包含菠菜”开始的菜谱。同样，如果根据语义而不是词本身使用因特网范围的标准来标记文档，那么创建的是万维“语义”网，而不是现在使用的万维“语法”网。

4.3.4　客户端和服务器端的活动

现在我们来考虑一下，检索图4-10所示的简单网页，并将其显示在浏览器所在的计算机屏幕上，都需要哪些步骤。首先，扮演客户端角色的浏览器要使用URL（也许是从使用该浏览器的人那里获得）里的信息，与控制对该网页访问的万维网服务器建立联系，然后请求它传送该页面的一个副本。服务器然后要将图4-10a上显示的文本文档发送给浏览器作为响应。接着，浏览器将解释该文档中的HTML标签，以确定如何显示该页面，并将文档呈现在计算机屏幕上。浏览器的用户就将看到如图4-10b所示的图像。如果用户接着用鼠标单击单词*here*，浏览器将使用相关联的锚标签中的URL联系到那个相应的服务器，获得并显示另一个网页。总之，整个过程就是浏览器按照用户的要求获取并显示网页。

但是，如果我们想获得一个带有动画的网页，或者是一个允许客户填写订单并提交的网页呢？这些需求就需要浏览器或万维网服务器付出额外的行动。如果这些行动由客户机（如浏览器）完成则称为**客户端**（client-side）活动，如果由服务器（如万维网服务器）完成则称为**服务器端**（server-side）活动。

举个例子，假设旅行代理商想要客户能确认想去的目的地和旅行日期，它将呈现给客户一个定制的网页，只包含与该客户需求有关的信息。在这种情况下，旅行代理商的网站将首先呈现给客户一个包含可供选择的旅游目的地的网页。客户根据这个信息，指定感兴趣的目的地和旅行日期（客户端活动）。然后这些信息将传回给旅行代理商的服务器，服务器利用这些信息来构建合适的定制网页（服务器端活动），再将这个网页发送给客户的浏览器。

再举一个使用搜索引擎服务的例子。在这种情况下，客户机的用户指定感兴趣的主题（客户端活动），然后这个主题被传送给搜索引擎，搜索引擎会构建一个包含用户可能感兴趣文档的定制网页（服务器端活动），然后发回给客户机。还有一个例子就是万维网邮件（Web mail）——日益流行的一种方法，通过它计算机用户能通过万维网浏览器来访问他们的电子邮件。在这种情况下，万维网服务器是客户机与客户机邮件服务器之间的中间层。从本质上讲，万维网服务器构建包含邮件服务器信息的网页（服务器端活动），把这些网页发送给客户机，由客户机浏览器显示它们（客户端活动）。相反，浏览器支持用户创建消息（客户端活动），并把这一信息发送给万维网服务器，万维网服务器再把这些消息转发给邮件服务器（服务器端活动）进行邮寄。

实现客户端和服务器端活动的系统有很多，可谓争奇斗艳，各有千秋。一种早期的控制客户端活动的方法现在仍然很流行，这种方法是在网页的HTML源文档中包含用JavaScript语言（由Netscape Communications公司开发）编写的程序。浏览器可以从中获取程序并根据需要执行。另外一种（由Sun Microsystems公司开发的）方法是，首先将一个网页传送给浏览器，然后将称为小应用程序（applet，用Java语言编写的）的额外程序单元根据HTML源文档的请求传送给该浏览器。还有一种方法是使用Flash（由Macromedia公司[①]开发），通过它可以实现大量多媒体客户端演示。

控制服务器端活动的一个早期方法是，使用一组称为公共网关接口（Common Gateway Interface，CGI）的标准，客户通过它可以请求执行存储在服务器中的程序。这种方法的一个变体（由Sun Microsystems公司开发）是允许客户机在服务器端执行称为小服务程序（servlet）的程序单元。如果所请求的服务器端活动是构造一个定制的网页，如前面旅行代理商的例子，那么就可以使用小服务程序方法的一种简化版本。在这种情况下，称为Java服务器页面（Java Server Page，JSP）的网页模板存储在万维网服务器里，它利用从客户机接收到的信息来完成该网页。微软公司采用了一种类似的构造定制网页模板的方法，称为活动服务器页面（Active Server Page，ASP）。与这些专有系统相对，PHP是一种实现服务器端功能的开源系统。PHP最初代表个人主页（Personal Home Page），现在指的是PHP超文本处理程序（PHP Hypertext Processor）。

最后，我们应清醒地认识到，由于允许客户机和服务器在对方的机器上执行程序，会引发一些安全性问题和道德问题。万维网服务器会例行公事地给客户机传送要执行的程序，这个事实给服务器端带来了道德问题，并相应地给客户端带来了安全性问题。如果客户机盲目地执行万维网服务器发送来的任何程序，它就为服务器的恶意活动打开了大门。同理，客户机可以让程序在服务器执行，因此也给客户端带来了道德问题，相应地给服务器端带来了安全性问题。如果服务器端盲目地执行客户机发送过来的任何程序，那么可能会导致服务器产生安全漏洞和潜在的损害。

① 已被Adobe公司收购。

问题与练习

1. 什么是URL？什么是浏览器？
2. 什么是标记语言？
3. HTML和XML的区别是什么？
4. 下列每个HTML标签的目的是什么？
   a. `<html>` b. `<head>` c. `</p>` d. `</a>`
5. 客户端和服务器端分别指什么？

*4.4 因特网协议

本节研究报文是如何在因特网上传送的。因为传送过程需要系统中所有计算机的合作，所以控制传送过程的软件需要驻留在因特网的每台计算机中。我们首先研究此类软件的总体结构。

4.4.1 因特网软件的分层方法

网络软件的首要任务是提供从一台机器到另一台机器传送报文所需的基础设施。在因特网上，报文传递活动是通过软件单元的层次结构完成的，这和你把一份礼物从美国的西海岸邮寄给东海岸的一个朋友的任务类似（见图4-12）。首先，把礼物打包并在包裹外面写上正确的地址；接着，把包裹拿到运输公司，如美国邮局；运输公司把这个包裹和其他包裹一同放入一个大的集装箱，送往与其签有服务合同的航空公司；航空公司将集装箱装入飞机并运往目的城市，也许沿途还要经过中间站；到达目的地，航空公司把集装箱从飞机上卸下，然后送往当地的运输公司；接着，运输公司把你的包裹从集装箱里取出送给收件人。

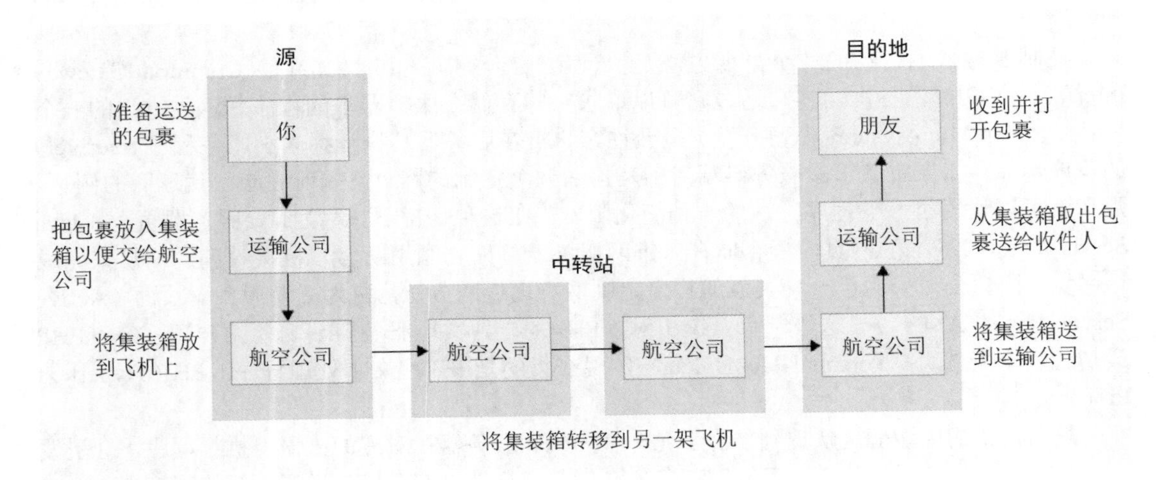

图4-12 包裹运输的例子

简而言之，礼物的运输过程需要3个层级：（1）用户级（包括你和你的朋友）；（2）运输公司；（3）航空公司。每一级都把下一级当作抽象工具来使用。（你不关心运输公司的工作细节，而运输公司也不关心航空公司的内部运作。）层次的每一级在源端和目的端都有代理，在目的端的代理完成在源端相应代理的相反工作。

因特网上软件控制通信的过程和运输包裹的情况类似，但因特网上的软件有4层而不是3层，每层所涉及的是软件例程而不是人和企业。这4层被称为**应用层**（application layer）、**传输层**

(transport layer)、**网络层**(network layer)、**链路层**(link layer)(见图4-13)。通常，由应用层产生一个报文，当这个报文准备传输时，从应用层向下传递，经由传输层和网络层，最后传递到链路层进行传输。目的地的链路层接收这条报文，沿逆向分层结构向上传递，直到把它交给报文目的地的应用层。

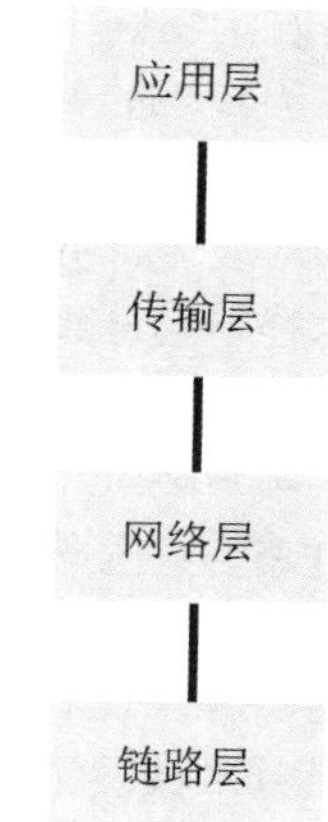

图4-13 因特网软件层次

下面通过跟踪一个报文通过网络系统的路径，从总体上研究一下报文的传输过程(见图4-14)。首先从应用层开始。

应用层由那些使用因特网通信来完成任务的软件单元组成，如客户机和服务器。虽然名称类似，但是这一层不局限于3.2节介绍的软件分类中的应用软件，还包括许多实用软件包。例如，使用FTP传送文件的软件和利用SSH提供远程登录功能的软件已经很普遍，所以它们通常被认为是实用软件。

应用层使用传输层在因特网上发送和接收报文，这与我们通过运输公司邮寄和接收包裹非常相似。正像我们有责任提供一个和运输公司所要求的规范一致的地址一样，应用层负责向因特网基础设施提供兼容的地址。为了满足这个要求，应用层利用因特网上的域名服务器提供的服务把人类使用的助记地址翻译成符合因特网规范的IP地址。

传输层的重要任务是从应用层接收报文并确保报文以正确的格式在因特网上传输。为了后一个目标，传输层将长报文分成小的片段作为独立单位在因特网上传输。这种分段是必需的，因为一个长报文会阻塞许多其他从因特网路由器上经过的报文流。实际上，小段的报文可以在这些节点交叉通过，而一个长报文在经过这些节点时将迫使其他报文等待(很像在铁路交叉道口，许多小汽车等一列长火车通过的情况)。

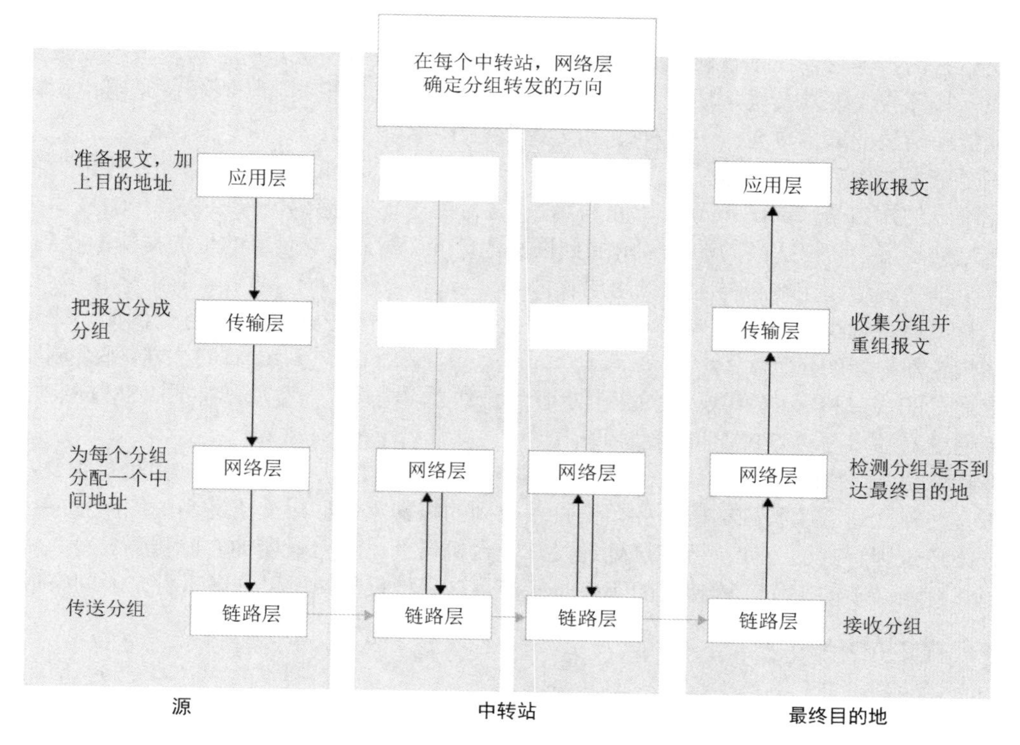

图4-14 因特网上报文的传送过程

传输层在生成的小片段上增加序列号，从而使这些片段在报文的目的地可以重组，然后将这些称为**分组**（packet）的片段交给网络层。从这一刻开始，这些分组被认为是彼此独立而无关的报文，直到它们到达最终目的地的传输层。这些属于同一个长报文的分组很有可能沿着不同的路径在因特网中传输。

在因特网的传输路径的每个步骤上决定分组的下一个发送方向，这是网络层的任务。事实上，网络层和其下层的链路层的组合构成了驻留在因特网路由器上的软件。网络层负责维护路由器的转发表，并使用此表决定分组的转发方向。路由器中的链路层负责接收和传输分组。

这样，当分组发源地的网络层接收来自传输层的分组时，它会使用其转发表来确定分组应该被发送到哪里，并在那里开始分组的旅程。决定好合适的方向后，网络层把分组交给链路层，进行实际传输。

链路层具有传送分组的职责，因此，它必须要处理目的计算机所在的个体网络的特有的通信细节。例如，如果网络是以太网，链路层将使用CSMA/CD协议；如果网络是WiFi网，链路层将使用CSMA/CA协议。

当分组被发送后，连接另一端的链路层会接收它。在那里，链路层把分组向上交给网络层，由网络层把分组的最终目的地和网络层的转发表进行比对，确定分组下一步的方向。当作出这个决定后，网络层把分组返回给链路层，分组沿着它的路径被转发。使用这样的方式，每个分组从一台机器跳到另一台机器，最终到达它的目的地。

需要注意的是，在这个旅程中，只涉及中间站的链路层和网络层（再次参见图4-14），因此正如前面提及的，只有这两个层存在于路由器上。此外，为了尽量减少在每个中间“站”上的延迟时间，路由器中的网络层转发角色是紧密地与链路层集成在一起的。因此，现代路由器转发一个分组所需的时间是用百万分之一秒来衡量的。

在分组的最终目的地，由网络层来确认分组的旅程已经完成。在这种情况下，网络层会把分组交给它的传输层，而不再转发它。传输层从网络层接收这个分组时，会提取组成报文的基本片段，按照报文源端传输层所提供的片段序列号重组原始的报文。一旦报文重组，传输层就把它交给应用层的适当单元——这样便完成了报文的传输过程。

确定应用层内哪个单元来接收到来的报文是传输层的一个重要任务，这个任务由为各个单元分配唯一的**端口号**（port number，它与第2章讨论的I/O端口无关）来控制，传输层要在报文开始传输旅程之前，把适当的端口号附加到报文地址上。然后，一旦目的地的传输层收到报文，它只需将报文交给指定端口号上的应用层软件。

因特网用户很少需要关心端口号，因为常见的应用有普遍公认的端口号。例如，如果请求万维网浏览器检索URL为`http://www.zoo.org/animals/frog.html`的文档，那么浏览器认为应该通过80端口和`www.zoo.org`的HTTP服务器联系。同样，当发送邮件时，SMTP客户机认为应当通过25端口与SMTP邮件服务器通信。

概括地说，因特网上的通信涉及4层软件的相互作用。应用层以应用的观点处理报文；传输层把报文转换成适合因特网的段，并负责将接收到的报文重组好后交给适当的应用程序；网络层处理段通过因特网的方向；链路层处理段从一台机器到另一台机器的实际传输。令人惊讶的是，虽然有这么多的工作，因特网的响应时间却是以毫秒记的，所以许多事务是瞬间完成的。

4.4.2　TCP/IP协议簇

由于需要开放式网络，所以需要颁布一些标准，通过这些标准，不同制造商生产的设备和软件才能和其他厂商的产品一起正常运行。其中已产生的一个标准是，由国际标准化组织制定的**开放系统互连**（Open System Interconnection，OSI）参考模型。与我们刚刚描述的4层结构不同，OSI标准是以7层结构为基础的。它带有国际组织的权威性，所以经常被引用，但是它迟迟未能取代4层结构的观点，这主要是因为4层结构在OSI模型制定之前已经成为因特网的事实标准。

TCP/IP协议簇是因特网所使用的协议标准的集合，是用来实现4层通信层次结构的。实际上，**传输控制协议**（Transmission Control Protocol，TCP）和**网际协议**（Internet Protocol，IP）只是这个庞大集合中两个协议的名字——因此把整个协议集合称为TCP/IP协议簇容易产生误解。更确切地说，TCP定义了传输层的一个版本，这里说版本是因为TCP/IP协议簇不只提供一种传输层实现方式，例如，还可用**用户数据报协议**（User Datagram Protocol，UDP）定义其他版本的传输层。传输层具有多种版本的情况和运输包裹的情况类似，你可以选择不同的运输公司，每家公司提供相同的基本服务，但又各有所长。因此，根据对特定的服务质量的要求，应用层的软件单元可以选择是通过传输层的TCP版本来发送数据，还是通过传输层的UDP版本来发送数据（见图4-15）。

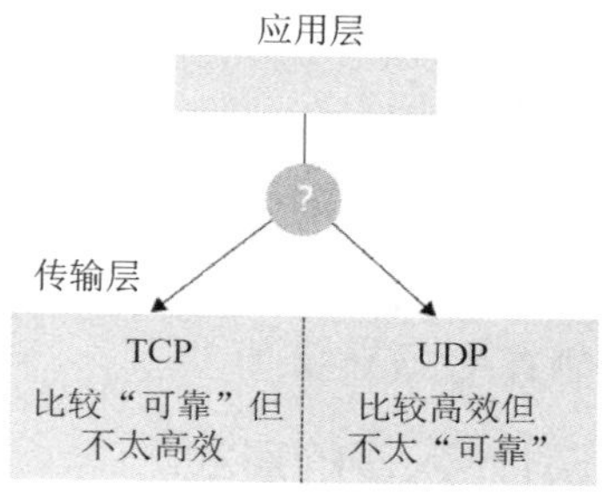

图4-15 在TCP和UDP之间选择

TCP和UDP之间有一些区别。第一个区别是，在发送应用层所请求的报文前，基于TCP协议的传输层要向目的地的传输层发送它自己的报文，告诉目的地传输层有报文要发送，然后，它要等待目的地确认这个报文后才开始发送应用层报文。采用这种方式时，据说基于TCP的传输层在发送报文前要建立一个连接。而基于UDP的传输层在发送报文前不需要建立这样的连接，它仅仅按照所给的地址发送报文，然后就忘记这个报文，尽管它知道，目的地的计算机可能根本没运作。由于这个原因，UDP被称为无连接协议。

TCP和UDP之间的第二个区别是，源和目的地的TCP传输层通过确认和分组重发的方式共同确保一个报文的所有片段都被成功地传输到目的地。因此，TCP被称为可靠的协议，而UDP不提供这种重发服务，被称为不可靠的协议。

TCP和UDP之间还有另外一个区别，那就是TCP提供了**流量控制**（flow control）和**拥塞控制**（congestion control），前者是指报文源点的TCP传输层能降低它发送数据段的速率，防止目的地的对应方应接不暇，后者是指报文源点的TCP传输层能调整它的发送速率，减轻它与报文目的地间的拥塞。

所有这些并不意味着UDP是一个不好的协议，要知道基于UDP的传输层比基于TCP的更精简，因此，如果一个应用有能力处理UDP的潜在影响，那么基于UDP的传输层会是更好的选择。例如，UDP的高效使得它成为DNS查找和VoIP选择的协议。但是，因为电子邮件在时间上不太敏感，所以邮件服务器使用TCP传送电子邮件。

IP是用于实现分配给网络层任务的因特网标准。我们注意到这个任务包括**转发**（forwarding，这涉及通过因特网来中继分组）和**路由**（routing，这涉及更新层的转发表，以反映出条件的改变）。例如，一个路由器可能会出现故障（意味着流量应该不会再被转发到它这个方向上来）或因特网的一个区域可能会变得拥塞（意味着流量应该绕过这个障碍进行路由）。当相邻网络层交换路由信息时，有许多与路由有关的IP标准可用于处理相邻网络层间的通信协议。

与转发有关的一个有趣的特性是，每次报文源的IP网络层在准备一个分组时，都会把一个称为**跳数**（hop count）或生存的时间（time to live）的值附加到那个分组上。这个值限制了分组在尝试找到通过因特网的出路时应该被转发的次数。IP网络层每次转发一个分组，都要把这个分组的跳数减1。通过这个信息，网络层能保护因特网，以免分组在系统内无休止地循环。虽然因特网的规模每天都在增长，但初始的64跳数仍然足以让分组在当今ISP的路由器迷宫中找到它自己的出路。

多年以来，称为IPv4（IP版本4）的IP版本一直被用于在因特网内实现网络层，然而因特网迅速超出了IPv4所规定的32位互联网编址系统。为了解决这一问题并实现其他改进（如多播），人们建立了一个称为IPv6的新的IP版本，它使用的互联网地址有128位。目前，IPv4到IPv6的转换正在进行（这个转换在4.2节中介绍因特网地址的部分提到过），预期2025年前因特网中的32位地址将绝迹。

问题与练习

1. 因特网软件层次结构的哪些层不需要用在路由器上？
2. 基于TCP协议的传输层和基于UDP协议的传输层之间有哪些区别？
3. 传输层如何确定应用层的哪个单元应当接收到来的报文？
4. 怎样阻止因特网上的计算机记录所有途经它的报文的副本？

4.5　安全性

当一台计算机连接到网络上时，它会受到未授权用户的访问和恶意破坏。本节讨论和这些问题有关的话题。

4.5.1　入侵的形式

通过网络连接对计算机系统及其内容进行侵袭的方法有很多种，其中许多都会用到怀有恶意的软件，统称为**恶意软件**（malware）。这类软件可以被传送到某台计算机内部运行，也可以远距离攻击计算机。需要传送到受攻击计算机中执行的软件实例包括病毒、蠕虫、特洛伊木马和间谍软件，这些软件名称反映了软件的主要特征。

计算机应急响应小组

1988年11月，发布到因特网上的一个蠕虫病毒造成了网络服务的严重瘫痪。随后，美国国防高级研究计划局（Defense Advanced Research Projects Agency，DARPA，读作“DAR–pa”）成立了计算机应急响应小组（Computer Emergency Response Team，CERT，读作“SERT”），并在卡内基-梅隆大学内设立了CERT协调中心。CERT是因特网安全的“监督者”，其职责是调查安全问题、发布安全警告和发起运动提高公众的因特网安全意识。CERT协调中心的网站为http://www.cert.org，上面有其活动的公告。

病毒（virus）是一种软件，它先通过将自身嵌入到计算机已有的程序中来感染计算机，然后，当“宿主”程序被执行时，病毒也会被执行。在执行时，许多病毒都不过是把自身传送到计算机中的其他程序上，但是有些病毒会执行破坏性的动作，例如，使操作系统各个部分的性能下降，擦除海量存储器的大数据块，或者毁坏数据和其他程序。

蠕虫（worm）是一个独立的程序，它可以通过网络传送自己，驻留在计算机里并将其自己的副本转发到其他计算机。和病毒的情况一样，蠕虫可以只复制自身，也可以实施更极端的破坏行为。蠕虫的一个典型后果是，蠕虫副本的激增会使合法应用的性能下降，最终使整个网络或互联网过载。

特洛伊木马（Trojan horse）是一种伪装成吸引人的程序（如游戏或有用的实用程序包）进

入计算机系统的程序，它们被受害者自愿引入。然而，一旦特洛伊木马程序进入计算机，它就会实施可能有不良影响的额外活动。有时，这些额外活动会立即开始。在其他情况下，特洛伊木马可能会暂时休眠，直到被一个特殊的事件触发，如一个预选日期的出现。特洛伊木马常常以有诱惑力的电子邮件附件的形式出现，当这类附件被打开时（即当接收邮件者请求浏览附件时），就会激活特洛伊木马的不义之举。因此，决不要打开来源不明的电子邮件附件。

恶意软件的另一种形式是**间谍软件**（spyware），有时称为**嗅探**（sniffing）软件，这类软件收集它所驻留计算机的活动信息，并把这些信息报告给攻击的发起者。有的公司使用间谍软件来建立客户档案，这种做法本身的道德价值值得质疑。在其他情况下，间谍软件被用于公然的恶意行为，如通过记录计算机键盘键入的符号序列，搜索口令或信用卡卡号。

间谍软件通过嗅探方式秘密地获取信息，与此相反，**网络仿冒**[①]（phishing）技术是通过简单地索要信息显式获取信息。由于网络仿冒的过程就是撒下大量的“线”，等人“上钩”，所以术语网络仿冒就是钓鱼（fishing）的意思。网络仿冒通常用电子邮件来实施，与老式电话骗局差不多。骗子伪装成金融机构、政府机关或者执法机构发送电子邮件信息，向潜在受害者索要假装用于合法目的的信息，而实际上，这些信息被骗子恶意使用。

与遭受病毒和间谍软件等内部感染不同，网络中的计算机还能够被系统中其他计算机所运行的软件攻击。**拒绝服务**（denial of service，DoS）攻击就是其中的一个例子，这种攻击会使计算机的信息过载。拒绝服务攻击已经向因特网的大型商业万维网服务器发起攻击，从而破坏公司的业务，有时甚至曾导致一些公司的商业活动中断。

拒绝服务攻击需要在短暂的时间内产生大量的信息。为此，攻击者通常在大量未设防的计算机内植入一种能在收到信号时发送信息的软件，然后，只要发出信号，所有这些计算机，有时称为**僵尸网络**（botnet），就会用信息淹没目标计算机。因而，拒绝服务攻击的实质是把未设防的计算机用作帮凶。这就是为什么所有的PC用户都被劝阻在不使用因特网时要让他们的计算机离开因特网连接的原因。据估计，PC一旦连接到因特网，20分钟内就至少有一个入侵者会尝试利用它。因此，一台未设防的PC就是对因特网安全性的一个严重威胁。

另一个和大量无用信息有关的问题是散布称为**垃圾邮件**（spam）的无用垃圾邮件。然而，和拒绝服务攻击不同的是，垃圾邮件的数量不足以压垮计算机系统。相反，垃圾邮件的作用是压垮接收垃圾邮件的人。正如我们所看到的，这一问题已经被复杂化了，垃圾邮件这一媒介被大量用于网络仿冒和煽动可以传播病毒及其他恶意软件的特洛伊木马。

4.5.2 防护和对策

老话“一分预防胜似十分治疗”对于控制网络连接上的故意破坏情况来说无疑是正确的。一个主要的防护技术是过滤穿过网络某一重要节点的通信流，通常使用称为**防火墙**（firewall）的软件。例如，防火墙可能安装在组织内联网的网关处来过滤进出这个区域的信息。这种防火墙设计的目的是，阻止向某些特定目的地址发送信息或者阻止接受已知的有问题的来源所发送的信息。后一种功能可以用来终止拒绝服务攻击，因为它提供了阻止来自具有攻击性计算机的通信量的方法。安装在网关处的防火墙的另一个常见的作用是，阻止所有源地址位于通过网关接入该区域的所有进入信息，因为这样的信息表明有外人假装区域内成员。把自己伪装成其他成员的行为称为**欺骗**（spoofing）。

防火墙不但能用于保护整个网络或域，还能用于保护个人计算机。例如，如果一台计算机没有用作万维网服务器、域名服务器或电子邮件服务器，那么安装在这台计算机上的防火墙应

① 又称网络钓鱼或网络欺诈。——译者注

当阻止所有针对这些应用的进入通信流。实际上，入侵者获得计算机入口的一个途径就是通过一个已经不存在的服务器所留下的“漏洞”来建立联系。尤其是，利用间谍软件获取信息的一个方法就是在感染的计算机上建立一个秘密的服务器，通过这个服务器，恶意客户端可以获取间谍软件的嗅探结果。正确安装防火墙可以阻止来自这类恶意客户端的报文。

还有些防火墙的变种是为一些特殊目的设计的，**垃圾邮件过滤器**（spam filter）就是其中一例，设计这种防火墙是为了阻止一些无用邮件。许多垃圾邮件过滤器在区分正常邮件和垃圾邮件时采用了相当复杂的技术。一些过滤器通过一个训练过程来学习区分：先由用户确定哪些属于垃圾邮件，过滤器获得了足够多的例子后可以自行作出判断。这些过滤器是“将各种不同的学科领域（如概率论、人工智能等）联合起来可以推动其他领域发展”的例子。

另一种有过滤功能的防护工具就是**代理服务器**（proxy server）。代理服务器是一个软件单元，它作为客户机和服务器之间的中介，目标是保护客户机屏蔽来自服务器的不利行为。如果没有代理服务器，客户机将直接与服务器通信，这意味着服务器有机会获得客户机一定量的信息。由于同一个组织的内联网内的许多客户机都与远程的服务器通信，长此以往，该服务器就能收集关于内联网内部结构的大量信息，而这些信息在以后可被用于恶意活动。为了防范这一点，组织可以建立一个代理服务器，用于特定种类的服务（如FTP、HTTP和远程登录服务等），这样，每次内联网内的客户机试图连接某个类型的服务器时，实际上连接的都是代理服务器。于是，代理服务器扮演了客户机的角色与实际的服务器联系。此后代理服务器就一直扮演实际客户机与实际服务器之间的中介，来回中继报文。这种设置的第一个好处在于，实际服务器无法知道代理服务器是不是真的客户机，事实上，它永远不会意识到实际客户机的存在。这样一来，实际服务器就无法了解内联网的内部特性。第二个好处在于，代理服务器能够过滤服务器发往客户机的所有报文。例如，FTP代理服务器能够检查所有的进入文件，看是否感染了当前已知的病毒，然后阻止所有感染了病毒的文件进入。

另一种用于防止网络环境中的问题的工具是审计软件，它类似于我们在操作系统安全性的讨论中提到的审计软件（见3.5节）。通过网络审计软件，系统管理员能够察觉到管辖范围内不同位置突然激增的报文流量，监控系统防火墙的活动状态，并且可以对个人计算机的请求模式进行分析，以探测非正常行为。审计软件是管理员用于及早发现问题的主要工具。

另一种防御通过网络连接进行入侵的方法就是采用**防病毒软件**（antivirus software），这种软件用来探测和移除被已知病毒或其他方式感染的文件。（实际上，防病毒软件代表了一大类软件产品，每一种软件产品都被设计成探测和移除某一特定类型的感染文件。例如，许多产品专门研究病毒控制，另外一些产品则专门研究间谍软件防护。）重要的是，这些软件包的用户需要理解，正如生物系统一样，新的计算机病毒感染会不断地出现，所以需要不断地更新疫苗。因此，防病毒软件必须要从软件提供商那里定期下载更新。然而，即使是这样也不能保证计算机的绝对安全。毕竟，在新病毒被发现和疫苗产生之前，它一定是先感染了一些计算机的。因此，明智的计算机用户从不打开一个不熟悉来源的电子邮件中的附件，从不在未事先确认软件可靠性的情况下下载软件，从不要轻易响应弹出广告，从不在PC没有必要连接在因特网上时还将其连接在因特网上。

4.5.3　加密

有时网络破坏行为的目的是干扰系统（如拒绝服务攻击），但有时其最终目标是获取信息的访问权。保护信息的传统方法是通过口令来控制对信息的访问。然而，当数据通过网络和互联网传送时，报文会被一些未知的实体中继，因此口令安全性就会受到威胁，从而没有多大的价值。在这样的情况下，可以使用加密，使得即使这些数据落入不怀好意的人的手中，编码后的信息依然能保持其机密性。现在，许多传统的因特网应用已经进行了改变，加入了加密技术，产生了所谓的应用的“安全版本”。

一个最好的例子就是HTTP的安全版本——**HTTPS**，它被用于大多数金融机构，为客户账号提供安全的因特网访问。HTTPS的骨干是称为**安全套接字层**（Secure Sockets Layer，SSL）的协议系统，它最初是由Netscape公司开发的，用来为万维网中的客户机和服务器提供安全的通信链路。大多数浏览器通过在计算机屏幕上显示一个很小的锁图标来表明SSL已启用。（有的会用图标的出现与否来表示是否正在使用SSL；其他的则通过显示锁是闭合还是打开的来表示是否正在使用SSL。）

在加密领域里一个更令人着迷的话题就是**公钥加密**（public-key encryption），加密系统使用公钥加密技术，能令人即使知道报文是如何加密的，也无法知道如何解密。这个特性看起来好像有些违反直觉，毕竟直觉告诉我们，如果一个人知道怎样对报文进行加密，那么他就应该能够逆转加密过程，对报文进行解密。但是，公钥加密技术无视这个直觉逻辑。

公钥加密系统涉及两个称为密钥的值的使用。一个密钥称为**公钥**（public key），用来对报文进行加密；另一个密钥称为**私钥**（private key），用来对报文进行解密。要使用这个系统，首先要将公钥分发给那些需要向某个目的地发送报文的一方，将私钥秘密地保存在目的地端。然后，报文发起方可以用公钥对报文进行加密，将报文发送到目的地，即使在这期间被其他知道公钥的中间人截获，也仍能保证它的内容是安全的。事实上，唯一能对报文进行解密的是在报文的目的地持有私钥的那一方。因此，如果Bob创建了一个公钥加密系统，并把公钥给了Alice和Carol这两个人，那么Alice和Carol这两个人都能对发给Bob的报文进行加密，但是他们无法窥探对方的通信。事实上，如果Carol截获了来自Alice的报文，即使她知道Alice是怎样进行加密的，也无法对报文进行解密（见图4-16）。

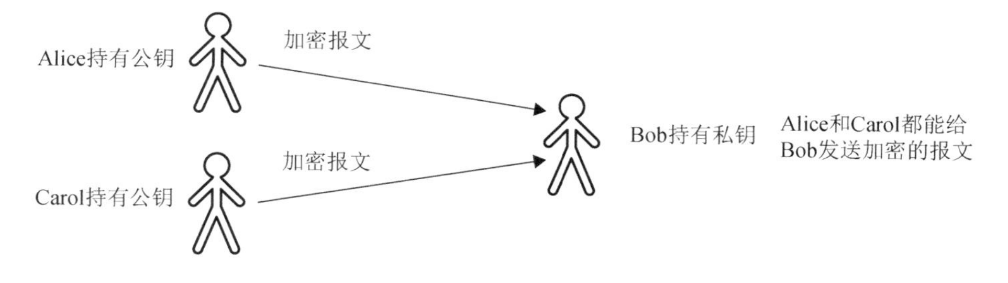

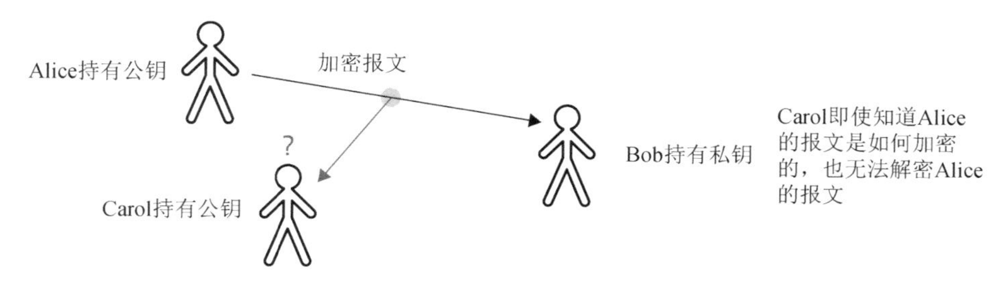

图4-16 公钥加密

当然，公钥系统中存在一些小问题。一个问题就是，要保证所用的公钥事实上对目的地的那一方而言是一个正确的密钥。举例来说，如果你正在和银行通信，你要确保你用来加密的公钥是针对银行的，而不是针对冒名顶替者的。如果一个冒名顶替者让自己以银行的身份出现（一个欺骗的例子），并把它的公钥给你，那么你加密并发送给“银行”的报文，对这位冒名顶替者是有意义的，但对银行没意义。因此，将公钥关联到正确的另一方的任务很重要。

解决这个问题的一个办法就是建立一些可信任的称为**认证机构**（certificate authority）的因特网站点，其任务是维护相关方的准确列表以及他们的公钥。于是，这些起着服务器作用的机构，以称为**证书**（certificate）的软件包的形式，为他们的客户提供了可靠的公钥信息。证书是一个软件包，它包含有关方的名称和该方的公钥。现在在因特网上有许多商业认证机构，但为了保持对组织通信安全性的更严格控制，由组织来维护他们自己的认证机构也很常见。

最后，我们应该在解决**鉴别**（authentication）问题方面对公钥加密系统进行一下说明，鉴别就是要确保报文的作者实际上确实是他们声称的那一方。这里关键的问题就在于，在有些公钥加密系统中，加密密钥和解密密钥的作用可以转换。也就是说，原文可以由私钥来加密，并且因为只有一方可以访问这个密钥，所以这样加密的任何原文都必须是从那一方产生的。在这种方式下，私钥的持有者就能产生一个位模式，称为**数字签名**（digital signature），只有那一方才知道应怎么生成。通过对报文附加这样的签名，发送者就能对报文做可以信任的标记。数字签名可以和报文本身的加密版本一样简单。发送方必须要做的事情就是用自己的私钥（这个密钥通常用作解密）对要发送的报文进行加密。当接收方收到报文时，利用发送方的公钥对这个签名进行解密。这样得出的报文就能保证其可信性，因为只有私钥的持有方才能产生该加密版本。

在第12章的末尾，我们还会回到公钥加密的话题上来，举一个复杂计算机算法的例子。

4.5.4　网络安全的法律途径

另一种增强计算机网络系统安全性的方法就是应用法律补救措施。然而，这种方法有两个障碍。第一个障碍在于，认定一个行为不合法，并不意味着会排除该行为，而只是提供了一个法律依靠而已。第二个障碍在于，网络的国际特性意味着要获得依靠通常是很困难的。在一个国家中不合法，但在另一个国家中却可能是合法的。最终，通过法律途径来增强网络安全性是一个国际性的问题，所以必须由国际法律机构（一个可能的机构将是位于海牙的国际法庭）来处理。

尽管这么说，我们必须承认，虽然法律措施并不完美，但还是有很大影响力的，所以对我们而言，在网络领域里，研究用来解决冲突的一些法律步骤还是有必要的。为此目的，我们用美国联邦法律中的例子来进行说明。另外，还可以从其他一些政体，如欧盟，找到类似的例子。

首先讨论恶意软件的扩散问题。在美国，这个问题是由《计算机欺诈和滥用法》（Computer Fraud and Abuse Act）提出的，该法案于1984年首次通过，其后做了几次修改。通过这个法案，涉及蠕虫和病毒制造的大多数案例都已经被起诉。简而言之，这个法案需要证据证明，被告有意引起一段会故意造成破坏的程序或数据的传播。《计算机欺诈和滥用法》还涵盖了涉及信息盗窃的案例。具体来说，这个法案规定，通过未授权的方式访问计算机并获取任何有价值的信息的行为均不合法。法院已经对“任何有价值的”赋予了广泛的解释，所以《计算机欺诈和滥用法》已经不仅仅适用于信息盗窃的情况。例如，法院规定，仅仅是使用了计算机就可以算作是“任何有价值的”。

在法律界，隐私权是另一个，也许是最富有争议的，网络问题。这样的问题包括雇主是否有权监控员工的通信，以及因特网服务提供商在多大程度上有权访问其客户正在交流的信息，这些问题已经得到了相当多的关注。在美国，这些问题有许多已经在1986年的《电子通信隐私法》（Electronic Communication Privacy Act，ECPA）中提到，这个法案起初是为控制搭线监听设立的。虽然法案很长，但是仍能从几段短的摘录中捕捉到它的意图。比如，它声明

> 除了本章中特别提到的，任何有意截取、力图截取或者唆使他人截取或力图截取任何有线、口头或电子通信……的人应按照子条款(4)受到惩罚，或者按照子条款(5)受到起诉。

还有

> ……任何向公众提供电子通信服务的个人或实体，不得在服务时有意将任何通信的内容……泄露给除了这些通信的收件人或意想的接收人，或者这些收件人或意想的接收人的代理人之外的任何人。

简而言之，ECPA确认了个人秘密通信的权利，因特网服务提供商泄露有关其客户的通信信息是非法的，并且未授权用户偷听他人的通信也是非法的。但是，ECPA留下了一些有争论的地方。例如，关于雇主监视雇员的通信的权利问题变成了一个授权问题，在这个问题上，当雇员用雇主的设备实施通信时，法院倾向于给予雇主这项权力。

此外，这个法案在某些条件限制下，会给某些政府部门监控电子通信的权利。这些规定已经引发了很多争论。例如，在2000年，FBI披露了它拥有一个Carnivore系统，该系统能报告一个因特网服务提供商的所有订户的通信信息，而不仅仅是法庭认可的目标。在2001年，为了回应针对世界贸易中心的恐怖袭击，美国国会通过了富有争议的美国爱国者（Uniting and Strengthening America by Providing Appropriate Tools Required to Intercept and Obstruct Terrorism，USA PATRIOT）法案，该法案修改了政府部门所受的限制。后来在2013年，有消息透露说，这些法律已经被无差别地解释为授权收集大量普通美国民众电话和因特网使用数据。

提供这种监控权利除了引起了法律和道德上的争论外，还引起了与我们的研究更相关的一些技术问题。一个问题是，为提供这些能力，必须构建和编制通信系统，使其可以监控通信。建立这样的能力是《通信协助执法法案》（Communication Assistance for Law Enforcement Act，CALEA）的目标。它要求电信运营商修改它们的设备以适应法律强制窃听，而这个需求一直比较复杂，实现起来也非常昂贵。

另一个富有争议的问题涉及政府监控通信的权利与公众使用加密的权利之间的冲突。如果正被监控的报文加密得很好，那么窃听通信对于法律强制机构来说就没有多大价值。美国、加拿大和欧洲各国政府正在考虑要求注册加密密钥的系统，但是这样的需求受到了企业界的反对。毕竟，由于商业间谍的存在，很容易理解要求注册加密密钥会使得许多遵守法律的公司和公民感到不舒服。注册系统的安全性有多高？

最后，作为识别因特网环境的法律问题的范畴的一种工具，我们引用1999年美国的《反网络域名抢注消费者保护法》（Anticybersquatting Consumer Protection Act），设计这个法案是为了防止冒名顶替者建立一个看上去相似的域名（这个阴谋就称为域名抢注）来欺骗组织。这个法案禁止使用与其他商标或“普通法商标”一样的或相似得容易引起混淆的域名。一个作用是，尽管该法案没有将域名的投机买卖（就是注册一个可能有需求的域名，以后再将该域名的所有权卖出的一个过程）视为不合法，但是它限制了对常用域名的投机买卖。因此，域名的投机买卖者可能能够合法地注册一个常用域名，如`GreatUsedCars.com`，但是如果Big Al公司已经在从事二手车业务，那么他就不可能注册域名`BigAlUsedCars.com`。这种区别经常会在与《反网络域名抢注消费者保护法》相关的法律诉讼案中成为争论的主题。

问题与练习

1. 什么是网络仿冒？如何保护计算机来抵御网络仿冒？

2. 能放在域网关的防火墙的类型和能放在域内单个主机上的防火墙的类型之间有什么区别？
3. 从技术上说，术语数据指信息的表示，而信息指基本的含义。口令保护的是数据还是信息？加密保护的是数据还是信息？
4. 和较传统的加密技术相比，公钥加密技术的优势是什么？
5. 和防备网络安全问题的法律尝试相关的问题有哪些？

复习题

（带*的题目涉及选读章节的内容。）

1. 什么是协议？说出本章介绍的3个协议，并描述每个协议的目的。
2. 描述客户机-服务器模型。
3. 描述对等模型。
4. 说出3种分布式计算机系统。
5. 开放式网络和封闭式网络之间的区别是什么？
6. 为什么CSMA/CD协议不能应用于无线网络？
7. 描述在使用CSMA/CD协议的网络内，一台机器发送报文所要遵循的步骤。
8. 什么是隐藏终端问题？描述解决它的技术。
9. 集线器和中继器怎样区分？
10. 路由器和诸如中继器、网桥及交换机这样的设备怎样区分？
11. 网络和互联网的区别是什么？
12. 说出网络中用来控制报文发送权的两个协议。
13. 使用32位因特网地址原先被认为是提供了足够大的扩展空间，但这个推测被证实并不准确。IPv6使用128位地址，这将被证明是足够的吗？证明你的答案。（例如，你可以把可能的地址数目与世界的人口进行比较。）
14. 用点分十进制记数法为下列位模式编码。
    a. 000001010001001000100011
    b. 1000000000100000
    c. 0011000000011000
15. 下列点分十进制记数法表示的位模式分别是什么？
    a. 0.0
    b. 26.19.1
    c. 8.12.20.13
16. 假设因特网上一个终端系统的地址是134.48.4.122，那么这个32位地址如何用十六进制记数法表示？
17. 什么是DNS查找？
18. 如果一台计算机的助记因特网地址是`batman.batcave.metropolis.gov`，推测一下该机器所在域的结构是什么样的？
19. 解释电子邮件地址`kermit@animals.com`的组成。
20. 在VoIP语境下，模拟电话适配器和嵌入式电话的区别是什么？
21. 邮件服务器的作用是什么？
22. N单播与多播的区别是什么？
23. 给出下列术语的定义。
    a. 域名服务器
    b. 因特网接入服务提供商
    c. 网关
    d. 终端系统
24. 给出下列名词的定义。
    a. 超文本
    b. HTML
    c. 浏览器
25. 因特网的许多“外行用户”经常混用因特网和万维网这两个术语。这两个术语的正确含义是指什么？
26. 在浏览一个简单的网页时，让浏览器显示该文档的源版本，然后说出该文档的基本结构。特别是，说出该文档的头和体，并列出你在头和体中发现的一些语句。
27. 列出5种HTML标签，并说出它们的含义。
28. 修改下面的HTML文档，使单词“Rover”链接到URL为`http://ieee.org/about/code.html`的文档。

```
<html>
<head>
<title>Example</title>
</head>
<body>
<h1>My Pet Dog</h1>
<p>My dog's name is Rover.</P>
</body>
</html>
```

29. 画一个草图来说明下面的HTML文档在计算

机屏幕上的显示信息。

```
<html>
<head>
<title>Example</title>
</head>
<body>
<h1> My Pet Dog</h1>
<img src = "Rover.jpg">
</body>
</html>
```

30. 使用本章介绍的非正规XML风格来设计一个标记语言，把简单的代数表达式表示为文本文件。
31. 使用本章介绍的非正规XML风格设计一组标签，字处理程序可能用到这些标签标记潜在的文本。例如，一个字处理程序如何指示出什么文本应该是粗体、斜体、带下划线的等？
32. 用本章介绍的非正规XML风格来设计一组标签，使得可以根据文本项在打印页上的出现方式给运动图像评论做标记。然后再设计一组标签，可以用于根据文本中这些项的含义标记这些评论。
33. 用本章介绍的非正规XML风格来设计一组标签，可以用于根据文本项在打印页上的出现方式给有关体育赛事的文章做标记。然后再设计一组标签，可以用于根据文本中这些项的含义标记这些文章。
34. 说出下面URL的组成，并描述各项的含义。

    http://pearson.com/us/higher-education/products-services-teaching.html
35. 说出下列简写URL的组成。
    a. http://www.pearson.com/us/higher-education.html
    b. http://pearson.com/
    c. www.pearson.com
36. 如果要浏览器在下列两个URL"找文档"，浏览器的动作有什么不同？

    http://pearson.com
    https://pearson.com
37. 给出万维网上两个客户端活动的例子和两个服务器端活动的例子。

*38. 什么是OSI参考模型？

*39. 在一个基于总线型拓扑结构的网络里，总线对于要传送报文的机器是必须竞争的不可共享资源。在这种环境里死锁（见选读的3.4节）是如何控制的？

*40. 列出因特网软件层次结构的4层，并说明各层所完成的任务。

*41. 为什么传输层把长报文划分为小分组？

*42. 当某应用程序要求传输层使用TCP来发送报文时，为了满足应用层的要求，传输层需要附加什么样的报文？

*43. 在实现传输层时，什么情况下TCP优于UDP？什么情况下UDP优于TCP？

*44. 说UDP是无连接协议的含义是什么？

*45. 在TCP/IP协议层次结构里，为了用下列方法过滤进来的通信流，防火墙应该设置在哪一层？
    a. 报文内容
    b. 源地址
    c. 应用类型

46. 假定你想建立一个可以过滤掉包含某些术语和短语的电子邮件报文的防火墙。这个防火墙应该放在域的网关上，还是放在域的邮件服务器上？说明理由。
47. 什么是代理服务器？使用代理服务器有什么好处？
48. 总结公钥加密的原理。
49. 一台空闲但未设防的PC是如何威胁因特网的？
50. 因特网的全球性是如何限制因特网问题的法律解决方案的？

社会问题

希望下面的问题能引导读者思考一些与计算领域相关的道德、社会和法律问题。回答出这些问题还不够，还应该考虑为什么这样回答，以及你的判断是否对每个问题都标准如一。

1. 通过网络连接计算机的能力使得在家办公的观念流行起来。这种变化有哪些利弊？它对自然资源的消费有什么影响？它会使家庭巩固吗？它会减少"办公室政治"吗？在家里办公的人和在现场办公的人会有同样的职务晋升机会吗？社会联系会被削弱吗？减少和同行之间的个人接触是会有正面的影响，还是会有负面的影响？

2. 通过因特网订购商品正在变成“亲身”购物的一个替代行为。这种购物习惯的变化对于社会有什么影响？对于大型购物中心的影响呢？对于你通常只逛不买的，比如书店和服装店之类的小店呢？以尽可能最低的价格购买，到什么程度称之为好，到什么程度称之为不好？你是否有这样的道义上的责任，多花一点钱购买一个商品来支持本地的商业？比较本地商店里的商品，然后通过因特网以较低的价格订购，这道德吗？这种行为的长期影响会是什么？
3. 政府对其公民访问因特网（或其他国际性网络）的控制应当限制在什么程度内？对于涉及国家安全的问题呢？可能发生哪些安全问题？
4. 电子公告牌允许网络用户发布消息（常以匿名方式）和阅读其他用户发布的消息。这个公告牌的管理人员应该对公告牌的内容负责吗？电话公司应该对电话的通话内容负责吗？食品杂货店的管理者要对店内的社团公告牌内容负责吗？
5. 因特网的使用应当被监视吗？应当被管制吗？如果需要，应该由谁来管理，管理到什么程度？
6. 你花费多少时间来使用因特网？那些时间花得值吗？上网改变你的社会活动了吗？你认为通过因特网与人交谈比面对面与人交谈更容易吗？
7. 当你为个人计算机购买软件包时，开发者通常要你向开发者注册，以便你可以得到未来升级的通知。这种注册过程越来越多地通过因特网处理，经常要你提供诸如姓名、地址以及你如何得知该产品等信息，然后开发者的软件自动把这些数据传输给开发者。如果开发者设计的注册软件在注册过程中还把额外的信息发送给了开发者，那么会发生什么道德问题吗？比如，注册软件可能扫描你系统的内容，报告找到的其他软件包。
8. 访问一个网站时，这个站点有在你计算机内记录数据（称为cookie）的能力，从而表明你曾经访问过该站点。然后这些cookie可被用来识别回访的访问者并记录他们以前的活动，以便网站可以更高效地处理访问者对网站的未来访问。计算机上的cookie还可提供你访问网站的记录。网站应该有在你的计算机内记录cookie的功能吗？未经你的同意，是否应允许网站在你的计算机里记录cookie？cookie的好处可能是什么？使用cookie可能会引发什么问题？
9. 如果政府机构要求公司注册加密密钥，公司还是安全的吗？
10. 一般来说，出于礼貌我们不会为了安排周末外出之类的个人或社团的事情而给在工作场所的朋友打电话。类似地，大多数人也不愿意打电话到客户的家里介绍新产品。按照类似的习俗，我们把婚礼请柬寄到客人的住所，而把商务会议的通知邮寄到出席者的工作地址。把给朋友的私人电子邮件通过他工作的地方的邮件服务器发送合适吗？
11. 假定一个PC的所有者让这台PC接入因特网，但最终这台电脑被其他人用来进行拒绝服务攻击。这个PC的所有者该负多大的责任？你的回答和他是否安装了正确的防火墙有关吗？
12. 一个生产糖果或玩具的公司在他们的公司网站上提供游戏，在推荐公司产品的同时让孩子们娱乐，这种做法道德吗？如果游戏是用来收集小孩信息的，那又如何？娱乐、广告和利用之间的界限是什么？

课外阅读

Antoniou, G., P. Groth, F. van Harmelem and R. Hoekstra. *A Semantic Web Primer*, 3rd ed. Cambridge, MA: MIT Press, 2012.

Bishop, M. *Introduction to Computer Security*. Boston, MA: Addison-Wesley, 2005.

Comer, D. E. *Computer Networks and Internets*, 6th ed. Upper Saddle River, NJ: Prentice-Hall, 2014.

Comer, D. E. *Internetworking with TCP/IP, Vol. 1*, 6th ed. Upper Saddle River, NJ: Prentice-Hall, 2013.

Goldfarb, C. F., and P. Prescod. *The XML Handbook*, 5th ed. Upper Saddle River, NJ: Prentice-Hall, 2004.

Halsal, F. *Computer Networking and the Internet*, 5th ed. Boston, MA: Addison-Wesley, 2005.

Harrington, J. L. *Network Security: A Practical Approach*. San Francisco, CA: Morgan Kaufmann, 2005.

Kurose, J. F., and K. W. Ross. *Computer Networking: A Top Down Approach Featuring the Internet*, 6th ed. Boston, MA: Addison-Wesley, 2012.

Peterson, L. L., and B. S. Davie. *Computer Networks: A Systems Approach*, 5th ed. San Francisco, CA: Morgan Kaufmann, 2011.

Rosenoer, J. *CyberLaw: The Law of the Internet*. New York: Springer, 1997.

Spinello, R. A., and H. T. Tavani. *Readings in CyberEthics*, 2nd ed. Sudbury, MA: Jones and Bartlett, 2004.

Stallings, W. *Cryptography and Network Security*, 5th ed. Upper Saddle River, NJ: Prentice-Hall, 2010.

Stevens, W. R. *TCP/IP Illustrated, Vol. 1*. Boston, MA: Addison-Wesley, 1994.

第5章 算法

在第0章中我们得知，计算机科学的核心主题是对算法的研究。现在是我们关注这个核心主题的时候了。我们的目标是探究足够的基本素材来真正地理解和认识计算科学。

本章内容

我们已经知道，在计算机能够执行一个任务之前，必须给出一个算法精确地告诉计算机做什么。因此，算法的研究是计算机科学的基石。在本章中，我们将介绍算法研究的许多基本概念，包括算法的发现和表示问题以及算法的主要控制概念——迭代和递归。在讲解的同时，我们还会介绍几个有关搜索和排序的著名算法。下面首先介绍算法的概念。

5.1 算法的概念

在第0章“绪论”中，我们把算法非正式地定义为描述如何完成任务的步骤集。在本节中，我们将进一步讨论算法的基本概念。

5.1.1 非正式的回顾

在前面的学习中，我们已经遇到了许多算法。我们发现了用来进行数制转换的算法、检测和纠正数据错误的算法、压缩和解压缩数据文件的算法、在多任务处理环境中控制多道程序设计的算法以及很多其他算法。此外，我们已经看到，CPU所遵循的机器周期只不过是下面这个简单算法。

只要未执行暂停指令就执行以下步骤：

a．取一条指令；

b．解码该指令；

c．执行该指令。

就像图0-1中的魔术的算法所展示的那样，算法并不局限于技术活动，实际上，它甚至可以用来描述剥豌豆壳这样的普通活动。

获得一篮子未剥壳的豌豆和一只空碗。只要篮子里还有未剥壳的豌豆就执行下面的步骤：

a．从篮子里拿出一个豌豆；

b．剥开豌豆的豆荚；

c．把剥落的豆放到碗里面；

d．扔掉空豆荚。

实际上，许多研究人员相信，人脑中的每一个活动，包括幻想、创造和决策，实际上都是算法执行的结果——我们将在学习人工智能（第11章）时介绍。

但是，在继续深入研究之前，让我们先考虑一下算法的正式定义。

5.1.2 算法的正式定义

在日常生活中，我们可以使用非正式的、未经严格定义的概念，而且这种概念也很常见，但是科学必须建立在定义明确的术语之上。因此，我们来考虑一下图5-1给出的算法的正式定义。

算法是定义一个可终止过程的一组无歧义的、可执行的步骤的有序集合。

图5-1 算法的定义

注意，该定义要求一个算法中的步骤集合是有序的。这意味着，一个算法中的各个步骤必须有一个就执行顺序而言非常明确的结构。不过，这并不意味着这些步骤必须从第1步到第2步，再到下一步，这样顺序执行。有些算法，称为并行算法，包含的步骤序列不止一个，每一个序列都被设计成由多处理器机器中的不同处理器执行。在这种情况下，整个算法并不只包含一个遵照第1步、第2步这样的顺序的执行流，其结构是一种多执行流结构，这些执行流在整个任务的不同部分被不同的处理器执行时不断分支和再接合。（我们会在第6章中再次讨论这个概念。）其他例子包括第1章中所讲述的触发器电路执行的算法，这个电路中每一个门电路都完成整个算法的一步。这里，这些步骤是按照因果关系排列的，每个门电路的动作都是通过电路传播的。

接下来，我们考虑算法必须由可执行的步骤组成这一要求。为了满足这个条件，我们考虑下面这条指令：

给出一个所有正整数的列表

由于正整数有无穷多个，所以这条指令是不可能完成的。因此，任何包括这条指令的指令集都不能称作一个算法。计算机科学家使用有效的（effective）这个术语来表示可执行的概念。也就是说，说算法中的一个步骤是有效的就意味着它是可执行的。

图5-1中的算法定义的另外一个要求是算法中的步骤必须是无歧义的。这意味着在算法的执行过程中，正在被处理的信息必须足以唯一地、完整地确定每一步所需要的动作。换句话说，算法中的每一步的执行都不需要创造性的技能，只要求遵照指令执行。（在第12章我们要学习的“算法”称为非确定性算法，那些算法不受这里的限制，属于另外一个重要的研究论题。）

图5-1给出的定义还要求，算法定义的是一个可终止的过程，也就是说，一个算法的执行必须能够最终结束。这个要求源自理论计算机科学，其目标是要回答诸如“算法和机器的最终限制是什么？”之类的问题。其中，计算机科学试图寻找下面两种问题的区别：哪些问题的答案的获得在算法系统能力范围之内，哪些问题的答案的获得超出了算法系统能力范围。从这个意义上讲，它在以一个答案告终的过程与那些只能向前执行而不能得到结果的过程之间存在着一条分割线。

可是，还是有一些不可终止的过程是非常有意义的，包括监视病人的生命特征和维持飞行器的飞行高度等。有些人可能辩称这些问题仅仅是算法的重复，这其中的每一个算法都会在到达结束状态之后自动重复执行。另外一些反对这一论点的人可能认为，这种说法只不过是一种对于正式定义限制的过度坚持。不管是哪种情况，结果都是算法这个名词经常被用在一些不必非要定义可终止过程的实用的（或者非正式的）步骤集合环境中。例如，长除法“算法”没有为1除以3定义一个可终止的过程。从技术上讲，这些例子都表示对该术语的误用。

5.1.3 算法的抽象本质

强调算法与其表示的区别是非常重要的，这就好像一个故事和一本书的区别。一个故事本质上是抽象的，或者说是概念上的；而一本书是一个故事的物理表示。如果一本书被翻译成其他语言或者以另外一种样式出版，那么仅仅是这个故事的表示形式改变了，而故事本身并没有变化。

同样，算法是抽象的，与它的表示是有区别的。一个算法可以用多种方式来表示。比如，在华氏温度和摄氏温度之间进行转换的算法传统上可以用下面的代数公式表示：

$$F=\left(\frac{9}{5}\right)C+32$$

但也可以用下面的指令表示：

将摄氏温度数值乘以$\frac{9}{5}$，然后在乘积上加32

甚至可以用电路的形式予以表示。无论哪种情况，基本的算法是一致的，只不过是表示方式不同罢了。

算法和它的表示，二者之间的区别体现了我们在传达一个算法的时候存在的问题。一个常见的例子是，一个算法必须描述到什么样的细致程度。对于气象学家来说，指令“将摄氏度读数转换为相应的华氏度读数”就足够了，但是，对于一个需要更详细描述的外行来说，这个指令可能就是模糊的、有歧义的。然而，问题并不在于底层算法，而是算法并没有很好地按照外行所要求的细致程度进行表示。在下一节中，我们会看到原语的概念是如何被用于消除算法表示中的这种歧义性问题的。

最后，在算法及其表示这个主题上，我们应该明确另外两个相关概念——程序和进程——的区别。程序是一个算法的表示。（这里，我们没有在正式意义上使用术语算法，因为许多程序是不可终止的“算法”的表示。）实际上，在计算界，术语程序通常是指被设计成计算机应用的算法的表示。在第3章中，我们把进程定义为执行程序的活动。然而，需要注意的是，执行一个程序就是执行由该程序所表示的算法，所以一个进程可以等价地定义为执行一个算法的活动。我们可以得到这种结论：程序、算法和进程既是不同的又是有关联的实体。程序是算法的表示，而进程又是执行算法的活动。

问题与练习

1. 简述进程、算法和程序之间的区别。
2. 给出一些你所熟悉的算法的例子。它们实际是精确意义上的算法吗？
3. 对于在0.1节中给出的算法的非正式定义，存在哪些有歧义的（含糊的）地方？
4. 从什么意义上说，由下列指令列表所描述的步骤不能构成算法？

   第1步：从你的口袋里取出一枚硬币并且把它放到桌子上。

   第2步：返回第1步。

5.2 算法的表示

在本节中，我们考虑与算法表示有关的问题。我们的目标是引入原语和伪代码的基本概念，并且建立一种为我们所用的算法表示系统。

5.2.1 原语

一个算法的表示需要使用某种形式的语言。对于人类来讲，这可能是一种传统的自然语言（英语、西班牙语、俄语、日语），也可能是一种图形语言，如图5-2所示，在这个图中，我们给出了用一张正方形的纸折出一只鸟的算法。然而，这种自然的沟通方式常常会引起误解，有些时候是因为算法描述中使用的术语可能拥有多种含义。（句子“Visiting grandchildren can be nerve-racking”可能表示孙子来访时会惹出事情，也可能表示去看孙子是一件很费周折的事情。）所需的详细程度引发的误解也可能导致问题。很少有读者能够按照图5-2给出的步骤成功地折出一只鸟来，但是一个专门学习折纸的学生可能就没什么困难。简言之，当用来描述算法表示的语言并没有被准确定义或者并没有给予足够详细的信息的时候，就会产生交流问题。

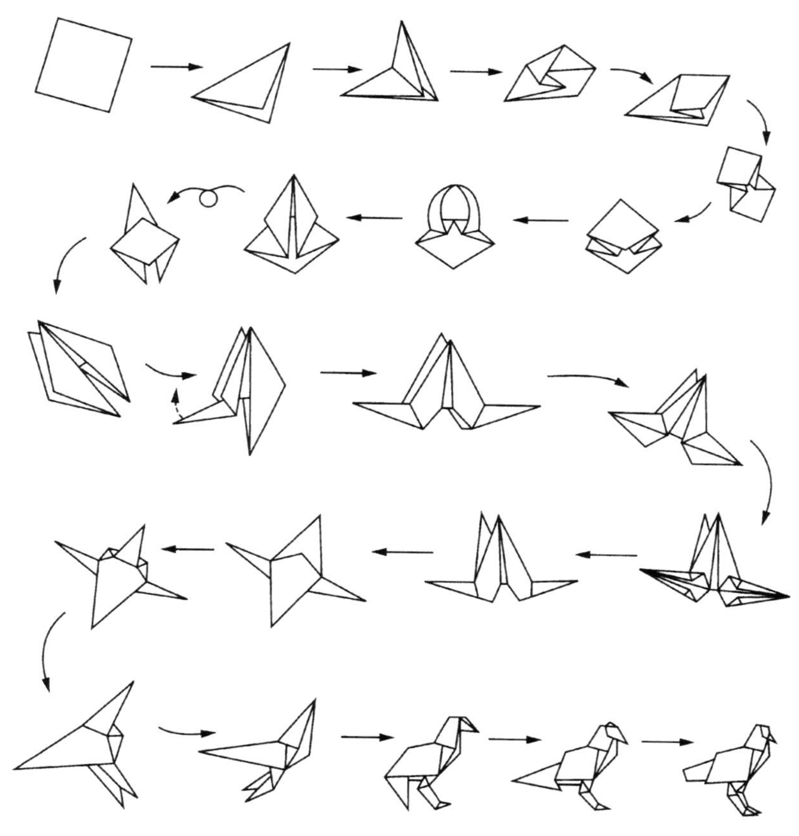

图5-2 将一张正方形的纸折成一只鸟

计算机科学解决这些问题的途径是建立一组定义明确的构造块，利用它们来构造算法的表示。这种构造块称作**原语**（primitive）。赋予原语准确的定义消除了很多由于歧义造成的问题，并且要求按照这些原语来描述算法就是确定了一致的细致程度。原语的集合以及说明如何组合这些原语来表示比较复杂的想法的规则集合就构成了**程序设计语言**（programming language）。

每个原语都有其自己的语法和语义。语法是指原语的符号表示，语义是指该原语的含义。*air*一词的语法由3个符号组成，而其语义是一种充满整个世界的气体物质。作为一个例子，图5-3描述了折纸术中使用的一些原语。

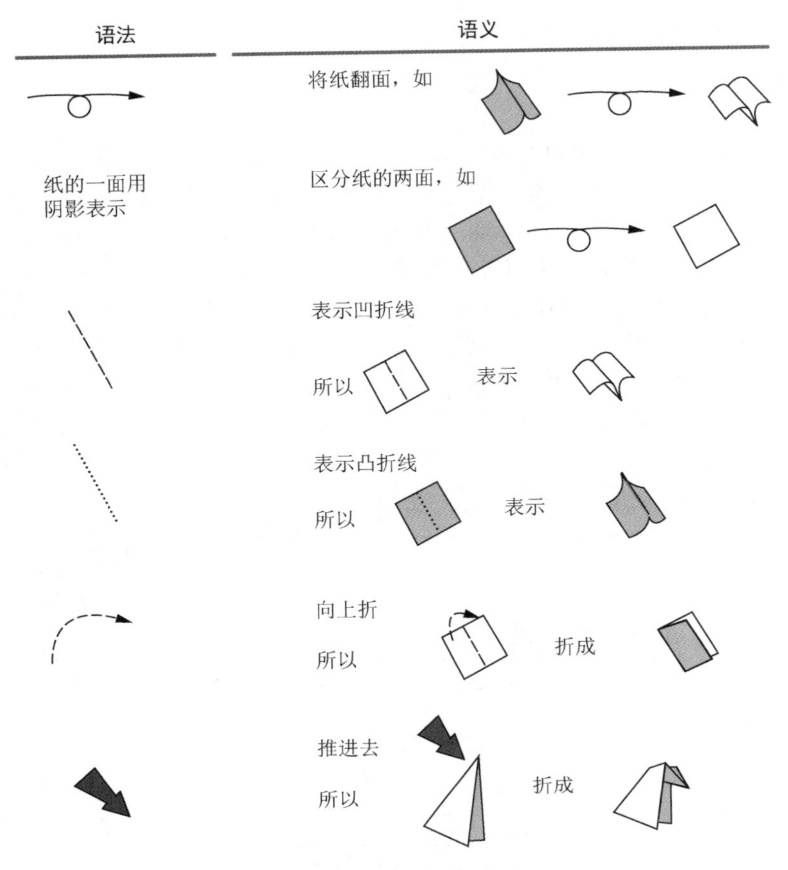

图5-3 折纸术的原语

为了获得用来描述由计算机执行的算法的原语的集合，我们需要借助于机器执行的单个指令。如果一个算法在这个级别上加以描述，我们肯定会得到一个适合机器执行的程序。然而，在这个级别上描述算法是非常单调的，所以我们一般使用一些“更高级的”原语，其中每个原语都是由机器语言提供的较低级的原语组成的一个抽象工具。因此，我们可以得到一个概念上比机器语言更高级的方式来描述算法的正式的程序设计语言。我们将在下一章中讨论这种程序设计语言。

算法设计中的算法表示

设计一个复杂算法的任务要求设计者了解众多不相关的概念，这种要求可能超过了人脑的能力。因此，复杂算法的设计者需要一种方法来记录不断发展的算法的各个部分，以备不时之需。

在20世纪50年代和60年代，流程图（算法可以由箭头相互连接的几何图形表示）是最顶尖的设计工具。然而，流程图经常变成一个由相互交叉的箭头组成的复杂网，这样就给理解底层算法的结构带来了难度。因此，流程图这种设计工具只能让位于其他表示方法。一个例子就是本书中使用的伪代码，通过这种伪代码，算法可以表示成定义明确的文本结构。另一方面，当我们的目标是表示算法而非设计的时候，流程图仍旧是有意义的。例如，图5-8和图5-9用流程图展现了由流行的控制语句表示的算法结构。

对于更优的设计方法的研究仍在继续。在第7章中，我们将看到使用图形技术来辅助大型软件系统全球性设计的趋势，但是伪代码在设计系统中小一些的过程化构件中仍然很流行。

5.2.2 伪代码

现在，我们暂时不介绍正式的程序设计语言，而是介绍一种非正式但更加直观的符号系统，这个系统称作伪代码。一般而言，**伪代码**（pseudocode）是一种在算法开发过程中非正式地表达思想的符号系统。

获得伪代码的一种方法是，简单地放宽正式程序设计语言的规则，借用语言的语法–语义结构，与不太正式的构造混合在一起。因为存在许多种程序设计语言，所以这样的伪代码变体有许多。两种特别流行的伪代码是Algol语言和Pascal语言的放宽版本，主要是因为在过去的几十年里，它们被广泛用于教材和学术论文。最近，Java语言和C语言的伪代码怀旧者已经激增，同样是因为大多数程序员都要至少具备阅读这些语言的知识。无论伪代码借用哪种语言的语法形式，其本质目的都是为了表示算法：伪代码必须有一种一致且简洁的用来表示循环语义结构的表示法。为了我们的目的，我们将使用一种类似Python的语法来表示贯穿本书其余部分的伪代码。我们的一些伪代码语义结构将借用以前章节中的语言构造，其他结构将在本书未来的章节中正式介绍。

一种这样的循环语义结构就是保存计算的值。比如，我们计算了支票账户（checking account）和存款账户（savings account）上的余额总和，并打算保存这个结果以便以后引用。在这种情况下，我们用

```
name = expression
```

的形式来表达，其中，`name`（名字）是我们欲引用结果的名字，而`expression`（表达式）描述的是其结果将被保存的计算。这个伪代码构造直接照搬了Python的**赋值语句**（assignment statement），该语句在第1章介绍将值存入Python变量的时候介绍过。例如，语句

```
RemainingFunds = CheckingBalance + SavingsBalance
```

是一条赋值语句，它把`CheckingBalance`与`SavingsBalance`的和赋给了名字`RemainingFunds`。因此，`RemainingFunds`可以用在将来引用该和的语句中。

另一个递归语义结构是，根据某个条件的真与假从两个可能的活动中选择一个。这样的例子有：

> 若国内生产总值增长了，则买进普通股；否则，卖出普通股。
> 若国内生产总值增长了则买进普通股，否则卖出普通股。
> 买进或卖出普通股取决于国内生产总值的增长或减少。

其中每个语句都可以写成符合如下结构的形式：

```
if (条件):
  活动
else:
  活动
```

从伪代码到Python

我们本章中的伪代码与实际的Python语法（`if`和`while`结构的语法，以及函数定义和调用语法）十分相似。

```
if (条件):
  活动
```

```
    else:
      活动
```

只要让伪代码中if和while结构的条件和活动部分更明确，这两个结构就能转换成Python结构。例如，我们不用"sales have decreased"这样的英文短语，而是用一个适当的Python比较表达式来作为条件，如

```
    if (sales_current < sales_previous):
```

其中，sales变量已经被脚本中前面的行赋值。同样，我们在伪代码中用作活动的非正式的英文句子或短语，将需要替换成在之前的章节中看到的那些Python语句和表达式。

那么，怎么区分本书中的伪代码与实际的Python代码呢？一般说来，真正的Python代码使用运算符（像<、=或+）将多个命名变量串在一起形成一个更加复杂的表达式，或者用逗号分隔将要发送给函数的参数列表。像"the"和"a"这样的冠词，或者像"from"这样的介词会出现在伪代码中。我们会在伪代码的句子末尾使用句号，而Python语句的末尾则没有标点符号。

这里，我们使用了关键字if（如果）和else（否则）来指示这个主结构中的不同子结构，并且使用冒号和缩进限定了这些子结构的边界。条件和else后面总是紧跟着一个冒号。相应的活动将被缩进。如果活动由多个步骤组成，那么这些步骤应该采用同样的缩进。通过对我们的伪代码采用这种语法结构，我们便得到了可以表达这种常用语义结构的统一方法。因此，尽管语句

根据该年份是否是闰年，总数相应地被366或365除

可能会产生一种更富有创造性的文字风格，但是我们将坚持选择下面这种简单的形式。

```
if (年份是闰年):
  每日总计 = 总数 / 366
else:
  每日总计 = 总数 / 365
```

对于不涉及else活动的情况，我们也可以采用下面这种较短的语法。

```
if (条件):
  活动
```

利用这种表示形式，语句

如果处于销售额减少的场合，那么价格降低5%。

将可以简化为

```
if (销售有所下降):
  价格降低5%
```

另一个常用的语义结构是，只要某个条件仍然为真，则重复执行一条语句或一组语句。这样的例子有：

只要有票可卖，就继续售票。

和

当有票可以卖时，保持售票的状态。

对于这两种情况，我们采用下列统一的模式作为伪代码：

```
while (条件):
  活动
```

简而言之，这个语句意味着检查条件，如果为真，那么执行活动，然后返回再次检查条件。但是，如果发现条件为假，就转移到 while结构后的下一个指令。于是，前面的两个语句可以简化为

```
while (仍有票可卖):
  卖票
```

在许多程序设计语言中，缩进通常可以提高程序的可读性。缩进在Python的表示法中是必不可少的，在我们所用的由Python衍生的伪代码中也同样不可或缺。例如，在下面的语句中：

```
if (未下雨):
  if (温度 == 热):
    去游泳
  else:
    打高尔夫
else:
  看电视
```

缩进告诉我们，除非条件为“未下雨”，否则根本不会问“温度是否等于热”这个问题。注意双等于号的使用，要将“==”与赋值运算符（=）及比较运算符（==）区别开来。有关温度的问题是**嵌套**（nested）在if语句内部的，实际上是外部if语句条件为真时才会执行的活动。同样，缩进还告诉我们，“else: 打高尔夫”属于内部if语句，不属于外部if语句。因此，我们将在伪代码中使用缩进。

我们想用伪代码来描述那些可在其他应用中用作抽象工具的活动。对于这样的程序单元，计算机科学有许多术语，如子程序、子例程、过程、模块和函数，其中每一个在含义上都有自己的变化。对于伪代码，我们将按照Python的约定，在我们的伪代码中使用术语**函数**（function），并用Python关键字def来声称标题，伪代码单元就以这个标题命名。更准确地说，我们将以下列形式的语句开始一个伪代码单元。

```
def name():
```

其中，name 是该单元特有的名字。在这个引导性语句的后面是一系列定义该单元动作的语句。例如，图 5-4 是称为 Greetings 的函数的伪代码表示，该函数打印 3 次“Hello”。

```
def Greetings():
  Count = 3
  while (Count > 0):
    print('Hello')
    Count = Count - 1
```

图5-4 伪代码形式的函数Greetings

当一个函数所实现的任务在伪代码其他地方需要时，只需要通过名称来请求它。例如，如果有取名为 ProcessLoan 和 RejectApplication 的两个函数，那么可以通过下面的语句在 if- else 结构内请求它们的服务：

```
if (. . .):
  ProcessLoan()
else:
  RejectApplication()
```

当测试条件为真时，执行函数ProcessLoan；在条件为假时，执行函数RejectApplication。

如果函数要用在不同的情况下，那么应该将伪代码设计得尽可能通用。一个给名字列表排序的函数应该设计成能够给任何列表（而不是特定的列表）排序，因此应该按照这样的要求来

编写该函数：不在函数内部指定要排序的列表。事实上，该列表应在这个函数的伪代码里以类属名来指称。

在伪代码里，我们将采用这样的约定：将这些称为**参数**（parameter）的类属名列在括号里，放在标识函数名的那一行上。例如，一个名为Sort的函数（设计成对任何名字列表进行排序）以下列语句开始：

```
def Sort (List):
```

在后面的伪代码里，在需要引用要排序的列表时，就可以使用类属名List。同样，当需要Sort服务时，我们将知道是什么列表要替代函数Sort的参数List。于是根据需要，可以写成

```
Sort(组织的成员列表)
```

和

```
Sort(婚礼宾客列表)
```

命名程序中的项

在自然语言中，项（item）通常使用多单词的名称，如“cost of producing a widget”或“estimated arrival time”。经验表明，在一个算法表示中使用这种多单词的名称会使算法的描述复杂化。最好让每个项使用一个连续的文本块标识。多年来，许多技术被用于将多单词紧缩为单个词法单元，以便为程序中的项提供描述性的名称。一种技术是使用下划线来连接单词，建立诸如estimated_arrival_time这样的名称。另一种技术是用大写字母帮助读者理解紧缩的多单词名称。例如，我们可以对每个单词的首字母使用大写，获得诸如EstimatedArrivalTime这样的名称。这种技术称为**Pascal大小写**（Pascal casing），因为该样式在Pascal程序设计语言的用户中很流行。一种Pascal大小写的变形称为**驼峰式大小写**（camel casing），该样式除了首字母小写外，其他与Pascal大小写相同，如estimatedArrivalTime。本书中，我们使用Pascal大小写，但这种选择很大程度上是个人偏好。

问题与练习

1. 一种环境下的原语可以是另外一种环境下的原语的组合。比如，我们的while语句是我们伪代码中的一个原语，但是它最终可以实现为机器语言指令的组合。给出非计算机环境下的这种现象的两个例子。
2. 从何种意义上讲，函数的结构就是原语的结构？
3. 欧几里得算法给出了求两个正整数X和Y的最大公约数的算法：

   只要X和Y的值均不是0，就用较大的数除以较小的数，并将得到的余数赋给较大的数。最大公约数（如果存在）将是剩下非零值。

   用我们的伪代码表示这个算法。
4. 描述一个在计算机程序设计以外的学科里使用的原语集合。

5.3　算法的发现

程序开发由两个活动组成：发现潜在的算法和以程序的方式表示算法。到现在为止，我们一直在关注算法表示的问题，而没有考虑算法起初是如何被发现的。然而算法的发现在软件开发过程中往往是更加具有挑战性的步骤。毕竟，发现一个解决问题的算法需要找到一个解决该

问题的方法。因此，要理解算法是如何发现的就是要理解问题的求解过程。

5.3.1 问题求解的艺术

问题求解的技术和学习更多相关知识的需求并不只存在于计算机科学中，这是一个几乎在任何领域中都永久存在的主题。算法发现的过程和一般问题的求解过程之间的密切联系，使得计算机科学进入了那些试图寻找更好的解决问题的技术的学科中。最终，我们希望可以把问题的求解过程简化为一个算法，但是这已被证明是不可能的。（这是第12章相关内容的结果，在第12章我们将展示有些问题是找不到算法解决方案的。）因此问题求解能力更多地成为一种有待开发的技艺，而非需要学习的精确科学。

作为问题求解难以琢磨、颇具艺术性的本质的证据，数学家波利亚（G. Polya）在1945年列出了以下非严格定义的问题求解阶段，其蕴涵的基本原理直至今日仍然是很多人教授问题求解技能的基础。

第1阶段　理解问题。
第2阶段　设计一个解决问题的计划。
第3阶段　完成计划。
第4阶段　从准确度及其是否有潜力作为一个解决其他问题的工具这两方面来评估这个计划。

我们把上述阶段移植到程序开发的语境中，这些阶段变成：

第1阶段　理解问题。
第2阶段　得到一个算法函数如何求解这个问题的思路。
第3阶段　系统地阐述这个算法并用程序将其表达出来。
第4阶段　从准确度及其是否有潜力作为一个工具解决其他问题这两方面来评估这个程序。

在描述完波利亚的观点后，我们要着重强调的是，这些阶段并不是在尝试求解问题的时候需要遵循的步骤，而是在求解过程中有时需要完成的阶段。这里的关键词是遵循。仅遵循这些步骤是不能求解问题的，要求解问题，必须有主动开创的精神。如果在求解问题的时候总是抱有“现在我完成了第1阶段，该是开始第2阶段的时候了”之类的想法，那么你可能根本不会成功。然而，如果你仔细考虑问题并且最终解决了它，那么当你回过头来看你都做了些什么的时候，你很可能会发现，你确实经历了波利亚所描述的各个阶段。

另外一个重要观点是，波利亚所描述的各个阶段并不一定是按顺序完成的。成功的问题求解者通常是在完全理解问题本身（第1阶段）之前就开始设计构想解决这个问题的策略（第2阶段）。然后，如果他们的策略失败了（在第3阶段或者第4阶段），他们会对这个问题的复杂程度有更深的理解。基于这些比较深入的理解，他们会回过头去构想其他更有希望成功的策略。

必须记住的是，我们正在讨论怎样求解问题——并不是我们希望问题如何解决。在理想情况下，我们希望消除前面描述的“尝试-错误”过程中的固有的浪费。在开发大型软件系统的情况下，如果在像第4阶段这样晚的时候才发现问题，那么就会导致资源的极大浪费。避免这样的灾难是软件工程师的主要目标（第7章），他们习惯于在寻求解决方案之前，坚持对该问题有一个全面透彻的理解。当然，有些人可能会说，在一个问题解决之前是不可能真正理解这个问题的。起码事实上，问题无法解决表明缺乏对问题的理解。因此，坚持在提出任何解决方案之前完全理解这个问题的想法看起来有些过于理想化。

作为一个例子，我们考察下列问题：

> 甲承担了确认乙的3个孩子的年龄的任务。乙告诉甲3个孩子的年龄乘积是36。在考虑了这个线索以后，甲要求乙给出另外的线索，于是乙将3个孩子的年龄之和告诉了甲。甲再次要求乙给出其他线索，于是乙告诉甲他的最大的一个孩子弹钢琴，在得到这个线索之后，甲将3个孩子的年龄告诉了乙。
>
> 乙的3个孩子的年龄分别是多少？

乍一看，最后一个线索似乎与该问题完全没有关系，但是显然，正是因为这条线索，甲最后确定了3个孩子的年龄。这是为什么呢？让我们制订一个解决计划并且遵循这个计划，尽管我们对于这个问题还有很多疑问。我们的计划是跟踪问题陈述所描述的步骤，同时在这个进程中记录对甲有用的信息。

第一条线索告诉甲，3个孩子的年龄之积是36。这意味着表述3个年龄数值的三元组肯定是图5-5a中列出的三元组之一。第二条线索是期望的三元组内3个数字的和。我们并不知道这个和到底是多少，但是知道这个信息并不足以让甲得到正确的三元组；所以期望的三元组肯定是其和在图5-5b中的表里面至少出现两次的那个。此处只有（1, 6, 6）和（2, 2, 9）具有相同的和，这两组数字的和均是13。当给出最后一条线索的时候，我们最终理解了最后一条线索的重要性。这个信息与弹钢琴本身没有什么关系，而是说明了只有一个孩子年龄最大的事实。这条线索将三元组（1, 6, 6）排除并且最终得到结论，就是3个孩子的年龄分别是2、2和9。

(a) 乘积为36的三元组		(b) (a)中每个三元组的和	
(1,1,36)	(1,6,6)	1 + 1 + 36 = 38	1 + 6 + 6 = 13
(1,2,18)	(2,2,9)	1 + 2 + 18 = 21	2 + 2 + 9 = 13
(1,3,12)	(2,3,6)	1 + 3 + 12 = 16	2 + 3 + 6 = 11
(1,4,9)	(3,3,4)	1 + 4 + 9 = 14	3 + 3 + 4 = 10

图5-5 分析可能性

在这个例子中，直到我们尝试实施解决问题的计划（第3阶段）的时候，才获得对这个问题的完全理解（第1阶段）。如果我们坚持要首先完成第1阶段，那么可能根本得不到孩子们的年龄。这种解决问题过程中的不规则性是开发问题求解的系统方法的基础。

另外一个不规则性在于，那些对一个问题还没有取得明显成功的问题求解者，可能会在完成其他任务的时候，突然发现原来那个问题的解决方案。赫尔曼 • 冯 • 亥姆霍兹（H. von Helmholtz）早在1896年就发现了这种现象，并且数学家亨利 • 庞加莱（Henri Poincaré）在巴黎对心理学会的一次演讲中对此进行了讨论。在这个演讲中，庞加莱叙述了他获得问题解决方案的经历：他将原来的问题放在一边儿，开始做其他工作之后，却突然意识到原来问题的一个解决方案。这种现象反映出这样一个过程，大脑的潜意识部分好像一直在思考问题，如果成功，便会把解决方案反映给大脑的有意识部分。今天，我们把在对于问题的有意识的工作与突然的灵感之间的这个时期称作沉思期（incubation period），对于这个时期的理解仍旧是当前研究的目标。

5.3.2 迈出第一步

前面，我们已经从一些心理学的观点讨论了问题求解，但是回避了直接对质这样的一个问题，即应该如何尝试求解问题。当然有很多问题求解的方法，每一种方法都可能在某些场合获得成功。我们将简要地介绍其中一些方法。目前，我们注意到，这些技术中似乎有一条共同的主线，简单地说就是要“迈出第一步”。作为一个例子，让我们考虑下面这个简单问题。

> 在甲、乙、丙和丁进行赛跑之前，他们分别对结果进行了预测：
>
> 甲预测乙将会获胜。
>
> 乙预测丁将是最后一名。
>
> 丙预测甲将是第三名。
>
> 丁预测甲的预测将是正确的。
>
> 这几个预测只有一个是正确的，并且是最后的获胜者作出的预测，请据此给出甲、乙、丙、丁赛跑的名次排序。

在读了这个问题并且对数据进行分析之后，我们很快就可以认识到，因为甲和丁的预测是相同的，而只有一个人的预测正确，所以这两个预测都是错误的。因此甲和丁都不是获胜者。在这一点上我们已经为解决这个问题迈出了第一步，并且发现获得完整的解决方法的过程仅仅是以此为基础进一步扩展知识。如果甲的预测错误，那么乙也不是获胜者。这样就只剩下了一个选择，就是丙是获胜者。因此，丙赢得了比赛，并且丙的预测是正确的。从而，我们知道甲是第三名。这就意味着最后的比赛名次是丙、乙、甲、丁，或者丙、丁、甲、乙，但是前者被排除了，因为乙的预测肯定是错误的。因此最后的顺序是：丙、丁、甲、乙。

当然，知道怎样迈出第一步并不等于知道如何去做这件事。得到立足点，并认识到如何把对于问题的初始介入扩展为完整的问题解决方案，需要问题求解者进行创造。对于如何迈出第一步，波利亚和其他人提出了很多通用的方法，其中一个是反方向解决问题。比如，如果问题是找到对于一个已知输入产生一个特定输出的方法，我们可以从输出开始，反向推导出输入。这个方法就是本节前面介绍的人们发现折纸鸟算法的基本思路。他们往往是拆开一个折好的纸鸟，看看它是怎么折好的。

另一个通用的解决问题的方法是寻找一个相关的、解决起来较简单的并且在此以前已经得到解决的问题，然后尝试把这个问题的解决方案用到当前问题中。这个技术在程序开发中特别有用。通常，程序开发并不是解决一个问题的一个特定实例，而是要寻找一种适用于求解一个问题的所有实例的一般算法。更准确地讲，如果我们面对的任务是开发一个把姓名列表按照字母顺序排序的程序，那么我们的任务并不是只给一个特定的列表排序，而是寻找一个可以用来给任何名称列表排序的通用算法。因此，尽管指令

```
交换名字David和Alice。
将名字Carol移到Alice和David之间。
将名字Bob移到Alice和Carol之间。
```

可以把由David、Alice、Carol和Bob组成的列表正确排序，但这并不是我们需要的通用算法。我们需要的算法应当既可以对这个列表排序，又可以对我们可能遇到的其他列表排序。这并不是说，为特定列表排序的解决方案对我们研究通用算法完全没有意义。例如，我们可以通过考虑特殊情况来迈出第一步，寻求能够用于开发所需通用算法的一般原则。于是，在这种情况下，我们可以从解决许多相关问题的技术中得到解决方案。

另外一个迈出第一步的方法是**逐步求精**（stepwise refinement），这种方法本质上不是试图立即解决整个任务（所有细节）的技术。相反，逐步求精建议，首先把一个手头的问题看作多个子问题。思路是，将原问题细分为多个子问题，通过逐步解决各个子问题来得出原问题的整体解决方案，其中每一步都要比解决完整的原问题更容易。根据逐步求精的建议，还可以把这些步骤分解成更小的步骤，然后这些更小的步骤还可以继续分解，就这样一直分解，直到整个问题被简化为一组容易解决的子问题为止。

就此而论，逐步求精是一种**自顶向下方法**（top-down methodology），这种方法从一般发展到特殊。相反，**自底向上方法**（bottom-up methodology）是从特殊发展到一般。尽管理论上相反，但是实际上这两种方法经常在应用中互为补充。对逐步求精的自顶向下方法提出的问题的分解，通常要以那些可能以自底向上方式工作的问题求解者的直觉为指导。

逐步求精的自顶向下方法从本质上讲是一种组织工具，这种工具的问题求解属性是组织方式的结果。逐步求精早已成为数据处理界的一个重要的设计方法，其中大型软件系统的开发都拥有一个重要的组织模块。但就像我们将要在第7章中学习的，大型软件系统越来越多地通过组合预制构件的方式来构造（本质上是一种自底向上的方法）。因此，自顶向下方法和自底向上方法仍然是计算机科学中的重要工具。

维持这种宽广观点的重要性，是通过以下事实例证的：将事先形成的观念和预选的工具带入问题求解任务，有时会掩盖问题的简单性。本节前面讨论的求解3个孩子年龄的问题就是这种现象的一个很好的例子。学习代数的学生会不约而同地用联立方程来求解这个问题，这种方法可能会将问题带入死路，而且时常会使问题求解者误认为并没有足够的用于求解问题的信息。

下面是另外一个例子：

> 当你从码头走上船的时候，你的帽子掉进了水里，但是你并不知道。河水的流速是2.5英里每小时（1英里=1.6093千米），所以你的帽子开始向下游漂去。同时，你开始以相对于水流4.75英里每小时的速度向上游前进。10分钟后，你发现帽子不见了，然后调转船头，开始追你的帽子。需要多长时间能赶上你的帽子？

大多数学习代数的学生还有那些热衷使用计算器的人在解决这个问题的时候，首先会确定船在10分钟后向上游行进了多远以及在这个时间内帽子向下游漂了多远。然后，他们确定船向下游行驶到那个位置需要多长时间。但是，当船到达这个位置的时候，帽子又向下游漂了一段距离。因此，问题求解者要么就用微积分技术重新解题，要么就陷入计算每次船到达帽子的上一个位置的时候帽子所处的位置这样一个怪圈里。

然而，这个问题的求解实际要比这简单得多。诀窍在于抵制这种一开始就列公式进行计算的冲动。其实，我们需要先将这些技巧放在一边，调整我们的思维方式。整个问题发生在河中。事实是水相对于河岸的流动与解题是不相关的。想象一个相同的问题发生在传送带上而非水中。首先，在传送带停止的情况下解决问题。如果你站在传送带上，然后把帽子放在脚边，之后反向行走10分钟，那么返回到帽子所在处需10分钟。现在启动传送带，这意味着旁边的场景将相对于传送带反向移动，但是，因为你站在传送带上，所以这不会改变你和传送带或者帽子之间的相对关系，因此你返回到帽子所在处仍然是需要10分钟。

我们得到的结论是，算法的发现仍旧是一种富有挑战的艺术，必须经过一段时间才能完成，而不能像一门由明确定义的方法组成的学科那样学到。因此，训练潜在的问题求解者使之遵循一定的方法，就是在压制那些原本就有的创造性技能。

问题与练习

1. a. 找到一个求解下列问题的算法：已知一个正整数n，找出一个正整数列表，该列表中所有正整数的乘积是其正整数和为n的所有正整数列表中最大的。例如，如果n为4，那么所求的列表由两个2组成，因为2×2大于1×1×1×1、1×1×2和1×3。如果n为5，则所求的列表由2和3组成。
   b. 如果n=2001，那么所求的列表由哪些正整数组成？
   c. 说明你是如何迈出第一步的。

2. a. 假设已知方格棋盘由2^n行2^n列的正方形组成的，给定正整数n，以及一盒L型棋子，每一个都恰好可以覆盖棋盘的3个正方形格子。如果从棋盘上切掉任意一个格子，我们是否还可以用这些棋子在既不互相重叠，又不跨越棋盘边缘的条件下把剩余的棋盘填满？
   b. 请说明怎样用问题a的解来证明：对于所有的正整数n，$2^{2n}-1$是可以被3除尽的。
   c. 说明问题a和问题b与波利亚的问题求解阶段的关联性。
3. 解码下面的消息，然后说明你是如何迈出第一步的。
   Pdeo eo pda yknnayp wjosan.
4. 如果你打算解决拼图游戏问题，即把图片抛散在桌面上然后试着将它们拼在一起，你会采用自顶向下方法吗？如果是看着拼图盒上的完整图案来拼，你的答案会改变吗？

5.4 迭代结构

我们现在要学习一些在描述算法过程中使用的重复结构。在本节中，我们讨论**迭代结构**（iterative structure），在这种结构中，一组指令以循环方式重复执行。在下一节中，我们将介绍递归技术。我们将附带介绍一些流行的算法：顺序搜索算法、二分搜索算法和插入排序算法。首先我们介绍顺序搜索算法。

5.4.1 顺序搜索算法

考虑一下某个特定目标值是否存在于一个列表中的搜索问题。我们希望开发一个算法来确定这个值是否在列表中。如果它在列表中，我们认为搜索成功；否则认为搜索失败。我们假设该列表已依照某种规则对列表条目做了排序。例如，如果这是一个姓名列表，我们就假设列表中的名字是按照字母顺序排列的；如果这是一个数字列表，我们就假设它里面的条目是按照增序排列的。

为了迈出第一步，我们想象如何在一个大概有20条记录的来宾列表中寻找一个特定的姓名。在这种情况中，我们可以从头开始扫描整个列表，将每一个条目与目标姓名进行比较。如果找到了目标姓名，则搜索以成功告终。但是，如果搜索到列表的末尾没有找到目标值，则搜索以失败告终。实际上，如果到达了（按字母顺序）大于目标姓名的姓名还没有找到目标姓名，我们的搜索就已经以失败告终了。（记住，列表是按照字母顺序排列的，所以到达一个大于目标姓名的姓名就意味着目标姓名没有出现在列表中。）概括来说，我们大致的想法就是，只要还有姓名没检查而且目标姓名大于正在检查的姓名，就继续搜索。

在我们的伪代码中，这个过程可以表达为：

```
选择List中的第一个条目作为TestEntry
while (TargetValue > TestEntry and 还有条目):
  选择List中的下一个条目作为TestEntry
```

一旦这个while结构终止，以下两个条件中就有一个为真：或者目标值被找到，或者目标值不在列表中。在任何一种情况中，我们都可以通过比较测试条目（TestEntry）和目标值（TargetValue）来检测搜索是否成功。如果这两个值相等，搜索就成功了。因此，我们把下列语句添加到上述伪代码例程的下面：

```
if (TargetValue == TestEntry):
  声明搜索成功
else:
  声明搜索失败
```

最后，我们观察这个例程的第一条语句，这条语句把列表中的第一个条目选做测试条目，这种选择的前提是假设表中至少有一个条目。我们可能认为这是一种安全的猜测，但是为了保险起见，我们将前面的例程作为下面语句中的else部分：

```
if (List为空):
  声明搜索失败。
else:
  . . .
```

由此产生的函数的伪代码如图5-6所示。注意，可以从其他函数内部使用这个函数，如利用语句

```
用函数Search()和目标值Darrel Baker搜索旅客列表
```

来查明Darrel Baker是否是一名旅客，用语句

```
用函数Search()和目标值nutmeg搜索原料列表
```

来查明nutmeg（肉豆蔻）是否出现在原料列表上。

```
def Search(List, TargetValue):
  if (List 为空):
    声明搜索失败
  else:
    选择List中的第一个条目作为TestEntry
    while (TargetValue > TestEntry and 还有条目 : )
    选择List中的下一个条目作为TestEntry
  if (TargetValue == TestEntry):
    声明搜索成功
  else:
    声明搜索失败
```

图5-6　伪代码形式的顺序搜索算法

概括来讲，图5-6所示的算法是按照条目在列表中出现的顺序进行查找的。由于这个原因，这个算法被称作**顺序搜索**（sequential search）算法。因为其简单，所以经常用于短列表或者出于其他考虑需要使用它的时候。然而，对于长列表，顺序搜索就没有（我们将要学习的）其他技术高效了。

5.4.2　循环控制

一条指令或者一系列指令的重复使用是一个重要的算法概念。一种实现这种重复的方法是称作**循环**（loop）的迭代结构，这种结构中，一组称为循环**体**（body）的指令在某个控制过程的指引下重复执行。一个典型的例子就是图5-6所示的顺序搜索算法。这里我们使用while语句来控制下面这条语句的重复：

```
选择List中的下一个条目作为TestEntry
```

实际上，while语句

```
while (条件):
  循环体
```

就是循环结构概念的一个例证，因为它的执行是跟踪循环模式

```
检查条件
执行循环体
检查条件
执行循环体
  ⋮
检查条件
```

直到条件为假。

作为一般规则，循环结构的使用使程序得到了比仅仅将循环体重写多次更高的灵活度。例如，执行3次下面的语句：

```
加一滴硫酸
```

我们可以写：

```
加一滴硫酸
加一滴硫酸
加一滴硫酸
```

但是我们写不出与下面的循环结构等价的具有相似结构的序列：

```
while (pH值大于4):
  加一滴硫酸
```

因为我们事先不知道需要加入多少滴硫酸才合适。

现在让我们仔细看看循环控制的组成。你可能认为这一段关于循环结构的部分并不重要，毕竟，通常都是循环体在实际执行手头的任务（比如，加几滴硫酸）——控制活动看起来仅是相关的开销，因为我们选择了以重复的方式执行循环体。但是，经验表明，循环控制是循环结构中一个非常容易出错的部分，所以很值得我们注意。

循环控制由初始化、测试和修改3个活动（见图5-7）组成，其中每一个活动都决定了循环控制是否能够成功。测试活动有责任通过查看表明应终止的条件来终止循环过程。这个条件就是**终止条件**（termination condition）。为了这个测试活动，我们在我们伪代码的每一个`while`语句中都提供了一个条件。然而，在`while`语句中，规定的条件是循环体应该被执行的条件——终止条件就是`while`结构中出现的条件的对立条件。因此，在下面的语句中，终止条件是“pH值不大于4”：

```
while (pH值大于4):
  加一滴硫酸
```

初始化：设置一个初始状态，这一状态会朝着终止条件修改

测　试：比较当前状态和终止条件，如果相等则终止重复

修　改：改变状态使之移向终止条件

图5-7　重复控制的组成

在图5-6所示的`while`语句中，终止条件可规定为：

```
(TargetValue <= TestEntry) or (不再有要检查的条目)
```

循环控制中的另外两个活动确保了终止条件最终可以出现。初始化步骤建立了一个开始条件，修改步骤将这个条件移向终止条件。例如，在图5-6中，初始化发生在while语句之前的语句中，该处当前的测试条目被设定为列表的第一个条目。在这个例子中，修改步骤实际上是在循环体内完成的，在循环体中，我们将测试位置（也就是测试条目）移向了列表的末尾。因此，在执行完初始化步骤后，修改步骤的重复应用最终使得程序可以到达终止条件。（或者到达一个大于或等于目标值的测试条目，或者最终到达列表的末尾。）

我们应该强调的是，初始化步骤和修改步骤必须导致合适的终止条件。这个特性对于正确的循环控制至关重要，因此在设计循环结构的时候必须复核它是否存在。如果没有进行这样的评估，即使在最简单的例子中都会发生错误。一个典型的例子就是

```
Number = 1
while (Number != 6):
  Number = Number + 2
```

注意Python运算符“!=”的使用，它读作“不等于”。这里，终止条件是“Number==6”。但是Number的值被初始化为1，然后在修改步骤递增2。因此，在循环过程中，Number的值将是1、3、5、7、9等，但是永远不会是6，因此，循环将无法终止。

循环控制部件的执行次序可产生微妙的结果。事实上，有两种常用的循环结构，它们仅仅在循环控制部件执行次序上有所区别。第一种的例子如以下伪代码语句所示：

```
while (条件):
  活动
```

图5-8给出了这个结构的语义的**流程图**（flowchart）。（流程图用各种形状来表示单个步骤，用箭头表示步骤的顺序。线框形状之间的不同表示相关步骤涉及的动作类型不同，比如菱形表示判断，而矩形表示任意语句或语句序列。）注意，while结构的终止测试出现在循环体执行之前。

相反，图5-9中所示的结构要求循环体在终止测试完成之前执行。在这种情况下，循环体总是至少执行一次，然而在while结构中，如果终止条件在第一次测试时就满足，则循环体一次都不用执行。

Python没有这第二种循环的内置结构，虽然使用现有的while结构，再加一个if语句和循环体末尾的一个break，就能很容易地构建一个等效的结构。对于我们的伪代码，我们将借用几种其他语言中已有的关键字，使用语法形式

```
repeat:
  活动
  until (条件)
```

来表示图5-9所示的结构。因此，语句

```
repeat:
  从你的口袋里取出一枚硬币
  until (你的口袋里没有硬币)
```

假设开始时你的口袋里至少有一枚硬币，但是语句

```
while (你的口袋里有一枚硬币):
  从你的口袋里取出一枚硬币
```

就没有做这个假设。

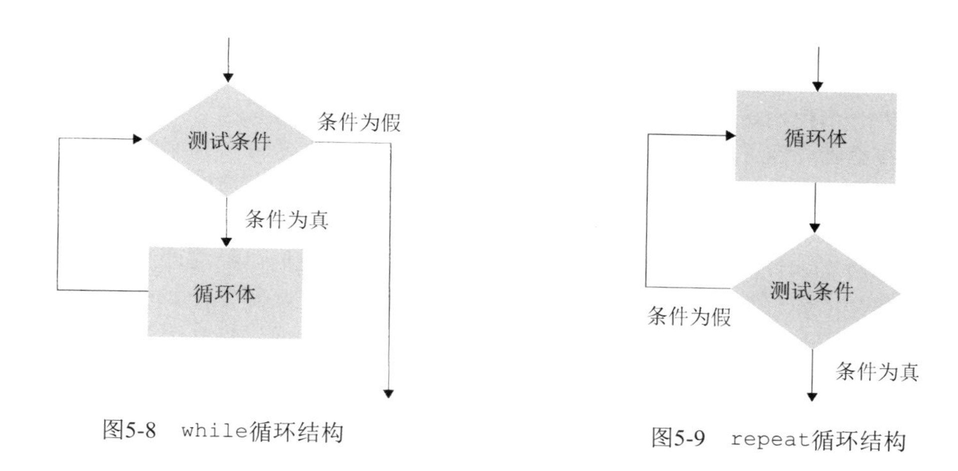

图5-8 while循环结构

图5-9 repeat循环结构

依照我们伪代码的术语，我们通常会把这些循环称作while循环结构或者repeat循环结构。在更一般的情况下，while循环结构可能会被称作**前测试循环**（pretest loop）（因为终止测试是在循环体执行之前进行的），而repeat循环结构会被称作**后测试循环**（posttest loop）（因为终止测试是在循环体执行之后进行的）。

虽然许多算法要求在控制循环时慎重考虑初始化、测试和修改活动，但其他一些算法则遵从一些非常常见的模式。特别是在处理数据列表时，最常见的模式是从列表中的第一个元素开始，考虑列表中的每一个元素，直到到达列表末尾。暂时回到我们的顺序搜索示例上，我们看到这个模式类似于：

```
选择List中的第一个条目
while (还有条目):
  . . .
  选择List中的下一个条目
```

因为这个结构在算法中出现得如此频繁，我们将使用语法形式

```
for Item in List:
  . . .
```

来描述一个迭代遍历列表中每一个元素的循环。注意，这个伪代码原语实际上是比while结构更高一级的抽象，因为我们可以用单独的初始化、修改和测试结构实现同样的效果，但是这个版本去除了不必要的细节，更简洁地传达了这个循环的意思。

每次通过这个for循环结构体时，值Item都会变为List中的下一个元素。这个循环的终止条件在到达List末尾的时候是隐含的。作为一个例子，要想得到列表中数字的总和，可以使用：

```
Sum = 0
for Number in List:
  Sum = Sum + Number
```

在Python以外的语言中，这种类型的循环通常称作**for-each**循环，是前测试循环的一种特例。for结构最适合的情况是，算法对列表中的每个元素都执行同样的步骤，不必单独跟踪循环计数变量。

5.4.3 插入排序算法

作为另外一个使用迭代结构的例子，下面考虑将一个名字列表按照字母顺序进行排序的问题。但是在继续介绍之前，我们应该了解排序的限制。简单来讲，我们的目标是在“列表自身的内部”对条目进行排序。换句话说，我们想通过把条目移来移去来对列表进行排序，而不是把列表移到其他位置。我们的情况类似于这样的列表排序问题：每个条目记录在一张索引卡片上，所有卡片分散在桌面上，把桌面挤得满满的；我们已经清理出足够的空间来放这些卡片，但是不允许挪开其他东西来挤出更多的空间。这种限制在计算机应用里是很典型的，其原因当然不是机器里的工作空间一定像桌面那样拥挤，而仅仅是因为我们想更有效地利用存储空间。

下面我们来迈出第一步，考虑如何在桌面上对名字进行排序。考虑一个名字列表：

Fred
Alex
Diana
Byron
Carol

对这个列表进行排序时要注意的是，由最顶部的名字Fred组成的子表已排序，而由Fred和Alex这两个顶部名字组成的子表还没有排序。因此，我们应该捡起含有名字Alex的卡片，将Fred向下滑动放入Alex原来的位置，然后把Alex放入Fred原来的位置，如图5-10中第一行所示。这样名字列表就变成了：

Alex
Fred
Diana
Byron
Carol

现在，顶部的两个名字构成了一个已排序的子列表，但是最顶部的3个名字还不是。因此，我们应该捡起第三个名字Diana，将Fred向下滑动放入Diana原来的位置，然后将Diana放入Fred 原来的位置，如图5-10中第二行所示。现在最顶部3个条目都已排序。继续以这种方式进行操作，通过捡起第四个姓名Byron，将Fred和Diana向下滑动，然后将Byron插入空缺处，就能够获得最顶部4个条目均已排序的列表了（见图5-10中的第三行）。最后，我们可以通过捡起Carol，把Fred和Diana向下滑动，然后把Carol放入空缺来完成排序过程（见图5-10中的第四行）。

在分析了一个特定列表的排序过程之后，现在的任务是将这个过程一般化，得到一个对一般列表进行排序的算法。为此，我们观察图5-10，发现其每一行都代表着一个同样的一般过程：捡起列表中还未排序的部分中的第一个名字，将已排序的部分中大于此名字的条目向下滑动，然后将这个取出的名字插入到这一部分的空缺处。如果把取出的名字称为主元，那么这个过程可以用下面的伪代码表示：

```
把主元移到一个临时位置使该List留出一个空缺
while (在空缺位置的上面有名字 and 这个名字比主元大):
   将空缺上面的名字下移到空缺上使该名字上面留出一个空缺
将主元移到List中的空缺上
```

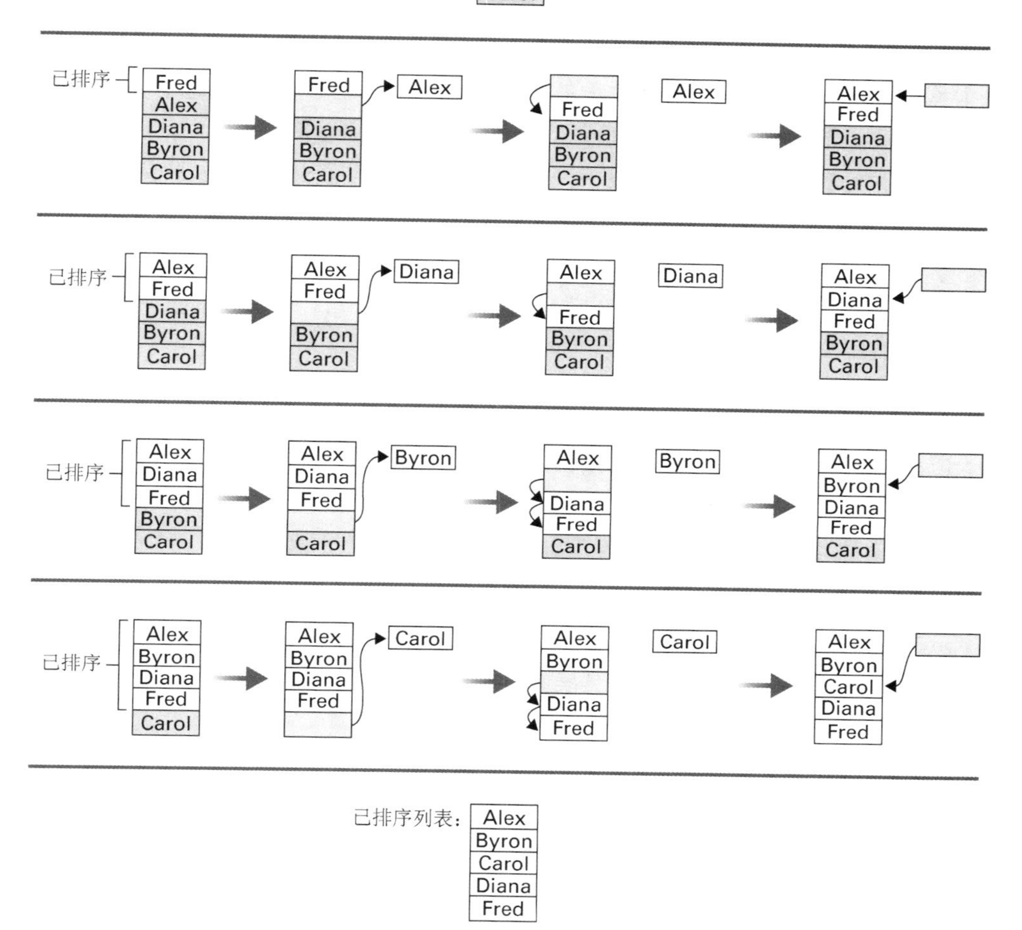

图5-10 按字母顺序对列表Fred、Alex、Diana、Byron和Carol进行排序

音乐中的迭代结构

音乐家比计算机科学家早几个世纪就已经开始使用和编写迭代结构。实际上，一首歌曲的结构（谱写成多个小节，每个小节配以和声）可以用while语句示范：

```
while (有剩余小节):
    唱下一小节
    唱和声
```

此外，乐谱

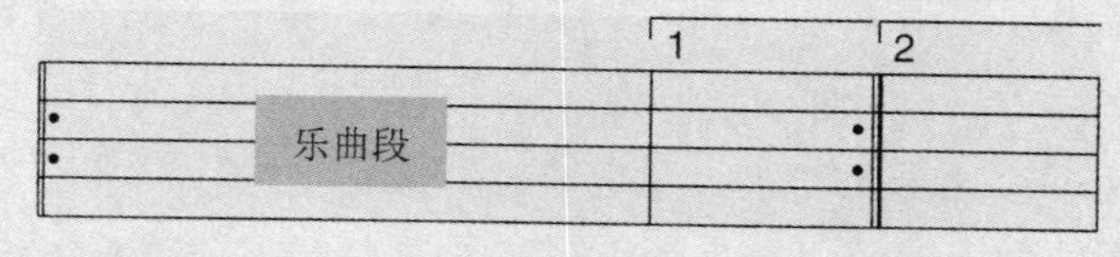

只不过是谱曲者表达下面结构的方式：

```
N = 1
while (N < 3):
  演奏该乐曲段
  演奏第N段尾曲
  N = N + 1
```

接下来，我们来观察这个过程应该怎样重复执行。为了开始这个排序过程，主元应该是列表的第二个条目，然后，每当再次执行前，主元的选择都应该是沿着列表向下的下一个条目直到列表的最后一个条目已被定位。也就是说，随着前面例程的重复，主元的位置从第二个条目移进到第三个条目，然后到第四个条目，依次类推，直到程序定位到列表的最后一个条目。根据这个思路，我们可以使用下面的语句控制这个所需的重复：

```
N = 2
while (N的值没有超过List的长度):
  选择List中的第N个条目作为主元
  ⋮
  N = N + 1
```

这里，N表示主元的位置，List的长度是指列表中的条目个数，而省略号则是指放置前面例程的位置。

完整的伪代码程序如图5-11所示。简言之，这个程序是通过重复地移动条目并且将其插入适当的位置来完成排序的。由于这种重复的插入过程，这种算法称为**插入排序**（insertion sort）。

注意，图5-11中所示的结构是一个循环内部还有循环的结构，外层循环用第一个while语句表述，而内层循环用第二个while语句表述。每次执行外层循环体都导致内层循环体被初始化而且重复执行直到达到终止条件，因此，外层循环体的一次执行将导致内层循环体多次执行。

```
def Sort (List):
  N = 2
  while (N的值没有超过 List 的长度):
    选择 List 中第 N 个条目作为主元
    把主元移到一个临时位置使该 List 留出一个空缺
    while (在空缺位置的上面有名字and这个名字比主元大):
      将空缺上面的名字下移到空缺上使该名字上面留出一个空缺
    将主元移到 List 中的空缺上
    N = N + 1
```

图5-11　用伪代码表达的插入排序算法

外层循环控制的初始化部分由建立N的初始值的语句

```
N = 2
```

组成。修改部分通过下列语句每次给循环体末尾的N加1完成：

```
N = N + 1
```

当N的值超过列表的长度时，终止条件出现。

内层循环控制通过移动主元创建一个空缺位置来初始化。循环的修改步骤通过移动条目到空缺位置来实现，因此导致空缺位置上移。终止条件有两个，或者空缺位置上方紧临的名字不大于主元，或者空缺位置到达列表顶部。

问题与练习

1. 修改图5-6中的顺序搜索函数，使其可用于未排序的列表。
2. 把下面的伪代码转换为等价的用repeat语句表述的程序。

```
Z = 0
X = 1
while (X < 6):
  Z = Z + X
  X = X + 1
```

3. 当今一些流行的程序设计语言使用语法

```
While (... ) do (... )
```

来表示前测试循环，而用语法

```
do (... ) while (... )
```

来表示后测试循环。尽管设计上显得很优雅，但是这种相似的形式会导致什么问题？
4. 假设应用图5-11所示的插入排序算法来对列表Gene、Cheryl、Alice和Brenda进行排序。描述外层while结构的循环体每次执行结束时列表的构成。
5. 为什么不能把图5-11中while语句内的“大于”改为“大于或等于”？
6. 插入排序算法的一个变种是**选择排序**（selection sort）。此排序算法从选择列表中最小的条目并将其移至列表的最前面开始，然后选择列表中剩余的条目中最小的条目，并将其放到表的第二个位置。通过重复从列表的剩余部分中选择并前移最小的条目，列表的已排序部分便从前向后逐渐变长，而后面未排序的部分逐渐缩短。使用我们的伪代码和选择排序算法来表达一个类似于图5-11中的列表排序函数的函数。
7. 另一个著名的排序算法是**冒泡排序**(bubble sort)。这个算法是重复对列表中相邻的两个条目进行比较，如果它们并不是依照规定排序的，就交换它们的位置。我们假设等待排序的列表有n个条目。冒泡排序将从比较（并可能交换）位置n和$n-1$上的条目开始。然后，它将考虑位置$n-1$和$n-2$上的条目，并且继续向列表的前面移动，直到列表的第一个条目和第二个条目已被比较（并可能交换）。可以看出，通过一遍排序，最小的条目将被移到列表的最前面。同理，再一遍排序将把仅大于最小条目的条目放到列表的第二个位置。因此，重复$n-1$遍后就完成了整个列表的排序。（如果我们观察算法的工作过程，那么就会看到小条目像气泡一样冒到了列表的前面——这个算法因此得名。）请使用我们的伪代码和冒泡排序算法来表达一个类似于图5-11中的列表排序函数的函数。

5.5　递归结构

递归结构为实现重复活动提供了除循环模型以外的另外一种选择。循环涉及重复一个指令集，其方式是执行完成一组指令，然后重复执行，而递归则是通过将指令集作为自身的一个子任务重复调用来运行。打个比方，考虑处理具有呼叫等待功能的电话通话的过程。在这个例子中，当处理另外一个来电的时候，先前未完成的通话将被搁置一边，结果是，一共进行了两次通话。然而，这两次通话并不是像循环结构那样一个接一个地进行的，而是一次通话在另外一次通话过程中进行。

5.5.1　二分搜索算法

作为一种介绍递归的方法，让我们再次处理在一个已排序的列表中搜索是否存在某特定条目的问题，但是这次将通过考虑查字典的步骤来迈出第一步。在这个例子中，我们不再按照一个条目一个条目或者是一页一页的步骤进行，而是通过直接翻到我们认为目标可能存在的那一页开始查找，如果幸运的话，我们将在那里找到目标值；否则，就必须继续查找。但至少我们已经大大缩小了查找的范围。

当然，在查字典的时候，我们有知道可能在哪儿能查到单词的先验知识。例如，查*somnambulism*这个单词，我们就会从字典的后面部分开始查找。但是对于一般列表，我们并没有这种先验知识，所以我们总是假定从列表的“中间”条目开始搜索。这里“中间”这个词之所以用引号引起来，是因为一个列表可能包含偶数个条目，这种列表就没有准确意义上的中间条目。在这种情况下，我们将假定该“中间”条目为该列表中后半部分的第一个条目。

如果列表的中间条目就是目标值，我们就可以声明搜索成功；否则，我们至少可以将搜索过程限定在列表的前半部分或者后半部分，具体要依赖于目标值是小于还是大于我们所考虑的中间条目。（记住，列表是已排序的。）

在列表的剩余部分搜索，我们可以应用顺序搜索，但这里仍然应用在完整列表中所使用的方法。也就是说，我们选择列表剩余部分的中间条目作为下一个要考虑的条目。像刚才那样，如果这个条目就是目标值，那么搜索结束；否则，可以把搜索限定在更小的列表部分中。

图5-12简要概括了这个搜索方法，这里我们要考虑的任务是搜索图左边列表中的John条目。首先考虑中间条目Harry。因为我们的目标在此条目后面的列表中，所以接下来的搜索将考虑原始列表的下半部分。该子表的中间条目是Larry。因为我们的目标应该在Larry之前，所以我们的注意力将转到当前子表的前半部分。查看第二个子表的中间条目时，我们找到了目标条目John，并声明搜索成功。简言之，我们的策略就是，将所讨论的列表连续地分成更小的段，直到最终找到目标或者发现搜索被限制在一个空段中。

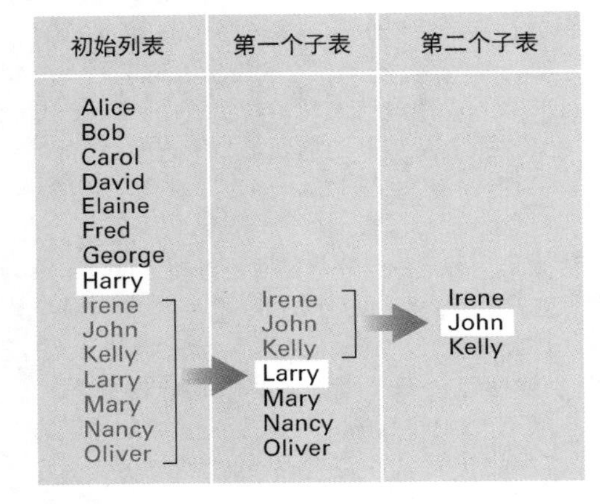

图5-12 应用我们的策略在列表中搜索John条目

这里需要强调这最后一点。如果目标值不在原始列表中，那么我们的搜索方法会将列表不断分成更小的段直到所考虑的段为空，此时，算法会认为搜索失败。

图5-13就是整个算法的第一个伪代码草稿。这个草稿引导我们通过测试表是否为空来开始

```
if (List为空):
  报告搜索失败
else:
  TestEntry = List的“中间”条目
  if (TargetValue == TestEntry):
    报告搜索成功
  if (TargetValue < TestEntry):
    用函数Search()在TestEntry前面的List部分里搜索TargetValue，并报告搜索结果
  if (TargetValue > TestEntry):
    用函数Search()在TestEntry后面的List部分里搜索TargetValue，并报告搜索结果
```

图5-13 二分搜索技术的第一个草稿

搜索过程。如果为空，我们会被告知搜索失败；否则，我们会被告知要考虑列表的中间条目。如果此条目不是目标值，我们就会被告知要搜索表的前半部分或者后半部分。这两种可能都需要第二次搜索。通过调用一个抽象工具的服务来执行这些搜索会很方便。尤其是，我们的方法是应用一个称作Search的函数来执行第二次搜索。因此，为了完成我们的程序，必须提供这样一个函数。

但是这个函数应该执行相同的任务，而这个任务已经由前面所给出的伪代码表达。它应该先检查给定列表是否为空，如果非空，它应该继续考虑此表的中间条目。因此我们可以提供一个函数，只需把当前例程视为Search函数，并在第二次查找的地方插入对这个函数的引用。结果如图5-14所示。

注意，这个函数包含了一个对自身的引用。当然，如果遵循这个函数，然后到达指令

```
Search(. . . )
```

我们将把同样的函数应用到一个较小的表上，而这正是应用于原始列表的那个函数。如果首次搜索成功，我们将返回并声明我们的初始搜索成功；如果第二次搜索失败，我们将声明我们的初始搜索失败。

```
def Search(List, TargetValue):
  if (List为空):
    报告搜索失败
  else:
    TestEntry = List的“中间”条目
    if (TargetValue == TestEntry):
      报告搜索成功
    if (TargetValue < TestEntry):
      Sublist = TestEntry前面的List部分
      Search(Sublist, TargetValue)
    if (TargetValue > TestEntry):
      Sublist = TestEntry后面的List部分
      Search(Sublist, TargetValue)
```

图5-14 二分搜索算法的伪代码

搜索和排序

顺序搜索算法和二分搜索算法仅是许多实现搜索过程的算法中的两个。同样，插入排序是许多排序算法中的一个。其他经典的排序算法包括归并排序（见第12章）、选择排序（见5.4节问题与练习6）、冒泡排序（见5.4节问题与练习7）、快速排序（对排序过程采取分治的方法）和堆排序（使用一种巧妙的技术，可以在列表里找到应该向前移的条目）。有关这些算法的讨论可以参阅本章末尾的“课外阅读”里面列出的书目。

为了看看图5-14中的函数是如何执行其任务的，我们让它搜索一个包括Alice、Bill、Carol、David、Evelyn、Fred和George的列表，查找目标值Bill，看看它的执行过程。首先选择David（中间条目）作为考虑的测试条目。因为目标值（Bill）小于该测试条目，我们将对David之前的列表条目（即列表Alice、Bill和Carol）调用Search函数。这样我们便创建了搜索函数的第二个副本，并将它用于第二次任务。

现在我们拥有两个正在执行的搜索函数的副本，如图5-15所示。先前的原始副本在执行

```
Search(Sublist, TargetValue)
```

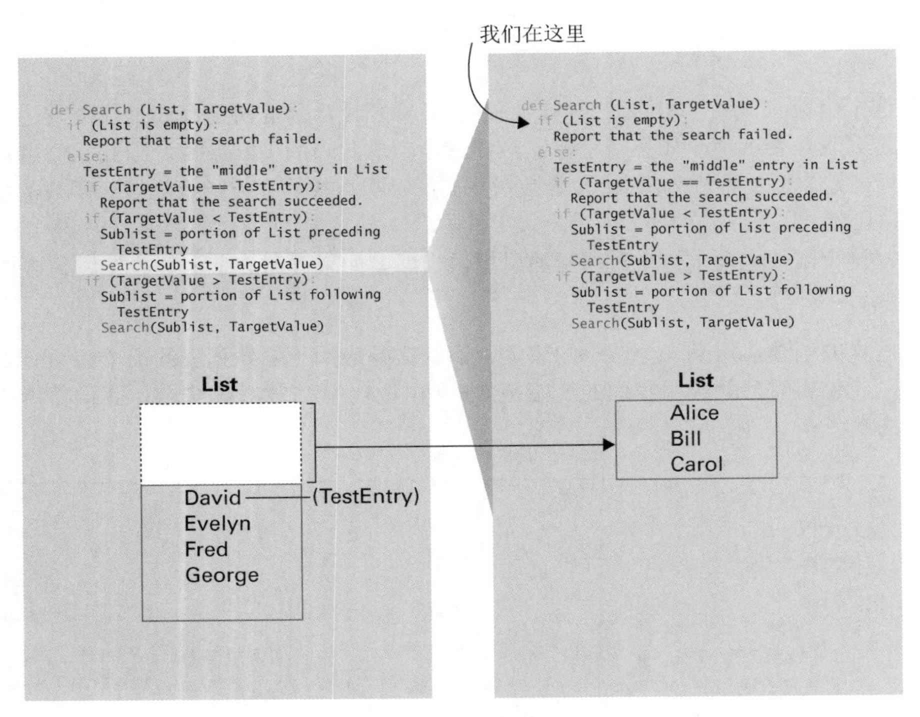

图5-15　递归搜索

指令时被临时挂起，此时我们应用第二个副本完成对列表Alice、Bill和Carol的搜索任务。完成第二次搜索后，我们将放弃该函数的第二个副本，并将它找到的结果通知给原始副本，然后继续执行原始的函数。通过这种方式，函数的第二个副本被当作原始函数的子函数运行，完成由原始模块请求的任务，然后消失。

第二次搜索中，Bill被选作测试条目，这是因为它是表Alice、Bill和Carol的中间条目。由于这一条目与目标值相同，所以函数声明整个搜索成功并终止。

此时，我们已经完成了函数的原始副本所请求的第二次搜索，所以可以继续原始副本的执行。这里，我们又被告知应该把第二次搜索的结果作为原始搜索的结果报告。因此，我们报告原始搜索已经成功。我们的搜索已正确确定，Bill是表Alice、Bill、Carol、David、Evelyn、Fred和George中的成员。

现在让我们考虑一下，如果用图5-14所示的函数在表Alice、Carol、Evelyn、Fred和George中搜索David，会出现什么情况。这次函数的原始副本选择Evelyn为测试条目，并推断目标肯定存在于表的前半部分。因此它请求函数的另外一个副本来搜索Evelyn之前的条目——即包含Alice和Carol的二条目的列表。在此阶段，我们遇到了图5-16所示的情况。

函数的第二个副本选择Carol当作当前条目，同时推断目标值必定存在于该列表的后半部分。然后，它将请求函数的第三个副本来搜索Alice和Carol组成的列表中Carol后面的名字组成的列表。该子表为空，所以函数的第三个副本需要在一个空表中搜索目标值David。图5-17显示了目前所处的情况。函数的原始副本负责处理表Alice、Carol、Evelyn、Fred和George的搜索任务，

测试条目为Evelyn；第二个副本负责处理表Alice和Carol的搜索，测试条目为Carol；第三个副本要在一个空表中开始搜索。

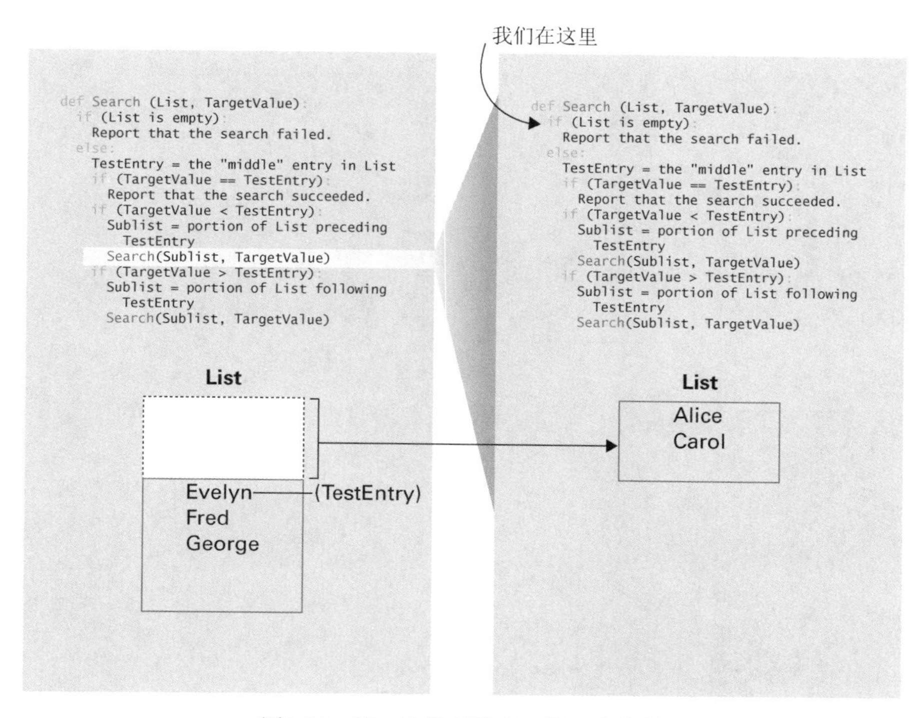

图5-16 第二次递归搜索，第一个快照

当然，函数的第三个副本很快就会声明它的搜索失败并终止。第三个副本的任务的完成使得第二个副本能够继续执行。第二个副本注意到它请求的搜索未成功，于是声明自己的搜索失败并终止。这个报告是原始副本一直在等待的，所以它现在可以继续执行了。因为它所请求的搜索失败，因此它声明自己的搜索已失败并终止。我们的例程正确地推断出David不在Alice、Carol、Evelyn、Fred和George组成的列表中。

综上所述，如果回顾前面的例子，我们就能够看到，图5-14所示的算法要重复地将所考虑的列表分成两个较小的块，以这种方式将后续的搜索严格地限制在其中一个块中。这种一分为二的方法就是该算法称为**二分搜索**（binary search）的原因。

5.5.2 递归控制

二分搜索算法与顺序搜索相似，因为它们都需要执行一个重复的过程。但是，这种重复的实现却是截然不同的。顺序搜索是以一种循环的方式重复执行一个过程，而二分搜索则是把每一阶段的重复当作前一阶段的子任务。该技术称作**递归**（recursion）。

正如我们所见，递归函数产生的幻象是这个函数存在多个副本，每个副本称作这个函数的一个活动（activation）。这些活动通过一种嵌套方式动态创建，并随着算法的前进而最终消失。在任何给定的时间，所有存在的活动，只有一个是正在进行的，其他的都处于等待状态，每一个活动都要等待另一个活动终止后方可继续。

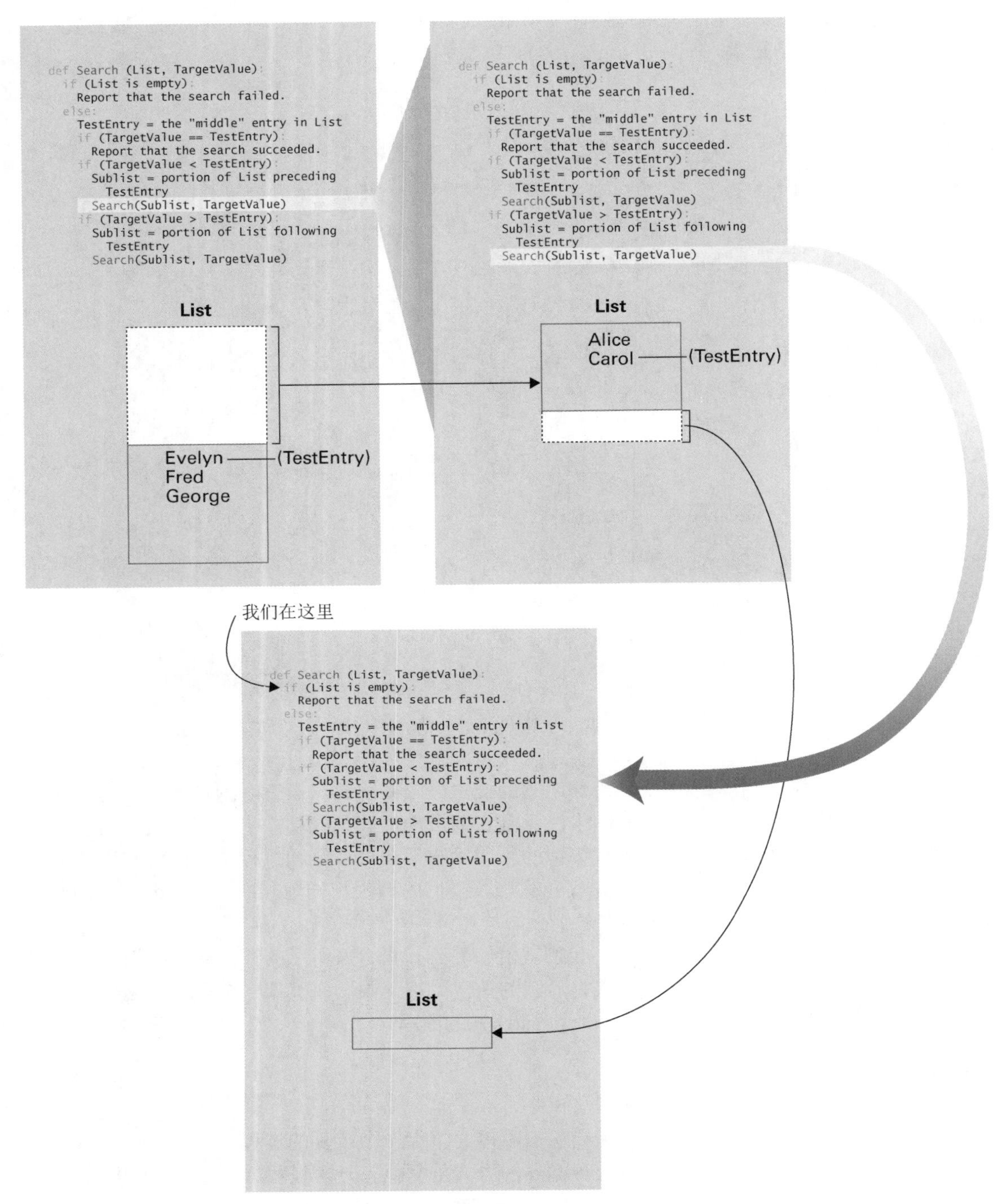

图5-17　第二次递归搜索，第二个快照

作为一个重复的过程，递归系统也依赖于与循环结构相似的正确控制。就像循环控制一样，递归系统也依赖于对终止条件的测试，同时也必须保证终止条件能够达成。事实上，正确的递归控制也涉及同样的3个要素——初始化、修改和终止测试——与循环控制的要求相同。

艺术中的递归结构

下面的递归函数可用于在一块长方形画布上生成荷兰画家皮耶·蒙德里安（Piet Mondrian，1872—1944）风格的图画，他通过在一个长方形画布上将长方形连续划分成更小的长方形来绘画。你可以尝试自己实现这一函数来画出与下面所示图画类似的图画。从把该函数应用到你所工作的代表画布的一个长方形上开始吧。（如果你怀疑由该函数表示的算法是否是一种符合5.1节定义的算法，那么你的怀疑是有根据的。实际上，这是一个非确定性算法的例子，因为有很多地方需要实现该函数的人或机器来作出“创造性”的决定。也许这就是为什么蒙德里安的结果被认为是艺术，而我们的却不是。）

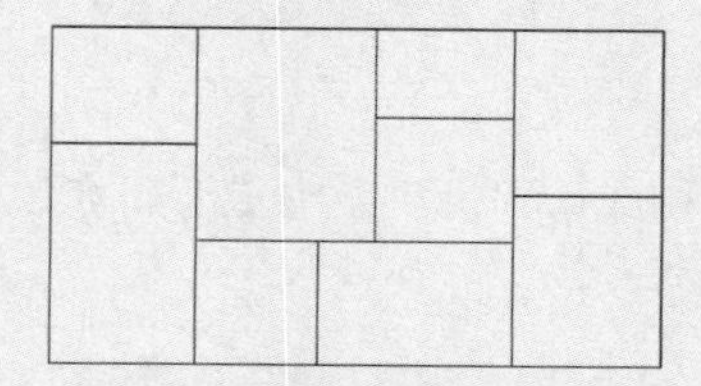

```
def Mondrian (Rectangle):
  if (用你的艺术眼光看Rectangle的尺寸太大):
    把Rectangle划分成2个较小的长方形
    把函数Mondrian应用到一个较小的长方形上
    把函数Mondrian应用到另一个较小的长方形上
```

通常，递归函数将终止条件［通常称作**基本条件**（base case）或者**退化条件**（degenerative case)］的测试设计在请求更多的活动之前。如果不满足终止条件，例程就创建该函数的另外一个活动，并赋予它一项任务，让其解决一个经过修改了的问题；与赋给当前活动的任务相比，这个任务距离终止条件的距离要更近一些。但是，如果满足终止条件，当前活动就会终止，并且不会再创建任何额外活动。

让我们来看看图5-14中的二分搜索函数是如何实现重复控制的初始化阶段和修改阶段的。在这个例子中，一旦目标值被找到或者任务被缩减到只是完成对空表的搜索，额外活动的创建就会终止。整个过程是从简单地给出初始列表和目标值隐式开始的。从该初始配置开始，函数就会将其任务修改为在更小的列表中进行搜索。因为原始列表的长度有限，并且每次修改步骤都会减小所考虑的列表长度，所以我们确信目标值最终会被找到或者任务最终会被缩减到对空表进行搜索。因此，我们能够推断这个重复过程一定可以停止。

最后，由于循环控制结构和递归控制结构都是能让一系列指令重复执行的方法，我们可能会问，这两种结构在能力上是否等价。也就是说，如果一个算法是使用循环结构设计的，那么是否存在另一个能解决同样问题的使用递归技术设计的算法，反过来呢？这样的问题在计算机科学中是很重要的，因为它们的答案最终能告诉我们：为了获得可能的最强大的程序设计系统，应该在程序设计语言中提供什么特征。我们将在第12章中回到这些问题上来，到时，我们将会把计算机科学及其数学基础中更具理论性的一些方面考虑在内。在这种背景下，我们将能够证明附录E中提到的“迭代和递归结构的等价性”。

问题与练习

1. 在列表Alice、Brenda、Carol、Duane、Evelyn、Fred、George、Henry、Irene、Joe、Karl、Larry、Mary、Nancy和Oliver中，用二分搜索（见图5-14）搜索名字Joe的时候，会询问到哪些名字？

2. 当对一个200个条目的列表应用二分搜索时，最多要询问多少个条目？一个100 000个条目的列表呢？
3. 如果N的初始值为1，那么下面的递归函数会打印出什么样的数列？

```
def Exercise (N):
  print(N)
  if (N < 3):
    Exercise(N + 1)
  print(N)
```

4. 问题3中的递归函数的终止条件是什么？

5.6　效率和正确性

在本节中，我们介绍两个构成计算机科学中重要研究领域的主题。第一个是算法效率，第二个是算法正确性。

5.6.1　算法效率

尽管当今的机器每秒可以处理数百万或者数十亿条指令，但是效率仍旧是算法设计中所关注的一个主要问题。通常，在效率高低的两个算法之间的选择能够产生对于问题的实用或者不实用的两种解决方案。

让我们考虑这样一个问题，一个大学的教务主任需要面对检索和更新学生记录的任务。尽管在任何一个学期学校可能只有大约10 000名学生注册，但是它的“当前学生”文件包括了30 000多名学生的记录，这些学生在过去的几年中至少注册了一门课程但并没有完成学业，所以在某种意义上被认为是当前学生。眼下，让我们假设这些学生的记录以列表的形式存储于教务主任的计算机中，这些列表依照学生标识号顺序排列。为了寻找任何一条学生记录，教务主任要在这个列表中查找特定的标识号。

我们已经讲述了两种可用于在这些已排序的表中进行搜索的算法：顺序搜索和二分搜索。现在的问题是，对于教务主任，这两种算法是否会带来不同的效果。我们首先考虑顺序搜索。

给定一个学生标识号，顺序搜索算法从列表的开头开始，将所有的条目与期望的标识号相比较。因为不知道关于目标值的任何原始信息，我们无法断定这个搜索要向列表中走多远。但是，在多次搜索之后，我们认为平均搜索深度是列表长度的一半；有的可能短一些，有的可能长一些。因此，经过一段时间我们估计，顺序搜索平均每次大概需要检查15 000条记录。如果检索并且检查每一条记录需要10毫秒（1秒的千分之十），那么这样的搜索平均需要150秒（即2.5分钟）——这个时间对于等待计算机屏幕显示学生记录的教务主任来说是不可忍受的。即使检索和检查每条记录只需要1毫秒，那么整个搜索仍然需要大概15秒，这个等待时间仍然较长。

相比之下，二分搜索算法通过比较目标值和列表的中间条目来进行搜索。即使中间条目不是期望的记录，至少也将搜索限制在了原始列表的一半。因此，在询问一个有30 000条学生记录的列表的中间条目之后，二分搜索需要再次考虑最多15 000条记录。在第二次搜索之后，最多还剩7500条，然后在第三次后，又会降至不多于3750条记录。照此继续，我们看到，最多检索15次之后，就能在这个有30 000条记录的列表中找到目标值。因此，如果每一次检索需要10毫秒来完成，那么搜索一个特定记录的过程就只需要0.15秒——这意味着，对于教务主任来说，访问任何特定学生记录可以瞬间完成。我们得出结论：在顺序搜索算法和二分搜索算法之间的选择将对该应用产生巨大影响。

这个例子表明了计算机科学领域中大家熟知的算法分析的重要性，这种分析包含了对于资源（如时间或者存储空间）的研究。这种研究的一个主要应用是对替代算法相对优劣的评估。

算法分析通常包括最佳情况、最差情况和平均情况。在上面的例子中，我们通过分析平均情况下的顺序搜索算法和最差情况下的二分搜索算法，估计了搜索一个30 000条记录的列表所需的时间。通常这种分析应该在更为普通的情况下进行。也就是说，当考虑搜索列表的算法时，我们不能只考虑某个特定长度的列表，而是要尝试找出一个公式，指示这种算法对于任意长度的列表的性能。基于我们之前的推理，不难得出对于任意长度的列表均有意义的公式。具体而言，当应用于含有n个条目的列表时，顺序搜索算法将需要询问平均$n/2$个条目，而二分搜索算法在最差情况下最多要询问$\log_2 n$个条目。（$\log_2 n$表示以2为底n的对数。除非另有说明，计算机科学家在谈论对数时，通常是指以2为底的对数。）

我们现在用类似的办法分析插入排序算法（如图5-11所示）。回想可知，这个算法需要选择一个称为主元的列表条目，将这个条目与这个条目之前的那些条目进行比较，直到找到正确的插入位置，然后将主元插入这个位置。因为该算法主要涉及两个条目之间的比较，我们的方法是计算在对长度为n的列表进行排序时需要进行的比较次数。

算法从把列表的第二个条目当作主元开始。然后，算法继续选择后面的条目作为主元直到列表的末尾。在最佳情况下，每一个主元都已经在合适的位置，于是它只需要与一个条目进行比较。因此，在最佳情况下，将插入排序应用到一个有n个条目的列表需要进行$n-1$次比较。（第二个条目与一个条目比较，第三个条目与一个条目比较，依次类推。）

相反，在最差情况下，每一个主元都必须与列表中排在它前面的所有条目进行比较，然后才能找到合适的位置。这种情况发生在原始列表为反向排序的时候。在这种情况下，第一个主元（列表的第二个条目）要与一个条目进行比较，第二个主元（列表的第三个条目）要与两个条目进行比较，依次类推（见图5-18）。因此，在给有n个条目的列表进行排序时，总共需要进行的比较次数为$1+2+3+\cdots+(n-1)$，也就是$\frac{1}{2}(n^2-n)$。具体而言，如果一个列表包含10个条目，那么在最差情况下，插入排序算法需要进行45次比较。

对每个主元所做的比较

原始列表	第1个主元	第2个主元	第3个主元	第4个主元	已排序的表
Elaine	1 Elaine	3 David	6 Carol	10 Barbara	Alfred
David	David	2 Elaine	5 David	9 Carol	Barbara
Carol	Carol	Carol	4 Elaine	8 David	Carol
Barbara	Barbara	Barbara	Barbara	7 Elaine	David
Alfred	Alfred	Alfred	Alfred	Alfred	Elaine

图5-18 将插入排序应用于最差情况中

在插入排序的平均情况中，我们期望每一个主元与其前面的一半条目进行比较。这样一来，一共需要执行的次数是最坏情况的一半，也就是$\frac{1}{4}(n^2-n)$次比较可以完成对n个条目的列表的排序。例如，假使用插入排序算法为长度为10的多个表排序，平均情况下每次排序需要22.5次比较。

这些结果的重要性在于，插入排序算法执行中的比较次数给出了执行这种算法所需的近似时间量。使用这个近似值，图5-19显示了一个当列表的长度增加时，执行插入排序算法所需时间如何增长的示意图。该图是根据我们对这个算法的最坏情况的分析画的，在此分析中，我们推算出在长度为n的列表中进行排序最多需要$\frac{1}{2}(n^2-n)$次比较。在图中，我们标出了几个列表的长度，同时给出了在每一种情况下需要的时间。注意，当列表的长度均匀增长时，排序需要的时间的增长速度更快。因此，随着列表长度的增加，这个算法的效率会越来越低。

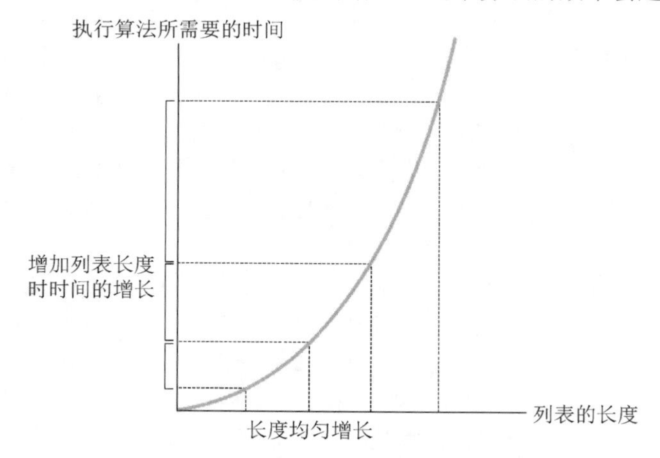

图5-19　插入排序算法的最差情况分析图

让我们使用相似的方法来分析一下二分搜索算法。回顾一下我们前面得到的结论，使用该算法在含有n个条目的列表中进行搜索的时候需要最多询问$\log_2 n$个条目，这又给出了对不同长度的列表执行这一算法时所需的近似时间量。图5-20给出了基于这个分析画出的图，在这张图里，我们依旧标出了几个长度均匀增长的列表，并标出了每种情况下算法执行所需要的时间。注意，算法随着列表长度的增加，对于时间需求的增加是在逐步递减的。也就是说，随着列表长度的增加，二分搜索算法的效率会越来越高。

图5-19和图5-20的区别在于图的大体形状，该大体形状揭示了一个算法在应对越来越大的输入规模的情况下到底有多好。此外，一个图像的大体形状是由表达式的类型而非具体的表达式所确定的：所有的线性表达式都会产生一条直线；所有的二次表达式都会产生一条抛物线；所有的对数表达式都会产生一条图5-20所示的对数曲线。习惯上我们用可以产生一个形状的最简单的表达式来标识该形状，具体而言，我们用表达式n^2来标识抛物线，用$\log_2 n$来标识对数曲线。

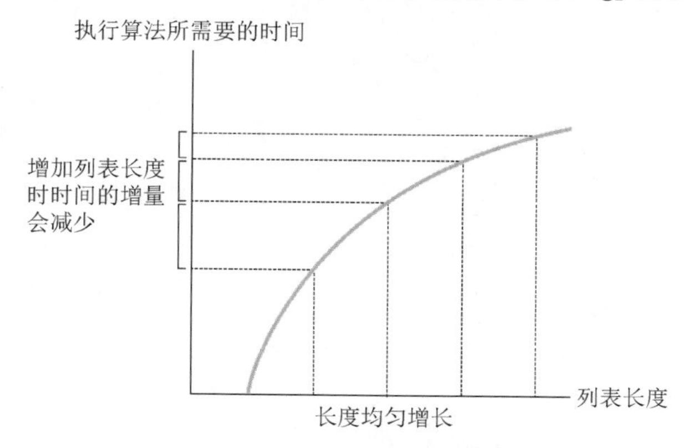

图5-20　二分搜索算法的最差情况分析图

由于通过比较一个算法执行任务所需要的时间与其输入数据大小所得的图形，可以反映该算法的效率特性，因此可以根据这些图的形状对算法进行分类——通常是基于算法的最差情况分析。用来标识这些类型的符号有时称作**大Θ符号**（big-theta notation）。所有图形为抛物线的算法，如插入排序算法，都划归为$\Theta(n^2)$（读作“n的平方的大Θ”）表示的算法类型；所有图形为对数曲线的算法，如二分搜索算法，都划分到$\Theta(\log_2 n)$（读作“以2为底n的对数的大Θ”）表示的算法类型中。知道特定算法所属的类型使我们可以预测它的性能，并且可以拿它与能够解决相同问题的其他算法进行比较。两个$\Theta(n^2)$算法在输入大小增加的时候，对于时间将会有相近的需求变化。此外，$\Theta(\log_2 n)$算法不会像$\Theta(n^2)$算法那样，随着输入大小的增加对时间的需求扩张得那么快。

5.6.2 软件验证

回想波利亚对于问题求解的分析（见5.3节），其中第4阶段就是对问题解决方案的准确性和其作为求解其他问题的工具的潜力进行评价。通过下面这个例子可以例证这个阶段第一部分的重要性。

> 一位拿着由7个金环组成的链子的旅行者必须在一个旅馆里住7夜。每一夜的租金是金链中的一环。链子必须最少切割多少次，旅行者才能每天早上支付旅馆的一环而不用提前支付住宿费？

要解决这个问题，首先我们要认识到并不是每一环都要切开。如果只切开第2个环，那么我们就可以让第1个环和第2个环与另外5个环分开。按照这个想法，我们得到这样一种解，就是只需要切割链中的第2、第4和第6个环，这个过程在将所有的环分开的同时只对3个环进行了切割（见图5-21）。此外，任何更少次数的切割都会留下2个仍然连在一起的环，所以我们可能会得出结论，这个问题的正确答案是3次。

然而，进一步考虑这个问题，我们可能会观察到，在只有第3个环被切开的时候，我们会获得3段金链，长度分别是1、2和4（见图5-22）。对这些段，我们可以进行如下操作。

第1天早上：给饭店1个环。
第2天早上：给饭店1个2个环的金链，同时找回1个环。
第3天早上：给饭店1个环。
第4天早上：把4个环的金链给饭店，同时找回原先给饭店的那3个环。
第5天早上：给饭店1个环。
第6天早上：给饭店1个2个环的金链，同时找回1个环。
第7天早上：给饭店1个环。

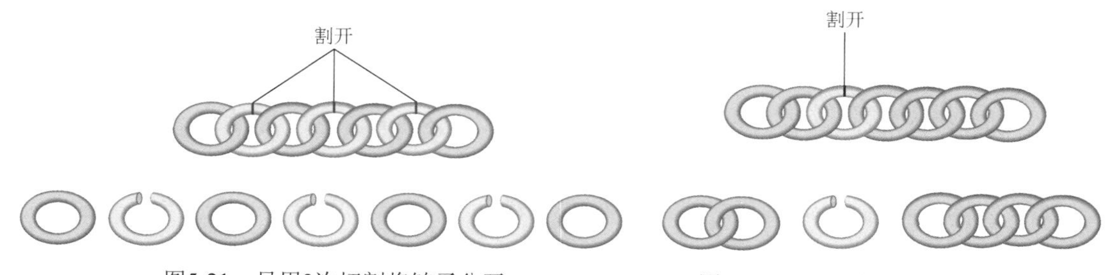

图5-21 只用3次切割将链子分开　　图5-22 只用1次切割解决这个问题

因此，第一个答案，即我们认为正确的那个，实际上是不正确的。然而，我们又如何认定我们这个新的解决方案是正确的呢？可以这样论证：因为一个单个的环必须在第1天早上给饭店，所以至少要从金链上切一个环下来，同时因为新的解决方案只需要一次切割，所以必定是最优的。

转换到程序设计环境中，这个例子强调了一个被认为正确的程序和一个正确的程序之间的区别，二者并不一定相同。数据处理领域充满了可怕的故事，比如尽管“知道”一个软件是正确的，但最终还是因为一些没有预料到的情况而在关键的时刻发生错误。因此软件验证很重要，并且发现有效的验证技术也成了计算机科学中一个活跃的研究领域。

在这个领域内，研究的一条主线尝试把形式逻辑技术用于证明一个程序的正确性。也就是说，目标是用形式逻辑来证明程序表达的算法确实做了它试图做的工作。基本的课题是通过将验证过程简化为一个形式过程，防止那些可能与直觉有关的不准确的推断，就像金链问题一样。下面来更详细地讨论如何把这个方法应用于程序验证中。

软件验证之外

文中所讨论的验证问题并不是软件独有的。确认执行程序的硬件没有缺陷是一个同等重要的问题，这涉及电路设计和机器构造的验证。而且，质量的优劣非常依赖于测试，就像在软件中所做的那样，这意味着任何一个细微的错误都可能出现在最终的产品中。据记载，在20世纪40年代，由哈佛大学建造的马克一号，包含了很多布线错误，而这些错误很多年都没有被发现。在20世纪90年代，在早期奔腾微处理器中浮点部分出现过一个缺陷，这个缺陷导致数字被0除时计算出的答案是错误的。在这两个例子中，错误都是在产生严重后果之前被发现的。

就好像形式数学证明要基于公理（几何证明通常基于欧几里得几何公理，而其他证明则基于集合论的公理）进行一样，一个程序的正确性的形式证明是基于设计程序所使用的规格说明进行的。为了证明一个程序可正确地对名字列表进行排序，不妨假设程序的输入是一个名字列表，或者，如果一个程序是设计用来计算一个或者更多个正数的平均值，则假设实际上输入是由一个或多个正数组成。简言之，正确性的证明是从若干确定条件的假设开始的，这个条件称作**前置条件**（precondition），以此来满足程序执行开始的需要。

正确性证明的下一步是考虑这些前置条件的结果是如何在程序中传播的。为了这个目的，研究人员分析了各种各样的程序结构来确定一条语句（已知在结构执行之前为真）是如何受到结构执行的影响的。作为一个简单的例子，如果在执行指令

```
X = Y
```

之前，已知一条关于Y值的语句成立，那么在该指令执行完之后，那条关于Y值的语句对X值也同样成立。更准确地讲，如果在指令执行之前已知Y的值不为0，那么可以推断，指令执行以后X的值也不为0。

一个稍微复杂点的例子发生在下面这样的if-else结构中。

```
if (condition):
  instruction A
else:
  instruction B
```

此处，如果某个已知的语句在结构执行以前成立，那么在执行instruction A之前，我们知道那条语句和那个测试条件皆为真；相反，如果要执行的是instruction B，那么我们就知道那条语句和测试条件的否定一定成立。

依照这些规则，可以通过识别称作**断言**（assertion）的语句来进行正确性的证明，断言可以建立在不同的程序点上。所得到的结果是一个断言集合，每一个都是程序前置条件的一个结果以及可以导致在程序中某点建立断言的一组指令。如果在程序的末尾建立的断言可以得到想要的输出［称为**后置条件**（postcondition）］，我们就能够断定程序是正确的。

作为一个例子，考虑图5-23中所示的一个典型while循环结构。假设，作为在A点给定的前置条件的结果，循环过程中每次终止测试的时候（B点），我们都能确认一个特定断言为真。［对于一个存在于某个循环内部的某个断言，如果在每次执行到这个循环的这一点时均为真，则称作**循环不变式**（loop invariant）。］然后，如果循环一旦终止，C点就会开始执行。此处我们可以

推断循环不变式和终止条件此时均成立。（循环不变式仍旧成立是因为终止测试不改变程序中的任何值，终止条件成立是因为否则循环不会终止。）如果这些组合语句暗示着期望的后置条件，我们的正确性证明仅仅通过初始化和修改最终导致终止条件的循环组件就可以完成。

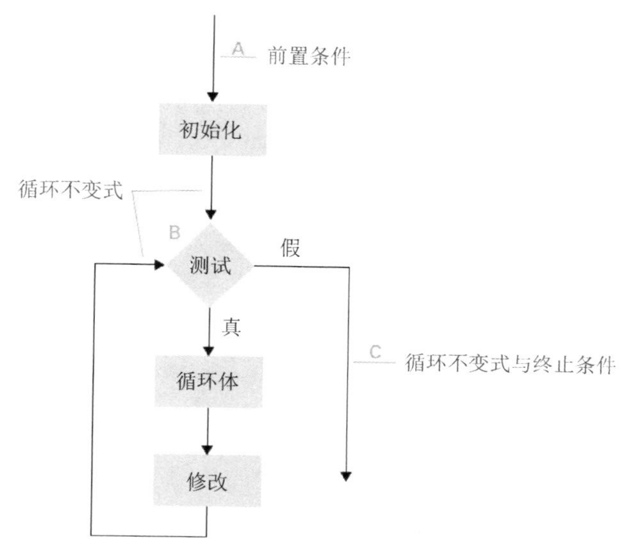

图5-23 与典型while结构相关联的断言

应该拿这个分析与图5-11中关于插入排序的例子相比较。那个程序的外层循环所依据的循环不变式是：

每次执行终止测试的时候，列表中从位置 1 到位置 N-1 的条目都已排序

终止条件是

N 的值大于列表的长度

因此，如果循环终止，我们就知道两个条件一定都满足了，这暗示着整个列表已排序。

程序验证技术发展的进步依然非常具有挑战性。即便这样，还是取得了一些进展，其中一个更具重要性的进展是在程序设计语言SPARK中发现的，SPARK语言与更为流行的Ada语言之间有着紧密的联系。（关于Ada语言，我们将在下一章举例说明。）除了允许程序用像伪代码这样的高层形式表示之外，还给程序员提供了包含断言的方法，如程序里的前置条件、后置条件和循环不变式。这样，用SPARK语言编写的程序不仅仅包含了应用的算法，还包含了形式化正确性证明技术应用所需的信息。迄今为止，SPARK已经成功地应用于涉及关键软件应用的很多软件开发项目中，包括美国国家安全局的安全软件、美国洛克希德·马丁公司的C130J大力神运输机的内部控制软件以及关键铁路运输控制系统。

尽管有SPARK这样的成功案例，但形式化程序验证技术并没有得到广泛的应用，因此今天大多数的软件还是通过测试来进行“验证”，而这个过程是不可靠的。毕竟，通过测试进行的验证仅能证明程序对于测试用例是正确的，任何附加的结论都仅仅是推测。程序中包含的错误往往都是测试和开发过程中没有注意到的一些细微疏忽的结果。因此，就像我们在黄金链问题中的错误一样，尽管做了很大的努力去避免它，但是程序中的错误往往还是发现不了。AT&T发生过一个戏剧性的例子，控制114交换站的软件中有一个错误，从1989年12月安装起到1990年1月15日都未被发现，在这段时间里，一组独特的环境致使大约500万次呼叫被不必要地阻塞了9小时。

问题与练习

1. 假设有一台使用插入排序算法编程的机器，排序100个名字的列表平均需要1秒。估算一下对1000个名字的列表排序需要多长时间？10 000个名字的列表呢？
2. 为下面的每种类型列出一个算法的例子：$\Theta(\log_2 n)$、$\Theta(n)$和$\Theta(n^2)$。
3. 将下列类型按有效性递减顺序排列：$\Theta(n^2)$、$\Theta(\log_2 n)$、$\Theta(n)$和$\Theta(n^3)$。
4. 考虑下面的问题和建议答案。看看建议答案是正确还是错误。为什么？

   问题：假设一个盒子里有3张卡片，其中一张两面都涂成黑色，另一张两面都涂成红色，第三张一面涂成黑色，另一面涂成红色。抽出其中一张卡片，只允许看一面，那么另一面与你所看到的颜色相同的概率有多大？

   建议答案：二分之一。假设你看到的卡片的那一面是红色的（如果是黑色的，讨论结果也是一样的）。三张卡片中只有两张有红色的一面，因此你看到的卡片必是这两张中的一张。这两张中的一张背面也是红色，另一张背面就是黑色，因此你看到的卡片背面是红色的概率和是黑色的概率一样大。
5. 下面的程序段是计算两个正整数（一个被除数和一个除数）的商（不考虑余数）的一种尝试，方法是计算从被除数中减去除数，直到余数比除数小时减的次数。例如，7/3对应的结果应该为2，因为3可以从7中减2次。这个程序正确吗？证明你的结论。

```
Count = 0
Remainder = Dividend
repeat:
  Remainder = Remainder - Divisor
  Count = Count + 1
  until (Remainder < Divisor)
Quotient = Count
```

6. 下面的程序是通过累计X个Y的总和的方法来计算非负整数X和Y的积。也就是说，3乘以4就是计算3个4的总和。下面这段程序对吗？证明你的结论。

```
Product = Y
Count = 1
while (Count < X):
  Product = Product + Y
  Count = Count + 1
```

7. 假设前置条件是：N的值是一个正整数，建立一个循环不变式，使得若下面的例程终止，Sum被赋值为$0+1+2+\cdots+N$。

```
Sum = 0
K = 0
while (K < N):
  K = K + 1
  Sum = Sum + K
```

   讨论该例程终止时的真正结果。
8. 假设一个程序以及执行它的硬件都已被形式化地验证过是准确的，那么这样就能保证准确性吗？

复习题

（带*的题目涉及选学章节的内容。）

1. 给出一组步骤的例子，使它符合5.1节开始部分给出的算法的非正式定义，但不符合图5-1给出的正式定义。
2. 解释建议算法的歧义性和算法表示的歧义性的区别。

3. 描述如何使用原语来帮助消除算法表示中的歧义性。
4. 选择一个你比较熟悉的学科，并设计一种伪代码来描述该学科。其中，要描述你要使用的原语以及用于表示它们的语法。(如果你想不出什么熟悉的科目，可以考虑体育、艺术或者工艺等。)
5. 从严格意义上讲，下面的程序表示的是一个算法吗？为什么？

```
Count = 0
while (Count != 5):
  Count = Count + 2
```

6. 从什么意义上讲，下列3个步骤并不构成一个算法？

   第1步：在直角坐标系的点（2,5）和点（6,11）之间画一条直线段。

   第2步：在直角坐标系的点（1,3）和点（3,6）之间画一条直线段。

   第3步：以上面两条线段的交点为中心，画一个半径为2的圆。
7. 用repeat结构代替while结构重写下面的程序段，确保它能够输出与原程序相同的值。

```
Count = 2
while (Count < 7):
  print(Count)
  Count = Count + 1
```

8. 利用while结构代替repeat结构重写下面的程序段，确保它能够输出与原程序相同的值。

```
Count = 1
repeat:
  print(Count)
  Count = Count + 1
  until (Count == 5)
```

9. 要把以

```
repeat:
  (. . . )
  until (. . . )
```

   形式表达的后测试循环转换为以

```
do:
  (. . . )
  while (. . . )
```

   形式表达的等价的后测试循环，怎样进行？
10. 设计一个算法，当给定数字0, 1, 2, 3, 4, 5, 6, 7, 8, 9的一个排列时，重新排列这些数字，使产生的新排列的数值在这些数字所有可能的排列中仅比原排列的数值大(或者报告不存在更大的排列)。例如，5647382901将产生排列5647382910。
11. 设计一个算法，找出一个正整数的所有因子。例如，对于整数12，该算法应该报告值1、2、3、4、6和12。
12. 设计一个算法，计算从1700年1月1日起的任意一天是星期几。例如，2001年8月17日是星期五。
13. 正式程序设计语言和伪代码的区别是什么？
14. 语法和语义之间的区别是什么？
15. 下面是一个传统的十进制加法问题，每个字母表示不同的数字。问每个字母表示什么数字？你是怎样迈出第一步的？

```
  XYZ
+ YWY
 ZYZW
```

16. 下面是一个传统的十进制乘法问题，每个字母表示不同的数字。问每个字母表示什么数字？你是怎样迈出第一步的？

```
   XY
 × YX
   XY
  YZ
  WVY
```

17. 下面是一个二进制加法问题，每个字母表示不同的二进制数字。问哪个字母表示1，哪个字母表示0？请为解决此类问题设计一个算法。

```
  YXX
+ XYX
 XYYY
```

18. 有4位采矿者，他们只有一个提灯，并且必须走路通过挖煤的坑道。他们最多可以两个人一起通过，并且其中一个人必须拿着提灯。这4位采矿者分别叫Andrews、Blake、Johnson和Kelly，他们单独通过矿井的时间分别是1分钟、2分钟、4分钟和8分钟。当两个人一起通过坑道时，要以速度慢的人的速度为准，如何安排才能使这4人在15分钟内通过坑道？在求解完这道题后，解释你是怎样迈出第一步的。
19. 有一大一小两个酒杯，先往小酒杯中倒满酒，再把小酒杯中的酒倒入大酒杯。然后，把小酒杯中倒满水，再把小酒杯中的一些水倒入大酒杯。在大酒杯中均匀搅拌，再把混合液体倒回到小酒杯，直到倒满。请问此时大酒杯中的水和小酒杯中的酒哪个多？解释你是怎样迈出第一步的。

20. 两只蜜蜂，一只叫罗密欧，一只叫朱丽叶，它们住在不同的蜂房，但是相爱了。在一个无风的春天早晨，它们同时离开各自的蜂房去拜访对方。它们相遇的地点在距离最近的蜂房50m的地方，但它们都没看到对方，因此继续，直到飞到对方的蜂房。在那里，它们用了相同的时间发现对方没在家，并开始返回。在距离最近蜂房20 m的地方，它们又相遇了，这次它们看到了对方，并在回家之前去野餐了。请问这两个蜂房的距离是多少？在求解完这道题后，解释你是怎样迈出第一步的。
21. 设计一个算法，给定两个字符串，测试第一个字符串是否是第二个字符串的子串。
22. 下面这个算法是用来打印所谓的斐波那契序列的开始部分的。请标识这个循环体，哪儿是循环控制的初始化步骤？哪儿是修改步骤？哪儿是测试步骤？产生的数字列表是什么？

```
Last = 0
Current = 1
while (Current < 100):
  print(Current)
  Temp = Last
  Last = Current
  Current = Last + Temp
```

23. 在下面的算法中，如果输入值分别以 0 和 1 开始，打印的数的序列是什么？

```
def MysteryWrite (Last, Current):
  if (Current < 100):
    print(Current)
    Temp = Current + Last
    MysteryWrite(Current, Temp)
```

24. 修改上一问题中的函数MysteryWrite，使得值以相反的顺序打印。
25. 如果用二分搜索算法（见图5-14）从给定的字母列表A、B、C、D、E、F、G、H、I、J、K、L、M、N、O中搜索值J，那么哪些字母会被询问到？如果搜索值Z呢？
26. 在对一个有6000个条目的列表进行许多次顺序搜索之后，你认为目标值与列表条目进行比较的平均次数是多少？如果搜索算法是二分搜索呢？
27. 确定下列每个迭代语句的终止条件。

a.
```
while (Count < 5):
  . . .
```

b.
```
repeat:
  . . .
  until (Count == 1)
```

c.
```
while ((Count < 5) and (Total < 56)):
  . . .
```

28. 标识下列循环结构的循环体，计算它将执行多少次。如果把测试条件改变为“(Count != 6)”会怎样？

```
Count = 1
while (Count != 7):
  print(Count)
  Count = Count + 3
```

29. 如果在计算机上实现下面这个程序，你觉得会发生什么问题？（提示：记得浮点运算可能会导致舍入误差。）

```
Count = one_tenth
repeat:
  print(Count)
  Count = Count + one_tenth
  until (Count == 1)
```

30. 设计一个递归版本的欧几里得算法（见5.2节问题与练习3）。
31. 假设Test1和Test2（下面定义的）的输入值都为1，那么下面两个例程的打印结果会有什么不同？

```
def Test1 (Count):
  if (Count != 5):
    print(Count)
    Test1(Count + 1)
def Test2(Count):
  if (Count != 5):
    Test2(Count + 1)
    print(Count)
```

32. 确定上一题中的例程的控制机制中的重要组成要素。具体而言，什么条件会使这一过程终止？在哪里可以修改过程状态，让它朝着终止条件变化？控制过程状态是在哪里进行的初始化？
33. 确定下面递归函数的终止条件。

```
def XXX (N):
  if (N == 5):
    XXX(N + 1)
```

34. 用值3调用函数MysteryPrint（下面定义的），记录打印的值。

```
def MysteryPrint (N):
```

```
    if (N > 0):
      print(N)
      MysteryPrint(N - 2)
    print(N + 1)
```

35. 用值2调用函数`MysteryPrint`（下面定义的），记录打印的值。

```
def MysteryPrint (N):
  if (N > 0):
    print(N)
    MysteryPrint(N - 2)
  else:
    print(N)
    if (N > -1):
      MysteryPrint(N + 1)
```

36. 设计一个算法，（按递增顺序）生成其素数因子为2和3的正整数的序列。也就是说，你的程序应该产生这样的序列：2, 3, 4, 6, 8, 9, 12, 16, 18, 24, 27, …。在严格意义上讲，你的程序表示的是一个算法吗？
37. 按照列表Alice、Byron、Carol、Duane、Elaine、Floyd、Gene、Henry和Iris，回答下列问题。
    a. 哪种搜索算法（顺序或二分）能更快找到名字Gene？
    b. 哪种搜索算法（顺序或二分）能更快找到名字Alice？
    c. 哪种搜索算法（顺序或二分）能更快检测出名字Bruce不存在？
    d. 哪种搜索算法（顺序或二分）能更快检测出名字Sue不存在？
    e. 在用顺序搜索算法搜索名字Elaine时，需要询问多少个条目？用二分搜索呢？
38. 0的阶乘定义为1。正整数的阶乘定义为整数本身和比自己小的非负整数的阶乘。我们用符号$n!$来表示整数n的阶乘。于是3的阶乘（写作3!）就是$3 \times (2!)=3 \times (2 \times (1!))=3 \times (2 \times (1 \times (0!)))=3 \times (2 \times (1 \times (1)))=6$。请设计一个递归算法来计算一个给定值的阶乘。
39. a. 假设你必须给一个有5个名字的列表排序，而且你已经设计了一个能给有4个名字的列表排序的算法。请利用已经设计好的算法来设计一个能给有5个名字的列表排序的算法。
    b. 基于问题a中使用的技术，设计一个能给任意长的名字列表排序的递归算法。
40. 称为汉诺塔的智力游戏有3根柱子，每个柱子都可以放置若干个大小不同的环，这些环自底向上直径越来越小。这个问题是，如何将一个柱子上排列好的环移到另一个柱子上，规则是每次只能移动一个环，较大的环不能放在较小的环上面。我们看到，如果总共就只有一个环，那么问题就非常容易。其次，当要移几个环的时候，如果你把除了最大的环之外的所有环都搬到另一个柱子上，那么就可以把这个最大的环搬到第三根柱子上，然后把其余的环搬到它上面。利用这个分析，开发一个递归算法来解决任意环数的汉诺塔问题。

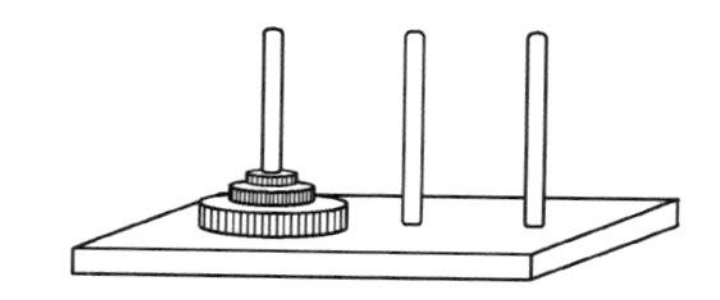

41. 解决汉诺塔游戏的另外一个方法是把3根柱子想象成一个圆圈排列，每根柱子在4点钟、8点钟、12点钟的位置上。开始时，一根柱子上的环从小到大以1, 2, 3等依次编号，最小的环编号为1。看一根柱子最上面的环，如果它的编号是奇数，则允许它按照顺时针方向移到下一根柱子上；同样，如果它的编号是偶数，则允许它按照逆时针方向移到下一根柱子上（只要不把较大的环放在较小的环的上面）。在这个限制条件下，当几个柱子上有可搬的环时，总是搬编号最大的环。按照这个思路，开发一个非递归算法来解决汉诺塔问题。

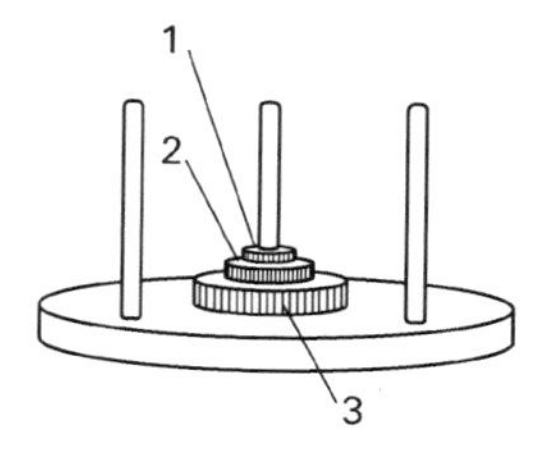

42. 开发两个算法，用来打印一个工人30天期间的日薪，要求一个算法基于循环结构，另一个基于递归结构。这个工人每天的薪水是前一天的两倍（第一天的薪水设为1便士）。如果在实际的机器上实现你的算法，那么在数的存储上面可能会遇到什么问题？
43. 设计一个算法来求一个正数的平方根。开始时，把这个正数本身作为根的第一个猜测值，以后按下列方法重复产生新的猜测值：原正数除以现在的猜测值得到商，取这个商和该猜测

值的平均值作为下一个猜测值。分析对这个重复过程的控制，特别是，这个重复过程的终止条件应该是什么？

44. 设计一个算法，列出一个由5个不同字符组成的字符串中的字符的其他可能的排列。
45. 设计一个算法，在给定的名字列表中找到最长的名字。使用for循环结构。如果列表里有多个“最长”的名字，那么算法应如何解决？特别是，如果列表里的所有名字的长度都一样，算法又应如何解决？
46. 设计一个算法，给定一个由5个数或更多数组成的列表，在不对整个列表进行排序的情况下，在列表中找出5个最小的数和5个最大的数。
47. 对名字Brenda、Doris、Raymond、Steve、Timothy和William进行排序，要求在使用插入排序算法（见图5-11）进行排序时比较次数最少。
48. 对于有4000个名字的列表，使用二分搜索算法（见图5-14）时最多要询问多少个条目？使用顺序搜索算法（见图5-6）呢？试对二者进行比较。
49. 使用大Θ符号对传统的小学加法和乘法的算法进行分类。也就是说，如果两个有n位数字的数相加，那么要做多少次一位的加法？如果两个n位数字的数相乘，那么要做多少次一位的乘法？
50. 有时对一个问题稍作变动就可能使它的解的形式发生重大改变。例如，找到一个简单的算法来解决下述问题，并用大Θ符号进行归类：

    把一群人分为两个不相交的（任意大小的）子组，使得两个子组成员的年龄的总和的差尽可能大。

    现在把问题改为，使得两个子组成员的年龄的总和的差尽可能小，再利用大Θ符号对这个问题的方法进行归类。
51. 从下面的列表中找出一组数，使其总和等于3165。你的方法的效率如何？

    26, 39, 104, 195, 403, 504, 793, 995, 1156, 1677
52. 下面例程中的循环会终止吗？请解释你的回答。如果把这个例程放到计算机上去实际执行（见1.7节），可能会发生什么情况。

```
X = 1
Y = 1 / 2
while (X != 0):
  X = X - Y
  Y = Y / 2
```

53. 下面的程序段是用来计算两个非负整数X和Y的乘积的，方法是累加X个Y的和；也就是说，3乘以4是通过累加3个4得到的。这个程序段正确吗？请解释你的回答。

```
Product = 0
Count = 0
repeat:
  Product = Product + Y
  Count = Count + 1
  until (Count == X)
```

54. 下面的程序段是用来报告正整数X和Y中哪个大的，这段程序正确吗？请解释你的回答。

```
Difference = X - Y
if (Difference is positive):
  print('X is bigger than Y')
else:
  print('Y is bigger than X')
```

55. 下面的程序段是用来从一个非空的整数列表中找到最大条目的。这个程序段正确吗？请解释你的回答。

```
TestValue = first list entry
CurrentEntry = first list entry
while (CurrentEntry is not the
    last entry):
  if (CurrentEntry > TestValue):
    TestValue = CurrentEntry
  CurrentEntry = the next list entry
```

56. a. 标识图5-6表示的顺序搜索算法的前置条件。为这个程序里的while结构确定一个循环不变式，当它与终止条件结合时，就意味着，在该循环终止时该算法将正确地报告成功或失败。
    b. 给出一个论据说明图5-6里的while循环事实上是会终止的。
57. 基于“赋给X和Y的值是非负整数”这个前置条件，标识下面的while结构里的循环不变式，当它与终止条件结合时，就意味着，与Z相联系的值在循环终止时一定是X-Y。

```
Z = X
J = 0
while (J < Y):
  Z = Z - 1
  J = J + 1
```

社会问题

希望下面的问题能引导读者思考一些与计算领域相关的道德、社会和法律问题。回答出这些问题还不够，还应该考虑为什么这样回答，以及你的判断是否对每个问题都标准如一。

1. 因为现在完全验证复杂程序的正确性几乎是不可能的，所以在何种情况下（如果有这种情况），程序的创建者对错误都负有责任？
2. 假设你有一个想法，并把它开发成了一个为很多人所用的产品，而这已经耗费了你一年的时间和50 000美元的投资。可是，该产品的最终形式可能被大多数没有向你购买该产品的人所使用。为了获得补偿你具有哪些权利？盗版计算机软件道德吗？音乐和运动图像呢？
3. 假设一个软件包非常昂贵，超出了你的预算，那么复制这个软件供自己使用道德吗？（毕竟，因为你无论如何都不可能去购买这个软件包，所以对供应商的销售额不会有影响。）
4. 人们对河流、森林、海洋等的所有权一直争论不休，那么在什么意义上应该给某人或某机构一个算法的所有权？
5. 有些人觉得新算法是被发现的，而另一些则觉得新算法是被创建的。你同意哪种说法？这些不同观点会导致关于算法的所有权和一般所有权的不同结论吗？
6. 设计一个实现非法行为的算法是道德的吗？它与该算法是否被实际执行有关吗？开发出这种算法的人应该具有该算法的所有权吗？如果具有，应该拥有哪些权利？算法的所有权应该与该算法的目的有关吗？大肆宣扬和散布破解安全的技术是道德的吗？它与破解的内容有关吗？
7. 一个作家会获得为一部小说支付的运动图像版权费，尽管这个故事在电影版本中经常被改动。一个故事要改变成一个不同的故事，它必须改变多少呢？对于算法来说，一个算法要变成一个不同的算法，必须要对这个算法做多少改动呢？
8. 面向18个月或更小儿童的教育软件现在正在销售。支持者认为，这些软件提供的视界和声音是许多孩子无法通过其他途径获得的；反对者认为，它是父母与子女之间交流的拙劣的替代品。你有什么看法？你应该在没有对这个软件了解更多的情况下采取行动吗？如果是，你会怎么做？

课外阅读

Aho, A. V. ,J. E. Hopcroft, and J. D. Ullman. *The Design and Analysis of Computer Algorithms*. Boston, MA: Addison-Wesley, 1974.

Baase, S., and A. Van Gelder. *Computer Algorithms: Introduction to Design and Analysis,* 3rd ed. Boston, MA: Addison-Wesley, 2000.

Barnes, J. *High Integrity Software: The SPARK Approach to Safety and Security*. Boston, MA: Addsion-Wesley, 2003.

Gries, D. *The Science of Programming.* New York: Springer-Verlag, 1998.

Harbin, R. *Origami—the Art of Paper Folding.* London: Hodder Paperbacks, 1973.

Johnsonbaugh, R., and M. Schaefer. *Algorithms*. Upper Saddle River, NJ: Prentice-Hall, 2004.

Kleinberg , *Algorithm Design*, 2nd ed. Boston, MA: Addison-Wesley, 2014.

Knuth, D. E. *The Art of Computer Programming*, *Vol.3*, 2nd ed. Boston, MA: Addison-Wesley, 1998.

Levitin, A. V. *Introduction to the Design and Analysis of Algorithms*, 3rd ed. Boston, MA: Addison-Wesley, 2011.

Polya, G. *How to Solve It*. Princeton, NJ: Princeton University Press, 1973.

Roberts, E. S. *Thinking Recursively*. New York: Wiley, 1986.

第6章 程序设计语言

本章我们来学习程序设计语言。我们将继续在合适的地方使用Python示例，但是我们的目标不是专注于某一门特定的程序设计语言，而是学习与程序设计语言相关的一些知识。我们要了解程序设计语言及其相关联的方法之间的共性和个性。

本章内容

如果人们被迫使用机器语言直接编写程序，很可能就无法开发出复杂的软件系统，如操作系统、网络软件和当今可用的大量应用软件。我们至少可以这么说，在试图组织复杂系统的同时，处理这些与机器语言有关的错综复杂的细节必定是一项繁重的工作。

因此，人们开发出了许多程序设计语言，使得算法的表达既便于人理解，又便于转换为机器语言指令。本章的目标是探究计算机科学领域内的这些语言的设计和实现的处理。

6.1 历史回顾

我们从追溯程序设计语言的历史发展开始。

6.1.1 早期程序设计语言

正如在第2章学过的，现代计算机的程序由采用数字编码的指令序列组成。这样的编码系统称为机器语言。但是，用机器语言编写程序是一项冗长乏味的任务，而且经常出错，在工作完成之前，这些错误必须被找到并更正——这个过程称为**调试**（debugging）。

20世纪40年代，研究人员为了简化程序设计过程开发了计数制系统，使得指令可以用助记符表示，不用使用数字形式表示。例如，指令

```
把寄存器 5 的内容移动到寄存器 6
```

可用第2章介绍的机器语言表示为

```
4056
```

而使用助记符系统时，可以表示为

```
MOV  R5, R6
```

再举一个更大一点的例子，机器语言例程

```
156C
166D
5056
306E
C000
```

将存储单元6C和6D的内容相加，将结果存储在地址6E（见2.2节图2-7）中，可以使用助记符表达为：

```
LD R5, Price
LD R6, ShippingCharge
ADDI R0, R5 R6
ST R0, TotalCost
HLT
```

[这里，我们使用LD、ADDI、ST和HLT分别表示*加载*、*相加*、*存储*和*停止*。此外，我们使用描述性名称Price、ShippingCharge和TotalCost分别指代地址为6C、6D和6E的存储单元，这些描述性的名称常称为程序变量或**标识符**（identifier）。] 注意，助记符形式虽然有不足之处，但是与数字形式相比，它确实能更好地表达例程含义。

建立起这种助记符系统后，人们就开发了称为**汇编器**（assembler）的程序，用来将助记符表达式转换为机器语言指令。以此方式，人们可以使用助记符的形式开发程序，然后再用汇编器把它转换为机器语言，而不必直接使用机器语言开发程序。

表示程序的助记符系统统称为**汇编语言**（assembly language）。当汇编语言最初被开发出来时，它们代表了在研究更好的程序设计技术方面迈出了巨大一步。实际上，汇编语言的出现是革命性的事件，以至于它们被称为第二代程序设计语言，而第一代程序语言是机器语言本身。

尽管汇编语言与它们对应的机器语言相比有不少的优势，但是仍有一些不足——它们没有提供最终的程序设计环境。毕竟，在汇编语言中使用的原语本质上和与之相对应的机器语言中的相同，这两者的不同仅仅体现在用于表示它们的语法上。因此，用汇编语言写的程序必然依赖于机器，也就是说，程序中使用的指令都是遵循特定的机器特性来编写的。反过来，用汇编语言写的程序不能被简单地移植到另一种机器设计上，因为这个程序必须重写才能遵循新计算机的寄存器配置和指令集。

汇编语言的另一个缺点是，尽管程序员不再必须使用数字形式对指令进行编码，但仍不得不从机器语言的角度一小步一小步地思考。这种情况很类似于房屋设计——我们毕竟还是要根据木板、钉子和砖块等来设计。确实，在实际的房屋建造中，最后的确还需要一个基于这些基本元素的描述，但是如果我们根据诸如房间、窗户和门等更大一些的单元来思考设计，设计过程应该会更容易一些。

简而言之，最终构建产品所使用的基本原语不一定是在产品设计过程中使用的原语。这个设计过程应该更适合使用高级原语——每一个原语都代表了一个与产品的主要特性相关的概念。一旦设计过程结束，这些原语就能够被翻译成与实现细节相关的较低级概念。

根据这种哲理，计算机科学家开始开发比低级的汇编语言更易于开发软件的程序设计语言。结果就出现了第三代程序设计语言，它们与前两代程序设计语言的不同之处在于，它们的原语不仅级别更高（它们所能表达的指令有较大幅度的增加），而且都是**机器无关**（machine independent）的（它们不依赖于特定机器的特性）。最著名的早期例子是FORTRAN（全称为FORmula TRANslator）和COBOL（全称为COmmon Business-Oriented Language）；前者是为科学和工程应用开发的；

后者是由美国海军为商业应用开发的。

一般来说，第三代程序设计语言的方法就是标识一个高级原语集合（基本上和我们在第5章中开发伪代码的思路一致），而软件要使用这些原语来开发。每一个原语都要能够实现为一个机器语言可用的低级原语序列。例如，语句

```
把 Price + ShippingCharge 的值赋给 TotalCost
```

描述了一个高级的活动，它并不与执行此任务的特定机器相关，但它可以由先前讨论过的机器指令序列来实现。因此，我们的伪代码结构

```
标识符 = 表达式
```

是潜在的高级原语。

一旦这样的高级原语集合被标识出来，就可以编写出一个称作**翻译器**（translator）的程序，这个程序能够把用高级原语表示的程序翻译成机器语言程序。除了常常将一些机器指令编译为短序列来模拟一个高级原语所请求实现的活动，翻译器很类似于第二代语言的汇编器。因此，这些翻译程序通常也称为**编译器**（compiler）。

翻译器的一种替代方案是**解释器**（interpreter），它是作为实现第三代程序设计语言的另一种方法出现的。这些程序类似于翻译器，不同之处是，它们在翻译出指令的同时执行指令，而不是把翻译出的指令记录下来供将来使用。也就是说，解释器不产生供以后执行使用的程序的机器语言副本，而是依据程序的高级形式实际执行它。

另一个枝节问题是，我们应当注意到发展第三代程序设计语言的任务并没有想象得那么简单。使用类似于自然语言的形式来编写程序的思想是革命性的，以至于首先在许多管理部门人员中引起了争论。Grace Hopper是公认的第一个编译器的开发者，她常常讲这样的故事，她在演示第三代语言的翻译器时，使用的是德文词汇，而不是英文词汇。关键是，程序设计语言是围绕一小组原语来构造的，而这些原语可以用各种各样的自然语言来表达，只需要稍微修改一下翻译器。但是，她惊讶地发现，许多听众对于她在第二次世界大战前后的几年里一直在教计算机“理解”德语感到震惊。今天，我们知道理解一门自然语言涉及的问题远远超过对不多几条严格定义的原语的响应。的确，**自然语言**（natural language，如英语、德语和拉丁语）不同于**形式语言**（formal language，如程序设计语言），后者是由语法严格定义的（见6.4节），而前者还远远没有涉及形式语法分析。

跨平台软件

典型的应用程序必须依赖操作系统来完成它的许多任务。它也许需要窗口管理程序提供的服务与计算机用户进行交互，也许需要利用文件管理程序从海量存储器中检索数据。但是，不同的操作系统可能要求以不同的方式请求这些服务。这样一来，对于需要跨网络和互联网来传输和执行的程序而言，网络和互联网涉及各种不同的机器设计和不同的操作系统，因此程序必须要做到与操作系统无关，同时与机器无关。“跨平台”这个术语用于反映这种额外的独立程度。也就是说，跨平台软件是一个可以独立于操作系统设计和具体机器硬件设计的软件，因此在整个网络上都是可执行的。

6.1.2　机器无关和超越机器无关

随着第三代程序设计语言的开发，机器无关的目标在很大程度上实现了。由于第三代语言中的语句不再与任何特定机器的特性有关，因此它们能够在不同的机器上被轻松编译。通过使

用合适的编译器，一个用第三代语言编写的程序理论上应该能够在任何机器上使用。

但是，现实证明并不是这么简单。在设计编译器时，底层机器的具体特征有时候会作为要翻译的语言的条件反映出来。例如，不同的机器处理I/O操作有不同的方法，这在历史上导致了"相同的"语言在不同的机器上有着不同的特征或方言。因此，对于一个程序而言，从一台机器移植到另一台机器通常多少都要做些修改。

伴随可移植性问题而来的是，对在某些情况下关于特定语言的正确定义应该包括哪些东西缺乏一致性的认识。为此，美国国家标准化学会（ANSI）和国际标准化组织（ISO）正式通过并公布了许多流行语言的标准。除此之外，出于某种语言的某个方言的流行以及其他编译器的作者生产兼容产品的意愿，还制定了一些非正式的标准。但是，即使是高度标准化了的语言，编译器的设计者通常还是会提供一些不包括在标准版本之中的特性，这些特性有时也被称为语言扩展。如果一个程序员利用这些特性，那么他设计出来的程序就不能兼容采用其他厂商编译器的环境。

在程序设计语言的整个历史中，由于以下两个原因，第三代语言没有真正达到机器无关这个事实并不重要。第一，它们已经几乎达到了机器无关性，软件可以从一台机器相对比较容易地移植到另一台机器。第二，机器无关的目标仅仅是其他更高目标的一个基础。确实，机器能够响应像

```
把 Price + ShippingCharge 的值赋给 TotalCost
```

这样的高级语句，这种现实致使计算机科学家们梦想实现这样的程序设计环境：它允许人们用抽象的概念与机器进行交互，而不再强迫机器把这些概念翻译成与机器兼容的格式。此外，计算机科学家更希望机器能够实现许多算法发现过程，而不是仅仅能够执行算法。结果带来程序设计语言谱系的不断扩大，以至于按照不同世代的清晰划分受到挑战。

6.1.3 程序设计范型

程序设计语言是基于一个线性尺度（见图6-1）划分为不同世代的，在这个线性尺度上，语言的定位是由这个语言的使用者不受机器语言世界约束的程度，以及允许从解决问题的角度来进行思考的程度决定的。实际上，程序设计语言并不是严格遵照这种划分方式发展的，而是沿着不同的路径发展成了已经浮出水面并受追捧的程序设计过程［称为**程序设计范型**（programming paradigm）］的替代方法。因此，图6-2所示的多轨迹图能更好地描述程序设计语言的发展历程，该图显示了来源于不同范型的不同路径的出现和发展。具体地说，这幅图展示了4条路径，分别代表了函数式范型、面向对象范型、命令型范型和说明性范型，图中通过与其他语言相对位置的关系，指出了与每一个范型联系的各种语言的诞生时间。（但是这并不意味着一种语言必然是从一种早期语言中发展而来的。）

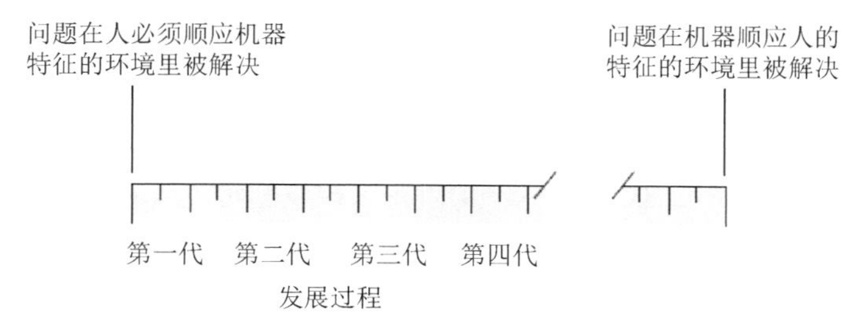

图6-1 程序设计语言的世代

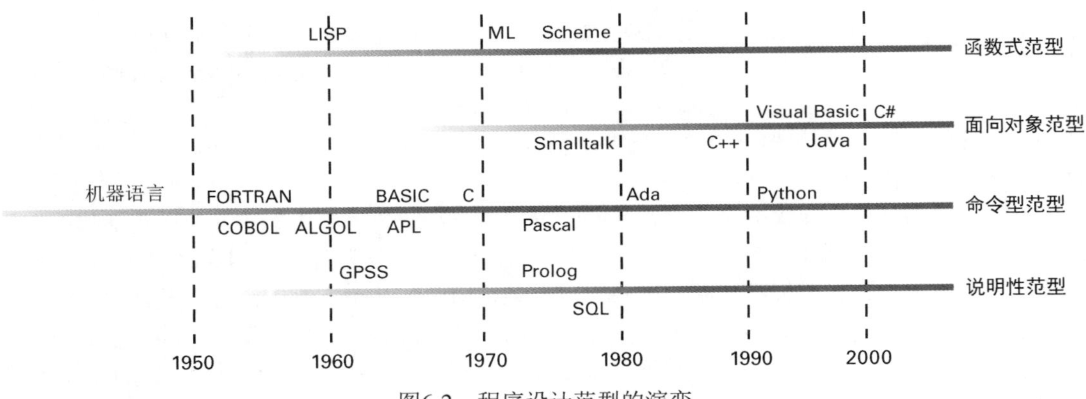

图6-2　程序设计范型的演变

我们应当注意到，尽管图6-2中标识的范型称为程序设计范型，然而对不同的分支（即路线）的选择已经超出了程序设计过程的范畴。它们基本上代表了构建问题解决方案的不同方法，并且因此影响整个软件开发过程。在这种意义上，程序设计范型这个术语有些使用不当，一个更现实的术语应该是软件开发范型。

命令型范型（imperative paradigm）也叫**过程范型**（procedural paradigm），代表了程序设计过程的传统方法。命令型范型就是Python、第5章中的伪代码以及第2章讨论的机器语言所基于的范型。正如它的名字所暗示的那样，命令型范型定义的程序设计过程是开发一个命令序列，遵照这个序列，对数据进行操作以产生所期望的结果。因此命令型范型告诉我们，要处理程序设计过程，首先要找到解决手头问题的算法，然后将这个算法表示为一个命令序列。

与命令型范型相对的是**说明性范型**（declarative paradigm），它要求程序员描述的是要解决的问题，而不是要遵循的算法。更准确地说，说明性程序设计系统是应用预先设定的解决问题的通用算法来解决面临的问题的。在这种环境下，程序员的任务变成了开发问题的准确陈述，而不是描述一个解决问题的算法。

在开发基于说明性范型的程序设计系统时，一个主要的障碍就是需要一个潜在的解决问题的算法。正因为这样，早期的说明性程序设计语言本质上倾向于特定的用途，专为特殊应用设计。例如，许多年以来，说明性方法一直用于模拟一个系统（政治的、经济的、环境的等等）来判定假设或获得预测。在这些情况下，潜在的算法本质上是通过重复计算参数的值（国内生产总值、贸易赤字等）来模拟时间推移的过程，其中所用的参数都基于以前计算得到的值。于是，用于这类模拟的说明性语言需要首先实现一个执行该重复函数的算法。然后，使用这个系统的程序员唯一的任务就是描述要模拟的情况。按照这种方法，天气预报员不必开发一个预报天气的算法，只需要描述当前的天气情况，让潜在的模拟算法来产生未来几天的天气预报。

人们发现，数学里的形式逻辑学科提供了一种简单的、适用于通用说明性程序设计系统的问题求解算法，这极大地促进了说明性范型的发展。其结果是人们更加关注说明性范型，并且出现了**逻辑程序设计**（logic programming），这是6.7节要讨论的主题。

另一种程序设计范型是**函数式范型**（functional paradigm），基于该范型的程序可以看作是接受输入和产生输出的实体。数学家将这样的实体称为函数，这就是这种范型被称为函数式范型的原因。函数式范型的程序是通过连接较小的预定义程序单元（预定义函数）来构建的，其中每一个程序单元的输出都可以用作另一个程序单元的输入，通过这种方式可以获得所期望的整体上的输入-输出关系。简而言之，这种函数式范型的程序设计过程就是把函数构造成较简单的函数的嵌套联合体。

举一个例子，图6-3说明了如何由两个较简单的函数构成一个计算支票簿余额的函数。其中一个称为Find_sum，它接收一些值作为输入，产生这些值的和作为输出；另一个称为Find_diff，它接收两个值，计算它们的差。使用LISP程序设计语言（一个著名的函数式程序设计语言）时，图6-3所示的结构可以用下列表达式表示：

```
(Find_diff (Find_sum Old_balance Credits) (Find_sum Debits))
```

该表达式的这个嵌套结构（如括号中指定的）反映了这样一个事实：函数Find_diff的输入是由Find_sum的两次应用产生的。Find_sum的第一次应用是计算所有Credits加Old_balance的结果，第二次应用是计算所有Debits的总和。然后，函数Find_diff使用这两个结果计算新的支票余额。

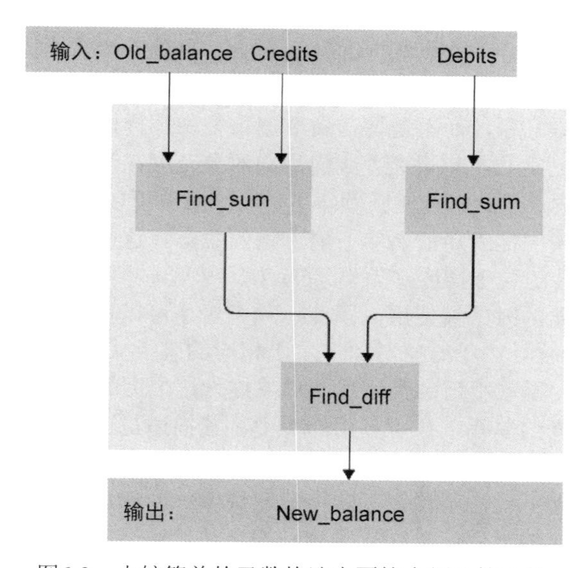

图6-3 由较简单的函数构造支票簿余额计算函数

为了更全面地理解函数式范型与命令型范型之间的区别，我们把求支票簿余额的函数式程序同下面遵循命令型范型的伪代码程序进行一下比较：

```
Total_credits = 所有 Credits 的总和
Temp_balance = Old_balance + Total_credits
Total_debits = 所有 Debits 的总和
Balance = Temp_balance - Total_debits
```

注意，这个命令型程序由多条语句组成，每条语句都要求执行计算，并请求把这个结果存储起来供以后使用。与命令型程序不同，函数式程序由单个语句组成，程序中的每个计算结果都会立即传送给下一个函数式程序。从某种意义上说，命令型程序可以看作是若干工厂的集合，每个工厂都把原材料生产成产品，并把这些产品存放在仓库里。然后，产品从这些仓库被装运到其他需要这些产品的工厂。虽然函数式程序也可以看作是若干工厂的集合，但是这些工厂是协调工作的，每个工厂仅仅生产其他工厂订购的产品，然后立刻把这些产品运送到目的地而不需要中间存储。这种效率也是函数式范型的支持者声明的优点之一。

另一种程序设计范型（当今软件开发领域中最著名的一个）是**面向对象范型**（object-oriented paradigm），它是与称为**面向对象程序设计**（Object-Oriented Programming，OOP）的程序设计过程相联系的。遵照该范型设计的软件系统被看作是一个**对象**（object）的集合，每一个对象都能够执行与自己直接相关的动作以及其他对象请求的动作。总之，这些对象通过交互解决手头的问题。

再举一个面向对象方法的例子，考虑一个开发图形用户界面的任务。在面向对象环境中，屏幕上的图标将作为对象来实现。每个对象包含一个函数集合[在面向对象环境中称为**方法**（method）]，用于描述对象是如何响应各种事件的发生的，诸如被鼠标单击选中或者是被鼠标在屏幕上拖动等。因此，整个系统可以看作是由一个对象的集合构建的，每一个对象都知道如何响应与之有关的事件。

为了比较命令型范型与面向对象范型，这里考虑一个涉及名字列表的程序。在传统的命令型范型中，这个列表仅仅是一个数据的集合，任何一个访问这个列表的程序都必须包含执行所需操作的算法。然而，在面向对象方法中，这个列表将被构建成由列表和操作这个列表的方法的集合组成的对象。（这可能包括向列表中插入新条目的函数、从列表中删除条目的函数、检测列表是否为空的函数，以及对列表排序的函数。）因此，另外一个需要操作这个列表的程序单元不再包含执行这些任务的算法，而是要利用这个对象中提供的函数。从某种意义上说，程序单元要求列表自己把自己排好序，而不是像在命令型范型中那样由程序单元对列表排序。尽管我们将要在6.5节更详细地讨论面向对象范型，但面向对象范型在当今软件开发领域的重要性要求我们在这里引入类的概念。为此，我们回顾一下，一个对象可以包含数据（如名字列表），同时包含完成活动（如在列表中插入新的名字）的方法的集合。这些特性必须通过所写的程序中的语句来描述。对象的属性的这个描述称为**类**（class）。一旦一个类被构造好了，它就可以在任何需要具有这些特征的对象的时候被使用。因此，几个对象可以基于同一个类（即由同一个类构建）。就像同卵双胞胎一样，由于这些对象产生于相同的模板（相同的类），它们虽然具有相同特征但却是不同的实体。基于特定的类构建的对象称为这个类的**实例**（instance）。

由于对象是明确定义的单元，在可重用的类中，其描述是孤立的，所以面向对象范型受到了欢迎。进而，面向对象程序设计的支持者指出面向对象范型为软件开发的“构建块”方法提供了一个自然的环境。他们设想了预定义的类的软件库，通过这个库，新的软件系统能够像许多传统的产品构建于现成的组件一样构建出来。构建和扩展这样的库是一个持续的过程，我们将在第7章学习到。

最后，我们应该注意到，包含在一个对象内的方法实质上是一些小的命令型程序单元。这就意味着，大多数基于面向对象范型的程序设计语言都包含许多可以在命令型语言中找到的特性。例如，当前流行的面向对象语言C++就是通过在C语言这个命令型语言中添加一些面向对象的特性开发出来的。此外，从C++派生出来的Java和C#也都继承了命令型语言的精髓。在6.2节和6.3节，我们将探究命令型语言的许多特性，在这样做的同时，我们将讨论贯穿在今天绝大多数面向对象软件里的概念。然后，在6.5节中，我们将学习面向对象范型专有的特性。

问题与练习

1. 在什么意义上，用第三代语言编写的程序是机器无关的？在什么意义上，它们还是依赖于机器的？
2. 汇编器和编译器的区别是什么？
3. 我们可以用下面的话概述命令型程序设计范型：它强调的是描述一个可以引出手头问题解决方案的过程。请给出说明性范型、函数式范型和面向对象范型的类似概述。
4. 在什么意义上，第三代程序设计语言比前两代程序设计语言更高级？

6.2　传统的程序设计概念

在本节中，我们将研究命令型程序设计语言和面向对象程序设计语言中的一些概念。我们将会从Ada、C、C++、C#、FORTRAN和Java等程序设计语言中引出一些例子。我们的目标并不是针对某一种语言的细节纠缠不放，而只是要展示常见语言特性是如何出现在各种实际程序设计语言中的。因此，我们的程序设计语言集合只选择具有代表性的例子。C是第三代命令型语言。C++是通过对C语言进行扩展得到的面向对象的程序设计语言。Java和C#均继承了C++的一些特性，它们都是面向对象语言。（Java是Sun Microsystems公司开发的，而C#是微软公司的产品；Sun Microsystems公司后来被甲骨文公司收购了。）FORTRAN和Ada最初是作为第三代命令型语言设计的，尽管它的最新版本包含了大多数的面向对象范型。附录D简短地介绍了这些语言中每一种的背景。

尽管我们在例子中涉及了C++、Java、C#之类的面向对象语言，但是本节中将把程序想象成是基于命令型范型编写的程序，这是因为面向对象程序（如描述一个对象应该怎样响应外部刺激的函数）中的许多单元基本上都是简短的命令型语言程序。后面在6.5节，我们将主要讨论面向对象范型独有的特性。

脚本语言

命令型程序设计语言的一个子集是称为**脚本语言**（scripting language）的语言集合。这些语言通常用来执行管理任务，而不是开发复杂的程序。这种任务的表述称为**脚本**（script），它解释了术语“脚本语言”。例如，计算机系统的管理员也许会写一个脚本来描述一系列每晚执行的需要保持记录的活动，而PC的用户也许会写一个脚本来指导一系列程序的执行，以从数码相机中读取照片，通过日期对照片建立索引，以及在档案存储系统中存储照片的副本。脚本语言的起源可以追溯到20世纪60年代的作业控制语言，当时在批处理作业的调度中它被用于指导操作系统（见3.1节）。甚至在今天，许多人都认为脚本语言是指导其他语言执行的语言，这就对现在的脚本语言的认识产生了局限性。脚本语言的例子包括Perl和PHP，二者在控制服务器端Web应用（见4.3节）和VBScript中很受欢迎，VBScript是Visual Basic的一种方言，由微软公司开发并用于Windows的特定环境下。

通常，程序由一组语句组成，这些语句一般可以分成3类：声明语句、命令语句和注释。**声明语句**（declarative statement）定义了程序中后面要用到的自定义术语，如用来引用数据项的名字；**命令语句**（imperative statement）描述了潜在的算法里的步骤；**注释**（comment）则通过比较人性化的形式来解释程序中的一些难懂的特性，从而提高程序的可读性。通常，命令型程序（或者面向对象程序中的命令型程序）可以被认为具有图6-4描述的结构。它以描述程序要操作的数据的一组声明语句开始，紧接其后的是描述要执行的算法的命令语句。现在，很多语言都允许声明语句和命令语句自由交织存在，但其概念上的区别依然存在。注释语句是很分散的，仅仅出现在需要对程序进行解释的地方。

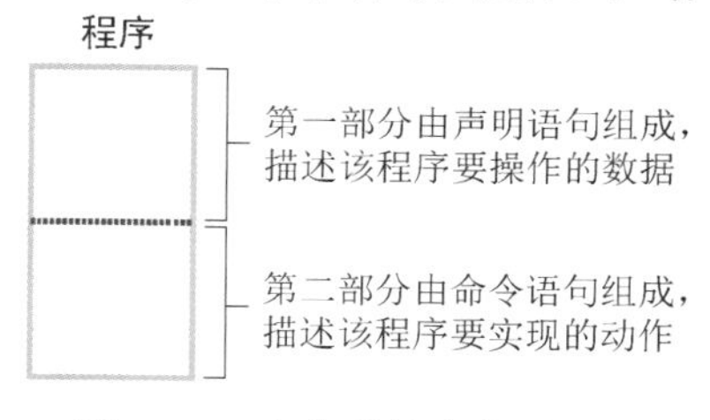

图6-4 一个典型的命令型程序或程序单元的结构

根据指引，我们通过考虑语句目录来研究程序设计概念，该语句目录的顺序是我们在一个程序中可能遇到的这些语句的顺序，从与声明语句有关的概念开始。

6.2.1 变量和数据类型

正如在1.8节中提到的那样，高级程序设计语言允许使用描述性的名字指向主存储器中的位置，而不必再使用数字地址，这样的名字称为**变量**（variable）。之所以这样取名是因为，随着程序的执行，只要改变存储在这个位置里的值，那么与该名字相联系的值就会改变。与Python不同，本章中我们的示例语言要求程序在使用变量之前先用声明语句标识变量。同时，这些声明语句也会要求程序员描述变量所指向的将存储在存储器位置中的数据的类型。

这样的类型称为**数据类型**（data type），它决定了数据项的编码方式以及在该数据上可执行的操作。例如，**整型**（integer）就是可能以二进制补码记数法存储的数字数据，它是由全体整数组成的。可以在整型数据上进行的运算包括传统的算术运算和相对大小的比较，如判断一个值是否比另一个值大。**实型**（real）有时也称为**浮点型**（float），是指可能以浮点记数法存储的整数之外的数字数据。可以在实型数上进行的操作类似于那些可以在整型数上进行的操作，但是注意，把两个实型数相加与把两个整型数相加是两个不一样的操作。

假设我们需要在一个程序中使用变量`WeightLimit`来指向一个主存储器区域，这区域里包含着一个用二进制补码记数法编码的数值。在程序设计语言C、C++、Java和C#中，我们可以在程序的开头插入声明语句：

```
int WeightLimit;
```

这个语句的意思是："名字`WeightLimit`将要在后面的程序中用到，它指向一个存储器区域，这个存储器区域中包含着一个用二进制补码记数法存储的值。"同一类型的多个变量通常可以在同一个声明语句中声明。例如，语句

```
int Height, Width;
```

声明了两个整型变量`Height`和`Width`。此外，大多数语言允许在声明变量时，为变量赋一个初始值。因此，语句

```
int WeightLimit = 100;
```

不仅声明了一个整型变量`WeightLimit`，而且还为这个变量赋了一个初始值`100`。与此相反，像Python这样的动态类型语言允许变量在不声明类型的情况下被赋值；对这种变量的正确类型检查会在后面对它们执行运算时进行。

其他通用数据类型还包括字符型和布尔型。字符型指的是由符号组成的数据，它们通常使用ASCII或者Unicode进行编码存储。可以在这种数据上进行的运算包括比较运算，如按照字母顺序判断一个符号是否在另一个符号的前面，测试查看一个符号串是否在另一个符号串中，以及将一个符号串连接在另一个符号串的尾部从而形成一个更长的符号串。语句

```
char Letter, Digit;
```

在程序设计语言 C、C++、C#和 Java 中用来声明两个字符型变量：`Letter` 和 `Digit`。

布尔型（Boolean）是指数据项的取值仅可为真或为假。可以在布尔型数据上进行的运算包括判断当前值是真还是假。例如，如果变量`LimitExceeded`被声明为布尔型，那么下面这种形式的语句就是合理的：

```
if (LimitExceeded) then (...) else (...)
```

作为原语包括在程序设计语言里的数据类型（像对于整型的`int`，对于字符的`char`）称为**基本数据类型**（primitive data type）。我们所知道的整型、浮点型、字符型、布尔型都是通用的原语，其他数据类型（包括图像、音频、视频以及超文本）目前还没有成为程序设计语言的通用原语。但是，像GIF、JPEG和HTML这样的类型可能马上就要像整型和浮点型一样通用了。在6.5节和8.4节，我们将学习到面向对象范型是如何使程序员在一门程序设计语言提供的原语类

型的基础之上扩展可用数据类型的指令系统的。的确，这种能力是面向对象范型的一个著名的特征。

下面程序段是用C语言及其派生语言C++、C#和Java表达的，它将变量Length和Width声明为浮点型，变量Price、Tax和Total声明为整型，变量Symbol声明为字符型。

```
float Length, Width;
int   Price, Tax, Total;
char  Symbol;
```

在6.4节，我们会看到翻译器是如何利用从这些声明语句中收集到的知识，把一个程序从高级语言形式翻译为机器语言形式的。这里，我们要注意的是，这些信息可以用来识别错误。例如，对于两个早先声明为布尔型的变量，如果翻译器发现一个要求对它们做加法的语句，那它很可能认为这个语句是错误的，并把这个发现报告给用户。

6.2.2 数据结构

除了数据类型，程序中的变量通常与**数据结构**（data structure）有关，即与数据在概念上的形态或布局有关。例如，文本通常被看作是一个长的字符串，而销售记录可能被视为数值的矩形表，其每一行代表某位雇员完成的销售，每一列代表某一天所完成的销售。

一个常用的数据结构是**数组**（array），即由相同类型的元素组成的块，如一维列表、一个由行和列组成的二维表或更高维数的表。为了在程序中建立这样的数组，大多数程序设计语言要求声明语句在声明数组名字的同时也要明确指出数组每一维的长度。例如，图6-5显示了由C语言语句

```
int Scores[2][9];
```

声明的概念上的结构，它的意思是："变量Scores将要在后面的程序单元中使用到，指向一个2行9列的二维整型数组。"在FORTRAN中同样的声明语句要写成

```
INTEGER Scores(2,9)
```

数组一旦声明，就能够通过它的名字在程序中的任何地方引用它，或者通过一个称作**索引**（index）的整数值来标识这些数组的组成元素，指定所需的行、列等信息。但是，索引的范围在不同的语言中是不同的。例如，在C语言（及其派生语言C++、Java和C#）中，索引是从0开始，也就是说对称为Scores的数组（上文已声明）的第2行第4列的条目将用Scores[1][3]来引用，而第1行第1列的条目将用Scores[0][0]来引用。相反，在FORTRAN程序中索引是从1开始的，所以第2行第4列的条目将用Scores[2][4]来引用（可再参考图6-5）。

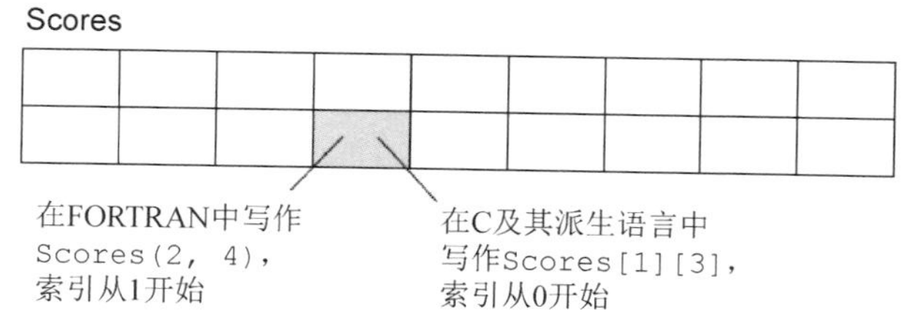

图6-5 拥有2行9列的二维数组

相比由同一种数据类型的数据元素组成的数组，**聚合类型**［aggregate type，也称**结构**（structure）、**记录**（record），有时还称**异构数组**（heterogeneous array）］是一个数据块，不同的元素在这个数据块中可以有不同的类型。例如，一个雇员的数据块可能由一个称为Name的字符

型条目、一个称为Age的整型条目以及一个称为SkillRating的实型条目组成。这样的聚合类型用C语言声明如下：

```
struct { char Name[25];
         int Age;
         float SkillRating;
       } Employee;
```

上述声明的意思是：变量Employee指向一个结构（structer，简写为struct），这个结构有3个构成元素，它们分别是Name（包含25个字符的字符串）、Age和SkillRating（见图6-6）。

一旦声明了一个这样的聚合体，程序员就可以使用这个结构的名字（Employee）来指向整个集合体，或者用结构的名字跟一个句点和字段名（如Employee.Age）来表示集合体中的单个**字段**（field）。

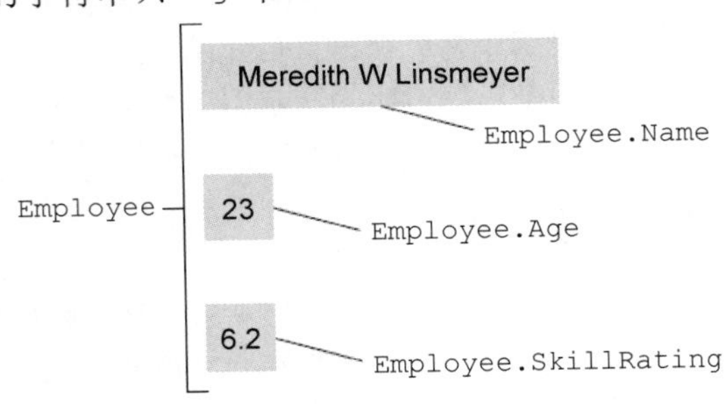

图6-6 结构Employee的概念布局

在第8章，我们将会看到诸如数组这样的概念结构是如何在计算机内部真正实现的。特别是，我们将会学到，一个数组里面的数据可以散布在主存储器或者海量存储器上的广大区域内，这就是将数据结构表达成概念上的数据形态或者数据布局的原因。当然，计算机存储系统中的实际布局也许与它在概念上的布局完全不同。

6.2.3 常量和字面量

有时，在程序中要用到预先确定的固定值。例如，一个管理机场附近区域空中交通的程序，也许要无数次引用一些关于机场的海拔高度的数据。当编写这样一个程序的时候，在每次需要这个数据时，我们都可以从字面上包含这个值，比如说645英尺（约196.6米）。一个值的这样一种显式出现称为**字面量**（literal）。字面量的使用导致了诸如

```
EffectiveAlt = Altimeter + 645
```

这样的程序语句的出现，其中EffectiveAlt和Altimeter是假定的变量，而645是一个字面量。因此，这条语句的意思是将赋给变量Altimeter的值加上645的结果赋给变量EffectiveAlt。

在大多数程序设计语言中，由文本组成的字面量都是用单引号或者双引号来划界的，以便与其他程序部分相区分。例如，语句

```
LastName = 'Smith'
```

可以用来把文字“Smith”赋值给变量LastName，而语句

```
LastName =  Smith
```

则是把变量Smith的值赋给变量LastName。

通常，使用字面量不是一个好的编程习惯，因为字面量会掩盖包含字面量的语句的真实意义。例如，当一个读者读到语句

```
EffectiveAlt = Altimeter + 645
```

时，他如何知道这个645代表的是什么呢？此外，字面量的使用会使在必要时修改程序的工作变得复杂。如果将空中管制程序移植到另一个机场，那么所有对机场海拔高度的引用都将要修改。如果每一处对海拔高度的引用都使用了字面量645，那么要在整个程序中定位每一

个这样的引用并且加以修改。再假设在数量上，而不仅仅是在海拔高度上，同时也使用了这个字面量645，这个问题将会变得更加复杂。我们如何能够知道哪个645需要保留，哪个需要修改呢？

为了解决这些问题，程序设计语言允许为特定的不会改变的值分配一个描述性的名字。这种名字称为**常量**（constant）。例如，在C++和C#语言中，声明语句

```
const int AirportAlt = 645;
```

将标识符AirportAlt与一个固定的值645（我们认为它是整型值）联系起来。在Java语言中，类似的概念表达为

```
final int AirportAlt = 645;
```

根据这些声明，描述性的名字AirportAlt能够用于字面量645出现的场合。若将这种常量用于伪代码中，语句

```
EffectiveAlt = Altimeter + 645
```

可以改写成

```
EffectiveAlt = Altimeter + AirportAlt
```

这种方式能够较好地表达语句的含义。此外，如果用这样的常量来替代字面量，当程序要移植到另一个海拔高度为267英尺（约81.4米）的机场时，仅仅修改这个定义常量的声明语句就可以将对机场海拔高度的所有引用改为新的值。

6.2.4 赋值语句

一旦声明了用于程序的专门术语（如变量和常数），程序员就可以开始描述涉及的算法了，这要依靠命令语句来实现。最基本的命令语句就是**赋值语句**（assignment statement），它将一个值赋给一个变量（或者更确切地说，存储在该变量所标识的存储区域中）。这种语句的语法结构通常由一个变量、一个代表赋值运算的符号以及一个赋值表达式组成。这种语句的语义就是对表达式进行求值，把得到的结果存储为变量的值。例如，在C、C++、C#和Java语言中，语句

```
Z = X + Y;
```

是将X和Y相加的和赋给变量Z。行尾的分号在许多命令式语言中用来分隔语句，是这些语言的赋值语句与Python赋值语句在语法上的唯一区别。在一些其他语言（如Ada语言）中，等价的语句可以写成

```
Z := X + Y;
```

注意，这些语句仅仅在赋值运算符语法表示上不同，在C、C++、C#和Java语言中，仅仅使用一个等号来表示，而在Ada语言中，要用一个冒号加等号的形式来表示。APL语言中的赋值运算符可能更好一些，APL语言是由肯尼思·艾弗森（Kenneth E. Iverson）在1962年设计的。（APL是A Programming Language的缩写。）它使用一个箭头来表示赋值。因此，前面的赋值在APL语言中可以表示为

```
Z ← X + Y
```

不幸的是，一直以来大多数键盘上都没有“←”符号。

赋值语句的许多功能都与语句右边的表达式的作用域关系密切。一般而言，任何一个代数表达式都可以用在赋值表达式中，包括通常用符号+、-、*和/分别代表算术运算中的加法、减法、

乘法和除法。一些语言（包括Ada和Python，但不包括C或Java）用**组合来表示求幂，因此表达式

```
x ** 2
```

表示x^2。但是，各种语言对这种表达式的解释是不一样的。例如，对于表达式2*4+6/2，如果是从右向左求值，得到的值就是14，而如果从左向右求值，得到的值就是7。这种不确定性通常是通过**运算符优先级**（operator precedence）规则来解决的，这意味着某些运算的优先级比其他运算的高。传统的代数规则指出乘法和除法的优先级比加法和减法的高，也就是说，乘法和除法要在加法和减法之前执行。根据这个约定，前面的表达式的结果应该是11。在大多数语言中，括号的优先级比所有运算符的优先级都高。因此，2*(4+6)/2的结果应该是10。

许多程序设计语言允许使用一个符号表示多种运算。在这些情况下，符号的意义只能根据操作数的数据类型来确定。例如，当操作数是数值时，符号+传统上表示加法。但在某些语言里，如Java和Python，当操作数是字符串时，该符号表示连接。也就是说，表达式

```
'abra' + 'cadabra'
```

的结果是*abracadabra*。一个运算符的这种多种用法称为**重载**（overloading）。许多程序设计语言都提供了常见运算符的内置重载，而另外一些程序设计语言（如Ada、C++和C#）可能允许程序员定义额外的重载的意义，甚至添加额外的运算符。

6.2.5 控制语句

控制语句（control statement）是可以改变程序中语句执行次序的命令语句。在所有的程序设计结构中，某些控制语句受到了极大的关注并且引发了很大的争议。主要起因是最简单的控制语句——goto语句。它提供了一种把执行顺序转向另一个位置的手段，这个位置是用名字或数标记的，这仅仅是机器语言级的JUMP指令的直接应用。但在高级语言中，这个特点意味着程序员将写出像

```
   goto 40
20 Evade()
   goto 70
40 if (KryptoniteLevel < LethalDose) then goto 60
   goto 20
60 RescueDamsel()
70 ...
```

这样可读性很差的程序，而仅仅使用一个语句，如

```
if (KryptoniteLevel < LethalDose):
  RescueDamsel()
else:
  Evade()
```

就可以完成相同的工作。

为了避免产生这样的复杂性，现代的程序设计语言设计出来的控制语句，能允许在一个词法结构中表达整个分支模式。选择什么样的控制语句放到一个语言中是一种设计决策。目标就是要提供一种语言，使得不仅可以以可读的形式表达算法，而且可以帮助程序员获得这种可读性。为了实现这个目标，可以限制使用那些会导致不良程序设计的特性，同时鼓励使用能够优化设计的特性。结果是产生了称为**结构化程序设计**（structured programming）的实践，它包含

了有组织的设计方法，以及对控制语句的合理使用。这个方法的中心思想就是要设计容易理解的并且满足需求规格说明的程序。

程序设计语言文化

和自然语言一样，不同程序设计语言的使用者往往会开创出不同的文化，并且经常站在各自的观点上争论语言之间的优劣。有时候这些区别是显著的，如涉及不同的程序设计范型时，而其他情况中，这种差异却很微妙。例如，尽管Pascal语言对过程和函数进行了区分（见6.3节），但是C和Python程序员把这两者都称作函数。这是因为Python程序声明过程的方式与声明函数的方式是一样的，只是没有定义返回值。一个类似的例子就是，C++程序员把包含在对象内的过程称为成员函数，而通用术语称之为方法。造成这种差异的原因在于，C++是在C语言的基础上扩展而来的。另外一个文化差异是Ada程序中的保留字通常用大写字母或粗体排版，而这种习惯对于C、C++、FORTRAN和Java的使用者来说却不常见。

尽管本书大部分章节都是用Python做的范例，但是每一个具体的例子都采用了与所涉及的程序设计语言相适应的风格。当你碰见这些例子的时候，一定要记住的是，这些例子代表的实际上是程序设计语言中的通用思想，而不是作为传授某种程序设计语言细节的一种手段。不要只见树木不见森林。

在第5章中，我们已经遇到两种常见的分支结构，即用if-else和while语句表示的分支结构。这几乎出现在所有的命令式语言、函数式语言或面向对象语言中，更准确地说，Python语句

```
if (condition):
  statementA
else:
  statementB
```

和

```
while (condition):
  body
```

在C、C++、C#和Java中将被写成：

```
if (condition) statementA; else statementB;
```

和

```
while (condition) { body }
```

注意这样的事实，这些语句在4种语言中是相同的，这是因为C++、C#和Java都是命令式语言C的面向对象的扩展。与之相反，在语言Ada中相应的语句将被写成

```
IF condition THEN
  statementA;
ELSE
  statementB;
END IF;
```

和

```
WHILE condition LOOP
  body
END LOOP;
```

另一个常见的分支结构常用switch或case语句表示。它提供了依据赋给指定变量的值，在多个选项中选择一个语句序列的方法。例如，在C、C++、C#和Java语言中，语句

```
switch (variable) {
  case 'A': statementA; break;
  case 'B': statementB; break;
  case 'C': statementC; break;
  default: statementD;}
```

是执行statementA、statementB还是statementC，取决于variable的当前值是A、B还是C；如果variable的值是其他的值，那将执行statementD。在Ada语言中，相同的结构将被写成：

```
CASE variable IS
  WHEN 'A'=> statementA;
  WHEN 'B'=> statementB;
  WHEN 'C'=> statementC;
  WHEN OTHERS=> statementD;
END CASE;
```

另外还有一个称为for循环的常见控制结构如图6-7所示，这是C++、C#和Java语言中的表示。这个结构不同于第5章中介绍的Python的for结构。对于迭代遍历数据列表的循环，C语言家族的for结构的初始化、修改和终止部分都不是隐式建立的，而是显式地包含在一条语句里。当循环体对于指定范围内的每个值都要执行一次时，这样的语句就很方便。特别地，图6-7中的语句指示循环体被重复执行——第一次Count的值为1，第二次Count的值为2，第三次Count的值为3。包含这两种for结构的两类程序设计语言在语法上可能会有所区别，如foreach或for...in。

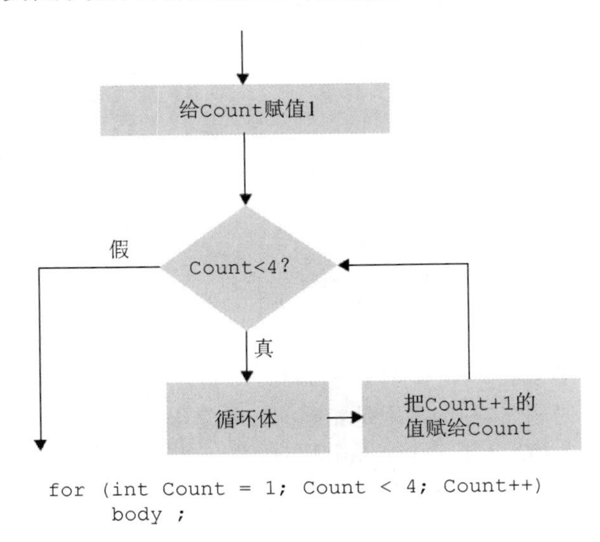

图6-7　C++、C#和Java语言中的for循环结构及其表示

根据所引用的例子，我们可以得到这样一个结论，即通用的分支结构存在于所有命令式程序设计语言和面向对象程序设计语言中，而且仅有细微的变化。从计算机科学的理论中我们可以了解到一个有些令人吃惊的结论，这就是仅仅需要这些结构中的一小部分就足以保证程序设

计语言解决所有可以由算法解决的问题。我们将会在第12章研究这个问题。现在，我们只是指出，学习程序设计语言不是一个无休止的学习各种控制语句的过程，在当今程序设计语言中可以找到的大多数控制结构本质上都是本书介绍的这些结构的变体。

6.2.6 注释

不管一种程序设计语言设计得多么好，也不管一个程序把该语言的特性应用得多么出色，当人们试图阅读和理解这个程序时，程序的附加信息通常都是有用的，或者是必须要有的。因此，程序设计语言提供了在程序中插入解释性语句的方法，这些语句称为**注释**（comment）。翻译器会忽略这些注释语句，因此对于机器来讲，注释的存在与否都不影响程序的执行。无论源程序有没有注释，翻译器生成的程序的机器语言版本都是一样的，但对人来讲，这些语句提供的信息是程序的一个重要组成部分。若没有这些注释，大型的复杂程序就很容易阻碍程序员的理解。

在程序中插入注释的方法通常有两种。一种是用两个特殊标记将整个注释括起来，一个标记放在注释的开头，一个标记放在注释的末尾。另一种是标示出注释的开头，这一行标记右边的部分都属于注释。在C++、C#和Java中，我们可以同时看到这两种注释方法的应用。它们用/*和*/来包围注释，用//开始一个注释直至行末。因此，

```
/* This is a comment. */
```

和

```
// This is a comment.
```

都是合法的注释语句。

通常，注释要求用词少，而且含义明确。当为了制作内部文档而要求一些初级程序员使用注释语句的时候，他们容易为

```
ApproachAngle = SlipAngle + HyperSpaceIncline;
```

这样的语句写出类似“通过把HyperSpaceIncline和SlipAngle相加计算ApproachAngle。”这样的注释。这种注释是多余的，除了增加程序的长度，对解释程序没一点帮助。记住，注释的目的就是解释程序，而不是重复。对于这条语句的一个更合适的注释应该是解释为什么要计算ApproachAngle（如果这一点不很明显的话）。例如，注释“ApproachAngle将会在后面计算ForceFieldJettisonVelocity时使用，并且在此后就不再使用了”就比前面的注释更有用一些。

此外，分散在程序语句之中的注释有时会影响人们跟踪程序流程的能力，使理解程序变得比没有注释的时候还要困难。一个好方法就是将关于某个单一程序单元的注释统一放在一个位置上，比如放在该程序单元的开始位置。这就给读者提供了程序单元注释的确切地点，同时也提供了可以用来描述此程序单元的目的和综合特征的地点。如果这个格式在所有的程序单元中都采用了，写出来的程序就能在某种程度上达到一致性——每个程序单元都包括一组解释性的语句，以及随后对该程序单元的正式表示。程序中的这种一致性提高了程序的可读性。

问题与练习

1. 为什么使用常量的程序设计风格比使用字面量的要好？
2. 声明语句和命令语句的区别是什么？

3. 列举一些常见的数据类型。
4. 给出命令式程序设计语言和面向对象程序设计语言里的一些常见控制结构。
5. 数组和聚合类型之间的区别是什么？

6.3 过程单元

在前面的章节中，我们已经看到了将大程序拆分成小的可管理的单元的一些好处。在本节中，我们将主要讨论函数的概念，函数是一个命令型语言获得程序的模块化描述的主要技术。正如第5章中提到的，多年来程序设计语言用了许多术语来表述这个重要概念：子程序、子例程、过程、方法、函数，有时含义略有不同。在严格的命令式语言中，基本是用函数这个术语来表述这个概念，但在面向对象语言中，程序员们在指定对象应该如何响应外部刺激时，经常更喜欢使用方法（method）这个术语。

6.3.1 函数

从一般的意义上来说，**函数**（function）就是实现一个任务的一组指令的集合，它能够用作其他程序单元的抽象工具。当请求了函数提供的服务时，程序的控制权就转移给了函数，在函数执行完之后，程序控制权又返回到最初的程序单元（见图6-8）。将控制权转移给函数的过程一般称为调用（call或者invoke）函数。我们将一个请求函数执行的程序单元称为调用单元。

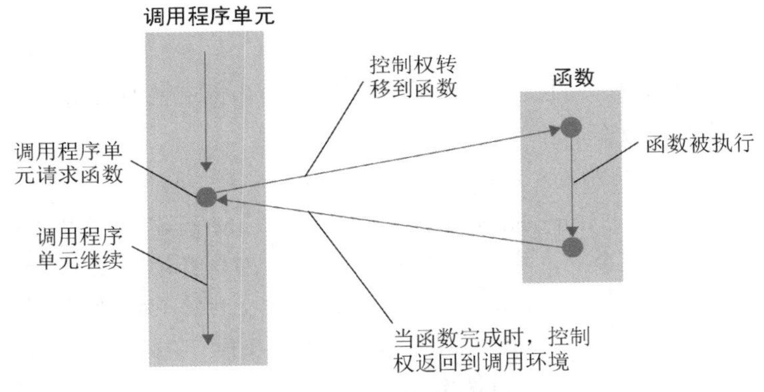

图6-8 一个函数的控制流

在第5章的Python示例中，函数通常被写作单个的程序单元，单元以一个称为函数**头**（header）的语句开始，其中标识了函数的名称。函数头后面是定义函数细节的语句。这些语句往往以与传统的命令程序相同的方式排列，以声明语句开始（描述函数中使用的变量），接着是命令语句（描述函数执行时要履行的步骤）。

一般来说，在函数中声明的变量称为**局部变量**（local variable），意思是它只能在这个函数的内部使用。局部变量能够消除由于两个独立的函数碰巧使用同一名称的变量所产生的混淆。[一个程序中可以引用某个变量的部分称为该变量的**作用域**（scope）。因此，局部变量的作用域就是声明它的函数。没有限制在程序中某个特定部分使用的变量称为**全局变量**（global variable）。大多数程序设计语言都提供了声明局部变量和全局变量的方法。]

大多数现代程序设计语言都允许只通过写出函数名来调用函数。例如，如果`GetNames`、`SortNames`和`WriteNames`分别是获取、排序及打印名字列表的函数的名字，那么获取、排序及打印该列表的程序就可以写成：

```
GetNames()
SortNames()
WriteNames()
```

注意，通过为每一个函数指定一个可以描述该函数功能的名字，这种简明扼要的形式看起来就像是反映该程序含义的命令序列。

6.3.2 参数

函数通常会使用一些通用项，这些项只有在函数被执行的时候才可以确定下来。例如，前面第5章中的图5-11所表达的就是一个通用列表而不是一个特定列表。在本书的伪代码中，这些通用项都是在函数头的括号中标识出来的。因此，图5-11中的函数头以

```
def Sort(List):
```

开始，然后使用List指向需要排序的列表，从而进一步描述列表排序过程。如果用这个函数来为一个婚礼宾客列表排序，我们只需要假设通用项List指向的是婚礼宾客列表。如果要排序一个会员列表，我们只需要将通用项List解释成该会员列表。

函数内部的这些通用项称作**参数**（parameter）。更准确地说，这些在函数内部使用的项称为**形参**（formal parameter），当函数被调用的时候，赋给形参的值称为**实参**（actual parameter）。在某种意义上，形参就像是函数体上的槽口，当函数被请求的时候，实参就被塞入了这个槽口中。

就像在Python中一样，许多程序设计语言要求在定义一个函数时将形参列在函数头的括号里。再例如，图6-9给出了用C语言编写的名字为ProjectPopulation的函数的定义。该函数期望在它被调用的时候，接受一个确定的年增长率值。在这个增长率的基础上，假设初始数量为100，函数计算出未来10年中某个种群的数量，并且将结果存储在称为Population的全局数组中。

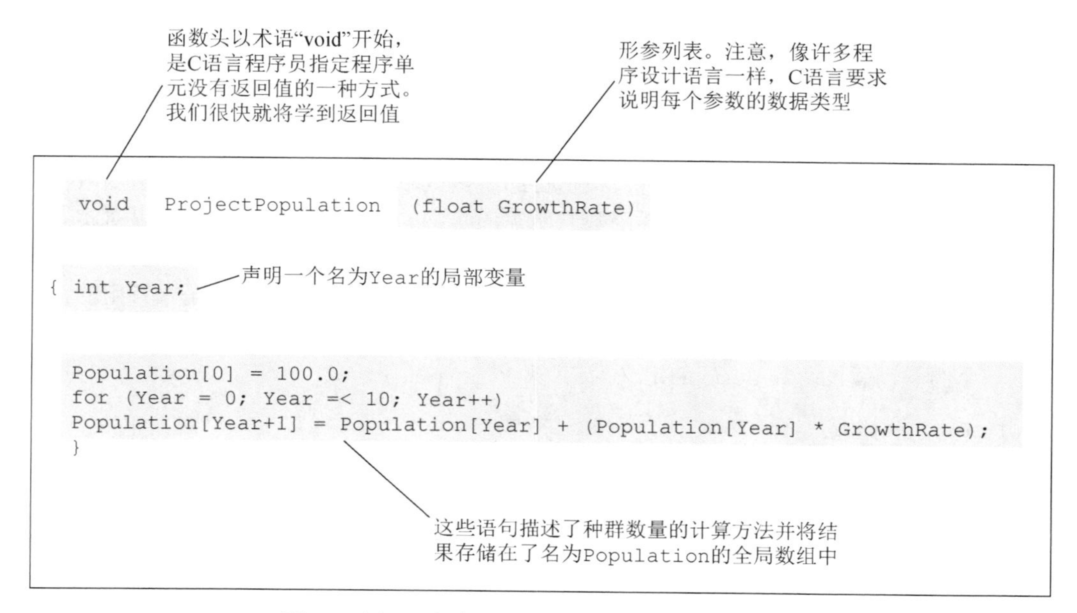

图6-9 用C语言编写的函数ProjectPopulation

大多数程序设计语言在调用函数的时候也使用括号来标识实参。也就是说，调用函数的语句要包括函数的名字并在紧接名字的括号中给出实参的列表。因此，像

```
使用增长率 0.03 调用函数 ProjectPopulation()
```

这样的伪代码语句可以用C语言语句

```
ProjectPopulation(0.03);
```

表示，它是用增长率0.03来调用图6-9中的函数ProjectPopulation。这个语法与Python中的是相同的，只是尾部没有分号。

当函数不只包含一个参数的时候，实参要与函数头的形参序列一一对应——第一个实参对应第一个形参，依此类推。然后，实参的值就可以有效地转移给它们对应的那个形参，从而函数得以执行。

为了强调这一点，假设函数PrintCheck使用这样的函数头来定义：

```
def PrintCheck(Payee, Amount):
```

其中，Payee和Amount是函数的形参，分别指向收支票的人以及支票的数额。那么，用语句

```
PrintCheck('John Doe', 150)
```

调用该函数，将会使得形参Payee与实参John Doe对应，形参Amount与实参150对应，从而函数得以执行。但是使用语句

```
PrintCheck(150, "John Doe")
```

调用函数将会使得值150赋给形参Payee，而John Doe赋给形参Amount，而这必定会导致错误的结果。

对于形参和实参之间的数据传递，不同的程序设计语言有不同的处理方法。在一些语言中，对于实参所表示的数据会产生一个副本并传给函数。使用这种方法，函数对数据的任何修改仅仅是对副本的修改——调用程序单元中的数据并没有被修改，我们称这种参数传递方式为**按值传递**（pass by value）。注意，按值传递参数可以保护调用单元中的数据，使之不会被设计不当的函数错误地修改。例如，如果调用单元传递一个雇员的名字给一个函数，我们当然希望函数不要改变这个名字。

不过，当参数表示很大的数据块时，按值传递参数效率不高。一个更高效的给函数传递参数的方法，就是在调用程序单元中告诉函数它所需的实参的地址，从而使函数可以对实参进行直接存取，我们称这种参数传递方式为**按引用传递**（pass by reference）。注意，按引用传递参数允许程序修改调用单元中的数据。这个方法对于为列表进行排序的函数来说是很有用的，因为调用这样的函数目的就是改变列表。

举一个例子，假设函数 Demo 的定义为：

```
def Demo (Formal):
  Formal = Formal + 1
```

此外，假设变量Actual被赋予一个值5，我们用下面的语句调用Demo：

```
Demo(Actual)
```

那么，如果参数是按值传递的，在函数中对Formal的改变不会影响变量Actual的值（见图6-10）。但是，如果是按引用传递的话，那么Actual的值将会增加1（见图6-11）。

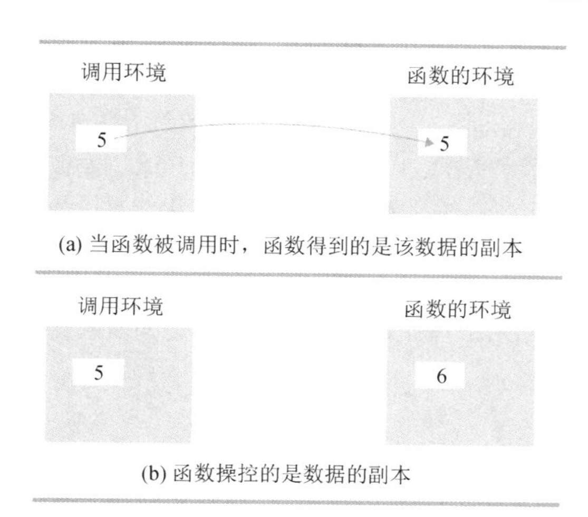

(a) 当函数被调用时，函数得到的是该数据的副本

(b) 函数操控的是数据的副本

(c) 于是，当函数终止时，调用环境没有改变

图6-10 执行函数Demo，按值传递参数

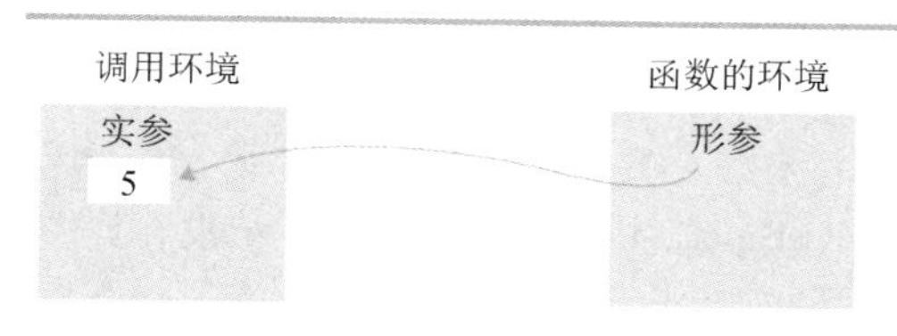

(a) 当函数被调用时，形参变成对实参的引用

(b) 于是，该函数所做的改变是针对实参的

(c) 因此，在函数终止后函数所做的改动被保留了下来

图6-11 执行函数Demo，按引用传递参数

Visual Basic

Visual Basic是微软公司开发的一种面向对象程序设计语言，通过它，微软Windows操作系统的用户可以开发他们自己的GUI应用程序。实际上，Visual Basic不止是一种语言，它还是一个完整的软件开发包，程序员可以利用它的预定义组件（如按钮、复选框、文本框、滚动条等）构建应用程序，并且可以通过描述组件如何响应不同事件来定制这些组件。例如，对于按钮而言，程序员可以描述单击按钮时会发生什么事件。在第7章，我们将会学习到，这种通过预定义组件构建软件的策略是当今软件开发技术的发展趋势。

在20世纪90年代，Windows操作系统的日益流行与Visual Basic开发包的便利性使Visual Basic成为被广泛使用的程序设计语言。对于具有图形用户界面的软件的快速原型设计来说，Visual Basic的后继者，如VB.NET，仍然是一种受欢迎的选择。

不同的程序设计语言提供了不同的参数传递技术，但是在任何情况下，参数的使用都允许函数以通用的意义书写，并在适当的时候应用于特定的数据。

6.3.3 有返回值的函数

让我们暂停一下来考虑函数概念的一个微小的变化，该变化存在于许多程序设计语言中。有时，函数的目的是要产生一个值，而不是完成一个动作。（考虑这样两个函数之间的差别，一个函数是估计售出的小商品的数量，另一个函数用来玩一个小游戏；前者重点是为了产生一个值，而后者是为了完成一个动作。）实际上，计算机科学中的函数一词来自于数学中的函数概念，默认情况下，它是一个输入集和一个输出集之间的关系。从这个意义上讲，到目前为止，我们定义的所有Python示例和伪代码示例都是函数的特例，这些例子没有考虑输出值和返回值。（技术上，所有Python函数都会返回值，因此都适合用数学术语函数来称呼。不包含return语句的函数返回默认值None。）在程序设计语言的家族树中，有许多用于区分这两种不同类型的程序单元的术语。在有影响力的Pascal语言中，术语**过程**（procedure）专门用来指没有返回值的子程序。C和Java使用关键字**void**来标记没有返回值的函数或方法。Python程序员有时用术语**有返回值的函数**（fruitful function）来称呼那些有返回值的函数，以示区分。不管语言专用的术语是什么，大多数语言起名的时候都有同样的想法——一个程序单元将值作为“函数值”传递回调用程序单元。也就是说，函数的执行就是计算出一个值并且将这个值送回到调用程序单元中。这个值可以存储在一个变量里为以后使用，也可以立即用于计算。例如，C、C++、Java或者C#的程序员可以编写

```
ProjectedJanSales = EstimatedSales(January);
```

来把调用函数EstimatedSales产生的结果赋值给变量ProjectedJanSales，以确定一月份预计出售多少件小商品。或者，程序员可以编写

```
if (LastJanSales < EstimatedSales(January))...
else ...
```

依据今年1月份的销售是否好于去年同期来产生不同的动作。注意，在第二种情况中，由函数计算出来的值是用来确定应该执行哪个分支的，不会被存储起来。

在程序中定义有返回值的函数的方式与定义无返回值的函数的方式基本相同。它们的不同仅仅在于，前者的函数头通常以指定返回值的数据类型开始，函数定义通常以明确指定返回值的return语句来结束。图6-12给出了一个名为CylinderVolume的函数的定义，可能是用C语言写的。（实际上，C程序员会使用一种更简洁的方式，我们之所以使用这种详细的样式是为了教学的需要。）当函数被调用的时候，函数的形参Radius和Height接收确定的值，函数使用这些尺寸计算汽缸容积并返回这个计算结果。因此，在程序的其他地方，可用类似下面的语句：

```
Cost = CostPerVolUnit * CylinderVolume(3.45, 12.7);
```

来调用这个函数，求出一个半径为3.45，高为12.7的汽缸内所盛物体的成本。

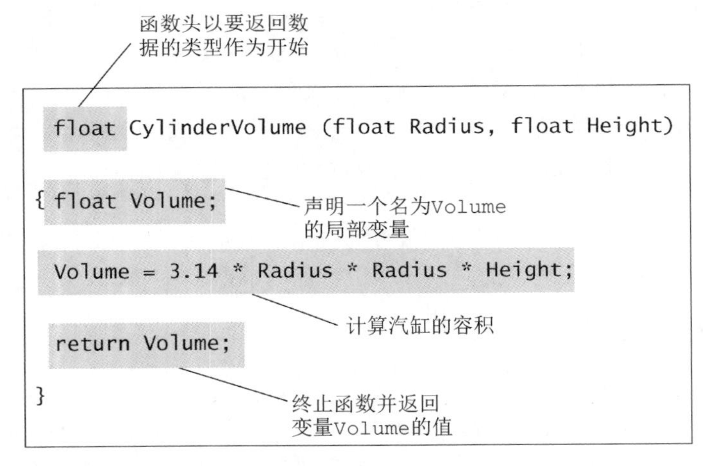

图6-12　用C语言编写的有返回值的函数CylinderVolume

在前几章，我们使用了几个有返回值的Python内置函数的例子，包括input()函数和math.sqrt()函数，但是我们还没有定义一个我们自己的函数。图6-12中的CylinderVolume

函数的Python版本为:

```
def CylinderVolume(Radius, Height):
  Volume = math.pi * Radius * Radius * Height
  return Volume
```

事件驱动软件系统

文中，在我们已经考虑过的情况中，函数的激活都是程序中其他位置的语句显式调用该函数的结果。此外，还有一些情况是这样的，函数是由一个事件的发生隐式激活的，例如，在GUI中，有种函数描述了当一个按钮被单击的时候应该产生什么动作，这种函数不是由其他程序单元调用激活的，而是由单击按钮这一事件的结果激活的。这种其函数是通过事件而不是显式请求来激活的软件系统称作**事件驱动**（event-driven）系统。简言之，一个事件驱动软件系统是由这样的函数组成的：它们描述各种事件发生时应该做什么。当系统执行时，这些函数一直处于休眠状态，直到与它们对应的事件发生，然后它们被激活，并在完成它们的任务后回到休眠状态。

问题与练习

1. 变量作用域是什么？
2. 函数和有返回值的函数的区别是什么？
3. 为什么许多程序设计语言执行I/O操作的方式很像是调用函数？
4. 形参和实参的区别是什么？
5. 按引用调用传递参数的函数与按值调用传递参数的函数的区别是什么？

6.4 语言实现

在本节中，我们将研究把高级语言编写的程序转换为机器可执行形式的过程。

6.4.1 翻译过程

将一个程序从一种语言转换为另一种语言的过程称为**翻译**（translation），原始形式的程序称作**源程序**（source program），翻译后的版本称作**目标程序**（object program）。翻译过程包括3个活动，它们分别是词法分析、语法分析和代码生成，翻译器中实现这3个活动的相应单元分别称为**词法分析器**（lexical analyzer）、**语法分析器**（parser），以及**代码生成器**（code generator），见图6-13。

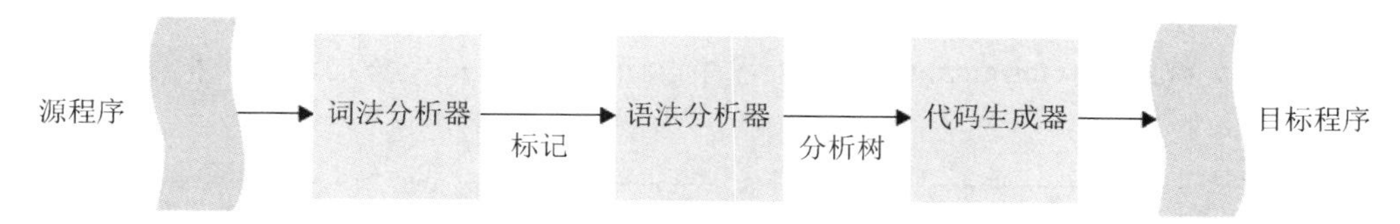

图6-13 翻译过程

词法分析是识别源程序中构成单个实体——**标记**（token）——的符号串的过程。例如，3个符号的153不应该解释成一个1、一个5和一个3，而是应该识别为一个数值。同样，程序中的一个单词，尽管由独立的符号组成，也应该解释成一个单元。大多数人进行词法分析都是下意识的。当要求大声朗读的时候，我们读出来的都是词，而不是单个的字母。

因此，词法分析器逐个符号地读源程序，识别出哪些符号的组合可以代表一个标记，然后根据它们是否是数值、词、算术运算符等将这些标记分类。词法分析器对每一个标记及其分类进行编码，并将它们提交给语法分析器。在此过程中，词法分析器会跳过所有的注释语句。

因此，语法分析器将程序看作是由词法单元（标记）组成的，而不是由独立符号组成的。语法分析器的工作就是将这些单元组合成语句。实际上，语法分析是标识程序中的语法结构和辨认每个成分作用的过程。正是语法分析技术使人们在读句子

The man the horse that won the race threw was not hurt.

时，会停顿一下。（试一试这句话："That that is is. That that is not is not. That that is not is not that that is."！）

为了简化语法分析过程，早期程序设计语言坚持将每条程序语句以一种特定的方式定位在打印页上，这种语言称为**固定格式语言**（fixed-format language）。现在，大多数程序设计语言都是**自由格式语言**（free-format language），这意味着不再苛求语句的位置安排了。从人的角度来看，自由格式语言的好处在于程序员可以编写可读性更高的程序。在这种情况下，通常使用缩进来帮助读者更好地把握语句的结构。程序员不应该写

```
if Cost < CashOnHand then pay with cash else use credit card
```

而应该写

```
if Cost < CashOnHand
  then pay with cash
  else use credit card
```

要想让机器来分析以自由格式语言编写的程序，就必须设计一种程序设计语言的语法，使得无论源程序中使用多少空格，机器都能识别出程序的结构。为此，大多数自由格式语言都使用诸如分号这样的标点符号来表示语句的结束，另外还使用诸如`if`、`then`和`else`这样的**关键字**（key word）来表示单个短语的开始，这些关键字通常都是**保留字**（reserved word），即程序员在程序中不能把它们用于其他目的。Python在这方面不同寻常，虽然它有自由格式语言的特点，但它严格要求用缩进而不是用分号和大括号这样的标点符号来表示结构。

语法分析过程是根据一系列的规则进行的，这些规则定义了程序设计语言的语法。总的来说，这些规则称为**文法**（grammar）。表达这些规则的一种方法是借助**语法图**（syntax diagram），它是语言文法结构的图形化表示。图6-14给出了第5章Python if-else语句的语法图。这个图表明if-else结构的开始是单词`if`，然后是一个布尔表达式，接着是冒号，随后是缩进语句。此结构的后面有没有单词`else`及其后面的冒号和缩进语句，都是允许的。注意，实际出现在if-else语句中的项都在椭圆形框中，而需要进一步描述的项，如布尔表达式和缩进语句等，都在矩形框中。需要进一步描述的项（矩形框中的那些项）称为**非终结符**（nonterminal），而出现在椭圆形框中的项称为**终结符**（terminal）。在一个程序设计语言语法的完整描述中，非终结符由额外的图表描述。

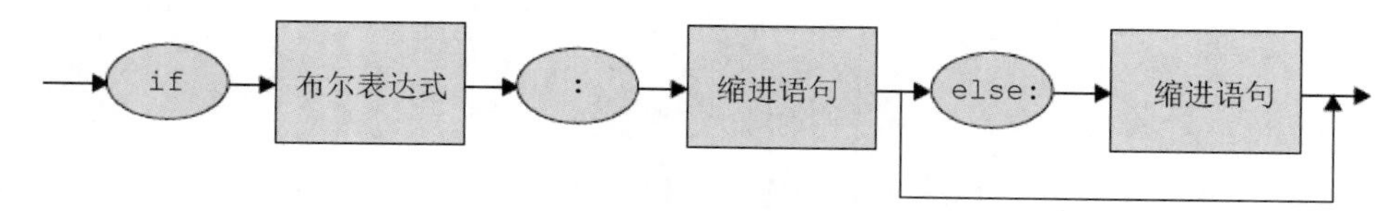

图6-14　Python的if-else语句的语法图

作为一个比较完整的例子，图6-15给出了一组语法图，它们描述了一个称为表达式（可以是简单的算术表达式结构）的结构的语法。第一个图描述了一个表达式，这个表达式由一个项（term）组成，后面可以跟（也可以不跟）一个+号或-号，运算符后面跟有另一个表达式。第二个图描述了一个项，这个项由单个因子组成，或者由一个因子后面跟一个×号或÷号，然后再跟另一个项组成。最后一个图描述了一个因子，这个因子由x、y或z中的一个符号组成。

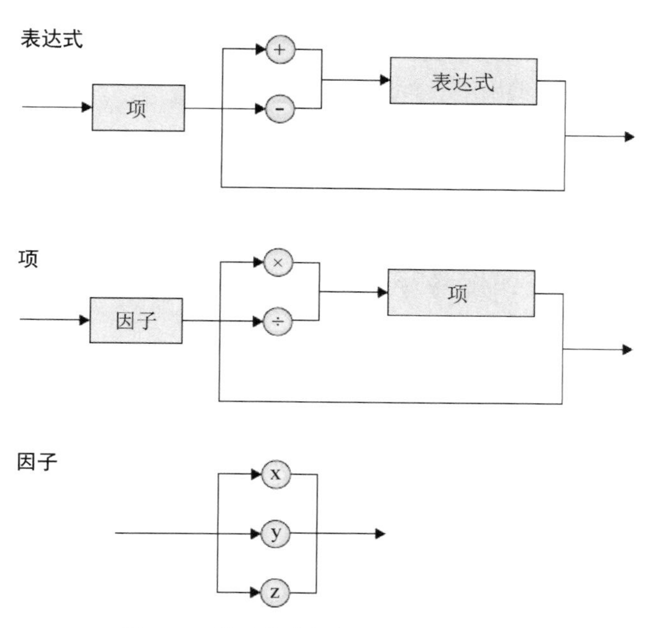

图6-15 描述简单代数表达式的语法图

Java和C#的实现

在某些情况下，如控制动画网页时，软件必须经过因特网传送，且在远程机器上执行。如果软件是以源程序形式提供的，那在目的地将产生额外的延迟，这是因为软件在执行前要被翻译成合适的机器语言。但是，以机器语言的形式提供软件意味着要根据远程计算机上使用的机器语言提供不同版本的软件。

Sun Microsystems公司和微软公司通过设计“通用机器语言”（在Java中称为字节码，在C#中称为.NET通用中间语言）解决了这个问题，源程序可以翻译成这种通用机器语言。虽然这些语言不是真实的机器语言，但它们被设计成了快速可翻译的语言。因此，只要把用Java或C#编写的软件翻译成合适的“通用机器语言”，这个软件就能被传送到因特网中的另外一台机器上，在那里高效地执行。在某些情况下，这个执行是由解释器完成的，而在其他一些情况下，通用机器语言在执行前会被快速翻译，这个过程称为**即时编译**（just-in-time compilation）。

一个特定的串符合一组语法图的方式还可以用**语法分析树**（parse tree）进行图形化表示，根据图6-15中所示的语法图，图6-16描述了字符串x+y×z的语法分析树。注意，树的顶端以非终结符表达式开始，并且在每一层都给出了本层的非终结符是如何分解的，这个过程直到获得该串本身中的全部符号才结束。该图还特别说明（根据图6-15中的第一个图），一个表达式可以分解成一个项，后面跟有+号，然后再跟一个表达式。接着，项可以分解成（用图6-15中的第二个图）一个因子（结果是符号x），最后的表达式可以分解（用图6-15中的第三个图）为一个项（结果是y×z）。

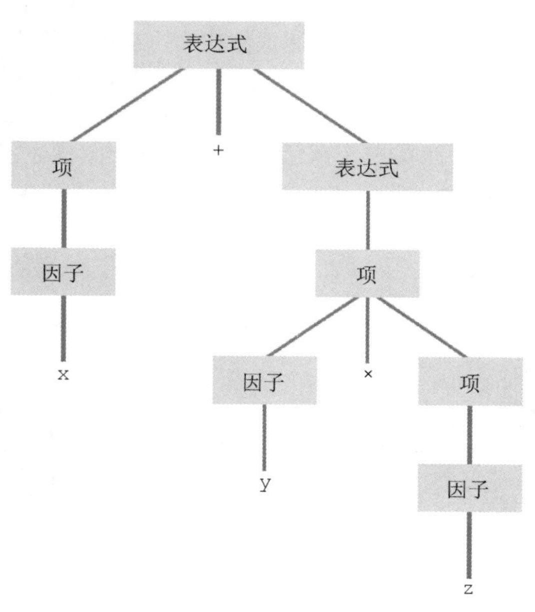

图6-16　基于图6-15的串x+y×z的语法分析树

一个程序的语法分析过程本质上就是为源程序构建语法分析树的过程。的确，一个语法分析树代表了语法分析器对程序文法构成的理解。因此，描述程序文法结构的语法规则是不允许同一个串出现两个不同的语法分析树的，因为这将导致语法分析器内部产生歧义。对于允许同一个串有两个不同的语法分析树的方法，我们称之为**多义文法**（ambiguous grammar）。

文法中的歧义性很微妙。事实上，图6-14中所示的规则存在这样的缺陷，对于下面的语句可以生成如图6-17所示的两个语法分析树：

```
if B1: if B2: S1 else: S2
```

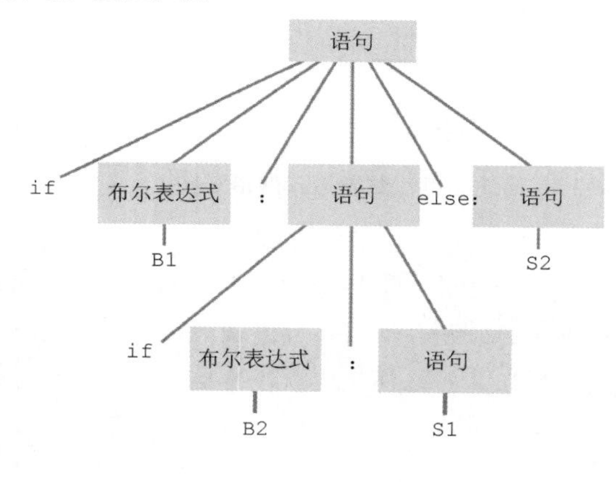

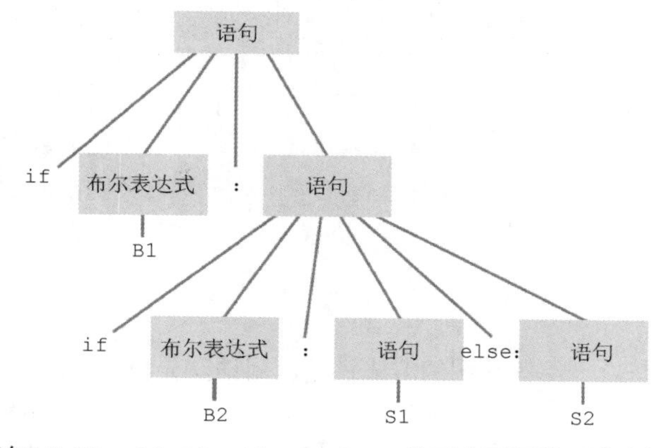

图6-17　语句if B1: if B2: S1 else: S2的两个不同的语法分析树

注意，这两个解释是明显不同的。第一个表示语句*S2*在*B1*为假时执行，而第二个表示语句*S2*仅当*B1*为真且*B2*为假时执行。

正式的程序设计语言的语法定义要避免这样的歧义。在Python中，我们通过使用缩进来避免这样的问题。特别是，我们可以写

```
if B1:
  if B2:
    S1
  else:
    S2
```

以及

```
if B1:
  if B2:
    S1
else:
    S2
```

来区分这两种可能的解释。

当语法分析器分析一个程序的文法结构时，它能够标识单独的语句，并能够区分声明语句和命令语句。当识别声明语句时，它将这些声明的信息记录在一个**符号表**（symbol table）中。因此符号表中包含了这样的信息：程序中出现的变量名以及与这些变量相关的数据类型和数据结构。然后，当语法分析器分析到

```
z = x + y
```

这样的命令语句时，会以这些信息为依据来进行分析。特别是，为了确定符号+的含义，语法分析器必须要知道x和y的数据类型。如果x是浮点型而y是字符型，那么x和y相加没有任何意义，程序会报告出错；如果x和y都是整型，那么语法分析器将会请求代码生成器用机器的整数加法操作码生成相应的机器语言指令；如果x和y都是浮点型，那么语法分析器将会请求代码生成器用机器的浮点数加法操作码生成相应的机器语言指令；如果都是字符型，语法分析器将会请求代码生成器建立一串机器语言指令来完成相应的连接操作。

如果x是整型而y是浮点型这种特殊的情况，那么加法的概念是可用的，但是值不能以兼容的形式编码。在这种情况下，语法分析器可能会选择让代码生成器生成指令把其中的一个值转换为另一种类型，然后再执行加法运算，这种隐式的类型转换称为**强制类型转换**（coercion）。

许多程序设计语言的设计者都反对强制类型转换，因为隐式类型转换会改变数据项的值，并因此导致微妙的程序bug。他们认为，需要强制类型转换通常就意味着程序在设计上存在缺陷，所以不应该让语法分析器来迁就。因此，大多数现代程序设计语言都是**强类型**（strongly typed）的，这意味着一个程序请求的所有活动都必须包含一致类型的数据。一些程序设计语言（如Java）支持进行强制类型转换，只要它是**类型提升**（type promotion），意思是将一个低精度值转换为一个较高精度的值。可能改变一个值的隐式强制类型转换将被报告为错误。在大多数情况下，程序员仍可以请求这种类型转换，方法是进行显式**类型转换**（type cast）。显式类型转换会通知编译器：程序员知道将应用类型转换。

翻译过程的最后一步就是**代码生成**（code generation），它是生成机器语言指令以实现语法分析器能识别的语句的过程。这个过程涉及许多问题，其中一个就是要生成高效的机器语言版本的程序。例如，我们考虑一个转换双语句序列

```
x = y + z
w = x + z
```

的翻译工作。如果这两条语句作为两个独立的语句来进行翻译，那么在执行加法操作之前，每一条语句都需要数据从主存储器传送到CPU。然而，效率可以通过这样的认识获得：一旦第一条语句被执行之后，x和z的值就已经在CPU的通用寄存器中了，所以执行第二条语句的时候就不再需要从内存中加载这两个数了。这种方法就称作**代码优化**（code optimization），它是代码生成器的一个很重要的任务。

最后，我们应当注意的是，词法分析、语法分析和代码生成这3个活动并不是严格按照顺序执行的。相反，这些活动是交织在一起的。词法分析器首先从源程序中读取字符，并且标识出第一个标记。它将这个标记传送给语法分析器。每当语法分析器从词法分析器接收到一个标记时，就开始分析读取的文法结构。此时，它可能会向词法分析器请求另一个标记，而如果语法分析器认为已经读到了一个完整的短语或者语句，那么它就会请求代码生成器产生相应的机器指令。每一个这样的请求都会使代码生成器生成机器指令，并且将其加入到目标程序中。将一个程序从一种语言翻译成另一种语言的任务自然符合面向对象范型。源程序、词法分析器、语法分析器、代码生成器以及目标程序本身都是对象，每一个对象都在实现自己的任务的同时通过来回发送消息与其他对象进行交互（见图6-18）。

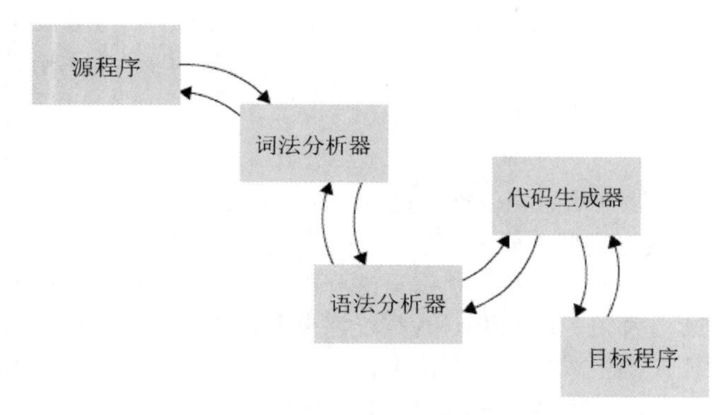

图6-18　翻译过程的面向对象方法

6.4.2　软件开发包

像编辑器和翻译器这样的在软件开发过程中应用的软件工具，通常会组合成一个软件包，起到一个集成软件开发系统的作用。根据3.2节中的分类方案，这样的系统属于应用软件。通过使用该应用软件包，程序员可以很方便地在一个编辑器中编写程序，使用翻译器将程序转换成机器语言，并且可以使用各种各样的调试工具来跟踪故障程序的执行，以发现哪里出现了问题。

使用这样的集成系统的好处很多，最明显的就是程序员在需要修改和测试程序时，可以很容易地在编辑器和调试工具之间来回倒换。此外，许多软件开发包允许开发中的相关程序单元以合适的方式链接，以便简化对相关程序单元的存取。一些软件包还维护这样的记录，即自上次基准制定以来，一组相关程序单元中哪些已经做了修改。对于许多相关程序单元是由不同程序员开发的大型软件系统的开发来说，这些功能是非常有用的。

从小范围讲，软件开发包中的编辑器通常根据正在使用的程序设计语言进行定制。这样的编辑器通常提供自动的行缩进功能，这已成为目标语言事实上的标准，有时，程序员键入前面几个字符之后，编辑器就能够识别并自动补全关键字。此外，编辑器可以突出显示源程序中的关键字（也许是使用颜色），使程序易读。

在下一章中，我们将会学到软件开发人员越来越多地研究这样的方法，即如何用预制的称为构件的程序块构建新的软件系统，这导致了一种新的称为构件架构的软件开发模型的产生。基于构件架构模型的软件开发包通常使用图形界面，在显示器屏幕上用图标表示各种构件。在这种环境下，程序员（或者构件装配人员）用鼠标选择所需要的构件。选好的构件可以用软件开发包的编辑器进行定制，然后用鼠标进行定位和单击就可以加到其他构件上。这种软件包代表了在寻求更好的软件开发工具的方向上前进了一大步。

问题与练习

1. 描述翻译过程的3个主要步骤。
2. 什么是符号表？
3. 终结符和非终结符的区别是什么？
4. 基于图6-15中的语法图，为表达式
   x×y+x+z
   画出语法分析树。
5. 根据下面的语法图，描述遵循结构Chacha的字符串。

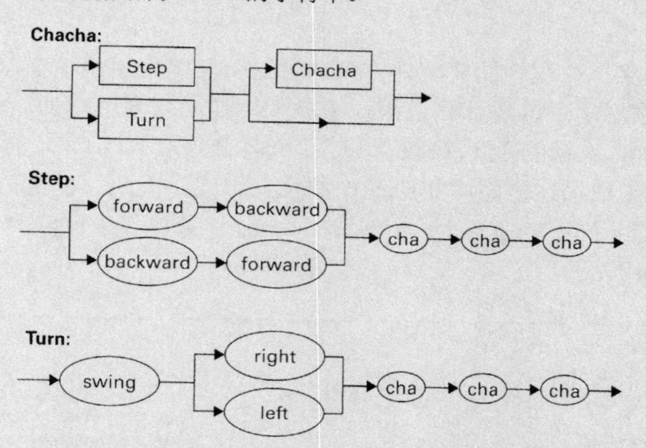

6. 现代程序设计语言编辑器为了让代码更易于阅读，对语法做了分色显式。你在自己用的编辑器中看到了几种颜色？每种颜色都代表什么意思？

6.5 面向对象程序设计

在6.1节中，我们看到面向对象范型必然需要开发称为**对象**（object）的活动程序单元，每一个对象都包含了描述对象怎样响应各种刺激的函数。一个问题的面向对象解决方法就是标识出涉及的对象，并将其作为一个独立的单元来描述。接着，面向对象程序设计语言提供了描述对象及其行为的语句。在本节中，我们将引入一些以C++、Java和C#语言形式出现的语句，这3种语言都是当今比较著名的面向对象程序设计语言。

6.5.1 类和对象

我们可以考虑开发一个简单的计算机游戏的任务，在这个游戏中，玩家要通过高功率激光器向从天上掉下来的流星进行射击来保卫地球。每个激光器都有一定的内部能源，而每一次射

击都将消耗一部分能源。一旦能源用尽，激光器就没有用了。每一个激光器都应该能响应瞄准右面一点、瞄准左面一点和发射激光束的命令。

在面向对象范型中，计算机游戏中的每一束激光都将实现为一个对象，每个这样的对象都包含了它的剩余能量的记录以及修改目标和发射激光束的函数。由于所有的激光对象都有同样的属性，所以可以使用一个通用的模板来描述它们。在面向对象范型中，这样的一组对象的模板称作**类**（class）。

在第8章，我们将探究类和数据类型之间的相似点。现在，我们只需要注意类描述的是一组对象的共同特征，这与基本数据类型整型的概念包含像数字1、5和82这样的数的一般特征类似。一旦程序员在程序里面包含一个类的描述，那个模板就可以用来构建和操作那一“类型”的对象，这相当于基本的整型允许操作整型的“对象”。

在C++、Java和C#语言中，类使用下列形式的语句来描述：

```
class Name
{
        .
        .
        .
}
```

其中，Name是一个名字，在程序的其他地方可通过这个名字来引用该类。大括号中是被描述的类的属性。图6-19特别展示了描述计算机游戏中激光结构的名为LaserClass的类。这个类包含1个名字为RemainingPower的（整型）变量以及3个名字分别为turnRight、turnLeft和fire的函数的声明，这些函数描述了完成相应动作的执行步骤。因此，任何一个从该模板构建的对象都包含如下特性：1个名字为RemainingPower的变量以及3个名字分别为turnRight、turnLeft和fire的函数。

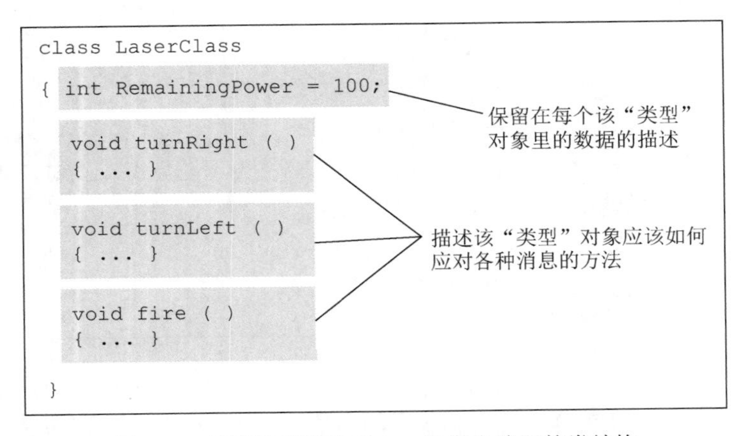

图6-19　描述计算机游戏中一种激光武器的类结构

对象内部的变量，如RemainingPower，称为**实例变量**（instance variable）；对象里的函数称为**方法**（method，在C++中称作成员函数）。注意，在图6-19中，描述实例变量RemainingPower的声明语句类似于6.2节中讨论的声明语句，描述方法的方式和6.3节中描述函数的方式也比较相似。毕竟，实例变量的声明和方法的描述基本上都是命令型程序设计概念。

一旦我们在游戏程序中描述了类 LaserClass，我们就可以通过下列形式的语句来声明 3 个 LaserClass“类型”的变量 Laser1、Laser2 和 Laser3：

```
LaserClass  Laser1, Laser2, Laser3;
```

注意，这与我们在前面6.2节中所学的声明3个整型变量x、y和z的语句

```
int  x, y, z;
```

的格式是一样的，它们都是由一个“类型”名后跟一个将要声明的变量列表组成的。区别在于，后者所说的变量x、y和z在程序中指向的是整型项（这是基本类型），而前者所说的变量Laser1、Laser2和Laser3在程序中指向的是LaserClass“类型”的项（这是程序自己定义的“类型”）。

一旦我们声明了LaserClass“类型”的变量Laser1、Laser2和Laser3，就可以给它们赋值。在这种情况下，所赋的值必须是与LaserClass“类型”相一致的对象。这些赋值可以通过赋值语句来进行，但是在声明变量时，在同一个声明语句内给变量赋初值通常是很方便的。在C++语言的声明中，这种初始赋值是自动的。也就是说，语句

```
LaserClass  Laser1, Laser2, Laser3;
```

不仅创建了变量Laser1、Laser2和Laser3，而且还创建了3个LaserClass“类型”的对象，其中每一个作为每个变量的值。在Java和C#语言中，这种初始赋值与对一个基本类型的变量赋初值的方法基本相同。具体而言，语句

```
int x = 3;
```

不仅声明了一个整型变量x，而且还把值3赋给了这个变量；语句

```
LaserClass Laser1 = new LaserClass();
```

不仅声明了一个LaserClass“类型”的变量Laser1，而且还用LaserClass类模板创建了一个新的对象，作为初值赋给了Laser1。

在进一步讨论之前，我们要强调一下类和对象之间的区别。类是一个模板，对象是由这个模板创建出来的。一个类能够用来创建许多个对象，我们经常将对象称为类（构建该对象的类）的**实例**（instance）。因此，在我们的计算机游戏中，Laser1、Laser2和Laser3都是变量，其值都是LaserClass类的实例。

在用声明语句创建对象并且将其赋给变量Laser1、Laser2和Laser3之后，可以通过编写命令语句来激活这些对象中合适的方法（在面向对象术语中，这称为“向对象发送消息”）。具体而言，我们可用赋给变量Laser1的对象通过以下语句执行fire方法：

```
Laser1.fire();
```

或者，我们可让赋给Laser2的对象执行它的turnLeft方法，这是通过语句

```
Laser2.turnLeft();
```

来实现的。这些实际上是函数的调用。的确，前面一个语句是调用赋给变量Laser1的对象内部的函数（方法）fire，后面一个语句则是调用赋给变量Laser2的对象内部的函数turnLeft。

在这个阶段，流星游戏例子已经给出了掌握典型面向对象程序总体结构的背景知识（见图6-20）。它包含了与图6-19相似的各种类的描述，每一个都描述了程序中使用的一个或多个对象的结构。另外，程序会包含一个命令程序段（通常和名字“main”有关），这个命令程序段包括了当程序运行时最初要执行的步骤序列。这个段包括与我们激光类的声明类似的声明语句，用来建立程序中使用的对象，还包括调用那些对象中执行方法的命令语句。

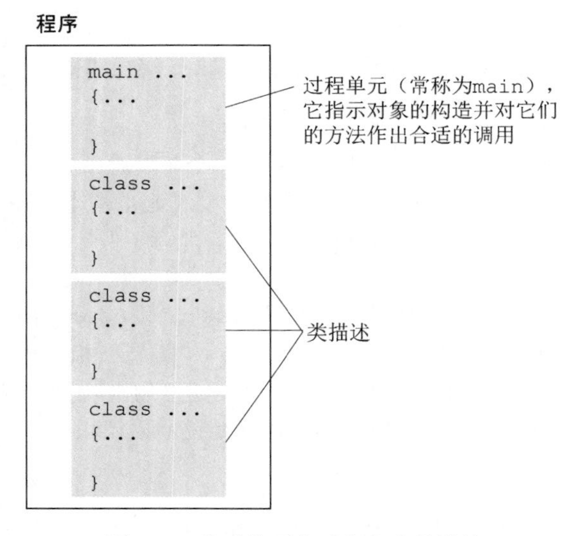

图6-20　典型的面向对象程序的结构

6.5.2　构造器

当构造对象时，通常需要进行一些个性化的定制。例如，在我们的电脑游戏中，有可能需要实现一些具有不同初始能量设置的激光器，这就意味着不同对象中的RemainingPower实例变量应该给定不同的初始值。这种初始化需要通过在合适的类中定义特殊的称为**构造器**（constructor）的方法来处理，构造器是在构建类的对象时自动执行的。构造器这种方法在类的定义中是通过使用与类名相同的名字来标识的。

图6-21给出了图6-19中的LaserClass类的扩展定义。注意，它包括一个构造器，该构造器的形式是名为LaserClass的方法。这个方法将它接收的参数值赋给了实例变量RemainingPower。因此，当一个对象在类中构建出来时，这个方法就会执行，使得RemainingPower被初始化为一个合适的值。

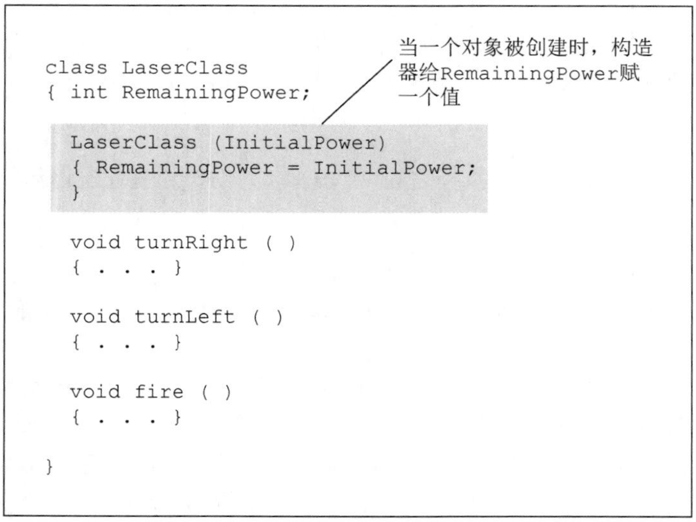

```
class LaserClass
{ int RemainingPower;

  LaserClass (InitialPower)
  { RemainingPower = InitialPower;
  }

  void turnRight ( )
  { . . . }

  void turnLeft ( )
  { . . . }

  void fire ( )
  { . . . }

}
```

当一个对象被创建时，构造器给RemainingPower赋一个值

图6-21　带有构造器的类

构造器所使用的实参是由实际创建对象的语句里的参数列表标识的。因此，基于图6-21中给出的类的定义，C++程序员将会编写语句

```
LaserClass Laser1(50), Laser2(100);
```

来创建两个LaserClass类型的对象，一个是Laser1，初始能量值为50，另一个是Laser2，初始能量值为100。使用Java和C#的程序员完成同样工作的语句是：

```
LaserClass Laser1 = new LaserClass(50);
LaserClass Laser2 = new LaserClass(100);
```

6.5.3 附加特性

假设我们需要改进游戏，以使得玩家达到一定的分数时，可以获得奖励为其现有的激光器补充能量。除了可以补充能量以外，这些激光器与其他激光器有同样的属性。

为了简化对具有相似但不完全相同特征的对象的描述，面向对象语言允许一个类通过称为**继承**（inheritance）的技术包含其他类的属性。例如，假设使用Java来开发我们的游戏程序，我们可以先使用之前描述的类语句来定义类LaserClass，这个类描述了程序中的所有激光器的共同属性。接下来，我们使用语句

```
class RechargeableLaser extends LaserClass
{
    .
    .
    .
}
```

来描述另一个类RechargeableLaser。（C++和C#语言用冒号来代替extends。）这里extends子句指明了这个类不仅继承了类LaserClass的特性，同时还包含了括号中出现的特性。括号可以包含新的方法（名字也许是recharge），用它描述重置实例变量RemainingPower为其初始值的步骤。一旦这些类定义好了，就可以使用语句

```
LaserClass Laser1, Laser2;
```

来将变量Laser1和Laser2声明为指向原来激光器的变量，并且使用语句

```
RechargeableLaser Laser3, Laser4;
```

来将变量Laser3和Laser4声明为指向拥有类RechargeableLaser中描述的额外特性的激光器的变量。

继承的使用导致了各种具有相似但不完全相同特征的对象的存在，也因此导致了6.2节中讨论的重载现象。（让我们回忆一下，重载是指使用一个符号，如+，来根据操作数类型的不同代表不同的运算。）假设一个面向对象的图形开发包包含各种对象，每一个都代表了一种形状（圆形、矩形、三角形等）。一个特定的图像可能由一组这类对象构成，每个对象都“知道”自己的大小、位置和颜色，都有自己响应消息的方式，例如，移动到一个新的位置或者在显示器上画出自己。我们仅仅对图像中的每个对象发送“画自己”的消息来画图。但是，对象形状的不同决定了所使用的画一个对象的例程是不同的——正方形的画法和圆形的画法是不同的。这种对消息的自定义解释称为**多态**（polymorphism）；这种消息是多态的。**封装**（encapsulation）是与面向对象程序设计相关的另一个特性，它是指限制对一个对象内部属性的访问。说一个对象的特定属性是封装的，意思是只有对象自己才可以访问它们。被封装的特性被认为是私有的，而可以从对象外部访问到的特性被认为是公有的。

例如，让我们回到图6-19中的LaserClass类。它描述了一个实例变量RemainingPower以及3个方法turnRight、turnLeft和fire。这些方法可以被其他程序单元访问，以使LaserClass的实例执行合适的动作。但是RemainingPower的值应当只能由实例的内部方法来修改，其他程序单元应该不能直接访问这个值。为了强制实现这些规则，我们仅需要将RemainingPower指定为private而将turnRight、turnLeft和fire指定为public，如图6-22所示。通过这种设计，在程序翻译期间任何试图从对象的外部对RemainingPower的值进行访问的操作都会被标识为错误，并要求程序员在继续进行之前改正该错误。

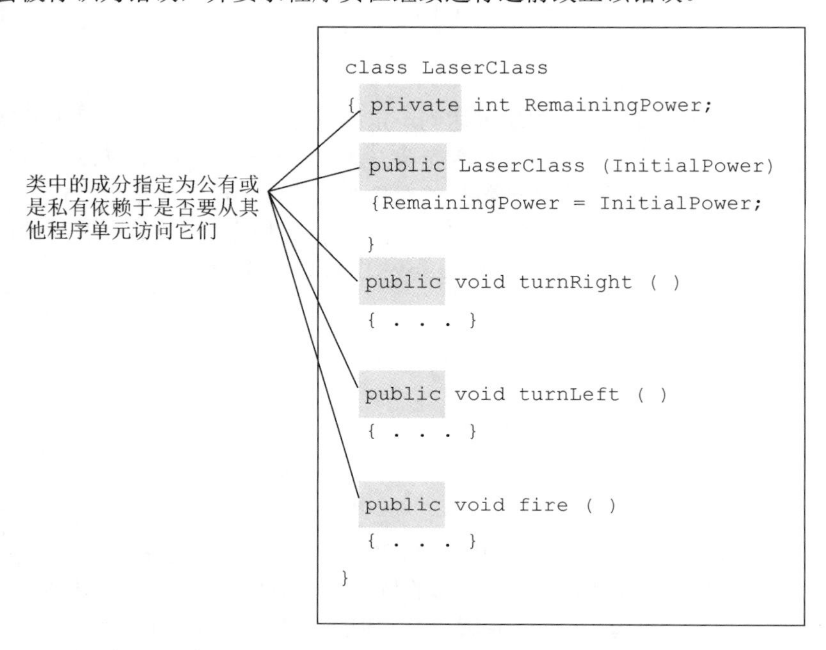

图6-22　在Java或C#程序中使用封装的LasserClass的定义

问题与练习

1. 对象和类之间的区别是什么？
2. 在本节的计算机游戏示例中，除了LaserClass，还可以找到什么对象类？除了RemainingPower，还可在LaserClass类中找到什么实例变量？
3. 假设类PartTimeEmployee和FullTimeEmployee继承了类Employee的属性。你可以想到这两个类中都有什么特性？
4. 什么是构造器？
5. 为什么类中的一些项要指定为private？

*6.6　程序设计并发活动

假设我们要为多路攻击敌人飞船的计算机游戏设计一个生成动画的程序。一种办法就是只设计一个用来控制整个动画屏幕的程序，由它来负责绘制每一个飞船，这（如果动画要做得很逼真）意味着该程序必须掌握许多飞船的各自特征。另一种办法就是设计一个程序来控制单个飞船的动画，每个飞船的特征由参数决定，在程序执行的开始阶段给参数赋值。然后，动画可以通过创建这个程序的多个激活（activation）来构建，每一个激活都使用各自的一组参数。同时执行这些激活，我们就会得到有许多飞船从屏幕上同时飞过的假象。

这种多个激活的同时执行称为**并行处理**（parallel processing）或**并发处理**（concurrent processing）。真正的并行处理需要多个CPU内核，每个CPU内核执行一个激活。当仅有一个CPU可用时，并行处理给我们的错觉是允许多个激活分享一个处理器的时间，其方式与通过多道程序设计系统（见第3章）来执行相似。

与较传统的单指令序列环境相比，许多现代计算机应用程序在并行处理环境里解决起来更容易。于是，较新的程序设计语言提供了表达并行计算所涉及的语义结构的语法。这种语言的设计需要对这些语义结构的识别以及描述它们的语法的开发。

每一种程序设计语言都倾向于从自己的角度来处理并行处理范型，结果产生了不同的术语。例如，“激活”这个非正式的称谓在Ada语言中称为任务（task），而在Java语言中称为线程（thread）。也就是说，在Ada程序中，同时发生的动作是通过创建多个任务来执行的，而在Java程序中是通过创建多个线程来执行的。在这两种情况下，结果都是多个活动被生成和执行，其方式与多任务处理系统控制下的进程是一样的。我们将采用Java中的术语，把这种“进程”都称为线程。

也许，在涉及并行处理的程序中必须表达的大多数最基本的动作就是创建新线程。如果希望可以同时执行飞船程序的多个激活，那么就需要有能说明这一点的语法。这种新线程的产生处理通常与请求一个传统函数的执行类似。不同之处在于，在传统的环境中，请求函数激活的程序单元在所请求的函数终止之前不再往下执行（见图6-8），而在并行环境中，请求程序单元在被请求函数执行任务的同时继续向下执行（见图6-23）。因此，要创建多个飞船飞过屏幕的场景，我们可以写一个主程序，该主程序只生成飞船程序的多个激活，每个激活都配有描述不同飞船特征的参数。

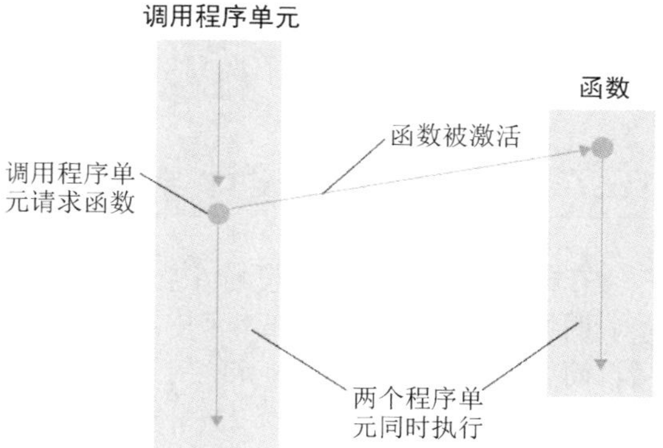

图6-23 线程的产生处理

一个与并行处理相关的更复杂的问题就是两个处理线程之间的通信。例如，在飞船的例子中，代表不同飞船的线程可能需要相互之间通告它们的方位以协调行动。在其他情况中，一个线程需要等待，直到另一个线程到达了它计算中的某个位置，或者一个线程在实现特定的任务之前需要停止另一个线程。

长期以来，这种通信需求一直是计算机科学家研究的课题，并且许多新的程序设计语言都有不同的解决线程交互问题的办法。例如，考虑当两个线程操作同一个数据时面临的通信问题。（这个例子在选读的3.4节中有更详细的描述。）如果并发执行的两个线程都需要给一个公用的数据项值加3，就需要一个方法来保证在允许另一个线程执行任务之前先允许一个线程完成任务，否则它们会使用相同初始值开始各自的计算，这将意味着最后的结果将会是加3而不是加6。一次只能由一个线程访问的数据必须互斥访问。

一种实现互斥访问的方式就是编写描述所涉及线程的程序单元，以便在一个线程正在使用共享数据时，它可以阻止其他线程访问这个数据，直到这样的访问是安全的。（这个办法在3.4节中描述过，在那里我们把一个进程中访问共享数据的那部分标识为临界区。）经验表明，这个办法是有缺陷的，它把保证互斥的任务分散在程序各处——每个访问该数据的程序单元都必须是正确设计的才能确保这种互斥，因此一个程序段中的错误就能破坏整个系统。由于这个原因，许多人认为一个更好的解决办法是使数据项有控制对自身访问的能力。简而言之，不再依赖于访问数据的线程来防止多重访问，而是赋予数据项本身这个能力，结果是访问控制集中于程序中的一个点，而不是分散于许多程序单元中。增加了对自身访问的控制能力的数据项称作**监控程序**（monitor）。

智能手机编程

面向手持设备、移动设备和嵌入式设备开发软件，通常使用在其他环境中使用的相同的通用编程语言。若有较大的键盘和额外的耐心，我们可以单使用智能手机编写某些智能手机应用。不过，大多数情况下，智能手机的软件都是使用特殊软件系统在台式机上开发的，而这些特殊软件系统提供了用于编辑、翻译和测试智能手机软件的工具。简单的应用通常用Java、C++和C#编写。不过，若要编写较复杂的应用或核心系统软件，我们可能需要额外支持并行处理和事件驱动的编程。

我们的结论是，程序设计语言中对于并行处理的设计包括开发表达诸如线程的创建、线程的暂停和重启、临界区的标识以及监控程序的组成等的办法。

最后，我们应当注意，尽管动画提供了一个探索并行计算问题的有趣场景，但是这仅仅是从并行处理技术中受益的许多领域中的一个。天气预报、空中交通管制、复杂系统（从核反应到行人的交通）的模拟、计算机联网以及数据库维护都是可以应用这项技术的领域。

问题与练习

1. 可以进行并发处理的程序设计语言有哪些特性是较传统的语言中没有的？
2. 描述两种可以确保对数据进行互斥访问的方法。
3. 说出除了动画以外可受益于并行计算的其他环境。

*6.7　说明性程序设计

在6.1节，我们断言形式逻辑提供了一个通用的解决问题的算法，围绕这个算法可以构建一个说明性程序设计系统。在本节中，我们将研究这个断言，首先介绍这个算法的基本原理，然后再简要地看一看基于这种算法的说明性程序设计语言。

6.7.1　逻辑推演

假设克米特不是生病就是在舞台上，并且我们得知克米特不在舞台上，所以我们推断克米特一定是病了。这个演绎推论的例子称为**消解**（resolution）。消解是一种称为**推理法则**（inference rule）的许多技法之一，可以用来从大量的陈述中推导出结果。

为了更好地理解消解，我们首先可以用单个字母来表示简单语句，通过符号¬来表示语句的否定。例如，我们用*A*来代表“克米特是一位王子”，用*B*来代表“佩吉小姐是一位演员”，那么，表达式

A OR B

的意思就是“克米特是一位王子或者佩吉小姐是一位演员”，而

B AND $\neg A$

的意思就是“佩吉小姐是一位演员而克米特不是一位王子”。我们将用箭头来表示“蕴涵”关系。例如，表达式

$A \rightarrow B$

的意思是“如果克米特是一位王子，佩吉小姐就是一位演员”。

以这种通式，消解原理意味着从语句

P OR Q

和

R OR $\neg Q$

可以归结出语句

P OR R

这样，我们就说原来的两个语句消解形成了第三个语句，我们称之为**消解式**（resolvent）。重要的是要看到，这个消解式是原始语句的逻辑结论。这就是说，如果原始语句是真的，那么消解式也一定是真的。（如果Q是真的，那么R一定是真的；如果Q是假的，那么P一定是真的。因此，不管Q是真是假，P或者R一定是真的。）

如图6-24所示，我们用图形化的方法表示了这两个语句的消解，在这个图中，引自原始语句的连线指向下面的消解式。注意，消解只能用于成对儿语句，并且这些语句以**子句形式**（clause form）出现，也就是说，语句的基本元素是通过布尔运算符OR连接起来的。因此

P OR Q

是子句形式，而

$P \rightarrow Q$

就不是子句形式。这对于我们来说不是很重要，因为这是数理逻辑中的一个定理的结论，这个定理说，任何以一阶谓词逻辑（一个用扩展的表达能力表示语句的系统）表达的语句都可以用子句形式来表达。我们不在这里进一步探讨这个重要的定理，但是为了今后的使用，我们发现语句

$P \rightarrow Q$

等价于子句形式的语句

Q OR $\neg P$

如果一组语句中的所有语句不可能同时为真，那么这组语句就是**不相容的**（inconsistent）。换句话说，一组不相容的语句是一组自相矛盾的语句。一个简单的例子是语句P与语句$\neg P$的组合。逻辑学家已经证明，重复的消解提供了验证一个不相容子句集合的不相容性的系统化方法，这个方法的规则是，如果反复进行消解而产生了一个空子句（消解子句形式P和子句形式$\neg P$的结果），那么原来的那组语句必定是不相容的。例如，图6-25证明语句集合

P OR Q

R OR $\neg Q$

$\neg R$

$\neg P$

是不相容的。

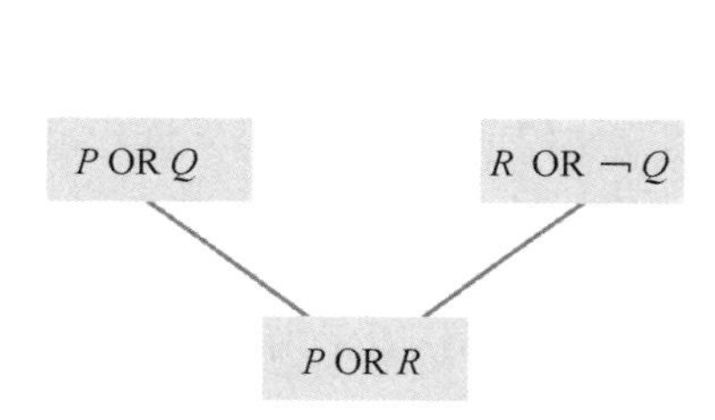

图6-24 消解语句（P OR Q）和（R OR $\neg Q$）推出（P OR R）

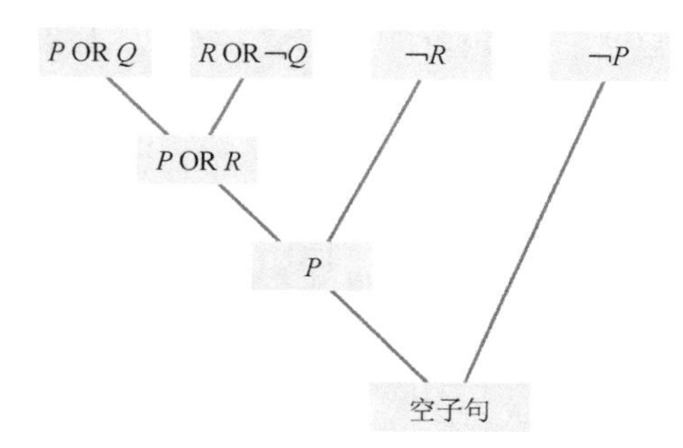

图6-25 消解语句（P OR Q）、（R OR $\neg Q$）、$\neg R$和$\neg P$

假定我们要证明一组语句蕴涵了语句P。推导这个语句P就相当于对语句$\neg P$取反。因此，要证明原来的那组语句蕴涵P，只需将原来的语句与$\neg P$进行消解，直到产生一个空子句。基于获得的空子句，我们就可以说$\neg P$与原来的语句组是不相容的，从而推导出原来的那组语句一定蕴涵P。

在将消解应用于一个实际的程序设计环境之前，还有最后一个问题。假设我们有两个语句

```
(Mary is at X) → (Mary's lamb is at X)
```

（其中X代表任何地方）和

```
Mary is at home
```

按照子句形式，这两个语句变为

```
(Mary's lamb is at X) OR ¬(Mary is at X)
```

和

```
(Mary is at home)
```

乍一看，似乎没有可以消解的元素。另一方面，元素(Mary is at home)和¬(Mary is at X)近于相互对立。问题是要认识到，Mary is at X 是一个关于位置的通用语句，而关于 home 的语句则是它的特殊形式。因此，对于第一个语句的特殊情况是

```
(Mary's lamb is at home) OR ¬(Mary is at home)
```

它可以与语句

```
(Mary is at home)
```

消解产生语句

```
(Mary's lamb is at home)
```

把值赋给变量（如将值home赋给X），从而使得消解可以进行的过程称为**合一**（unification）。这个过程使得演绎系统中的通用语句可以用于特定的应用。

6.7.2 Prolog

程序设计语言Prolog（PROgramming in LOGic的简写）是一个说明性程序设计语言，它解决问题的基本算法就是反复地进行消解，这样的语言称为**逻辑程序设计**（logic programming）语言。一个Prolog程序由一组初始语句组成，基本的算法在这组语句的基础上进行演绎推理。构成这些语句的成分称为**谓词**（predicate）。一个谓词由一个标识符和一个带括号的语句组成，括号里列有该谓词的变元。一个谓词代表一个与它的变元相关的事实，因而谓词标识符的选取通常都反映了该事实的基本语义。因此，如果想表达Bill是Mary的家长的这一事实，我们可以使用谓词形式

```
parent(bill, mary)
```

注意，尽管这个谓词里的变元表示的是专有名词，但是它们仍然是以小写字母开始的，这是因为Prolog区分常量变元和变量变元的依据是常量以小写字母开始，而变量以大写字母开始。[这里，我们使用了Prolog的术语，用术语常量代替更通用的术语字面量。更准确一点讲，在Prolog里用词语bill（注意是小写）表示的字面量可能会被更通用的表示法表示为“Bill”，而词语Bill（注意B是大写）在Prolog中表示变量。]

Prolog程序中的语句有事实和规则两种，每一种都是以一个句点来结束的。一个事实包括

一个谓词。例如，乌龟比蜗牛快这个事实用Prolog语句可以这样来表示：

```
faster(turtle, snail).
```

而兔子比乌龟快的事实可以这样来表示：

```
faster(rabbit, turtle).
```

一个Prolog规则就是一个“蕴涵”语句。但是，Prolog程序员并不是将语句写成$X \rightarrow Y$这种形式，而是写成“Y if X”这样，只是单词if用符号:-（一个冒号和一个连字符）代替了。因此规则“X is old implies X is wise”对于一个逻辑学家来说可能要这样来表述：

```
old(X) → wise(X)
```

而在Prolog语言里则表示为：

```
wise(X) :- old(X).
```

又如，规则

```
(faster(X, Y) AND faster(Y, Z)) → faster(X, Z)
```

在Prolog里表达为：

```
faster(X, Z) :- faster(X, Y), faster(Y, Z).
```

[这个分隔faster(X, Y)和faster(Y, Z)的逗号代表合取符AND。] 尽管这样的规则不是子句形式，但是它们在Prolog里是被允许的，因为它们很容易转化为子句形式。

记住，Prolog系统并不知道程序中谓词的意义，它只是根据消解推理规则以完全的符号方式来对语句进行操作。因此，用事实和规则来描述谓词的有关特性完全是程序员的职责。从这一点来看，Prolog的事实倾向于用来标识谓词的特殊实例，而规则用来描述一般的原理。这就是前面有关谓词faster的语句所使用的方法。这两个事实描述了“快”的特定实例，而规则描述了一个一般的属性。注意，兔子比蜗牛快的事实，尽管没有明说，但这是两个事实通过规则结合的结论。

当使用Prolog语言进行软件开发时，程序员的任务就是开发一组事实和规则来描述已知的信息。这些事实和规则构成了要在演绎系统中使用的初始语句集合。一旦这个语句集合确定了，就可以向系统提出一些猜测（在Prolog术语中称为目标）——通常是用计算机的键盘键入它们。当向Prolog系统提交这样的一个目标后，系统利用消解来试图证明这个目标是初始语句的结论。基于我们描述更快关系的那组语句，可以证明下面的每一个目标

```
faster(turtle, snail).
faster(rabbit, turtle).
faster(rabbit, snail).
```

因为每一个都是初始语句的逻辑结论。最开始的两个与出现在初始语句中的事实相同，而第三个需要系统的某种程度上的演绎。

如果我们提供的目标的变元不是常量而是变量，那么可以得到更为有趣的例子。在这种情况下，Prolog试图从初始语句中推导出目标，同时跟踪推导所需要的合一。然后，如果这个目标达到了，Prolog就报告这些合一。例如，考虑目标

```
faster(W, snail).
```

Prolog对于它的响应是报告

```
faster(turtle, snail).
```

的确，这是初始语句的一个结论，并且通过合一与这个目标一致。此外，如果要求Prolog提供更多的结论，那么它会找到并报告结论

```
faster(rabbit, snail).
```

而我们能通过提出目标

```
faster(rabbit, W).
```

来要求Prolog寻找一些比兔子慢的动物的实例。事实上，如果我们以目标

```
faster(V, W).
```

开始，Prolog将会报告所有可以从初始语句中推导出来的更快关系。这意味着一个简单的Prolog程序可以用来证明某种特定的动物比另一种快，找出那些比某种给定的动物快的动物，找出那些比某种给定的动物慢的动物，或者找出所有的更快关系。

这个潜在的多功能性是激发计算机科学家们想象的特性之一。遗憾的是，当在Prolog系统中实现时，消解过程显示了它理论形式中并没有呈现出来的限制，因此Prolog程序可能会辜负它们被预期的灵活性。为便于理解，首先注意图6-25中的示意图，它只显示了与手头任务相关的那些消解，此外，还有一些其他的消解方式，例如，最左子句和最右子句的消解可产生消解式Q。这样，除了描述应用所涉及的事实和规则的语句外，Prolog程序经常必须包含一些额外的能正确指导消解过程的语句。由于这个原因，实际的Prolog程序可能不能获得我们先前例子表明的目的多样性。

问题与练习

1. 语句R、S、T、U和V中哪一个是($\neg R$ OR T OR S)、($\neg S$ OR V)、($\neg V$ OR R)、(U OR $\neg S$)、(T OR U)和(S OR V)构成的集合的逻辑结论？
2. 下面这组语句是相容的吗？请解释你的答案。
   P OR Q OR R　　$\neg R$ OR Q　　R OR $\neg P$　　$\neg Q$
3. 完成下面的Prolog程序末尾的两个规则，以使得谓词mother(X, Y)的含义是“X是Y的母亲”，father(X, Y) 的含义是“X是Y的父亲”。

```
female(carol).
female(sue).
male(bill).
male(john).
parent(john, carol).
parent(sue, carol).
mother(X, Y):-
father(X, Y):-
```

4. 根据问题3中的Prolog程序，下面的规则想要表述这样的含义：如果X和Y有共同的父母，X是Y的同胞。

```
sibling(X, Y) :- parent(Z, X), parent(Z, Y).
```

   这个同胞关系的定义会使Prolog得出什么意外的结论？

复习题

（带*的题目涉及选读章节的内容。）

1. 说一种程序设计语言是机器无关的，这是什么意思？
2. 将下面的Python程序翻译成附录C中描述的机器语言：

```
x = 0
```

```
while (x < 3):
  x = x + 1
```

3. 将语句

```
Halfway = Length + Width
```

翻译成附录C中描述的机器语言，假设Length、Width和Halfway都以浮点记数法表示。

4. 将高级语言语句

```
if (X == 0):
  Z = Y + W
else:
  Z = Y + X
```

翻译成附录C中描述的机器语言，假设W、X、Y和Z的值都是用二进制补码记数法表示的，每个值使用存储器中的一个字节。

5. 在第4题中，为了翻译这些语句，为什么标识变量的数据类型是必要的？为什么许多高级程序设计语言需要程序员在程序的开头标识每一个变量的类型？

6. 说出并描述4种不同的程序设计范型。

7. 假设函数f需要两个数值作为它的输入，并且返回这两个值中较小的一个作为输出值。如果w、x、y和z都代表数值，那么$f(f(w, x), f(y, z))$的返回结果是什么？

8. 假设f是一个函数，它返回一个输入符号串经过反转得到的结果；g是一个函数，它返回两个输入符号串经过连接得到的结果。如果x是串$abcd$，那么$g(f(x), x)$的返回值是什么？

9. 假设你要写一个面向对象程序来维护自己的财务记录。在表示活期账户的对象里应该存放什么数据？这个对象会响应什么样的消息？程序中可能使用的其他对象是什么？

10. 概述机器语言和汇编语言的区别。

11. 为附录C中描述的机器语言设计一个汇编语言。

12. 程序员John认为在程序中声明一个常量的功能是不必要的，因为可以用一个变量来代替它。例如，在6.2节中的AirportAlt的例子中，可以把AirportAlt声明为一个变量，然后在程序的开头为其赋需要的值。为什么这种方法不如使用常量好？

13. 概述声明语句和命令语句之间的区别。

14. 解释字面量、常量和变量之间的区别。

15. a. 什么是运算符优先级？
    b. 根据运算符优先级，表达式6+2×3的值是什么？

16. 什么是结构化程序设计？

17. 语句

```
if (X == 5):
  ...
```

中的双“等”号和赋值语句

```
X = 2 + Y
```

中的单“等”号的区别是什么？

18. 画一个流程图来表示下面的for语句所表达的结构。

```
for(int x = 2; x < 8; ++x)
{ ... }
```

19. 用Python的while语句把下列的for语句翻译成等效的程序段。

```
for(int x = 2; x < 8; ++x)
{ ... }
```

20. 如果你熟悉乐谱，就像对待程序设计语言那样分析音乐符号。什么是控制结构？什么是插入程序注释的语法？什么音乐符号有类似于图6-7中的for语句的语义？

21. 画一个流程图来表示下面的语句所表达的结构。

```
switch (suit)
  {case 'clubs': bid(1);
   case 'diamonds': bid(2);
   case 'hearts': bid(3);
   case 'spades': bid(4);
  }
```

22. 重写下面的程序段，使用一个case语句代替嵌套的if-else语句。

```
if (W == 5):
  Z = 7
else:
  if (W == 6):
    Y = 7
  else:
    if (W == 7):
      X = 7
```

23. 使用一个if-else语句，概括下面的例程：

```
    if X > 5 then goto 80
    X = X + 1
    goto 90
 80 X = X + 2
 90 stop
```

24. 概述在命令式语言和面向对象语言中找到的用于实现下述每个活动的基本控制结构。
    a. 判断接下来应该执行哪一条命令。
    b. 重复一组命令。
    c. 改变变量的值。
25. 概述翻译器和解释器的区别。
26. 假设程序中的变量X声明为整型。当执行语句

```
X = 2.5
```

时，会发生什么错误？
27. 说一个程序设计语言是强类型的意思是什么？
28. 为什么一个大的数组不太可能通过按值传递的方式传递给函数？
29. 假设Python函数Modify的定义为

```
def Modify (Y):
  Y = 7
  print(Y)
```

如果参数是按值传递的，那么在执行下面这个程序段时，会打印出什么结果？如果参数是按引用传递的呢？

```
X = 5
Modify(X)
print(X)
```

30. 假设Python函数Modify的定义为

```
def Modify (Y):
  Y = 9
  print(X)
  print(Y)
```

其中X是全局变量。如果参数按值传递，那么执行下面的程序段会打印出什么结果？如果参数是按引用传递的呢？

```
X = 5
Modify(X)
print(X)
```

31. 有时，实参是通过产生一个函数要使用的副本来传递给函数的（如按值传递时），但在函数完成时，函数副本里的值会在调用函数继续执行之前传送给实参。在这种情况下，称参数是按“值-结果”传递的。如果参数按值-结果传递，那么第30题的程序段会打印出什么结果？
32. a. 按值传递参数相对于按引用传递参数有哪些优点？
    b. 按引用传递参数相对于按值传递参数有哪些优点？
33. 下面的语句存在什么歧义？

```
X = 3 + 2 × 5
```

34. 假设一个小公司有5名雇员，并且计划增加到6名。而且假设下面的赋值语句是该公司的一个程序中的语句：

```
DailySalary= TotalSal/5;
AvgSalary  = TotalSal/5;
DailySales = TotalSales/5;
AvgSales   = TotalSales/5;
```

那么，如果该程序使用了常量NumberOfEmp和WorkWeek（值都为5），那么如何简化更新程序的任务才能把赋值语句表达为：

```
DailySalary  = TotalSal/DaysWk;
AvgSalary    = TotalSal/NumEmpl;
DailySales   = TotalSales/DaysWk;
AvgSales     = TotalSales/NumEmpl;
```

35. a. 形式语言和自然语言之间的区别是什么？
    b. 分别举一个例子。
36. 用语法图来表示第5章的Python while语句的结构。
37. 设计一套用来描述你本地电话号码的语法的语法图。例如，在美国，电话号码由一个分区电话号码、一个地区电话号码和一个4位数字组成，如（444）555-1234。
38. 设计一套用来描述你母语里简单句的语法图。
39. 设计一套用来描述不同的日期表示方式的语法图，如月/日/年或是月 日，年
40. 设计一套用来描述“句子”的文法结构的语法图，其中“句子”要由单词yes后跟相同数量的单词no组成。例如，句子“yes yes no no”符合要求，而句子“no yes”“yes no no”和“yes no yes”就不符合要求。
41. 有一种“句子”是这样的：单词yes的后面跟有相同数量的单词no，其后又跟有相同数量的单词maybe，例如，“yes no maybe”“yes yes no no maybe maybe”就是这样的句子，而“yes maybe”“yes no no maybe maybe”“maybe no”就不是。给出一个论据说明，无法设计出能一套描述这种句子的文法结构的语法图。
42. 写一个句子描述下面语法图定义的字符串的结构，然后画出字符串*xxyxx*的语法分析树。

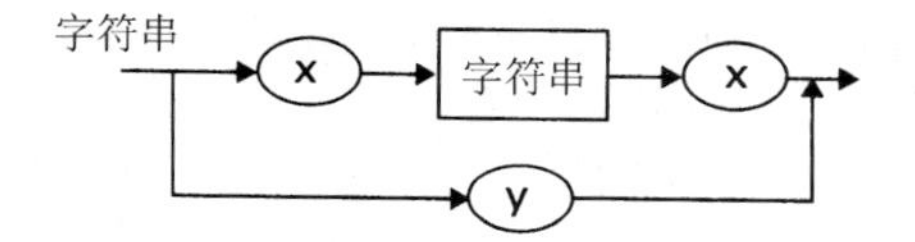

43. 为6.4节中的问题5增加语法图，以得到一个定义Dance结构为Chacha或者为Waltz的一套语法图，其中Waltz包括一个或多个以下模式的副本：

forward diagonal close

或

backward diagonal close

44. 基于图6-15中的语法图，为表达式$x \times y + y \div x$画出语法分析树。

45. 当为下面的语句生成机器代码时，代码生成器可以实现哪些代码优化？

```
if (X == 5):
  Z = X + 2
else:
  Z = X + 4
```

46. 简化下面的程序段：

```
Y = 5
if (Y == 7):
  Z = 8
else:
  Z = 9
```

47. 简化下面的程序段：

```
while (X != 5):
  X = 5
```

48. 在面向对象程序设计环境中，类型和类有哪些相似，又有哪些不同？

49. 描述不同类型建筑的类的开发可能会如何使用继承。

50. 在类中私有部分与公有部分的区别是什么？

51. a. 给出一个实例变量应该是私有的例子。
    b. 给出一个实例变量应该是公有的例子。
    c. 给出一个方法应该是私有的例子。
    d. 给出一个方法应该是公有的例子。

52. 说明在模拟酒店大厅里行人交通时可能需要的一些对象以及某些对象需要实现的动作。

*53. 在程序设计语言环境中，术语监控程序指什么？

*54. 并发处理的什么属性使它需要使用支持并发的程序设计语言？

*55. 画一个表示消解的图（类似于图6-25），来说明语句(Q OR $\neg R$)、(T OR R)、$\neg P$、(P OR $\neg T$)和(P OR $\neg Q$)的集合是不相容的。

*56. 语句$\neg R$、(T OR R)、(P OR $\neg Q$)、(Q OR $\neg T$)和(R OR $\neg P$)的集合是相容的吗？请解释你的答案。

*57. 扩展6.7节中问题3和问题4描述的Prolog程序，包含另外的家庭关系：叔叔（舅舅）、姑姑（姨）、祖父母和堂兄弟姐妹。还要增加定义`parents(X, Y, Z)`的规则表示X和Y是Z的父母。

*58. 假设下列Prolog程序的第一条语句意味着“Alice喜欢运动”，翻译程序中的最后两个语句。然后，基于这个程序，列出Prolog将能得出的Alice喜欢的所有事情。请解释你的列表。

```
likes(alice, sports).
likes(alice, music).
likes(carol, music).
likes(david, X) :- likes(X, sports).
likes(alice, X) :- likes(david, X).
```

*59. 如果下面的程序段在一台用1.7节中描述的8位浮点格式表示数值的机器上执行，会遇到什么问题？

```
X = 0.01
while (X != 1.00):
  print(X)
  X = X + 0.01
```

社会问题

希望下面的问题能引导读者思考一些与计算领域相关的道德、社会和法律问题。回答出这些问题还不够，还应该考虑为什么这样回答，以及你的判断是否对每个问题都标准如一。

1. 通常，版权法支持与一个想法的表达有关的所有权，而不是这个想法本身。因此，一本书中的段落是受版权法保护的，但是这一段落表述的思想就不受保护。这种权利如何扩展到源程序和它们表达的算法呢？一个了解某商业软件包中所使用的算法的人，应当在多大程度上被允许编写表达这些相同算法的程序，并将这个软件推向市场？
2. 通过使用高级程序设计语言，程序员可以使用诸如if、else和while这样的单词来表达算法。

计算机理解这些词的含义到了什么程度？正确响应这些词的使用的能力是否意味着对词语的理解？你怎么知道另一个人理解了你所说的？

3. 一个开发新的有用的程序设计语言的人应当有从这个语言的使用中获利的权利吗？如果有，如何保护这样的权利？一种程序设计语言可以在多大程度上被拥有？公司对雇员创新的智力成果有多大程度上的所有权？
4. 在临近最后期限时，一个程序员打算放弃用注释语句编制文档以使程序能够按时完成，这可以被接受吗？（初学者在得知文档对于专业的软件开发人员是何等重要时，往往非常惊讶。）
5. 许多程序设计语言的研究致力于开发出一种能让程序员编写出人类易读且懂的程序的语言。在多大程度上应当要求程序员使用这些能力？也就是说，对于能够正确实现功能但从人的角度看来写得不好的程序，在什么程度上才算是好程序？
6. 假设一个业余程序员写了一个程序供自己使用，但程序的构造比较草率。这个程序没有使用程序设计语言的易读特性，效率不高，并且包含了利用特殊情况（这个程序员试图使用这个程序的特殊环境）的省事方法。此后，这个程序员把他的程序复制给希望使用这个程序的朋友，而他的朋友又把这个程序复制给了他们的朋友。这个程序员要为他的程序可能出现的问题负多大责任？
7. 计算机专业人员对于各种程序设计范型应该精通到什么程度？某些公司坚持在公司的所有软件开发中都使用同一种预先确定好的程序设计语言。如果某计算机专业人员在这种公司工作，你对前面问题的回答是否会发生变化？

课外阅读

Aho, A. V., M. S. Lam, R. Sethi, and J. D. Ullman. *Compilers: Principles, Techniques, and Tools*, 2nd ed. Boston, MA: Addison-Wesley, 2007.

Barnes, J. *Programming in Ada 2005*, Boston, MA: Addison-Wesley, 2006.

Clocksin, W. F. and C. S. Mellish. *Programming in Prolog*, 5th ed. New York: Springer-Verlag, 2013.

Friedman, D. P., and M. Felleisen. *The Little Schemer,* 4th ed. Cambridge, MA: MIT Press, 1995.

Hamburger, H. and D. Richards. *Logic and Language Models for Computer Science*. Upper Saddle River, NJ: Prentice-Hall, 2002.

Kernighan, B.W., and D.M. Ritchie. *The C Programming Language*, 2nd ed. Englewood Cliffs, NJ: Prentice Hall, 1988.

Metcalf, M. and J. Reid. *Fortran 90/95 Explained*, 2nd ed. Oxford, England: Oxford University Press, 1999.

Pratt, T. W. and M. V. Zelkowitz. *Programming Languages, Design and Implementation,* 4th ed. Upper Saddle River, NJ: Prentice-Hall, 2001.

Savitch, W. , and K. Mock. *Absolute C++*, 5th ed. Boston, MA: Addison-Wesley, 2012.

Savitch, W. , and K. Mock. *Absolute Java*, 5th ed. Boston, MA: Addison-Wesley, 2012.

Savitch, W. *Problem Solving with C ++*, 8th ed. Boston, MA: Addison-Wesley, 2011.

Scott, M. L. *Programming Language Pragmatics,* 3rd ed. New York: Morgan Kaufmann, 2009.

Sebesta, R. W. *Concepts of Programming Languages*, 10th ed. Boston, MA: Addison-Wesley, 2012.

Wu, C. T. *An Introduction to Object-Oriented Programming with Java*, 5th ed. Burr Ridge, IL: McGraw-Hill, 2009.

第 7 章 软件工程

本章讨论的是在开发大型的复杂软件系统过程中遇到的问题。本章的主题之所以称为软件工程，是因为软件开发是一个工程化的过程。研究软件工程的目标就是要找到一些原则来指导软件开发过程，进而生产出高效、可靠的软件产品。

本章内容

软件工程是计算机学科中的一个分支，致力于寻找指导大型复杂软件系统的开发原则。开发这类系统所面对的问题并非只是编写小程序所面对问题的放大。比如说，开发大型系统的时候，要求许多人工作很长时间，而在这期间，预期的系统需求可能会改变，参与该项目的人员也可能会变动。因此，软件工程包括了诸如人员管理和项目管理之类的主题，与计算机科学相比，这样的主题与业务管理的关系更密切。当然，我们的侧重点还是放在那些与计算机科学密切相关的主题上。

7.1 软件工程学科

为了有助于理解软件工程中涉及的问题，这里可以想象构造一个大型的复杂设施（一辆汽车、一幢多层办公大楼或者一座教堂），对其进行设计，然后监管其构建过程。如何估算完成该项目所需的时间、费用以及其他资源？如何把项目分割成几个便于管理的模块？如何保证构建的模块相互协调一致？如何使工作在不同模块的人员相互沟通？如何衡量进度？如何妥善处理更广泛的细节问题（如门把手的选择、滴水兽的设计、彩色玻璃窗的蓝色玻璃的需求量、柱子的强度、供暖系统的管道设计）？在一个大型软件系统的开发过程中，同样需要面对如此繁多的问题。

有人也许会这样认为，工程是一个很成熟的领域，因此一定会有大量现成的可以用来解决软件工程中的这些问题的工程技术。这种推理有一定的道理，但是忽略了软件的特性与其他工程领域特性之间存在着的本质上的不同。这些差别已经向软件工程项目提出了挑战，导致了成本超支、推迟交付软件产品和软件产品不能满足用户的需求等后果。所以，在发展软件工程学科上，首先要做的就是弄清这些差别。

差别之一涉及通过通用预制构件来构建系统的能力。一些传统的工程领域已经长期受益于这种能力，即在构建复杂的设备时，采用各种“现成的”构件。例如，设计一辆新车时，不必设计新的引擎和变速器，利用这些部件以前的设计方案即可。然而，软件工程在这一点上却是很落后的。过去，以前设计的软件构件一般用于特定的领域，即这些构件本质上是为专门的应用设计的，所以将它们作为通用构件来使用是受限的。因此，复杂的软件系统历来都是从头做起。正如在这一章中我们将看到的那样，在这一点上已经取得了重要的进展，尽管还有很多工作要做。

软件工程学科与其他工程学科之间的另一个差别在于缺少，用来衡量软件属性的定量技术——**度量学**（metrics）。例如，为了计算开发一个软件系统的费用，人们希望能够估算出预期产品的复杂性，但是测量软件“复杂性”的方法还不太成熟。同样，评价软件产品质量的方法现在也不太成熟。对于机器设备，质量的重要量度是平均无故障时间，这是对设备耐损耗性的一个基本衡量指标。而软件与此相反，它没有损耗，所以这种方法在软件工程中并不适用。

软件属性不能以定量的方式测量，这也是软件工程和机械、电子工程不同，至今还未找到一个严格、坚实的立足点的主要原因。机械和电子工程是建立在成熟的物理科学的基础上的，而软件工程仍然在找寻其自身的根基。

因而，现在的软件工程研究在两个层面上进行：一部分研究者（有时也称为实践派）的工作指向开发直接应用的技术；另一部分研究者（称为理论派）则致力于探寻软件工程的基础原理和理论，为将来构建更坚实的技术而努力。基于自身的原因，实践派以前开发和提出的许多方法已经被其他方法代替，新的方法可能也将随着时间的推移而淘汰。与此同时，理论派的进展也是一直很缓慢。

对实践派和理论派这两方面进展的需求是巨大的。我们这个社会已经沉迷于计算机系统及其相关的软件，我们的经济、保健、政府、法律实施、交通运输以及国防系统等都依赖于大型的软件系统。然而，在这些系统中，可靠性依然是最主要的问题。软件错误已经导致了一些大的灾难，新近的灾难如月亮的升起被误以为是核攻击、纽约银行造成的一天损失500万美元、空间探测器的失踪、过量辐射导致的人员伤亡，还有电话通信在同一时间大面积瘫痪等。

这并不是说情况都很悲观。我们已经在解决诸如缺少预制构件和衡量标准等问题方面取得很多进展。此外，由于计算机技术在软件开发过程中的应用，导致了称为**计算机辅助软件工程**（Computer-Aided Software Engineering，CASE）的出现，这使软件开发流程化，简化了软件的开发过程。CASE已经促进了各种称为**CASE工具**（CASE tool）的计算机化系统的发展，这些系统包括项目设计系统（用来辅助成本估算、项目调度以及人员分配等）、项目管理系统（用来辅助监控项目的开发进度）、文档工具（用来辅助编写和组织文档）、原型与仿真系统（用来辅助开发原型系统）、界面设计系统（用来辅助图形用户界面的开发）、程序设计系统（用来辅助编写和调试程序）等。其中一些工具的功能和字处理程序、电子制表软件、电子邮件通信系统等差不多，最开始是为一般应用开发的，现在已为软件工程师所采用。另外的一些工具主要是为软件工程环境专门设计的相当复杂的软件包。实际上，称为**集成开发环境**（Integrated Development Environment，IDE）的系统把软件开发工具（编辑器、编译器、调试工具等）都组合到了单个的集成程序包中，其中，智能手机开发所应用的系统便是这类系统的典型代表。这类系统不仅提供编写和调试软件所必需的程序设计工具，而且提供模拟器（借助于图形显示）让程序设计人员查看正在开发的软件在手机上的实际执行情况。

除了研究人员、专业人士和标准化组织（包括ISO）的努力，美国计算机协会（ACM）和美国电气电子工程师学会（IEEE）也已经加入到改善软件工程状态的战斗中。这些努力包括：采用职业行为和道德准则来增强软件开发人员的职业精神，反对对个人职责的漠视态度；建立衡量软件开发组织质量的标准，提供帮助这些组织改善它们标准的指导方针。

美国计算机协会

美国计算机协会（Association for Computing Machinery，ACM）成立于1947年，是致力于推动艺术、科学及信息技术应用的国际性科学与教育组织。其总部在纽约，下设许多特别兴趣组（SIG），分别致力于计算机体系结构、人工智能、生物医学计算、计算机与社会、计算机科学教育、计算机图形学、超文本/超媒体、操作系统、程序设计语言、仿真与建模，以及软件工程等主题。ACM的网站地址是http://www.acm.org。

美国电气电子工程师学会

美国电气电子工程师学会（Institute of Electrical and Electronics Engineers，IEEE，读作“i-triple-e”）是一个电气、电子和制造工程师的组织，成立于1963年，由美国电气工程师学会（由包括托马斯·爱迪生在内的25名电气工程师于1884年创建）和美国无线电工程师学会（创建于1912年）合并而成。今天，IEEE的运营中心位于新泽西州的皮斯卡塔韦镇。协会由许多技术分会组成，如航空电子系统学会、激光与电光学学会、机器人与自动化学会、车载技术学会以及计算机学会。IEEE也参与了各种标准的开发与制定。例如，IEEE的努力产生了今天在大多数计算机上使用的单精度浮点数标准和双精度浮点数标准（第1章中介绍过）。

IEEE的主页地址是http://www.ieee.org，IEEE计算机学会的主页地址是http://www.computer.org。

本章其余部分将讨论软件工程的基本原理（如软件生命周期和模块化），介绍软件工程的发展动向（如设计模式的定义与应用以及可复用软件构件的出现），考察面向对象范型对这个领域产生的影响。

问题与练习

1. 为什么一个程序的代码行数并不是一种很好的衡量程序复杂性的度量？
2. 提出一种测量软件质量的量度建议，并说明这种量度有什么缺点？
3. 什么样的技术能用来确定一个软件单元中有多少错误？
4. 列举出两个在软件工程领域中已经在改善或者当前正在改善的应用环境。

7.2 软件生命周期

软件工程最基础的概念就是软件生命周期。

7.2.1 周期是个整体

图7-1表示的是软件生命周期，这个图表明了一个事实，即软件一旦开发完成，它就进入了一个既被使用又被维护的周期，这个周期将一直持续到软件生命结束。这种模式在许多工业产品中也很常见。不同之处在于，对于其他产品，维护阶段往往是一个修复过程，而对于软件，维护阶段往往包括改错和更新。实际上，软件进入维护阶段，是由于以下的原因：发现了错误，

软件应用中发生的变化需要在软件中做相应的修改，或者上一次修改中的变更导致软件中其他地方出现了问题。

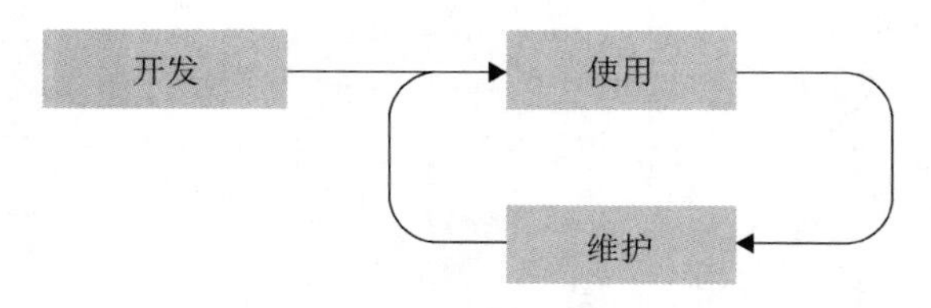

图7-1　软件生命周期

无论软件因为什么样的原因进入维护阶段，这个过程都需要有人（通常不是原作者）研究底层的程序及其文档，直至把这个程序（或者至少是这个程序的相关部分）理解清楚；否则，任何的改动只会带来更多的问题。即使软件设计精良并有良好的文档，要达到这种理解也是一件困难的事情。事实上，到了这个阶段，软件的某部分往往会因为“从头开发一个新系统要比成功修改现有软件包更容易”这样一个借口（这个借口通常是真实的）而弃之不用。

经验表明，在软件开发期间稍作努力，就可能会在需要对软件进行修改时产生很不同的后果。例如，在第6章对数据描述语句的讨论中，我们可以看出，与使用字面量相比，使用常量会大大简化未来的修改工作。结果是，软件工程的大部分研究工作集中在软件生命周期的开发阶段，以利用这种付出与收益之间的杠杆作用。

7.2.2　传统的开发阶段

传统的软件开发生命周期的主要步骤是需求分析、设计、实现和测试（见图7-2）。

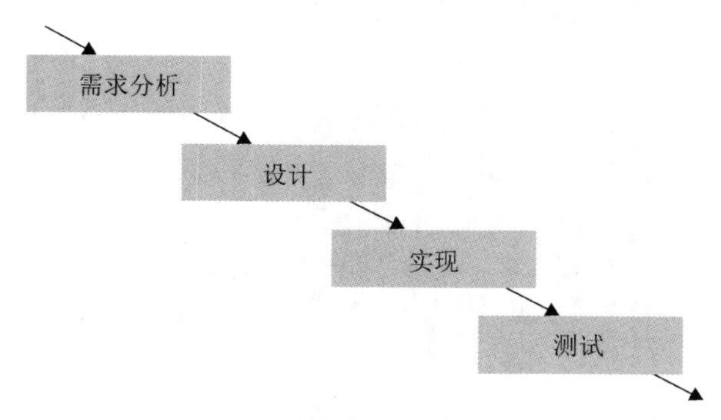

图7-2　传统的软件生命周期的开发阶段

1．需求分析

软件生命周期从需求分析开始，需求分析的目标是：指定预期系统要提供的服务；确认这些服务的运行条件（如时间限制、安全性等）；定义外界与系统的交互方式。

需求分析包括来自预期系统的**利益相关者**（stakeholder，将来的使用者，还有其他有关联的人，如法律上或者财务上相关的人）提供的重要数据。事实上，在一些情况下，终端用户是一个实体（如公司或政府机构），他们会为软件项目的实际执行雇用软件开发者，需求分析可能会开始于用户独自进行的可行性研究。在其他一些情况下，软件开发者可能会为大众市场生产**商用现货**（commercial off-the-shelf，COTS）软件，这些软件或许在零售商店销售，或许可通过因特网下载。在这种情况下，用户不再是准确定义的实体，需求分析可能要从软件开发者的市场调研开始。

无论是哪一种情况，需求分析过程都包括：收集和分析软件用户的需求；和项目的利益相关者协商，在一般需求、核心需求、费用和可行性之间权衡；最终确定的需求要明确最终的软件系统必须具有的特性和服务。这些需求被记录在一个称为**软件需求规格说明**（software requirements specification）的文档中。从某种意义上讲，这个文档是所涉及的各方之间达成的书面协议，它的目的是指导软件开发，也为日后开发过程中可能产生的分歧提供解决方法。像IEEE这样的专业组织和美国国防部这样的大型软件客户都已经采用了软件需求规格说明文档编写的标准，这些事实证明，软件需求规格说明文档十分重要。

从软件开发者的角度来看，软件需求规格说明文档应该能够为软件开发的顺利进行制定严格的目标。然而，大多数情况下，需求文档很难提供这种稳定性。事实上，软件工程领域里的大多数实践派都认为：在软件工程产业中，导致成本超支和产品交付延期的最主要原因就是不良沟通以及不断变化的需求。在地基已经打好的情况下，很少有客户会坚持对楼盘的建设计划做大的修改；但是许多组织机构在软件开始构建以后很久，仍然不断扩大或变更软件系统需求的实例比比皆是。其原因可能是公司决定把原本仅为附属机构开发的软件系统应用到整个公司，或者是技术的进步取代了初始需求分析中可用的功能。无论如何，软件工程师们发现，必须经常与项目的利益相关者直接沟通。

2. 设计

如果说需求分析阶段提供了对一个预期软件产品的描述，那么设计主要是为预期系统的构建提出一个计划。从某种意义上讲，需求分析阶段是指明要解决的问题，而设计阶段则是制定问题的解决方案。从一个外行人的视角来看，需求分析阶段常常等同于决定软件系统应该做些什么，而设计阶段则是决定系统*如何*完成这些目标。虽然这种描述是有意义的，但很多软件工程师认为它是有缺陷的，因为实际上在需求分析阶段有很多*如何*要考虑，在设计阶段也有很多什么要考虑。

软件系统的内部结构是在设计阶段建立的。设计阶段的结果是可被转化为程序的软件系统结构的详细描述。

如果项目是建造一座办公大楼，而不是构建一个软件系统，那么在设计阶段应该为大楼制订详细的结构上的计划并力求满足指定需求。例如，这样的计划应该包含在各个细节层次上描述所建大楼的蓝图汇总。有了这些文档，才能建造实际的大楼。制订这些计划的技术已经经历多年的发展，包括标准的符号系统以及大量的建模和图形化方法学。

同样，在软件的设计中，图形化和建模也发挥着很大的作用。然而，软件工程师所用的方法学和符号系统与建筑领域里所使用的相比，稳定性不太好。与建筑学这个成熟的学科相比，软件工程的实践显得非常动态化，因为软件工程的研究人员一直在努力地寻找软件开发过程中更好的办法。我们将在7.3节探究这个不断变化的领域，并在7.5节详细讨论当前的符号系统以及与它们相关的图形化/建模方法学。

3. 实现

实现阶段涉及程序的具体编写、数据文件的创建和数据库的开发。在实现阶段，我们会看到**软件分析员**（software analyst，有时候也称为系统分析员）和**程序员**（programmer）之间任务的不同。软件分析员参与整个开发过程，他的工作重点可能在于需求分析与设计步骤，而程序员的主要工作是实现这些步骤。最狭义地说，程序员负责写程序来实现软件分析员提出的设计。尽管我们做了这样的区分，但我们还要注意，在计算机领域里并没有一个总的权威来控制术语的使用。许多有着软件分析员头衔的人，本质上就是程序员，而许多有着程序员（也许是高级程序员）头衔的人，从完全意义上讲实际是软件分析员。我们很快就可以看到，术语上的这种模糊是因为现在软件开发过程中的步骤经常会交叉重叠。

4．测试

在过去传统的开发阶段中，测试本质上等同于调试程序和确认最终的软件产品是否与软件需求规格说明文档相一致的过程。但是如今，这样的测试观念被认为太过狭隘。程序不是唯一在软件开发过程中被测试的人工产品，实际上整个开发过程中的每个中间步骤的成果都必须进行准确性“测试”。此外，我们将在7.6节中看到，现在测试被认为是为全面保证质量所作努力中的一部分，这一目标渗透于整个软件生命周期。因此，很多软件工程师认为测试不应该再被看作是软件开发过程中独立的一步，而是（许多的事例表明）应该纳入到其他步骤中，形成3步开发过程，其中每一步都应该有自己的名称，如“需求分析和确认”、“设计和验证”以及“实现和测试”。

遗憾的是，虽然有现代的质量保障技术，大型软件系统还是会有错误，即使经过大量的测试也不能避免。其中许多错误可能在软件的生命周期内都检测不出来，但是另一些错误却可能会造成重大的故障。消除这种错误是软件工程的目标之一。错误仍然普遍存在的事实意味着还有许多研究要做。

问题与练习

1. 软件生命周期的开发阶段是如何影响维护阶段的？
2. 简要说明软件生命周期之开发阶段的4个步骤（需求分析、设计、实现和测试）。
3. 试简述软件需求规格说明文档的作用。

7.3　软件工程方法学

软件工程早期的方法强调以一个严格的顺序进行需求分析、设计、实现和测试。理由是，允许大型软件系统在开发过程中进行变更很危险。因此，软件工程师坚持：在设计之前必须先完成整个系统的需求分析，而且，在开始实现之前必须先完成设计。结果产生了一个现在称为**瀑布模型**（waterfall model）的软件开发过程，之所以称这种开发过程为“瀑布”模型，是因为它跟瀑布一样，只能向一个方向“流动”。

近年来，瀑布模型规定的高度结构化环境与“自由发挥”的试错过程（通常对创造性的问题求解至关重要）之间的矛盾，带来了软件工程技术的变化。软件开发中出现的**增量模型**（incremental model）就说明了这一点。依据这个模型，所需的软件系统以一种渐近的模式来构建，即软件产品先是以功能有限的简化版本出现，一旦这个版本的系统通过了测试并且可能还经过了未来用户的评估，就可以以递增的方式不断地向系统中添加更多的功能并测试，直至整个系统全部完成。例如，要为医院开发一个病人记录系统，第一个增量版本只需要能够查看整个记录系统中的一小部分病人的记录样本就可以了，一旦这个版本能够工作，就可以逐步向系统中加入其他功能，如增加和更新记录的功能。

另外一种与严格遵循瀑布模型不同的模型是**迭代模型**（iterative model），尽管它与增量模型是两个不同的概念，但它们是相似的，实际上有时它们是相同的。增量模型使用的是扩展产品的每个前期版本到更大版本的概念，而迭代模型使用的是改进每个版本的概念。实际上，增量模型通常会包含一个基本的迭代过程，而迭代模型常常渐进地增加特性。

一个典型的迭代技术的例子是Rational Software Corporation公司创造的**统一软件开发过程**

（Rational Unified Process，RUP，与“cup”押韵），现在这家公司是IBM的一个分公司。RUP在本质上是一种软件开发范型，它重新定义了软件生命周期中开发阶段的每一个步骤，并提供了执行这些步骤的指导。IBM公司将这些指导和支持这些指导的CASE工具当作商品出售。现在，RUP已被软件领域广泛采用。事实上，它的流行促进了非专利版本——**统一过程**（unified process）——的发展，这在非商业基础上非常有用。

增量模型和迭代模型有时会利用软件开发采用**原型开发**（prototyping）的这种趋势，原型开发是构建并评估预期系统的非完整版本——**原型**（prototype）——的过程。在增量模型中，将这些原型发展为一个最终的完整系统的过程称为**演化式原型开发**（evolutionary prototyping）。在迭代性更强的情况下，可能会丢弃原型，以使得最后设计有全新的实现，这种方法称为**抛弃式原型开发**（throwaway prototyping）。**快速原型开发**（rapid prototyping）通常属于抛弃式原型开发这个范畴，这种方法是在开发过程的早期快速构建一个预期系统的简单原型。这个原型可能只由几个屏幕图像构成，用来演示系统将如何与用户交互以及系统将有哪些功能。其目标不是产生一个可运行的产品版本，而是获得一个示范工具，用来澄清软件开发过程所涉及的各个部分之间的通信。例如，事实证明，快速原型有利于在需求分析阶段澄清系统需求，也能帮助在销售期间向潜在的客户进行推销介绍。

由计算机爱好者/业余爱好者使用多年的增量和迭代思想的一种不太正式的变体，称为**开源开发**（open-source development）。这是今天许多自由软件开发采用的一种方式。最著名的例子也许就是Linux操作系统，该系统的开源开发工作最初是由林纳斯·托瓦兹（Linus Torvald）领导的。软件包的开源开发遵循以下过程：先是单个作者开发一个初始版本的软件（通常是用于满足该作者自己的需求），然后将其源代码和相关文档发放到因特网上。其他用户可以免费下载和使用这个软件。由于这些“其他用户”拥有该软件的源代码和相关文档，他们能够修改或增强这个软件的功能以使之满足自己的需要，或者是改正他们发现的错误。接下来，他们就将这些改动报告给原作者，原作者再将这些改动整合到自己发布的软件中，使软件的扩展版本可用于更进一步的修改。实际上，一个星期内软件包就有可能经过几次的扩展。

由瀑布模型转化而来的变化最显著的方法就是称为**敏捷方法**（agile method）的方法学集合，它们都建议在增量的基础上进行早期快速的实现，响应需求变更，降低严格需求分析和设计的重要性。敏捷方法的一个例子就是**极限编程**（Extreme Programming，XP）。根据XP模型，由一个少于12人的团队在一个公共的工作场所自由地交换想法，在开发项目过程中相互协作，通过每天不断重复“非正式需求分析、设计、实现和测试”这样一个周期的方式，增量开发软件。这样，软件包的新扩展版本就能定期出现，每个新版本都能由项目的利益相关者进行评估，并以此为基础做进一步的增量。概括说来，敏捷方法具有灵活性的特点，这与瀑布模型完全相反，瀑布模型的典型情况是经理和程序员在各自的办公室工作，各自严格地完成整个软件开发任务中明确定义的那部分工作。

通过瀑布模型与XP模型的对比，揭示了软件工程方法学的广度，这些方法学正被应用于软件开发过程，希望能找到一种更好的高效构建可靠软件的方式。这个领域的研究仍在继续，虽然取得了一定的进展，但还有许多工作要做。

问题与练习

1. 概述软件开发的传统瀑布模型与较新的增量和迭代范型之间的区别。
2. 说出3种与严格遵循瀑布模型不同的开发范型。
3. 传统的演化式原型开发与开源开发的方法之间的区别是什么？
4. 对于通过开源方法开发的软件的所有权而言，你认为可能会出现什么样的潜在问题？

7.4 模块化

7.2节中有一个关键点：要修改软件，就必须理解这个程序，或者至少理解这个程序的相关部分。即使是小程序，要想达到这样的理解一般也很困难，而对于大型的软件系统，如果没有**模块化**（modularity），那几乎是不可能的。模块化就是把软件分割成多个易于处理的通常称为**模块**（module）的单元，每个单元仅仅承担整个软件的一部分功能。

7.4.1 模块式实现

模块可以以不同的方式实现。我们已经看到（第5章和第6章），在命令型范型的环境中，模块表现为函数。与之对应的是，面向对象范型则是利用对象作为其基本的模块要素。这些差别非常重要，因为它们决定了最初的软件设计过程中的潜在目标。这个目标是将全部任务表示为个别的、易于管理的过程，还是确定系统中的对象并理解它们之间如何相互作用？

为了说明这一点，我们来考虑用命令型范型和面向对象范型是如何开发一个模拟网球比赛的简单模块化程序的。在命令型范型中，我们首先考虑的是肯定会发生的动作。因为每场网球比赛都是从一名选手发球开始，所以我们可以首先考虑构造名为`Serve`的函数（基于选手的特点，可能还有一点儿概率），用来计算球的初始速度和方向。接下来，我们需要确定球的路径。（是否将撞在网上？它将弹回到什么地方？）我们可以把这些计算放在另外一个名为`ComputePath`的函数中。下一步可能就要确定另外一名选手是否能击回这个球。如果能够击回这个球，我们还必须计算球的新的速度和方向，可以把这些计算放在名为`Return`的函数中。

照这样继续，我们可以构造出如图7-3所示的**结构图**（structure chart）所描述的模块化结构。在这个图中，函数用矩形表示，函数之间的依赖关系（由函数调用来实现）用箭头表示。特别是，这个图表明了整个比赛是由名为`ControlGame`的一个函数来控制的。为了完成工作，`ControlGame`函数又调用了`Serve`、`Return`、`ComputePath`和`UpdateScore`这4个函数的服务。

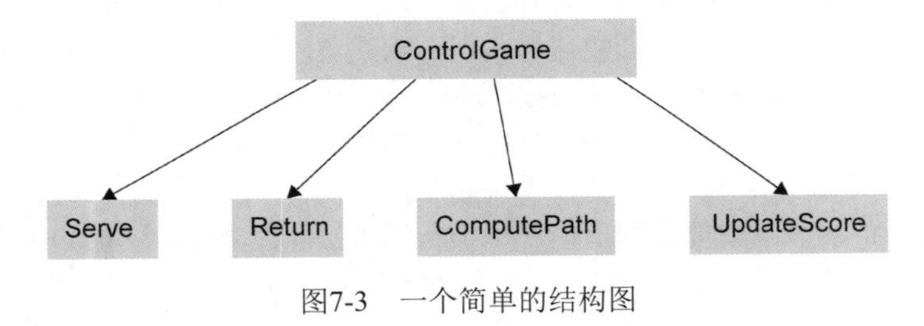

图7-3　一个简单的结构图

注意，这个结构图中并没有描述每个函数是如何完成自己的工作的，确切地说，这个图仅仅是确定了函数并描述了函数之间的依赖关系。事实上，`ControlGame`函数要完成自己的任务会先调用`Serve`函数，然后重复调用`ComputePath`函数和`Return`函数，直到有一名选手没有击中球为止。最后，`ControlGame`在调用`Serve`函数再重复以上整个函数之前，调用`UpdateScore`这个函数的服务来更新比分。

至此，我们仅仅是获得了所需系统的一个极其简单的框架，但思路已经建立起来了。按照命令型范型，通过构思系统必须实现的活动，我们已经完成了程序的设计并得到了设计方案，其中的模块就是函数。

现在，我们重新考虑这个程序的设计，这次是在面向对象范型的环境中考虑的。我们开始的想法就是用两个对象`PlayerA`和`PlayerB`来表示两位选手。这两个对象将有同样的功能和不同的特点。(两名选手应该都能发球和截击球，但是其技巧和力度不同。)因此，这两个对象就是同一个类的实例。[回忆一下，我们在第6章介绍了类的概念，类是定义与每个对象相关联的函数（称为方法）和属性（称为实例变量）的模板。]我们把这个类称为PlayerClass，它将包含Serve方法和Return方法，用来模拟选手的相应动作。这个类中还将包括选手的内部属性(如skill和endurance等)，这些属性的值反映了选手的特点。到目前为止，可以用图7-4来表示我们的设计结果。从图中可以看出，PlayerA和PlayerB是PlayerClass类的两个实例，而这个类包含了Skill属性和Endurance属性，同时也包含了serve方法和returnVolley方法。(注意，在图7-4中我们已经用下划线标注出了对象名，以此来区分它们与类名。)

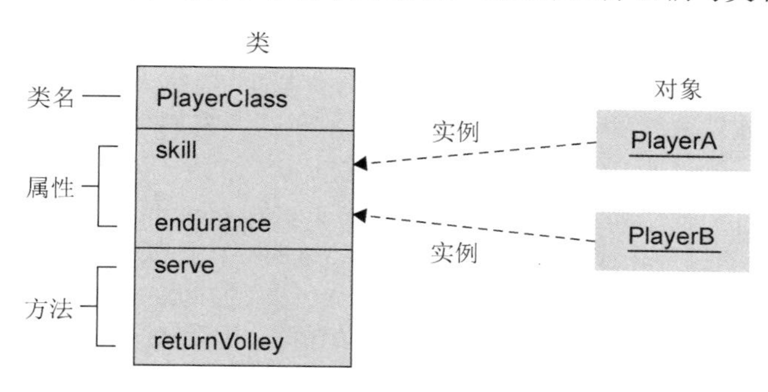

图7-4 PlayerClass类的结构和它的实例

接下来，我们需要一个对象来实现裁判的功能，帮助判定选手完成的动作是否合乎规则。例如，发球是否过网？球是否落在了球场的合适位置内？为此，我们可以建立一个名为Judge的对象，该对象包含evaluateServe方法和evaluateReturn方法。如果Judge对象判定发球或截击球合乎规则，那么比赛继续；否则，Judge对象会给另一个名为Score的对象发消息，告之它记录下相应的结果。

此时，网球程序的设计包括4个对象：PlayerA、PlayerB、Judge和Score。为了说明我们的设计，考虑在截击中可能发生的事件序列，如图7-5所示，图中对象以方框的形式来表示。这个图是要把对象之间的通信表示成调用对象PlayerA中的serve方法的结果。当我们从上向下依次看图时，会发现事件是按次序发生的。就如同第一个水平箭头所表示的那样，PlayerA通过调用evaluateServe方法向对象Judge报告它的发球，然后对象Judge判定发球是否有效，并且通过调用PlayerB的returnVolley方法请求PlayerB截击球。当Judge判定PlayerA产生错误，并且请求Score对象记录下结果时，截击结束。

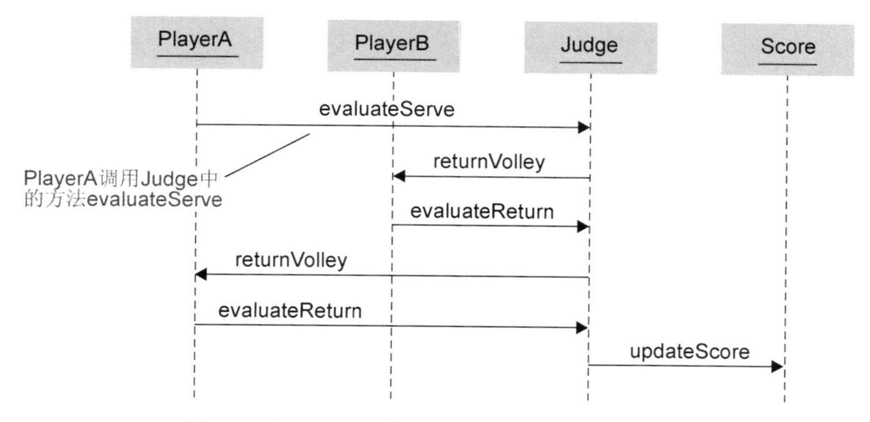

图7-5 由PlayerA的Serve导致的对象间的交互

和命令型范型例子的情况一样，面向对象程序现阶段也是非常简单的。然而，我们已经取得了很大的进步，能够很清楚地理解面向对象模式下是如何进行模块化设计的，而在此模块化设计中，其基本的构件就是对象。

7.4.2　耦合

通过前面的介绍我们知道，模块化是开发出易于管理的软件的一条途径。其基本思想是，以后的任何修改可能只会涉及少数几个模块，允许个人对系统的修改只集中在系统的有关部分，而不是整个系统。当然，这里有个前提，就是对一个模块的修改不会无意中影响到系统的其他模块。因此，当设计一个模块化系统的时候，其目标就应该是做到模块之间的最大独立性，或者换句话说，就是使两个模块之间的联系尽可能少，这种联系称为模块之间的**耦合**（coupling）。事实上，用来衡量软件系统复杂性（并且这样就获得了一种估算维护软件系统的所需开销的方法）的一个指标就是度量该系统模块间的耦合。

模块间的耦合有多种形式。一种是**控制耦合**（control coupling），出现在一个模块移交执行控制给另外一个模块时，如函数调用的情况。图7-3里的结构图就表示了存在于两个函数之间的控制耦合。具体来说，从`ControlGame`模块到`Serve`模块之间的箭头说明了前者将控制权传递给后者。图7-5中的结构表示的也是一个控制耦合的情况，图中的箭头所描绘的路径代表了控制权在对象之间的传递。

模块间的另一种形式的耦合是**数据耦合**（data coupling），这是指两个模块间的数据共享。如果两个模块是通过共享同一个数据项相互作用的，那么当对一个模块进行修改时，可能会影响到另外一个模块，并且对数据本身格式的修改在这两个模块中都会有反映。

两个函数间的数据耦合有两种形式。一种是以参数的形式从一个函数到另一个函数进行显式的数据传送。这种耦合在结构图中是用两个函数之间的箭头指示数据的传送，箭头的方向表明在此方向上进行数据项的传送。例如，图7-6是图7-3的扩展版本，在此图中，我们可以看出：当`ControlGame`函数调用`Serve`函数时，`ControlGame`函数会将需要模拟的那位选手的特点告知给`Serve`函数；当`Serve`函数完成它的任务时，会将球的轨迹报告给`ControlGame`函数。

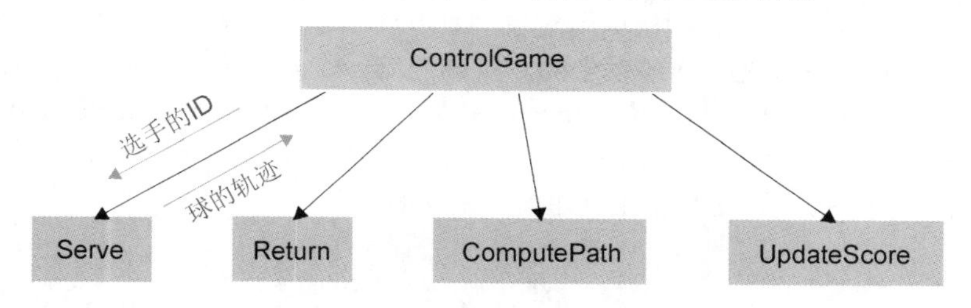

图7-6　一个包含数据耦合的结构图

类似的数据耦合也发生在面向对象设计中的两个对象之间。例如，当`PlayerA`对象请求`Judge`对象对其发球进行判定时（见图7-5），它必须将球的轨迹信息传递给`Judge`对象。另一方面，面向对象设计范型的其中一个优势就在于它从本质上倾向于将两个对象之间的数据耦合减小到最低。这是因为一个对象的方法倾向于包括操作这个对象内部数据的所有函数。例如，`PlayerA`对象将包括有关该对象特点的信息和针对这些信息的处理方法。因此，没有必要将这些信息传递给另外一些对象，这样对象之间的数据耦合就最小化了。

与通过参数进行显式数据传递的方式相反，数据可以以**全局数据**（global data）的形式在模块之间进行隐式共享。全局数据是可以自动被整个系统中的所有模块使用的数据项。这与局部数据项不同，局部数据项只能在某个特定的模块中使用，除非显式地传递给了另外一个模块。

大多数高级语言提供了全局数据和局部数据的实现方式，但是对全局数据的使用应当谨慎。全局数据使用的问题在于，如果某个人试图修改依赖于全局数据的一个模块，那么他就很难确定正被修改的模块与其他模块之间有怎样的相互关系。简而言之，全局数据的使用降低了模块作为一种抽象工具的使用价值。

7.4.3 内聚

正如模块间的耦合应最小化，同样重要的是，每个模块的内部绑定程度应该最大化。术语**内聚**（cohesion）就用来表示这种内部绑定，或者说模块内部各部分的关联程度。为充分理解内聚的重要性，必须考察系统的最初开发并考虑这个软件的整个生命周期。如果有必要在模块中作出修改，那么存在于模块中的各种不同的活动会搅乱原本简单的一个过程。所以，软件设计人员在寻求模块间的低耦合的同时，还力求做到模块内部的高内聚。

一种较弱的内聚形式称为**逻辑内聚**（logical cohesion）。模块内的逻辑内聚是由其内部元素本质上实现逻辑上相似的活动所引起的。例如，考虑一个模块，它完成整个系统与外界进行通信的功能。黏合这个模块的“胶水”是模块中的所有活动都用以处理通信。然而，通信的各个主题差别很大，有些可能是用来获取数据的，其他一些可能是用来报告结果的。

一种较强的内聚形式称为**功能内聚**（functional cohesion），即模块中所有部分都集中于实现某一项功能。在命令型范型的设计中，功能内聚的程度通常可以通过把其他模块中的子任务独立出来用作抽象工具来增强。这一点在网球模拟示例中得到了很好的说明（再次参见图7-3），在该示例中`ControlGame`模块将其他模块用作抽象工具，以便它能集中调度整个比赛，而不是把精力分散在实现发球、回击球和维护比分这样的细节上。

在面向对象设计中，因为对象中的方法常常执行松散相关的活动，其唯一的共同“纽带”就是它们都是由同一个对象执行的活动，所以全部的对象通常都是逻辑上内聚的。例如，在网球模拟示例中，每个选手对象都包含发球和回击球的方法，这些方法是明显不同的活动，所以这样一个对象仅仅是一个逻辑上的内聚模块。然而，软件设计人员应当力求做到使一个对象中的每个方法都在功能上内聚。也就是说，即使对象在整体上仅仅是逻辑上内聚，对象里的每个方法也应当只实现一个功能内聚的任务（见图7-7）。

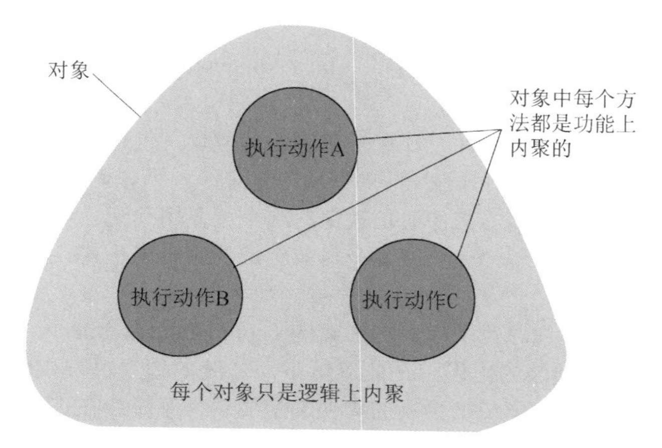

图7-7 一个对象的逻辑内聚和功能内聚

7.4.4 信息隐藏

信息隐藏（information hiding）是好的模块化设计的一个基本特征，它指的是限制软件系统的指定部分的信息。这里的术语信息应该从广义阐释，它包括关于程序单元结构和内容的任何知识。因此，它包括数据、用到的数据结构类型、编码系统、模块的内部组成结构、过程单元的逻辑结构和任何涉及模块内部特性的其他因素。

信息隐藏的关键就是阻止模块的动作对其他模块产生不必要的依赖或影响。否则，模块的有效性就可能会受到影响，可能是受其他模块开发中错误的影响，也可能是受软件维护期间不正确的维护的影响。例如，如果一个模块不限制其他模块对其内部数据的使用，那么这个模块内部的数据可能就会被其他模块破坏。或者，如果一个模块被设计成要利用另一个模块的内部结构，那么后面在另一个模块的内部结构被修改时，这个模块可能会产生错误。

要注意到信息隐藏具有两个化身，这是非常重要的：一个是作为设计目标的，另一个是作为实现目标的。应当这样设计一个模块：使其他模块不需要读取它的内部信息，并且应当以强化模块边界的方式实现一个模块。前者的例子是最大化内聚和最小化耦合。后者的例子涉及使用局部变量、应用封装和使用定义明确的控制结构。

最后，我们应该注意到，信息隐藏对于抽象主题和抽象工具的使用极为重要。实际上，抽象工具的概念是“黑盒”的概念，用户可以忽略它的内部特性，这样就允许用户集中考虑手头更大的应用。在这种情况下，信息隐藏相当于封装抽象工具的概念，就像安全罩可以用来保护复杂的、具有潜在风险的电子设备一样。保护它们的用户远离内部危险，同样也保护内部，以防来自其他用户的侵扰。

7.4.5　构件

我们已经提到，软件工程领域里的一个障碍就是缺乏预制的“现成的”构件块来构建大型的软件系统。在这一点上，软件开发中的模块化方法让我们看到了希望。特别是，事实证明，面向对象程序设计范型尤其有用，因为对象来自完备的、自我包含的单元，这些单元明确定义了与其外部环境的接口。一旦一个对象（更准备地说，是一个类）被设计成能完成某种特定功能，它就可以在任何要求提供这种服务的程序中用来实现这个功能。此外，在对象定义必须定制以符合一个特定应用的需要的情况下，继承提供了一种对预制对象的定义进行改进的手段。于是，面向对象编程语言C++、Java以及C#都带有多套预制的“模板”这一点就不足为奇了。通过这些模板，程序员可以很方便地实现对象并用来完成特定功能。具体来说，C++有C++标准模板库，Java编程环境有Java应用程序员接口（Java Application Programmer Interface，API），C#程序员可以访问.NET框架类库。

虽然对象和类实际有可能为软件设计提供预制的构建块，但这并不意味着它们就是理想的选择。一个问题是，它们提供相对较小的模块来构建系统，所以对象实际上是更通用的**构件**（component）概念中的一个特例，构件就是软件的一个可复用单元。实际上，大多数构件都是基于面向对象范型的，并且表现为一个或多个对象组成的集合的形式，其功能是作为一个自包含单元。

构件的开发和利用的研究导致了称为**构件架构**（component architecture，也就是通常所说的基于构件的软件工程）的领域的出现。在此领域中，传统的程序员被**构件装配员**（component assembler）所代替，由构件装配员把预制的构件装配成软件系统。在许多开发环境中，常常用图形界面中的图标来表示预制的构件。构件装配员并不涉及构件内部的编程，而是在预先定义好的构件集合中选择相关的构件，然后将它们进行最小化的定制并连接，从而获得所需要的功能。确实，一个设计好的构件的属性就是不需要经过内部的修改就可以进行扩展，来包含一些针对特定应用的特性。

构件架构在智能手机系统这一领域中尚无用武之地。因为这些设备的资源有限，各个应用实际是一组相互协作的构件，每个构件会为其应用提供一个具体的功能。例如，一个应用中的每个显示屏通常都是一个独立的构件。在其背后，可能存在其他服务构件，用于存储和访问存储卡上的信息、执行某个持续的功能（如播放音乐），或用于通过因特网访问信息。每一个这样的构件都按需独立启动和终止，高效地服务于用户；然而，应用本身的显示和动作看起来像是一体的。

现实世界中的软件工程

以下情节是现实世界的软件工程师所面临的典型问题。XYZ公司聘请一家软件工程公司为其开发、安装一套全公司的集成软件系统，以满足公司的数据处理需要。作为系统的一部分，XYZ公司又建立了一个PC网络，让员工用来访问这个全公司系统。因此，每个员工的办公桌上都有一台PC。很快这些PC不仅能用来访问新的数据管理系统，而且可以作为可定制的工具，让员工用其来提高自己的工作产出。例如，某名员工可以开发一个电子制表程序来简化自己的工作任务。遗憾的是，这样一个定制的应用可能设计并不完善，或者没有经过彻底的测试，而且可能会涉及一些这名员工并不能完全理解的特性。随着年限的增加，这些定制的应用程序慢慢会融合到公司的内部事务处理过程中。与此同时，当初开发这些应用程序的员工可能会升迁、调任或者离开这家公司，而使用这些程序的其他同事却并不懂这些程序。结果，起初的一个精心设计、协调一致的系统会变成一个设计不良的、无文档的、易出错的应用的拼凑品。

问题与练习

1. 小说与百科全书在其单元（如章、节以及条目）之间在耦合程度方面有什么不同？内聚方面呢？
2. 一项体育赛事通常会被划分为一些单元。例如，棒球比赛被分成了几局，网球比赛被分成了几盘。试分析两个这类“模块”之间的耦合性。这类单元的内聚到了怎样的程度？
3. 最大程度的内聚与最小程度的耦合的目标是否一致？也就是说，随着内聚度的增加，耦合度会相应降低吗？
4. 定义耦合、内聚和信息隐藏。
5. 扩展图7-3中的结构图，使其包括两个模块ControlGame与UpdateScore之间的数据耦合。
6. 如果PlayerA的发球因违反规则被视为无效，绘制一幅类似于图7-5的图，表示发生的事件序列。
7. 传统的程序员与构件装配员之间有什么区别？
8. 假设大多数智能手机都有一些个人组织应用（如日历、联系人、闹钟、社交网络、电子邮件系统、地图等），你认为构件功能的哪些组合实用而有趣呢？

7.5 行业工具

本节里，我们研究一些在软件开发的分析与设计阶段使用的建模技术和符号系统。其中一些技术和符号系统是在软件工程学科中以命令型范型为主导的年代里开发的。现在，在面向对象范型环境中也可以找到它们中某些的身影，而另外的一些如结构图（再见图7-3）则是专门用于命令型范型的。我们首先考虑一些从其命令型范型发展而来的技术，然后研究一些较新的面向对象的工具和设计模式的扩展功能。

7.5.1 较老的工具

尽管命令型范型致力于依据过程或函数来构建软件，但确定这些函数的方式是考虑将被操作的数据，而不是函数本身。具体思路是，通过研究数据在系统中如何流动，就能确定在哪儿更改数据格式，或者在哪儿对数据的路径进行合并或拆分。因此，就确定了进行处理的位置，这样一来，通过数据流的分析就能确定函数。**数据流图**（dataflow diagram）是表示从数据流分析过程中所获得的信息的一种手段。在数据流图中，箭头表示数据路径，椭圆表示数据操控发生的地点，矩形表示数据源和数据存储。作为一个示例，图7-8表示的是医院病人计费系统的一个基本的数据流图。注意，该图表明Payments（从病人中“流出”的）和PatientRecords（从医院文件中“流出”的）在椭圆ProcessPayments处合并，并从此处将UpdatedRecords“流回”到医院文件。

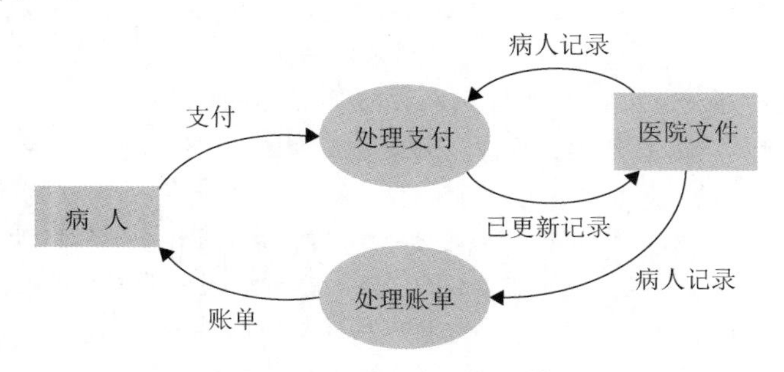

图7-8　一个简单的数据流图

数据流图不仅能在软件开发的设计阶段帮助确定过程，还能在分析阶段帮助理解预期系统。实际上，构建数据流图可以作为一种用来改善客户与软件工程师之间的交流的手段（因为软件工程师一直为理解客户需要什么而努力并且客户努力描述个人愿望），所以，即使在命令型范型已经不太流行的情况下，这些数据流图仍然在使用。

软件工程师已经用了很多年的另一种工具就是**数据字典**（data dictionary），它是关于整个软件系统中出现的数据项的一个中央信息库。这些信息包括：为引用每个数据项所采用的标识符、每个数据项里的有效条目的构成情况（数据项一直是数字型的，还是一直是字符型的？分配给该数据项的值的可能范围是什么）、数据项存储在什么地方（数据项是要存储在文件中或数据库中吗？如果是，具体存储在哪一个里面）、软件在什么地方会引用这些数据项（哪些模块需要数据项的信息）。

构建数据字典的一个目标是，增强软件系统的利益相关者与软件工程师之间的沟通，其中软件工程师负责将利益相关者的需求转化为需求规格说明文档。在这样的环境下，构建数据字典有助于确保这样一个事实，即如果部分数字不是真正的数字型的，那么在软件的分析阶段就可以发现，而不用等到在后面的设计和实现阶段才发现。构建数据字典的另一目标是确立整个系统的一致性。借助构建字典常常可发现冗余和矛盾。例如，一个数据项在库存记录中称为PartNumber，而在销售记录中可能就改称为PartId。还有，人事部门可能会用数据项Name来表示一名员工，而库存记录可能会用数据项Name来表示一个零件。

7.5.2　统一建模语言

在面向对象范型出现以前，数据流图和数据字典是软件工程“武器库”中的工具，在命令型范型现在已经不太流行的情况下（这些工具最初是针对命令型范型开发的），这些工具还是能继续找到适合它们的角色。现在，我们转而研究更为先进的称为**统一建模语言**（Unified Modeling Language，UML）的工具集。统一建模语言是基于面向对象范型思想发展而来的。然而，在这个工具集中，我们讨论的第一个工具是**用例图**（use case diagram），无论其潜在的范型如何，这个工具都是非常有用的，因为它仅仅尝试着从用户的视角来捕捉预期系统的画面。图7-9表示的就是用例图的一个例子。

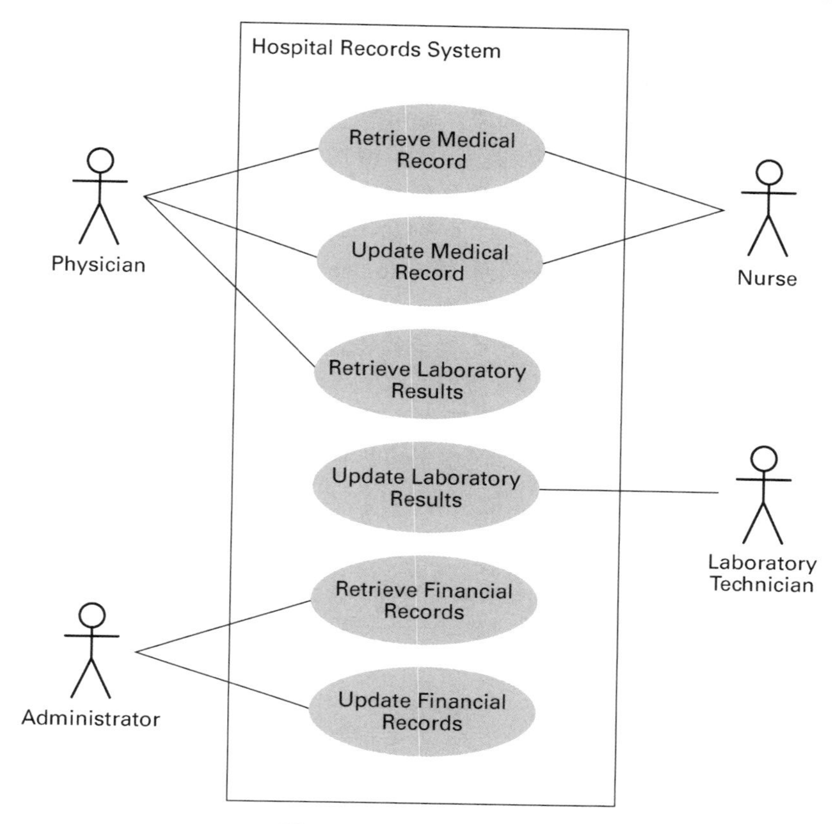

图7-9 一个简单的用例图

用例图是用大的矩形框来描述预期系统，在这个矩形框中，系统与其用户之间的交互——称为**用例**（use case）——是用椭圆来表示的，而系统中的用户——称为**参与者**（actor）——是用火柴人表示的（即使角色可能不是一个人，也这么表示）。这样，图7-9所表示的就是预期的`Hospital Records System`，该系统在获得`Physician`和`Nurse`的请求时，就会完成`Retrieve Medical Records`这个用例。

鉴于用例图是从预期软件系统的外部来观察系统的，所以UML提供了许多种工具，用于表示系统内部的面向对象设计。其中的一种工具是**类图**（class diagram），它是一个符号系统，用来表示类的结构和两个类之间的关系——在UML的术语中称为**关联**（association）。举一个例子，考虑医生、病人和病房之间的关系，我们假定表示这些实体的对象是分别从类`Physician`、`Patient`和`Room`构造出来的。

图7-10表明了这3个类之间的关系在UML类图中是如何表示的，其中，矩形框表示类，线表示关联。对关联线可以标记，也可以不标记，如果标记，可以用实心箭头来指明标号被读的方向。例如，在图7-10中带标记`cares for`的箭头指示医生照顾病人，而不是病人照顾医生。有时关联线上带有两个标记，可以从任一方向读取关联。图7-10中的类`Patient`和`Room`之间的关联就例证了这一点。

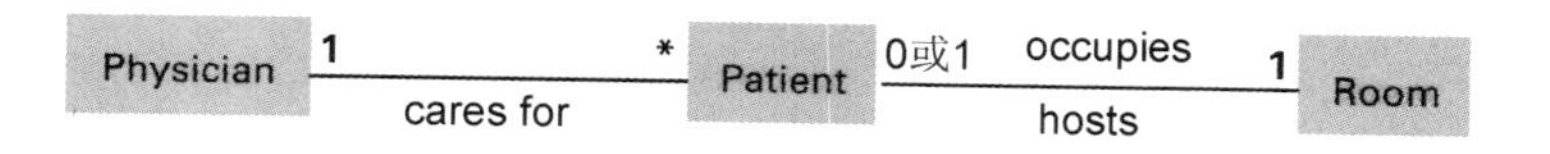

图7-10 一个简单的类图

除了指明两个类之间的关联之外，类图还能表达这些关联的多样性。也就是说，它能指明一个类的多少个实例与另一个类的实例相关联。这个信息被记录在关联线的两端。图7-10指明每位病人可以占据一个房间，而每个房间能容纳0位或1位病人。（我们假定每个房间都是私人房间。）星号（*）表示一个任意的非负数，因此，图7-10中的*表示每位医生可以照顾多位病人，而在关联的医生端的1表示每位病人只由一位医生照顾。（我们的设计只考虑主治医生这个角色。）

为了完整性起见，我们应该注意到关联的多样性有3种基本形式：一对一关系、一对多关系和多对多关系，如图7-11所示。**一对一关系**（one-to-one relationship）的一个例子就是病人和私人病房之间的关系，其中每位病人只能分配到一个房间，而且每个病房只分配给一位病人。**一对多关系**（one-to-many relationship）的一个例子就是医生和病人之间的关系，其中每位医生可以照顾多位病人，而每位病人只有一位（主治）医生照顾。在这个例子中，当我们考虑将病人与咨询医生之间的联系加入病人与医生之间的关系时，就形成了**多对多关系**（many-to-many relationship），即每位病人可以有多位咨询医生来辅助治疗，而每位咨询医生可以帮助多个病人。

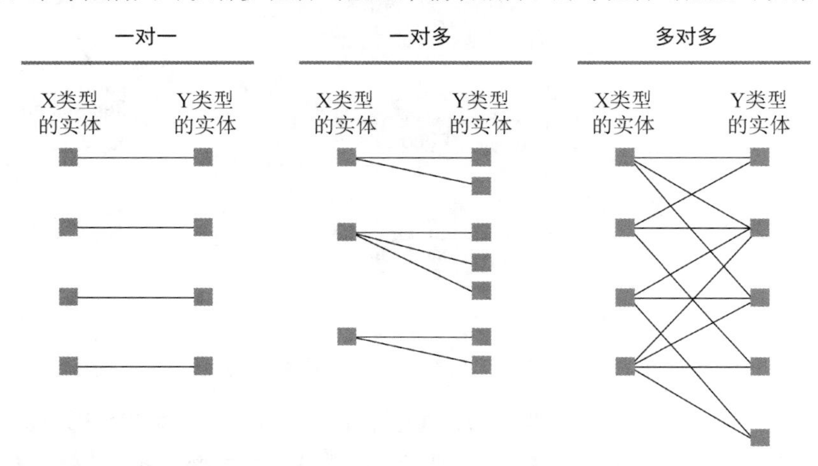

图7-11　X类型的实体与Y类型的实体之间的一对一、一对多以及多对多关系

在面向对象设计中，有一种经常出现的情况：一个类表示另一个类的更加具体的版本。在这种情况下，我们说后者是前者的泛化。UML提供了一种特殊的表示泛化的符号。图7-12给出了一个例子，它描述了类MedicalRecord、SurgicalRecord和OfficeVisitRecord之间的泛化。两个类之间的关联用带空心箭头的箭头表示，这是UML表示泛化的关联符号。注意，每一个类都由一个矩形表示，里面包含了类的名称、属性和方法，格式见图7-4。这是UML在类图中表示类的内在特征的方式。图7-12中描述的信息是：MedicalRecord类是SurgicalRecord类的泛化，同时也是OfficeVisitRecord类的泛化。也就是说，SurgicalRecord类和OfficeVisitRecord类包含了MedicalRecord类的所有特性，并附加了那些明确地列在它们矩形框中的特性。因此，SurgicalRecord类和Office

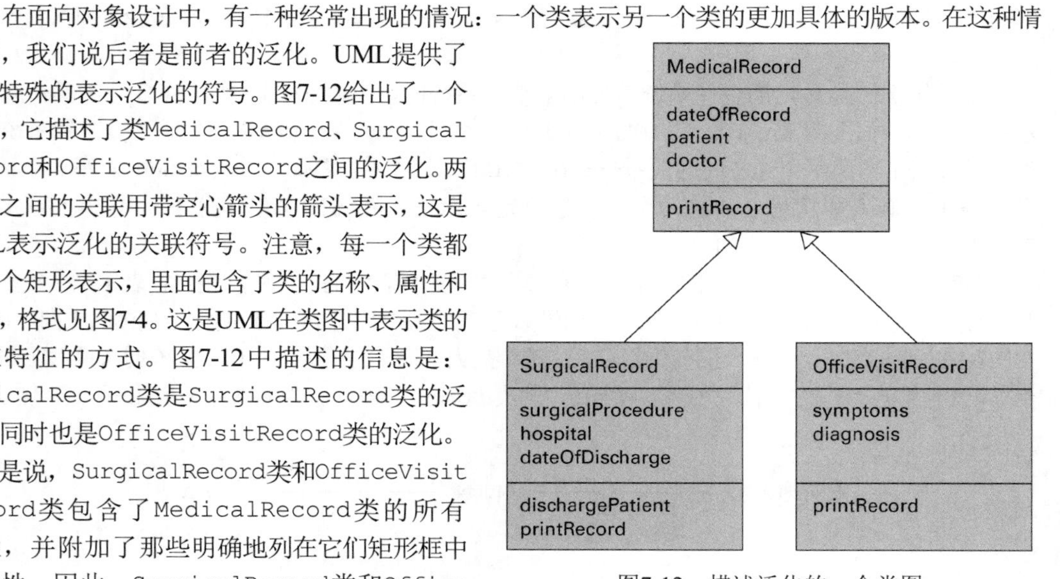

图7-12　描述泛化的一个类图

VisitRecord类都包含病人、医生和记录日期，只是SurgicalRecord类还包含手术流程、医院、出院日期和准许病人出院的权力，而OfficeVisitRecord类包含了症状和诊断。这3个类都有打印医疗记录的功能。SurgicalRecord类和OfficeVisitRecord类中的PrintRecord方法是MedicalRecord类中PrintRecord方法的特化，它们都可以打印其类特有的信息。

回顾第6章（6.5节），在面向对象编程环境中实现泛化的一个很自然的方式就是利用继承。然而，许多软件工程师都告诫说，继承并不是对所有的泛化情况都适合。原因在于，继承导致了两个类之间的强耦合度，这种耦合是软件生命周期的后期不希望出现的。例如，类的改变会自动在它的所有继承类中得到反映，因此在软件维护阶段看起来很小的改动就能够导致不可预见的后果。作为一个例子，我们假设一个公司为其员工开放了一个娱乐设施，这也就意味着娱乐设施里的所有具有成员资格的人员都是该公司的员工。为了给这个设施做一个成员表，程序员可以利用继承依据早先已经定义的Employee类构建一个RecreationMember类。但是，如果随着公司后来的效益提高，公司决定对员工的家属和退休员工也开放娱乐设施，就必须切断Employee类和RecreationMember类之间内含的耦合。所以，使用继承的时候不应当只考虑其方便性，而应当将继承的使用严格限制在需要实现的泛化一直不会更改的情况下。

类图代表的是程序设计中的静态特性征，它们不能表示程序在执行过程中发生的事件序列。为了表示这种动态特征，UML提供了一系列的图表类型，它们统称为**交互图**（interaction diagram）。交互图的一种是**序列图**（sequence diagram），它描述了完成一个任务所涉及的个体（如参与者、完整的软件构件或个体对象）彼此之间的通信。这些图与图7-5类似，因为它们都用带有向下延伸的虚线的矩形表示个体。每个矩形连同它的虚线称为**生命线**（life line）。两个个体间的通信用连接合适生命线的带标记的箭头表示，这里的标记指示的是被请求的动作。当自顶向下阅读图时，这些箭头是按时间先后次序出现的。当个体完成请求的任务，并把控制返回给发出请求的个体（就像传统的从一个过程返回）时，这时的通信是用一个指回原始生命线的无标记箭头表示的。

因此，图7-5从本质上讲是一个序列图。但是，图7-5的语法本身有几个缺点。一个就是它不允许我们获取两名选手之间的对称，我们必须画出一个单独的图来表示开始于PlayerB发球的截击球，即使其交互序列与PlayerA发球的非常相似。此外，图7-5只描述了一次具体的截击球，一次一般的截击球活动肯定可以无限延展。形式化序列图有在单个图中获取这些变化的技术，虽然我们不需要仔细研究这些，但还是应该简要地看一下图7-13中显示的形式化序列图，它描述了基于我们的网球比赛设计的一个一般的截击球活动。

还要注意，图7-13说明了整个序列图是包含在一个矩形——**帧**（frame）——中的。帧的左上角是一个包含了跟有标识符的字符sd（意思是“sequence diagram”）的五角形，这个标识符可能是标记整体序列的名字，也可能（如图7-13中的）是被调用来初始化序列的方法的名字。注意，与图7-5对比，图7-13中表示选手的矩形并没有指定具体的选手，而仅仅表明了它们代表的是PlayerClass“类型”的对象。其中一个被指定为self，意思是这是一个其serve方法被激活去初始化序列的对象。

图7-13中需要注意的另外一点是，它处理了两个内部的矩形，即用来表示一个图中候选序列的**交互段**（interaction fragment）。图7-13包含了两个交互段，一个标记为“loop”，另一个标记为“alt”。这本质上是我们首次在5.2节Python中遇到的while和if-else结构。“loop”交互段表明其边界内的事件将重复，重复的条件是Judge对象判定validPlay的值为真；“alt”交互段表明根据fromServer的值是真是假，其中一个候选序列被执行。

最后，在这里介绍**类-职责-协作卡**（Class-Responsibility-Collaboration card，简称**CRC卡**）的功能还是比较合适的，尽管这部分内容不属于UML，但它在验证面向对象设计的有效性方面起着很重要的作用。CRC卡是一张简单的卡片，如索引卡片，上面写着有关对象的描述。利用这种方法，软件设计师为预期系统的每个对象做一张卡片，然后用这些卡片在系统的模拟中表示对象，这个模拟可能在桌面上进行，也可能通过一个“戏剧”实验进行，在实验中，设计团队的每个成员手持一张卡片，扮演卡片上描述的对象的角色。这样的模拟通常称为**结构化走查**（structured walkthrough），人们发现在设计实现之前的设计阶段找错很有用。

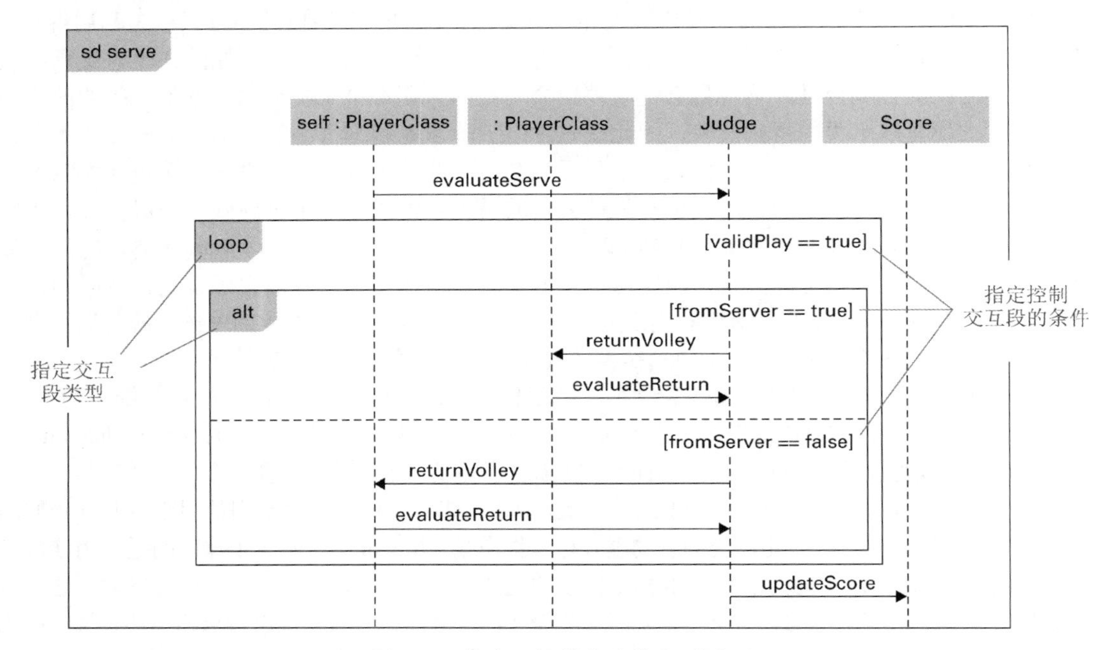

图7-13　描述一般截击球的序列图

7.5.3　设计模式

对软件工程师而言，越来越有用的工具是不断发展的设计模式集。**设计模式**（design pattern）是用来解决软件设计过程中反复出现的问题的一种预先开发的模型。例如，适配器模式提供了一个解决办法，用来解决通过预制模块来构建软件的过程中经常出现的问题。具体来说，预制模块可能已经具备了解决手边问题的功能，但可能还没有与当前应用相兼容的接口。在这样一种情况下，适配器模式可以用作一种将一个模块“封装”在另外一个模块里的标准方法，仅仅需要为原始模块的接口与外部世界提供翻译功能，这样一来，就允许原始的预制模块用于该应用中。

另一种成熟的设计模式是装饰者模式，它提供了一种用来设计系统的手段，而所设计的系统依据当时的环境完成一些相同活动的不同组合。这种系统会产生大量的选择，如果没有经过仔细的设计，很可能导致软件极其复杂。但是，装饰者模式提供了一个实现这类系统的标准化方式，从而产生了一种易于管理的解决办法。

系统设计的悲剧

对良好设计规范的需要可以通过一个例证得到说明，这就是Therac-25（20世纪80年代中期，医学界使用的一台基于计算机技术的电子加速放射治疗仪）所遇到的问题。该机器的设计缺陷导致了6例放射过量的事件发生，其中3例导致人员死亡。设计的缺陷包括：（1）机器界面设计得不合理，使得操作员在机器的放射量调整到合适值之前就能进行放射操作，（2）硬件设计与软件设计之间的协作性差，结果就导致了某些安全性能的失效。

在一些更近的例子中，有因设计不当导致的大面积停电、电话服务中断、金融业务的重大错误、空间探测器的失踪以及因特网的瘫痪。如果你想对这类问题有更多的了解，请查阅风险论坛，它的网址是http://catless.ncl.ac.uk/Risks。

设计模式中的重复问题的识别以及设计模式的创建和分类在软件工程领域里是一个不断进步的过程。然而，其目标不仅仅是找到设计问题的解决办法，还要找到高质量的解决方案，这种解决方案在软件生命周期的后期能提供很好的灵活性。因此，对诸如耦合最小化和内聚最大化这样好的设计原则的考虑，在设计模式的发展过程中起着重要的作用。

设计模式在发展过程中所取得的进展成果，在今天的软件开发包所提供的工具库中得到了体现，如Oracle公司提供的Java编程环境以及微软公司提供的.NET框架等。事实上，在这些工具包中找到的许多模板本质上是设计模式的框架，它们为设计问题提供了现成的、高质量的解决方案。

最后我们要提到的是，软件工程里的设计模式的出现是不同的领域相互促进的一个很好的例子。设计模式的起源来自于克里斯托弗·亚历山大（Christopher Alexander）在传统建筑领域里的研究，他的目标是发现那些提高建筑设计质量的特征，然后开发包含这些特征的设计模式。今天，软件设计中已经包含了他的许多思想，并且许多软件工程师仍继续从他所做的工作中汲取灵感。

问题与练习

1. 画一个数据流图，表示一名读者从图书馆借书时发生的数据流。
2. 画出图书馆记录系统的用例图。
3. 画一个类图，表示旅客与他们所住酒店之间的关系。
4. 画出一个类图，表示一个事实——人是雇员的泛化。包括一些可能每个人都有的属性。
5. 把图7-5转化为完整的序列图。
6. 在软件工程过程中，设计模式扮演着什么样的角色？

7.6 质量保证

软件故障、成本超支、错过截止时间等现象的激增，对软件质量控制方法的改进提出了要求。本节我们考虑一些在此方面的努力方向。

7.6.1 质量保证的范围

在计算机编程发展的早期，生产优质软件的关注点主要集中在去除在实现过程中产生的编程错误上。在本节的后面，我们将讨论在这个方向上取得的进步。然而，如今软件质量控制的范围远超出了调试过程，它的分支包括软件工程过程的改进，培训课程（其中很多是为认证设置的）的开设，以及标准（在这些标准之上可以建立健全的软件工程）的确立。在这方面，我们已经注意到像ISO、IEEE和ACM这些组织在提升职业化程度和设立标准（以评估软件开发公司内部的质量控制）方面所起的作用。一个典型的例子是ISO 9000系列标准，它涉及了许多工业活动，如设计、生产、安装和服务。另外一个例子是ISO/IEC 15504，它是由ISO和国际电工委员会（IEC）联合制定的一套标准。

现在许多软件承包商要求他们雇用来开发软件的组织符合这样的标准。因此，软件开发公司正在建立**软件质量保证**（Software Quality Assurance，SQA）小组，负责监督和强制执行组织所采用的质量控制系统。例如，在传统的瀑布模型下，SQA小组将负责在设计阶段开始之前批准软件需求规格说明，或在实现阶段开始之前批准设计及相关的文档。

许多主题构成了当今质量控制的基础，其中之一就是保存记录。最重要的是将开发过程中的每一步都准确地记入文档以供将来参考。但是，这个目标与人类的本性相冲突，人的本性使得人们倾向于在作出决定或改变决定时不更新相关文档。因此，记录有可能是不正确的，从而在未来阶段使用它时很有可能会产生误导。在这一方面，CASE工具具有非常大的好处，它们使得像重画图表和更新数据字典这类任务与手工方法相比，要更加容易。因此，记录更可能会被更新，最终的文档也更可能是准确的。（这只是软件工程必须应对人性弱点的多个实例之一，其他的例子包括当人们共事时，不可避免的个性冲突、嫉妒和自我抵触。）

另一个面向质量的主题是评审的使用，其中涉及软件开发项目的各方聚在一起，考虑一个指定的话题。评审贯穿整个软件开发过程，采用的形式是：需求评审、设计评审和实现评审。在需求分析的早期，评审可能表现为：原型演示；软件设计团队成员间的结构化走查；或者实现设计相关部分的程序员间的协调。这样的评审（基于重复的基础）提供了沟通的渠道，通过它可以避免误解，在错误造成灾难前更正错误。评审的重要性已经被这样的事实例证：在IEEE标准中，对于软件评审有专门的论述，这就是众所周知的IEEE 1028。

有些评审在本质上是关键的。一个例子就是，项目利益相关者的代表和软件开发团队之间就批准最终软件需求规格说明所进行的评审。实际上，这个批准标志着正式需求分析阶段的结束，同时它也是后续要进行的开发过程的基础。但是，从质量控制的角度来说，所有的评审都是重要的，它们都应该记入文档，作为不断进行的记录维护过程的一部分。

7.6.2　软件测试

软件质量保证现在被认为是贯穿整个开发过程的一个主题，程序的测试和验证本身一直是研究的主题。在5.6节中，我们讨论了用严格的数学方法验证算法正确性的技术，但结论是如今大多数软件要使用测试来“验证”。遗憾的是，这种测试在最好的情况下也不精确。除非我们对一个软件做足够多的测试，穷尽所有可能的情况，否则还是不能保证这个软件是正确的。即使是简单的程序，也可能有无数条可以遍历的路径。所以，对一个复杂的程序的所有可能的路径进行测试是不可能的。

另一方面，软件工程师已经开发出了一些测试方法，在经过有限次测试的情况下，可提高发现软件错误的可能性。其中一种是基于这样的观察，即软件中的错误趋于类聚。也就是说，经验表明，一个大型的软件系统中会有一小部分模块比其他模块更容易出问题。所以，与其把所有的模块都进行相同的、不彻底的测试，还不如确定那些容易出错的模块，对它们进行彻底的测试，这样可以发现系统的更多错误。这就是所谓的**帕累托法则**（Pareto principle）的一个实例，该法则援引自意大利经济学家、社会学家维尔弗雷多·帕累托（Vilfredo Pareto，1848—1923），他发现意大利的一小部分人口控制了意大利的大部分财富。在软件工程领域，帕累托法则指出，通过对一个集中区域施加作用，往往就可以明显地改变结果。

软件测试的另一种方法称为**基本路径测试**（basis path testing），这种方法要开发出一组测试数据，并且这组数据要能保证软件中的每条指令都能至少执行一次。人们已经用数学领域的图论开发出了确定这种测试数据集的技术。因此，虽然不可能保证通过软件系统的每条路径都得到测试，但是可以做到在测试过程中，系统的每条语句都至少能执行一次。

基于帕累托法则和基本路径测试的技术都依赖于对被测试软件的内部构成的理解，因此这类测试都属于所谓的**白盒测试**（glass-box testing）这一类，这也就意味着软件测试人员要了解软件的内部结构，在设计测试的时候要利用到这些知识。相反，还有一类测试称为**黑盒测试**（black-box testing），这类测试并不依赖于对软件内部构成的了解。简而言之，黑盒测试是从用户的角度来完成的。在黑盒测试过程中，测试人员并不关心软件本身是如何工作的，而只注重软件在精确度和时间性方面是否能正确执行。

黑盒测试的一种方法是称为**边界值分析**（boundary value analysis）的技术，它包括确定数据范围（即**等价类**，软件应以类似的方式操作它们）和用接近这些范围的边界数据测试软件。例如，如果软件需要接受指定范围内的输入值，那么就可以用这个范围内的最低值和最高值对该软件进行测试；或者如果软件需要协调多个活动，那么就应针对尽可能大的活动的集合进行测试。基于的理论是：通过确定等价类，测试用例的数量可以最小化，因为对于一个等价类内的几个例子的正确操作往往可验证整个类的软件。此外，确定一个类内错误的最佳机会是使用类边界上的数据。

黑盒测试的另外一种方法是**β测试**（beta testing），在产品的最终版本稳定下来向市场发布之前，软件的初步版本会被发给一部分预期受众，以了解软件在现实环境中的表现如何。[在开发者现场进行的类似测试称为**α测试**（alpha testing）。] β测试的优点远远不止传统的错误发现。通过这种测试所获得的普通用户的反馈意见（无论正面或负面）将有助于调整市场策略。此外，早些时候发布的beta版的软件有助于其他软件开发者设计出与之兼容的产品。例如，就PC市场的新操作系统来说，其beta版本的发布会鼓励与之兼容的工具软件的开发，这样最终版的操作系统上市时，就已经有与之相配的软件产品出现。此外，beta版软件的存在会在市场上造成一种对软件产品的期待（营造一种增加推广和销量的氛围）。

问题与练习

1. 软件开发组织内的SQA小组的作用是什么？
2. 人性是以什么方式与质量保证对立的？
3. 说出两种在开发过程中用来加强质量的主题。
4. 在测试软件时，一个成功的测试是指一个发现了错误的测试，还是指一个没有发现错误的测试？
5. 为了确定系统中的哪些模块应该接受比其他模块更为彻底的测试，你会建议采用什么技术？
6. 一个软件包设计用来对不超过100个条目的列表进行排序，请问，对此软件包采用什么样的测试最为合适？

7.7 文档

如果人们不能学会使用和维护软件系统，那么这个软件系统也就没多大的用处。因此，文档是最终软件包的一个重要的部分，而文档的编写也就成了软件工程领域里的一个重要课题。

软件文档有3个用途，因而也就可以将文档划分为3类：用户文档、系统文档以及技术文档。**用户文档**（user documentation）用来解释软件的特性，并描述如何使用软件。用户文档是给软件用户阅读的，因而其编写采用的是应用方面的术语。

今天，用户文档被公认为是一种重要的市场工具。好的用户文档加上精心设计的用户界面，能使软件更容易为人们所接受，从而提高软件销量。正因为认识到这一点，许多软件开发人员聘请熟悉技术的编写人员为其编制产品的文档，或者将自己软件产品的初级版本提供给独立作者，这样，当开始向公众发布软件正式版时，书店里也就同时有了关于如何使用该软件的书籍。

用户文档传统上是纸质书籍或小册子形式，但是许多情况下同样的信息也包含在该软件中成为其组成部分。这使读者在使用软件时能参考文档。在这种情况下，信息可能会分割成小单元，有时称为帮助包，当用户在两个命令之间犹豫不决时，帮助包中的信息可以自动出现在显示屏上。

系统文档（system documentation）用来描述软件的内部构成，便于在软件日后的生命周期中进行维护。系统文档的一个主要部分是系统中所有程序的源代码版本。这些源代码版本应以易读的格式呈现，这一点很重要，这就是软件工程师为什么支持“采用精心设计的高级程序设计语言、采用注释语句对程序进行注释，以及采用以一致单元表示每一个模块的模块化设计”的原因。实际上，大多数软件开发公司都有一定的要求其员工在编写程序的时候遵循的约定。例如，使程序编写得有条理的缩进约定；建立变量、常量、对象以及类等不同程序结构的命名约定；以及保证所有程序都能有效地文档化的文档约定。这些约定在整个公司的软件中都是统一的，这样最终就能简化软件的维护过程。

系统文档的另外一个组成部分是设计文档的记录，其中包括软件需求规格说明和显示这些规格说明在设计期间被如何获得的记录。这些信息对于软件的维护是有帮助的，因为它指明了软件为何要这样实现，同时这些信息也降低了这样一种可能性，即在维护阶段所作出的变更会破坏系统的完整性。

技术文档（technical documentation）用来描述软件系统应如何安装和服务（如调整操作参数、安装更新以及将出现的问题反馈给软件开发人员）。软件的技术文档与汽车工业中提供给汽车修理工的文档类似。这种文档不讨论汽车是怎样设计和构造的（这类似于软件的系统文档），也不解释如何驾驶汽车和操作汽车加热/制冷系统（这类似于软件的用户文档），而是用来描述如何维护汽车的配件，例如，如何替换变速器，或者如何解决断断续续的电气方面的问题。

在PC领域里，软件的技术文档和用户文档之间的差异就变得比较模糊了，这是因为用户通常自己安装和维护软件。然而，在多用户环境中，这种差异就更明显了，因为这种情况下，技术文档是提供给系统管理员使用的。系统管理员要负责其管辖范围内所有软件的维护，允许用户将软件包作为抽象工具访问。

问题与练习

1. 软件可以以哪些形式文档化？
2. 系统文档应在软件生命周期的哪个（或哪些）阶段进行准备？
3. 程序和它的文档相比，哪个更重要？

7.8 人机界面

回顾一下7.2节，其中讲到需求分析阶段的一项任务是定义要开发的软件系统将如何与它的环境进行交互。本节我们将考虑与这个交互相关的主题，那就是当它涉及与人通信时的情况，这是一个意义深远的主题。毕竟，人类应该允许用户把软件系统当作一个抽象工具来使用。这个工具应该易于使用，能最小化（理想情况下消灭）用户与系统间的通信错误。这意味着系统界面的设计应方便用户的使用，而不仅是作为软件系统的权宜之计。

良好的界面设计非常重要，因为与系统的其他特征相比，系统界面更容易给用户留下深刻的印象。毕竟，用户往往会从系统的可用性角度来审视一个系统，而不是从它如何巧妙地执行其内部任务这个角度。从用户的视角来说，他们可能会根据系统界面在两个具有竞争性的系统之间作出选择。因此，系统界面的设计可能会成为判定一个软件工程项目是否成功的最终决定因素。

由于这些原因，人机界面在软件开发项目的需求分析阶段已经成为一个很重要的关注点，并且是软件工程的一个不断成长的子领域。事实上，有些人认为人机界面的研究是一个完全独立的领域。

智能手机界面便得益于这一领域的研究。为了能够实现一种方便的袖珍设备，传统人机界面的元素（标准尺寸的键盘、鼠标、滚动条、菜单）已被新的方式所取代；新方式的例子包括在触摸屏上操作的手势、语音命令、具有高级的单词和短语自动输入功能的虚拟键盘。尽管这标志着重大的进展，但大多数智能手机用户认为进一步创新的空间还很大

对人机界面设计的研究主要来自于称为**人机工程学**（ergonomics）和**知行学**（cognetics）的工程领域。人机工程学研究的是与人类身体能力相协调的系统的设计，知行学研究的是与人类精神能力相协调的系统的设计。这两个学科中，人机工程学更好理解一些，主要是因为人类已经跟机器打了几个世纪的交道。这些例子有：古代工具、武器和运输系统。这些历史大部分是不证自明的，但是有时人体工程学的应用与直觉是相反的。一个经常被提到的例子就是打字机键盘（现在已经衍生为计算机键盘）的设计，其中键被有意排列，以降低打字员的速度，这样早期机器上使用的分层机械系统就不会卡住。

相反，与机器的精神交互是一个相对较新的现象，因此，正是知行学为富有成效的研究和启发性的见解提供了更大的可能性。通常这些研究成果更具有精妙之处。例如，从表面上看人类的良好习惯有助于提高效率，但有些习惯也会导致一些错误，即使界面设计本意上是要解决问题的。考虑一下用户要求一个典型操作系统删除一个文件的过程，为了防止误删，大部分界面都会要求用户确认一个请求，也许是通过一个消息确认，如“你真的想删除这个文件吗？”乍一看，这个确认信息好像解决了误删的问题，但是使用这个系统一段时间后，用户会养成习惯，自动回答“是”。这样，这个删除文件的任务就从包含删除命令和对问题思考后的响应的两步过程，变成了“删除—是”的一步处理过程，这就意味着当用户意识到提交了错误的删除要求时，这个请求其实已经被确认，文件也已经被删除。

当人们需要使用几个应用软件包时，习惯的形成也可能会带来问题。这些软件包的界面可能相似，但还是有些不同的。相似的用户操作可能会导致不同的系统响应，或类似的系统响应可能需要不同的用户操作。在这种情况下，在某种应用软件上养成的操作习惯可能会在其他应用软件上导致错误的发生。

另外一个与人机界面设计研究有关的人类特质就是人类注意力的狭隘性，也就是当集中度增加时，人类注意力往往变得更加专注。随着人类越来越专注于手头上的工作，打破这种专注也越来越困难。1972年，一架商务飞机因为飞行员太过专注于起落架问题（实际上，是在改变起落架指示灯的过程中），虽然驾驶舱里的警报一直在响，但飞机还是笔直地撞向了地面，造成了空难。

个人计算机的界面中经常会出现一些小状况。例如，大多数键盘提供“大写锁定”（Caps Lock）灯，用于指示键盘是否处在“大写锁定”模式下（即“大写锁定”键已被按了）。但是，如果有人不小心按了大写锁定键，那么直到奇异的字符出现在屏幕上，他才会注意到灯的状态。即使如此，用户经常依然会迷茫一会儿才会发现问题的原因。从某种意义上来说，用户看不到大写灯的变化是很正常的，因为键盘的指示灯不在用户的视线范围之内。但是，通常用户也不能注意到直接放置在他们视线中的指示灯。例如，用户会专注于他们的任务而无法发现显示屏上光标形状的变化，即使观察光标是他们的任务之一。

还有另外一个在界面设计阶段必须预先考虑的人类特质，即并行处理多个事情时有限的思考能力。在1956年《心理学评论》（Psychological Review）的一篇文章中，George A. Miller的研究表明，人类大脑在同一时间最多处理7个细节问题。因此，重要的是界面要设计成这样的：当

需要决定时，界面上要呈现所有相关的信息，而不应依赖人类用户的记忆。特别地，若要求人类记住先前屏幕图像中的精确细节，这就是很糟糕的设计。更进一步地，如果界面需要用户在屏幕图像间进行大量导航，用户会变得很迷惑。因此，屏幕图像的内容和安排成为一个重要的设计问题。

尽管人机工程学和知行学的应用使得人机界面设计折射出独特的韵味，但这个领域还是包含着软件工程中很多更加传统的主题。特别地，度量搜索在界面设计领域和更传统的软件工程领域中具有同样的重要性。界面可以度量的特性包括了解一个界面所需的时间、在界面上完成任务所需的时间、用户界面出错的概率、一段时间不用后用户使用界面的熟练程度，甚至是一些诸如用户对界面喜好程度的主观特性。

GOMS（与“Toms”押韵）模型最初是在1954年提出的，它是人机界面设计领域里度量搜索的范例。这个模型的基础方法学是依据用户的目标（如删除文本中的某个字）、操作（如单击鼠标按键）、方法（如双击鼠标按键，然后按下删除键）和选择规则（实现相同目标的两种方法间的选择）来分析任务的。实际上，这就是GOMS缩写的起源——goal（目标）、operator（操作）、method（方法）以及selection rule（选择规则）。简言之，GOMS就是一种把用户使用一个界面的动作分析成基本步骤序列（按键、移动鼠标、作出决定）的方法学。每个基本步骤的性能都被赋予一个精确的时间段，这样通过把任务中赋予每个步骤的时间相加，从完成相似任务每个界面所需的时间这个角度来看，GMOS提供了一种比较不同的提议界面的方法。

理解类似于GMOS的系统的技术细节不是我们当前的研究目的，我们示例的要点是，GOMS是以人类行为（移动手、作出决定等）特性为基础的。事实上，GMOS的发展起初被认为是心理学中的主题。因此，GMOS重新强调了人类特性在人机界面设计领域中，以及在那些从传统软件工程里延伸出来的主题中所起的作用。

在可预见的未来，人机界面设计肯定是一个活跃的研究领域。处理当今GUI的许多问题依然没有得到解决，大量附加问题潜存于三维界面（这样的界面现在已经出现）的使用中。实际上，因为这些界面承诺结合语音和与三维视觉的触摸交流，所以潜在问题的范围是巨大的。

问题与练习

1. a. 说出人机界面设计领域中人机工程学的一个应用。
   b. 说出人机界面设计领域中知行学的一个应用。
2. 对比智能手机与台式机的人机界面，一个显著的区别便是滚动显示区域所运用的技术。在台式机上，滚动通常通过用鼠标拖曳显示区域下方或右侧的滚动条或者使用鼠标内置的滚轮来实现，而智能手机通常不使用滚动条。（就算使用，它们通常也显示为细线，以表明当前哪一部分可见。）智能手机界面上的滚动是通过在显示屏上进行的滑动触摸手势实现的。
   a. 根据人机工程学，可以提出什么论据来支持这一区别？
   b. 根据知行学，可以提出什么论据来支持这一区别？
3. 人机界面设计领域与更传统的软件工程领域有什么不同？
4. 说出在设计人机界面时要考虑的人类的3个特性。

7.9　软件所有权和责任

大多数人都会同意这样一个观点，即公司或个人投资开发高质量的软件，都可以从中获利，得到回报，否则就很可能没有人愿意从事开发社会所需的软件的工作了。简言之，软件开发者需要对他们生产的软件拥有一定的所有权。

提供这种所有权的法律措施归类于**知识产权**法，其中许多依据的都是版权法和专利法的既定原则。实际上，版权和专利的目的是允许产品的开发者在向公众发布产品（或其部分）时，其所有权得到保护。因此，一个产品的开发人员（无论是个人还是公司）声明其对该产品的所有权的方式有：在其创作的所有作品中加入版权声明；在最终产品中的显著位置加入需求规范说明、设计文档、源代码、测试计划。版权声明清晰地确定了所有权、有权使用该产品的人以及其他限制。此外，开发人员的权利在**软件许可**（software license）中是用法律术语正式表述的。

软件许可是软件所有者与软件产品用户之间的一份法律协议，它为用户使用这一产品授予一定的使用许可，但不允许转让知识产权。这些协议非常详细地解释了各双方的权利和义务。因此，在安装和使用某一软件产品之前，仔细阅读和理解软件许可中的条款是非常重要的。

尽管版权和软件许可协议为禁止直接复制和非授权使用软件提供了法律保护，但它们通常不足以禁止另一方独立开发与该产品功能几近相同的软件产品。令人遗憾的是，多年来很多真正具有创新性的软件产品的开发人员却无法从他自己的发明中充分获利（其中两个著名的例子便是电子制表软件和Web浏览器）。在大多数情况下，往往是另一家公司成功地开发了具有竞争力的产品，并占据了具有绝对优势的市场份额。就这一方面来说，阻止竞争对手侵扰的一个法律途径就是专利法。

专利法的建立是为允许发明者从他的发明中获得商业上的利益。为了获得专利，发明者必须透露发明的细节，并说明这是新的、有用的，不是具有类似背景的其他人能轻而易举做到的（对于软件来说，这一需求非常具有挑战性）。如果一个专利被授权，那么在一段有限的时期内发明者就被赋予了这样的权力：防止其他人制造、使用、销售或引入专利。这段时间一般是专利申请被提出之日起的20年。

采用专利的一个问题是，获取专利是一个昂贵的、费时的过程，通常要历时几年。在这段时间内，软件产品可能已经被淘汰了，而直到专利被授权，申请者手中只有靠不住的权限去阻止别人盗用其产品。

在软件工程过程中，明确版权、软件许可和专利是极其重要的。在开发某一软件产品时，软件工程师通常会选择集成取自其他产品的软件，它可能是一个完整的产品、一部分组件，也可能是通过因特网下载的一部分源代码。然而，如果在此过程中未能尊重知识产权，则将可能导致巨大的损失和严重的后果。例如，2004年，一个不太出名的公司——NPT有限公司——成功地赢得了一场法律诉讼，它控告Research In Motion（RIM，黑莓智能手机制造商）公司在邮件系统中侵犯了它的一些关键技术的专利权。这一诉讼的判决结果包括暂停RIM向美国所有黑莓用户提供电子邮件服务的禁令！最终，RIM与NPT达成协议并支付给NPT总共6.125亿美元，从而避免了关停的命运。

最后，我们应当讨论责任的问题。软件开发者为了保护自己免于承担责任，通常会在其产品上附带免责声明，用以说明其责任的限制。诸如“因使用本软件所造成的任何损失，本公司概不负责”这样的声明比较常见。然而，如果原告能够举出被告的疏忽之处，法庭很少会认可这类声明。所以，责任案件倾向于关注被告对所生产的产品是否给予了相应的关照程度。一个在开发字处理系统的情况下认为可以接受的关照程度，如果放在核反应堆的控制软件的开发上，就可能被认为是一种疏忽。因此，对软件责任声明的最好防护之一就是，在软件的开发过程中，运用合理的软件工程准则，采用与软件应用相适应的关照程度，产生并维护验证这些努力的记录。

问题与练习

1. 在需求规格说明、设计文档、源代码和最终产品中，版权声明的意义是什么？
2. 版权法、专利法，这些法规的制定对社会有何益处？
3. 免责声明中的什么内容将不会被法庭认可？

复习题

（带*的题目涉及选学章节的内容。）

1. 举出一个例子，说明软件开发时所做的努力是如何在日后的软件维护中得到回报的。
2. 什么是演化式原型开发？
3. 试解释缺少度量某些软件特性的度量学是如何影响软件工程学科的。
4. 你是否认为度量软件系统复杂性的度量标准是积累的？积累的意思是：整个系统的复杂性是其各部分的复杂性之和。请解释你的答案。
5. 你是否认为度量软件系统复杂性的度量标准是可交换的？可交换的意思是：如果系统最初开发了X特性，后来加入了Y特性，或者是如果原先开发了Y特性，后来增加了X特性，那么整个系统的复杂性是相同的。请解释你的答案。
6. 软件工程是如何区别于诸如电子、机械工程之类的传统工程领域的？
7. a. 给出软件开发中采用传统瀑布模型的缺点。
   b. 给出软件开发中采用传统瀑布模型的优点。
8. 开源开发是一个自顶向下或者自底向上的方法学吗？请解释你的答案。
9. 试描述为何使用常量代替字面量能简化软件维护。
10. 耦合和内聚的区别是什么？哪个应该最小化？哪个应该最大化？为什么？
11. 从日常生活中选取一个对象，依据功能内聚或逻辑内聚来分析其组成部分。
12. 试将由一条简单的goto语句所造成的两个程序段间的耦合与由函数调用所引起的耦合进行比较。
13. 在第6章中我们已经知道，参数可以通过按值传递或按引用传递这两种方式传递给函数。哪一种提供了更为复杂的数据耦合形式？请解释你的答案。
14. 如果一个大型的软件系统中的数据元素都设计成全局数据，那么在维护阶段中可能会出现什么问题？
15. 在面向对象程序中，声明一个实例变量是公有的或是私有的对数据耦合意味着什么？对于声明实例变量为私有的这一偏好，其背后的基本原理是什么？

*16 举出一个涉及并行处理环境下发生的数据耦合的问题。

17. 按下面的结构图回答下列问题：

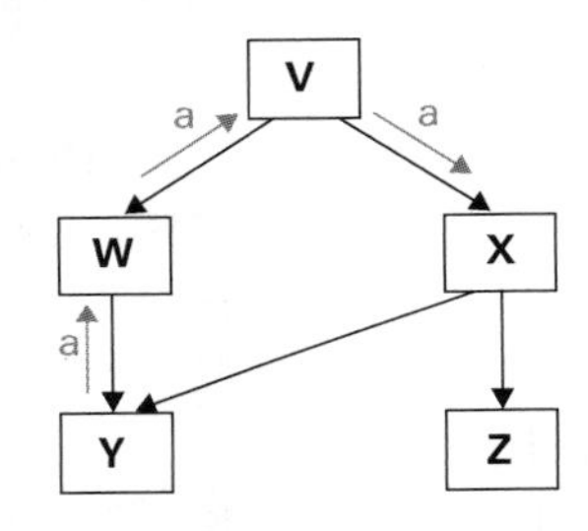

   a. 模块Y把控制返回到哪个模块？
   b. 模块Z把控制返回到哪个模块？
   c. 模块W和模块X是通过控制耦合链接起来的吗？
   d. 模块W和模块X是通过数据耦合链接起来的吗？
   e. 哪些数据是由模块W和模块Y共享的？
   f. 模块W和模块Z是以什么方式相关联的？
18. 用一个结构图来表示为小商店（也许是在人流量较大的社区开的一家私人古董店）开发的一个简单库存/账务系统的过程结构。

    请问，出于销售税法的变动，你必须要修改系统中的哪些模块？如果你决定要维护一个老顾客的记录，以便能给以前的顾客邮寄广告，那么需要对哪些模块进行修改？
19. 使用类图，为上题设计一个面向对象的解决办法。
20. 画出一个简单的类图，表示杂志出版商、杂志和订阅者彼此之间的关系。只要在表示每个类的相应矩形框中描述类名即可。

21. 什么是UML？它是用来做什么的？请详细解释与“M”这一字母对应的词。
22. 画出一个简单的用例图，描述图书馆的顾客使用图书馆的方式。
23. 画出一个序列图，表示当公用事业公司给客户发送账单时，继而发生的交互序列。
24. 画出一个简单的数据流图，描述当一个交易完成时，自动库存系统里出现的数据流。
25. 将类图所表示的信息与序列图所表示的信息进行比较。
26. 说明一对多关系与多对多关系有何不同？
27. 举出一个本章中没有提到的一对多关系的例子。举出一个本章中没有提到的多对多关系的例子。
28. 基于图7-10中的信息，想象一下在看望病人的过程中医生和病人间可能发生的交互序列。画出一个表示这个序列的序列图。
29. 画出一个类图，表示饭店里服务生和顾客之间的关系。
30. 画出一个类图，表示杂志、杂志出版商和订阅者彼此之间的关系。并提供每个类的实例变量和方法。
31. 扩展图7-5中的序列图，显示这样的交互序列：`PlayerA`成功地返回了`PlayerB`的球，但`PlayerB`未能成功返回这个截击球。
32. 基于下面的类图回答下列问题，类图表示的是工具、工具的用户以及工具的生产厂商彼此之间的关联。

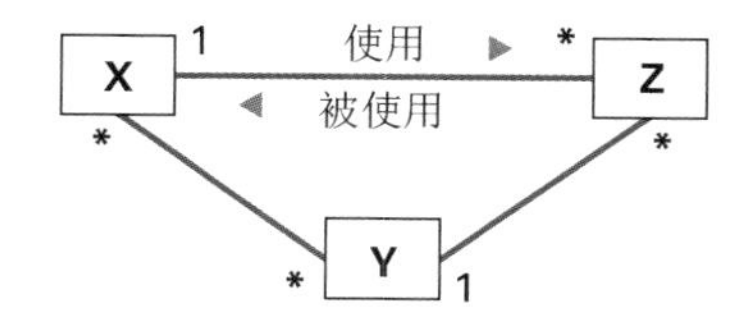

    a. 工具、用户和厂商分别是由哪个类（X、Y和Z）表示的？验证你的答案。
    b. 一个工具能被1个以上的用户使用吗？
    c. 一个工具能被1个以上的厂商制造吗？
    d. 是否每个用户都要使用由多个厂商制造的多个工具？
33. 根据下面的各种情况，判断所述的活动是与序列图有关、用例图有关，还是与类图有关。
    a. 表示用户将与系统交互的方式。
    b. 表示系统中两个类之间的关系。
    c. 表示完成某一任务时对象的交互方式。
34. 基于下面的序列图，回答下列问题。

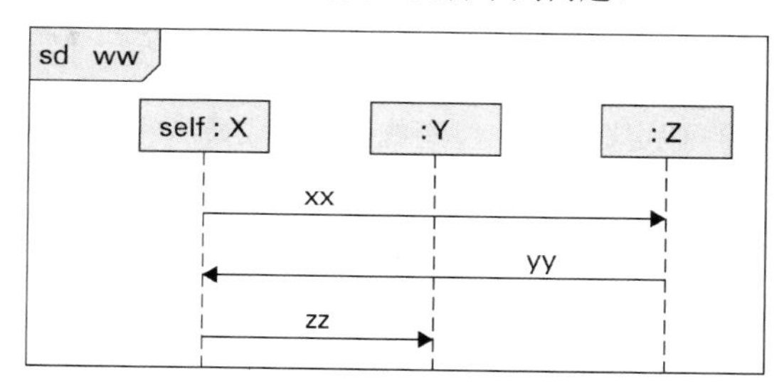

    a. 什么类含有名为ww的方法？
    b. 什么类含有名为xx的方法？
    c. 在序列中，Z类型的对象会与Y类型的对象直接通信吗？
35. 画出一个序列图，表明对象A调用对象B中的方法bb，B执行请求的动作并返回控制给A，然后A再调用对象B中的方法cc。
36. 扩展对前面问题的解决方法，表明只有当变量“continue”为真时，A才能调用方法bb，在B返回控制后，只要“continue”继续为真，A就可以继续调用bb。
37. 画出一个类图，描述这样一个事实，即Truck（卡车）类和Automobile（小汽车）类都是Vehicle（汽车）类的泛化。
38. 基于图7-12，`SurgicalRecord`类型的对象中会包含什么额外实例变量？`OfficeVisitRecord`类型的呢？
39. 解释为什么继承并不总是实现类泛化的最佳方式。
40. 举出软件工程领域以外的一些设计模式。
41. 总结设计模式在软件工程中的作用。
42. 在什么程度上来说，一个典型的高级程序设计语言中的控制结构（如`if-else`、`while`等）就是小型的设计模式？
43. 以下情况中，哪个涉及了帕累托法则？解释你的答案。
    a. 一粒老鼠屎搞坏一锅粥。
    b. 每个电台都集中于一种特定的形式，如摇滚乐、古典音乐或谈话。
    c. 在选举活动中，候选人非常明智地将其重点放在之前投他们票的那部分选民上。
44. 软件工程师希望大型软件系统在错误的内容上是同种类型的，还是不同类型的？解释你的答案。
45. 黑盒测试与白盒测试的区别是什么？

46. 试举出一些在软件工程以外的领域中发生的与黑盒测试和白盒测试类似的事件。
47. 开源开发与beta测试有何区别？（考虑白盒测试和黑盒测试。）
48. 假定在一个大型系统快要完成最后的测试之前，故意放入100个错误。此外，还假定在最后的测试期间发现并纠正了200个错误，而其中的50个错误属于故意放入系统中的。请问，如果接下来那些剩下的50个已知错误也被纠正了，那么你估计系统中还有多少个没有发现的错误？为什么？
49. 什么是GOMS？
50. 什么是人机工程学？什么是知行学？
51. 对比智能手机与台式机的人机交互界面，一个区别就在于改变显示屏上图像比例以得到或多或少细节（此过程称为“缩放”）的技术。在台式机上，缩放通常通过拖动一个独立于显示区的滑块来实现，或者通过菜单或工具栏选项实现。在智能手机上，缩放是这样实现的：用大拇指和食指同时触摸显示屏，然后改变两个触摸点间的距离（即实现“放大”功能的“双指触击-展开”过程，或者实现“缩小”功能的“双指触击-收缩”过程）。
    a. 根据人机工程学，可以提出什么论据来支持这一区别？
    b. 根据知行学，可以提出什么论据来支持这一区别？
52. 在什么情况下，传统的版权法无法保护软件开发者的投资？
53. 在什么情况下，软件开发者不能成功获得专利？

社会问题

希望下面的问题能引导读者思考一些与计算领域相关的道德、社会和法律问题。回答出这些问题还不够，还应该考虑为什么这样回答，以及你的判断是否对每个问题都标准如一。

1. a. 分析员玛丽被分配了一个任务——要实现一个系统。通过该系统可以将医疗档案存放在与大型网络相连接的计算机上。依据她的观点来看，系统安全性方面的设计存在着缺陷，但是由于公司财力方面的原因，她所提出的想法被否决了，而且公司要求使用她认为不太合适的安全系统来继续该项目。这种情况下，她该怎么办？为什么？
   b. 假设分析员玛丽按照吩咐实现了该系统，而现在她发现有未经授权的人在检索医疗档案。这时她该怎么办？对于这样一种侵犯安全的情况，她将负多大责任？
   c. 假设分析员玛丽没有听从老板的安排，拒绝继续开发这个系统，并且义无反顾地将设计缺陷公布于众，结果导致公司的财务紧张，许多无辜的员工失去工作。分析员玛丽的行为对吗？如果玛丽仅仅是整个设计组的一名成员，她并不了解公司正在花费大的精力在别的地方开发一套有效的安全系统，而这套系统将会用在玛丽正在开发的系统上，那么又会怎么样？这种情况是如何改变你对玛丽行为的判断的？（需要注意的是，玛丽对这种情况的观点和以前一样。）
2. 当一个大型软件系统由许多人一起开发时，如何分配责任？是否有一种层次型的责任？是否有不同程度的责任？
3. 我们知道，大型的复杂软件系统通常是许多成员一起开发的，其中很少有人能够对整个项目有一个全面的了解。那么对于一名员工来说，他对项目的功能没有完全了解，却要为该项目出力，这么做在道德上是否合适？
4. 某人对其成果最终为他人所用，应当负多大的责任？
5. 在计算机专业人员与客户之间的关系中，专业人员的责任是实现客户的要求，还是对客户的要求加以指导？如果专业人员预见到客户的要求会导致缺乏职业道德的结果发生，该怎么办？例如，客户可能为了提高效率希望走捷径，而专业人员预见到所采用的这些捷径，可能会成为数据错误或系统误用的根源。如果客户坚持这么做，那么专业人员是否就没有责任？

6. 如果技术的发展太过迅猛，发明者还未来得及从他的发明中获利，新的发明却已紧随而来，取而代之。这样将会发生什么？这种获利对激励发明者而言是必需的吗？开源开发的成功与你的答案有什么关系？免费的高质量软件足以持续支撑现实的需求吗？
7. 计算机革命能否有助于（或者说帮助解决）世界能源问题？对其他的一些大规模问题，如饥饿和贫穷，情况又会如何？
8. 技术是否会无限期地发展下去？是否有什么因素会逆转社会对技术的这种依赖？如果社会继续推进技术无限期地发展下去，那么结果将会怎样？
9. 如果你有一台时间机器，你想要生活在哪个历史时间段中？是否有你想带走的当前技术？一种技术能与另一种技术分开吗？一边反对全球变暖，一边接受现代医学治疗，这现实吗？
10. 智能手机上的许多应用会自动集成其他应用提供的服务。这种集成可能会将进入一个应用的信息与另一个应用共享。这种集成的好处是什么？过多的集成会导致什么问题吗？

课外阅读

Alexander, C., S. Ishikawa, and M. Silverstein. *A Pattern Language*. New York: Oxford University Press, 1977.

Beck, K. *Extreme Programming Explained: Embrace Change*, 2nd ed. Boston, MA: Addison-Wesley, 2004.

Bowman, D. A., E. Kruijff, J. J. LaViola, Jr., and I. Poupyrev. *3D User Interfaces Theory and Practice*. Boston, MA: Addison-Wesley, 2005.

Braude, E. *Software Design: From Programming to Architecture*. New York: Wiley, 2004.

Bruegge, B., and A. Dutoit. *Object-Oriented Software Engineering Using UML, Patterns, and Java*, 3rd ed. Boston, MA: Addison-Wesley, 2010.

Cockburn, A. *Agile Software Development: The Cooperative Game,* 2nd ed. Boston, MA: Addison-Wesley, 2006.

Fox, C. *Introduction to Software Engineering Design: Processes, Principles and Patterns with UML2*. Boston, MA: Addison-Wesley, 2007.

Gamma, E., R. Helm, R. Johnson, and J. Vlissides. *Design Patterns: Elements of Reusable Object-Oriented Software*. Boston, MA: Addison-Wesley, 1995.

Maurer, P. M. *Component-Level Programming*. Upper Saddle River, NJ: Prentice-Hall, 2003.

Pfleeger, S. L., and J. M. Atlee. *Software Engineering: Theory and Practice*, 4th ed. Upper Saddle River, NJ: Prentice-Hall, 2010.

Pilone, D. , and N. Pitman. *UML 2.0 in a Nutshell.* Cambridge, MA: O'Reilly Media, 2005.

Pressman, R. S., and B. Maxim. *Software Engineering: A Practitioner's Approach,* 8th ed. New York: McGraw-Hill, 2014.

Schach, S. R. *Classical and Object-Oriented Software Engineering*, 8th ed. New York: McGraw-Hill, 2010.

Shalloway, A., and J. R. Trott. *Design Patterns Explained*, 2nd ed. Boston, MA: Addison-Wesley, 2005.

Shneiderman, B., C. Plaisant, M. Cohen, and S. Jacobs. *Designing the User Interface: Strategies for Effective Human-Computer Interaction*, 5th ed. Boston, MA: Addison-Wesley, 2009.

Sommerville, I. *Software Engineering*, 9th ed. Boston, MA: Addison-Wesley, 2010.

第8章 数据抽象

本章将要研究的是如何对数据组织形式进行模拟，这门学科称为数据结构，它不同于由计算机主存储器所提供的以一个个单元来组织数据的方式。其目标是让数据的使用者将数据集视为一种抽象工具来访问，而不是从计算机主存储器中数据组织的角度去考虑问题。这方面的研究工作将向我们展示，构造这种抽象工具的需求是如何产生对象和面向对象编程概念的。

本章内容

第6章已经介绍了数据结构这个概念，在那一章中，我们了解到：程序员可以利用高级程序设计语言所提供的技术来表示算法，就好像正被操作的数据不是按照一个个单元存储在主存储器中的，而是以其他方式存储的。我们还学习到，程序设计语言所支持的数据结构称为基本结构。本章将讨论一些技术，利用这些技术能够构建和操作一些与语言的基本结构不同的数据结构，该研究能够使我们从传统的数据结构过渡到面向对象的范型。贯穿本章的潜在主题是抽象工具的构建。

8.1 基本数据结构

这里，先介绍一些基本的数据结构作为后续几节的例子。

8.1.1 数组和聚合

在6.2节中，已经介绍了数组和聚合类型这两种数据结构。回顾一下，**数组**是一种“矩形的”数据块，其项具有相同的类型。最简单的数组形式是一维数组，由一行元素组成，每个元素的位置由一个下标确定。例如，带有26个元素的一维数组可用于存储每个字母表字母在一页文本中出现的次数。一个二维数组由多行多列组成，其中，项的位置由一对下标确定，即第一个下标值确定项的行位置，第二个下标值确定项的列位置。例如，用一个矩形数组表示销售人员的每月销售额，每行的项代表的是某个销售人员每月的销售额，每列的项代表的是某个月每个销售人员的销售额。这样一来，第3行第1列的项就可以表示第3个销售人员1月份的销售额。

与数组不同，**聚合类型**是一个由数据项组成的块，其中的各个数据项可能具有不同的类型和大小。块里的项通常称为**字段**。例如，用一个聚合类型的数据块表示一个员工，其字段可能有3项：员工的名字（字符型数组）、年龄（整型）以及技能等级（浮点型）。聚合类型中的字段通常都不是通过数字下标号来访问的，而是通过字段名来访问的。

8.1.2 列表、栈和队列

另一种基本数据结构是**列表**（list），它是一个集合，其表项按顺序排列（见图8-1a）。列表的开头称为**表头**（head），列表的尾端称为**表尾**（tail）。

几乎所有的数据集合都可以看成是列表。例如，文本可以看成是符号的列表，二维数组可以看成是行的列表，CD上记录的音乐可以看成是声音的列表。比较传统的例子包括客人名单、购物清单、班级注册表和库存清单。与列表相关的操作视情况而定。在某些情况下，我们可能需要从列表中移除项，向列表中添加新项，每次“处理”列表中的一个项，改变项在列表中的排列，或者搜索查看某个特殊的数据项是否在列表中。我们将在本章的后面讨论这些操作。

通过严格限制列表中项的访问方式，我们可以得到两种特殊类型的表——栈和队列。**栈**（stack）是这样的一种列表，其项只能在表头进行添加和删除（见图8-1b）。例如，一个由书组成的栈，其物理限制决定了所有的添加和删除都只能在顶部进行。用通俗的术语来讲，栈的头称为**栈顶**（top），栈的尾称为**栈底**（bottom或base）。在栈顶添加一个新的项称为**入栈**（pushing），在栈顶删除一个项称为**出栈**（popping）。注意，最后放入栈中的项总是被最先移除，因此我们说栈是一种**后进先出**（Last-In，First-Out，LIFO，读作“LIE-foe”）结构。

这种后进先出特性意味着，对于那些必须逆着存储次序进行检索的数据项而言，栈是理想的选择，因此栈经常被用作回溯活动的基础。[术语**回溯**（backtracking）是指退出系统的过程，它与进入系统的次序相反。一个经典的例子是：为了找到走出森林的路径而原路返回。] 例如，思考一下支持递归过程所需的基本结构，在每一个新活动开始时，先前的活动必须保存下来。而且，在每一个活动结束时，必须检索前一个保存的活动。这样，如果当活动被保存时就会压入栈中，那么每次需要检索一个活动时，合适的活动将处在栈顶。

队列（queue）是这样的一种列表，其表项只能从表头删除，新表项只能从表尾插入。这种数据结构的例子有，戏院门口排队等待购票的一队人（见图8-1c），这里，位于队列头的人先购票，而新到的人必须到队尾进行排队购票。在第3章中，我们遇到过这种数据结构，在那节中，批处理操作系统所存储的作业必须在所谓的作业队列中进行排队，等待执行。我们还了解到，队列是一种**先进先出**（First-In，First-Out，FIFO，读作“FIE-foe”）结构，这意味着表项是以它们存储的顺序从队列中移除的。

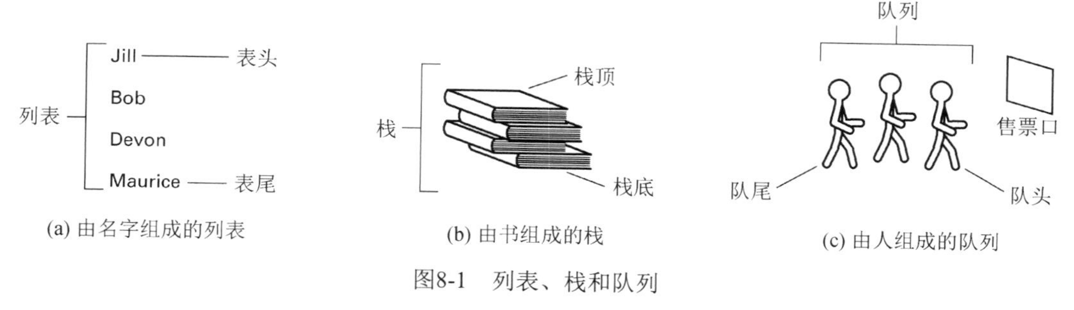

(a) 由名字组成的列表　　(b) 由书组成的栈　　(c) 由人组成的队列

图8-1　列表、栈和队列

第1章中介绍过，队列常被用作缓冲区的基本结构，缓冲区是从一处传送到另一处的数据临时放置的存储区域。当数据项到达缓冲区时，会被放置在队列的末尾。当数据项需要转发到它们最终的目的地时，会按其在队列头部出现的次序被转发。因此，数据转发的次序就是它们到达的次序。

8.1.3　树

树（tree）是这样的一个数据集合，其项具有层次化的组织形式，很像一个典型公司的组织关系图（见图8-2）。在这种组织图中，顶部表示总裁，由分支线下连到副总裁，副总裁又连到地区经理，等等。对树结构的这种直观性的定义，我们还要加上一个限制性条件，即（参照组织图）公司的任何一个员工只有一个直接上司。也就是说，组织中的不同分支不会在下一层相遇。（第6章已经举过几个树的例子，是以语法分析树的形式介绍的。）

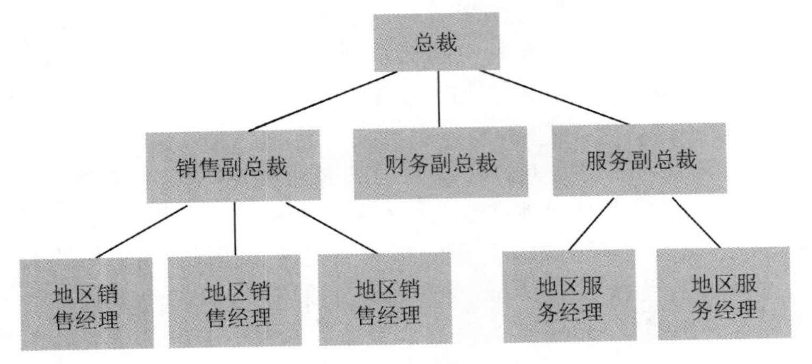

图8-2　组织图的一个例子

树中的每一个位置称为一个**节点**（node）（见图8-3）。树顶部的那个节点称为**根节点**（root node），如果我们把图倒过来看，这个节点就表示了树的根。另一端点处的节点称为**终端节点**（terminal node），有时也称为**叶子节点**（leaf node）。我们常将从根到叶子的最长路径上的节点数称为树的**深度**（depth）。换句话说，一棵树的深度就是该树所包含的水平层数。

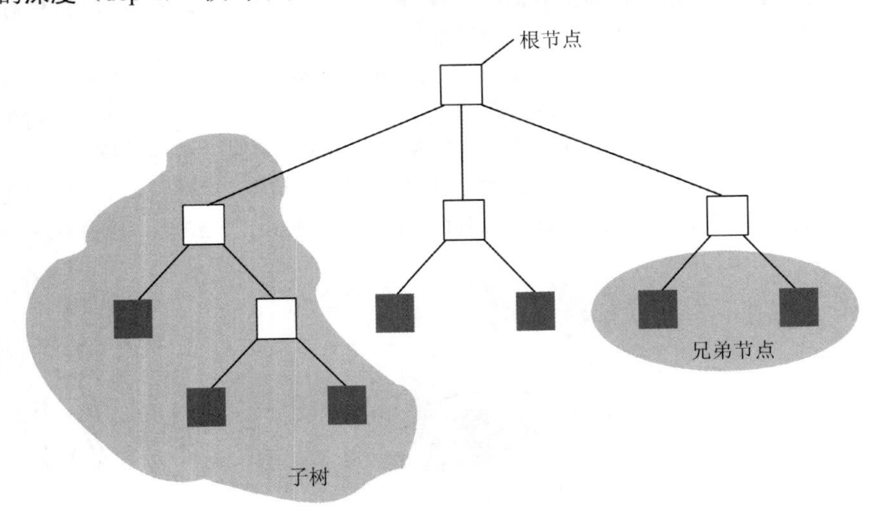

图8-3　树的术语

有时，我们在提及树结构时，就感觉像是每个节点直接派生出了它下一层的节点。所以我们常常会说到一个节点的祖先或后代。我们称一个节点的直接后代为其**子**（children）节点，称其直接祖先为其**父**（parent）节点。此外，将有同一个父节点的那些节点称为**兄弟**（sibling）节点。如果一棵树的每个父节点有不多于两个的子节点，那么称该树为**二叉树**（binary tree）。

我们发现，如果我们选择一棵树中的任意一个节点，那么该节点与其下层的那些节点也能构成一个树结构，我们称这些较小的结构为**子树**（subtree）。这样一来，每个子节点都是其父节点下面的子树的根，这样的子树称为父节点的一个**分支**（branch）。在二叉树中，提到树的显示方式时我们经常会谈到，一个节点的左子树和右子树。

问题与练习

1. 举出下列每种结构的一些（计算机科学以外的）例子：列表、栈、队列和树。
2. 总结出列表、栈及队列两两之间的区别。
3. 假设A字母被放入一个空栈中，然后依次是字母B和C。再假设一个字母出栈，字母D和E入栈。请将栈中字母按照从栈顶到栈底出现的顺序排列出来。如果此时一个字母要出栈，那么哪个字母会被检索？
4. 假设字母A被放入一个空队列中，然后依次放入字母B和C。再假设此队列中一个字母被移出，之后插入字母D和E。请按照字母在队列中从表头到表尾出现的顺序列出它们。如果此时再要从队列中移出一个字母，应该是哪个字母？
5. 假设一棵树有4个节点：A、B、C和D。如果A和C是兄弟，并且D的父节点是A，那么哪些节点是叶子节点？哪个节点是根节点？

8.2 相关概念

在本节中，我们将分别讨论3个与数据结构紧密相关的主题：抽象、静态结构与动态结构之间的区别以及指针的概念。

8.2.1 抽象

前一节中介绍的数据结构通常与数据有关。然而，计算机的主存储器并不是按照数组、列表、栈、队列和树这样的结构来组织的，而是由一组可寻址的存储单元顺序组成的。这样一来，所有的其他结构都必须进行模拟。如何完成这种模拟工作是本章的主题。到现在为止，我们只是指出，数组、列表、栈、队列和树这样的组织都是抽象工具，之所以构造这些抽象工具，是为了使数据用户不用关心实际数据存储的细节，可以很方便地访问数据，就好像这些信息是以一种较为方便的形式存储的。

在这里，*用户*这个术语并不一定是指人，这个词的含义取决于我们当时的观点。如果从一个使用PC来维护保龄球联赛记录的人的角度考虑，那么用户就是一个人。在这种情况下，应用软件（也许是电子制表软件包）将负责把数据用人觉得方便访问的抽象形式表示出来（很可能用数组来表示）。如果从因特网上的一个服务器的角度考虑，那么这时的用户可以是一个客户端。在这种情况下，服务器将负责把数据表示成便于客户端访问的抽象形式。如果从程序的模块结构来考虑，那么用户应该是需要访问这些数据的任何模块。在这种情况下，模块所包含的数据应该负责把数据表示成便于其他模块访问的抽象形式。所有这些情况中，有一条共同的主线，那就是用户拥有将数据作为一个抽象工具来访问的特权。

8.2.2 静态结构与动态结构

构建抽象数据结构中的一个重要区别是，所模拟的结构是静态的还是动态的，也就是说，结构的形状或大小是否会随时间改变。例如，如果这个抽象工具是一个名字列表，那么考虑以下情况将非常重要：这份名字列表是会一直保持固定的大小，还是可能因名字的增加和删除而扩大和缩小。

就一般规律而言，静态结构比动态结构更容易处理。如果一个结构是静态的，那么只需要提供一种能够访问结构中不同数据项的方法，或许还需要提供一种能改变指定位置的数据值的方法。但是，如果结构是动态的，那就必须要处理增加和删除项的问题，还要找到因数据结构增长所需的存储空间。在结构设计不合理的情况下，增加一个新项可能会导致对结构进行大规模的重排，而且结构的过度增长可能会迫使整个结构转移到另一个可用空间更大的存储区域。

8.2.3　指针

我们知道计算机主存储器中的各个单元是由数字地址来标识的。作为数值，这些地址本身就可以进行编码并存储在存储单元中。**指针**（pointer）就是包含这种编码地址的一个存储区。就数据结构来说，指针是用来记录数据项存储位置的。例如，如果我们必须要重复地将一个数据项从一个位置移到另一个位置，那么可以指定一个固定的位置来作为一个指针。这样一来，每次移动该项时，就能够通过更新这个指针来反映数据的新地址。接下来，当要访问该数据项时，就可以通过指针来找到该项。事实上，指针将一直“指向”该数据。

在第2章学习CPU的过程中，已经遇到过指针这个概念。在那一章中，我们看到，称为程序计数器的寄存器被用来存放下一条要执行的指令的地址，所以，程序计数器就起到了指针的作用。事实上，程序计数器的另一个名字叫作**指令指针**（instruction pointer）。

举一个指针应用的例子，假设我们有一份小说的清单，按照小说名的字母顺序存储在计算机的存储器中。虽然在许多应用中，这样的安排比较方便，但是要找到某个作者的所有小说作品就比较困难了，因为它们分散在整个列表中。为了解决这个问题，可以在表示一本小说的每个存储单元块中保留一个额外的存储单元，并将该存储单元用作一个指针，指向表示这同一个作者一本书的另一个块。通过这种方法，同一作者的所有小说就可以链接成一个环（见图8-4）。一旦找到给定作者的一本小说，就可以循着指针一本接另一本地找到该作者的所有小说。

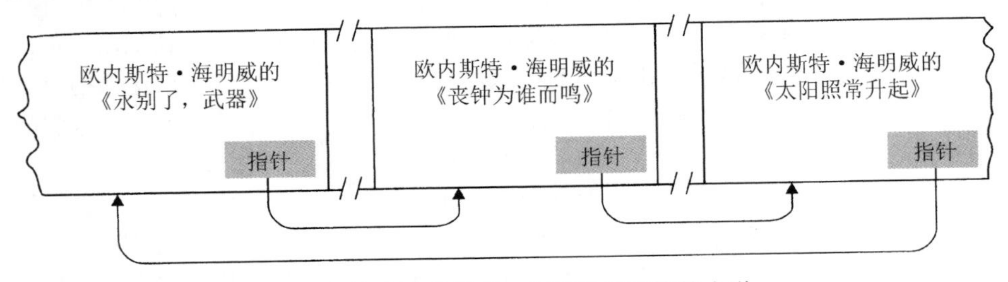

图8-4　按小说名排列、根据作者链接的小说

现代的许多程序设计语言都把指针作为一种基本的数据类型。也就是说，这些语言允许对指针进行声明、分配和操作，就像对整数和字符串那样。利用这种语言，程序员就能在机器的存储器中，把相关的项用指针相互链接起来，从而设计出精巧的数据网。

问题与练习

1. 数组、列表、栈、队列和树等数据结构在何种意义上是抽象的？
2. 请举出一个涉及静态数据结构应用的例子。再举出一个涉及动态数据结构应用的例子。
3. 请举出在计算机科学领域外出现指针这个概念的例子。

8.3 数据结构的实现

现在我们来讨论前一节所介绍的一些数据结构在计算机主存储器中的存储方式。正如第6章所介绍的，在高级程序设计语言中，常常将这些结构作为基本结构来提供。在此，我们的目标就是要理解如何将处理这些结构的程序翻译成用来处理存放在主存储器中的数据的机器语言程序。

8.3.1 存储数组

我们首先讨论存储数组的技术。

假设要存储一个24小时温度读数的序列，每个读数需要存储空间的一个存储单元。此外，假设依据它们在序列中的位置来确定这些读数。也就是说，我们要能够访问第1个读数或者是第5个读数。简单来说，就是要按照一维数组的方式来处理这个序列。

这里，只要将这些读数按顺序存储在具有连续地址的24个存储单元中，就可以实现这个目标了。在这种情况下，如果这个序列中第1个单元的地址是x，那么任何一个指定温度读数可以通过“用所需读数的序号减去1，然后将计算的结果加上x”来得到。具体来说，第4个读数就放在$x+(4-1)$这个地址中，如图8-5所示。

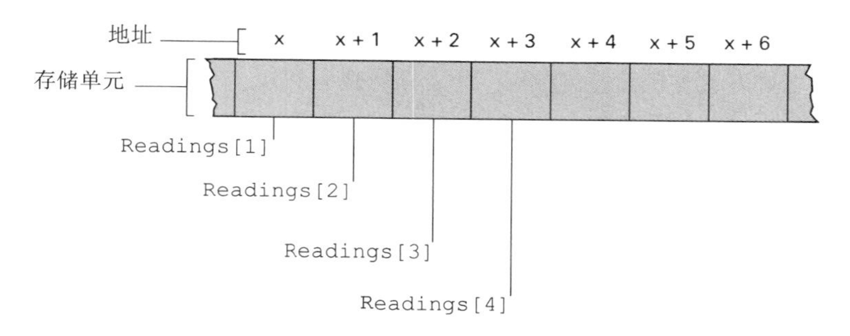

图8-5 存储在存储器中的温度读数数组，起始地址为x

这种技术为大多数高级程序设计语言的翻译程序所采用，用以实现一维数组。当翻译程序遇到下面这样的声明语句时：

```
int Readings[24];
```

就表明，Readings这个术语是指可以存放24个整数值的一维数组，这时，翻译程序会安排预留24个连续的存储单元。以后在程序中，如果遇到赋值语句

```
Readings[4] = 67;
```

就要求将值67放入数组Readings的第4项中。此时，翻译程序就生成了一串机器指令，把值67放入地址为$x+(4-1)$的存储单元中，其中x为与数组Readings相关的存储块中第一个单元的地址。通过这种方式，程序员在编写程序的时候，就可以认为温度读数确实存储在一个一维数组中。（注意，在Python、C、C++、C#及Java语言中，数组的下标是从0而不是从1开始的，这样一来，第4个读数应该由Readings[3]表示。见本节末的问题与练习3。）

现在，假设我们要记录一个公司的销售人员一周内的销售业绩。在这种情况下，可以想象将数据组织成一个二维数组。在该数组中，每行的值表示某个员工的销售业绩，而每列中的值

表示某一天内所有的销售业绩。

为了满足这种要求，首先要认识到这个数组是静态的，即使它的内容得到更新，其大小也不会改变。这样就可以计算出整个数组所需的存储区的总数，从而保留出一块这个大小的连续存储单元。接下来把数据一行一行地存入数组。从所保留的存储块的第1个存储单元起，把数组第1行数值存进连续的存储单元；接着存放下一行，再下一行，以此类推（见图8-6）。这种存储系统采用的存储方式是**行主序**（row major order），与之相反的是**列主序**（column major order），列主序是将数据一列一列地存入数组。

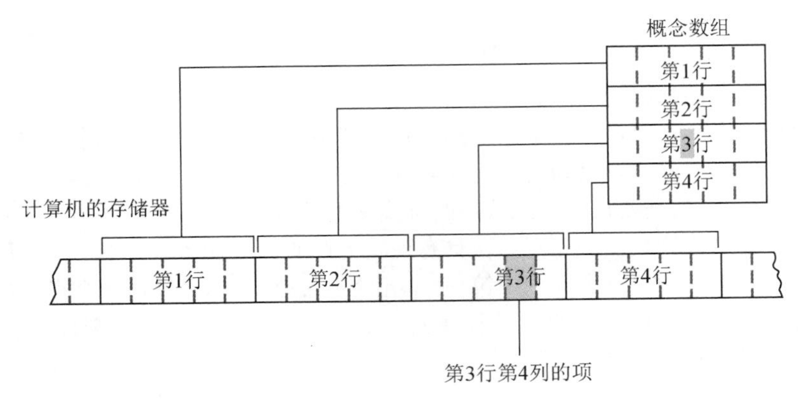

图8-6　以行主序方式存储的一个4行5列二维数组

如果数据以这种方式存储，那么考虑一下，如何找到数组中第3行第4列的数值？设想一下，我们处在所保留的机器存储块的第1个单元。从这个位置起，可以依次找到数组第1行的数据，接着是第2行，然后是第3行，依次类推。要得到第3行的数据，我们必须先经过第1行和第2行。由于每一行有5项（星期一至星期五，每天1项），因此要访问到第3行的第1项，总共需要经过10项。从那起，我们还要再经过3项，才能到达第3行第4列的那个项。这样，为了到达第3行第4列的项，从存储块的开始处总共需要经过13项。

上述的计算过程可以概括为一个公式，即可以将行列位置的索引转换为实际的存储地址。具体来说，如果令c表示一个数组的列数（也就是每行所包含的项的个数），那么第i行第j列项的地址就可以表示为：

$$x+(c\times(i-1))+(j-1)$$

其中，x是第1行第1列项的单元地址。也就是说，必须经过$i-1$行（每行包括c项），才能到达第i行，然后再经过$j-1$项，才能到达这行的第j项。在我们之前的例子中，$c=5$，$i=3$，$j=4$，所以，如果数组从地址x进行存储，那么第3行第4列的项的地址就应该为$x+(5\times(3-1))+(4-1)=x+13$。表达式$(c\times(i-1))+(j-1)$有时候称为**地址多项式**（address polynomial）。

这也是大多数高级程序设计语言的翻译程序所采用的技术。当遇到声明语句

```
int Sales[8,5];
```

时，则表明`Sales`是一个8行5列的二维整数数组，因此翻译程序会留出40个连续的存储单元。以后如果遇到赋值语句

```
Sales[3,4] = 5;
```

则需要将数值5放到数组`Sales`的第3行第4列的那个项中，此时，就产生一串机器指令，将数值5放到地址为$x+5\times(3-1)+(4-1)$的存储单元中，其中，x是与数组`Sales`相关联的存储块的第1

个单元的地址。通过这种方式，程序员编写程序时，就好像销售量确实存放在一个二维数组中一样。

8.3.2 存储聚合

现在，假设要存储的聚合称为Employee，由3个字段组成：Name（字符型数组）、Age（整型）和SkillRating（浮点型）。如果每个字段所需的存储单元的数目是固定的，那么就可以将聚合存储在一个连续的单元块中。例如，假设Name字段最多需要25个单元，Age只需要一个单元，SkillRating也只需要一个单元。那么，我们就可以预留出一个有27个连续单元的存储块，开始的25个存储单元用来存储员工的名字，第26个存储单元用来存储员工的年龄，最后一个存储单元用来存储员工的技能等级（见图8-7a）。

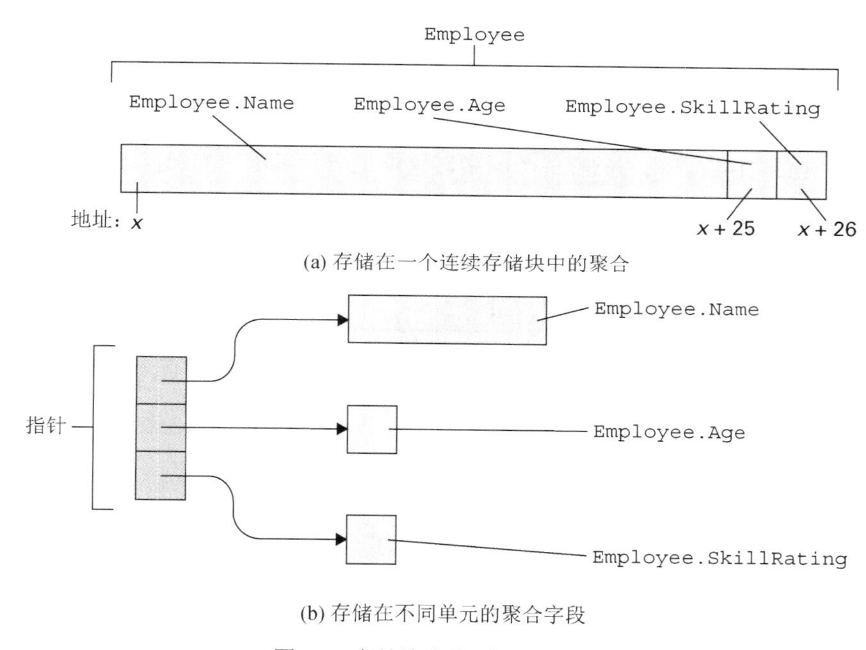

(a) 存储在一个连续存储块中的聚合

(b) 存储在不同单元的聚合字段

图8-7 存储聚合类型Employee

通过这种安排，就可以很容易地访问该聚合中不同的字段。在知道聚合开始地址以及聚合中所需字段的偏移量的情况下，字段的引用可以被翻译成存储单元。例如，如果第一个存储单元的地址是x，那么指向Employee.Name（意思是Employee聚合中的Name字段）的任何引用都将翻译成从地址x开始的25个存储单元，而指向Employee.Age（意思是Employee聚合中的Age字段）的引用将翻译成地址为x +25的存储单元。具体来说，如果翻译程序遇到了高级语言中的这样一条语句：

```
Employee.Age = 22;
```

那么只要产生一系列机器语言指令，用以将数值22放入地址为x +25的存储单元。

在一个连续存储单元块中存储聚合的另一种方法就是，将聚合的每个字段分别存放在不同的位置，然后通过指针的方式将它们链接在一起。更准确地说，如果这个聚合包含有3个字段，那么就在存储器中找到一个位置，用以存放3个指针，每个指针指向一个字段（见图8-7b）。如果这些指针存储在以x为起始地址的存储块中，那么通过存储在地址x处的指针就可以找到第1

个字段，通过存放在地址$x+1$处的指针就可以找到第2个字段，以此类推。

这种存储方式对于聚合字段的大小是动态的情况尤其适用。举例来说，利用这种指针系统，只需要在存储器中找到一个存储区来存放较大的字段，然后调整相关的指针指向这个新位置，就可以增加第一个字段的大小。但是，如果聚合存放在一个连续的存储块中，就不得不修改整个结构。

8.3.3 存储列表

现在来讨论将一个名字列表存储在一个计算机主存储器中的技术。一种策略就是将整个列表存入具有连续地址的一整块存储单元中。假定每个名字不超过8个字母，我们可以把这个大的整块存储单元分成一组子块，每个子块包含有8个存储单元。每个子块中存储一个用ASCII码记录的名字，一个单元存储一个字母。如果一个名字不足填满分配给子块的所有存储单元，只需用空格的ASCII码将剩余的单元填满就行。利用这个系统，存储一个10个名字的列表需要一个有80个连续存储单元的存储块。

图8-8所概括的就是刚刚描述的那个存储系统。其重点在于，整个列表都存储在一大块内存中，其连续的项依次存放在相邻的存储单元中。这样的一种组织称为**邻接表**（contiguous list）。

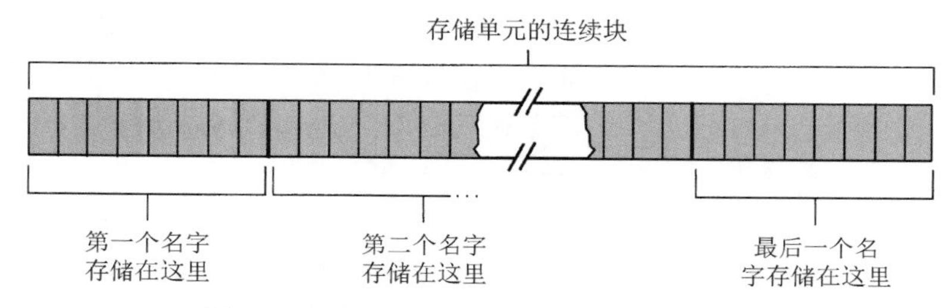

图8-8　名单作为一个邻接表存储在存储器中

邻接表的实现

大多数高级程序设计语言都提供了构建和操作数组的原语，它们都是构建和操作邻接表的方便工具。如果列表的各个项都是相同的基本数据类型，那么该列表就是一个一维数组。稍微复杂的例子是文中讨论过的一个有10个名字的列表，每个名字不超过8个字符。这种情况下，程序员可以将一个邻接表构建为一个10行8列的二维字符数组，该表可以用图8-6所表示的结构来表示（假设该数组以行主序进行存储）。

许多高级语言都含有支持这种列表实现的功能。例如，假设将上面所提到的二维字符数组称为`MemberList`，那么在传统的表示法里，表达式`MemberList[3,5]`指的就是第3行第5列的那个字符；但在有些程序设计语言里，表达式`MemberList[3]`指的就是整个第3行，也就是列表中的第3项。

邻接表这种存储结构用来实现静态列表很方便，但对动态列表来说，却有些不便之处，因为名字的添加和删除都会导致不断地对项进行移位操作，这样就比较耗时。在最坏的情况下，项的增加甚至会导致这样一个问题：为了能够获得足够大的存储单元块来存放这个扩展过的列表，必须把整个列表移到一个新的位置。

如果一个列表中的各个项不必一起存储在一个连续的大块存储区中，而可以各自存储在不同的存储区，那么这些问题就可以得到简化。为了说明这个问题，仍然考虑存储名字列表的例子（每个名字不超过8个字母）。这次，将每个名字存储在一个有9个连续存储单元的块中。前面8个存储单元用来存放名字本身，最后一个单元用作指针，指向列表中的下一个名字。遵循这种方法，整个列表可以分散在若干个小的由指针链接起来的9-单元块中。由于这个链接系统，这种数据的组织方式称为**链表**（linked list）。

为了记录链表的起始点，我们另外再设一个指针，用来存储第一项的地址。由于这个指针是指向链表的起始点，或者叫头节点，所以将此指针称为**头指针**（head pointer）。

为了标记链表的结尾，我们使用了**null指针**[null pointer，在一些程序设计语言中也称为**NIL指针**（**NIL pointer**），在Python中称为None对象]，这只是放在最后一项的指针单元中的一个特殊的位模式，用来表示链表中不会再有别的项。例如，如果约定不会在0地址存储表项，那么0值就不会成为合法的指针值，因而就可以将0值用作null指针。

最后的链表结构如图8-9所示，图中用几个单个的矩形表示存放链表的分散存储块。每个矩形都标识出了它们的组成元素。每个指针由一个从指针本身指向指针被访地址的箭头表示。如果要遍历整个链表，就需按照头指针找到第一个表项，由此开始，按照项中所存储的指针，一项接一项地进行遍历，直至遇到null指针。

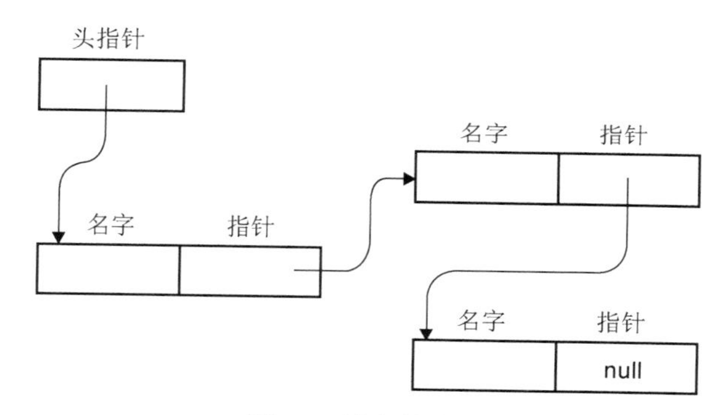

图8-9　链表的结构

为了说明链表相对于邻接表的优势，这里考虑一个任务——删除一个项。在邻接表中，删除一个项就会产生一个空缺，这就意味着，被删除项的后续项必须向前移动来保持表的连续。然而，在链表的情况中，删除一个项只需改变一个指针即可。也就是说，将原本指向被删除项的指针修改成指向被删除项后面的那个项（见图8-10）。这样一来，当遍历这个链表时，由于被删除项已不再是链的一部分，因而就会被忽略。

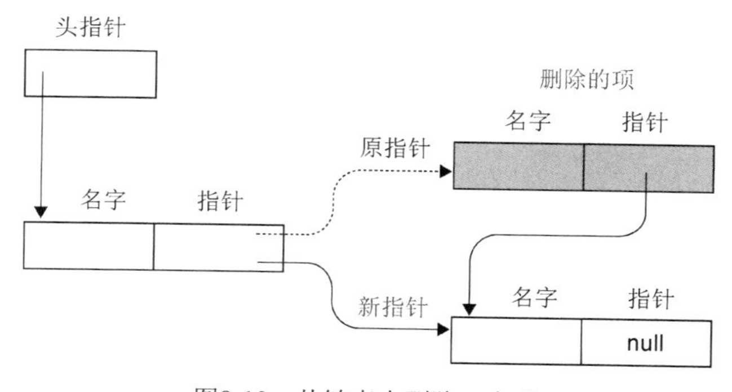

图8-10　从链表中删除一个项

指针的一个问题

就像使用流程图会导致杂乱的算法设计（见第5章）、随意使用goto语句会导致蹩脚的程序设计（见第6章）一样，乱用指针也会产生不必要的复杂性和易错的数据结构。为了克服这种混乱，许多程序设计语言严格限制了指针的灵活性。例如，Java语言不支持一般形式的指针，而只支持称为引用的一种受限形式的指针。其区别在于，引用不能被算术运算修改。举例来说，如果Java程序员想把Next引用前移至邻接表中的下一项，那么应该用等价于下面这条语句的语句：

```
将Next重新定位到下一个表项
```

而C程序员则会用等价于下面这条语句的语句：

```
将Next的值赋给Next+1
```

注意，Java语句能更好地反映其根本目标，而且，为了执行这条Java语句，另一个表项必须存在。但是，如果Next已经指向了表中的最后一项，那么执行这条C语句，其结果将会造成Next指向表外的某个地方，这是C程序员新手甚至经验丰富的老手经常犯的一个错误。

在链表中插入一个新项的工作就稍微麻烦一点。首先要找到一个能够容纳这个新项及其指针的未用存储块，然后存入该项，并将该项的指针填为应接在新项后面的那个项的地址。最后，修改该新项的前一项的指针，令其指向新项（见图8-11）。做了这样的修改后，每次遍历链表的时候，就能在合适的位置找到新项。

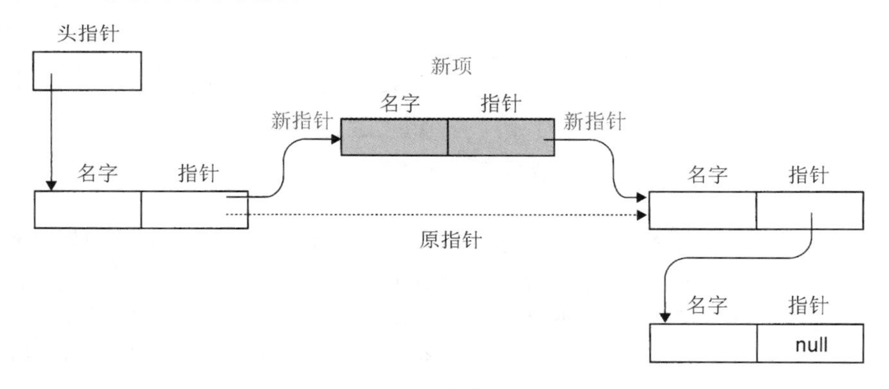

图8-11　向链表中插入一个项

8.3.4　存储栈和队列

为了存储栈和队列，通常采用一种类似于邻接表的存储方式。就栈而言，所预留的存储块的大小要足够容纳其大小达到最大时的栈。（确定这个存储块的大小，往往很关键。如果预留的空间太小，则栈可能会超出所分配的存储空间；然而，如果预留的空间太多，则会浪费存储空间。）将这个存储块的一端指定为栈底，压入栈的第一个项就存储在这里。于是，再入栈的项就放在其上一个入栈的项的旁边，这样一来，栈就向着预留块的另一端生长。

注意，在项入栈和出栈时，栈顶的位置会在预留的存储块中来回移动。为了跟踪这个位置，栈顶地址会存储在一个额外的称为**栈指针**（stack pointer）的存储单元中。也就是说，栈指针是指向栈顶的指针。

如图8-12所示，整个栈系统是这样工作的：为了向栈中压入一个新项，首先要调整栈指针，令其指向正好在栈顶上边的空闲处，然后将新项存放在这个位置。为了从栈顶弹出一个项，先读取栈指针指向的那个数据，然后调整栈指针，令其指向栈中的下一个项。

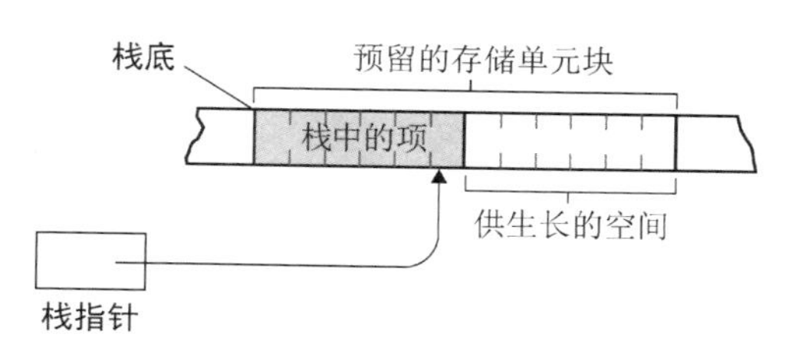

图8-12 存储器中的一个栈

队列的传统实现方法类似于栈的实现方法，也是在主存储器中预留一块连续的存储单元，其大小要足够容纳其大小达到最大时的队列。然而，就队列而言，需要在队列的两端都进行操作，所以不能像栈那样只用一个指针，这里需预留两个存储单元用作指针。一个指针称为**头指针**（head pointer），用来记录队列的头；另一个指针称为**尾指针**（tail pointer），用来记录队列的尾。当队列为空时，这两个指针指向同一个位置（见图8-13）。每当一个项进入队列时，就将该项放在由尾指针指向的位置，然后修改尾指针，令其指向下一个空闲的位置。通过这种方式，尾指针始终指向队列尾部的第一个空闲位。要从队列中移除一个项，需要先读取头指针指向的那个项，然后调整头指针，令其指向队列中的下一项。

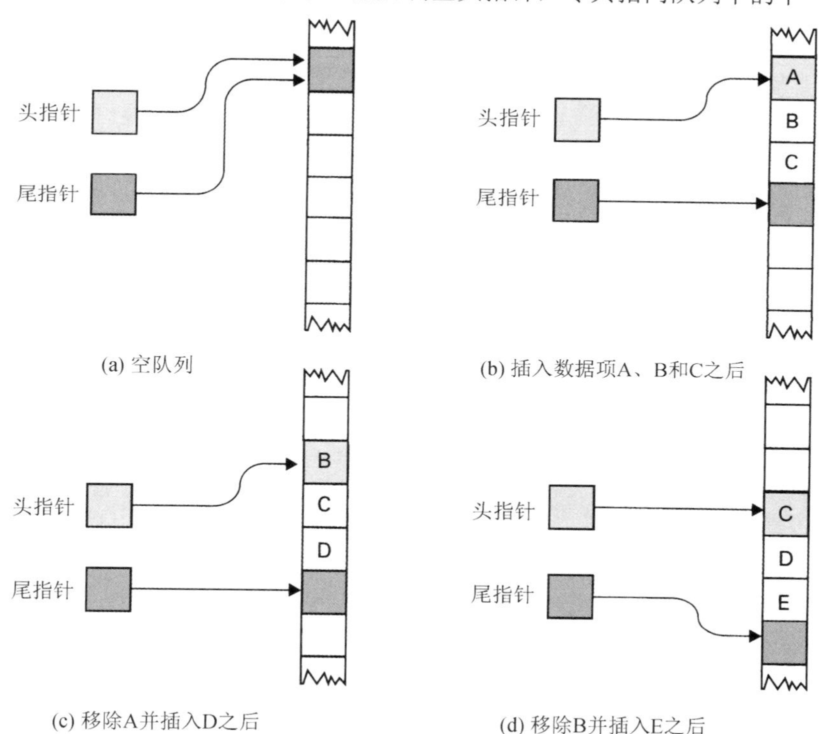

图8-13 用头指针和尾指针实现一个队列。注意看，随着项的插入和删除，队列是怎样在存储器中移动的

至此，所描述的这种存储系统存在一个问题，即随着项的插入和移除，队列会像冰川一样在内存中缓慢移动（再见图8-13）。这样一来，就需要一种机制，使队列保持在预留的存储块中。这个问题的解决办法很简单，就是让队列自始至终都在所分配的存储块中移动。于是，当队尾到达队列的末端时，插入新项的操作就要回到存储块的起始端进行，这时的起始端是空闲的。同样，当存储块中最后一个项成为队首并被移除时，就将头指针调整为存储块的起始端，这时，新项等着进入队列。在这种方式下，队列在存储块内按环状依次排列，仿佛存储块的尾部被连结在一起，形成了一个循环（见图8-14）。这种技术所实现的队列称为**循环队列**（circular queue）。

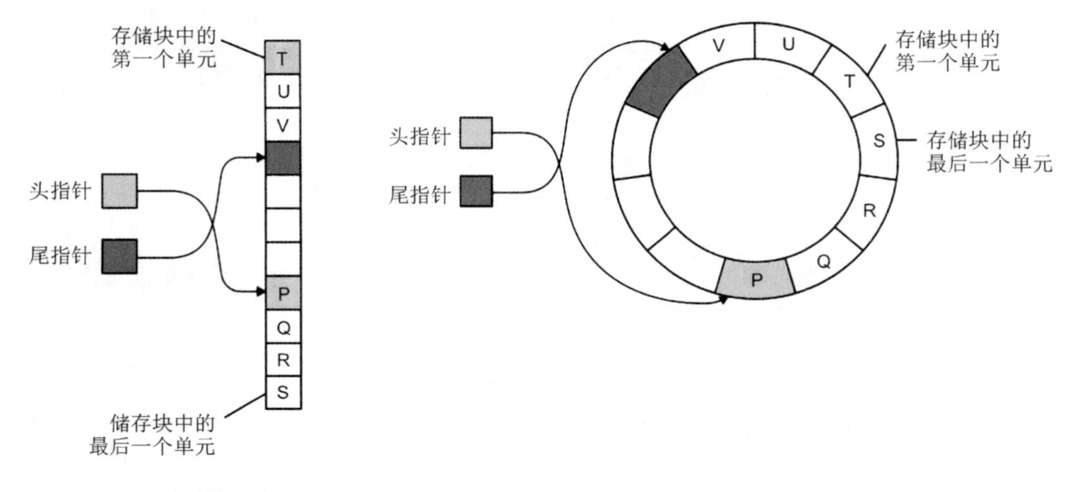

(a) 实际存储的队列　　(b) 最后一个单元与第一个单元“相邻”的概念上的存储

图8-14　包含字母P到字母V的循环队列

8.3.5　存储二叉树

为了讨论树存储技术，这里将注意力限于讨论二叉树。我们说过，二叉树的每个节点至多只有两个子节点，它通常采用类似于链表所用的链接结构存放在存储器中。然而，二叉树的每个项（或称为节点）不是由两个元素（数据及指向下一个节点的指针）组成的，而是由3个元素组成：（1）数据；（2）指向该节点的第一个子节点的指针；（3）指向该节点的第二个子节点的指针。尽管在机器中，不存在左右之分，但这里为了方便，就将第一个指针称为**左子指针**（left child pointer），而另一个指针称为**右子指针**（right child pointer），这样就可以方便地在纸上画出树的图形。所以，二叉树的每个节点可由一个短的、连续的存储单元块来表示，其格式如图8-15所示。

图8-15　二叉树中的一个节点的结构

要在存储器中存储树，首先要找到可用的存储单元块来存放树节点，然后依据所要求的树结构，将这些节点链接起来。每个指针必须设置成指向其相应节点的左右子节点，如果树的某个方向不再有节点，则将相应的指针赋值为null。（这也就说明，终端节点的特征就是其两个方向的指针值都为null。）最后，留出一个专门的存储位置，称为**根指针**（root pointer），用来存储根节点的地址。对树的访问就是从根指针开始的。

图8-16所示的就是这样一种链接存储系统的例子，在该图中，既画出了一个二叉树的概念结构，又展示出了该树在计算机存储器中实际的存储形式。可以看出，树的节点在主存储器中的实际组织形式与概念上的组织形式有很大的不同。然而，沿着根指针就能找到根节点，然后随着相应的指针，从一个节点到另一个节点，由上至下地遍历树。

对于二叉树的存储，除了用链式结构外，还可以用单个的、连续存储单元块来存储整棵树。利用这种方法，把树的根节点存储在这个存储块的第1个单元。（为了简单起见，假设树的每个节点只需要一个存储单元。）然后，把根的左子节点存储在第2个单元，根的右子节点存放在第3个单元。就一般情况而言，单元n中节点的左、右子节点分别存储在单元$2n$和$2n+1$中。在存储块中，没有被树用到的单元就用一个特别的位模式来标识，表示这个位置没有数据。利用这种技术，图8-16中所示的树可以像图8-17所示的那样进行存储。注意，这种存储系统实际上是由上至下地将树中各层的节点作为存储段来存储，一层接着一层。也就是说，存储块中的第1项是根节点，接下来是根节点的子节点，然后是孙子节点，以此类推。

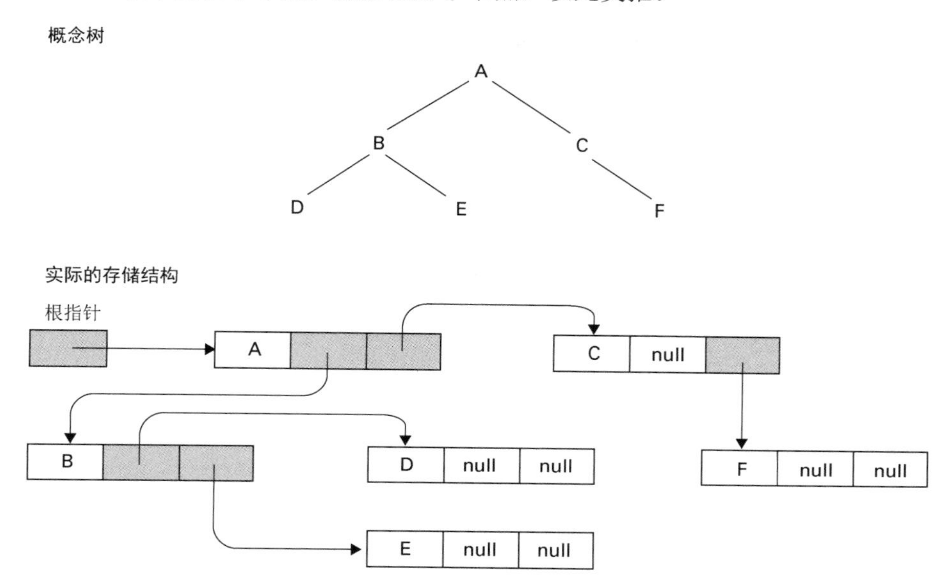

图8-16 二叉树的概念组织和使用链接存储系统实现的实际组织形式

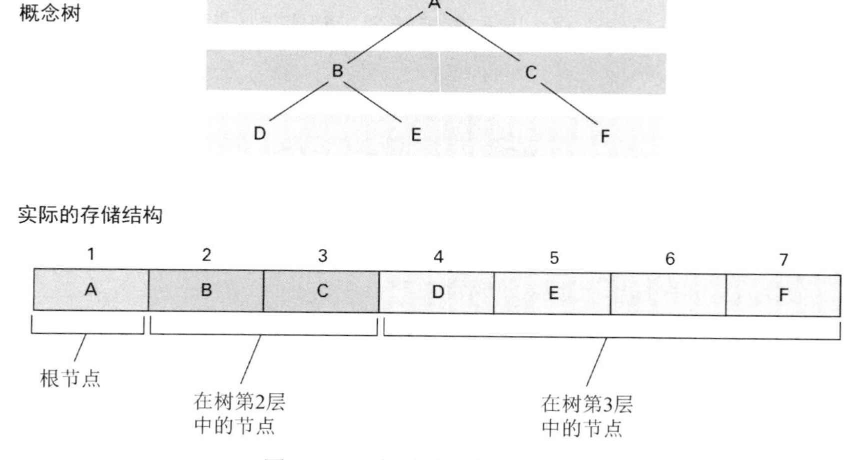

图8-17 一棵没用指针存储的树

与前面所描述的链接结构相比，这种存储系统在查找某个节点的父节点或兄弟节点方面更为有效。一个节点的父节点的位置可以这样确定：将该节点的位置除以2，然后丢掉余数（如位置为7的节点，其父节点的位置为3）。一个节点的兄弟节点的位置可以这样确定：如果该节点的位置为偶数，则用兄弟节点的位置加上1；如果该节点的位置为奇数，则用兄弟节点的位置减去1。例如，位置为4的节点，其兄弟节点的位置为5；位置为3的节点，其兄弟节点的位置为2。而且，当二叉树接近平衡（也就是说，根节点下的两个子树具有同样的深度）和完全平衡（也就说，该树没有瘦长的分支）的情况下，这种存储系统对存储空间的利用更为有效。不过，对于不具备这些特征的树，该系统的效率就会变得非常低，如图8-18所示。

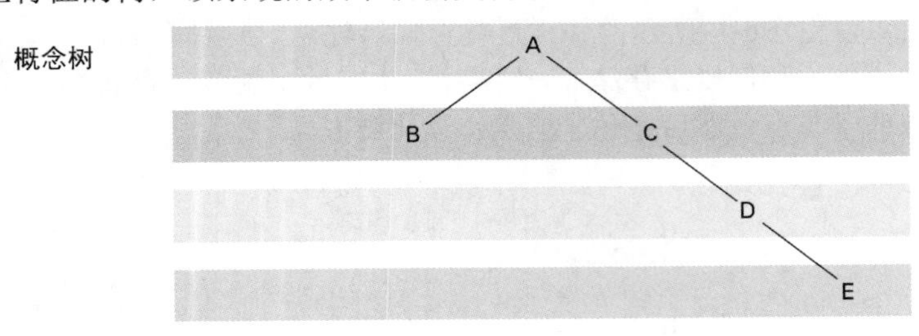

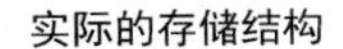

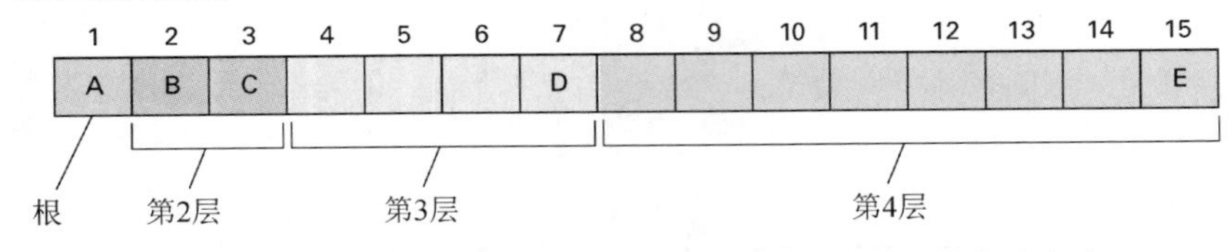

图8-18　一棵稀疏不平衡树的概念形式以及不用指针的存储方式

8.3.6　操控数据结构

我们已经看到，数据结构在计算机存储器中的实际存储方式与用户想象的概念结构是不同的。二维数组实际上并不是存储在一个二维的矩形存储块中，表或树实际上可能由分散在较大范围的存储区域内的小片段组成。

所以，为了让用户将数据结构作为一种抽象工具来访问，必须对用户屏蔽实际存储系统的复杂性。这就意味着，用户所给出的指令（按照抽象工具的方式规定的）必须翻译成适合实际存储系统操作的步骤。对于数组而言，我们已经看到，翻译程序如何利用地址多项式将行、列下标转化成存储单元地址。具体来说，在程序员编写语句

```
Sales[3, 4] = 5;
```

时，只将其作为抽象的数组来考虑，而我们已经知道，如何将这条语句转化为完成对主存储器进行正确修改的操作步骤。同样，我们也知道，下面这种涉及抽象聚合类型的语句

```
Employee.Age = 22;
```

是如何依据该聚合的实际存储情况被翻译成合适的操作的。

在表、栈、队列以及树这些情况中，根据抽象结构定义的指令通常是通过函数转化为相应操作，而这些函数在向用户屏蔽底层存储系统的细节的同时，还完成了其预期的任务。例如，如果insert函数是用来向链表中插入新项的，那么只要执行一个如下的函数调用，就可以将J. W. Brown加入到Physics 208班的学生列表中：

```
insert("Brown, J.W.", Physics208)
```

注意，这个过程调用完全是依据抽象结构声明的，通过这种方式，可以把表的实际执行过程隐藏起来。

下面举一个更为详细的例子，图8-19展示了一个名为printList的用来打印值链表的函数。这个函数假设称为Head的字段指向了链表中的第一项，而每个项都由两个元素组成：值（“Value”）和指向下一项（“Next”）的指针。在这个图中，Python的特殊值None被用作null指针。这个函数编写好以后，就可以作为一个抽象工具用来打印链表，而无需关心打印链表所需的实际步骤。例如，要获得一份Economic 301班的打印学生列表，用户只需执行下面的函数调用：

```
printList(Economics301ClassList)
```

就能得到预期结果。而且，如果以后我们想改变表的实际存储方式，那么只需改变函数printList的内部操作；用户仍然可以继续使用以前的那个函数调用来完成打印操作。

```
def PrintList(List):
  CurrentPointer = List.Head
  while (CurrentPointer != None):
    print(CurrentPointer.Value)
    CurrentPointer = CurrentPointer.Next
```

图8-19 一个打印链表的函数

问题与练习

1. 画出下面的数组是如何以行主序的方式存储在主存储器中的。

5	3	7
4	2	8
1	9	6

2. 如果一个二维数组是以列主序的方式，而不是行主序的方式存储的，那么请给出一个能找到该二维数组中第i行第j列元素的公式。
3. 在Python、C、C++、Java以及C#这些程序设计语言中，数组的下标都是从0开始的，而不是从1开始。所以，数组Array第1行第4列的项可由Array[0][3]表示。这种情况下，翻译程序将使用什么样的地址多项式，把Array[i][j]这样的引用格式转化为存储器地址呢？
4. 什么条件表示链表为空？
5. 修改图8-19中的函数，使得其打印出某个指定的名字之后就停止打印。
6. 根据本节提到的在一个连续的存储单元块中实现栈的技术，什么条件表示栈为空？
7. 请说明，在高级语言中，怎样用一维数组来实现一个栈？
8. 如果一个队列是运用本节描述的循环方式实现的，那么当队列为空时，头指针和尾指针的关系如何？队列满时，关系又如何？怎么样来检测队列是满的还是空的？
9. 依据本节所讲的内容，画出下面这棵树在采用左子指针和右子指针存储时，其在存储器中存放的情况。然后，利用本节所讲的树的另一种存储方式，画出另一幅图，表示利用连续存储块存放时的情况。

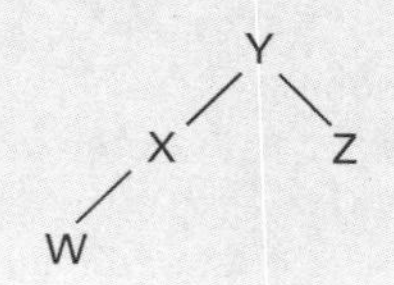

8.4 一个简短的案例

现在考虑一个按字母顺序存储名字列表的任务。假设要对这个列表进行如下操作：

搜索（search）一个项是否存在，
按字母顺序打印（print）列表，
插入（insert）一个新项

我们的目标是开发一个带有一组函数的存储系统来实现这些操作，这样就实现了一个完整的抽象工具。

首先考虑存储这个列表的几种可选的方法。如果按照链表方式来存储，就需要对列表以串行的方式进行搜索，在第5章中就讨论过这样一个过程。如果列表很长，那么这个处理过程的效率就非常低。所以要寻找另外一种实现方法，使得搜索过程能够利用到二分搜索算法（见5.5节）。要利用这种算法，必须能从所采用的存储系统中找到这个列表较小部分里的中间项。我们的解决办法是，将列表用二叉树的形式进行存储。首先让列表的中间项成为根节点，然后把列表余下部分的头一半的中间项作为根节点的左子节点，把后一半的中间项作为根节点的右子节点。接下来，将列表余下的每个四分之一部分的中间项再作为根节点的子节点的子节点，依次类推。例如，图8-20所示的树就表示了包含有A、B、C、D、E、F、G、H、I、J、K、L及M的一个字母列表。（我们约定，当所讨论的列表的一部分有偶数个项时，取中间两项里的较大者为中间项。）

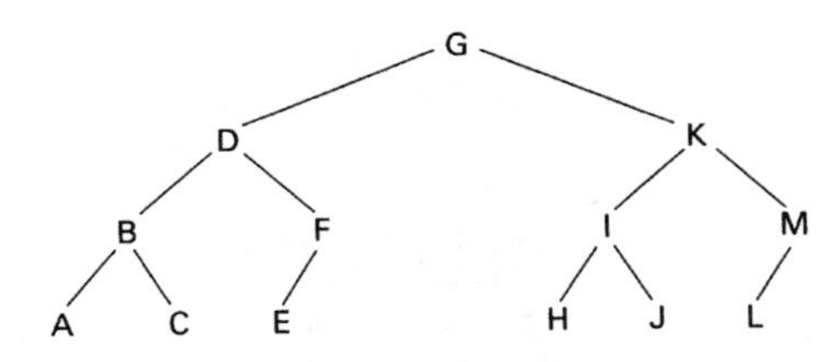

图8-20　字母A到M排列成一个有序树

为了搜索以这种方式存储的列表，要先将目标值与根节点的值进行比较。如果两者相等，则搜索成功；如果它们不相等，则依据目标值是小于还是大于根节点的值，转移至根的左子节点或者右子节点。这样我们就可以发现，继续搜索的工作只需在列表的一半中进行。这样的一种“比较然后转移至子节点”的过程会一直继续，直到找到目标值（说明搜索工作成功了）或者遇到了null指针（`None`）但却没有找到目标值（说明搜索工作失败了）为止。

图8-21给出了用链式树结构表示这种搜索过程的方式。Python中的`elif`关键字是“`else: if ...`”的简写。注意，这里的这个函数仅仅是图5-14中的那个函数的一个细化，图5-14表示的是二分搜索算法的原始描述。这两个图的区别主要是表面上的。原先描述的算法是对列表的相继变小的片段进行搜索，而这里描述的算法是对相继较小的子树进行搜索（见图8-22）。

```
def Search(Tree, TargetValue):
  if (Tree is None):
    return None     # Search failed
  elif (TargetValue == Tree.Value):
    return Tree     # Search succeeded
  elif (TargetValue < Tree.Value):
    # Continue search in left subtree.
    return Search(Tree.Left, TargetValue)
  elif (TargetValue > Tree.Value):
    # Continue search in right subtree.
    return Search(Tree.Right, TargetValue)
```

图8-21　二分搜索用于作为链式二叉树实现的列表

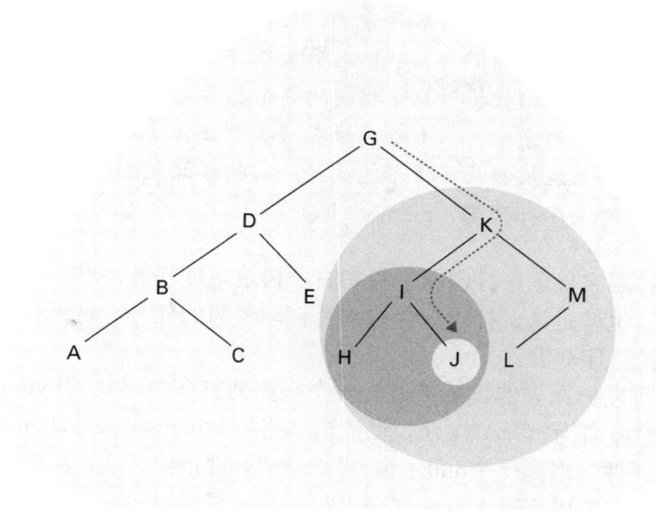

图8-22 利用图8-21中的函数搜索字母J所涉及的相继变小的树

当把“列表”存储为二叉树时，你可能会认为，现在按照字母顺序打印这个列表的过程变难了。然而，要按照字母顺序打印这个列表，只需要先按字母顺序打印出左子树，然后打印出根节点，接下来再按字母顺序打印出右子树即可（见图8-23）。因为，左子树所包含的元素都小于根节点的值，而右子树所包含的元素都大于根节点的值。到目前为止，该算法的逻辑框架如下所示：

```
if (树非空):
  按照字母顺序打印左子树
  打印根节点
  按照字母顺序打印右子树
```

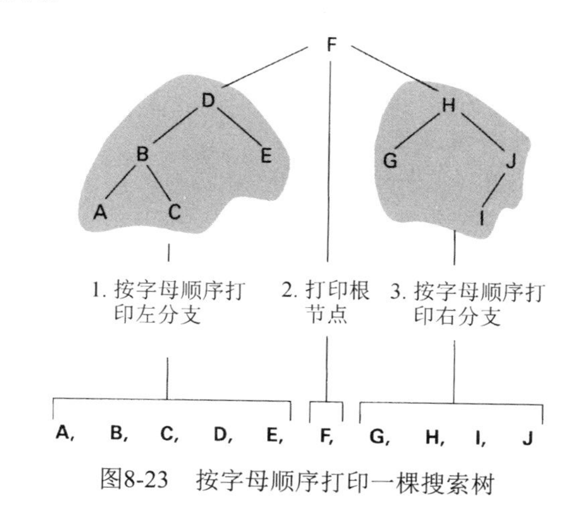

图8-23 按字母顺序打印一棵搜索树

垃圾回收

随着动态数据结构的增大或缩小，存储空间也被占用或释放。回收不用的存储空间以备将来使用，这样一个过程称为**垃圾回收**（garbage collection）。许多场合都用到了垃圾回收机制。操作系统里的内存管理程序在分配和回收存储空间时必须执行垃圾回收工作。文件管理程序在计算机的海量存储器上进行文件的存储和删除操作时，也要执行垃圾回收工作。此外，在分派程序控制下运行的任何进程，在给其分配的存储空间中也需要执行垃圾回收工作。

垃圾回收涉及一些难以捉摸的问题。对于链式结构，每当一个指向数据项的指针改变时，垃圾回收程序必须决定是否要回收指针原先指向的那个存储空间。在涉及多路径指针交叉的数据结构中，这种问题就尤为复杂。不准确的垃圾回收例程会导致数据丢失，或者存储空间的利用率较低。例如，如果垃圾回收操作不能成功地回收存储空间，那么有效的存储空间就会越来越小，这种现象称为**内存泄露**（memory leak）。

这个框架中包含按照字母顺序打印左子树和右子树这两项任务，这两项任务本质上是原始打印任务的缩小版本。也就是说，打印一棵树涉及打印子树的任务，这就使人想到运用递归方法来解决我们这棵树的打印问题。

依据这个思路，可以把原先的设想扩展为一个完整的打印二叉树的Python函数，如图8-24所示。这里，将该函数命名为`PrintTree`，然后再调用`PrintTree`来打印左子树和右子树。注意，递归过程的终止条件（遇到一个null子树，“`None`”）肯定能达成，因为在函数连续的递归活动中，每次递归所操作的树都要比启动这个递归活动的那棵树要小。

```
def PrintTree(Tree):
  if (Tree != None):
    PrintTree(Tree.Left)
    print(Tree.Value)
    PrintTree(Tree.Right)
```

图8-24 用于打印二叉树中数据的函数

在树中，插入一个新项的任务比起初看起来的也要容易。凭直觉也许会认为，插入新项只需先将树切开，为新项留出空间，但实际上，不论要添加的节点的值如何，总是可以作为一个新的叶子节点插入到树中。为了给新项找到合适的位置，要沿着搜索该项时所遵循的那条路径往下走。由于该项并不在树中，所以我们最终会遇到一个null指针——这个位置就是存放新节点的合适位置（见图8-25）。事实上，这就是搜索新项时会到达的位置。

对于链式树结构，表达这个过程的函数如图8-26所示。它首先在树中搜索要插入的值（称为`NewValue`），然后把包含有`NewValue`的一个新叶子节点放到相应的位置。注意，如果在搜索过程中发现要插入的项已经在树中，则不进行插入操作。图8-26中的Python代码使用函数调用`TreeNode()`创建了一个新聚合，用作这个链式树结构的一个新叶子节点。这需要图中没有的额外代码来把`TreeNode`标识为用户定义的类型，用户定义的类型将在下节中介绍。

可以得出这样一个结论：包含了链式二叉树结构以及用于搜索、打印、插入操作的这些函数的软件包提供了一个完整的包，该包可以作为我们假想应用的一个抽象工具。事实上，如果实现恰当，用户在使用

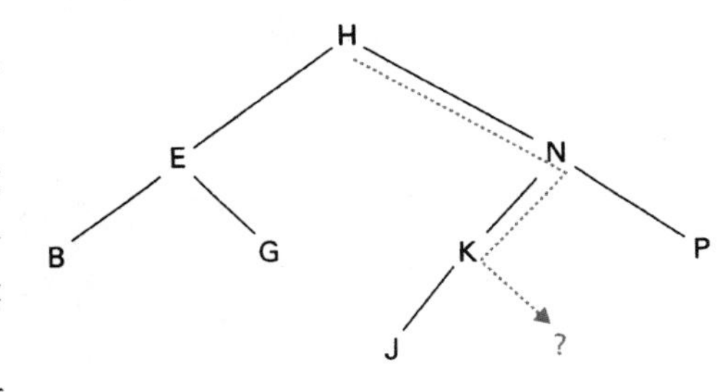

(a) 搜索新项直到检测到它不存在

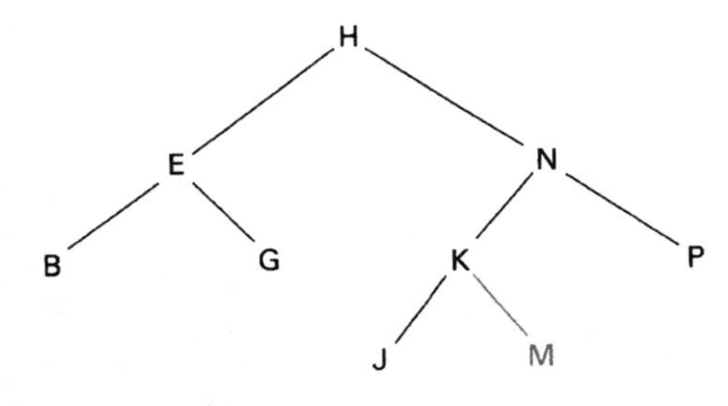

(b) 这就是新项所应存放的位置

图8-25 把项M插入到由B、E、G、H、J、K、N、P组成的以树结构存储的列表中

这个软件包时就无须关心底层的实际存储结构。利用软件包中的过程，用户可以想象名字列表是按字母顺序存储的，而事实上，这些“列表”项分散在不同的存储单元块中，链接成了一个二叉树。

```
def Insert(Tree, NewValue):
  if (Tree is None):
    # Create a new leaf with NewValue
    Tree = TreeNode()
    Tree.Value = NewValue
  elif (NewValue < Tree.Value):
    # Insert NewValue into the left subtree
    Tree.Left = Insert(Tree.Left, NewValue)
  elif (NewValue > Tree.Value):
    # Insert NewValue into the right subtree
    Tree.Right = Insert(Tree.Right, NewValue)
  else:
    # Make no change.
  return Tree
```

图8-26 一个用于向二叉树存储的列表中插入新项的函数

问题与练习

1. 画一个二叉树，可以用来存储由R、S、T、U、V、W、X、Y和Z组成的列表，以备将来搜索之用。
2. 简要说明，将图8-21中的二分搜索算法应用到图8-20中的树中查找项J时所经历的路径。查找项P时的路径又是怎样的？
3. 画一个图，表示将图8-24中的递归打印树算法用在图8-20中的有序树中打印K节点时的活动状态。
4. 一个树结构，它的每个节点有26个子节点。试解释这样一个结构是如何对英语中拼写正确的词汇进行编码的。

8.5 定制的数据类型

在第6章中，我们介绍了数据类型的概念，并讨论了几种基本数据类型，如整型、浮点型、字符型及布尔型。大多数程序设计语言都提供了这些基本数据类型。此外，为了更好地满足某个具体应用的需要，程序员会定义一些自己的数据类型，本节将考虑几种定义方式。

8.5.1 用户定义的数据类型

如果除了程序设计语言中提供的那些基本数据类型以外，还有其他数据类型可用，那么表达一个算法一般就会变得比较容易。基于这种原因，现代的许多程序设计语言都允许程序员利用基本数据类型作为构件块，定义一些附加的数据类型。这些“自制”数据类型中最基本的例子被称为**用户定义的数据类型**（user-defined data type），其本质就是几个基本数据类型组合而成的具有同一名字的聚合体（conglomerate）。

为了对此进行解释，这里假设要开发一个涉及许多变量的程序，而每个变量都有相同的聚合结构，都由名字、年龄以及技能级别组成。一种方法是将每个变量分别定义成聚合类型（见6.2节）。然而，更好的办法是将这个聚合定义成一种新的（用户定义的）数据类型，然后就把这种新的数据类型作为一种基本类型来使用。

回顾6.2节中的一个例子，在C语言中，语句

```
struct
{
  char  Name[25];
  int   Age;
  float SkillRating;
} Employee;
```

定义了一个称为Employee的新聚合，其中包含3个字段Name（字符型）、Age（整型）和SkillRating（浮点型）。

与此相反，C语句

```
struct EmployeeType
{
  char  Name[25];
  int   Age;
  float SkillRating;
};
```

并没有定义新聚合变量，而是定义了一个新聚合类型EmployeeType。这样一来，就可以采用与基本数据类型相同的变量声明方式，用这个新的数据类型来声明变量了。也就是说，C语言允许用语句

```
int x;
```

将变量x声明为整数。同样，变量Employee1也可以采用下列语句来声明为EmployeeType类型：

```
struct EmployeeType Employee1;
```

于是，在以后的程序中，变量Employee1就将引用一整块存储单元，该存储块中包括员工的名字、年龄和技能级别。存储块中的各个项可以通过诸如Employee1.Name和Employee1.Age这样的表达式来引用。所以，语句

```
Employee1.Age = 26;
```

会被用来将值26赋给Employee1块中的Age字段。而且，语句

```
struct EmployeeType DistManager, SalesRep1, SalesRep2;
```

可以用来将3个变量DistManager、SalesRep1和SalesRep2声明为EmployeeType类型，就像下列形式的语句通常被用作将变量Sleeve、Waist、Neck声明为基本的float类型：

```
float Sleeve, Waist, Neck;
```

分清用户定义的数据类型与这个类型的一个实际项之间的区别非常重要。后者称为数据类型的一个**实例**（instance）。用户定义的数据类型本质上就是一个用来构建数据类型实例的模板。该模板描述了这种类型的所有实例所具有的属性，但是它本身并非这种类型的一个实例（这就好比，饼干成型切割刀是做饼干的模板，但其本身不是饼干）。在上面的例子中，用户定义的数据类型EmployeeType构建了3个该类型的实例——DistManager、SalesRep1和SalesRep2。

8.5.2　抽象数据类型

在许多程序设计语言里，用户定义的数据类型（如C语言的结构和Pascal语言的记录）都扮

演着重要的角色，帮助软件设计者调整数据表示以满足特定程序的需要。然而，传统的用户定义的数据类型仅允许程序员定义新的存储系统，而没有提供对具有这些结构的数据进行处理的操作。

抽象数据类型（Abstract Data Type，ADT）是一种用户定义的数据类型，可以同时包括数据（表示）和函数（行为）。支持抽象数据类型创建的程序设计语言通常都有两个特性：（1）具有“用于将抽象数据类型定义为一个单个单元”的语法；（2）具有“将抽象数据类型的内部结构隐藏起来，不让程序的其他部分利用”的隐藏机制。第一个特性是一个重要的组织工具，它能将抽象数据类型的数据和函数组织在一起，简化维护和调试。第二个特性提供了可靠性，它能阻止抽象数据类型以外的其他代码访问其数据，无须专门的提供可靠性的函数。

为了对此进行说明，这里假设要在一个程序中创建和使用几个整数栈。其方法可以是，将每个栈实现成一个有20个整数值的数组。将栈底的项放在（压入）数组的第一个位置，将栈的其他项相继放在（压入）数组的高位项处（见8.3节的问题与练习7）。再用一个整型变量作为栈指针，用来存放数组项的下标，而下一个栈项将会被压入到该数组中。因此，每个栈都由一个存放栈本身的数组和一个起着栈指针作用的整数组成。

为了实现这个构想，首先要用下列形式的C语句来建立一个称为StackType的用户定义的类型：

```
struct StackType
{
  int StackEntries[20];
  int StackPointer = 0;
};
```

（回顾一下，在一些语言中，如C、C++、C#及Java，数组StackEntries的下标范围也是0~19，因此这里将StackPointer的值初始值初始为0。）做了这个声明之后，我们就可以通过下列语句来声明称为StackOne、StackTwo和StackThree的栈：

```
struct StackType StackOne, StackTwo, StackThree;
```

此时，变量StackOne、StackTwo和StackThree中的每一个都可以引用一个唯一的存储单元块，用以实现各自的栈。但是，如果现在要把25这个值压入到StackOne，该怎么办呢？当然，我们希望能屏蔽掉以栈的实现为基础的数组结构的细节，而仅仅将栈作为一种抽象工具来使用，即可能会用类似于

```
push(25, StackOne);
```

这样的一个函数调用。但是，如果不定义称为push的相应函数，这样的一条语句就不可用。我们想对StackType类型的变量进行的其他操作有：从栈中弹出项、检查栈是否为空以及检查栈是否已满。所有这些操作都要求定义相应的函数。简而言之，我们定义的StackType数据类型并不包括我们想让这个类型关联的所有特性。此外，程序里的任何函数都有可能访问StackType变量的StackPointer字段和StackEntries字段，绕开我们设计到函数push和pop中的仔细检查。程序另一部分中的草率的赋值语句会重写存储在栈数据结构中间的数据元素，甚至会破坏所有栈共有的一个特性——后进先出行为。

我们所需要的是一种机制，既能定义允许对StackType进行的操作，又能保护内部变量不被外部引用。Java语言的interface语法就是这种机制。例如，在Java中，可以这样写：

```
interface StackType
{
  public int pop(); /* Return the item at top of stack */
  public void push(int item); /* Add a new item to stack */
  public boolean isEmpty(); /* Check if stack is emtpy */
  public boolean isFull(); /* Check if stack is full */
}
```

单独来讲，这个抽象数据类型没有指定如何存储栈，或者用什么算法来执行push函数、pop函数、isEmpty函数以及isFull函数。这些细节（已被这个interface抽象出来）会被其他Java代码在其他地方指定。然而，像我们前面的用户定义的数据类型一样，程序员能把变量或函数参数声明为StackType类型的。

我们可以用下面的语句把StackOne、StackTwo和StackThree声明为栈：

```
StackType StackOne, StackTwo, StackThree;
```

之后，在程序中（这3个变量开始是null引用，在使用前必须用具体的Java类实例化——但我们这里不关心这些细节），我们可以用下面这样的语句将这些项压入到这些栈中：

```
StackOne.push(25);
```

该语句表示用值25作为实际参数，执行与StackOne相关联的push函数。

相对于那些更为基本的用户定义的数据类型而言，抽象数据类型就是完整的数据类型。在20世纪80年代，抽象数据类型在Ada等语言中的出现，代表着程序设计语言在设计方面前进了一大步。今天，面向对象语言提供了称为类的抽象数据类型的扩展版本，在下一节中将会介绍。

问题与练习

1. 数据类型与该数据类型的一个实例之间的区别是什么？
2. 用户定义的数据类型与抽象数据类型之间的区别是什么？
3. 请描述一种用来实现列表的抽象数据类型。
4. 请描述一种用来实现支票账户的抽象数据类型。

8.6 类和对象

在第6章中我们讨论过，面向对象范型使得系统可由称为对象的单元组成，这些对象通过彼此交互来完成任务。每个对象都是一个实体，能响应来自其他对象的消息。对象由称为类的模板来描述。

在许多方面，这些类实际上就是抽象数据类型（它们的实例称为对象）的描述。例如，图8-27展示了，Java语言和C#语言是如何定义StackOfIntegers类的。（在C++语言中，等价类的定义具有相同的结构，但在语法上稍微有所不同。）注意，这个类为每一个在抽象数据类型StackType中声明的函数都提供了一个体。此外，这个类包括一个称为StackEntries的整型数组，以及一个用来确定数组中栈顶位置的整数StackPointer。

在Java或C#程序中，可以利用这个类作为模板，用以下语句来创建一个名为StackOne的对象：

```
StackType StackOne = new StackOfIntegers();
```

或者在C++程序中，用以下语句来创建该对象：

```
StackOfIntegers StackOne();
```

之后，在程序中，使用以下语句，可以将值106压入到StackOne栈中：

```
StackOne.push(106);
```

或者用下面的语句把StackOne的栈顶元素读取到变量OldValue中：

```
OldValue = StackOne.pop();
```

```
class StackOfIntegers implements StackType
{
   private int[] StackEntries = new int[20];
   private int StackPointer = 0;

   public void push(int NewEntry)
   {   if (StackPointer < 20)
          StackEntries[StackPointer++] = NewEntry;
   }

   public int pop()
   {   if (StackPointer > 0) return StackEntries[--StackPointer];
          else return 0;
   }

   public boolean isEmpty()
   {       return (StackPointer == 0);  }

   public boolean isFull()
   {       return (StackPointer >= MAX); }
}
```

图8-27 Java和C#语言中实现的整数栈

这些特征与抽象数据类型的那些特征本质上是一样的。不过，类与抽象数据类型之间还是有些区别的。前者是后者的扩展。例如，我们在6.5节中介绍过，面向对象语言允许类从其他的类继承属性，并包括称为构造函数的特殊方法，当创建对象时，用其来定制个性化的对象。而且，类会有不同程度的封装性（见6.5节），这样就可以避免其实例的内部属性受非正常的访问，同时暴露其他字段给外部访问。

标准模板库

本章所讨论的数据结构已经成为标准的编程结构，事实上，因为其标准性，许多编程环境都把它们当作原语一样对待。在C++编程环境中就有这样的例子，即通过标准模板库（Standard Template Library，STL）使该环境的功能更为强大。标准模板库中有一组描述常用数据结构的预先定义好的类。因此，通过在C++程序中并入标准模板库的这种方式，程序员就可以从描述这些结构细节的工作中解放出来；他们只需声明所指的标识符是什么类型就行，就像在8.6节中将StackOne声明为StackOfIntegers类型那样。

最后可以得出结论：类和对象的概念体现了程序中数据抽象的表示技术又前进了一大

步。事实上，正是由于这种以方便的方式来定义和使用抽象的能力，才有了面向对象设计范型的流行。

问题与练习

1. 抽象数据类型与类在哪些方面类似？在哪些方面存在着不同？
2. 类与对象有什么不同？
3. 请描述一个类，要求用该类作为构建整数队列类型对象的模板。

*8.7　机器语言中的指针

本章已经介绍过指针，并介绍了如何利用指针来构建数据结构。本节将讨论如何在机器语言中处理指针。

假设我们要用附录C中描述的机器语言写一个程序，从图8-12所示的栈中弹出一个项，然后将其放入到一个通用寄存器中。换句话说，就是要将含有栈顶项的存储单元中的内容加载到一个寄存器中。我们的机器语言提供了两条用于加载寄存器的指令：一条是用操作码2，另一条是用操作码1。回想一下，在操作码2的情况中，操作数字段包含了要加载的数据，而在操作码1的情况中，操作数字段则包含了要加载的数据的地址。

由于不知道内容会是什么，所以用操作码2达不到目标。而且，不知道地址会是什么，也不能用操作码1。毕竟，在程序执行的时候，栈顶的地址会发生变化。不过，我们知道栈指针的地址。也就是说，知道所要加载的数据的地址的位置。于是，我们需要的就是第3个用于加载寄存器的操作码，其中，操作数字段包含了指向要加载的数据指针的地址。

为了实现这个目标，我们对附录C中的机器语言进行扩展，使其包含操作码D。使用这个操作码的指令的形式可能是DRXY，表示将地址为XY的存储单元的内容加载到寄存器R中（见图8-28）。所以，如果栈指针在地址AA的存储单元中，指令D5AA就能将栈顶的数据加载到寄存器5中了。

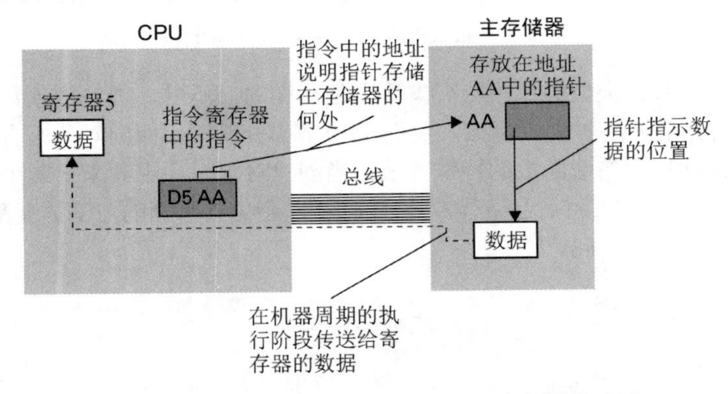

图8-28　利用指针扩展附录C中机器语言的首次尝试

然而，这条指令并没有完成出栈操作。我们还必须将栈指针减1，以便让它指向新的栈顶。这也就是说，在加载指令之后，机器语言程序还必须将栈指针加载到一个寄存器中，将其减去1，然后再把结果存回到存储器。

如果不用存储单元，而用某个寄存器来作为栈指针，那么就可以减少栈指针在寄存器与存储器间的来回移动。但是，这也就意味着必须重新设计加载指令，以便它期望指针在寄存器中，而不是在主存储器中。这样一来，我们就不用早些时候的那个方案了，使用操作码D定义一条指令，令其具有DR0S的形式即可，这就表示将寄存器S所指的存储单元的内容加载到寄存器R（见图8-29）。于是，一个完整的出栈操作就可以这样来完成：在这条指令之后添加一条指令（或几条指令），将存放在寄存器S中的值减去1。

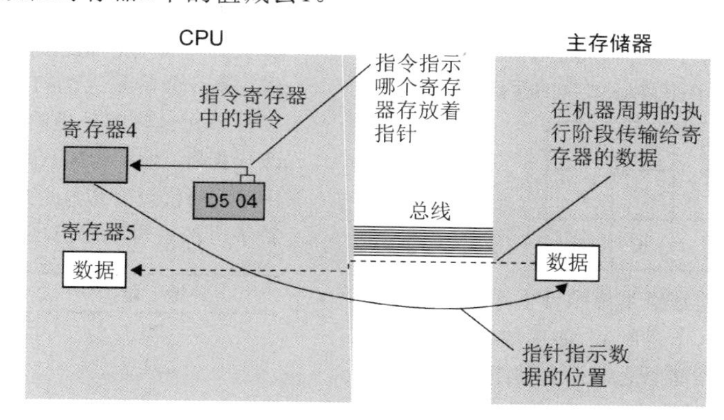

图8-29　把存储在寄存器中的一个指针指向的存储单元的内容加载到一个寄存器中

注意，要实现入栈操作，还需要一条类似的指令。所以，还需要对附录C中描述的机器语言做进一步的扩展，使其引入操作码E，这样一来，ER0S形式的指令就表示把寄存器R的内容存储到由寄存器S所指向的存储单元中。同样，为了完成入栈操作，在这条指令之后添加一条指令（或几条指令），将寄存器S中的值加上1。

我们所提出的这些新的操作码D和操作码E，不仅说明了所设计的机器语言是如何处理指针的，还说明了在最初的机器语言中没有提到的寻址技术。正如附录C中所提到的，机器语言用两种方式来确定一条指令中所涉及的数据。第一种方式是通过一条操作码为2的指令来表示。在这里，操作数字段就明确包括了所涉及的数据。这种寻址技术称为**立即寻址**（immediate addressing）。确定数据的第二种方式是用操作码为1和3的指令来表示。在这里，操作数字段包含的是所涉及的数据的地址。这种寻址技术称为**直接寻址**（direct addressing）。然而，我们所提出的新操作码D和E则表明还有另一种确定数据的形式。这些指令的操作数字段包含的是数据地址的地址。这种寻址技术称为**间接寻址**（indirect addressing）。所有的这3种寻址技术在今天的机器语言中都是比较常见的。

问题与练习

1. 假设附录C中描述的机器语言按照本节最后的建议进行了扩展。此外，假设寄存器8中的内容为模式DB，而地址为DB的存储单元中的内容为模式CA，并且地址为CA的存储单元的内容为模式A5。请问：在执行了下面的每一条指令后，寄存器5中的位模式是什么？

   a．25A5　　b．15CA　　c．D508
2. 利用本节最后所描述的扩展，写一段完整的机器语言例程，完成出栈操作。假设栈是按图8-12所示的方式实现的，栈指针在寄存器F中，并且，栈顶出栈后压入寄存器5中。
3. 利用本节最后描述的扩展，写一段程序，将从地址A0开始的5个连续的存储单元的内容复制到从地址B0开始的5个存储单元。这里假设程序的起始地址为00。
4. 在本章中，介绍过一种DR0S形式的机器指令。假设将这个形式扩展为DRXS，其意义为：把寄存器S中的值加上值X，然后将结果所指向的数据加载到寄存器R中。这样一来，通过读取寄存器S中的值，再加上值X，就可以得到指向数据的指针。寄存器S中的值不会发生变化。（如果寄存器F的内容为04，那么指令DE2F就把地址为06的存储单元的内容加载到寄存器E中，而寄存器F的值保持04不变。）请问：这条指令的优点是什么？如果一条指令的形式为DRTS，即表示“把寄存器S的值和寄存器T的值相加，然后把所得的结果所指向的数据加载到寄存器R中”，那么这条指令又有什么优点？

复习题

（带*的题目涉及选读章节的内容。）

1. 当下列数组分别以行主序和列主序在机器的存储器中存储时，画图说明该数组的存储情况。

A	B	C	D
E	F	G	H
I	J	K	L

2. 假设一个6行8列的数组是按照行主序存储的，其起始地址为20（十进制）。如果数组中的每个项只需要一个存储单元，那么数组中第3行第4列的项的地址是多少？如果每个项需要两个存储单元，那么结果又如何？
3. 假设第2题中的数组是以列主序而不是以行主序存储的，请重新做第2题。
4. 如果想利用传统的一维数组来实现动态列表，那么会带来怎样的复杂问题？
5. 描述一种用来存储三维数组的方法。请问这里用来定位第*i*面、第*j*行、第*k*列的项的地址多项式是什么？
6. 假设字母列表A、B、C、D、E、F和G存储在一个连续的存储单元块中。在保持列表字母顺序不变的情况下，向列表中插入字母D需要进行哪些操作？
7. 下列表格表示的是计算机主存储器中的一些存储单元的内容以及每个单元的地址。注意，其中有些单元包含字母表中的字母，而每个这样的单元后面都跟随一个空单元。在这些空单元中填入适当的地址，使得每个包含字母的单元及其后的单元一起，构成一个链表中的项，并且该链表要按字母顺序排列。（用0来表示null指针。）这里的头指针包含的地址是什么？

地　址	内　容
11	C
12	
13	G
14	
15	E
16	
17	B
18	
19	U
20	
21	F
22	

8. 下面的表格代表的是计算机主存储器中一个链表的一部分。链表中的每项由两个单元组成：第一个单元包含的是字母表中的字母；第二个单元包含的是指向链表下一项的指针。请改变指针，使字母N不再出现在链表中；然后，用字母G代替字母N，并改变相应的指针，使新字母按字母顺序出现在链表中的合适位置。

地　址	内　容
30	J
31	38
32	B
33	30
34	X
35	46
36	N
37	40
38	K
39	36
40	P
41	34

9. 下面的表格使用与前面几题相同的格式表示了一个链表。如果头指针包含的值是44，那么这个链表所表示的名字是什么？改变指针，使得这个链表包含名字Jean。

地　址	内　容
40	N
41	46
42	I
43	40
44	J
45	50
46	E
47	00
48	M
49	42
50	A
51	40

10. 下面的哪一个例程能够正确地将`New-Entry`项直接插入到链表中名为`Previous-Entry`的项的后面？另外一个例程有什么问题？

例程1：

1. 将`PreviousEntry`指针字段的值复制到

NewEntry的指针字段。

2. 将PreviousEntry指针字段的值改成NewEntry的地址。

例程2:

1. 将PreviousEntry指针字段的值改成NewEntry的地址。
2. 将PreviousEntry指针字段的值复制到NewEntry的指针字段。

11. 设计一个函数，将两个链表连接起来（也就是说，把一个链表放到另一链表的前面，形成一个链表）。
12. 设计一个函数，将两个已排序的邻接表合并成一个已排序的邻接表。如果列表是链式的，那么结果又如何？
13. 设计一个函数，对一个链表进行反向排列。
14. a. 设计一个算法，利用栈作为辅助存储结构，以反序打印出一个链表。

    b. 设计一个递归函数，在不显式使用栈结构的情况下，完成同样的任务。这个递归的解决方案所涉及的栈会采用什么形式？
15. 有时，一个单链表可以有两种不同的顺序，只要为每一项附加两个指针，而不是一个指针即可。请填充下列表格，使得通过紧跟每个字母的第一个指针，就可以找到名字Carol；而通过紧跟每个字母的第二个指针，就可以按照字母顺序找到字母。所表示的这两个链表的头指针分别包含什么值？

地　址	内　容
60	O
61	
62	
63	C
64	
65	
66	A
67	
68	
69	L
70	
71	
72	R
73	
74	

16. 下列表格表示的是文中所讨论过的，存储在连续存储单元块中的一个栈。如果这个栈的栈底地址是10，而栈指针包含值12，那么，一个出栈指令取出的是什么值？执行出栈操作后，栈指针中的值是什么？

地　址	内　容
10	F
11	C
12	A
13	B
14	E

17. 在第16题中，如果执行的指令是向栈中压入字母D，而不是弹出一个字母，那么请画出一个表格来显示存储单元中最后的内容。在执行入栈指令后，栈指针中的值是什么？
18. 设计一个函数，从一个栈中删除栈底项，而栈中的其他项保持不动。这里只能用出栈和入栈操作来访问栈。为了解决这个问题，应该用什么样的辅助存储结构？
19. 设计一个函数，比较两个栈的内容。
20. 假设给你两个栈，如果一次只允许你从一个栈移动一个项到另一个栈，那么原始的数据将可能进行怎样的重排？如果给你3个栈，那么会有怎样的安排？
21. 假设给你3个栈，并且一次只允许你从一个栈移动一个项到另一个栈。设计一个算法，把其中一个栈中的两个相邻项颠倒。
22. 假设要创建一个存储名字的栈，其中名字的长度不同。那么，为什么说“把名字存储在分散的存储区域，再建立一个指向这些名字的指针的栈，而不是在栈中存储名字本身”更有利？
23. 队列在存储器中是向其头部的方向移动，还是向其尾部的方向移动？
24. 假设要实现一个“队列”，该队列中的新项都有相应的优先级。这样，一个新项就会被放在那些优先级较低的项前面。请描述一个实现这种“队列”的存储系统，并证明你的结论的正确性。
25. 假设队列中的每个项都需要一个存储单元，其头指针包含值11，尾指针包含值17。那么请问，当向队列中插入一项并移走两项时，这些指针的值又为多少？
26. a. 假设一个队列是以循环队列的形式实现的，其状态如下图所示。请画图表示在插入字母G和R，移走3个字母，再插入字母D和P之后的结构。

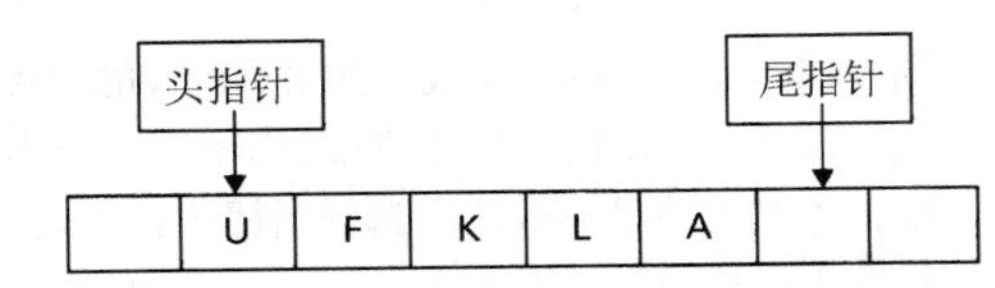

b. 在(a)中，如果在没有移出任何字母之前，就插入字母G、R、D和P，那么会发生什么样的错误？

27. 在用高级语言编写的一个程序中，请描述一下怎样用数组来实现队列。

28. 假设有两个队列，一次只允许从一个队列的头部移一个项到任何一个队列的队尾。请设计一个算法，颠倒其中一个队列中的两个相邻项。

29. 下列表格表示的是存储在机器存储器中的一棵树。树的每个节点有3个单元。第一个单元包含的是数据（字母），第二个单元包含的是指向该节点左子节点的指针，第三个单元包含的是指向该节点右子节点的指针。0值代表null指针。如果根指针的值是55，那么请画出这棵树。

地　址	内　容
40	G
41	0
42	0
43	X
44	0
45	0
46	J
47	49
48	0
49	M
50	0
51	0
52	F
53	43
54	40
55	W
56	46
57	52

30. 下列表格表示的是计算机主存储器中一个单元块的内容。注意，一些单元中包含的是字母表中的字母，并且每个这样的单元后面都跟有两个空单元。填充这些空单元，使得这个存储块表示下面的那棵树。这里用字母后的第一单元作为指向左子节点的指针，用接下来的那个单元作为指向右子节点的指针。用0表示null指针。根指针的值应该为多少？

地　址	内　容
30	C
31	
32	
33	H
34	
35	
36	K
37	
38	
39	E
40	
41	
42	G
43	
44	
45	P
46	
47	

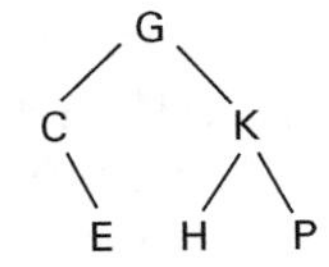

31. 设计一个非递归算法来代替图8-21所示的递归算法。

32. 设计一个非递归算法来代替图8-24所示的递归算法。利用一个栈来控制必要的回溯。

33. 应用图8-24中所示的打印树的递归算法。画图表示在打印X节点时该算法的嵌套活动（以及每个活动的当前位置）。

34. 在保持根节点相同，且不改变数据元素的物理位置的情况下，改变第29题中树的指针，使得图8-24中所示的树的打印算法按字母顺序打印出节点。

35. 如果下面的二叉树不用指针存储，而是用8.3节中描述的连续存储单元块来存储，那么请画图表示该二叉树在存储器中是如何存储的。

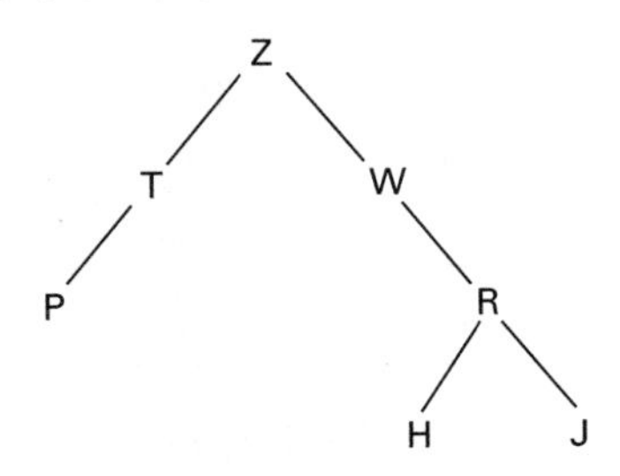

36. 假设如8.3节中所描述的，用连续存储单元来表示包含值A、B、C、D、E和F的二叉树。请画出这棵树的图。
37. 举一个可以把一个列表（概念结构）实现为一棵树（实际的底层结构）的例子。再举一个可以把一棵树（概念结构）实现为一个列表（实际的底层结构）的例子。
38. 文中所讨论的链式树结构包含指针，这就使得访问者可以沿着树从父节点下移到子节点。请描述一个指针系统，可以让访问者沿着树从子节点上移到父节点。兄弟节点之间的移动又如何？
39. 描述一个适合于表示国际象棋游戏时的棋盘布局的数据结构。
40. 如果按照图8-24所示的算法，判断下列几棵树，哪棵树的节点会按照字母顺序打印出来？

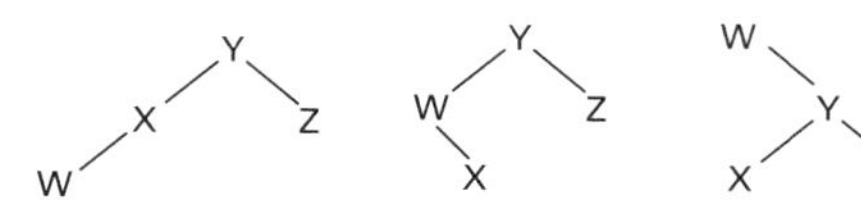

41. 修改图8-24中的函数，使得能按倒序打印出“列表”。
42. 描述一个可以用于存储一个家族的家谱历史的树结构。对该树会进行一些什么样的操作？如果该树是用链式结构来实现的，每个节点应该关联一些什么样的指针？假设这棵树就是按照你刚才所描述的指针，并以链式结构实现的，请设计相应的过程来完成你所定义的上述操作。利用你设计的存储系统，解释一下如何才能找到一个人的所有兄弟。
43. 如果一棵树是按图8-20所示的形式存储的，请设计一个过程来从这棵树中找到并删除一个给定的值。
44. 在树的传统实现方式中，构造的每个节点都会为其每个可能的子节点分别留有指针。所设计的这种指针的数目决定了任何节点所拥有的子节点的最大数目。如果一个节点的子节点数目少于指针数目，那么将有些指针简单地置为null即可。但是，这样的一个节点不可能拥有比指针数目更多的子节点。请描述一下，如何在不限制其节点所拥有的子节点数的情况下实现一棵树。
45. 使用仿照8.5节介绍的C结构语句编写的伪代码，定义一个用户定义的数据类型，表示关于公司员工情况（如名字、地址、工作职位、工资级别等）的数据。
46. 利用与图8-27中的Java类语法相似的伪代码，拟定一个抽象数据类型的定义，表示一个名字列表。具体来说，用什么样的结构来包含这个列表？提供什么样的函数来处理这个列表？（没有必要包括函数的详细说明。）
47. 利用与图8-27中的Java类语法相似的伪代码，拟定一个抽象数据类型的定义，表示一个队列。然后再给出伪代码语句，说明如何创建这个类型的实例，以及如何在这些实例中插入和删除项。
48. a. 抽象数据类型和基本数据类型之间的区别是什么？
    b. 抽象数据类型与用户定义的数据类型之间的区别是什么？
49. 确定用来表示地址簿的抽象数据类型中可能会出现的数据结构和过程。
50. 确定用来表示视频游戏中一个简单航天器的抽象数据类型中可能出现的数据结构和过程。
51. 修改图8-27，和8.5节中的`StackType`接口，使得该类定义的是一个队列，而不是栈。
52. 类与传统的抽象数据类型相比，在哪个方面更通用？

*53. 利用8.7节最后描述的DR0S形式和ER0S形式的指令，写一个完整的机器语言例程，向图8-12中实现的栈中压入一个项。这里假设栈指针在寄存器F中，而要压入的项在寄存器5中。

*54. 假设链表中的每个项都由一个存放数据的存储单元后跟一个指向下一项的指针构成。而且，假设一个存储地址为A0的新项要插入到位置为B5的项和位置为C4的项之间。利用附录C中描述的语言，以及8.7节最后描述的附加操作码D和E，写一个机器语言例程来实现这个插入操作。

*55. 8.7节所描述的DR0S形式的指令与DRXY形式的指令相比有什么优势？在8.7节的问题与练习4中所描述的DRXS形式的指令与DR0S形式的指令相比有什么优势？

社会问题

希望下面的问题能引导读者思考一些与计算领域相关的伦理、社会和法律问题。回答出这些问题还不够，还应该考虑为什么这样回答，以及你的判断是否对每个问题都标准如一。

1. 假设一个软件分析师设计了一个数据组织方式，能在一个特定的应用中有效地处理数据。那么该如何保护对这个数据结构的权益呢？数据结构是一种思想表达（好比一首诗），因而可以通过版权来进行保护？还是数据结构也像算法一样，钻了同样的法律空子？用专利法呢？
2. 在何种程度上，错误的数据比没有数据更糟糕？
3. 在许多应用程序中，栈可以扩展到多大取决于可用的存储器容量有多大。如果可用空间被耗尽，那么所设计的软件要能产生一条像“栈溢出”这样的消息并终止。在大多数场合，这种错误从不会发生，而且用户也从不会意识到这个错误。但是，如果这种错误发生了，并且丢失了敏感数据，那么谁将对此负责？软件的开发者如何能减轻自己的责任？
4. 在基于指针系统的数据结构中，删除一个项通常是通过改变指针，而不是擦掉存储单元来办到的。这样一来，当链表的一项被删除后，这个删除的项实际上还留在存储器中，直到有其他数据需要它的存储空间。这种被删除的数据的存在会产生什么样的道德和安全方面的问题？
5. 数据和程序可以方便地从一台计算机传送到另一台计算机。这样一来，一台机器上存储的内容就可以很容易地传送给许多机器。相反，一个人要把知识传给另一个人，有时要花很长的时间。例如，一个人要教会另一个人一种新语言，那得花时间。如果机器的能力开始挑战人的能力，那么这种在知识传输率上的反差将意味着什么？
6. 利用指针可以将相关的数据在计算机存储器中链接起来，其链接方式使人联想到，信息在人脑中也是采用这种方式关联起来的。那么，这样一种在计算机存储器中的链接与人脑中的链接有怎样的相似之处？它们的不同点是什么？如果尝试着把计算机建造得与人脑更相像，那么这在伦理上是否可取？
7. 计算机技术的普及是否已经产生了新的伦理问题，或者只是提供了一个新的环境，而在这样的环境之中，原来的那些伦理学理论是否还适用？
8. 假设计算机科学导论教材的作者想用一些程序的例子来说明文中的概念。不过，为了简明，许多例子必须使用实际的专业优质软件的简化版本。作者知道，这些例子会被不持怀疑态度的读者所使用，并最终用到一些重要的软件应用中去，而这些应用更适合采用较为健壮的技术。作者应当采用这些简化版的例子，即使因为简化降低了它们的价值，仍坚持认为所有的例子是健壮的，还是应当拒绝使用这些例子，除非它们在简明性和健壮性方面都能得到保证？

课外阅读

Carrano, F. M., and T. Henry. *Data Abstraction and Problem Solving with C++: Walls and Mirrors*, 6th ed. Boston, MA: Addison-Wesley, 2012.

Gray, S. *Data Structures in Java: From Abstract Data Types to the Java Collections Framework*. Boston, MA: Addison -Wesley, 2007.

Main, M. *Data Structures and Other Objects Using Java*, 4th ed. Boston, MA: Addison-Wesley, 2011.

Main, M. and W. Savitch. *Data Structures and Other Objects Using C++*, 4th ed. Boston, MA: Addison-Wesley, 2010.

Prichard, J., and F.M. Carrano. *Data Abstraction and Problem Solving with Java: Walls and Mirrors*, 3rd ed.

Boston, MA: Addison-Wesley, 2010.

Shaffer, C. A. *Practical Introduction to Data Structures and Algorithm Analysis*, 2nd ed. Upper Saddle River, NJ: Prentice Hall, 2001.

Weiss, M. A. *Data Structures and Problem Solving Using Java*, 4th ed. Boston, MA: Addison-Wesley, 2011.

Weiss, M. A. *Data Structures and Algorithm Analysis in C++*, 4th ed. Boston, MA: Addison-Wesley, 2013.

Weiss, M. A. *Data Structures and Algorithm Analysis in Java*, 3rd ed. Boston, MA: Addison-Wesley, 2011.

第 9 章

数据库系统

数据库是这样一个系统，它将一个庞大的数据集合转化成一个抽象工具，允许用户以一种简便的方式搜索和提取相关的信息项。本章将讨论这个主题，另外还将讨论一个数据挖掘相关领域的主题。数据挖掘技术是一种从庞大的数据集合和传统的文件结构中发现隐藏模式的技术，它为今天的数据库和数据挖掘系统提供了许多基本的工具。

本章内容

当今的技术已经能够存储相当大量的数据，但是，如果我们不能提取与手头任务相关的有用信息项，那么这样的数据集合就是无用的。本章将研究数据库系统，弄清这些系统是怎样利用抽象从庞大的数据集合中提取出有用信息的。作为相关主题，还要研究快速发展的数据挖掘领域，这个领域的目标是开发用于在数据集合中确定和寻找模式的技术。此外，我们还将学习传统文件结构的原理，因为它支撑了现在的数据库和数据挖掘系统。

9.1 数据库基础

数据库（database）是指一种多维的数据集合，之所以说是多维的，是因为在这种集合中，通过两个数据项之间的内部链接，可以从不同的角度来获取信息。这与传统的文件系统（见9.5节）不同，传统的文件系统，有时也称为**平面文件**（flat file），是一种一维的存储系统，即它只从一个角度来展示它的信息。比如，一个包含作曲家及其作品信息的平面文件，也许只能提供一个按作曲家组织的作品清单；而对于一个数据库来说，它可以呈现某一作曲家的所有作品，也可以是某一类音乐作品的所有作曲家，还可以是改写了其他作曲家作品的那些作曲家。

9.1.1 数据库系统的重要性

从历史发展角度来看，计算机广泛应用到信息管理领域时，每个应用都是作为独立系统来实现的，都有一套自己的数据。工资用工资单文件处理，人事部门有自己的员工记录，库存通过库存文件来管理。这就意味着，许多只是一个部门需要的信息在整个公司里会被复制，而许多虽然不同但相互关联的数据项却又存储在不同的系统中。在这种背景下，数据库系统应运而生，它作为一种信息集成的手段，通过特定的组织来存储和维护数据（见图9-1）。利用这样一个系统，可以根据相同的销售数据来确定再进货订单；生成市场趋势报告，指导广告发放，向最有可能积极响应此种信息的客户发布产品信息；使得销售团队取得更好的业绩。

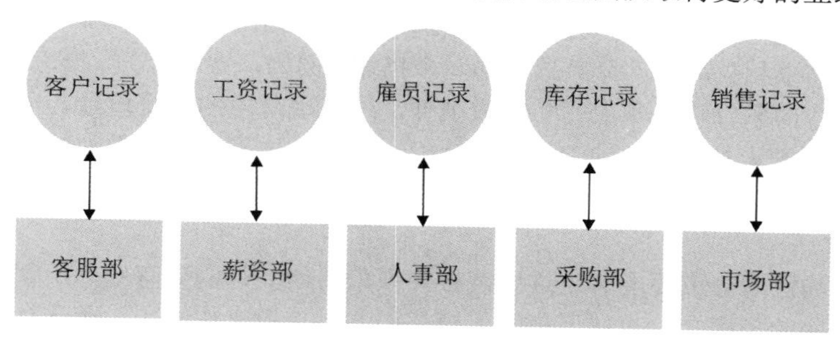

(a) 面向文件的信息系统

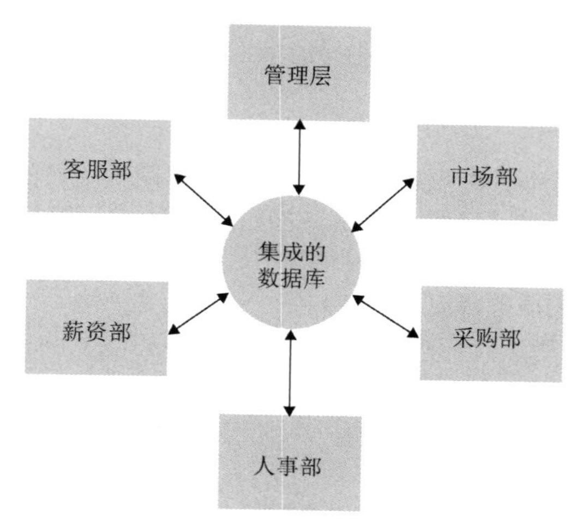

(b) 面向数据库的信息系统

图9-1 文件结构与数据库结构的比较

这样的信息集成池提供了有价值的资源，只要能通过有意义的方式来获取这些有效信息，就可以通过它做出管理决策。因此，数据库的研究重点在于开发一些技术，把数据库中的信息提供给决策过程。在此方面人们已经取得了很大进展。如今，数据库技术与数据挖掘技术相结合，已成为一种重要的管理工具，使组织的管理层从涵盖组织和其环境的各个方面的大量数据中提取出相应的信息。

而且，数据库系统已经成为支撑万维网中许多流行网站的基础技术。如谷歌、eBey和亚马逊等站点的基础主题是提供客户端与数据库之间的接口。为了响应客户端的请求，服务器查询数据库，以网页的形式组织查询结果，并把网页发送给客户端。这样的Web接口已经使数据库技术承担了一个新角色，数据库不再是存储公司记录的一种手段，而成了公司的产品。实际上，通过结合数据库技术和Web接口，因特网已经成为主要的全球信息源。

9.1.2 模式的作用

数据库技术的迅速发展有一个缺点，即潜在的敏感数据被未经授权的人访问。一个在公司网站上下订单的人，不应该能访问该公司的财务数据；类似地，负责公司福利部门的员工可能需要访问公司的员工记录，但不应该能访问公司的库存或销售记录。因此，对数据库中信息的访问控制能力与共享它的能力同等重要。

为了让不同的用户访问数据库中不同的信息，通常数据库系统都依赖模式和子模式。**模式**（schema）是整个数据库结构的一个描述，数据库软件用它来维护数据库。**子模式**（subschema）只是与特定用户需求相关的那部分数据库的一个描述。例如，一个大学数据库的模式应当说明，每个学生记录包含的条目除了学生的学习成绩外，还有现阶段的联系地址、电话号码。另外，还要说明每个学生记录要与其指导教师的记录相链接。反过来，每个教师的记录要包含个人地址、工作经历等。基于这种模式，要维持一个链接系统，最终使得学生的信息与教师的工作经历相关联。

为了使大学的注册会员不能利用这种链接关系来访问教师的专有信息，就必须限制注册会员只能访问数据库的子模式，教师记录的子模式描述不包括工作经历。在这种子模式下，注册会员可以找出哪个教师是某个学生的导师，但得不到该教师的其他信息。相反，薪资部的子模式需要提供每个教师的工作经历，但不需要包括学生与导师之间的链接关系。这样，薪资部可以修改教师的工资，但却不能获得该教师指导的学生的名单。

9.1.3 数据库管理系统

一个典型的数据库应用涉及多个软件层，我们将其分为两个主要的层：应用层和数据库管理层（见图9-2）。应用软件负责处理数据库与用户之间的通信，它可能相当复杂，用户通过网站访问数据库的应用就是其中一个例子。在这种情况下，整个应用层包括遍及因特网的客户端和使用数据库满足客户端请求的服务器端。

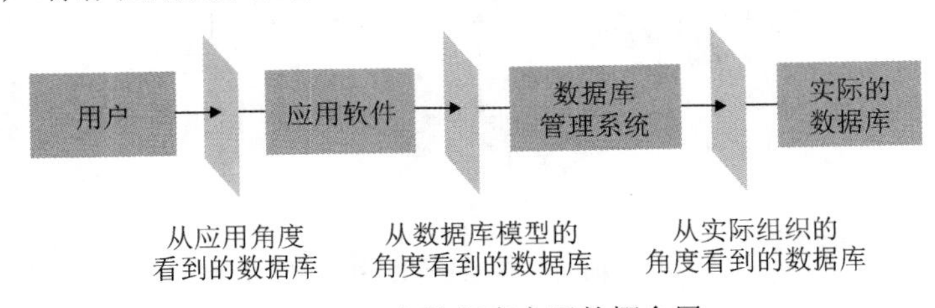

图9-2 一个数据库实现的概念层

分布式数据库

随着网络能力的提高，数据库系统已发展为包含数据库，称为分布式数据库，其数据驻留在不同的机器里。例如，一个跨国公司可以在本地站点存储和维护本地员工记录，但通过网络链接这些记录，创建一个分布式数据库。

分布式数据库可能包含碎片数据和/或复制数据。前面提到的员工记录的例子就属第一种情况，即数据库的不同片段存储在不同的地方。在第二种情况中，不同的地方存储着同一数据库部分的几个副本，这种副本的存在可以减少信息的获取时间。两种情况都提出了较传统的集中式数据库所没有遇到过的新问题：如何掩饰这种数据库的分布式特性，使它像一个连贯的系统那样工作；如何保证数据库更新时，数据库中的各个副本仍保持一致？所以，分布式数据库是当前的一个研究领域。

注意，应用软件并不直接操纵数据库，数据库实际是由**数据库管理系统**（Database Management System，DBMS）操纵的。一旦应用软件确定了用户所请求的操作，它就会利用数据库管理系统作为抽象工具来得到结果。当请求是增加或删除数据时，实际更改数据库的是数据库管理系统。当请求是检索信息时，实际完成所需搜索的也是数据库管理系统。

应用软件与数据库管理系统分离有几个好处。一个好处就是允许构建和使用抽象工具，在软件设计中，我们已反复看到这个重要的简化工作的概念。如果数据库实际是如何存储数据的这样一个细节被数据库管理系统所屏蔽，那么应用软件的设计就可以大大简化了。例如，在使用精心设计的数据库管理系统时，应用软件无须考虑数据库到底是存储在单台机器里，还是像**分布式数据库**（distributed database）那样，分散存储在一个网络中的许多机器里。数据库管理系统自己就能处理这些问题，因此应用软件可以直接访问数据库，而不用关心数据具体存储在哪里。

应用软件与数据库管理系统分离的第二个好处是，这样的结构提供了一种对数据库访问进行控制的手段。通过规定由数据库管理系统来执行对数据库的所有访问，数据库管理系统能实施由不同子模式确定的限制。具体来说，数据库管理系统可以对内部请求采用整个数据库模式，但要求将每个用户使用的应用软件限制在由该用户子模式描述的范围内。

把用户界面与实际数据库操作分离成两个不同的软件层的另一个原因，就是可以获得**数据独立性**（data independence），即改变数据库组织本身而不改变应用软件。例如，人事部需要在每个员工记录中增加一个字段，以说明相应的员工是否选择参加了本公司新的健康保险计划。如果是由应用软件来直接处理数据库，那么这种数据格式的变更就要修改与该数据库有关的所有应用程序。这样一来，原本由人事部提出的修改，可能就变成了，不但要修改薪资程序，还要修改用于公司业务通信服务的邮政标签打印程序。

应用软件与数据库管理系统的分离就消除了这种重新编程的需要。要实现一个单个用户所需的数据库修改，只需要修改总体模式以及涉及这个变更的那些用户的子模式；所有其他用户的子模式都保持不变。因此，基于没有改变的子模式的应用软件，也不必修改。

9.1.4 数据库模型

我们已多次看到如何用抽象来隐藏内部复杂性，数据库管理系统给出了又一个例子。它们隐藏了数据库内部结构的复杂性，允许数据库的用户想象数据库中存储的信息是以更有用的格式组织的。具体来说，数据库管理系统包含许多例程，它们把按数据库的概念视图表达的命令，翻译为实际数据存储系统所要求的操作。这种数据库的概念视图称为**数据库模型**（database model）。

接下来的几节将讨论关系数据库模型和面向对象数据库模型。在关系数据库模型中，数据库的概念视图是一组由行和列组成的表格。例如，关于公司员工的信息可以看成这样的一个表格，即每行表示一名员工，各列分别表示姓名、地址、员工的工号等。于是，数据库管理系统会包含一些例程，让应用软件从表格的某一行中选取某些项，或者输出工资列中的金额范围，即使信息并没有实际按行和列存储。

这些例程构成了应用软件用来访问数据库的抽象工具。更准确地说，通常应用软件用一种通用程序设计语言（这些在第6章讨论过）来编写。这些语言为算法的表达提供了基本元素，但缺少操纵数据库的指令。然而，用这些语言编写的程序可以把数据库管理系统提供的例程作为预先编好的子例程来使用，这实际上扩充了该语言的能力，从而支持了数据库的概念模型。

寻找更好的数据库模型的工作永无止境，其目标就是希望找到的模型能够容易地把复杂的数据库系统概念化，从而能够以简明的方式表达对信息的请求，以及能够产生有效的数据库管理系统。

问题与练习

1. 在一个制造厂中确定两个部门，说明它们对相同或者相似的库存信息会有不同的用途。然后，说明两个部门的子模式如何不同。
2. 数据库模型的目标是什么？
3. 概述应用软件和数据库管理系统的作用。

9.2 关系模型

本节将更详细地讨论关系数据库模型，它描绘的是用矩形表格存放的数据，这种表格称为**关系**（relation），这类似于电子制表程序显示信息的格式。例如，在关系模型中，可以将一个公司员工的信息表示为如图9-3所示的关系。

Empl Id	Name	Address	SSN
25X15	Joe E. Baker	33 Nowhere St.	111223333
34Y70	Cheryl H. Clark	563 Downtown Ave.	999009999
23Y34	G. Jerry Smith	1555 Circle Dr.	111005555
•	•	•	•
•	•	•	•
•	•	•	•

图9-3　包含员工信息的一个关系

关系中的一行称为一个**元组**（tuple）（有人读作“TOO-pul”，也有人读作“TUH-pul”）。在图9-3所示的关系中，元组由某个特定员工的信息组成。因为每列描述的是对应的元组所表示的实体的一些特征或属性，所以关系中的列称为**属性**（attribute）。

9.2.1 关系设计中的问题

设计关系数据库的关键步骤是设计构成这个数据库的关系。尽管这个工作看上去很简单，但对于粗心的设计者来说，仍有不少难以捉摸的陷阱。

假定除了图9-3所示的关系中所包含的那些信息之外，我们还想要添加员工工作的信息。这里需要为每个员工添加一个工作经历，包括如下一些属性：如职位（秘书、办公室经理、楼层主管）、职位代码（每种职位的职位代码是唯一的）、与该职位有关的技能代码、该职位所在部门，以及该员工任职的开始日期和终止日期（如果员工仍任现职，则终止日期用*号表示）等。

解决这个问题的一种方法就是扩展图9-3所示的关系，在表格中加进图9-4所示的这些属性列。然而，仔细检查这个结果会发现一些问题。问题之一是，信息的冗余导致了效率低下。这个关系中不再是每个员工对应一个元组，而是每次职位指派就对应一个元组。如果一个员工在公司里历任好几个职位，那么新关系中的几个元组就会包含该员工的相同信息（姓名、地址、员工的工号及社会保险号）。例如，因为Baker和Smith担任过多个职位，所以有关他们的个人信息就会有重复。还有，如果某个特定的职位由几个员工担任过，那么与此职位相关的部门及相应的技能代码也会在表示职位的每个元组中重复。例如，因为楼层经理由多个员工担任过，所以这个职位的描述就会重复。

对于这样一种扩展的关系，如果考虑从数据库中删除信息的话，会导致另外一个更为严重的问题。例如，假定只有Joe E. Baker是唯一一个拥有D7这个职位代码的员工，如果他离开公司了，并从图9-4表示的数据库中删除，那么，有关D7的职位信息就会丢失，因为包含D7职位需要K2技能等级这个事实的元组，只有与Joe E. Baker有关的那个元组。

Empl Id	Name	Address	SSN	Job Id	Job Title	Skill Code	Dept	Start Date	Term Date
25X15	Joe E. Baker	33 Nowhere St.	111223333	F5	Floor manager	FM3	Sales	9-1-2009	9-30-2010
25X15	Joe E. Baker	33 Nowhere St.	111223333	D7	Dept. head	K2	Sales	10-1-2010	*
34Y70	Cheryl H. Clark	563 Downtown Ave.	999009999	F5	Floor manager	FM3	Sales	10-1-2009	*
23Y34	G. Jerry Smith	1555 Circle Dr.	111005555	S25X	Secretary	T5	Personnel	3-1-1999	4-30-2010
23Y34	G. Jerry Smith	1555 Circle Dr.	111005555	S26Z	Secretary	T6	Accounting	5-1-2010	*
⋮	⋮	⋮	⋮	⋮	⋮	⋮	⋮	⋮	⋮

图9-4 包含冗余的关系

你也许会认为，能做到只删除元组中一部分信息，就可以解决这个问题，但是这又会引起新的麻烦。比如，F5职位的信息是留存在一个部分的元组中，还是留存在关系中其他什么地方？而且，这种利用部分元组的想法正好说明了该数据库的设计还能够进一步改进。

PC的数据库系统

PC已经在各种应用（从简单到复杂）中广泛使用。在一些基本的“数据库”应用中，像存储圣诞贺卡清单，或者维护保龄球联赛记录等，因为仅仅是要求能对数据进行存储、打印和排序这样的操作，所以常常只需要用电子表格系统来代替数据库软件就行了。然而，PC市场上还是有许多数据库系统，如微软公司的Access数据库。这是9.2节描述过的一个完整的关系数据库，也是图表和报告生成软件。对于如何运用文中提到的原则来构建今天PC市场上流行产品的支柱，Access向我们做了很好的诠释。

所有这些问题产生的原因就在于我们在一个单一的关系里融进了多个概念。图9-4中的扩展关系包含了员工的直接信息（姓名、员工的工号、地址、社会保险号）、有关公司现有职位的信息（职位代号、职位、部门、技能代码），以及有关员工和职位间关系的信息（开始日期、终止日期）。基于以上的分析，我们可以用这样的一种方式来解决问题，即用3个关系来重新设计这一系统，每个关系对应前面的一类信息。我们可以保留图9-3中所示的那个原始关系（现在我们称它为EMPLOYEE关系），再插入称为JOB和ASSIGNMENT的两个新关系，就产生了图9-5所示的数据库。

这样由这3个关系组成的数据库就包含了：员工信息（在EMPLOYEE关系中）、职位信息（在JOB关系中），以及职位经历信息（在ASSIGNMENT关系中）。其他信息则隐含在不同关系信息的组合中。例如，如果知道一个员工的工号，就可以先用ASSIGNMENT关系找到该员工任职过的所有职位，再用JOB关系找到与这些职位有关的部门（见图9-6），这样就可以找到这个员工任职过的部门。通过这样一些步骤，任何原先可以从单一的大型关系里面获得的信息，现在都能从3个较小的关系中获得，并且不会出现前面提到的那些问题。

EMPLOYEE关系

Empl Id	Name	Address	SSN
25X15	Joe E. Baker	33 Nowhere St.	111223333
34Y70	Cheryl H. Clark	563 Downtown Ave.	999009999
23Y34	G. Jerry Smith	1555 Circle Dr.	111005555

JOB关系

Job Id	JobTitle	Skill Code	Dept
S25X	Secretary	T5	Personnel
S26Z	Secretary	T6	Accounting
F5	Floor manager	FM3	Sales
⋮	⋮	⋮	⋮

ASSIGNMENT关系

Empl Id	Job Id	Start Date	Term Date
23Y34	S25X	3-1-1999	4-30-2010
34Y70	F5	10-1-2009	*
23Y34	S26Z	5-1-2010	*
⋮	⋮	⋮	⋮

图9-5　由3个关系组成的员工数据库

EMPLOYEE关系

Empl Id	Name	Address	SSN
25X15	Joe E. Baker	33 Nowhere St.	111223333
34Y70	Cheryl H. Clark	563 Downtown Ave.	999009999
23Y34	G. Jerry Smith	1555 Circle Dr.	111005555
⋮	⋮	⋮	⋮

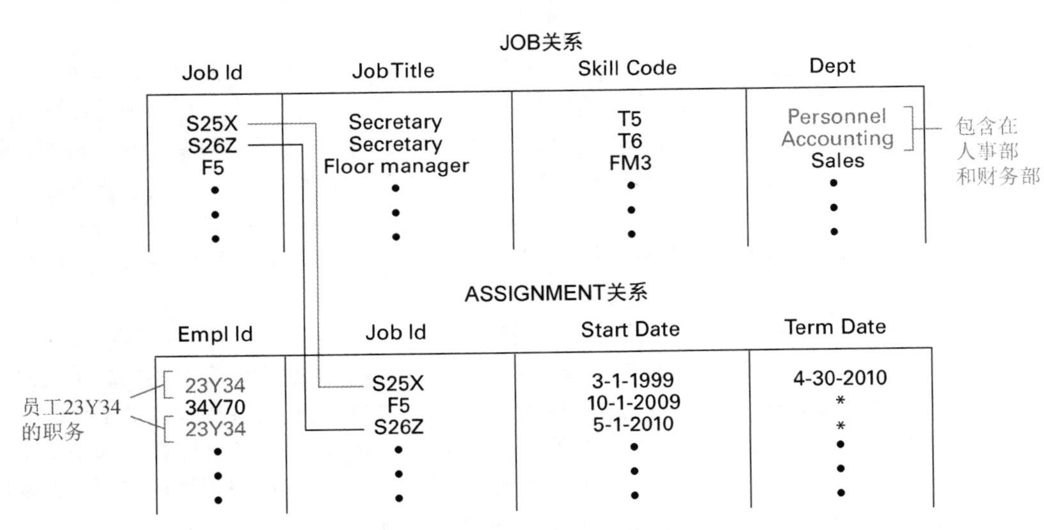

图9-6　查找员工23Y34工作过的部门

但是，把信息划分到不同的关系中，并不总是像上面提到的例子那样顺利。例如，比较图9-7中的原始关系和建议分解成两个关系的EmplId（员工代号）、JobTitle（职位）及Dept（部门）3个属性。乍看起来，双关系系统与单关系系统好像包含相同的信息，但事实并非如此。比如，要查找某员工工作过的部门，这在单关系系统中很容易，只需查找包含该员工的工号的那个元组，取出相应的部门即可。然而，在双关系系统中，所要的信息未必存在。我们可以找到该员工的职位及具有这个职位的一个部门，但这并不一定意味着该员工就在这个部门工作，因为几个部门可以有同样的职位。

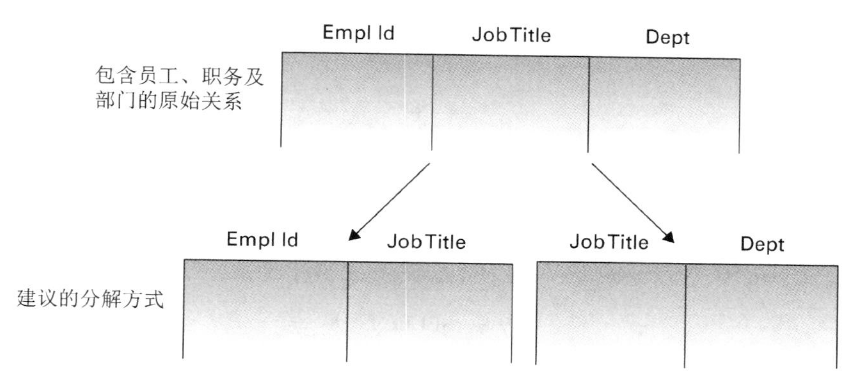

图9-7 关系和提议的分解

于是，我们可以看出，把一个关系分解成几个比较小的关系时，信息有时会丢失，有时不会丢失，后者称为**无损分解**（lossless decomposition，或nonloss decomposition）。对这种关系特性的研究是重要的设计依据，其目标就是找出会在数据库设计中引起问题的一些关系特性，并找到重新组织那些关系的方法来消除这些出问题的特性。

9.2.2 关系运算

我们对数据是如何按照关系模型来组织的有了基本的了解以后，接下来的工作就看看如何从由关系组成的数据库中提取信息。我们可以先考察要对关系执行的某些操作。

我们常常要从一个关系中选取某些元组。比如，要检索某个员工的信息，就必须从EMPLOYEE关系中选取包含相应“员工代号”属性值的元组，或者为了得到某一部门的职位列表，就必须从JOB关系中选取具有该部门属性的元组。这样选取的结果是，从父关系中选取的元组构成了另一个关系。选择某一特定员工信息的结果是产生了一个关系，该关系只包含从EMPLOYEE关系获得的一个元组。而选择与某个部门相关的元组，会生成一个关系，其中包含来自JOB关系的几个元组。

简而言之，在一个关系上想要执行的一种运算就是要选取具有某些特性的元组，并把这些选出的元组放到一个新的关系中。为了表示这种运算，我们采用下面的语法：

```
NEW ← SELECT from EMPLOYEE where EmplId = '34Y70'
```

此语句的语义是：创建一个名为NEW的新关系，它包含从EMPLOYEE关系选得的其EmplId属性等于34Y70的那些元组（本例中应该只有一个元组）（见图9-8）。

SELECT运算是从一个关系中提取行，与此相反，PROJECT运算则是提取列。例如，假定在查找某部门的职位时，已经从JOB关系中SELECT（选取）得到与该部门对应的元组，并把这些关系放到一个叫NEW1的新关系中。我们要查找的列表是这个新关系里的JobTitle列。PROJECT运算就是提取这个列（或者必要时是几个列），并把结果放到一个新关系中。这个运算表示为

```
NEW2 ← PROJECT  JobTitle  from  NEW1
```

其结果是创建另一个新关系（名为NEW2），它包含从NEW1关系中JobTitle列得到的那些值所构成的一个列。

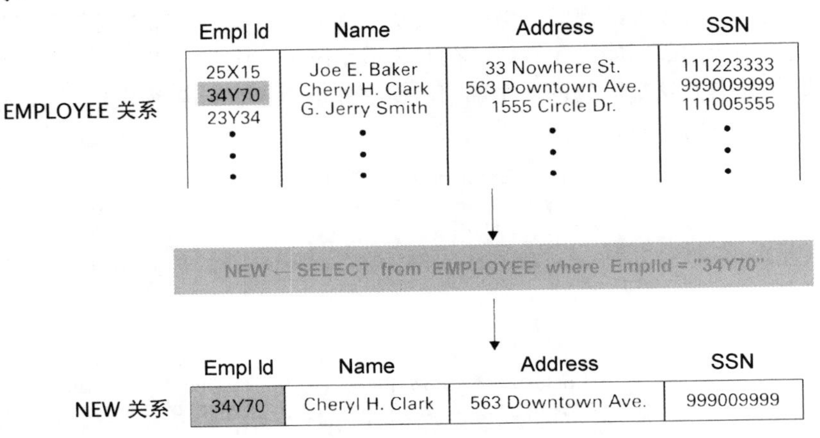

图9-8　SELECT运算

作为PROJECT运算的另一个例子，语句

```
MAIL ← PROJECT Name, Address from EMPLOYEE
```

可以用来获取所有员工的姓名和地址的列表。这个列表是新创建的（两列）关系，名为MAIL（见图9-9）。

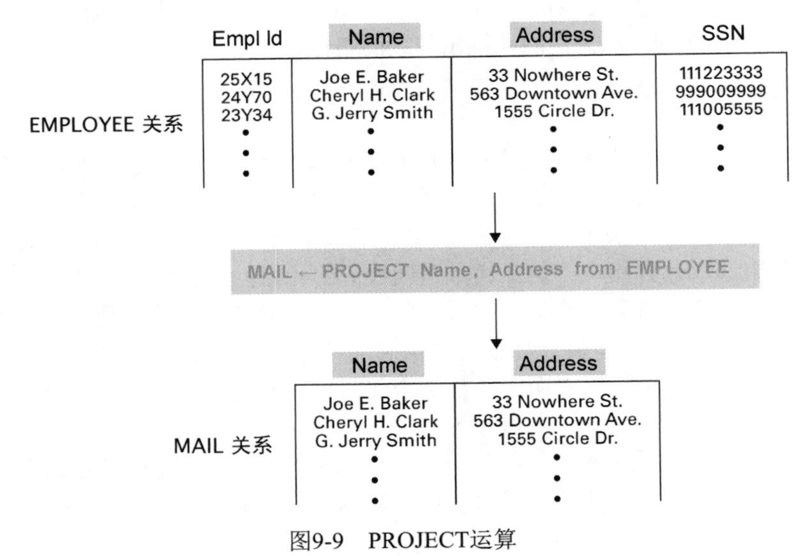

图9-9　PROJECT运算

另外的一个用于连接关系数据库的运算是JOIN运算，它用来把原来不同的关系组合成一个关系。两个关系JOIN（连接）产生一个新关系，而新关系的属性则由原来两个关系的属性组成（见图9-10）。这些属性的名称与原先关系中的名称一样，只是每个都加上了原关系作为前缀。（如果包含属性V和W的关系A与包含属性X、Y及Z的关系B相JOIN，那么结果就有名为A.V、A.W、B.X、B.Y和B.Z的5个属性。）这种命名约定保证了新关系的属性只有唯一的名称，即使原先的几个关系中有相同的属性名称也没关系。

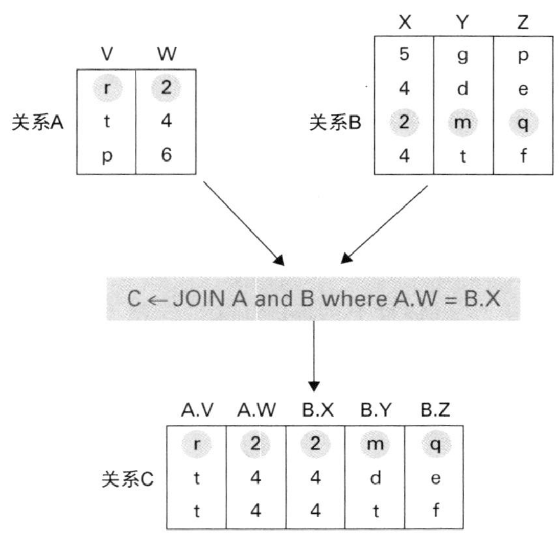

图9-10 JOIN运算

新关系的元组（行）由原来两个原始关系的元组拼接而成（再见图9-10）。哪几个元组会连接成新关系的元组取决于JOIN（连接）的条件。一个条件就是指定的属性要有相同值。事实上，图9-10表示的就是这种情况，它演示了执行语句

```
C ← JOIN A and B where A.W = B.X
```

的结果。在这个例子里，关系A的一个元组与关系B的一个元组拼接，其条件正是两个元组的属性W和X值相等。因此，关系A的元组（r, 2）与关系B的元组（2, m, q）的拼接出现在结果中，因为第一个元组中的W属性的值等于第二个元组中X属性的值。另一方面，在最后的关系中并没有关系A的元组（r, 2）与关系B的元组（5, g, p）拼接的结果，这是因为这些元组在属性W和X中没有共享共同的值。

再看一个例子，图9-11所示为执行下列语句的结果：

```
C ← JOIN A and B where A.W < B.X
```

注意，结果中的元组正是其中关系A中的属性W小于关系B中的属性X的那些元组。

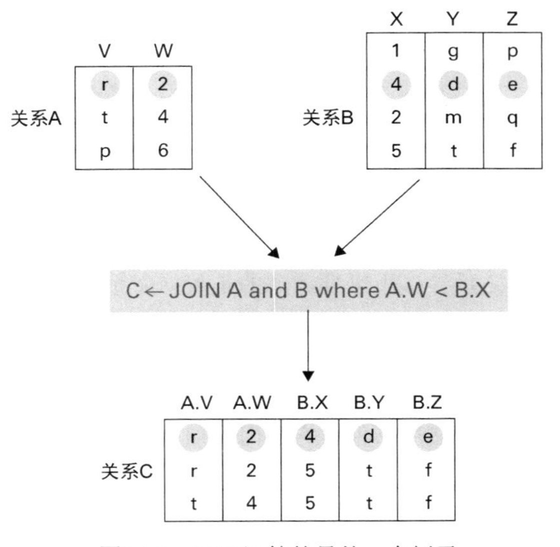

图9-11 JOIN运算的另外一个例子

现在来看怎样对图9-5中的数据库用JOIN运算来获取一个列表，其中包括所有员工的员工工号及每个员工的工作部门。首先看到，所要的信息分散在一个以上的关系中，所以检索信息单靠SELECT和PROJECT是不行的。实际上，我们所需要的工具是语句

```
NEW1 ← JOIN ASSIGNMENT and JOB
  where ASSIGNMENT.JobId = JOB.JobId
```

如图9-12所示，它产生了一个关系NEW1。通过这个关系，我们的问题就能得到解决，即先SELECT其中ASSIGNMENT.TermDate等于'*'（'*'表示“还在任职期”）的那些元组，然后在ASSIGNMENT.EmplId和JOB.Dept属性上进行PROJECT运算。简而言之，我们需要的信息可以从图9-5中所示的数据库通过执行以下语句来获得：

```
NEW1 ← JOIN ASSIGNMENT and JOB
  where ASSIGNMENT.JobId = JOB.JobId
NEW2 ← SELECT from NEW1 where ASSIGNMENT.TermDate = '*'
LIST ← PROJECT ASSIGNMENT.EmplId,JOB.Dept from NEW2
```

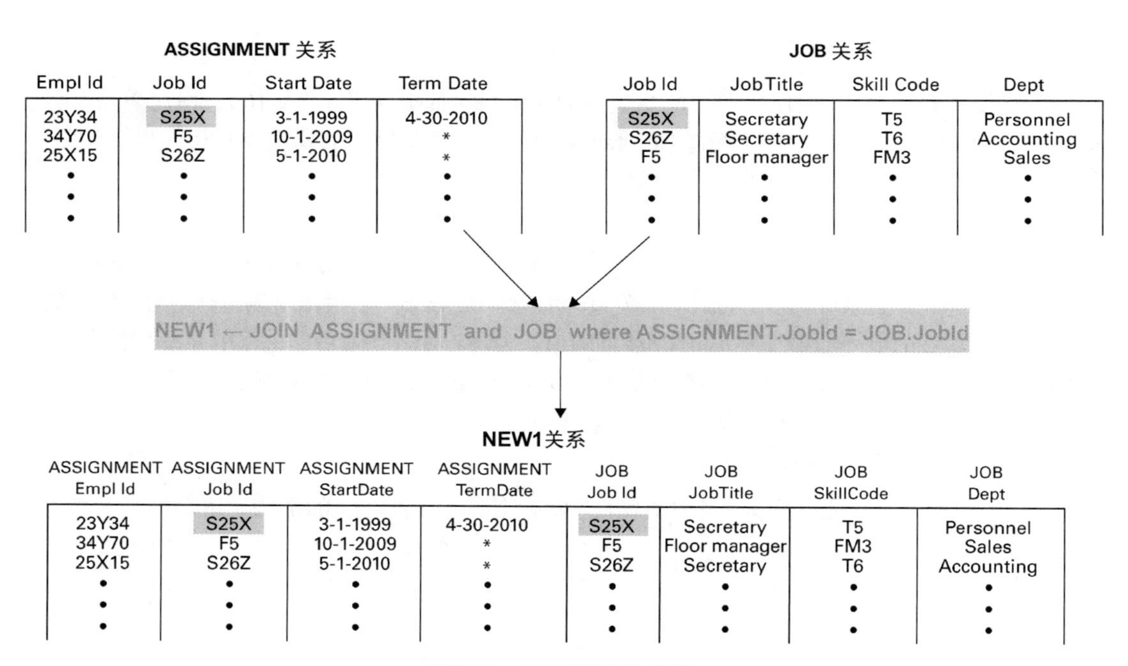

图9-12　JOIN运算的应用

9.2.3　SQL

介绍了基本的关系运算之后，接下来要考虑的是数据库系统的总体结构。我们知道，数据库实际上是存放在海量存储系统中的。为了让应用程序员免于关注这种系统的细节，人们设计了数据库管理系统，使应用软件能够按照数据库模型（如关系模型）来编写。数据库管理系统接受模型方式的命令，并把这些命令转换为与实际存储结构有关的操作。这种转换由数据库管理系统提供的一组例程来实现，应用软件将它们用作抽象工具。因此，基于关系模型的数据库管理系统会包括能够完成SELECT、PROJECT和JOIN运算的例程，应用软件可以调用它们。通过这样的方式，编写应用软件就好像数据库真的是存放在关系模型的简单表格中的。

今天的关系数据库管理系统不一定提供执行原始形式的SELECT、PROJECT及JOIN运算的例

程，而是提供一些组合了这些基本步骤的例程。其中的一个例子就是结构化查询语言（Structured Query Language，SQL），它构成了绝大多数关系数据库查询系统的主干。例如，SQL是因特网上许多数据库服务器采用的关系数据库系统MySQL（读作“My-S-Q-L”）的基础语言。

SQL流行的一个原因是美国国家标准学会已经将它标准化了，另一个原因是它起初是由IBM公司开发和发布的，因而备受媒体关注，所以流行起来了。本节将解释如何用SQL表达关系数据库的查询。

虽然看起来用SQL表述的查询好像是以命令的形式来完成的，但本质上它是一种陈述性的语句。应当把一条SQL语句看作是对所需信息的一种描述，而不是一串要执行的操作。这样的意义在于，有了SQL，应用程序员不必为开发处理关系的算法而花费精力，他们只要描述所需的信息就可以了。

作为SQL语句的第一个例子，我们现在来考虑上面提到的那个查询例子。在那个例子中，为了获取所有员工的工号及其所在部门而开发设计了一个3步的处理过程。在SQL中，整个查询用下面这样一条语句就可以表示：

```
SELECT EmplId, Dept
FROM Assignment, Job
WHERE Assignment.JobId = Job.JobId
  AND Assignment.TermDate = '*';
```

从此例可以看到，每条SQL查询语句可包含3条子句：一条select子句、一条from子句和一条where子句。粗略地说，其实这样一条语句就是请求如下几个操作的结果：from子句中列出的所有关系的JOIN操作；然后是SELECT操作，即选择出满足where子句中条件的那些元组；最后是PROJECT操作，即在select子句中列出的那些元组上进行PROJECT运算。（注意，因为SQL语句中的select子句确定的是PROJECT运算中所用的属性，所以，术语有一些颠倒）。让我们来看一些简单的例子。

下面的语句产生了一个包含在Employee关系中的所有员工姓名以及地址的列表：

```
SELECT Name, Address
FROM Employee;
```

注意，这仅仅是一个PROJECT运算。

下面的语句产生了Employee关系中与Cheryl H. Clark相关的元组的所有信息：

```
SELECT EmplId, Name, Address, SSN
FROM Employee
WHERE Name = 'Cheryl H. Clark';
```

这其实是一个SELECT运算。

下面的语句产生了Employee关系中Cheryl H. Clark的姓名和地址信息。这是一个SELECT和PROJECT的组合运算：

```
SELECT Name, Address
FROM Employee
WHERE Name = 'Cheryl H. Clark';
```

下面的语句产生一个所有员工姓名及其开始工作日期的列表：

```
SELECT Employee.Name, Assignment.StartDate
FROM Employee, Assignment
WHERE Employee.EmplId = Assignment.EmplId;
```

注意，这是如下几个操作的结果：首先对Employee和Assignment两个关系进行JOIN操作，然后对在where子句及select子句中指定的元组和属性进行SELECT操作和PROJECT操作。

最后，我们需要指出的是，SQL语句除了可以执行查询，还可以定义关系的结构，创建关系，以及修改关系的内容。例如，下面是一些INSERT INTO、DELETE FROM和UPDATE语句的例子。

下面的语句表示在Employee关系中增加给定值的元组：

```
INSERT INTO Employee
VALUES ( '42Z12', 'Sue A. Burt', '33 Fair St.', '444661111');
```

下面的语句表示从Employee关系中删除与G. Jerry Smith有关的元组：

```
DELETE FROM Employee
WHERE Name = 'G. Jerry Smith';
```

而下面的语句表示修改Employee关系中与Joe E Baker有关的元组中的地址信息：

```
UPDATE Employee
SET Address = '1812 Napoleon Ave.'
WHERE Name = 'Joe E. Baker';
```

问题与练习

1. 根据图9-5中所示的EMPLOYEE关系、JOB关系和ASSIGNMENT关系提供的部分信息，回答下列问题：
   a. 指出谁既是财务部秘书，又具有在人事部工作的经历？
   b. 指出谁是销售部的楼层经理？
   c. G. Jerry Smith现在的工作职位是什么？
2. 根据图9-5所示的EMPLOYEE关系、JOB关系和ASSIGNMENT关系，写出要获取一份人事部的所有职位列表所需的关系操作。
3. 根据图9-5所示的EMPLOYEE关系、JOB关系和ASSIGNMENT关系，写出要获取一份员工姓名及其工作部门列表所需的关系操作。
4. 把你的第2题和第3题的答案转换成SQL语句。
5. 说明关系模型是如何提供数据独立性的？
6. 说明在一个关系数据库中，不同的关系是怎样联系在一起的？

*9.3　面向对象数据库

另一种数据库模型是基于面向对象范型的。运用面向对象方法构建的数据库称为**面向对象数据库**（object-oriented database），它由对象构成，对象之间通过相互链接来反映它们之间的关系。例如，员工数据库的面向对象实现可以包含3个类（对象的类型）：Employee、Job和Assignment。Employee类的对象可以包含EmplId、Name、Address及SSNum这些属性；Job类的对象可以包含JobId、JobTitle、SkillCode及Dept这些属性；Assignment类的对象可以包含StartDate及TermDate这些属性。

面向对象数据库的概念表示如图9-13所示，其中两个不同对象间的链接可以用连接两个相关对象的线来表示。如果我们注意Employee类型的对象，会发现，它链接到了Assignment类型的一组对象，表示某个员工任职过的不同职位。同样，Assignment类型的每个对象也都链接到了Job类型的一个对象，表示某个职位与某个指派相关。所以，只要沿着表示某员工的对象的链接进行查找，就能找到该员工所有的任职情况。类似地，可以通过表示某工作的对象的链接，找到从事过该工作的所有员工。

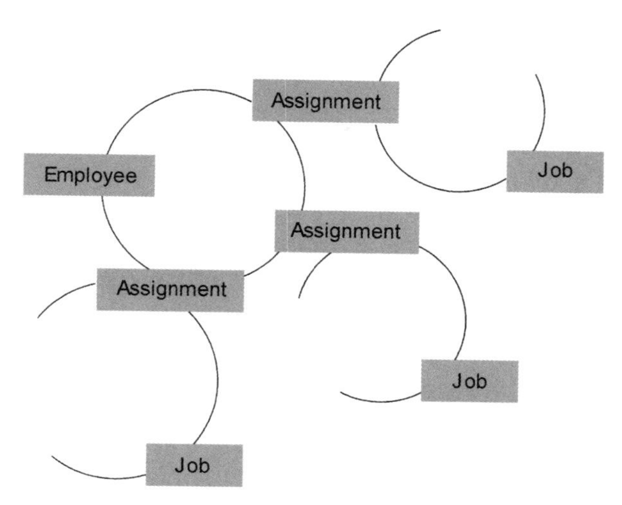

图9-13　面向对象数据库中两个对象之间的关联

通常，面向对象数据库中两个对象之间的链接是由数据库管理系统来维护的，所以有关这些链接是如何实现的细节，无须编写应用软件的程序员关心。相反，当向数据库中增加新对象时，应用软件只要指明这个新对象应当与哪些对象相链接就可以了。然后由数据库管理系统创建为记录这些关联信息所需的链接系统。具体地说，数据库管理系统会以类似于链表的形式，把表示某员工的职位的对象链接起来。

面向对象的数据库管理系统的另一个任务就是要为其托管的对象提供永久的存储空间，这个要求看起来显而易见，但它与处理对象的常规方式有着本质的不同。通常，在执行一个面向对象的程序时，程序执行期间创建的对象在程序终止时就会被丢弃。从这个意义上看，可以认为对象是临时的。但是，在数据库中创建或添加的对象，在创建它们的程序终止后必须保存。这样的对象称为**持久**（persistent）对象。所以，创建持久对象与创建常规对象有很大不同。

面向对象数据库的支持者提出许多论据，来说明为什么用面向对象方法设计的数据库要比用关系方法设计的好。其中一个论据是说，面向对象方法使整个软件系统（应用软件、数据库管理系统和数据库本身）用同样的范型来设计。这与以往开发询问关系数据库的应用软件通常是采用命令型程序设计语言不同。在这样的任务中，命令范型与关系范型之间的冲突是不可避免的。就我们学习的水平而言，这种差别是很小的，但是多年以来，这种差别正是许多软件错误的根源。即使以现有的知识水平，我们也能够理解，面向对象数据库与面向对象应用程序的结合产生了一种整个系统中的对象相互间进行通信的景象。另一方面，关系数据库与命令型应用程序的结合，给人的感觉是产生了两种本质上不同的组织企图寻找共同接口的景象。

为了理解面向对象数据库相对于关系数据库的另一个优势，这里我们先来看一个在关系数据库中存储员工姓名的问题。如果把全名存储在一个关系的单个属性中，那么查询姓氏就会比较麻烦。然而，如果将全名分存于3个分开的属性中，如名字、中间名和姓，那么，在处理不遵循这种姓名模式的人员时，也会遇到难题——即使仅处理单一文化中的人名也是如此。在面向对象数据库中，这些问题就可以隐藏在存储员工姓名的对象里。一个员工的姓名可以存储为一个智能对象，它能以不同的格式输出有关员工的姓名。所以，从这些对象外部看，对于处理姓氏、全名、结婚前的姓氏或者绰号等，都是一样简单。每种视角所涉及的细节都会被封装于对象中。

能把不同的数据格式的术语进行封装也是一个优点。在关系数据库中，关系中的属性是数据库从头至尾需要设计的一部分，所以与这些属性有关的数据类型将遍及整个数据库管理系统。（临时存储的变量必须声明为适当的类型，并且必须要设计出处理不同类型数据的函数。）因此，要扩展一个包含新类型（音频和视频）属性的关系数据库，就很可能会遇到问题。具体来说，贯穿数据库设计的各种函数都必须进行扩展，才能包含这些新的数据类型。然而，在面向对象设计中，用来取得表示员工姓名的对象的函数，同样也可用来取得表示一段运动图像的对象，因为类型的差异被隐藏在了所涉及的对象里。因此，面向对象方法显得与多媒体数据库的构建更协调，而这个特性已经被证明具有极大的优势。

面向对象范型对数据库设计而言，还有一个好处，就是它有存储智能对象而不仅仅只是数据的潜力。也就是说，对象能够包含一些方法，用来描述它应如何响应有关它的内容和关系的消息。例如，图9-13中所示的Employee类的每个对象都能够包含用于报告和更新这个对象信息的方法，也有显示员工工作经历的方法，甚至还可能有用于更改员工职位的方法。同样，Job类的每个对象都可以有用于报告职位属性的方法，还可以有用于报告任过此职的那些员工的方法。这样一来，要检索员工的工作经历，就不需要再编写复杂的函数了，只需要询问相应的员工对象就能报告其工作经历。如果构建的数据库有这样的能力，即它的组成部分能够智能地回应查询请求，那么它就能提供一些比较传统的关系数据库所无法提供的、令人兴奋的功能。

问题与练习

1. 本节讨论的员工数据库中，Assignment类的对象的实例应包含哪些方法？
2. 什么是持久对象？
3. 试确定在一个处理仓库库存的面向对象数据库中，要用到哪些类以及这些类的哪些内部特征。
4. 试说明相对关系数据库而言，面向对象数据库的优越性。

*9.4　维护数据库的完整性

个人使用的廉价数据库管理系统是相对比较简单的系统。它们大致有一个单纯的目标，即向用户隐藏数据库实现的技术细节。用这类系统维护的数据库相对比较小，所包含的信息也不会非常重要，信息的丢失或破坏通常只会带来不便，而不至于造成灾难性的后果。当问题真的发生时，用户通常可以直接改正错误项，或者用备份重新加载数据库，并手工做些必要的修改，使数据库能够及时更新。这样的处理过程也许不太方便，但是，为避免这种麻烦所花的代价要比麻烦本身还大。无论怎么说，这种麻烦只局限于少数人身上，并且经济损失通常也有限。

然而，就大型的多用户商用数据库系统来说，利害关系就大得多。数据出错或丢失的代价会十分巨大，甚至会带来毁灭性的后果。在这样的环境下，数据库管理系统的主要作用就是维护数据库的完整性，防止问题的发生，如因某种原因只完成了部分操作，或因疏忽导致不同操作之间相互作用，从而造成数据库信息出错等问题。本节就来阐述数据库管理系统的这种作用。

9.4.1　提交/回滚协议

单个事务，如从一个银行账户到另一银行账户的转账、预订航班的取消、学生大学课程的登记，可能在数据库层次需要多个步骤。例如，两个银行账户之间的资金转账要求一个账户的余额减少，同时另一个账户的余额增加。在这些步骤之间，数据库中的信息可能会不一致。事实上，在第一个账户余额已减少，而另一个账户余额尚未增加的这一短暂时间里，资金有可能会不见。类似地，当为一个乘客重新安排航班座位时，会有一瞬间这个乘客没有座位，或者有一瞬间乘客名单中的乘客数会比实际乘客数多出一位。

对于大型数据库而言，事务量会很繁重，在任意一个瞬间，数据库极有可能处于某个事务的中间状态。一个执行事务的请求或者一个设备的故障，很可能会发生在数据库处于不一致状态的这个时候。

首先我们来考虑故障问题。数据库管理系统的目标就是要保证这种问题不会把数据库冻结在不一致的状态。为了做到这一点，需要维护一个用来记录每个事务活动的日志文件，该日志文件通常存储在磁盘等非易失性的存储系统中。允许事务更改数据库之前，先将要执行的更改记录到日志文件中。这样，这个日志文件就包含了每个事务操作的持久性记录。

把一个事务的所有步骤记录进日志文件的那个点，称为**提交点**（commit point）。正是在这个点上，数据库管理系统拥有在必要时靠自己重建事务所需要的信息。同时，在这个点上，数据库管理系统在一定意义上为事务提供了保证，即它负责确保事务活动在数据库中得到反映。在出现设备故障的情况下，数据库管理系统可以利用其日志文件中的信息，重建自上一次备份以来已经完成的（提交的）事务。

如果问题出现在事务达到其提交点之前，那么数据库管理系统可能会发现自己不能完成已经执行了一部分的事务。这种情况可以利用日志**回滚**（roll back）（也称为撤销）实际上已被事务执行的活动。例如，在出现故障的情况下，数据库管理系统可以通过撤销那些在故障发生时没有完成（或称为未提交）的事务，得到恢复。

然而，事务的回滚并不局限于设备故障恢复的处理。它们常常也是数据库管理系统正常操作的一部分。例如，由于有试图访问特权信息的情况发生，事务可能会在完成全部步骤前被终止；或者可能是遇到死锁情况，即竞争资源的几个事务发觉自己一直在等待数据，而等待的数据正好被对方使用。在这些情况下，数据库管理系统能够利用日志回滚事务，从而避免未完成的事务使数据库出错。

为强调数据库管理系统设计的精妙特性，我们要指出，回滚过程中隐藏着许多微妙的问题。一个事务的回滚可能会影响到其他的事务已用过的数据库项。例如，正被回滚的事务可能已经更新了一个账户余额，而另一个事务已进行的活动可能就是基于这个更新的值。这就意味着这些另外的事务也得回滚，从而又会影响到别的事务，结果就产生了称为**级联回滚**（cascading rollback）的问题。

9.4.2 锁定

现在我们来考虑这样一个问题，即执行某个事务时，正值数据库因另一事务而处于变迁状态，这种情况下会无意中造成两个事务间的相互影响，从而会产生错误的结果。例如，如果一个事务正从一个账户转账到另一个账户，而另一个事务试图计算银行存款总额，就会产生**错误决算问题**（incorrect summary problem）。依据转账步骤的先后次序，结果就可能会造成存款总数不是太大，就是太小。另一个可能出现的问题是**更新丢失问题**（lost update problem）。例如，有两个事务，每个事务都是完成从同一账户扣除金额的操作。如果一个事务读取账户的当前余额时，正值另一个事务刚读取过余额但尚未计算好新余额的时候，那么这两个事务都会在同一个初始余额上进行扣除操作，这样一来，其中一个扣除的影响将不会反映在数据库中。

为了解决这样的问题，数据库管理系统可以强制以一次执行一个整体事务的方式来处理事务，即每个新的事务要进行排队等待，直到它前面的事务全部完成后才能得到执行。但是事务常常要花费很多时间来等待海量存储操作的完成。这里可以采用这样一种方式来解决这个问题，即通过事务之间的交叉执行，可以实现把一个事务等待的时间分配给另一个事务，用来处理它已经获得的数据。大多数大型数据库管理系统都有一个调度程序来协调事务间的分时，这非常像多道程序操作系统里协调进程的交叉处理（见3.3节）。

为了防止错误决算问题和更新丢失问题这一类异常情况的出现，这些调度程序都包含了一个**锁定协议**（locking protocol），该协议规定，数据库中当前正在被某个事务使用的项目都要加以标记。这些标记称为锁，已标记的项目称为被锁定。有两种类型的锁比较常见，即**共享锁**（shared lock）和**排它锁**（exclusive lock），它们分别对应于访问事务所需数据的两种形式，即共享访问和互斥访问。如果一个事务不会改变数据项，那么它要求的就是共享访问，这就意味着允许其他事务看到该数据项。而如果一个事务要改变数据项，那么它要求的就必须是互斥访问，这就意味着，只有该事务才能访问该数据项。

在锁定协议中，每次事务请求访问数据项时，它还必须告诉数据库管理系统它所需的访问类型。如果事务请求的是对一个数据项的共享访问，那么不论这个数据项是否用共享锁锁定，这个访问都将得到批准，并且将该数据项用共享锁进行标记。但是，如果被请求的数据项已经用排它锁标记了，那么别的访问都将会被拒绝。如果事务对数据项的访问要求是互斥访问，那么只有在这个数据项没有被锁定的情况下，请求才能被批准。通过这样一种方式，一个准备改动数据项的事务就可以通过获得的互斥访问，来防止别的事务对该数据项的干预。反之，如果几个事务都不会改动数据项，那么它们就能够对这个数据项实现共享访问。当然，一旦事务完成了对数据项的访问，就会通知数据库管理系统，从而解除相关的锁定。

当出现事务的访问请求被拒绝的情况时，可以用许多不同的算法进行处理。一种算法就是强制事务等待，直至所请求的项可用为止，但是这种方法容易造成死锁。因为两个事务要求对同样的两个数据项进行互斥访问的时候，如果每一个事务都获得了对其中一个数据项的互斥访问权限，并且又坚持等待另一个数据项，那么它们就会出现阻塞情况。为了避免这种死锁的发生，有些数据库管理系统会让较老的事务优先处理。也就是说，如果一个较老的事务要求访问被较新的事务锁定的数据项，那么那个较新的事务就会被迫释放其所有的数据项，并回滚它的活动（依据日志文件）。于是，较老的事务就获得了对所需数据项的访问权限，而较新的事务只得重新开始。如果这个较新的事务一直被抢占，那么随着过程的进展它也会变老，最终成为一个较老的具有高优先级的事务。这个协议，称为**受伤等待协议**（wound-wait protocol）（老的事务将新的事务挂起，而新的事务等待变成老的事务），这样就能保证每个事务最终都能完成它的任务。

问题与练习

1. 说明事务到达了它的提交点与没到达提交点的区别是什么。
2. 数据库管理系统是怎样防止大量的级联回滚的？
3. 假定一个账户的初始余额是400美元。有两个事务，一个事务从这个账户中支取100美元，另一个事务从这同一账户中支取200美元。请说明，这两个不加控制的交叉事务怎样才能使账户的最终余额为100美元、200美元和300美元。
4. a. 简述事务对数据库中的数据项请求共享访问的可能结果。
   b. 简述事务对数据库中的数据项请求互斥访问的可能结果。
5. 试描述会导致执行数据库系统操作的事务间出现死锁的一系列事件。
6. 请说明怎样打破第5题中的死锁情况。你的解决办法是否要用到数据库管理系统中的日志文件？请解释你的答案。

*9.5 传统的文件结构

本节我们抛开多维数据库系统的研究来讨论传统的文件结构。这些结构代表了数据存储和检索系统的历史开端，现在的数据库技术就是由此发展而来的。为这些结构开发的许多技术（如索引技术和散列技术）是构建今天大规模、复杂数据库的重要工具。

9.5.1 顺序文件

顺序文件（sequential file）是这样的一种文件，它从头到尾都是以顺序的方式进行访问的，好像文件中的信息都排成一行。这种文件的例子有音频文件、视频文件、包含程序的文件和包含文本文档的文件等。事实上，大多数由个人计算机用户创建的文件都是顺序文件。例如，当保存一个电子表格时，它的信息就会作为一个顺序文件进行编码和保存，电子表格应用软件能够重新构建电子表格。

文本文件是顺序文件，它的每个逻辑记录是用ASCII码或Unicode码编码而成的单个符号。文本文件常常作为一种基本的工具，用来构建诸如员工记录文件这些更为复杂的顺序文件。为此，只需建立一个统一格式，把每个员工的信息表示为一串文本，然后按照格式对这些信息进行编码，接下来就把这些员工记录一个接一个地记录成一个文本串。例如，可以构建这样的一个简单的员工文件，即每个员工记录为可以输入31个字符的字符串，其中25个字符作为一段，用来表示员工的姓名（填充足够多的空格形成25字符的字段），随后6个字符作为一段，用来表示员工的工号。最终的文件将会是一个很长的编码过的字符串，其中每31个字符组成的块代表了一个员工的信息（见图9-14）。从文件中，我们可以根据由31个字符的块所组成的逻辑记录来实现信息检索，每个块中的各个字段是根据构成块的统一格式来识别的。

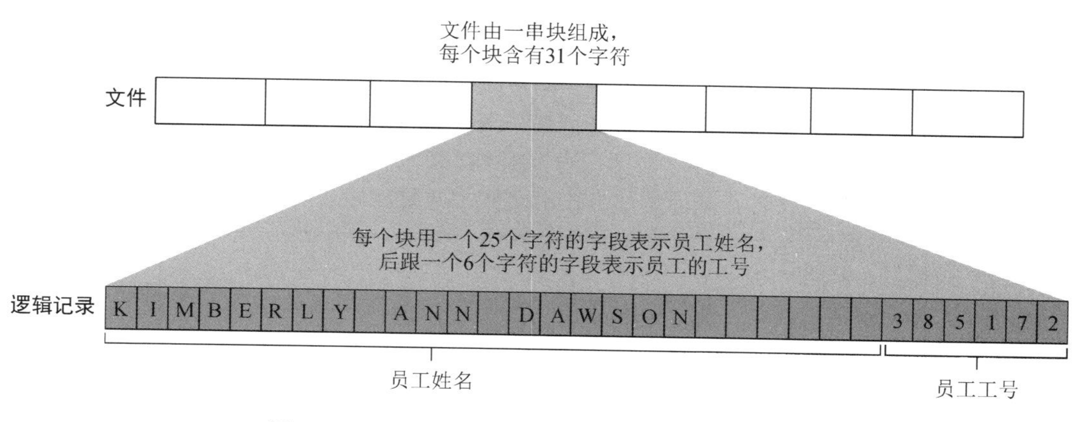

图9-14 以文本文件实现的一个简单的员工文件结构

顺序文件中的数据必须保持文件的顺序特性记录在海量存储器里。如果海量存储系统本身具有顺序性（如磁带和CD），那么就可以直接做到这一点。我们只需根据存储介质的顺序特性，将文件记录到存储介质中。然后，在处理文件时，可以直接按文件在存储介质中的顺序来读取和处理文件内容。播放音频CD就是这么一个过程，其中音乐作为一个顺序文件，沿着一条连续的螺旋形轨道，一个扇区接着一个扇区进行存储。

然而，在用磁盘存储的情况下，文件将分散在不同的扇区中，因而会以各种顺序来检索。为了保持正确的顺序，大多数操作系统（更准确地说是文件管理程序）都会维护一张存储文件的扇区列表。这个列表，作为磁盘目录系统的一部分与文件记录在同一磁盘上。即使文件实际上分散存储在磁盘的不同部分，利用这个列表，操作系统也能以正确的顺序检索扇区，就好像文件真的是按顺序存储的一样。

顺序文件处理中的一个固有问题就是必须要检测何时到达文件的末尾。通常我们把顺序文件的末尾称为**文件结束**（End-Of-File，EOF）。有许多种标识EOF的方法：一种是在文件的末尾放置一个专用的标记——**哨兵**（sentinel）；另一种是利用操作系统的目录系统中的信息来标识一个文件的EOF。也就是说，由于操作系统知道哪些扇区包含有此文件，它也就知道这个文件在什么地方结束。一个小公司的工资单处理就是使用顺序文件的一个典型例子。这里我们可以想象出一个顺序文件，它由一系列的逻辑记录组成，每条记录都包含一个员工的薪水信息（如姓名、员工工号、工资等级等）。依据这些信息就能定期打印出支票，每检索一个员工的记录，就能计算出该员工的工资，然后再打出相对应的支票。处理这样一个顺序文件的活动，可以用下面这样的语句来完成：

```
while (the EOF has not been reached):
  retrieve the next record from the file and process it
```

当顺序文件中的逻辑记录用键字段来标识时，文件通常就可以这样安排，即按照由键（可能是字母键，也可能是数字键）确定的顺序来安排文件中的记录。这样一种安排简化了文件信息的处理工作。例如，假定处理工资时，要求依据考勤单的信息更新每个员工的记录。如果包含考勤单记录的文件和包含员工记录的文件都根据同样的键按照同样的次序存储，那么，就能顺序地访问两个文件来进行更新处理，即用从一个文件检索到的考勤单来更新另一个文件的相应记录。这是一个重大改进，因为如果文件不按照相应次序来存储，就必须反复地搜索，而上述方法就克服了这个缺点。所以，更新典型的顺序文件通常需要多个步骤进行处理。首先，新信息（如考勤单中的信息）记录在一个称为事务文件的顺序文件中，这个事务文件按照要被更新的文件（称为主文件）的次序进行排序，然后，通过从两个文件中顺序地读取记录来对主文件记录进行更新。

与这种更新过程稍有不同的是归并过程，即把两个顺序文件合并成一个包含原来两个文件记录的新文件。假定两个输入文件的记录是依据一个公共的键字段按照升序来排列的，并假定归并产生的输出文件也是按键的升序来排列的。图9-15概述了这个典型的归并算法。其基本思想是顺序地扫描两个输入文件，从而构建出输出文件（见图9-16）。

```
def MergeFiles (InputFileA, InputFileB, OutputFile)
  if (两个输入文件都在EOF):
    停止，OutputFile为空。
  if (InputFileA不在EOF):
    声明它的第一个记录为它的当前记录。
  if (InputFileB不在EOF):
    声明它的第一个记录为它的当前记录。
  while (两个输入文件都不在EOF):
   将键字段值"较小的"当前记录放在OutputFile中。
    if (该当前记录是其对应输入文件的最后一个记录):
      声明该输入文件在EOF。
    else :
      声明该输入文件中的下一个记录是该文件的当前记录。
   从不在EOF的输入文件的当前记录开始复制
   其余记录到OutputFile。
```

图9-15　归并两个顺序文件的函数

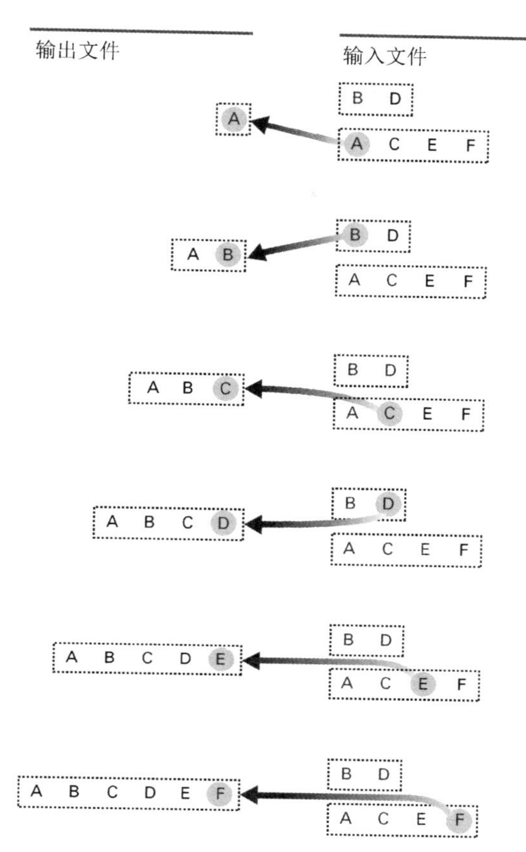

图9-16 归并算法的应用（字母用于代表整条记录，具体字母表示记录的键字段的值）

9.5.2 索引文件

对于数据处理的次序就是其文件存储次序的情况，顺序文件是存储这类数据的理想选择。然而，当记录必须以一种不可预测的次序进行检索时，那么这种文件的效率就不高了。在这种情况下，需要一种方法来快速确定所需逻辑记录的位置。一种流行的方法就是使用文件索引，这种方式与书本里的索引用来定位主题在书中位置的方式非常一致。这种文件系统称为**索引文件**（indexed file）。

文件的索引包含存储在该文件中的键的列表和指示包含每个键的记录存储位置的项。这样一来，为了要找到某个记录，首先需要在索引中找到标识键，然后再检索存储在该键相关位置处的信息块。

文件的索引通常作为一个单独的文件与被索引的文件存储在同一个海量存储设备里。在文件处理开始之前，通常要先将索引传送到主存储器中，以便在需要访问文件中的记录时，能很容易地访问到（见图9-17）。

在维护员工记录时就有索引文件的一个典型例子。当想检索一个员工的记录时，使用索引可以避免冗长的搜索操作。具体来说，如果员工记录的文件用员工工号进行索引，那么只要知道员工的工号，就能很快查到该员工的记录。另一个例子是音频CD的播放，利用索引能较快地访问到各个录音。

多年以来，在基本索引概念的基础上，已经使用了许多不同的索引技术。构建索引的一种方式是运用层次化的方式，以便索引呈现出分层结构或树结构。最突出的例子就是大多数操作系统为组织文件存储所采用的分层目录系统。在这种情况下，目录（即文件夹）起的是索引的作用，而每个索引又包含了指向其子索引的链接。从这个角度来看，整个文件系统只是一个大型的索引文件。

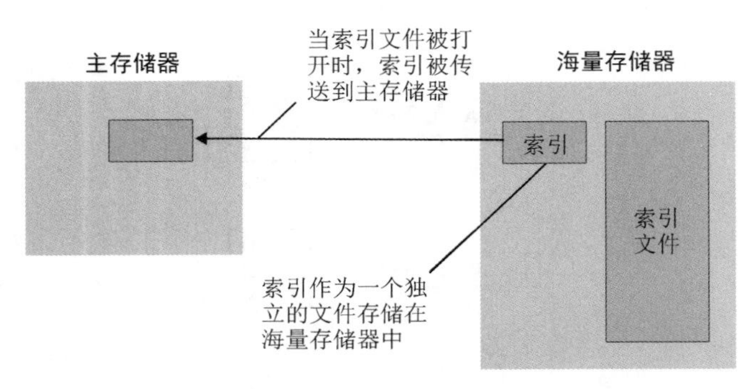

图9-17　打开索引文件

9.5.3　散列文件

尽管索引技术为访问数据存储结构中的数据项提供了一种较快的访问机制，但维护索引的开销也比较大。**散列**（hashing）技术也能提供类似的访问效果，但无须那样大的开销。与索引系统的情况一样，散列技术也是利用键值来定位记录。但是散列技术并不是从索引中查找键，而是直接通过键确定记录的位置。

散列系统可以概括如下：数据存储空间被分成几个称为**存储桶**（bucket）的区，每个桶能放几条记录。根据将键的值转换为桶号的算法，可以将记录分散存储在这些桶中。这里，将键的值转换为桶号的算法称为**散列函数**（hash function）。每条记录就存储在通过这样处理标识的桶里。因此，要检索一条已经置于这种存储结构中的记录，首先要对该记录的标识键应用散列函数，以确定相应的桶，然后检索桶中内容，最后从检索的数据中搜索所需要的记录。

散列不仅能用作从海量存储器中检索数据的方法，也能用作从存储在主存储器中的大数据块中检索数据项的方法。当将散列用在海量存储器中的存储结构时，得到的结果称为**散列文件**（hash file）。当将散列用在主存储器中的存储结构时，得到的结果通常称为**散列表**（hash table）。

通过散列法认证

散列法不只是用来作为构建高效数据存储系统的一种方法。例如，散列法还可以用作认证因特网上传送消息的一种方法。其基本思想是：以秘密方式对消息进行散列运算，然后将得到的值与消息一起传送。为了认证消息，接收方对收到的消息进行散列处理（以同样的秘密方式），并确认得到的值与原始值一致。（这里假定经过散列处理后得到相同的值，而消息发生改变的可能性很小。）如果得到的值与原来的值不一致，就认为该消息已被破坏。那些对此感兴趣的人可能希望从因特网上搜索有关MD5的信息，其实MD5是在认证应用领域有着广泛应用的散列函数。

错误检测技术可以看作散列法在认证领域的一种应用，其实已经是一目了然的事了。例如，校验位的使用本质上就是一个散列系统，在此系统中，位模式只散列为0或1，然后将这个值与初始位模式一起传送。如果最终接收的位模式不能散列成同样的值，那么就认为这个位模式已被破坏。

现在我们把散列技术运用在典型的员工文件中，这里，每条记录包含的都是公司中一个员工的信息。首先，在海量存储器中创建几个可用的区域，用来实现桶的功能。至于如何设计决定桶的数目和每个桶的大小，稍后再讨论。现在，我们假定已创建了41个桶，桶号从0一直到40。（我们选择41个桶，而不是偶数40个桶，原因稍后再解释。）

现在我们假设用员工工号来作为标识员工记录的键。然后，下一步工作就是开发一个散列函数，把这些键转换成桶号。虽然员工工号可能是25X3Z或J2X35这样的格式，不是数字型的，但它们是以位模式存储的，我们能够将这些位模式解释成数字，利用这个数字解释，就能让任何一个键去除以可用的桶号，然后记下余数。在这个例子中，余数将是0～40的一个整数。因此，我们就可以用每次做除法得到的余数来确定41个桶中的一个（见图9-18）。

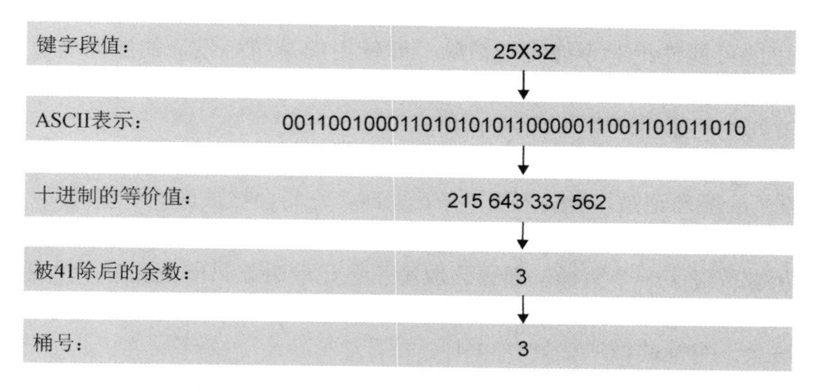

图9-18　将键字段值25X3Z散列到41个桶中的一个

以此作为我们的散列函数，接下来再分别考虑每条记录，继续构建文件。通过使用散列函数对其键除以41得到一个桶号，然后再把该记录存储在这个桶中（见图9-19）。以后，我们需要检索记录时，只需将这个散列函数应用到该记录的键，以确定相应的桶号，然后就可以从这个桶里搜索所要的记录。

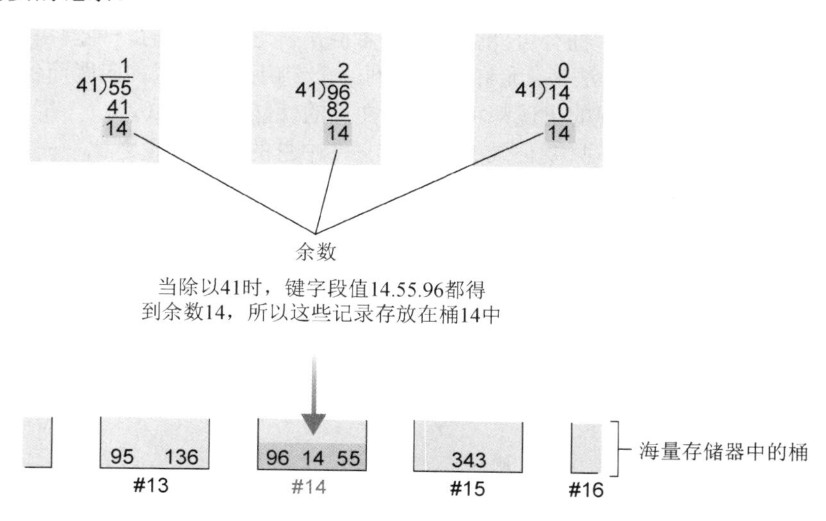

图9-19　散列系统的基本原理

现在，让我们来重新考虑一下把存储区分成41个桶的问题。首先注意，要想得到一个有效的散列系统，要存储的记录应当均匀地分布在这些桶中。如果一个不成比例的键数目恰巧散列到同一个桶里——这种现象被称为**群集**（clustering）——那么，在一个桶里就会存入不成比例数目的记录。结果是，从这个桶里检索一条记录就会花费更多的搜索时间，这也就失去了散列技术的优势。

现在再来看，如果我们选择把存储区域分成40个桶，而不是41个桶，那么散列函数涉及的除数（即除键的值）就是40，而不是41。但是，如果被除数和除数有一个公因子，那么这个公因子也会出现在余数中。具体来说，如果存储在散列文件中的数据项的键碰巧都是5的倍数（也是40的约数），那么当用40来除时，5这个因子就会出现在余数中，并且数据项就会群集到与余数0、5、10、15、20、25、30及35相对应的那些桶里。类似的情况还会出现在键是2、4、8、10及20的倍数的情形中，因为它们也都是40的约数。因此，我们选择把存储区域分成41个桶，因为41是素数，选择它，就可以消除公约数，从而减少群集的可能性。

但是，群集的可能性绝对不能完全消除，即使用的是精心设计的散列函数，在文件构建过程的早期，还是非常有可能存在两个键经过散列后，得到同一个值的情况。这个现象被称为碰撞。为了理解其中的原因，考虑下面的情况。

假设我们已经建立了一个在41个桶中随机分配记录的散列函数，这时候的存储系统是空的，并且准备一次插入一条新记录。当插入第一条记录时，它将会被放进一个空桶里。然而，当插入第二条记录时，41个桶中还有40个桶是空的，这样一来，第二条记录被放进空桶的概率只有40/41。假设第二条记录被放进了一个空桶，那么当放第三条记录时就只能找到39个空桶，所以，被放进空桶的概率是39/41。继续这个过程，就可以发现，如果前7条记录都被放进了空桶，那么第八条记录被放进余下空桶的概率就只有34/41。

基于以上的分析，我们就能计算出所有前8条记录都被放进空桶的概率，即每条记录被放入空桶概率的乘积，这里假设前面的记录都已被放入空桶。那么这个概率为

$$(41/41)(40/41)(39/41)(38/41)...(34/41)=0.482$$

问题是这个结果小于一半。也就是说，当在41个桶里分配记录时，很可能在存储第八条记录的时候，就会发生碰撞现象。

发生碰撞的高概率表明，不管如何精心选择散列函数，设计任何一个散列系统时都必须要考虑到群集现象。特别是，一个桶有可能会装满或者溢出。这种问题的一种解决方法就是，允许扩展桶的大小。另一种解决方法是，允许桶溢出到一个专门为解决这种问题而保留的溢出区。无论如何，群集情况和溢出情况的出现都将使散列文件的性能明显降低。

研究表明，作为一般规律，只要记录的数目与文件中总的记录容量之比——将这个比率称为**负载因子**（load factor）——保持在50%以下，那么散列文件就会表现出良好的性能。但是，如果负载因子攀升至超过75%，那么系统的性能通常就会降低（严重的群集现象会造成有些桶装满甚至溢出）。由于这个原因，如果散列存储系统的负载因子接近75%这个值，那么它通常会以一个更大的容量进行重建。最后得出结论，通过实现散列系统来获得记录检索的高效率是需要花费一定代价的。

问题与练习

1. 依据图9-15所示的归并算法，假设一个输入文件包含键字段值等于B和E的记录，而另一个输入文件包含A、C、D和F，试归并这两个文件。
2. 归并算法是一种称为归并排序的流行排序算法的核心。你能否说明这种算法？（提示：任何非空的文件可以看成是单项文件的集合。）
3. 文件是顺序的，这是物理属性还是概念属性？

4. 从索引文件中检索记录需要哪些步骤？
5. 试说明：如果选取了不恰当的散列函数，其散列存储系统的性能不比顺序文件优越。
6. 假设一个散列存储系统是用文中提到的除法散列函数构建的，但是这里只用6个存储桶。对以下各键值，确定相应记录应该放进哪个桶。会出现什么问题？为什么？

a. 24	b. 30	c. 3	d. 18	e. 15
f. 21	g. 9	h. 39	i. 27	j. 0

7. 要想出现两个人的生日在同一天的可能性，至少需要多少人？试说明这个问题与本节内容有何关系？

9.6 数据挖掘

一个迅速发展的并与数据库技术紧密相关的学科就是数据挖掘，它包括了在数据集上发现模式的技术。数据挖掘已经成为许多领域的重要工具，包括市场营销、库存管理、质量控制、借贷风险管理、欺诈检测和投资分析等。数据挖掘技术甚至可以运用于那些似乎不大可能会用到的场合，如用于确定某些以DNA分子进行编码的基因功能以及描述有机组织的特性。

数据挖掘活动与传统的数据库查询不同，原因在于数据挖掘所做的工作是设法确定以前未知的模式，而传统数据库需要做的只是检索已经存储好了的事实。此外，数据挖掘操作的是静态的数据集合，称为**数据仓库**（data warehouse），而不是经常要更新的“联机”运行的数据库。这些仓库往往是数据库或数据库集的“快照”。因为在静态系统中寻找模式要比在动态系统中简单，所以用它们来替代实际运行的数据库。

还需要注意的是，数据挖掘的主题不单局限于计算领域，而且还涉及统计学领域。事实上，很多人认为，由于数据挖掘源自于试图对大量不同的数据集进行统计分析，因而它更像是统计学的一种应用，而并非计算机科学的一个领域。

数据挖掘有两种常见的形式：**类描述**（class description）和**类识别**（class discrimination）。类描述用来找出描绘一组数据项的属性，而类识别用来找出区分两组数据项的属性。例如，类描述技术可以用来发现购买经济型轿车的人的特点，而类识别技术可以用来发现能区分买二手车与买新车的顾客的特性。

生物信息学

数据库技术和数据挖掘技术的进步，扩展了生物学家在涉及模式识别和有机化合物分类研究领域可使用的工具。结果就产生了生物学的一个新领域——生物信息学。现在的生物信息学源于对DNA解码的研究工作，它包括了如蛋白质分类和理解蛋白质相互作用序列（称为生物化学路径）的这样一些研究。虽然通常认为生物信息学是生物学的一个部分，但它很好地例证了计算机科学是如何影响甚至扎根于其他领域的。

另一种数据挖掘的形式是**聚类分析**（cluster analysis），它用来发现类型。注意，这与类描述不同，类描述是用来发现已经确定的类型中成员的属性。更明确地说，聚类分析试图找到那些能引导发现组群的数据项的特性。例如，在分析观看某个运动图像的观众年龄信息的过程中，通过聚类分析可能会发现，观众会分成两个年龄组，即4～10岁一组和25～40岁一组。（也许这个运动图像吸引了孩子和他们的父母？）

还有一种数据挖掘的形式，称为**关联分析**（association analysis），它的工作是寻找两个数据组之间的联系。使用关联分析的例子有，找到既买土豆片又买啤酒和饮料的顾客，或者既在正常的工作日购物又能享受退休优惠的顾客。

孤立点分析（outlier analysis）是数据挖掘的另一种形式，它试图识别出不符合规则的数据项。孤立点分析可以用于识别数据集中的错误；用于通过检测信用卡是否突然偏离客户的正常消费模式，识别信用卡是否被盗用；甚至可以通过发现反常的行为识别出潜在的恐怖分子。

最后，还有一种数据挖掘形式，称为**序列模式分析**（sequential pattern analysis），它试图识别随时间变化的行为模式。例如，序列模式分析可以揭示股票市场等经济系统中的趋势，或者气候环境等环境系统中的趋势。

最后这个例子表明，数据挖掘的结果可以用来预测未来的行为。如果一个实体具有表征某个类的属性，那么这个实体就可能表现为这个类的成员。然而，许多数据挖掘项目只是旨在获得对数据的更好理解，如利用数据挖掘来解开DNA之谜。无论如何，数据挖掘具有巨大的潜在应用领域，并且有望成为未来一个活跃的研究领域。

注意，数据库技术和数据挖掘之间的关系就像堂兄弟一样，因此一个领域的研究成果在另一个领域也会有反映。数据库技术广泛运用，使得数据仓库具有以**数据立方**（data cube，从多角度看待数据，用立方这个术语来推测多维图像）形式表示数据的能力，这就使得数据挖掘成为可能。反过来，当数据挖掘方面的研究人员提高了实现数据立方的技术时，这些成果也给数据库设计领域带来了好处。

最后，我们应当认识到，成功的数据挖掘远不止包括数据集范围内的模式识别。还要应用明智的判断来确定哪些模式是有实际意义的，哪些只是偶然的。某个便利店卖出了大量中奖彩票这样一个事实对于计划买彩票的某个人来说，可能不会有什么重要意义，但是对于食品杂货店经理来说，发现有些买了快餐的顾客也常会买点冷冻食品，那就是一条很有意义的信息了。同样，数据挖掘也包括了大量的伦理问题，包括在数据仓库中表述的个体的权利、所得结论的准确性和用处，甚至涉及数据挖掘初衷是否恰当。

问题与练习

1. 为什么数据挖掘不在“联机”数据库上实施？
2. 试举出另一个模式的例子，其中包含文中提到的每种数据挖掘类型。
3. 给出在挖掘销售数据时数据立方可能会允许的几种不同观点。
4. 数据挖掘与传统数据库查询有何不同？

9.7　数据库技术的社会影响

随着数据库技术的发展，以往那些埋藏在秘密记录里的信息现在都是可获取的了。许多情况下，自动化图书馆系统记录了每个用户的阅读记录，零售商保存了每个客户的购买记录，因特网搜索引擎保留了客户端的请求记录。而且，这些信息对营销公司、执法机构、政党、雇主以及个人也具有潜在的价值。

这代表了渗透到数据库应用整个范围的潜在问题。基于现在的技术，收集大量的数据、合并或比较不同的数据集合以获得它们之间的关系，变得非常容易，而这些信息以前则是不可获取的。所带来的影响（既有正面的又有负面的）非常巨大，它们不仅是学术界辩论的主题，更是真实存在的事实。

现在的数据收集工作在有些情况下比较明显，而在有些情况下就显得比较微妙了。前一种情况的例子是直接要求某人提供信息。这可能以自愿的方式进行，如民意调查或竞赛登记等形式；也可能以非自愿的方式进行，如以政府规定强制进行等。有时，自愿与否取决于个人的观点。当申请借贷时提供个人信息，是自愿还是非自愿？这种不同取决于获得贷款是为了方便还是必需的。现在有些零售店使用信用卡时，要求以数字化格式记录签名。同样，提供这种信息是否自愿，也是取决于所处的环境。

数据收集比较微妙的情况下，就避免了与对象直接进行交流。这样的例子有：信用卡公司记录下了信用卡持有者的所有购物活动，网站记录下了访问者的身份，社会活动家记录下了停在目标单位停车场的汽车的车牌号。在这些情况下，数据收集的对象不会意识到他们的信息被收集，更不大可能知道存在为此建立的数据库。

有时，只要一个人停下来想想，这种潜在的数据收集活动就很清楚了。例如，杂货店可能会为已经登记过的常客提供折扣。登记过程中可能要发一个身份认证卡，在购物时要出示该卡才能享受折扣。这样商店就可以收集大量客户的购物记录，而这种记录的价值远远超出了折扣的价值。

当然，推动数据收集繁荣发展的动力就是数据的价值，它的作用因数据库技术的发展而得到扩大，这些数据库技术使数据能够联系起来，这就揭示出了原本隐藏的信息。例如，对信用卡持有者的消费模式进行分类和交叉列表，就能获得极具市场价值的顾客资料概况。健美杂志的订阅单可以寄给那些最近买过健身器材的人，而驯狗杂志的订阅单则可寄给那些前不久买过狗食的人。有时，信息的组合方式实在是富有想象力。如将犯罪记录与社会福利记录进行对比，可以找到和抓获假释期间的违法者；1984年美国的义务兵役机构利用从一家著名的冰淇淋店获得的生日登记表，找出了那些逃避兵役登记的公民。

有一些办法能够用来保护社会，防止数据库滥用。一种办法就是通过法律手段。但是，通过一个法案来反对一种行为，仅仅是让这种行为不合法，但阻止不了行为的发生。最好的例子是1974年美国通过的《隐私权法案》（Privacy Act），其目的是保护公民，防止政府滥用数据库。该法案中一个条款规定政府部门要在《联邦公报》（Federal Register）上公布其数据库通告，允许公民访问和纠正他们的个人信息。然而，政府部门却迟迟不能遵照这个条款。这倒并非一定说明那些部门是出于什么恶意的目的，在许多情况下，是属于官僚作风的问题。但是，官僚机构构建的人事数据库不能有效鉴别身份这样一个事实，却是令人不安的。

另一个也许更有效的、控制数据库滥用的办法是公众舆论。如果损失大于好处，人们就不会去滥用数据库，而且，企业最害怕的惩罚就是负面的公众舆论，因为这将直击要害。20世纪90年代初期，正是公众舆论阻止了一些主要征信局为商业用途出售其邮件列表。更近一点的例子，谷歌公司于2011年停止了它的Google Buzz社交网络工具，此前，这个工具对流行的Gmail工具中联系人信息的自动共享受到了公众的严厉批评。即使是政府机构也会向公众舆论妥协。1997年，美国社会保障局（Social Security Administration）修改了通过因特网查阅社会保障记录的计划，这是因为公众舆论对信息的安全性产生了质疑。有些情况下，几天就能得到结果，这与需要经过冗长法律程序才能得到结果的情况形成了鲜明的对比。

当然，在许多情况下，数据的持有者和数据的主体都受益于数据库应用，但是在所有情况下，都不能轻视隐私的丢失。当信息准确时，私密性问题就比较严重；而当信息错误时，秘密性问题就会变得硕大无比。当意识到自己的信用评级受到了错误信息的负面影响时，你可以想象出那种无望的感觉。不难想象，在一个错误信息很容易被传开的环境里，问题会怎样地扩大。一般来说，秘密性问题是并且仍将是技术（特别是数据库技术）进步带来的一个主要副作用。要解决这些问题就需要我们成为有素质的、警觉的、积极的公民。

问题与练习

1. 应该为了确认人们是否有犯罪倾向而赋予执法部门访问数据库的权利吗？即使这些人可能并无前科。
2. 应该为了确认人们是否有潜在的健康问题而赋予保险公司访问数据库的权利吗？即使这些人并无任何症状。
3. 假设你的经济情况良好。如果这个信息在很多机构传开，那么你会从中获得什么好处？同样信息的散布，又会有什么不利？又若你的经济情况不理想，结果又将如何？
4. 新闻出版自由在控制数据库的滥用上起到了什么作用？（例如，新闻影响公众舆论或曝光数据库滥用到了何种程度？）

复习题

（带*的题目涉及选读章节的内容。）

1. 概述平面文件与数据库之间的不同。
2. 数据独立性是什么意思？
3. 在数据库实现的层次化方法中，数据库管理系统的作用是什么？
4. 模式和子模式有什么不同？
5. 指出把应用软件与数据库管理系统分离的两个好处。
6. 描述抽象数据类型（见第8章）与数据库模型的相似之处。
7. 说出下列情况或活动在数据库系统（用户、应用软件程序员、数据库管理系统软件的设计者）中发生的级别：
   a. 数据在磁盘上怎样存储效率才最高？
   b. 243航班还有空位吗？
   c. 在海量存储器中，关系应当如何组织？
   d. 允许用户敲错几次口令才终止对话？
   e. 怎样才能实现PROJECT运算？
8. 下列哪一项工作是由数据库管理系统完成的？
   a. 确保将用户对数据库的访问权限制在相应的子模式内。
   b. 把基于数据库模型的一些命令翻译成对实际数据存储系统的活动。
   c. 隐藏数据库中的数据分散在网络中的许多计算机内的这一事实。
9. 在一个关系数据库中，怎样表示以下有关航空公司、航班（对某一天而言）和乘客的信息。

   航空公司：Clear Sky、Long Hop、Tree Top
   Clear Sky的航班：CS205、CS37、CS102
   Long Hop的航班：LH67、LH89
   Tree Top的航班：TT331、TT809
   Smith已预订CS205（12B座）、CS37（18C座）和LH89（14A座）。
   Baker已预订CS37（18B座）和LH89（14B座）。
   Clark已预订LH67（5A座）和TT331（4B座）。
10. 从何种程度上讲，对一个关系应用SELECT和PROJECT运算的次序是有意义的？或者说，在怎样的条件下，先做SELECT运算再做PROJECT运算的结果，与先做PROJECT运算再做SELECT运算的结果一样？
11. 给出一个论据，证明9.2节描述的JOIN运算中的where子句是不必要的。（也就是说，要证明任何用到where子句的查询语句都能够通过下面这样的方式重新表示：用JOIN运算把一个关系中的每一个元组与另一个关系中的每一个元组连接起来。）
12. 对下列关系，执行以下各指令后，关系RESULT是怎样的：

X关系

U	V	W
A	Z	5
B	D	3
C	Q	5

Y关系

R	S
3	J
4	K

   a. RESULT ← PROJECT W from X
   b. RESULT ← SELECT from X where W = 5
   c. RESULT ← PROJECT S from Y
   d. RESULT ← JOIN X and Y where X.W ≥ Y.R
13. 根据以下数据库，利用SELECT、PROJECT和JOIN命令，写出指令序列来回答下列有关部件与生产商的问题。

PART关系

PartName	Weight
Bolt 2X	1
Bolt 2Z	1.5
Nut V5	0.5

MANUFACTURER关系

CompanyName	PartName	Cost
Company X	Bolt 2Z	.03
Company X	Nut V5	.01
Company Y	Bolt 2X	.02
Company Y	Nut V5	.01
Company Y	Bolt 2Z	.04
Company Z	Nut V5	.01

a. 哪些公司生产了Bolt 2Z?

b. 获取Company X生产的部件的列表以及每个部件成本（cost）的列表。

c. 哪些公司生产重量为1的部件?

14. 用SQL回答第13题。

15. 利用SELECT、PROJECT和JOIN命令，写出指令序列来回答以下几个有关图9-5中的EMPLOYEE、JOB和ASSIGNMENT关系中信息的问题：

a. 获取公司员工姓名和地址列表。

b. 获取在人事部工作和曾经工作过的人员姓名和地址列表。

c. 获取正在人事部工作的人员姓名和地址列表。

16. 用SQL回答上题。

17. 设计一个包含作曲家、生平及其作品信息的关系数据库。（避免类似于图9-4中的冗余。）

18. 设计一个包含乐队、唱片以及所录乐曲的作曲者信息的关系数据库。（避免类似于图9-4中的冗余。）

19. 设计一个包含计算设备生产商及其产品的关系数据库。（避免类似于图9-4中的冗余。）

20. 设计一个包含有关出版商、杂志及订户信息的关系数据库。（避免类似于图9-4中的冗余。）

21. 设计一个包含有关零部件、供应商及客户信息的关系数据库。每种零部件可有几个供应商供应，并可有多个客户订购。每个供应商可以供应许多种零部件，也可有多个客户。每个客户可以向多个供应商订购多种零部件；实际上，同一种零部件可向一个以上的供应商订购。（避免类似于图9-4中的冗余。）

22. 写出一个指令序列（利用SELECT、PROJECT及JOIN运算），检索图9-5所述的关系数据库中财务部每个职位的JobId、StartDate及TermDate。

23. 用SQL回答上题。

24. 写出一个指令序列（利用SELECT、PROJECT及JOIN运算），检索图9-5所述的关系数据库中现任每位员工的Name、Address、JobTitle及Dept。

25. 用SQL回答上题。

26. 写出一个指令序列（利用SELECT、PROJECT及JOIN运算），检索图9-5所述的关系数据库中现任每个员工的Name及JobTitle。

27. 用SQL回答上题。

28. 由单一关系

Name	Department	TelephoneNumber
Jones	Sales	555-2222
Smith	Sales	555-3333
Baker	Personnel	555-4444

和两个关系

Name	Department
Jones	Sales
Smith	Sales
Baker	Personnel

Department	TelephoneNumber
Sales	555-2222
Sales	555-3333
Personnel	555-4444

提供的信息有什么不同?

29. 设计一个包含汽车部件及其子部件的关系数据库。要做到：一个部件可以包含更小的零件，同时它本身可以是更大部件的零件。

30. 选择一个常用的网站，像www.google.com、www.amazon.com或www.ebay.com，设计一个关系数据库，作为网站的支持数据库。

31. 基于图9-5所示的数据库，说明以下程序段回答的问题：

```
TEMP ← SELECT from ASSIGNMENT
  where TermDate = '*'
RESULT ← PROJECT JobId, StartDate
  from TEMP
```

32. 把上题中的查询翻译成SQL语句。

33. 基于图9-5所示的数据库，说明以下程序段回答的问题：

```
TEMP1 ← JOIN EMPLOYEE and ASSIGNMENT
  where EMPLOYEE.EmplId =
```

```
    ASSIGNMENT.EmplId
TEMP2 ← SELECT from TEMP1 where
  TermDate = '*'
RESULT ← PROJECT Name, StartDate
  from TEMP2
```

34. 把上题中的查询翻译成SQL语句。
35. 基于图9-5所示的数据库，说明以下程序段回答的问题：

```
TEMP1 ← JOIN EMPLOYEE and JOB where
  EMPLOYEE. EmplId = JOB.EmplId
TEMP2 ← SELECT from TEMP1 where Dept =
  'SALES'
RESULT ← PROJECT Name from TEMP2
```

36. 把上题中的查询翻译成SQL语句。
37. 把下面的SQL语句翻译成SELECT、PROJECT及JOIN运算的序列。

```
SELECT Job.JobTitle
FROM Assignment,Job
WHERE Assignment.JoblId = Job.JobId
  AND Assignment.EmplId = '34Y70'
```

38. 把下面的SQL语句翻译成SELECT、PROJECT及JOIN运算的序列。

```
SELECT Assignment.StartDate
FROM Assignment, Employee
WHERE Assignment.EmplId =
  Employee.EmplId
  AND Employee.Name = 'Joe E. Baker'
```

39. 说明对第13题中数据库执行以下SQL语句后的效果。

```
INSERT INTO Manufacturer
VALUES('Company Z','Bolt 2X',.03)
```

40. 说明对第13题中数据库实施以下SQL语句后的效果：

```
UPDATE Manufacturer
  SET Cost = .03
  WHERE CompanyName = 'Company Y'
    AND PartName = 'Bolt 2X'
```

*41. 请确定用来维护杂货店库存的面向对象数据库中的几个对象，并说明每个对象中应该包含哪些方法？
*42. 请确定用来维护图书馆藏书记录的面向对象数据库中的几个对象，并说明每个对象中应该包含哪些方法？
*43. 如果T1和T2两个事务按如下安排来调度，会产生什么样的错误信息？
T1设计为计算账户A和B的总和，T2设计为从账户A转账100美元到账户B。T1先检索账户A的余额，然后T2执行转账，最后T1检索账户B的余额，并输出检索到的两个值的总和。
*44. 说明怎样用文中介绍的锁定协议来解决问题43中产生的错误。
*45. 第43题中如果T1是较新的事务，那么受伤等待协议会对上述事件序列起什么作用？如果T2是较新的事务，结果又如何？
*46. 假设有一个事务试图在一个余额为200美元的账户中存入100美元，同时另一事务试图从同一账户取出100美元。描述如何通过这些事务的交叉处理，使得最后余额变为100美元。描述如何通过这些事务的交叉处理，使得最后余额变为300美元。
*47. 一个事务对数据库中的一个数据项，有互斥访问和有共享访问有什么不同？为什么这种差别很重要？
*48. 9.4节讨论过的关于并发事务的一些问题不仅限于数据库环境。当用文字处理程序来访问同一个文档时会产生怎样类似的问题？（如果你的PC中有字处理程序，试着激活两个实例来访问同一文档，看看会发生什么。）
*49. 假定一个顺序文件有50 000条记录，查询一条记录需要5 ms。请问：检索一条处在文件中间部位的记录，需要等待多长时间？
*50. 见图9-15中的归并算法，如果其中一个输入文件一开始就是空的，请列出执行该算法的步骤。
*51. 修改图9-15中的算法，来处理这样一种情况：两个输入文件都包含一个有同样键字段值的记录。假定这些记录都一样，在输出文件里只要有一个即可。
*52. 设计一个系统，利用这个系统，存储在磁盘上的一个文件能够作为顺序文件以两种不同的顺序进行处理。
*53. 说明如何能够利用一个文本文件作为基本结构，来构建一个包含杂志订阅者信息的顺序文件。
*54. 设计一种技术，通过这种技术，将逻辑记录大小并不一致的顺序文件作为文本文件来实现。例如，假设要构建一个包含小说家信息的顺序文件，其每条逻辑记录都包含一个作家的信息及其作品列表。
*55. 索引文件与散列文件相比，有什么优势？散列

文件与索引文件相比，又有什么优势？

*56. 本章描述了传统文件索引与由操作系统维护的文件目录系统之间的相似之处。在哪些方面操作系统的文件目录与传统索引不同？

*57. 如果将散列文件分到10个桶里，那么任意3条记录中的至少2条放进同一个桶的概率是多少？（假定散列函数不让任何一个桶拥有优先权。）文件中必须存放有多少条记录，才可能发生碰撞？

*58. 假设将文件分进100个桶而不是10个桶，重解上题。

*59. 如果我们利用本章讨论过的除法技术作为散列函数，并且将文件存储区分成23个桶，那么当把键翻译为一个二进制值时，应当搜寻哪个区来寻找其键值为整数124的记录？

*60. 通过比较散列文件的实现与同构二维数组的实现，说明散列函数与地址多项式的作用有什么类似之处？

*61. 试给出下列比较中的一个优点：

a. 顺序文件优于索引文件。

b. 顺序文件优于散列文件。

c. 索引文件优于顺序文件。

d. 索引文件优于散列文件。

e. 散列文件优于顺序文件。

f. 散列文件优于索引文件。

*62. 从哪个方面可以看出顺序文件类似于链表？

社会问题

希望下面的问题能引导读者思考一些与计算领域相关的伦理、社会和法律问题。回答出这些问题还不够，还应该考虑为什么这样回答，以及你的判断是否对每个问题都标准如一。

1. 在美国，所有联邦囚犯的DNA记录都存储在一个数据库中，供刑事侦查使用。如果发布这些信息用于其他用途，如用作医学研究，这样做道德吗？如果合乎道德，可用于什么目的？如果不合乎道德，为什么？而每种情况的利与弊又是什么？
2. 大学能将其学生的信息公开到何种程度？可以公布他们的姓名和地址吗？可以在学生不知情的情况下公布他们的成绩排名吗？你的看法是否与第1题的答案一致？
3. 构建有关个人的数据库时，采取什么样的限制比较合适？政府有权掌握公民的什么信息？保险公司有权掌握其客户的什么信息？公司有权掌握其雇员的什么信息？在这些情况中，需要实行控制吗？如果需要，怎样实现？
4. 如果信用卡公司把它的客户的消费模式卖给商业公司，这样做是否合适？如果赛车邮购业务公司把它的邮购列表卖给赛车杂志，这样做是否合适？如果美国国税局把那些有着巨额收入的纳税人的姓名和地址信息卖给股票经纪人，这样做是否合适？如果你没有充分的把握回答是与否，那么你有什么可行的方案？
5. 数据库的设计者对于如何使用数据库信息应当负怎样的责任？
6. 假设数据库的信息因数据库错误而被未经同意的用户访问。如果信息被不当获得和使用，那么数据库设计者应对此承担何种责任？你的回答是否与作恶者为发现数据库设计漏洞并获取未授权信息所花费的精力大小有关？
7. 数据挖掘的盛行带来了大量的道德和隐私问题。如果数据挖掘揭示了你所在社区的所有居民的某些特性，那么你的隐私是否受到侵犯？数据挖掘的使用是促进了商业的发展还是鼓励了盲从？因为相对于个别问卷调查明确询问的方式而言，从人口普查的数据中能提取更多的信息，那么强制公民参加人口普查是否合适呢？数据挖掘给予商业公司的好处，对于不知情的客户来说是否不公平？这样一种状况的好与坏，到了何种程度？
8. 对于个人或公司收集和保留私人信息，能允许到多大的程度？尽管收集的信息分散在一些发起者之间，但是如果这些信息已经能公开地获得，那么现在该怎么办？个人或公司期望在何种程度上保护这类信息？

9. 许多图书馆提供参考查询服务，所以读者在查阅信息时可以得到图书管理员的帮助。因特网和数据库技术的出现是否会使这种服务过时？如果会，那么这是前进了还是倒退了？如果不会，为什么？因特网和数据库技术的存在对图书管理员本身有什么样的影响？
10. 你的身份信息被盗用的可能性到了什么程度？你会采取哪些步骤使盗用机会最小？如果你的个人信息被窃，对你的伤害将有多大？如果发生这种情况，你自己有责任吗？

课外阅读

Berstein, A., M. Kifer, and P. M. Lewis. *Database Systems*, 2nd ed. Boston, MA: Addison-Wesley, 2006.

Connolly, T., and C.E. Beg. *Database Systems: A Practical Approach to Design, Implementation and Management*, 5th ed. Boston, MA: Addison-Wesley, 2009.

Date, C. J. *An Introduction to Database Systems*, 8th ed. Boston, MA: Addison-Wesley, 2004.

Date, C. J. *Databases, Types and the Relational Model*, 3rd ed. Boston, MA: Addison-Wesley, 2007.

Elmasri, R., and S. Navathe. *Fundamentals of Database Systems*, 6th ed. Boston, MA: Addison-Wesley, 2011.

Patrick, J. J. *SQL Fundamentals*, 3rd ed. Upper Saddle River, NJ: Prentice-Hall, 2009.

Silberschatz, A., H. Korth, and S. Sudarshan. *Database Systems Concepts*，6th ed. New York: McGraw-Hill, 2009.

Ullman, J. D., and J. D. Widom. *A First Course in Database Systems*, 3rd ed. Upper Saddle River, NJ: Prentice-Hall, 2008.

第10章 计算机图形学

本章将探索计算机图形学领域，这是一个对电影和交互式视频游戏的制作具有重大影响的领域。实际上，计算机图形学的发展解除了视觉媒体对实体的限制，许多人认为计算机动画在不久的将来会取代整个影视产业对传统的演员、布景和照片的需求。

本章内容

计算机图形学是计算机科学的分支，它应用计算机技术创建和操控视觉表现。这是一个广泛的主题，它包括：文本表示、图形和图表的创建、图形化用户界面的开发、照片的操作、视频游戏的制作、动画电影的生成等。然而，术语计算机图形学越来越多地被用来指代3D图形学的特定领域，本章大部分内容将集中在这个主题上。我们将从定义3D图形学开始，阐明它在较广义的计算机图形学中的作用。

10.1 计算机图形学的范围

随着数码相机的出现，数字编码图像处理软件迅速流行起来。人们可以使用这类软件通过去除污点和“红眼”等操作达到“润色”照片的目的，也可以在不同的照片中进行裁剪和粘贴，创建并非反映真实世界的图像。

类似的技术经常被影视产业用来制造特效。事实上，这些应用是影视产业从模拟系统（如胶卷）转向数字编码图像的主要推动因素。这类应用可用于改变最初拍摄的情节，如去除支撑的金属丝、叠加多个图像，或产生新的图像序列帧等。

除了处理数字照片和运动图像帧的软件外，现在还有各种各样的工具/应用软件包，可帮助产生二维图像，从简单的画线到复杂的艺术品。（一个众所周知的最基本的例子就是微软的“画图”应用程序。）这类程序的基本操作包括：绘制点和线、插入椭圆和矩形这类简单的几何图形、给区域填充颜色，以及裁剪和粘贴图画的指定部分。

注意，上面所有的应用都是用于处理平面二维图形和图像的。因此，这里有两个相关的研究领域：一个是**2D图形学**（2D graphics）；另一个是**图像处理**（image processing）。二者的区别在于：2D图形学侧重于把二维图形（圆、矩形、文字等）转化为像素模式，产生图像；而图像处理（本书后面研究人工智能时会介绍它）侧重于分析图像中的像素，进行模式识别，以达到增强或“理解”图像的目的。简言之，2D图形学是用来生成图像的，而图像处理是用来分析图像的。

与2D图形学中把二维图形转化为图像相对应，**3D图形学**（3D graphics）领域是把三维图形转化成图像。这个过程是：建造三维场景的数字编码版本，然后模拟照相的过程，产生这些场景的图像。这与传统的摄影类似，不同之处在于场景是使用3D图形技术“拍摄”出来的，实际是不存在的，存在的是数据和算法的集合。因此，3D图形“拍摄”的是虚拟世界，而传统的摄影技术拍摄的是真实世界。

重要的是要注意，使用3D图形创建图像要经历两个不同的步骤：一个是创建、编码、存储以及操作被拍摄出来的场景；另一个是生成图像的过程。前者是创造性的、艺术的过程，而后者则是以计算为主的过程。这些主题是我们在下面4节中将要讨论的。

3D图形可以制作出不依赖于实体的虚拟场景的“照片”，这使得它非常适用于交互式视频游戏和动画电影的制作。交互式视频游戏由编码的三维虚拟环境构成，游戏玩家与之进行交互，玩家看到的图像是通过3D图形技术制作出来的。动画电影是用类似的方法创建的，不同之处在于只是动画制作者与虚拟环境交互，而公众看到的则是导演/制片人发布的二维图像帧序列。

本书将在10.6节中更全面地讨论3D图形学在动画中的应用。这里可以想象一下，随着3D图形技术的发展，这些应用将可能导向何处。如今，电影是作为二维图像序列发布的。尽管显示这些信息的放映机已经取得了很大的进步，从使用胶卷的模拟设备到使用DVD播放机和平板显示器的数字技术，但它们的显示仍然只是二维的。

但是，想象一下当创建和操作真实的三维虚拟世界的能力得到改善时，将会发生什么改变。我们将不再仅能“拍摄”这些虚拟世界和以二维图像的形式发布电影，而且能发布虚拟世界。观看者将不仅仅能观看电影，还可以“亲临”其境。通过“3D图形放映机”来观看虚拟场景，就像通过专用的“游戏盒”来观看视频游戏一样。观众可能先看到导演/制片人预定的“推荐情节”，与此同时还可以与虚拟场景交互，就像玩视频游戏一样产生另外的场景。考虑到正在研发的三维人机接口的潜力，未来的前景十分诱人。

问题与练习

1. 总结图像处理、2D图形学和3D图形学它们两两之间的区别。
2. 3D图形学与传统摄影有何不同？
3. 应用3D图形学制作“照片”的两个主要步骤是什么？

10.2　3D图形概述

本章我们从创建和显示图像的整个过程来开始对3D图形学的研究，这个过程由3步构成：建模、渲染（rendering）和显示。建模步骤（将在10.3节中详细介绍）与传统电影产业中设计和构造一个场景类似，不同之处在于3D图形场景是用数字编码数据和算法“构造”的。这就导致计算机图形学所产生的场景可能在现实中永远都不存在。

下一步就是通过计算场景中的物体如何显示在由特定位置的相机拍摄的照片中，来生成场景的二维图像。这个步骤称为**渲染**（rendering），是10.4节和10.5节的主题。渲染的概念是运用解析几何，来计算场景中的物体到一个称为**投影平面**（projection plane）的面上会形成的投影，这种方式与相机将场景投影到胶卷上的方式类似（见图10-1）。这种投影称为**透视投影**（perspective projection），在这种投影方式下，所有的目标都沿着一条称为**投影线**（projector）的直线向前延伸，这条直线是从一个称为**投影中心**（center of projection）或**视点**（view point）的公共点延伸出来的。[这与**平行投影**（parallel projection）不同，顾名思义，平行投影线是平行的。透视投影产生的投影类似于人类眼睛所看到的，而平行投影产生的是物体“真正”的剖面，这在工程绘图中非常有用。]

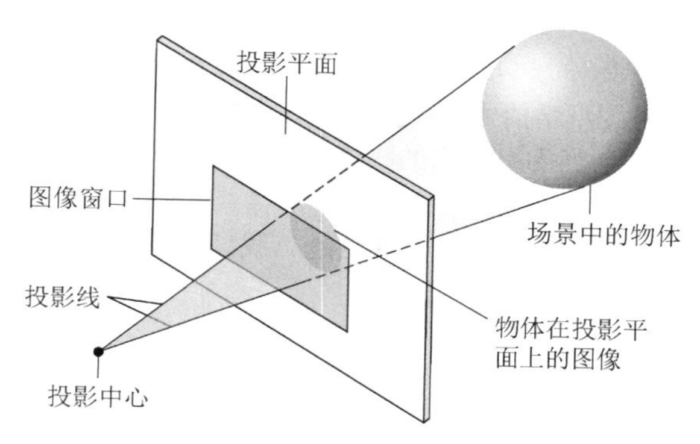

图10-1 3D图形学范例

对于用来定义最终图像边界的投影平面，其中受限的部分称为**图像窗口**（image window）。它对应于显示在大多数相机取景器上的矩形，指明潜在图像的边界。实际上，大多数相机的取景器允许用户看到相机投影平面上更大的区域，而不仅仅是图像窗口。（你可能会在取景器中看到玛莎阿姨头部的上方，但是，除非这部分影像也出现在图像窗口中，否则它就不会出现在最终图像中。）

一旦确定了投影到图像窗口的场景部分，就可以计算出最终图像上的每个像素点的显示情况，这种逐个像素的计算过程可能会很复杂，因为它需要确定场景中的物体如何与光线融合（在明亮光线下硬且有光泽的表面与在间接光线下软且透明的表面，二者的渲染方法应该有所不同）。因此，渲染处理涉及包括材料科学和物理学在内的许多其他研究领域。而且，在决定一个物体的显示效果时经常需要了解场景中的其他物体。这个物体可能处在另一个物体的阴影中，或者这个物体是镜子，它的外观实质上就是另一个物体。

当确定了每个像素的外观后，结果被表示成图像的位图，集中存储在称为**帧缓冲区**（frame buffer）的存储区域中。这个缓冲区可能是主存中的一个区域，或当有专门处理图形应用的硬件时，它可能是专用存储电路中的一个块。

最后，存储在帧缓冲区的图像或者为了观看而显示，或者为以后的显示而传送给更永久的存储器。如果生成的图像是用于电影的，那么在最终显示前它可能会被存储甚至修改。但是，在交互式视频游戏或飞行模拟器中，图像必须显示，因为它们是在实时生成的，这个要求经常限制了图像的质量。这就是由制片厂发布的功能齐全的动画产品的图像质量要超过当今交互式视频游戏中的图像质量的原因。

我们通过分析一个典型的视频游戏系统来结束对3D图形的介绍。这个游戏实际上就是一个编码的虚拟世界和软件的结合体，它允许游戏玩家操控这个虚拟世界。当玩家操控这个世界时，游戏系统会不断地渲染场景并把图像存储到图像缓冲区中。为了克服真实世界的时间限制，大多数渲染处理都是由专用硬件来实现的。实际上，正是这些硬件使游戏系统和一般个人计算机之间有了显著差别。最后，游戏系统中的显示设备显示了帧缓冲区中的内容，给玩家以变化场景的幻觉。

问题与练习

1. 总结在使用3D图形生成图像时涉及的3个步骤。
2. 投影平面和图像窗口之间有何不同？
3. 什么是帧缓冲区？

10.3 建模

3D计算机图形投影的起始阶段与戏剧舞台制作方式十分相似：必须设计出布景，收集或者搭建所需的道具。在计算机图形学的术语中，布景称为**场景**（scene），道具称为**物体**（object）。记住，3D图形场景是虚拟的，因为组成它的物体是由数字编码模型“构建”而成，并不是实际的物理结构。

本节将探讨与“构建”物体和场景有关的话题。我们以单个物体的建模问题开始，并以考虑收集这些物体以形成场景这个任务结束。

10.3.1 单个物体的建模

在舞台制作中，道具的真实程度取决于它在场景中的使用方式。我们可能不需要一辆完整的汽车，电话并不需要能用，背景可能也只是画在大背景屏幕上的。同样，就计算机图形学而言，一个物体的软件模型能准确地反映物体真实属性的程度依赖于情境的需要。前景物体的建模与背景中的物体相比需要考虑更多的细节。而且，在那些没有严格实时限制的情况下，会产生更多的细节。

因此，一些物体模型可能相对简单，而另一些可能极其复杂。作为一个通用规则，模型越精确，图像的质量越高，但渲染所需要的时间也就越长。因此，现在进行的大多数对于计算机图形学的研究都是在寻求开发技术，以构建非常精细，同时又不失高效的物体模型。这些研究中有些涉及开发模型，开发模型依据物体在场景中的最终作用来提供不同的细节层次，这样可以在变化的场景中重用同一个物体模型。

描述一个物体所需的信息包括：物体的形状，以及额外的特性（如决定物体如何与光线交互的表面特性等）。现在，让我们考虑形状建模这个任务。

1. 形状

在3D图形中物体的形状通常描述成称为**平面片**（planar patch）的小平面的集合，其中每一个都是一个多边形。这些多边形形成了**多边形网格**（polygonal mesh），它近似于被描述的物体的形状（见图10-2）。通过使用小平面片，近似值可达到所需的精度。

多边形网格中的平面片经常选择三角形，因为每个三角形能用它的3个顶点来表示，这是在三维空间中确定一个平面所需点的最少数目。在任何情况下，多边形网格都可表示成其平面片顶点的集合。

一个物体的多边形网格的示现可以通过多种途径获得。其中一种是：以所需形状的精确的几何描述开始，然后用这个描述构建多边形网格。例如，解析几何中半径为r的球（中心在原点）用方程来描述是：

$$r^2=x^2+y^2+z^2$$

基于这个公式，我们可以建立球上经线和纬线的方程，标识这些线的交叉点，然后使用这些点作为多边形网格中的顶点。类似的技术可以应用到其他传统的几何形状上，这就是为何在廉价的计算机动画中人物角色经常由球、圆柱体和锥体这些结构拼凑的原因。

更一般的形状可以用更复杂的分析方法来描述。其中一种方法是使用**贝塞尔曲线**（Bezier curve）（以皮埃尔·贝塞尔命名，他在20世纪70年代早期提出了这个概念，当时他是雷诺汽车公司的工程师），它允许在三维空间中只用几个称为控制点的点来定义曲线段（其中有两个点表示曲线段的端点，而其他的点则指出曲线的弯曲方式）。例如，图10-3显示了由4个控制点定义的曲线。注意，曲线显示为弯向两个不为端点的控制点。通过移动这些点，曲线可以被扭曲成不同的形状。（当你用像微软的“画图”软件这样的绘图软件包来构建曲线时，就能体验到这种技术。）尽管我们在这里不再继续探讨这个话题，但描述曲线的贝塞尔技术可以扩展为描述三维曲面，称为**贝塞尔曲面**（Bezier surface）。因此，对于复杂表面，在获得多边形网格的过程中，贝塞尔曲面被证明是高效的第一步。

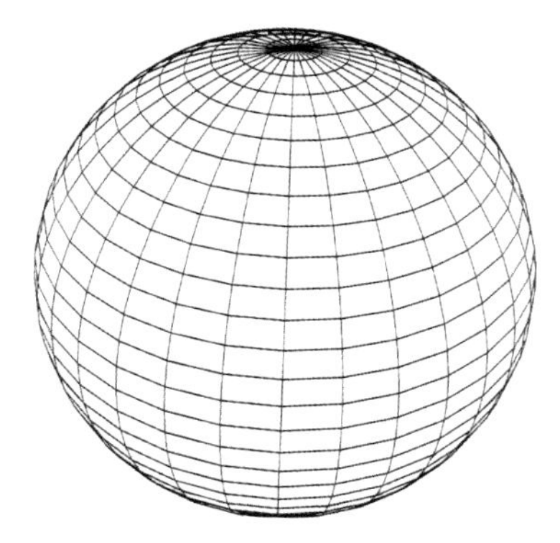

图10-2 球的多边形网格

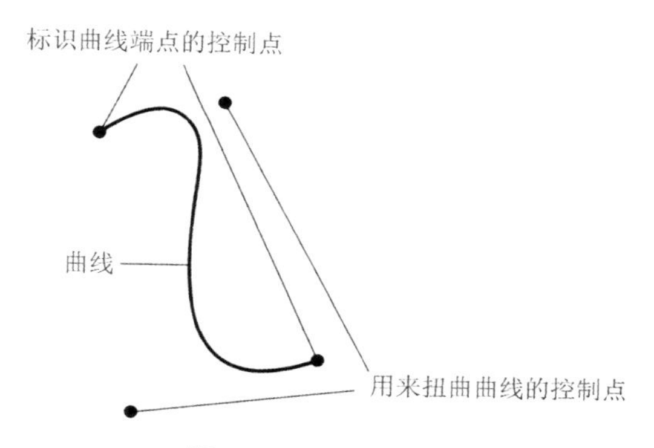

图10-3 贝塞尔曲线

你可能会问为什么需要使用多边形网格把形状的精确描述（如球的简明公式，或描述贝塞尔表面的公式）转化为形状的近似描述。答案是用多边形网格表示所有物体的形状确立了渲染处理的统一方法——可以更高效地渲染整个场景的技巧。这样，尽管几何公式提供了形状的精确描述，但它们只是作为构建多边形网格的工具。

另外一种获得多边形网格的方法是用蛮力的方式构建网格。在无法用优雅的数学技术表示形状的情况下，这种方法就比较常见了。在这个过程中，首先构建物体的物理模型，然后用类笔设备触摸表面，记录下模型表面点的位置，这种笔设备能记录它在三维空间中的位置，此过程就称为**数字化**（digitizing）。然后将获得的点的集合用作顶点，从而获得所描述形状的多边形网格。

遗憾的是，有些形状非常复杂，难以用几何建模或手工数字化获得真实模型。这些例子包括：复杂植物结构（如树）、复杂地形（如山脉），以及云、烟、火苗等气态物质。在这些情况下，多边形网格可以通过编写自动构建所需形状的程序来获得。这样的程序统称为**程序化模型**（procedural model）。换言之，程序化模型是应用算法产生所需结构的程序单元。

例如，通过执行下列步骤，程序化模型被用来产生山脉：以一个三角形开始，标识三条边的中点（见图10-4a）；然后连接这些中点，形成4个较小的三角形（见图10-4b）；现在在把原三角形的3个顶点固定住的同时，在三维空间里移动中间点（允许三角形的边线延长或缩短），从而扭曲三角形的形状（见图10-4c）；对于每个较小的三角形重复这个过程（见图10-4d），继续重复这个过程，直到达到所需的精度。

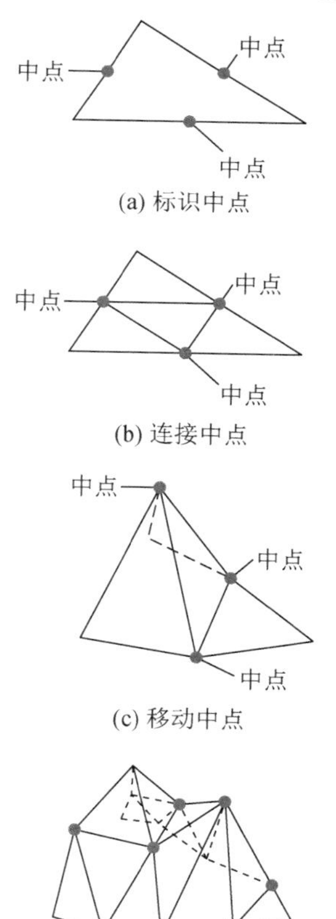

图10-4 产生一个山脉的多边形网格

程序化模型提供了一种有效的方法，来产生多个相似而又唯一的复杂对象。例如，一个程序化模型可以用来构建各种各样逼真的树对象（虽然相似，但每棵树都有自己的分支结构）。构建这些树模型的一种方法是应用分支规则，即用与语法分析器（见6.4节）按语法规则构建语法分析树非常相似的方法来“生成”树对象。事实上，在这些情况下使用的分支规则的集合经常被称为语法。一个语法可能被用来“生成”松树，而另外一个可能用来“生成”橡树。

另一种构建程序化模型的方法是将物体的基础结构模拟为一个大的粒子集合。这种模型称为**粒子系统**（particle system）。粒子系统通常会应用某些预定义的规则去移动系统中的粒子（或许所用的方式会让人想起分子的交互），来生成所需的形状。例如，粒子系统已经被用来生成水面晃动的动画，我们将在后面介绍动画时看到。（想象一下，把一桶水建模为一桶玻璃弹珠，当桶滚动时，玻璃弹珠也随之四处翻滚，模拟水的运动。）粒子系统应用的其他例子包括：火苗的闪烁、云、拥挤的人群场景。

分　形

在上文中描述了用程序化模型构建山脉（见图10-4），这是分形作用于3D图形的例子。从技术上讲，**分形**（fractal）是“豪斯多夫维数大于其拓扑维数”的几何物体。直观上讲，这意味着物体是通过较低维数物体的副本“打包”而形成的。（想象一下宽度就是通过“打包”多条平行线段而创建的。）分形通常是使用递归过程来形成的，而在递归中的每个处理就是重复“打包”另外用来建立分形模式（更小）的副本。分形的结果是其每个部分都是自相似的，当放大时，它显示为自身的副本。

分形的一个传统的示例就是科赫雪花，它是通过重复地用相同结构的较小版本替换结构中的直线段而形成的。

生成的细化序列如下所示：

分形在3D图形领域经常是程序化模型的主干。实际上，它们已经被用来生成逼真的山脉、蔬菜、云和烟的图像。

程序化模型的输出通常是近似于所需物体形状的多边形网格。在某些情况下，如使用三角形生成山脉，网格就是生成过程的自然结果。在另外一些情况下，如应用分支规则生成树，网格可能就是额外的、最终的步骤。例如，在粒子系统中，系统外边沿上的粒子自然会被选作最终多边形网格中的顶点。

由程序化模型生成的网格的精度视具体情况而定。在场景中，用于背景中的树的程序化模型可能只要产生一个反映树基本形状的粗糙的网格，而前景中的树的程序化模型就要产生能分清各个枝叶的网格。

2. 表面特征

仅由多边形网格构成的模型只捕获了物体的形状。大多数渲染系统能在渲染过程中丰富这些模型，根据用户的需求模拟各种表面特征。例如，通过使用不同的着色技术（我们将在10.4

节介绍），用户可以指定球的多边形网格被渲染成光滑的红球或是粗糙的绿球。在某些情况下，这种灵活性是可以做到的。但在需要如实渲染原始物体的情况下，关于物体的更具体的信息必须包含在模型中，这样渲染系统才会知道该干什么。

除了物体形状之外，还有多种用于编码物体相关信息的技术。例如，沿着多边形网格的每个顶点，人们可以在物体的这一点上编码原始物体的颜色。然后在渲染过程中用这些信息重新创建原始物体的外观。

在其他的例子中，通过称为**纹理映射**（texture mapping）的处理，颜色模式能与物体表面相关联。纹理映射类似于贴墙纸，将一个预定义的图像与一个物体的表面相关联。这个图像可能是数字照片、艺术家的绘画，也可能是计算机生成的图像。传统的纹理图像包括砖墙、有木纹的表面和大理石表面。

例如，假设我们需要对石墙建模，我们可以用描述长矩形体的简单多边形网格来表示墙的形状。利用这些网格，我们就能提供砖石结构的二维图像。随后，在渲染过程中，将这个图像映射到矩形体上，产生石墙的外观。更准确地，每当渲染处理需要显示墙上的点时，它就只需显示砖石结构图像中对应的点。

当应用于相对平坦的表面时，纹理映射的效果最好。如果必须大幅扭曲纹理图像去覆盖弯曲的表面（想象成试图给一个沙滩球贴墙纸的问题），或者如果纹理图像完全裹着一个物体，并导致了接缝，在接缝处纹理模式可能不与它本身融合，那么效果看上去会不够逼真。不过，纹理映射已经被证明是一种模拟纹理的有效方法，它被广泛地用在实时敏感的场合（一个基本的例子就是交互式视频游戏）。

3．寻求逼真的效果

构建可以产生逼真图像的物体模型是一个正在研究的主题，特别有趣的是当前角色的材质，如皮肤、头发、毛皮和羽毛等。这些研究大多是针对特殊物质的，包括建模和渲染技术。例如，为了获得人类皮肤的逼真模型，有些学者研究光渗透到表皮和真皮层的程度以及这些层的厚度对皮肤外观的影响。

另一个例子是人类头发的建模。如果从远距离来看头发，那么传统的建模技术就足够了。但是，从近距离看，头发的显示将会是一个挑战。其中的问题包括：半透明的特性、纹理的深度、悬垂性和头发响应像风这样的外力的方式。为了解决这些棘手的问题，有些应用程序转向对单缕头发建模（这是一项艰巨的任务，因为人的头发根数的数量级达到了100 000）。但是，更令人惊奇的是，有些研究者已经建立了头发模型，这些模型给出了每一缕头发的缩放纹理、颜色变化和机械动力学特征。

另外一个已经发展到相当精确建模程度的例子是布的建模。在这个例子中，利用了编织模式的复杂细节，来生成织物类型（像斜纹布与缎布）之间恰当的纹理差别。将纱线的细节特性与编织模式数据组合在一起，创建出编织物的模型，产生逼真的特效图像。另外，还将物理和机械工程的知识应用到计算织物材料图像的单根线上去，以说明线的拉伸和织物修剪方面的特性。

正如我们所说，生成逼真图像是一个活跃的研究领域，它综合了建模和渲染处理中的技术。一般来说，当取得进步时，新技术会首先应用在那些不受实时限制影响的应用程序中，如电影制片厂工作室中的图形软件，建模/渲染处理与最终的图像显示之间有着明显的延迟。当这些新的技术得到进一步发展并变得更高效时，它们就可以应用在实时系统中了，在这些环境中的图形质量也得到了改善。真正实现与虚拟世界的实时交互可能已经不太遥远了。

10.3.2 整个场景的建模

一旦场景中的物体得到充分的描述和数字化编码，它们就都被赋予了场景内的位置、大小和方向。将这些信息集合并链接起来，形成一个称为**场景图**（scene graph）的数据结构。此外，场景图还包含与表示光源的特殊物体及表示相机的特殊物体的链接，其中记录了相机的位置、方向和焦点等特性。

因此，场景图类似于传统摄影中的工作室布置，它包括布置相机、灯光、道具和背景景物（当按快门时，所有的东西都将对照片的外观产生影响）。所不同的是，传统摄影设置包含物理实体，而场景图包含的是物体的数字编码表示。简而言之，场景图描述的是一个虚拟的世界。

场景中相机的位置会对图像产生很大的影响。正如先前提到的，物体建模的精度依赖于物体在场景中的位置。前景物体比背景物体需要更多的细节，前景和背景的区别依赖于相机的位置。如果使用的场景环境类似于戏剧舞台布景，那么前景和背景就很好区分，物体模型也能被相应地构建。但是，如果环境要求相机的位置要根据不同的图像而改变，那么由物体模型提供的细节就需要在“照片”间进行调整，这是当前研究的一个领域。一种设想是，场景由“智能”模型构成，当相机在场景中移动时，这些模型改进了它们的多边形网格和其他特性。

移动相机情景的一个有趣的例子发生在虚拟现实系统中，用户可以借助它来体验在虚构的三维世界里走来走去的感觉。虚构的世界用场景图表示，而人通过操控照相机来观察其中的场景。实际上，为了提供三维的深度感，可以使用两个相机：一个表示人的右眼，另一个表示人的左眼。通过显示由每只眼睛前的照相机获得的图像，人们产生了居住在三维场景中的幻觉。当在体验中增加声音和触觉时，这种幻觉就变得十分逼真。

最后，我们应该注意到，场景图的构建在3D图形处理中非常重要。因为它包含了生成最终图像所需的所有信息，它的完成标志着艺术建模过程的终止和以计算为主的图形渲染过程的开始。实际上，场景图一旦建立，图形学的任务就变成了计算投影、确定特定点的表面细节和模拟光效——这些任务在很大程度上与特定的应用无关。

3D电视

现在有一些技术能够在电视中生成3D影像，但都依赖于同一种立体的视觉效果，即对于左右眼看到的两个稍稍不同的图像，大脑可以依此判断出深度。就这一方面而言，现今最便宜的装置需要具有滤光镜。较老的有色镜片（20世纪50年代用于电影院中）或更现代的偏光镜片会过滤掉屏幕上同一图像的不同方面，从而使左右眼看到不同的图像。较昂贵的技术则涉及“主动式”眼镜，它与快速切换左右图像的3D电视同步地交替开关左右镜片。最后，不需要特殊眼镜或头部装置的3D电视正在研发之中，它们在屏幕表面精心排放一组滤光镜或放大镜，从而将左右图像以稍稍不同的角度投射给观看者，从而使观看者的左右眼看到不同的图像。

问题与练习

1. 下面是4个点（使用传统的直角坐标系编码），它们表示平面片的顶点。描述面片的形状。（对于没有解析几何背景知识的人，这里解释一下。每个三元组表示的是如何从房间中的一个角落到达问题中的那个点。第一个数表示沿着地板和位于你右边的墙之间的接缝走多远；第二个数表示沿与位于你左边的墙平行的方向上向房间里走多远；第三个数表示从地板向上爬多高。如果有一个数是负数，你将不得不假装你是一个幽灵，可以穿过墙和地板。）

   (0，0，0)　(0，1，1)　(0，2，1)　(0，1，0)

2. 什么是程序化模型？
3. 列出一些在生成一个公园图像的场景图中可能出现的物体。
4. 既然可以用几何方程更精确地表示形状，为什么还要用多边形网格来表示？
5. 什么是纹理映射？

10.4 渲染

现在让我们考虑渲染的处理，它决定了当场景图中的物体投影到投影平面时，将如何显示。有几种方法可以完成渲染任务。这一节着重介绍当今“消费者市场”上大多数较流行的图形系统（视频游戏、家庭计算机等）所使用的传统方法。下一节将讨论其他两个可供选择的解决方案。

首先探讨光和物体间交互的一些背景信息。毕竟，物体的外观是由从物体发出的光决定的，因此确定物体的外观这一任务最终变成了对光的特性的模拟。

10.4.1 光－表面交互

依赖于物体的材料特性，照射到其表面的光可能会被吸收、从表面反射回来成反射光，或者穿过表面（被弯曲）成折射光。

1．反射

让我们考虑从一个平坦不透明表面反射的光线。光线沿直线传播，以一个角度照射到表面上，这个角度称为**入射角**（incidence angle）。光线的反射角与入射角相同，如图10-5所示，这些角度是相对于垂直于表面的线［即**法线**（normal）］来测量的。（垂直于表面的线经常简单地表示为“法线”，这样就可以说“入射角是相对于法线度量的”。）入射光线、反射光线和法线在同一个平面中。

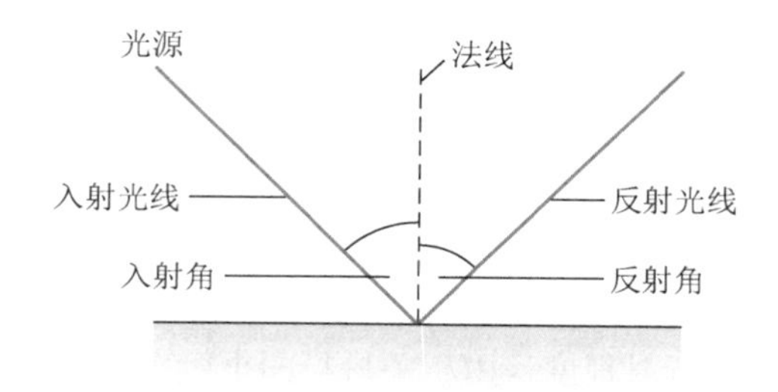

图10-5 反射光

如果表面是光滑的，在相同区域照射到表面的平行光线（如那些来自同一光源的光线）就会以相同的方向反射，并作为平行光线离开物体。这些反射光称为**镜面反射光**（specular light）。注意，只有当表面和光源使得光反射到观察者的方向上，镜面反射光才能被观察到。因此，它通常显示为表面上明亮的高亮区。而且，因为镜面反射光与表面的接触时间最短，这使它非常接近原始光源的颜色。

但是，物体表面很少是绝对光滑的，因此许多光线在表面照射点的方向会与大多数普通表面的不同。而且，光线经常穿透表面邻接的边界，在表面的粒子间跳弹，最后作为反射光线离开。结果是许多光线将向不同的方向散开。这种散开的光称为**散射光**（diffuse light）。与镜面反射光不同，散射光在一定范围的方向内是可见的。此外，散射光与表面的接触时间长，更容易受材料吸收特性的影响，因此它更接近物体的颜色。

图10-6表示了一个被单个光源照射的球。球上明亮的高亮区是镜面反射光产生的，通过散射光，可以看见面向光源的半球的其他部分。注意，球面背着主光源的半球无法通过直接反射光源而被看见。球的这部分能够被看见是由于**环境光**（ambient light）的存在，它是“漂泊”或散开的光，不与任何特定的光源或方向相关联。被环境光照射的表面部分经常显示为统一的深色。

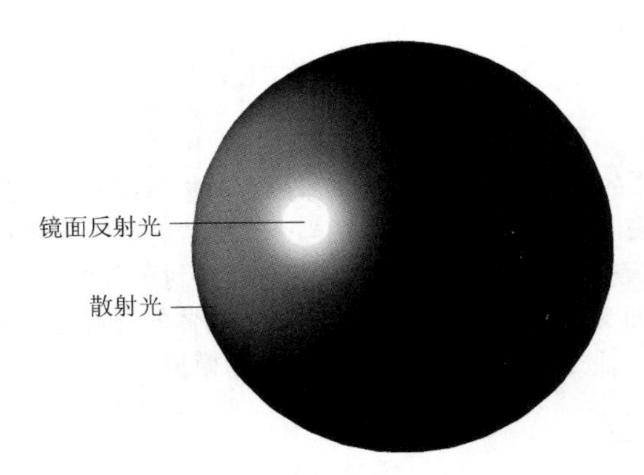

图10-6 镜面反射光与散射光

大多数表面既反射镜面反射光又反射散射光，表面的特征决定了镜面反射光和散射光的比例。平滑表面看起来发亮的原因在于，它们反射的镜面反射光多于散射光；粗糙表面看起来为发暗是因为它们反射的散射光多于镜面反射光。而且，由于某些表面具有细微的特性，入射光的方向不同，镜面反射光和散射光的比例也会有所不同，从一个方向入射的光照射到这样的表面上可能反射的主要是镜面反射光，而从另一个方向入射的光照射到这个表面上可能反射的主要是散射光。因此，当表面旋转时，它的外观将从明亮变化为灰暗。这种表面称为**各向异性表面**（anisotropic surface），与各向异性表面相对的是**各向同性表面**（isotropic surface），后者的反射模式是对称的。各向异性表面的例子可以在织物（如缎子）中找到，其中织物的细毛根据它的朝向改变材料的外观。另外一个例子是运动场的草地表面，那里草的排列方向（通常是由草被裁剪的方式决定的）产生了各向异性视觉效果，如同明暗相间的条纹图案。

2．折射

现在考虑光照射到透明的物体上，而非不透明的物体上。在此种情况下，光线是穿过物体而并非从其表面反射出去。当光线穿透表面时，它们的方向改变了，这种现象称为**折射**（refraction），如图10-7所示。折射程度是由相关材料的折射率决定的。折射率与材料的密度有关。高密度材料往往比低密度材料具有更高的折射率。当光线进入折射率更高的材料中时（如从空气进入水中），它在入射点处向靠近法线的方向弯曲；如果光线进入到折射率较低的材料中，它将向远离法线的方向弯曲。

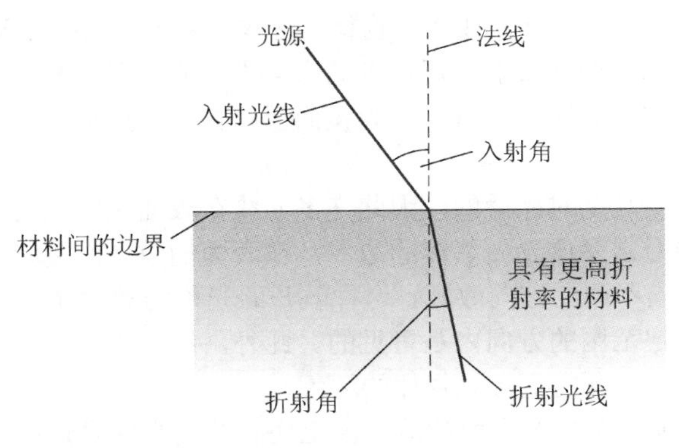

图10-7 折射光

为了准确地渲染透明物体，渲染软件必须知道相关材料的折射率，但这还不够，渲染软件还必须知道物体表面的哪一边表示物体的里面，而另一边为外面。光线是进入物体还是离开物体？获得这些信息的技术有时相当巧妙。例如，如果规定，从外部观察物体的时候，总是按逆时针顺序将多边形网格中多边形的顶点依次存放在一个列表中，那么通过给出的列表，我们可以很容易地得知面片的哪一边表示物体的外面。

10.4.2 裁剪、扫描转换和隐藏面的消除

现在着重考虑从场景图生成图像的过程。我们目前使用的方法正是在大多数交互式视频游戏系统中使用的技术。综合应用这些技术，形成了一个固定下来的范式，称为**渲染流水线**（rendering pipeline）。在本节的末尾我们将介绍这种方法的一些优缺点，在下一节将探讨两种候选的方法。值得一提的是，渲染流水线处理不透明物体非常有效，因此折射就不是问题了。而且，它忽略了两个物体之间的相互影响，因此我们不必担心镜像和阴影问题。

渲染流水线首先要确定包含照相机能“看到”的物体（或部分物体）的三维场景中的区域。这个区域称为**视体**（view volume），它是锥体内的一个空间，这个锥体是由从投影中心出发向图像窗口边界延伸的直线所定义的（见图10-8）。

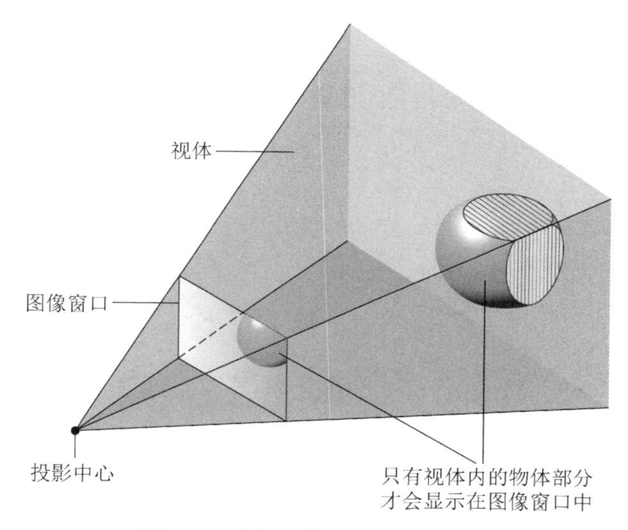

图10-8 确定视体里面的场景区域

一旦视体被确定下来，就不用考虑那些与视体不相交的物体或物体部分了。毕竟，那部分的场景投影将落在图像窗口的外面，因此不会出现在最终的图像中。第一步就是去除完全在视体外面的物体。为了能够以流水线的形式进行处理，可以将场景图看作一个树结构，其中处在场景不同区域的物体被存储在不同的分支上。因此，仅需忽略树中的整个分支，就可以去除大部分的场景图。

走样

你是否注意到条纹衬衫和领带在电视屏幕上会出现奇怪的“闪光”？这是一个称为**走样**（aliasing）的现象产生的结果，当所期望的图像网格中的模式与组成图像的像素密度不匹配时，就会产生走样现象。例如，假设所期望的图像的一部分由黑白相间的条纹构成，但是所有像素的中心碰巧都落在黑色条纹上，那么物体将被当作全黑色的来渲染。但是，如果物体稍微移动一下，所有像素的中心可能都落在白色条纹上，这样物体将会突然变成白色的。有多种方法可以改善这种令人心烦的效果。其中一种就是使用图像小区域的均值而不是精确的单个点来渲染每一个像素。

确定和去除那些与视体不相交的物体后，剩余的物体通过称为**裁剪**（clipping）的操作加以整理，裁剪实际上就是去掉每个物体处在视体外面的部分。更准确点说，裁剪操作首先把每个平面片与视体边界进行比较，然后去除平面片落在外面的部分。最终得到完全都处在视体里面的多边形网格（可能是被裁剪的平面片）。

渲染流水线的下一步是确定剩余平面片上的点，这些点与最终图像中的像素位置相关。只有这些点将会对最终图像产生影响，认识到这一点是很重要的。如果物体上的细节落在两个像素位置的中间，那它就不能用1像素来表示，因此将不会显示在最终图像中。这就是像素数在数码相机市场被着重宣传的原因。像素点数越高，小的细节就越容易被拍摄在照片中。

像素位置与场景中的点相关联的过程称为**扫描转换**（scan conversion）（因为它涉及把面片转化为称为扫描线的水平像素行）或**光栅化**（rasterization）（因为像素的一个阵列称为一个光栅）。扫描转换是这样实现的：首先让投影中心发出的直线（投影线）穿过图像窗口中的每个像素位置；然后找到这些投影线与平面片的交点；最后，根据这些交点我们得到物体在图像上的外观。实际上，这些点在最终图像中是由像素表示的。

图10-9描述了单个三角面片的扫描转换。图10-9a显示了如何通过投影线实现一个像素位置与面片上一个点的关联，图10-9b显示了通过扫描转换得到的面片的像素图像。像素的整个阵列（光栅）由网格来表示，与三角形相关的像素已经被着色。注意，这个图还显示了当扫描转换的形状其特征点小于像素尺寸时，会产生变形。大多数拥有个人计算机的用户会经常在显示屏上看到这种锯齿状的边缘。

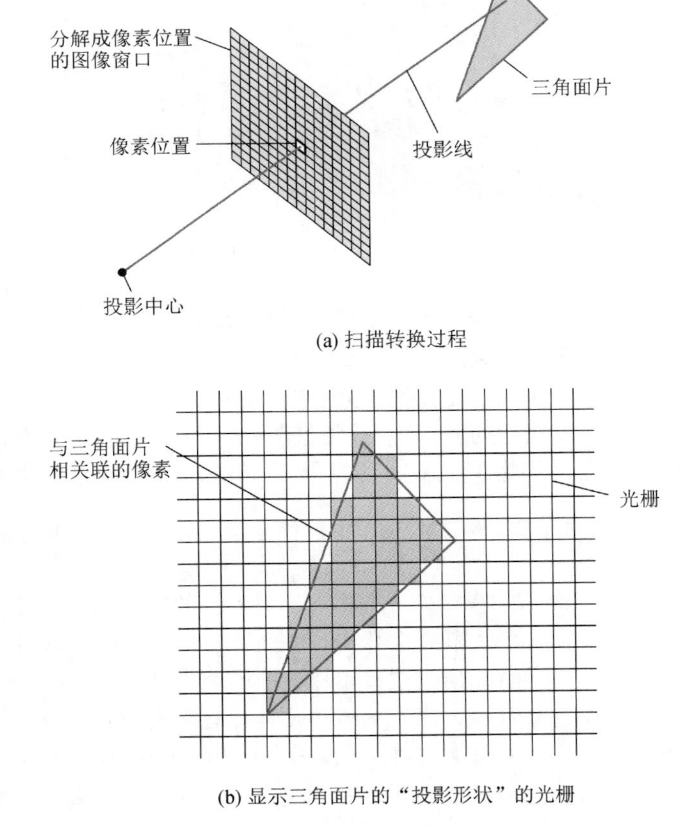

(a) 扫描转换过程

(b) 显示三角面片的“投影形状”的光栅

图10-9　三角面片的扫描转换

遗憾的是，整个场景（或者即使是单个物体）的扫描转换不像扫描转换单个面片那样直观明了。这是因为，当涉及多个面片时，一个面片可能会遮盖住另一个面片。这样，即使投影线与平面片相交，面片上的这个点在最终图像上也不一定可见。识别和去除场景中被遮挡的点的处理称为**隐藏面消除**（hidden-surface removal）。

隐藏面消除的一个具体方法是**后面消除法**（back face elimination），也就是不考虑那些在多边形网格中表示物体“后面”的面片。注意，后面消除法是相对简单的，因为可以认为那些朝向背着相机的面片是处在物体后面的。

但是，后面消除法不能完全解决隐藏面消除问题。例如，想象一辆汽车在大楼前的场景，来自汽车和大楼的平面片将会投影到图像窗口的相同区域。在重叠发生的地方，最终存储在帧缓冲区中的像素数据对应的是前景物体（汽车）的外观，而不是背景物体（大楼）的外观。总之，如果投影线与多个平面片相交，那么最靠近图像窗口的面片上的点应该被渲染。

解决“前景/背景”问题的一个简单方法是众所周知的**画家算法**（painter’s algorithm），就是根据相机到物体的距离，在场景中依次放置物体，然后先扫描转换最远的物体，允许较近物体的扫描转换结果覆盖先前的任何结果。遗憾的是，画家算法不能处理对象纠缠在一起的情况。比如，树的一部分可能在一个物体的后面，而另一部分可能在这个物体的前面。

对于“前景/背景”问题的更彻底的解决方案是集中考虑单个像素，而不是整个物体。一种常用的技术就是使用称为**z缓冲区**（z-buffer，也称深度缓冲区）的额外的存储区域，它包含了图像中每个像素的通道（也可以说是帧缓冲区中的像素通道）。z缓冲区中的每个位置被用来存储沿着相应的投影线从相机到物体间的距离，而这些物体用帧缓冲区中相应的通道来表示。只有当像素数据还没有放在帧缓冲区内，或者当前所观察物体的点比先前渲染的物体的点更近时（这是由z缓冲区中所记录的距离信息决定的），借助于z缓冲区，并通过计算和存储像素的外观，才能解决“前景/背景”问题。

更准确地说，当使用z缓冲区时，渲染过程可以按照如下步骤进行。为z缓冲区的所有通道设定一个值，表示从相机到要渲染物体间的最大距离。每当考虑渲染平面片上的任何一个新点时，首先将其与相机间的距离和z缓冲区中关联当前像素位置的值进行比较。如果距离小于z缓冲区中的值，则计算点的外观，在帧缓冲区中记录结果，用刚渲染点的距离替换z缓冲区中的相应通道。（注意，如果此点的距离大于z缓冲区中相应的值，则不用作任何考虑，这也许是由于平面上的点太远了，或者它被已经渲染的更近的点遮住了。）

10.4.3 着色

一旦扫描转换确定了要显示在最终图像中的平面片上的点，渲染任务就变成了确定这个点所在面片的外观。这个过程称为**着色**（shading）。注意，着色涉及计算从相应的点投影到相机的光的特征，它取决于此点表面的朝向。毕竟，是点表面的朝向确定了镜面反射光、散射光和环境光被相机拍摄的效果。

图10-10 当用平面着色渲染时，球的可能显示

平面着色（flat shading）是着色问题的一个简单的解决方法，它是把平面片的方向作为其上每个点的方向，也就是说，假设每个面片上的表面都是平坦的。但是，最终图像将显示为图10-10那样的有棱角的，而不像图10-6中显示得那样圆。从

某种意义讲，平面着色生成的是多边形网格本身的图像，而不是用网格建模的物体图像。

为了生成更加逼真的图像，渲染过程必须将每个平面片的外观融合到平滑曲面显示的表面。这是通过估算每个渲染点最初表面的真实方向来完成的。

这些估计模式通常始于指示多边形网格顶点处表面朝向的数据。获得此数据有多种方法。一种方法就是在每个顶点处编码原始表面的方向，并把这个数据附着在多边形网格上，作为建模过程的一部分。这生成了一个带箭头的多边形网格，称为**法向量**（normal vector），这些箭头附着在每个顶点上。每个法向量沿垂直于原始表面的方向指向外部。这样的多边形网格可以想象成如图10-11所示的样子。（另一种方法是计算与顶点相邻的每个面片的朝向，然后使用这些朝向的“平均值”来估计顶点表面的朝向。）

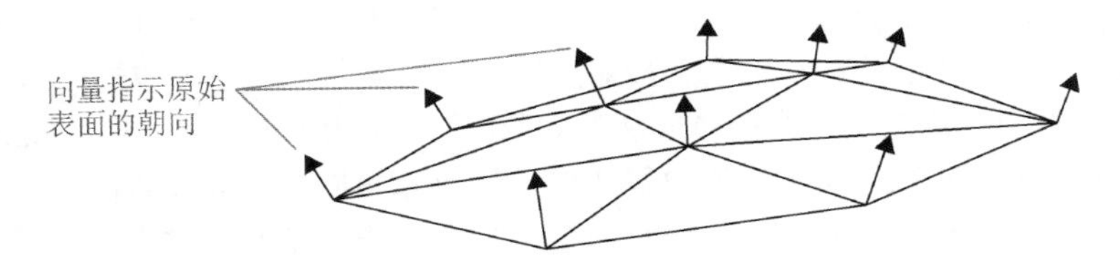

图10-11　在其顶点处带有法向量的多边形网格的概念视图

不管多边形网格顶点的原始表面朝向是如何获得的，都可以用几种同样的策略来对基于这些数据的平面片进行着色。这些策略包括**Gouraud着色**（Gouraud shading）和**Phong着色**（Phong shading），它们之间的区别是微妙的。二者首先都使用面片顶点处的表面朝向信息近似估计沿着面片边界的表面朝向。然后Gouraud着色使用这些信息确定沿着面片边界的表面显示，最后，根据这个边界显示，插值估算面片内部点处的表面的显示。相反，Phong着色则是根据沿着面片边界的表面朝向，插值估算面片内部点处的表面朝向，然后只考虑显示问题。（总之，Gouraud着色将朝向信息转化为颜色信息，然后插值处理颜色信息；而Phong着色插值处理朝向信息，直至估计出点的朝向，然后将朝向信息转化为颜色信息。）结果是Phong着色更容易检测到面片内部的镜面反射光，因为它更易随表面朝向的变化而改变。（见本节结尾处的问题与练习3。）

最后，应该注意到可以扩充基础的着色技术，为表面添加纹理显示。例如，**凹凸映射**（bump mapping）的方法，实际上就是把生成的表面外观朝向加上一个小的变量，这样表面看起来就是粗糙的。更准确地说，凹凸映射在传统着色算法所使用的插值算法中加了一个自由度，这样整个表面看起来就是有纹理的，如图10-12所示。

图10-12　使用凹凸映射渲染时，球的可能显示

10.4.4　渲染－流水线硬件

我们已经说过，渲染流水线就是依次执行裁剪、扫描转换、隐藏面的消除和着色处理这些操作。而且，执行这些任务的高效算法是众所周知的，它们已经直接在电子电路中实现，通过超大规模集成电路（VLSI）技术已经被微缩成芯片，自动完成整个渲染流水线。如今，即使是低廉的产品也具备每秒渲染几百万个平面片的能力。

大多数专门进行图形处理的计算机系统（包括视频游戏机）都在它们的设计中加入了这些设备。在更通用的计算机系统中，可以以**图形卡**（graphics card）或**图形适配器**（graphics adapter）

的形式加入这种技术，它作为一个专门的控制器与计算机的总线连接（见第2章）。这样的硬件大大减少了执行渲染处理所需的时间。

渲染-流水线硬件同样降低了图形应用软件的复杂度。从本质上讲，所有软件需要做的就是向图形硬件提供场景图，然后硬件执行流水线步骤，把结果放置在帧缓冲区中。这样，从软件的角度来看，整个渲染流水线被缩减为作为抽象工具来使用硬件这一步骤。

我们再次以交互式视频游戏作为例子。为了初始化游戏，游戏软件把场景图传送给图形硬件，然后硬件渲染场景，把图像放置在帧缓冲区中，从这里图像就可以自动显示在监视屏上。当开始玩游戏时，游戏软件只需要更新图形硬件中的场景图，以反映出游戏场景的改变，而硬件则不断地渲染场景，每一次都把更新的图像放置在帧缓冲区中。

但是应该注意到，不同图形硬件的处理能力和通信特性是完全不同的。这就导致，如果像视频游戏这样的应用是在特定的图形平台上开发的，当移植到另一个环境中时，它就不得不进行修改。为了减少对特定图形系统的依赖，人们开发出了在图形硬件与应用软件之间起着重要调节作用的标准软件接口。这些接口包括把标准化命令转化为特殊图形硬件系统所需具体指令的软件例程。这类接口的例子包括**开放图形库**（Open Graphics Library，OpenGL）和**Direct3D**。OpenGL是由Silicon Graphics开发的非专有系统，广泛地用在视频游戏行业；**Direct3D**是微软为微软Windows环境开发的。

最后应该注意到，虽然渲染流水线具有很多优点，但它也是有缺点的，其中最显著的就是流水线只实现了**局部照明模式**（local lighting model），这意味着流水线渲染的每个物体是独立于其他物体的。也就是说，在局部照明模式下，每个物体都是相对于光源被渲染的，仿佛它是场景中的唯一物体。结果是，没有捕获到两个物体之间的光交互（如阴影和反射）。与之相对，**全局照明模式**（global lighting model）就考虑了物体间的交互。在10.5节中我们将讨论两种实现全局照明模式的技术。现在我们仅需注意，这些技术超出了当前技术的实时能力。

但是，这并不意味着使用渲染流水线硬件的系统不能够产生一些全局照明的效果。实际上，人们已经开发出了巧妙的技术，用来克服局部照明模式所强加的一些限制。特别是，可以在局部照明模式的环境里模拟**投影**（drop shadow）的显示（投在地上的影子），通过建立投影物体的多边形网格的副本，把网格副本变成平坦的，然后放在地面上，涂以黑色。换言之，建模阴影，就好像它是另一个物体，可以用传统的渲染流水线硬件来渲染，生成阴影的幻觉。这种技术在“大众水平”应用（如交互式视频游戏）和“专业水平”应用（如飞行模拟）中都很流行。

问题与练习

1. 总结镜面反射光、散射光和环境光两两之间的区别。
2. 定义术语裁剪和扫描转换。
3. Gouraud着色和Phong着色可以被总结为：
   Gouraud着色使用沿着面片边界的物体表面朝向确定沿着边界的表面的显示，然后把这些显示插值到面片的内部，确定特定点的显示；Phong着色通过对边界朝向的插值，计算面片内部点的朝向，然后使用这些朝向确定特定点的显示。物体的显示有何不同？
4. 渲染流水线的作用是什么？
5. 描述使用局部照明模式，如何模拟镜子中的反射。

*10.5 处理全局照明

研究者当前正在研究两种可以替代渲染流水线的方法，这两种方法都实现了全局照明模式，克服了传统流水线中局部照明模式的固有局限。其中一种方法是光线跟踪，另一种是辐射度。两种方法在处理时都极为精确但也很费时，在下文马上就可以看到。

10.5.1　光线跟踪

光线跟踪（ray tracing）本质上是沿着光线进行反方向跟踪以找到它的光源的过程。这个过程首先选择要渲染的像素，确定经过这个像素和投影中心的直线，然后跟踪沿着这条直线射入图像窗口的光线。这个跟踪过程沿着此直线进入场景，直至与物体相交。如果这个物体是光源，则终止光线跟踪过程，将像素渲染为光源上的一个点；否则，计算物体表面的特性，以此确定入射光的方向，当前跟踪的光线是入射光被反射后产生的反射光线。然后继续跟踪入射光线向后找到它的光源，在这点上可能还会有另一条光线需要识别和跟踪。

图10-13给出了一个光线跟踪的例子，在图中可以看到被跟踪的光线向后穿过图像窗口，到达镜子的表面，从这里跟踪光线至一个有光泽的球，再向后到镜子，然后从镜子到光源。基于从这个跟踪过程中获得的信息，图像中的像素应该显示为球上的一点，而这个球是被反射到镜子中的光源照亮的。

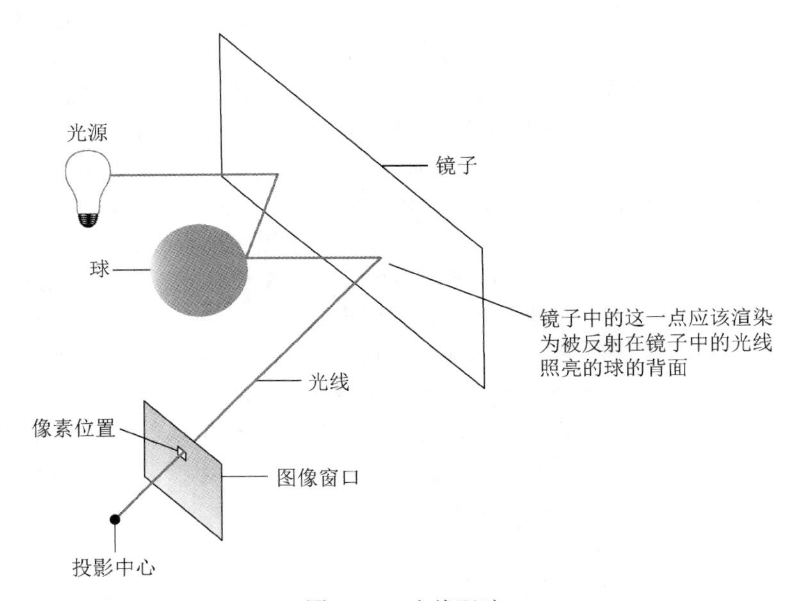

图10-13　光线跟踪

光线跟踪的一个缺点在于它仅跟踪镜面反射光。因此，通过这种方法渲染的所有物体往往都显示为有光泽的。可以使用**分布式光线跟踪**（distributed ray tracing）来去除这种效果。分布式光线跟踪与光线跟踪的区别在于，它并不仅仅跟踪从反射点向后的单条光线，而是同时跟踪从这个点出发的多条光线，每条光线的延伸方向略有不同。

当涉及透明的物体时，可应用基本光线跟踪的另一个变体。在这种情况下，每当向后跟踪光线至表面时，必须考虑两种效果，一种是反射，另一种是折射。在这种情况下，跟踪原始光的任务分成了两个：回溯追踪反射光和回溯追踪折射光。

光线跟踪通常是递归实现的，每次递归都跟踪光线到它的源头。第一次递归可能跟踪它的光线到一个有光泽的不透明表面。在这点上，此光线可能被识别为一条入射光线的反射光，计算这个入射光的方向，调用下一次递归去跟踪这个入射光线。第二次递归将执行类似的任务，去查找它的光线的源头。这个过程可能还会递归调用。

有多种终止递归光线跟踪的条件：被跟踪的光线与光源相交，被跟踪的光线可能存在于不与物体相交的场景中，或者是递归次数达到了预定的限制。还有另一种终止条件是基于表面的吸收特性的，如果表面是高吸收性的（如灰暗不光滑的表面），那么任何入射光线几乎都不会对表面的显示产生影响，光线跟踪停止，累积的吸收会产生相似的效果。也就是说，访问多个适度可吸收性的表面后，光线跟踪可以终止。

正是基于全局照明模式，光线跟踪才能避免传统渲染流水线中许多固有的限制。例如，隐藏面的消除问题和阴影检测问题通常可以在光线跟踪过程中自然地解决。遗憾的是，光线跟踪有一个很大的缺点，那就是费时。当跟踪每条反射光线至其源点时，需要的计算量迅速增大。（当涉及折射或者应用分布式光线跟踪时，这个问题是多方面的。）因此，光线跟踪没有在“大众水平”的实时系统（如交互式视频游戏）中实现，但在实时性要求不高的“专业水平”的应用（如电影工作室中使用的图像软件）中能找到它。

10.5.2 辐射度

另一种可以取代传统渲染流水线的方法就是**辐射度**（radiosity）。光线跟踪通过跟踪单条光线，采用点到点的方法；而辐射度通过考虑两个平面片对之间的辐射光能的总和，采取了更加区域化的方法。这个辐射的光能本质上就是散射光。一个物体辐射的光能，可能是这个物体产生的（如光源这种情况），也可能是这个物体反射的。因此每个物体的显示都要通过考虑从其他物体接收的光能来确定。

从一个物体辐射的光对另一个物体显示的影响程度是由称为**形状因子**（form factor）的参数来确定的。在场景中要渲染的每对面片都关联唯一的形状因子。这些形状因子考虑了两个面片之间的几何关系，比如分开的距离和相对朝向等因素。为了确定场景中一个面片的显示，需要计算此面片所接收的来自场景中其他面片的光能总量，每次计算都要使用一个合适的形状因子，然后将结果结合起来，产生每个面片的单个颜色和强度。最后使用类似于Gouraud着色的技术，将这些值插值到相邻的面片中间，获得光滑没有棱角的表面。

因为要考虑许多面片，所以辐射度的计算量是很大的。因此，与光线跟踪一样，辐射度的应用无法满足当前消费市场上图形系统的实时要求。辐射度的另外一个问题在于，由于它处理的单元包含整个面片，而不是单个的点，所以它捕获不到镜面反射光的细节，这就导致用辐射度渲染的所有表面往往是灰暗的。

但是，辐射度的确有它的优点。首先，使用辐射度决定物体的显示是不受相机影响的。这样，一旦计算出一个场景的辐射度，场景不同相机位置的渲染就能快速完成。其次，辐射度捕获了光的许多细微特征，如**渗色**（color bleeding），即一个物体的颜色影响周围其他物体的色调。因此，辐射度有它的特定应用。其中之一就是用在建筑设计的图形软件中。实际上，建筑内的光主要是由散射光和环境光组成，镜面反射光的影响不大，并且新的相机位置可以得到有效处理，这一事实意味着建筑师能很快从不同的视角看到不同的房间。

问题与练习

1. 为什么光线跟踪是沿着光线向后（从图像窗口到光源），而不是向前（从光源到图像窗口）？
2. 直接的光线跟踪和分布式光线跟踪的区别是什么？
3. 辐射度的两个缺点是什么？
4. 光线跟踪和辐射度在哪些方面是相似的？在哪些方面是不同的？

10.6 动画

我们现在转向计算机动画这个课题，它是使用计算机技术来生成和显示呈现运动的图像。

10.6.1 动画基础

我们先介绍一些基本的动画概念。

1. 帧

动画是通过快速连续地显示称为**帧**（frame）的图像序列获得的。这些帧捕获了固定时间间隔内变化场景的显示，这样，它们的顺序展示就产生了一直观看连续场景的错觉。电影业显示的标准速率是每秒24帧，广播视频的标准是每秒60帧（由于每隔一帧的视频帧被用来与前一帧混合，以产生细节完整的图像，所以视频也可以被归类为每秒30帧的系统）。

帧可以由传统的照片生成，也可以利用计算机图形学人工生成。而且，这两种技术还可以结合应用。例如，2D图形软件经常被用来修改通过照片获得的图像，消去支撑金属丝、叠加图像、和创建**变形**（morphing）效果（这是一个物体看起来要转化成另一个物体的过程）。

让我们一起来深入研究变形，它使动画变得更有趣。构建变形效果首先要确定把变形序列括在一起的一对儿关键帧。一个是变形出现之前的最后一个图像；另一个是变形出现之后的第一个图像。（在传统的电影制作中，这需要“拍摄”两个动作序列：一个是在变形出现之前；另一个是在变形出现之后。）把变形前与变形后帧中的相似特征相关联的点称为**控制点**（control point）。变形处理是指应用数学技术，以控制点作为基准，逐渐把一幅图像转变为另一幅图像的处理过程。通过记录变形过程中所产生的图像，得到一个简短的人工合成的图像序列，把它填充到当初定义的那两个关键帧之间，就创建了变形效果。

Kineograph

Kineograph是一本动画帧，通过快速翻动书页来模拟运动。通过这部分内容，你能制作你自己的Kineograph（假定你还没有在书的空白处填满涂鸦）。在第一页的空白处放置一个圆点，然后在第三页放置另一个圆点，位置与第一页的稍有不同。在每个连续的奇数页上重复这个过程，直到你到达书的末尾处。现在，快速翻动书页，观察点的跳动情况。一转眼，你已经制作了自己的Kineograph，也许这是你迈向动画事业的第一步。作为运动学的一个实验，你可以试着画粗线条人物替代简单的圆点，使得粗线条人物看起来像在走路。现在，动力学实验是通过产生水滴撞击地面的图像来进行的。

2. 故事板

一个典型的动画项目始于**故事板**（storyboard）的创建，故事板是一个二维图像序列，用关键点处显示的场景草图的形式讲述一个完整的故事。故事板的最终角色取决于动画项目是用2D技术实现的，还是用3D技术实现的。在使用2D图形的项目中，故事板一般会转变成帧中的最终场景，就像20世纪20年代迪士尼工作室所做的一样。在那个时候，艺术家（称动画大师）把故事板细化为称为**关键帧**（key frame）的详细帧，建立动画固定时间间隔的角色和场景的显示。助理动画师将绘制出填充两个关键帧之间间隔的另外的帧，以使动画看起来连续而平滑。这个填充间隔的处理称为**中间渐变**（in-betweening）。

与以前不同的是，现在的动画制作人员使用图像处理和2D图形软件绘制关键帧，大量的中间渐变处理是自动的，所以已经不存在助理动画师这个角色。

3．3D动画

大多数视频游戏动画和功能完备的动画产品现在是使用3D图形创建的。在这些情况下，项目仍旧先创建由二维图像组成的故事板。但是，与发展成为2D图像项目的最终产品不同，故事板被用作构建三维虚拟世界的蓝图。当其中的物体按照脚本移动或在视频游戏中行进时，这个虚拟世界将不断地被“拍摄”。

也许我们应该停下来弄清楚物体在计算机生成的场景内移动的含义。记住，“物体”实际上是存储在场景图中的数据集合。这个集合中的数据是一些指示物体位置和朝向的值。这样，“移动”一个物体仅需通过改变这些值就可以完成。一旦作出这些改变，新值就会被用在渲染处理中。从而，物体将在最终的二维图像中显示为已经移动。

模　糊

在传统的摄影领域，人们在生成快速运动物体的清晰图像方面做出了大量的努力。在动画领域，相反的问题产生了。如果描述运动物体的序列帧中的每一帧都把物体渲染成清晰的图像，那么运动可能显示为急动的。然而，清晰的图像是创建帧时的自然副产品，因为场景图中的每幅图像都是静止的。这样，动画制作人员经常需要手动扭曲计算机生成帧中的运动物体的图像。有一种技术称为**超取样**（supersampling），它产生多幅图像，其中运动物体只是稍微地移动，然后重叠这些图像生成单个帧。另一种技术是改变运动物体的形状，使它看起来像是沿着运动方向延伸的。

10.6.2　动力学和运动学

3D图形场景中的运动究竟是自动的，还是受动画制作者控制的，这个自动化的程度随应用的不同而变得不尽相同。当然，目标是整个过程的自动化。为了实现这个目标，许多研究已经直接面向找寻能识别和模拟自然发生现象的运动的方法。机械学中的两个领域被证明在这一点上特别有用。

一个是**动力学**（dynamics），它通过应用物理定律确定力作用于物体的效果，来描述物体的运动。例如，除了位置外，场景中的物体可能被赋予运动的方向、速度和质量。然后使用这些数据来确定重力或与其他物体的碰撞对物体产生的影响，为软件计算下一帧中物体的合理位置提供依据。

考虑创建一个描述容器中水的晃动的动画序列。我们可以使用场景图中的粒子系统来表示水，每个粒子表示一个小单位的水。（想象水由弹珠大小的大“分子”构成。）那么，当容器从一边摇到另一边时，我们可以应用物理定律计算粒子重力的影响，以及粒子间的相互作用。这样可以计算出固定时间间隔内每个粒子的位置，通过使用外层粒子的位置作为多边形网格的顶点，我们能够获得描述水表面的网格。在模拟过程中，通过不断地“拍摄”这些网格，就得到了动画。

用来模拟运动的另一个机械学分支是**运动学**（kinematics），它根据物体各部分间的相对运动方式，来描述物体的运动。当模拟有关节的角色时，运动学应用的优势就特别显著，因为这需要移动像手臂和腿之类的附属物。与计算肌肉和重力施加的力的影响相比，模拟关节运动模式更容易对运动进行建模。因此，当确定弹球的路径时，动力学可能是可选的技术；而模拟人物手臂的运动将使用运动学计算出合理的肩膀、肘和手腕的旋转度。因此，许多模拟生物特性的研究集中在解剖学的问题上——关节与附属物的结构是如何影响运动的。

应用运动学的一个典型范例是：首先用粗线条人物图来表示人物，模拟被描述的人物的骨骼结构；然后用多边形网格覆盖人物的每个部分，表示围绕这个部分的人物表面，并且建立相应的规则，确定相邻的网格相互连接的方式。通过重新定位关节在骨骼结构中的位置，就能够操纵人物（通过软件或动画制作者来操纵），就像一个人操纵提线木偶时使用的方式一样。"线"连接到模型的点称为**关节变量**（avars），它是"articulation variables"（或最近提出的"animation variables"）的简写。

许多运动学应用的研究已经朝着开发算法的方向发展，以自动计算模拟自然发生运动的附属物位置的序列。沿着这些方向，生成逼真的行走序列的算法现在已经产生了。

但是，基于运动学的大量动画还是通过指示人物穿过关节—附着物位置的预设序列而产生的。这些位置可能是由动画制作者创造性地给出的，也可能是由**运动捕捉**（motion capture）获得的，运动捕捉记录了生物模型在执行相应的动作时的位置。更准确地说，在人身体上的主要关节应用反光带后，就可以从多个角度拍摄人投掷棒球的动作。然后，通过观察各种照片中反光带的位置，就可以标识出人在进行投掷动作时手臂和腿的精确位置，并将这些位置传送给动画中的人物。

10.6.3　动画制作过程

动画研究的最终目标是自动化整个动画制作过程。想象一下软件（给定合理的参数）能自动生成所需的动画序列。当今，影视公司通过单个虚拟"机器人"生成了人群图像、战争场景和惊逃的动物，这些"机器人"在场景中自动移动，每个都执行分配给它的任务，这充分印证了人类在动画制作领域中取得的进步。

当拍摄《指环王》三部曲中幻想的半兽人军队和人类军队时，有趣的情况发生了。每一个屏幕上的战士都被建模成不同的"智能"物体，它们具有自己的体型特征和随机赋予的个性，这种个性赋予它一个攻击或是逃跑的倾向。在第二部圣盔谷战争的模拟测试中，半兽人的逃跑倾向设置得过高，当它们刚遇到人类战士时，就逃跑了。（这也许是虚拟群众演员认为工作太危险的第一个实例。）

当然，如今许多动画还是由人类动画制作者来制作的。但是，不同于20世纪20年代的手工绘制二维帧，如今这些动画制作者都使用软件操纵场景图中的三维虚拟物体，这种方式让人想起前面讨论运动学时介绍的控制提线木偶的方式。用这种方式，一位动画制作者能够创建一系列的虚拟场景，这些场景然后被"拍摄"成动画。在某些情况下，人们使用这种技术来产生关键帧的场景，然后当软件应用动力学和运动学把场景图中物体从一个关键帧场景位置移到下一个关键帧场景位置时，再使用软件通过自动渲染场景来产生中间渐变帧。

随着计算机图形学的进步以及技术的不断提高，肯定会有更多的动画制作过程变成自动化的。是否有一天动画制作者这一角色将不复存在，人类演员和物理布景也将成为过去，针对这一点尚无定论，但许多人都认为这一天不再遥远。实际上，与把无声电影转化为有声电影相比，3D图形学对影视产业的影响可能更为深远。

问题与练习

1. 人类看见的图像往往在人类的感知上约有200毫秒的视觉暂留，基于这个近似值，每秒必须呈现多少幅图像，才能产生动画？这个近似值是如何对应于电影中使用的每秒的帧数的？
2. 什么是故事板？
3. 什么是中间渐变？
4. 定义术语运动学和动力学。

复习题

1. 下列哪个是2D图形学的应用，哪个是3D图形学的应用？
   a. 设计杂志页面的布局。
   b. 用微软画图软件绘制图像。
   c. 为视频游戏生成虚拟世界的图像。
2. 3D图形学中的哪些术语对应于下列传统摄影领域的术语？解释你的答案。
   a. 胶卷。
   b. 取景器中的矩形。
   c. 被拍摄的场景。
3. 当使用透视投影时，场景中的球在什么条件下不会在投影平面上产生一个圆圈？
4. 当使用透视投影时，直线段的图像能变成投影平面上的曲线段吗？证明你的答案。
5. 假设8英尺[①]直柱的一端距离投影中心4英尺，而且假设从投影中心到直柱一端的直线与投影平面相交于一点，这一点距离投影中心1英尺，如果柱体与投影平面平行，那么在投影平面里柱子的图像长度是多少？
6. 说明平行投影和透视投影之间的区别。
7. 说明图像窗口和帧缓冲区之间的关系。
8. 应用3D图形学产生电影和应用3D图形学产生交互式视频游戏的动画，二者之间有什么明显的不同？请解释你的答案。
9. 说出物体的一些特性，这些特性可能出现在3D图形场景使用的这个物体的模型中，说出可能不会出现在模型中的一些特性，并解释你的答案。
10. 说出一些未被只含多边形网格模型捕获的物体的物理特性。（因此，单独的多边形网格并不能构建一个完整的物体模型。）解释如何把这些物理特性中的一个添加到物体模型中。
11. 三维空间中的任意4个点能是多边形网格中的面片的顶点吗？解释你的答案。
12. 下面的每个集合都表示了多边形网格中一个面片的顶点（使用传统的直角坐标系），描述网格的形状。
    面片1：(0,0,0) (0,2,0) (2,2,0)
    (2,0,0)
    面片2：(0,0,0) (1,1,1) (2,0,0)
    面片3：(2, 0, 0) (1, 1, 1) (2, 2, 0)
    面片4：(2, 2, 0) (1, 1, 1) (0, 2, 0)
    面片5：(0, 2, 0) (1, 1, 1) (0, 0, 0)
13. 下面的每个集合都表示了多边形网格中一个面片的顶点（使用传统的直角坐标系），描述网格的形状。
    面片1：(0, 0, 0) (0, 4, 0) (2, 4, 0)
    (2, 0, 0)
    面片2：(0, 0, 0) (0, 4, 0) (1, 4, 1)
    (1, 0, 1)
    面片3：(2, 0, 0) (1, 0, 1) (1, 4, 1)
    (2, 4, 0)
    面片4：(0, 0, 0) (1, 0, 1) (2, 0, 0)
    面片5：(2, 4, 0) (1, 4, 1) (0, 4, 0)
14. 设计表示长方体的多边形网格，使用传统的直角坐标系来表示顶点，绘制出一幅草图表示你的解决方案。
15. 使用不超过8个三角面片，设计一个多边形网格，近似表示半径为1的球的形状。（只有8个面片，你的网格将是非常粗糙的近似球形，但目的是帮助你理解什么是多边形网格，而不是产生球的精确表示。）使用传统的直角坐标系表示面片的顶点，绘制出网格的草图。
16. 为什么下面4个点不是平面片的顶点？
    (0, 0, 0) (1, 0, 0)
    (0, 1, 0) (0, 0, 1)
17. 假设顶点(1, 0, 0)、(1, 1, 1)和(1, 0, 2)是平面片的顶点，下面哪个线段是面片表面的法线？
    a. 从(1, 0, 0)到(1, 1, 0)的线段
    b. 从(1, 1, 1)到(2, 1, 1)的线段
    c. 从(1, 0, 2)到(0, 0, 2)的线段
    d. 从(1, 0, 0)到(1, 1, 1)的线段
18. 说出程序化模型的两种“类型”。
19. 在建模过程和渲染过程之间，哪一个是更
    a. 标准化的任务？
    b. 密集型的计算任务？
    c. 具创造性的任务？
    证明你的答案。
20. 下列哪一个可能在场景图中表示？
    a. 光源
    b. 不动的道具
    c. 人物/演员

① 1英尺=0.3048米。——编者注

d. 照相机

21. 在何种意义上说，场景图的创建是3D图形学处理的关键步骤？
22. 场景图中的照相机可能会改变位置和朝向，这个事实引入了何种复杂性？
23. 假设带有顶点(0, 0, 0)、(0, 2, 0)、(2, 2, 0)和(2, 0, 0)的平面片的表面是平滑且有光泽的。如果一条从点(0, 0, 1)发出的光线，在(1, 1, 0)处入射表面，反射光将经过下列哪个点？

    a. (0, 0, 1)

    b. (1, 1, 1)

    c. (2, 2, 1)

    d. (3, 3, 1)
24. 假设一个浮标上支撑着一个离静止水面高10英尺的灯，如果有一个观察者离浮标15英尺，离水面高5英尺，那么观察者在水面的哪个点上能看到灯的反射？
25. 如果一条鱼在静止水面下游动，观察者从水面上看鱼，从观察者的位置来看，鱼似乎是在哪里？

    a. 在它的真实位置的上方且朝向背景方向。

    b. 在真实的位置。

    c. 在它的真实位置的下方且朝向前景方向。
26. 假设点(1, 0, 0)、(1, 1, 1)和(1, 0, 2)是平面片的顶点，并且从物体外面观看时顶点是以逆时针顺序依次排列。在以下每种情况下，指明从所给出的点发出的光线是从物体的外面照到面片的表面的，还是从物体的里面照到面片的表面的。

    a. (0, 0, 0)

    b. (2, 0, 0)

    c. (2, 1, 1)

    d. (3, 2, 1)
27. 举一个例子，说明视体外的物体能够出现在最终图像中，并解释你的答案。
28. 描述z缓冲区的内容和用途。
29. 在针对隐藏面消除的讨论中，借助z缓冲区我们描述了解决“前景/背景”问题的过程。用第5章介绍的伪代码表示这个过程。
30. 假设物体的表面被交替的橙色和蓝色竖条纹覆盖，每一个条纹的宽度都是1厘米。如果将这个物体放置在场景中，使其像素位置与物体上间隔2 cm的点相关联，那么在最终图像中，物体的可能显示是什么？解释你的答案。
31. 虽然纹理映射和凹凸映射都是与表面“纹理”相关的方法，但它们是相当不同的技术，用一小段话来对它们进行比较。
32. 列出渲染流水线的4个步骤，并给出简要说明。
33. 使用硬件/固件实现渲染流水线有哪些优点？
34. 为交互式视频游戏设计的计算机的硬件与通用PC的硬件在哪些方面不同？
35. 传统渲染流水线的主要限制是什么？
36. 局部照明模式与全局照明模式之间的区别是什么？
37. 光线跟踪与传统的渲染流水线相比有哪些优点，有哪些缺点？
38. 分布式光线跟踪与传统的光线跟踪相比有哪些优点，有哪些缺点？
39. 辐射度与传统的渲染流水线相比有哪些优点，有哪些缺点？
40. 用传统光线跟踪生成的场景图像，与用辐射度生成的相同场景的类似图像相比较，有何异同？
41. 电影院放映的90分钟动画产品需要多少帧？
42. 描述粒子系统是如何被用来产生火苗闪烁的动画的。
43. 当创建一个描述单个物体在场景中移动的动画序列时，解释z缓冲区的使用有何帮助。
44. 当今的人类动画制作者与以前的人类动画制作者的工作有哪些不同？

社会问题

希望下面的问题能引导读者思考一些与计算领域相关的道德、社会和法律问题。回答出这些问题还不够，还应该考虑为什么这样回答，以及你的判断是否对每个问题都标准如一。

1. 假设计算机动画达到了在影视行业中不再需要真实演员的地步，那结果将是什么？不再有“电影明星”会带来什么样的连锁反应？
2. 随着数码照相机和相关软件的发展，大众已经具备了改变或制作照片的能力。这将给社会带来何种变化？会引起哪些道德和法律问题？

3. 照片所有权的程度是什么？假设一个人在网站上放置了他的照片，其他人下载这张照片，修改它，以至主体受损，并且传播修改后的版本。那么照片的主体应该拥有什么追索权？
4. 帮助开发暴力视频游戏的程序员应该对此游戏产生的任何后果负有何种程度的责任？是否应该限制儿童接触此类游戏？如果是的话，应如何限制以及由谁来限制？对社会上其他一些特殊的团体（如罪犯），应该采取何种限制？

课外阅读

Angel, E. and D. Shreiner. *Interactive Computer Graphics, A Top-Down Approach with Shader-Based OpenGL*, 6th ed. Boston, MA: Addison-Wesley, 2011.

Bowman, D. A., E. Kruijff, J. J. LaViola, Jr., and I. Poupyrev. *3D User Interfaces Theory and Practice*. Boston, MA: Addison-Wesley, 2005.

Hill, Jr., F. L., and S. Kelley. *Computer Graphics Using OpenGL*. 3rd ed. Upper Saddle River, NJ: Prentice-Hall, 2007.

McConnell, J. J. *Computer Graphics, Theory into Practice*. Sudbury, MA: Jones and Bartlett, 2006.

Parent, R. *Computer Animation, Algorithms and Techniques*, 3rd ed. San Francisco, CA: Morgan Kaufmann, 2012.

第 11 章 人工智能

本章探讨计算机科学的一个分支：人工智能。尽管该领域相对年轻，但它已经产生了一些令人惊讶的结果，例如，电子游戏节目的参赛者，用来学习和推理的计算机，协调一致来完成一个共同的目标（如赢得一场足球比赛）的多个机器。在人工智能领域，今天的科学幻想很可能是明天的现实。

本章内容

人工智能是计算机科学的一个领域，旨在设法建造自主的机器——无须人为干预就能完成复杂任务的机器。这个目标要求机器能够感知和推理，这两种能力属于一般意义上的活动，虽然对于人脑来说是自然而然的，但历史证明对于机器来说是有难度的。结果是该领域的工作一直富于挑战性。本章就来探讨这个广阔研究领域中的一些主题。

11.1 智能与机器

人工智能领域相当大，并且是与像心理学、神经学、数学、语言学以及机电工程等其他学科相融合的。为了集中思路，我们先来考虑智能体的概念以及智能体可能呈现的智能行为类型。实际上，人工智能的许多研究都可按智能体的行为来分类。

11.1.1 智能体

智能体（agent）是一种能对其环境的刺激做出响应的“装置”。人们会很自然地把一个智能体想象为一个像机器人一样的单个机器，尽管它可以有别的形式，如自动飞机、交互式视频游戏里的角色，或是通过因特网与其他进程通信的进程（可能作为客户机、服务器或对等机）。大多数智能体都具有传感器和效应器，前者接收来自其环境的数据，后者对其环境做出反应。常见的传感器包括麦克风、摄像机、距离传感器以及空气或土壤采样设备等，效应器的例子有车轮、腿、翅膀、夹子以及语音合成器。

很多人工智能的研究可以在构建智能体的环境中进行描述，这意味着智能体效应器的动作必须对通过其传感器接收的数据做出合理的响应。按照响应的级别，我们可以对这些研究进行分类。

最简单的响应是映射行为，这只是对输入数据的一个预定的响应。更高级的响应用于获取更“智能的”行为。例如，我们可以赋予智能体以环境知识，要求其相应地调整其行为。投掷棒球的过程在很大程度上是映射行为，但决定怎样扔，向哪个方向扔，就需要对当前环境有一定的了解。（如此时一个人出局，跑手在一垒和三垒。）怎么样存储、更新和获取这种现实世界的知识，然后最终应用到决策过程中，一直是人工智能领域具有挑战性的问题。

如果我们希望智能体的目标是赢得一场棋赛或是通过一条拥挤的通道，那么就需要另一种层次的响应。这种有目标性的行为需要智能体的响应（或是一系列的响应），应当是周密考虑的结果，构成一个行为计划，或是在当前的各种选项中选取最好的行为。

在有些情况下，智能体的响应能够随着智能体的不断学习而得到改进。智能体的学习可以采取不断发展**过程性知识**（procedural knowledge）的形式（学习“怎样”），或者储备**陈述性知识**（declarative knowledge）的形式（学习“什么”）。学习过程性知识涉及一个反复试验的过程，在这个过程中，智能体从出错受罚、正确受奖的过程中学习适当的反应。人们根据这个方法开发了一些智能体，它们能够随着时间的推移逐步提高在西洋跳棋和国际象棋等竞赛性游戏中的能力。学习陈述性知识通常采取的形式是扩充或变更智能体的知识库里的“事实”。例如，一个棒球运动员必须不断地重复调整其知识数据库（虽然还是一人出局，但现在跑垒手在第一垒和第二垒），从中对将来的事件做出合理响应。

一个智能体要对刺激做出合理的响应，就必须“理解”由其传感器接收的刺激。也就是说，智能体必须能够从其传感器产生的数据里提取信息，或者换句话说，智能体必须能够感知。在有些情况下，这是一个简单的过程。从一个陀螺仪获取的信号很容易就能编码成适合计算的形式，以确定响应。但是有些情况下，从输入数据提取信息并不容易，例如，理解语音和理解图像就很难。同样，智能体也必须能够以与效应器兼容的方式表达它们的响应。这可以是一个简单的过程，也可能要求智能体把其响应表达为一个完整的口语句子——这意味着智能体必须生成语音。所以，像图像处理和分析、自然语言理解以及语音的生成这些主题都是重要的研究领域。

我们这里标识的智能体的属性既表示以前的研究范畴，又表示当今的研究范畴。当然，它们彼此之间并不是完全无关的。我们希望最终能够开发出处理所有这些属性的智能体，产生出能够理解来自环境的数据，并通过学习过程开发新的响应模式的智能体，学习的目的是最大限度地提高智能体的能力。然而，通过孤立各类推理行为并独立研究它们，研究人员获得了一个立足点，由此入手，可以与其他领域的发展相结合，产生更加智能的智能体。

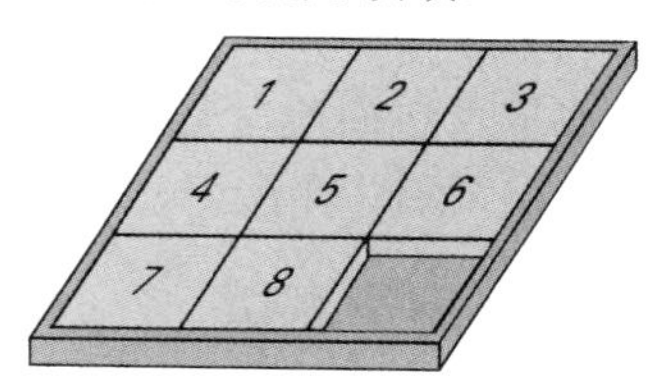

图11-1 八数码游戏的最终布局

本节的最后我们介绍一个智能体，为11.2节和11.3节的讨论提供一个背景。该智能体是为解决八数码游戏（eight-puzzle）而设计的，该游戏由8个小方块组成，标号为1～8，放置在一个3行3列总共可容纳9个小方块的框架内（见图11-1）。这样，框内的方块间有个空位，挨着空位的方块可以移动，允许框内的方块随意排布。问题是要把杂乱排布的方块移回到它们的初始位置（见图11-1）。

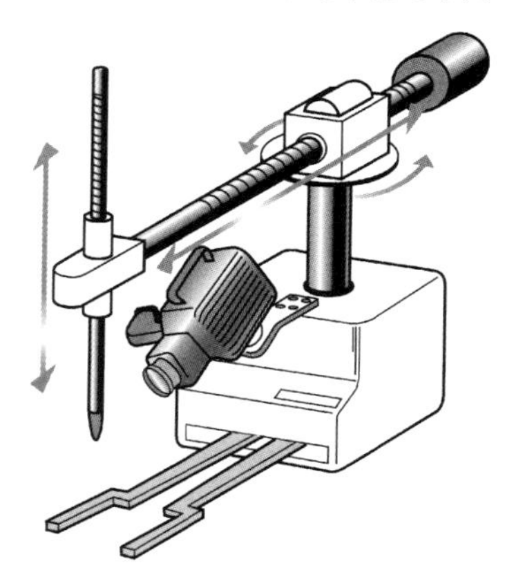

图11-2 我们的八数码游戏求解机器

我们的智能体采用的装置配有一个夹具、一个摄像机和一个带橡皮头的指杆，其中橡皮是为了推移东西时不会打滑（见图11-2）。当首次开启该智能体时，夹具会一张一合，好像它在索要拼图一样。当我们把一个随意排布的八数码游戏拼图放进夹具时，夹具就会接近它。不一会儿，机器的指杆会降低，并开始在框架内推移方块，直到所有的方块恢复到它们的原始位置。这时，机器会放开拼板并自己关掉电源。

这个解决八数码游戏的机器展现了前面提到过的两个智能体的属性。第一，它必须能够感知，就是必须从其摄像机拍摄的图像中获取当前拼图的状态。我们将在11.2节阐述理解图像的问题。第二，它必须开发和实现一个达到目标的计划。这些问题将在11.3节中阐述。

11.1.2　研究方法

要对人工智能领域作出客观的评价，应该知道对该领域的研究存在两种路线。一种可以称为工程线路，即研究人员侧重于开发展示智能行为的系统。另一种可以称为理论路线，即研究人员会尝试从计算的角度来研究动物（尤其是人类）的智能。我们通过考虑这两种路线的执行方式，来说明这种二分的研究方法。在工程路线指导下，由于潜在目标是生产出符合某些性能目标的产品，因此就产生了面向性能的方法论。在理论路线指导下，由于潜在目标是增进人类对计算智能的理解，所以关注重点是底层处理而非外在性能，因此就产生了面向模拟的方法论。

作为一个例子，考虑自然语言处理和语言学领域。这些领域关系密切，各领域的研究可互相取长补短，但它们的根本目标却不同。语言学家的兴趣在于弄明白人类如何处理语言，因此更倾向于理论性的研究，而自然语言处理领域的研究者的兴趣在于开发能处理自然语言的机器。所以，语言学家以面向模拟的模式运作，也就是建造用来检验理论的系统。相反，自然语言处理的研究者以面向性能的模式构建系统执行任务。后一种模式产生的系统（如文档翻译机和响应口头命令的机器系统）在很大程度上依赖于语言学家获取的知识，但在特定系统的限定环境中经常使用可以工作的“简化方法”。

作为一个基本的例子，考虑为一个操作系统开发一个外壳（shell）的任务，它通过口述英语命令接收来自外部世界的指令。在这种情况下，shell（一个智能体）不需要考虑完整的英语语言。更准确地说，外壳不需要区分copy这个词的不同意思。（是名词还是动词？是否有抄袭的含义？）相反，外壳仅仅需要把copy这个词与其他命令（如rename、delete）区分开来，所以外壳可以通过将输入与预先确定的音频模式相匹配来完成任务。这种系统的性能可能会令工程师满意，但从美学角度看，其实现方式也许并不能取悦理论家。

11.1.3　图灵测试

过去，**图灵测试**（Turing test，1950年由阿兰·图灵提出）一直作为衡量人工智能领域发展的一种标准。现在，图灵测试的重要性已不及从前，但它仍是人工智能领域重要的一部分。图灵的提议是，允许一个人（我们称他为询问者）与一个测试对象通过一个打字机系统进行通信，而没有告知询问者测试对象究竟是一个人还是一台机器。在这种环境中，如果询问者没能够把一台机器与一个人区分开来，那么可以说明这台机器的行为是智能的。图灵预测，到2000年，机器将会有30%的机会通过一个5分钟的图灵测试——这个预见惊人地准确！

人工智能的起源

寻求建造能够模仿人类行为的机器有很长的历史，不过很多人会认同现代人工智能领域起源于1950年。就在这一年，阿兰·图灵发表了论文“Computing Machinery and Intelligence”，提出机器能够通过编程来展现智能的行为。这个领域的名字——人工智能——就在几年后由约翰·麦卡锡（John McCarthy）在一个现在看来颇具传奇色彩的建议里提出，他建议“1956年夏天在达特茅斯学院（Dartmouth College）开展人工智能的研究”，以探究“这种推测，即认为认知的每个方面或智能的任何其他特征原则上都能够被精确地描述，从而能够制造出模拟它的机器”。

图灵测试已不再被认为是对智能的有效度量，其中一个原因在于，相对简单的手法会**产生**（produce）怪诞的智能显示。图灵测试场景的一个著名示例是20世纪60年代中期由Joseph Weizenbaum开发的程序DOCTOR（更通用的系统版本称为ELIZA）。这个交互程序被设计用来反映罗杰斯分析师指导心理治疗的场景，计算机扮演了分析师的角色，而用户扮演病人。在内部，DOCTOR所做的一切是根据某些定义明确的规则将病人的陈述重新构造并反馈给病人。例如，回应病人的陈述"我今天觉得很累"，DOCTOR可能回答："为什么你今天觉得很累？"如果DOCTOR不能识别句子结构，它仅仅作出像"继续"或者"这很有趣"这样的响应。

Weizenbaum开发DOCTOR的目的是为了研究自然语言的交流。心理疗法的目标仅仅提供了一个程序可以"交流"的环境。然而，Weizenbaum没有想到的是，个别的心理学家建议把这个程序用在实际的心理治疗中。（罗杰斯的论点是，在治疗期间，应该是病人来主导对话，而不是分析师。所以他们认为计算机也能像治疗师那样引导对话。）而且，DOCTOR表现出极强的理解能力，以至许多与它"沟通"过的人会迎合这种与机器的问答式对话。在某种意义上，DOCTOR通过了图灵测试。其结果是，在道德及技术上都产生了争议，Weizenbaum成为一位在技术进步的世界中维护人类尊严的倡导者。

较新的图灵测试"成功"的例子包括一些因特网病毒，为了诱骗人类放松对恶意软件的防护，这些病毒与人类受害者进行"智能"对话。此外，与图灵测试类似的现象发生在国际象棋博弈程序这样的计算机游戏的场景中。尽管这些程序是通过应用蛮力技术来选择棋路（这与我们将在11.3节讨论的内容相似），但人类在同计算机进行竞赛的过程中却常感觉机器拥有创造力甚至个性。相似的感觉在机器人技术领域也有，根据物理属性建造的机器表现出了智能特征。例如，玩具机器狗仅仅通过点头或者是竖耳朵来响应声音，就表现出了可爱的个性。

问题与练习

1. 指出一个智能体可能会做的几种"智能"动作。
2. 一棵放在只有一束光源的暗室里的植物，会朝着光源方向生长。这是一种智能响应吗？植物拥有智能吗？你对智能的定义是什么？
3. 假定一台售货机根据所按的按钮发售不同的物品，你认为这样的一台机器是否"知道"按了哪个按钮？你对"知道"的定义是什么？
4. 如果一台机器通过了图灵测试，你会认同这台机器是智能的吗？如果不是，你是否认同该机器看上去是智能的？
5. 假设你使用聊天室通过因特网与某人聊天（或使用某种即时通信软件，如Instant Messenger），并与之进行了长达10分钟的意味深长的连贯谈话。如果你在稍后发现之前是与一台机器对话，你是否会认为这台机器是智能的？为什么？

11.2 感知

一个智能体要想智能地响应从它的传感器接收的输入，就必须能够理解输入。也就是说，智能体必须能够感知。本节我们来探讨感知的两个研究领域，即理解图像和理解语言，这两个领域被证明特别具有挑战性。

11.2.1 理解图像

让我们考虑11.1节介绍的解决八数码游戏的机器所提出的问题。机器上夹具的张合没有表现出严重的障碍，在这个张合的过程中，因为这里的应用要求的精度不高，所以检测夹具中是否有拼图的功能也很简单，即使是摄像机对拼图的对焦问题，也可以通过设计夹具把拼图安置在一个预定的便于观察的位置上简单地解决。所以，机器需要的第一个智能行为是从视觉媒介中提取信息。

必须认识到，我们的机器在看拼图时所面对的问题不单是产生和存储一张图像，这方面的技术很多年前在传统的摄影及电视系统中就能做到。相反，这里的问题是为了提取拼图当前的状态，要理解这个图像（可能随后还要监控方块的移动）。

在八数码游戏机器的案例中，对拼图图像的可能解释是相对有限的。我们可以假定，在一个排列好的模式里所呈现的总是一幅包含数字1～8的图像。问题只是去提取这些数字的排列。为此，我们想象拼图的图像已经在计算机内存中，按照位进行编码。编码中的每一位表示具体像素的亮度。假定图像的大小统一（机器把拼图放在摄像机前的预定位置），把图像的不同部分与由位模式构成的预定模板相比较（位模式是由拼图中使用的单个数字生成的），机器就能够检测出哪个方块在哪个位置。如果发现匹配，则说明拼图达到了要求的条件。

这种识别图像的技术是光学字符阅读器中使用的一种方法。但它是有缺点的，它对被读的符号在类型、大小以及方位上要求一定程度的一致性。特别是，即使对于相同的符号，外形也相同，但字体较大的字符产生的位模式与较小字体的模板也不匹配。此外，可以想象，当试图处理手写材料时，问题会变得非常困难。

解决字符识别问题的另一个方法是基于匹配几何特征的，而不是符号的精确外形。在这种情况下，数字1表示为一条单竖线，数字2可能代表一条不封闭的曲线，底部与一条水平直线相连，等等。这种识别符号的方法分两步：第一步是从要处理的图像中提取图像特征，第二步是把这些特征与那些已知符号的特征进行比较。与模式匹配方法一样，这种符号识别技术并不可靠。例如，图像的少许错误会产生一组完全不同的几何特征，比如区分字母O和C，或者八数码游戏里的数字3和8。

幸好在八数码游戏中不需要理解一般的三维场景。例如，我们的优势是能保证识别的形状（数字1～8）相互孤立地处在图像上的不同部分，而不是常见的重叠图像。例如，在一张普通的照片中，我们面临的不仅是从不同的角度识别一个对象的问题，还包括被遮蔽的对象的某些部分。

理解一般图像的任务通常采取两步进行处理：（1）**图像处理**（image processing），指标识图像的特征；（2）**图像分析**（image analysis），指理解这些特征代表什么意思的过程。在利用符号的几何特征识别符号的描述中，我们已经提出了二分的处理方法。在这个过程中，图像处理由标识在图像中发现的几何特征的过程来表示，图像分析由标识那些特征的含义的过程来表示。

图像处理带来了大量的研究课题。一个是轮廓增强，使用数学技术使图像中区域间的边界线变得更清晰。在某种意义上，轮廓增强试图将照片转换成线条画。图像分析的另一个活动是区域查找。这是标识图像中那些区域的过程，那些区域拥有共同的属性，如亮度、颜色或者纹理。这样的一个区域很可能代表图像中某个对象的一部分。（这种识别区域的能力使得计算机可以给老式的黑白电影着上彩色。）图像处理领域还包含另一个活动——平滑（Smoothing），即去除图像中缺陷的过程。平滑使图像中存在的错误不会混淆其他图像处理步骤，但是过度平滑也会导致重要信息的丢失。

平滑、轮廓增强以及区域发现都是用来标识图像中各种成分的步骤。图像分析是确定“这些成分代表什么以及最终这个图像代表什么”的过程。这里我们还要面对从不同视角识别被部分遮挡的对象这样的问题。图像分析的一种方法是首先假定一个图像大概是什么，然后尝试把图像中的成分与那些猜测的对象相联系。这看起来是人类所使用的方法。例如，有时我们会发现，在我们视觉模糊的情况下，识别一个没有想到的对象是很困难的，但是一旦有一个该对象可能是什么的线索，我们就能容易地认出它。

与一般图像分析相关的问题特别多，在这个领域还有许多研究要做。图像分析这个领域展示了，那些人类智能能够很快又非常容易完成的任务，是如何不断挑战机器能力的。

强人工智能与弱人工智能

能够通过对机器进行编程来展现其智能行为的那种推测能力被认为是**弱人工智能**（weak AI），今天在不同程度上已经被大众所接受。但是，机器能够通过编程而获得智力——亦即意识——的那种推测能力，则被认为是**强人工智能**（strong AI）。强人工智能引发了广泛的争论。反对者认为，机器在本质上与人类不同，它永远不能像人类那样感受爱、判断对错，以及考虑自我。然而，支持者认为，人类的头脑是由许多小的部件构成，每个部件都不是人，没有意识，但是当它们结合在一起就成了人。他们辩称，为什么同样的现象就不可能出现在机器身上呢？

解决强人工智能争辩的难点在于，智能和意识这样的属性是内在特性，不能够直接界定。正如阿兰·图灵指出的那样，我们认为其他人属于有智能的是因为他们的行为表现出智能——即使我们不能观察到它们内部的智力状态。那么，如果机器也呈现外在的意识特性，我们是否准备认可机器具备同样的水准呢？为什么是，为什么不是？

11.2.2 语言处理

理解语言是感知问题的另一个已证明的颇具挑战性的问题。把形式化的高级程序设计语言翻译成机器语言（见6.4节）获得的成功使早期的研究人员认为，通过编程使计算机具有理解自然语言的能力将在几年后变成现实。实际上，翻译程序的这种能力给我们一种错觉——机器真能理解被翻译的语言。（回忆6.1节中Grace Hopper讲的故事，那些经理以为她正在教计算机理解德语。）

这些研究人员没有明白形式化的程序设计语言与英语、德语以及拉丁语这些自然语言之间在深度上的差异。程序设计语言由精心设计的原语组成，每个语句只有一种语法结构，只有一种意思。相反，自然语言的一个语句会因为上下文的不同，甚至交流方式不同而有多种意思。因此，人类理解自然语言很大程度上依靠额外的知识。

例如，句子

Norman Rockwell painted people.

以及

Cinderella had a ball.

都有多种意思，但通过语法分析或单独翻译每个词并不能区分这些意思。实际上，要理解这些句子需要有理解句子上下文的能力。在有些场合，一个句子的真实意思与它的字面意思完全不同。例如，

"Do you know what time it is?"（你知道几点了吗？）

通常的意思是"Please tell me what time it is"（请告诉我现在几点了），或者如果说话者已经等候了很长时间，那么这句话意思可能是："You are very late."（你来得太迟了。）

要弄明白一种自然语言中的一个句子的意思需要几个层次的分析。第一层是**句法分析**（syntactic analysis），其主要成分是语法分析。在这里，句子

Mary gave John a birthday card.（玛丽给约翰一张生日贺卡。）
的主语是Mary，而句子

John got a birthday card from Mary.（约翰收到玛丽赠送的一张生日贺卡。）
的主语是John。

分析的第二层称为**语义分析**（semantic analysis）。语法分析仅标识每个词在语法上的作用，与语法分析不同，语义分析的任务是标识句子中每个词在语义上的作用。语义分析试图标识的内容有：描述的动作、动作的主体（不一定是句子的主语）以及动作的目标等。正是通过语义分析，我们认为句子"玛丽给约翰一张生日贺卡"和"约翰收到玛丽赠送的一张生日贺卡"是在说同一件事情。

分析的第三层是**上下文分析**（contextual analysis）。在这一层，句子的上下文被引入理解过程中。例如，很容易分辨出句子

The bat fell to the ground.
中的每一个单词在语法上的作用。我们甚至能通过识别动作"falling"和动作主体"bat"等来实现语义分析。但只有等我们考虑到上下文后，句子的意思才能变得明确。尤其是，这句话在棒球比赛这样的背景下和在洞穴中探险这样的背景下有着不同的意思①。而且，只有在上下文这一层，问题"你知道几点了吗？"的真正意思才能最终揭晓。

我们应当注意，各个层次分析（句法、语义及上下文）并不一定相互独立。对于句子

Stampeding cattle can be dangerous.
如果我们想象是一群牛在惊跑，那么主语是名词cattle（stampeding是修饰它的形容词）。但是如果语境是哪个恶作剧者以惊吓牛群取乐，那么主语就是动名词stampeding（宾语是cattle）。因此，这个句子不只有一个语法结构——究竟哪一个正确要依赖于上下文。

自然语言处理的另一个研究领域涉及整个文档，而不是单个句子。这里涉及的问题可分成两类：**信息检索**（information retrieval）和**信息提取**（information extraction）。信息检索的任务是标识与手头论题有关的文档。例如，万维网的用户想找到与特定主题相关的站点时所面对的问题。该技术的当前状态是为关键字搜索站点，但这经常产生大量的假结果，并且经常会由于其处理的是"automobiles"而不是"cars"，从而忽略一个重要的站点。因此，我们就需要一种能理解所考虑站点内容的搜索机制。要获得这样的理解很困难，这也就是许多搜索机制都转向采用像在4.3节介绍的XML这样的技术，来产生语义网Web的原因。

信息提取是指从文档中提取信息这样的任务，并采用一种形式以方便用于其他应用程序。这个意思可以理解为为一个特定的问题确定答案，或者是将信息以某种格式记录，以备日后解答问题时使用。有一种这样的格式称作**框架**（frame），框架实质上是一种记录细节的模板。例如，考虑一个读报系统。该系统可以利用各种各样的框架，报纸上的每一类文章用一个。如果系统认定一篇文章是关于入室盗窃的报道，它会继续试图把它填写到入室盗窃框架的位置上，该框架可能要求填写这样一些条目，如失窃地点、失窃时间和日期以及失窃物品等。相反，如果系统认定一篇文章是关于自然灾害的报道，那么它会填写自然灾害框架，引导系统确定灾害类型、损失的大小等。

信息提取器记录信息的另一种形式称为**语义网**（semantic net）。这实质上是一个大的链式数据结构，结构中的指针用来指示数据项之间的联系。图11-3显示了一个语义网的一部分，突出显示的部分是从句子

① 英文单词bat有蝙蝠和球棒两种意思，在棒球比赛中应指"球棒"，在洞穴中探险时则可能指"蝙蝠"。
——译者注

Mary hit John.
中得到的信息。

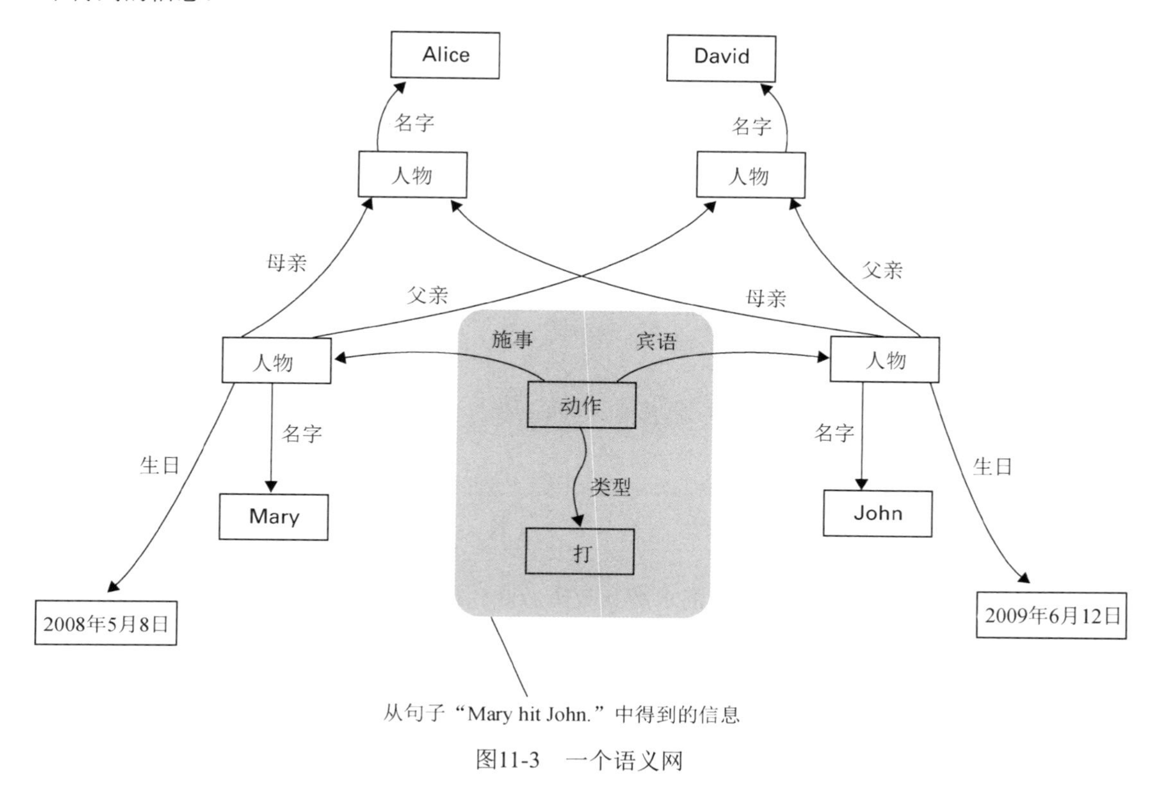

从句子"Mary hit John."中得到的信息

图11-3 一个语义网

掌中的人工智能

人工智能技术正在智能手机应用中越来越多地显现出来。例如，谷歌公司研发了Google Goggles——一个提供虚拟搜索引擎的智能手机应用。只要用智能手机的照相机对某一本书、某一地标性建筑或某一标记拍照，Goggles就会执行图像处理、图像分析和文本识别，然后启动一次Web搜索来识别这个对象。如果讲英语的你正身处法国，那么你可以通过将一个标记、一个菜单或一个其他文本拍照，把它翻译成英文。除Goggles外，谷歌正在积极地研究声音对声音的语言翻译，很快你就可以用英语对手机讲话，然后让手机播放其对应的西班牙语、中文或其他语言的声音。随着不断以创新的方式使用人工智能，智能手机无疑会越来越智能。

问题与练习

1. 如果机器人是自己使用视频系统来控制自己的活动，而不是把视频转播给远程控制机器人的人，那么对视频系统的要求有什么不同？
2. 是什么让你知道下图不合情理？这样的洞察力怎样编程到机器中？

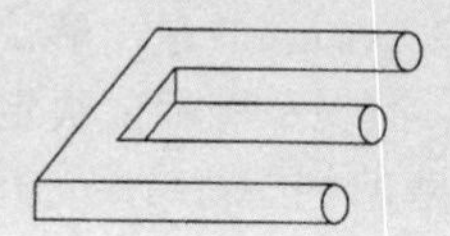

3. 下图中有几个方块？怎样对一个机器编程使其能正确回答这个问题？

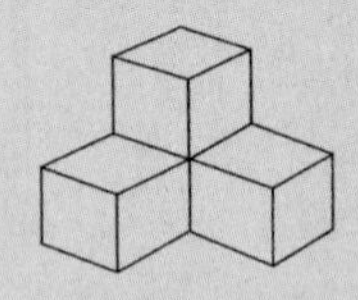

4. 你是如何知道句子“Nothing is better than complete happiness”和句子“A bowl of cold soup is better than nothing”不是暗指“A bowl of cold soup is better than complete happiness”的？你这种区分能力如何被移植到一台机器上？
5. 指出在翻译句子“They are racing horses”时的二义性。
6. 比较下列两个句子的语法分析结果。然后解释二者在语义上的不同。
   The farmer built the fence in the field.
   The farmer built the fence in the winter.
7. 根据图11-3中的语义网，Mary和John之间是什么家庭关系？

11.3 推理

现在，让我们来利用11.1节介绍的求解八数码游戏的机器来探讨开发具有基本推理能力的智能体的技术。

11.3.1 产生式系统

一旦八数码游戏的机器从看到的图像中解读出方块的位置，它的任务就变成了决定需要哪些移动来求解难题。马上可以想到的一个方法是，把方块的所有可能排列对应的解决方案都预先编写到机器中。然后，机器的任务就只是选择和执行合适的程序。然而，这个八数码游戏有100 000多种布局，所以对每一种布局提供一个直接的解决方法的方案显然不可取。因此，我们的目标是对机器编程，让机器能够自己构建难题的解决方法。也就是说，必须对机器编程使其能够实现基本的推理活动。

开发机器的推理能力已经是一个研究多年的主题。有关这方面的研究已经达成一个共识，即有一大类推理问题具有共性，这些共性被单独放在一个抽象的实体中，该实体称为**产生式系统**（production system）。这种系统由3个主要部分组成。

（1）状态集合。每个**状态**（state）是一个可能在应用环境中发生的情形。最初的状态称作**开始状态**（start state）（或者初始状态），期望的状态称作**目标状态**（goal state）。（在我们的案例中，一个状态就是指八数码游戏的一种布局，开始状态就是八数码游戏提交给机器时的布局，目标状态就是图11-1所示的已经解决了难题的布局。）

（2）产生式集合（又称规则或者移动）。**产生式**（production）是指能在应用环境中执行的让系统从一个状态转移到另一个状态的操作。可以将每个产生式一些先决条件相关联，也就是说，在应用产生式之前，环境中必定会出现一些可能存在的条件。（在我们的案例中，产生式就是方块的移动。一个方块每次移动的先决条件是其相邻的位置必须有空位。）

（3）控制系统。**控制系统**（control system）是由解决问题使其从开始状态变换到目标状态的逻辑组成的。在处理过程的每一步，控制系统都要决定，在满足先决条件的那些产生式中，下一步该执行哪一个。（对于八数码游戏的例子，给定一个特定状态，在空位旁有几个方块，就存在几个可用的产生式。控制系统必须决定移动哪一个方块。）

注意，在一个产生式系统的上下文中，赋予解决八数码游戏的机器的任务可以被公式化。在这种情况下，控制系统采用程序的形式。该程序检查八数码游戏的当前状态，确定实现目标状态的一系列产生式，并执行这一系列产生式。因此，我们的任务就是为解决八数码游戏设计一个控制系统。

控制系统开发中的一个重要概念是**问题空间**（problem space），它是产生式系统中的所有状态、产生式以及先决条件的集合。问题空间通常会概念化成**状态图**（state graph）的形式。这里，图这个词是指一种数学家称为**有向图**（directed graph）的结构，即一组由箭头连接起来的称为**节点**（node）的位置。一个状态图由一组用箭头连接的节点组成，节点表示系统中的状态，箭头表示从一个状态转换到另一个状态的产生式。状态图中两个节点被一个箭头连接的条件是：当且仅当有一个产生式，它把系统从箭头起点处的状态转换到箭头终端处的状态。

我们应当强调的是，正像在解决八数码游戏时拼图可能状态的数量使我们难以明确地提供预先编写好的解决方案一样，数量太大的问题也使得我们不能明确地表示整个状态图。所以，状态图是概念化手头问题的一种方法，但不能用来表示全部内容。虽然如此，你会发现，它有助于考虑（并可能扩展）图11-4显示的八数码游戏的一小部分状态图。

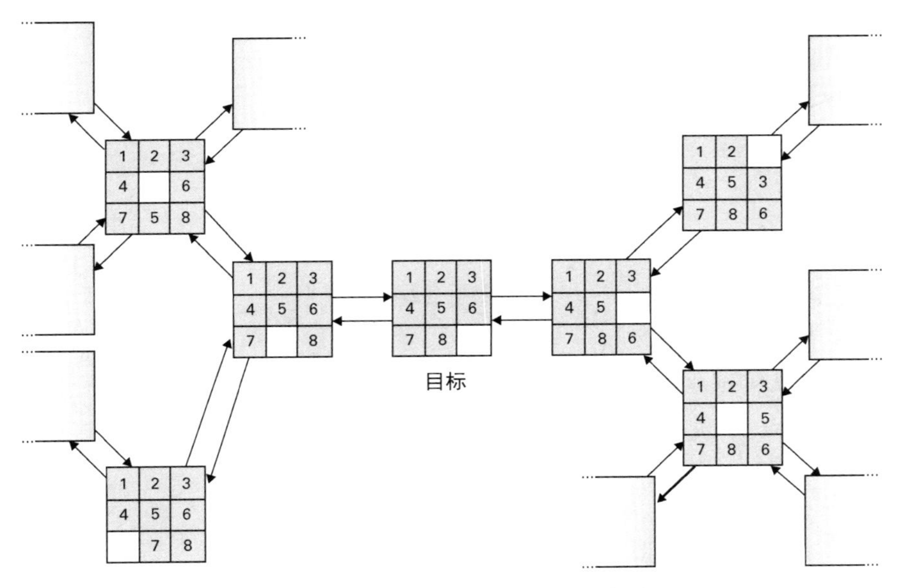

图11-4　八数码游戏状态图的一小部分

当根据状态图来考虑时，控制系统面临的问题变成了寻找一连串从开始状态导向目标状态的箭头。毕竟，这一连串的箭头代表了解决初始问题的一系列产生式。所以，不管应用是什么，控制系统的任务都可以看作是寻找一条贯穿状态图的路径。对控制系统的这种普遍观点是根据产生式系统对要求推理的问题进行分析的成果。如果一个问题能够根据产生式系统来描绘，那么它的解决方法就能够根据搜索一条路径来明确表达。

为了强调这一点，我们先来考虑其他任务是如何按照产生式系统来设计，然后在控制系统通过状态图发现路径的背景下完成的。人工智能的经典问题之一就是下国际象棋这样的游戏，这类游戏在一个明确规定的背景下属于中等复杂度，因此，它为理论测试提供了一个理想的环境。在国际象棋游戏中，基本产生式系统的状态是可能的棋盘布局，产生式是棋子的移动，控制系统就具体为棋手（人或别的）。状态图的开始节点表示棋子在初始位置时的棋盘。从该节点出发的分支是一些箭头，这些箭头指向游戏中棋子第一步移动之后会形成的那些棋盘布局；而从这每一个布局出发的分支仍然是一些箭头，指向下一步移动棋子会形成的那些布局；依次类推。通过这种明确的表达，我们可以把一个国际象棋游戏想象为由两个选手组成，每个选手都试图通过在一个大的状态图中寻找一条通向自己选择的目标节点的路径。

或许从给定事实得出逻辑推论的问题是一个不太明显的产生式系统的例子。在这种情况下，产生式是称为**推理法则**（inference rule）的逻辑规则，这些规则允许从旧语句中形成新语句。例如，语句“所有超级英雄都是崇高的”和“超人是超级英雄”可以合并产生“超人是崇高的”。这样一个系统中的状态由各种语句组成，在推导过程的一些特定点处，这些语句为真：开始状态是基本语句（常称为公理）的集合，从中可以得出结论；而目标状态则是包含了提出结论的语句的任意集合。

例如，图11-5显示了以下推论所经历的状态图的一部分：从一组语句“苏格拉底是男人”、“所有男人都是人”及“所有人都是凡人”可以推出“苏格拉底是凡人”。

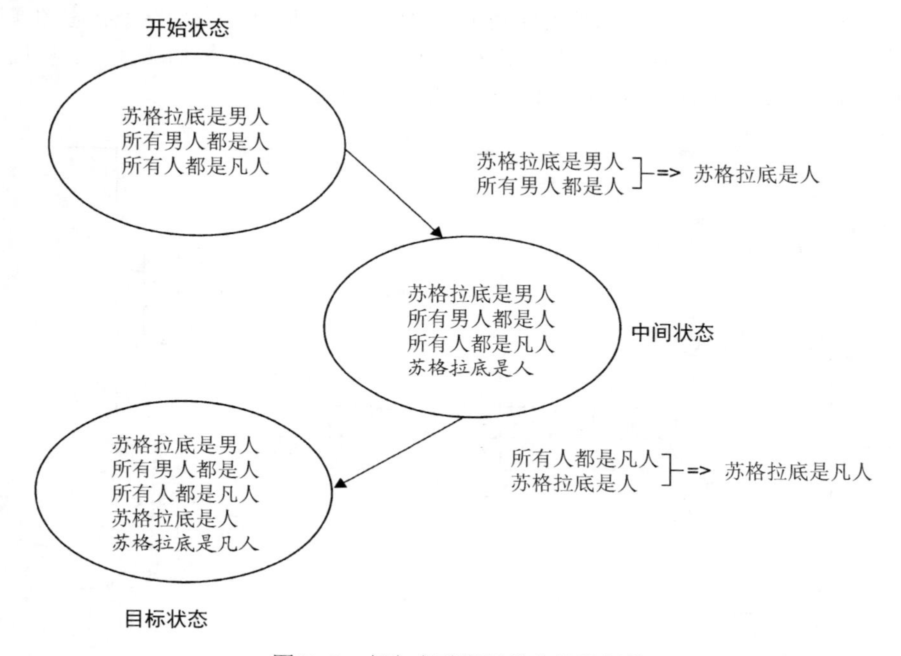

图11-5　产生式系统环境中的演绎推理

从中我们看到，随着推理过程应用合适的产生式来生成新的语句，知识的主体从一个状态转换到了另一个状态。当今，这种推理系统经常应用在逻辑程序设计语言（见6.7节）中，它是大多数**专家系统**（expert system）的骨干。专家系统是为模拟因果推理而设计的软件包，这些推理是人类专家面对相同情形时所遵从的。例如，医疗专家系统用来协助疾病诊断或改良治疗。

11.3.2　搜索树

我们已经看到，在产生式系统的环境中，控制系统的工作涉及搜索状态图，找出从开始节点到目标节点的一条路径。完成这种搜索的一个简单的方法就是仔细观察每一个从初始状态发出的箭头，并记录下每一个目标状态，然后继续仔细观察从这些新状态发出的箭头，再记录下结果，依次类推。对目标的搜索像向水中滴入一滴墨水一样，从开始状态扩散开来。这个过程继续进行，直到一个新状态就是目标状态，这时，解决方法就找到了，控制系统只需要沿着找到的这条从开始状态到目标状态的路径应用产生式即可。

这种策略的结果实际上是建立一棵树，称作**搜索树**（search tree），它由控制系统经过分析得到的部分状态图构成。搜索树的根节点是开始状态，每个节点的子节点由那些应用一个产生式从父节点可到达的状态构成。搜索树中节点间的每条线段代表一个产生式的应用，从根到叶子的每一条路径代表状态图中相应状态间的一条路径。

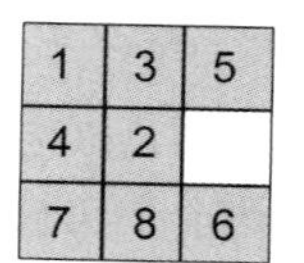

图11-6 一个尚未解决的八数码游戏

解决图11-6所示布局的八数码游戏将会产生的搜索树如图11-7所示。该搜索树最左边的分支代表试图通过最初向上移动方块6来解决问题，中间分支表示向右移动方块2的开局方法，而最右边的分支表示以向下移动方块5来开局。搜索树进一步显示，如果以向上移动方块6来开局，那么下一个允许的产生式只能是方块8右移。（实际上，这时还可以将方块6向下移动，但这仅仅是上一个产生式的倒置，因而是毫无意义的移动。）

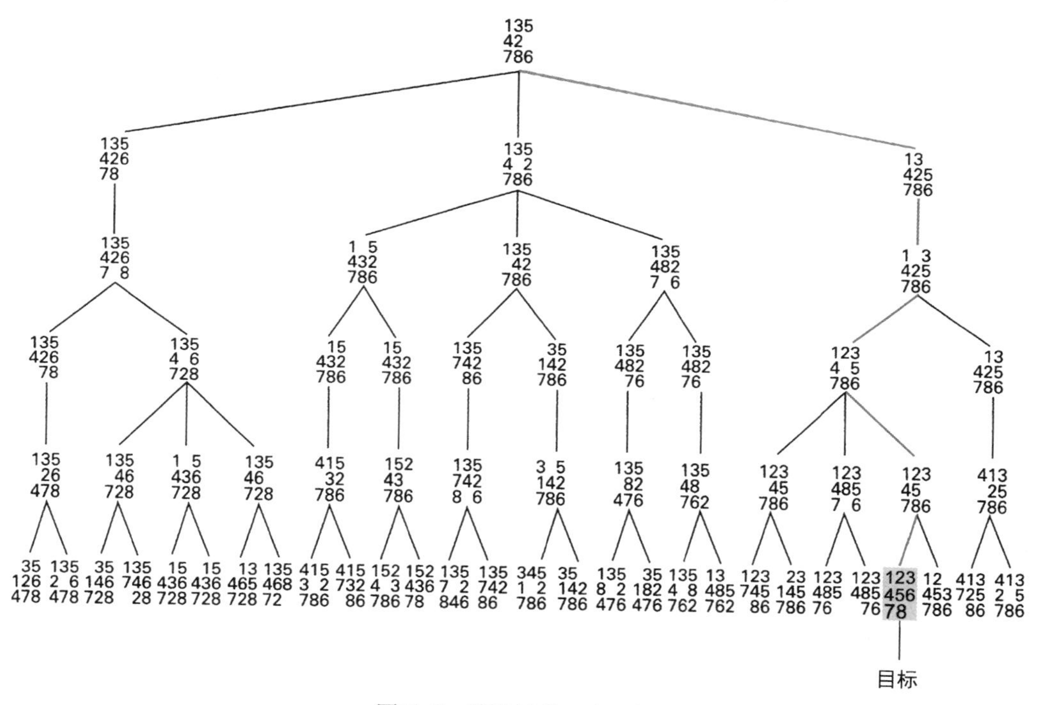

图11-7 搜索树的一个示例

目标状态出现在图11-7显示的搜索树的最下面一层。因为这表明解决方法找到了，所以控制系统可以结束其搜索过程并开始构建指令序列，该指令序列将用来解决外部环境中的拼图难题。这实际上是一个简单的过程：从目标节点的位置上行，同时在遇到由树枝线表示的产生式时将它们压入栈。将这种技术应用到图11-7所示的搜索树中，就产生了图11-8中所示的产生式栈。现在，只要把指令从该栈中弹出并执行，控制系统就能够解决外界的问题。

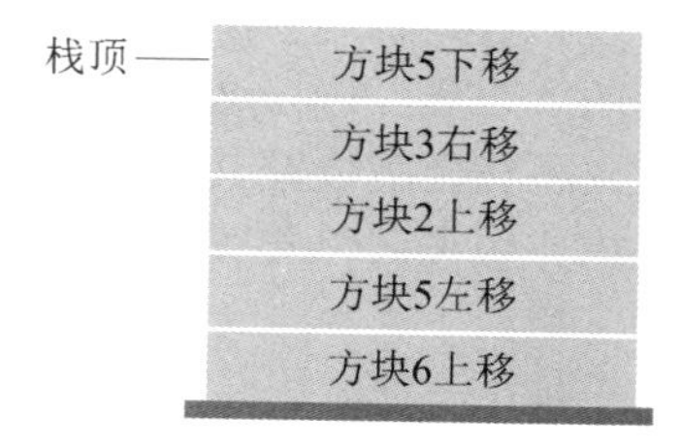

图11-8 压入栈的产生式以备以后执行

还有一点我们应当注意，回想第8章我们讨论的树，利用一个指针系统从上到下指示一棵树，由此可以从一个父节点移动到它的子节点。但是在搜索树的情况下，控制系统必须能够从一个子节点移到其父节点，正如从目标状态向上移到开始状态。构建这种树的指针系统要向上指，而不是向下指。也就是说，每个子节点包含了一个指向其父节点的指针，而不是父节点包含了指向其子节点的指针。（有些应用会用两组指针，允许在树中双向移动。）

11.3.3　启发式法

对于图11-7显示的例子，我们选择一个开始布局，产生了一个容易处理的搜索树。但是在试图解决一个比较复杂的问题时，产生的搜索树就会变得非常庞大。在国际象棋中，第一步移动就有20种可能，因此在这样的情况下，搜索树的根节点将会有20个子节点，而不是我们例子中的3个。而且，一局棋双方都移动30～35次是常有的情况。即使是八数码游戏，若不能很快到达目标，搜索树也会变得非常大。结果，开发一个完整搜索树同表示出全部状态图一样都是不切实际的。

应对这种问题的一种策略是改变搜索树构建的次序。不用**广度优先**（breadth-first）的方式（这意味着树是一层一层地构建），我们可以沿着更有希望的路径往深度发展，但只有在原来的选择失败以后才考虑其他选择。结果就是以**深度优先**（depth-first）的方法构建搜索树，也就是说，树是以建立纵向路径而不是横向层次的方式构建的。更确切地说，这种方法通常被称为**最佳优先**（best-first）结构，因为在搜索中被选中的垂直路径看起来是最优的。

最佳优先的方法类似于人类面对八数码游戏时应用的策略。我们一般不会像广度优先方法那样，同时沿着几个可能的路径进行。相反，我们大概会选择看起来最有希望的路径并首先沿着这条路径走下去。注意，我们说的是*看上去*最有希望的。在一个特定点，很难确定哪个选择是最佳的。只凭感觉，当然可能“误入歧途”。但不管怎样，相比“一视同仁”地关注每种选择的蛮力方法，这种凭直觉的方法似乎更具优势，所以在自动控制系统中应用直觉的方法似乎是明智的。

为此，我们需要一个方法来确定几个状态中哪一个看上去是最有希望的。我们的方法是采用**启发式**（heuristic），在本书的示例中，这是与每个状态相关的一个数值，用来衡量这个状态与最近目标之间的“距离”。在某种意义上，启发式是对规划代价的一个衡量。给定两个状态之间的一个选择，那么从具有较小启发值的状态到达目标，显然花的代价更小。因此，该状态代表了应遵循的方向。

启发式应具备两个特征。第一，如果到达相应的状态，它必须对该解决方案中剩余的工作量有一个合理的估计。这意味着它在多个选项中作出选择时能提供有意义的信息——启发式提供的估计越好，根据此信息所做的决定就越好。第二，启发式应容易计算。这意味着它的利用应有益于搜索过程而非成为一种负担。如果计算启发式非常复杂，那倒不如把时间花费在推导一个广度优先树上。

在八数码游戏中，一个简单的启发式要通过计算不在合适位置上的方块数目来估计到达目标的“距离”——这种推测指的就是一个有4个方块不在合适位置上的状态，相对于只有2个方块不在合适位置上的状态来说离目标更远（也就因此更缺少吸引力）。然而，启发式并没有考虑方块离其位置有多远。假如这两个方块离它们的正确位置太远，就需要许多产生式来移动它们。

于是，一个比较好的启发式测算每个方块离其终点的距离，并把这些值相加得到一个量。一个直接挨着其终点的方块的距离值为1，而有一个角与其终点方块相接触的方块的距离值为2（因为它至少要在垂直方向和水平方向各移动一次）。这种启发式容易计算，并对拼图从当前状态到目的状态过程中需要移动的步数有一个粗略的估计。例如，图11-9所示布局相应的启发值为7（因为方块2、5和8与其终点的距离都为1，而方块3和6与终点的距离都为2）。实际上，它的确需要移动7步来完成拼图。

既然我们有了八数码游戏的一个启发值，下一步就是把它结合进决策过程。我们知道，人在做决定的时候倾向于选择看起来更接近目标的选项。所以我们的搜索过程应当考虑树中每个叶子节点的启发式，并且从启发值最小的叶子节点进行搜索。这就是图11-10所采用的搜索策略，图中给出了开发一个搜索树并执行得到的解决方法的算法。

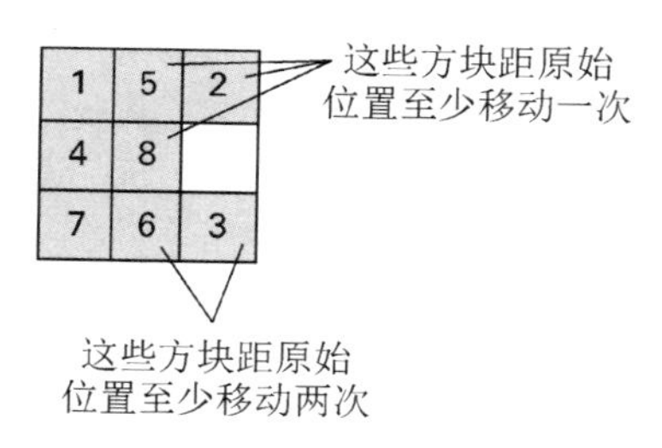

图11-9 一个尚未解决的八数码游戏

```
创建状态图的开始节点作为搜索树的根节点，并记
  录它的启发值。
while（目标节点还没有到达）：
   选择所有叶子节点中有最小启发值的最左边的
      叶子节点。
   将这个选定的节点作为子节点附加到通过单个
      产生式能到达的那些节点上。
   在搜索树中这个节点的旁边记录每一个新节点
      的启发值。
从目标节点向上遍历搜索树一直到根节点，把与每
  个经过的线段相关联的产生式压入栈。
通过执行从栈中弹出的产生式解决原始问题。
```

图11-10 采用启发式法的控制系统的一个算法

让我们把这个算法应用到八数码游戏，从图11-6给出的初始布局开始。首先，我们建立初始状态并将它作为根节点，记录下它的启发值5。然后，如图11-11所示，while语句的第一次循环添加了3个从初始状态能达到的节点。注意，我们已经在节点下的括号里记录了每一个叶子节点的启发值。

目标还没有达到，所以我们再次执行while语句循环体，这次是从最左边的节点（“有最小启发值的最左边的叶子节点”）扩展搜索。结果，搜索树呈图11-12所示的形式。

现在，最左边叶子节点的启发值是5，说明这个分支也许根本不是一个好选择。算法注意到这一点，在下一次循环时，while语句会指示我们从最右边的节点（它现在是“有最小启发值的最左边叶子节点”）开始扩展树。这样扩展后的搜索树如图11-13所示。

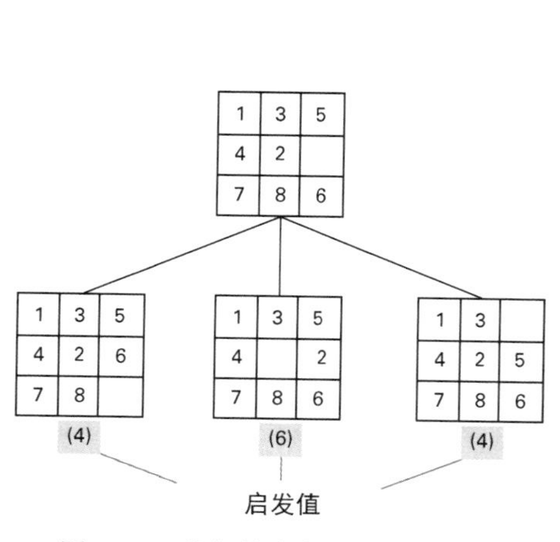

图11-11 我们的启发式搜索的开始

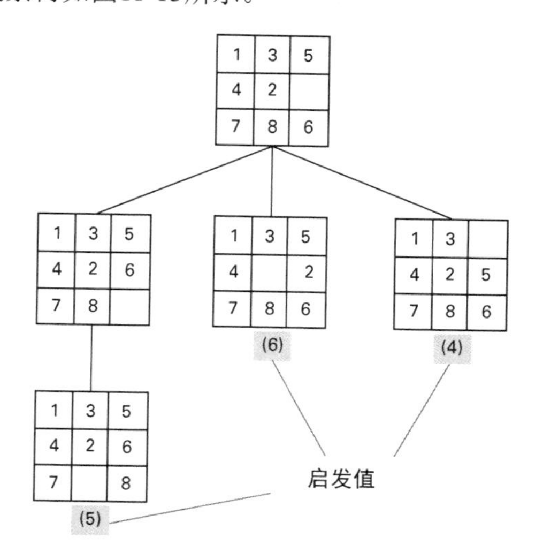

图11-12 2次搜索后的搜索树

这时，算法好像走上了正轨。因为最右边节点的启发值只有一个3，while语句指示我们继续沿着这条路径进行，搜索直瞄目标，产生了如图11-14所示的搜索树。这个树同图11-7所示的搜索树相比较表明，新算法即使早期走了点弯路，但启发信息的利用已经大大减少了搜索树的大小，并且处理效率大大增加。

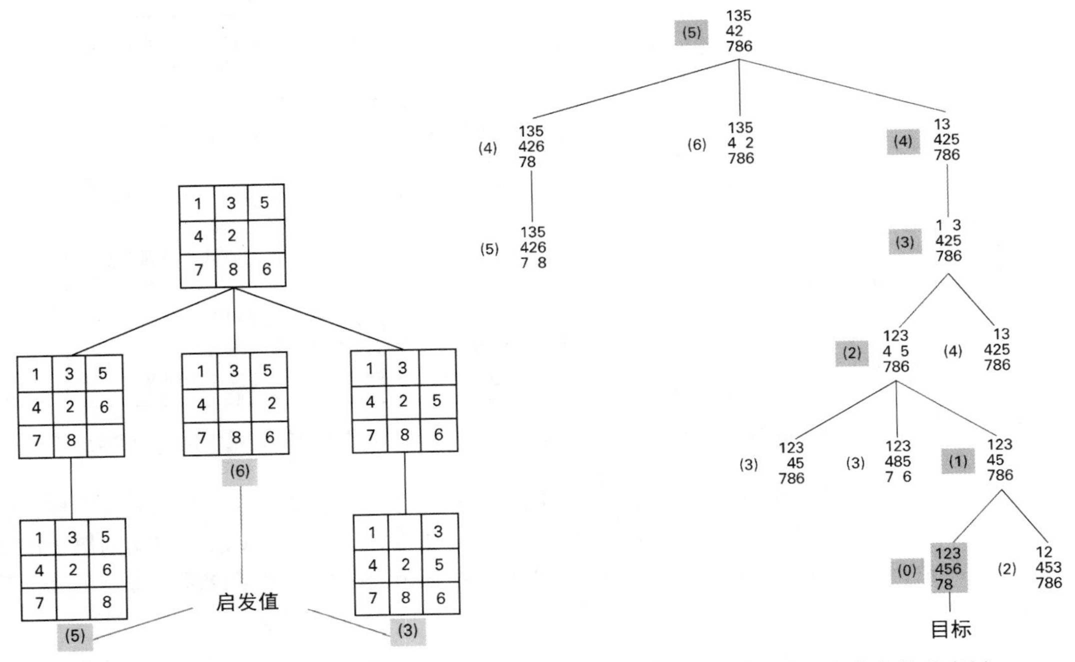

图11-13　3次搜索后的搜索树

图11-14　用启发系统形成的完整搜索树

在到达目标状态之后，while语句终止，我们从目标节点反向向上移动到根节点，把沿途遇到的产生式压入一个栈。结果产生的栈就像前面描述的那样，如图11-8所示。

最后，当这些产生式从栈中弹出时，我们得到指示，执行它们。这时，我们可以看到解决拼图难题的机器放下它的指杆，开始移动方块。

关于启发式搜索的最后一点说明是按顺序。我们在这一节中推荐的算法通常称为最佳适应算法，但它并不能保证是所有应用的最佳解决方案。例如，当使用汽车的全球定位系统（GPS）寻找到达某一城市的路线时，人们通常希望找到最近的路线，而不是任意一条路。**A*算法**（A* algorithm，读作“A星算法”）是最佳适应算法的修改版，它可找到一个最佳方案。这两种算法的一个主要区别是，除启发值外，A*算法还会考虑在选择下一个节点时到达每一个叶节点的“累计成本”。（对于汽车的GPS，这一成本是GPS从其内部数据库中获得的行进距离。）因此，A*算法的判定以其对可能的完整潜在路径的成本估计为基础，而不仅仅基于对剩余成本的推测。

基于行为的智能

人工智能早期工作研究的课题涉及直接编写程序来模拟智能。但是，今天许多人认为，人类的智能并非基于复杂程序的执行，而是在经历了世代进化后形成的简单的刺激—反应功能。这种关于“智能”的理论称为“基于行为的智能”，因为“智能的”刺激—反应功能似乎是一些行为的结果，这些行为导致某些个体在其他个体遇难时得以幸免并能繁衍后代。

基于行为的智能似乎能回答人工智能范畴的若干问题，例如，为什么基于冯·诺依曼体系结构的机器在计算能力上能轻易地胜过人类，却难以展现常识性的判断力。因此，基于行为的智能有希望成为人工智能研究中的一个重要的影响因素。正如文中描述的那样，基于行为的技术已经应用在：人工神经网络领域，训练神经元如何按所期望的方式表现；遗传算法领域，为更传统的程序设计过程提供一个可供选择的方法；以及机器人领域，通过反应策略来改进机器的性能。

问题与练习

1. 产生式系统在人工智能中有什么重要意义？
2. 画出八数码游戏中，围绕着代表下图状态的节点的那部分状态图：

4	1	3
	2	6
7	5	8

3. 使用广度优先搜索的方法，画出以下图为开始状态解决八数码游戏时，控制系统构建的搜索树：

1	2	3
4	8	5
7	6	

4. 用笔、纸以及广度优先方法，构建出以下图为开始状态解决八数码游戏时所产生的搜索树（不必做完），你会碰到什么问题？

4	3	
2	1	8
7	6	5

5. 登山者为到达顶峰，只考虑局部地形，并总是沿着最陡峭的上坡行进，解决八数码游戏的启发式系统与登山者之间有什么相似之处？
6. 利用本节所讲的启发式方法，采用图11-10所示的最佳控制系统算法，解决下面给出的八数码游戏：

1	2	3
4		8
7	6	5

7. 改进我们计算八数码问题中一个状态的启发值的方法，使图11-10所示的搜索算法不会作出错误的选择，就像在本节中的例子那样。你能否举出一个例子，改进的启发值仍然会导致搜索“误入歧途”？
8. 下面是寻找从Leesburg到Bedford的路线时由最佳适应算法得到的搜索树（见图11-10）。这一搜索树中的每一个节点都是地图上的一个城市，其中一个节点表示Leesburg。当扩展一个节点时，仅添加与当前被扩展的城市直接相连的城市。在每一个节点中记录它到Bedford的直线距离，并将此用作启发值。最终得到的最佳适应算法解决方案是什么？我们得到的是否为最短路线？

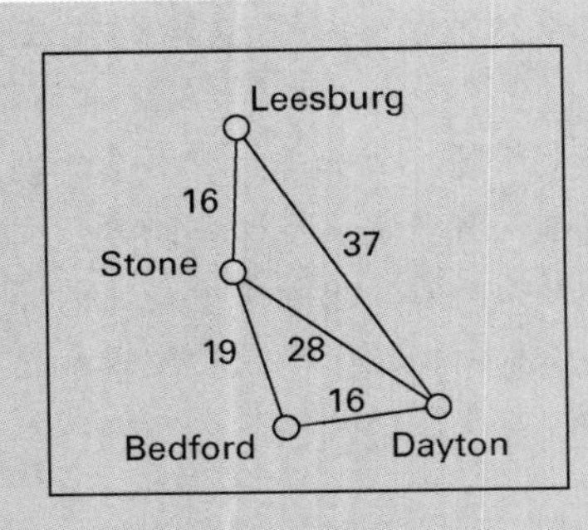

从以下城市到Bedford的直线距离：

Dayton	16
Leesburg	34
Stone	19

9. A*算法从两个主要方面修改了最佳适应算法。首先，A*算法记录了到达每个状态的实际成本。对于地图上的路线，实际的成本便是行进的距离。其次，当选择一个要扩展的节点时，A*算法选择其实际成本与启发值之和最小的节点。根据这两个修改，请绘制问题8的搜索树。在每一个节点中记录行进至这一城市的距离、到达目标城市的启发值，以及它们的和。最终的解决方案是什么？最终的解决方案是最短路线吗？

11.4　其他研究领域

本节，我们来探究人工智能领域一直挑战研究人员的主题：知识处理、学习以及处理非常复杂的问题。这些活动对人脑来说很简单，但是对机器来说却负担沉重。目前，本质上通过避免直接面对这些问题（或许通过应用聪明的简化方法或限制问题出现的范围）在开发“智能”体方面已经取得了很大的进展。

11.4.1　知识的表达和处理

在关于感知的讨论中，理解图像需要大量的关于图像细节的知识，理解一句话的意思可能要依赖其所处的上下文。这些都是知识仓库起作用的例子，知识仓库经常称为**真实世界的知识**（real-world knowledge），是由人脑维护的。人类以某种方式存储大量的信息并且以极高的效率从这些信息中汲取有用的信息。赋予机器这种能力是人工智能面临的一个重要挑战。

潜在的目标是找到表示和存储知识的途径。这是很复杂的，就像我们已经看到的事实那样，知识以陈述性和过程性这两种形式出现。因此，知识表示不仅是事实的表示，而是包含了一个更广泛的领域。因此，能否最终找到一种用来表示所有形式知识的单一方案是值得怀疑的。

然而，问题不仅仅是表示和存储知识。知识也必须是容易理解的，但获取这种理解是一个挑战。11.2节介绍的语义网通常用来作为知识表示和存储的一种手段，但是，从中提取信息可能是有问题的。例如，句子“Mary hit John”的意思依赖于Mary和John的相对年龄（是2岁和30岁或是相反？）。这种信息可能被存储在图11-3给出的完整的语义网中，但是在上下文分析的过程中，提取这样的信息需要对语义网进行大量的搜索。

处理知识存取还有另外一个问题是，知识的确定不是明确的，而是含蓄的，是与手头的任务相联系的。相对于直接用一个“没有”来回答问题“亚瑟赢了比赛吗？”，我们希望系统可以这样回答：“没有，他因为流感病倒了，没有赢得比赛。”下一节我们将探究联想记忆的概念，这是试图解决这个有关系的信息问题的一个研究领域。然而，任务不仅仅是找到有关系的信息，我们需要系统能够区分有关系的信息和相关联的信息。例如，“不，他是一月份出生的，他妹妹的名字叫丽莎。”这样的回答对于前面的问题来说是没有意义的，即使该信息是通过某些相关的方式提交的。

开发更好的知识提取系统的另一个方法是向提取过程插入各种各样的推理，结果产生了称为**元推理**（meta-reasoning）的方法，即关于推理的推理。例如，数据库搜索最初是使用的是**封闭世界假设**（closed-world assumption）。这种假设先假设一个语句为假，除非它能够从可用的信息中明确得出。例如，封闭世界假设允许数据库作出Nicole Smith没有订阅特定的杂志这样的推断，即使数据库中没有包含任何关于Nicole的信息。处理过程就是观察Nicole Smith不在订阅列表中，然后应用封闭世界假设推断Nicole Smith没有订阅。

封闭世界假设表面上看起来是可行的，但是结果证明，单纯的元推理技术可能会产生微妙的、不合需要的结果。例如，假定我们仅有的知识是一条语句：

Mickey is a mouse OR Donald is a duck.

只看这个句子，我们不能推断出Mickey实际上是一只老鼠。因此，封闭世界假设会强制断定语句

Mickey is a mouse.

为假。以相同的方式，封闭世界假设会强制断定句子

Donald is a duck.

为假。这样，尽管两个句子中至少有一个为真，但是封闭世界假设已经引导我们得出了相矛盾的结论：两个句子都为假。理解这种看似可行的元推理技术的结果是人工智能和数据库这两个领域研究的一个目标，同时也强调了涉及智能系统开发的复杂性。

最后，有一个称为**框架问题**（frame problem）的问题，用来在变化的环境中使存储的知识保持最新。如果一个智能体打算使用它的知识来决定其行为，那么，该知识必须是当前的。但是，支持智能行为所需知识的数量是庞大的，在变化的环境中维护这些知识是一项繁重的工作。一个复杂的因素是，在一个环境中发生的改变经常会间接地改变信息中的其他细节，而且说明这种间接影响的结果是很困难的。例如，如果一个花瓶被敲碎了，尽管水洒了是打碎花瓶的唯一间接结果，但对于这种状况，你的知识不会再包括水在花瓶中这样的事实。因此，解决框架问题不仅需要以一种有效的方式来存储和获取大量信息的能力，而且要求存储系统能够正确地反应间接的推论。

11.4.2 学习

除了表示和处理知识，我们还希望赋予智能体获取新知识的能力。我们可以问题通过编写和安装一个新程序或者显式地向存储数据中添加新知识来“教”基于计算机的智能体，但是我们更希望智能体能够自己学习。我们希望智能体能够适应环境的变化并执行任务，这些任务并不是通过事先简单地编写程序就能够完成的。一个为做家务而设计的机器人将面对新家具、新设备、新宠物甚至是新主人；一辆能自己驾驶的轿车必须能适应道路边界线的变化；博弈智能体应当能够开发和应用新的策略。

一种把计算机学习的途径进行归类的方法是根据需要人类干涉的程度。学习的第一层是**模仿**（imitation），人类直接演示一个任务的步骤（可能是通过执行一系列的计算机操作或是通过一系列动作将机器人移动），而计算机仅仅是记录这些步骤。这种形式的学习应用在电子表格和字处理软件等应用程序中已经很多年了，这些应用软件记录频繁发生的指令序列，然后通过一个请求就可以重放。注意，通过模仿学习，智能体承担的责任很少。

学习的下一层是**监督训练**（supervised training）。在监督训练过程中，人对一连串的示例确定正确的反应，然后智能体对这些示例进行归纳，开发出一种适用于新案例的算法。这一连串的示例称为**训练集**（training set）。监督训练的典型应用包括学习识别一个人的笔迹或声音，学

习区分垃圾邮件和受欢迎的邮件，以及学习如何通过一组症状判断疾病。

学习的第3层是**强化**（reinforcement）。在通过强化进行学习的过程中，智能体能通过对一个任务的反复试验的成功与失败得到一个一般规则，指导自己进行判断。通过强化进行学习对于学习如何玩国际象棋或西洋跳棋这样的游戏是很有帮助的，因为胜负容易界定。相对于监督训练，当智能体学习改善自身的行为时，通过强化进行学习允许智能体自动作出反应。

因为还没有发现指导所有可能的学习行为的通用的学习规则，所以学习一直是一个有挑战性的研究领域。然而，有大量的例子说明人们已经取得了进展。其中一个就是在卡内基梅隆大学开发的基于神经网络的地面自动驾驶车辆（Autonomous Land Vehicle in a Neural Net，ALVINN）系统，该系统学习如何驾驶一辆配有一台车载电脑的大篷车，车载电脑使用一台摄像机作为输入。这里所采用的方法就是监督训练。ALVINN从人类驾驶员那里搜集数据并且利用这些数据调整自己的驾驶决策。通过学习，该系统可以预测向哪里驾驶，对照人类驾驶员的数据来检查自己的预测，然后修改自己的参数使其更接近人类的驾驶选择。ALVINN获得了很大的成功，它能够以每小时70英里的速度驾驶大篷车，同时带动了其他方面的研究，已经产生了可以成功在道路上高速驾驶的控制系统。

逻辑程序设计知识

知识表示和存储中很重要的一点就是，要采用与存取知识的系统相兼容的方式来完成。只有这样，逻辑程序设计（见6.7节）才通常是有利的。在这样的系统中，知识用

Dumbo is an elephant.

和

X is an elephant implies X is gray.

这样的“逻辑”语句来表达。这样的语句能够用符号系统来表达，从而方便地应用推理规则。图11-5所示的演绎推理序列就可以采用直接的方式实现。因而在逻辑程序设计中，知识的表达和存储与知识的提取和应用过程很好地整合在了一起。可以说，逻辑程序设计系统为知识的存储和应用提供了完美的衔接。

最后，我们应该认识一个与学习紧密相关的一个现象：发现。两者的区别是，学习是“基于目标的”而发现不是。术语发现含有意料之外的意思，不是现有的可以学习的。我们可以着手去学习一门外语或如何驾驶轿车，但是可能发现那些任务比我们想象得更加困难。探索者可能会发现一个大湖，而目标仅仅是学习了解那里究竟有什么。开发具有有效发现能力的智能体要求该智能体能够识别潜在的富有成效的“思考训练”。这里，发现在很大程度上依赖推理的能力以及启发的使用。此外，许多用于发现的应用经常要求智能体能够区别有意义的结果和无意义的结果。例如，一个数据挖掘智能体不应当报告所发现的每一个微不足道的关系。

计算机发现系统中成功的例子包括以哲学家弗朗西斯·培根爵士命名的Bacon，它已经能发现（或许应该说是“重新发现”）电学上的欧姆定律、行星运动的开普勒第三定律，以及动量守恒定律。系统AUTOCLASS更有说服力，它采用红外光谱数据，已经发现了目前在天文学上未知的新型恒星，这是由计算机完成的一个真实的科学发现。

11.4.3　遗传算法

A*算法（见11.3节）可寻找许多搜索问题的最优解，但有，一些问题因其太过复杂无法通过这些搜索技术求解（执行起来超出可用内存，或者无法在合理的时间段中完成）。对于这些问

题，有时可以通过一个包含多级试探解的演进过程获得解。这一策略是**遗传算法**（genetic algorithm）的基础。从本质上来说，遗传算法通过随机行为模拟繁殖理论和自然选择的进化过程来求解。

遗传算法首先生成试探解的一个随机池，其中的每个解都只是一种猜测。（对于八数码游戏，试探解可以是方块的一个随机移动序列。）每一个试探解称为一个**染色体**（chromosome），而构成染色体的每个独立个体称为**基因**（gene）——对应八数码游戏中的一次方块移动。

因为每个初始染色体都是一个随机的猜测，所以它不太可能表示手头问题的一个解。因此，遗传算法会生成一个新的染色体池，其中每个染色体是上一个池中两个染色体（父母）的后代（孩子）。这些父母是从池中随机选择出来的，而这个池子也会或然地偏向那些似乎最有可能生成解的染色体，于是这就模拟了适者生存的进化原则。（确定哪些染色体是最佳的父母侯选人，可能是遗传算法过程中最困难的一步。）每个后代都是父母的基因随机组合的产物。此外，最终的后代偶尔可能以某种随机的方式变异（如交换两次移动）。我们希望，通过反复重复这一过程，将会逐渐演变出越来越好的试探解，直到找出非常好的（甚至是最佳的）试探解。遗憾的是，遗传算法并不保证最终一定能够找到解，但研究证明遗传算法可以有效解决种类繁多的复杂问题。

当被用于程序开发时，使用遗传算法的方法称为**进化规划**（evolutionary programming）。此时，我们的目标是通过模拟进化过程开发程序，而不是直接编写程序。研究人员已经使用函数式程序设计语言将进化规划技巧应用于程序开发过程。运用这个方法，首先要建立一个程序的集合，而这些程序包含各式各样的函数。初始集合中的函数构成了“基因池”，而之后的各代程序将通过“基因池”来构建。接下来，我们可以允许进化过程展开并延续许多代，期望每次通过上一代中的最佳组合生成新的一代，从而让目标问题的解决方案逐步演进。

问题与练习

1. 术语真实世界的知识是什么意思？它在人工智能领域有何重要意义？
2. 一个关于杂志订阅者信息的数据库通常包含一个每一种杂志订阅者的列表，但是不包含非订阅者的列表。那么，这种数据库如何判断一个人没有订阅一种特定的杂志？
3. 概述框架问题。
4. 给出训练一台计算机的3种途径，哪一种没有涉及直接的人为干预？
5. 进化技术如何区别于更传统的问题解决技术？

11.5 人工神经网络

即使利用人工智能所取得的所有进展，这个领域里的许多问题仍然使得使用传统算法的计算机负担沉重。指令序列的感知和推理能力看来不能与人的大脑相匹敌。由于这个原因，许多研究者的目标转向了利用在事物本质中观察到的现象的方法。其中之一就是上一节介绍的遗传算法，另一种方法就是人工神经网络。

11.5.1 基本特性

人工神经网络提供了模仿活体生物系统中神经网络的模型。一个生物神经元是单个细胞，具有一些称为树突的输入触角和一个称作轴突的输出触角（见图11-15）。经由一个细胞的轴突传递的信号反映了细胞是处于抑制状态还是兴奋状态。这种状态由细胞的树突接收到的信号的组合来决定。这些树突从其他细胞的轴突通过称为突触的小间隙获得信号。研究表明，突触的传导性是由突触的化学成分控制的。也就是说，具体的输入信号将对神经元产生兴奋作用还是抑制作用由突触的化学成分决定。所以可以认为，一个生物神经网络是通过调整两个神经元之间的这些化学连接来学习的。

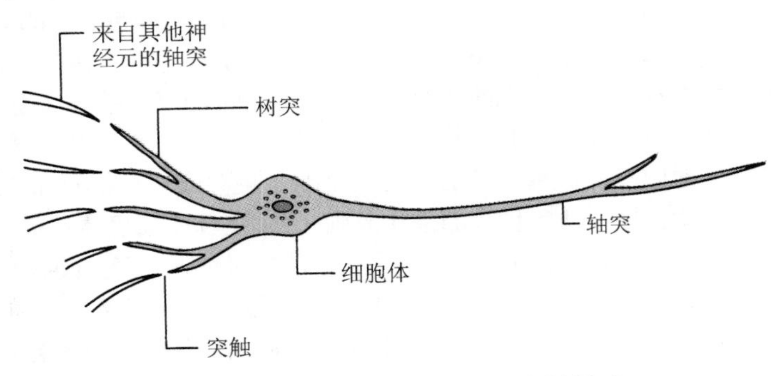

图11-15　活体生物系统中的一个神经元

人工神经网络中的一个神经元是模仿对生物神经元这种基本了解的一个软件单元。根据其有效输入是否超过了一个给定的值——这个值称为神经元的**阈值**（threshold value）——产生0或1作为输出。如图11-16所示，这个有效输入是许多实际输入的一个加权和。图中，神经元由椭圆表示，两个神经元之间的连接由箭头表示。其他神经元（记为v_1、v_2和v_3）的输出用作所描述的神经元的输入。除了这些值，每个连接都与**权**（weight）（记为w_1、w_2和w_3）相关联。神经元把每个输入值与相应的权值相乘，再把这些乘积相加形成有效输入（$v_1w_1+v_2w_2+v_3w_3$）。如果这个和超过该神经元的阈值，那么该神经元就产生一个输出值1（模拟神经元的兴奋状态）；否则就产生一个输出值0（模拟神经元的抑制状态）。

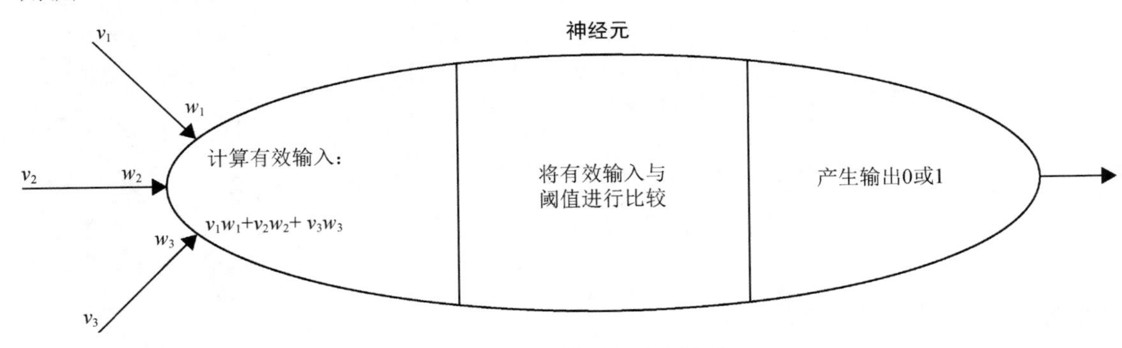

图11-16　一个神经元中的活动

如图11-16所示，我们采用圆形作为表示神经元的约定符号，其中每个输入连接一个神经元，并在圆形内写上与这个输入相关的权值，最后，在大圆形中央写上这个神经元的阈值。图11-17的例子表示了一个有3个输入且阈值为1.5的神经元。第1个输入的权值为−2，第2个输入的权值为3，第3个输入的权值为−1。因此，如果神经元接收的输入分别为1、1、0，那么其有效输入为(1)(−2)+(1)(3)+(0)(−1)=1，所以其输出为0。但是，如果神经元接收的输入分别为0、1、1，那么其有效输入为(0)(−2)+(1)(3)+(1)(−1)=2，超出了阈值，所以神经元的输出为1。

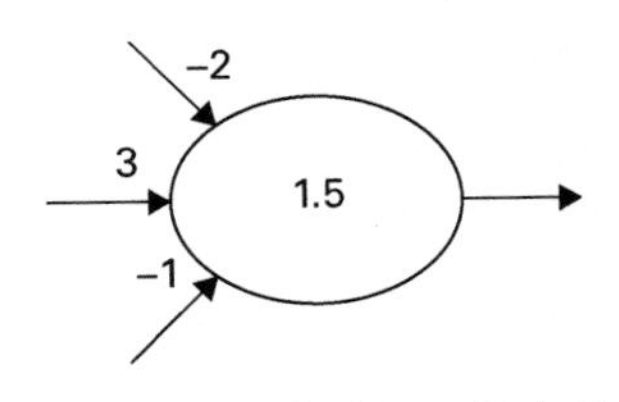

图11-17　一个神经元的表示

权值可以是正值，也可以是负值，这一事实说明，相应的输入对接收神经元的作用可以是兴奋或是抑制。（若权值为负，接收的输入为1就减少了加权和，故有效输入倾向低于阈值；相反，一个正的权值使相应输入对加权和起增加作用，故增加了加权和超过阈值的机会。）此外，权的实际大小控制了相应输入单元对接收单元起抑制作用或是兴奋作用的程度。因此，通过调节整个人工神经网络中的权值，我们就能够对网络编程，以预定的方式对不同的输入作出响应。

人工神经网络通常按拓扑结构分层排列。输入神经元位于第一层，输出神经元位于最后一层。其他神经元层（称为隐藏层）可以包含在输入层与输出层之间。一个层中的每个神经元与随后的层中的每个神经元互相连接。图11-18给出了一个简单的神经网络的例子。图11-18a编程为：若两个输入不同，则产生输出1；否则输出0。但如果改变权值如图11-18b所示，那么这个网络无论其两个输入都是1，或者有一个是0，其响应都是1。

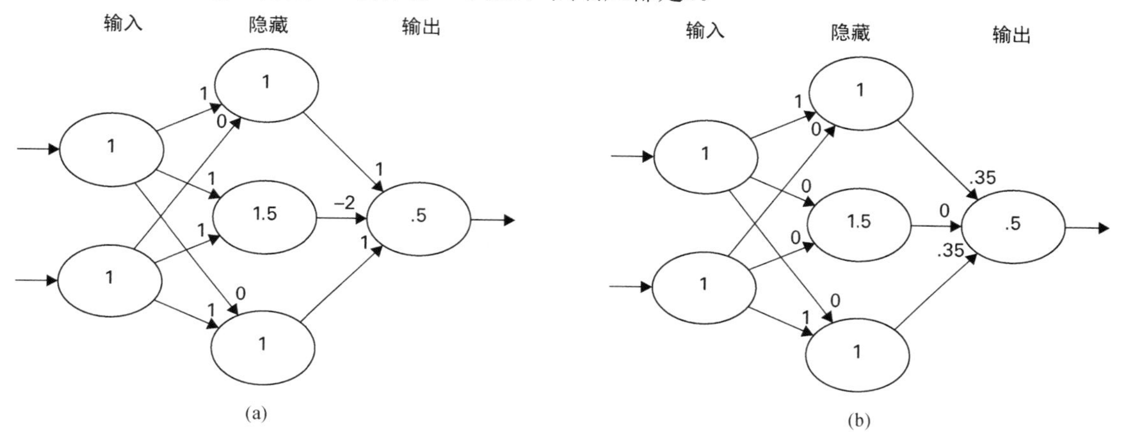

图11-18 有两个不同程序的神经网络

我们应当注意，图11-18所示的神经网络布局与实际的生物神经网络相比实在是太过简单。一个人的大脑大约包含10^{11}个神经元，每个神经元约有10^4个突触。事实上，一个生物神经元的树突多得更像一个纤维网，而不像图11-15中所表示的一个个触角。

11.5.2 训练人工神经网络

人工神经网络的一个重要特征是，它们不再是通过传统意义上的编程来实现，而是通过训练来实现。也就是说，程序员不再决定解决一个特定问题所需的权值，并把这些值“插”入网络中；相反，是由人工神经网络通过监督训练学习获得合适的权值（见11.4节），该训练是一个反复的过程，从训练装置获得的输入被应用到网络，然后用小的增量调整权值使网络的性能接近期望状态。

值得一提的是，遗传算法技巧已被用于训练人工神经网络。具体来说，要训练一个神经网络，网络的一些权集可以自动随机生成，其中每一个权集用作遗传算法的一个染色体。接下来，网络会被逐步地分得由每一个染色体表示的权值，并通过各种输入进行测试。在这样的测试过程中，生成错误最少的染色体更有可能被选为下一代染色体的父母。在大量的实验中，这一方法最终都会生成一个成功的权集。

来看这样一个例子，假设成功地训练了一个解决某一问题的人工神经网络，而且这样做可能比尝试通过传统程序设计技术提供一个解决方案更具有成效。面对这一问题的可能是一个机器人，它通过从其自身摄像头接收的信息理解其所处环境。例如，假设机器人必须区分一个房间的墙面（白色）和地面（黑色）。乍一看，你可能觉得这是一个很简单的任务：只需简单分类，将白色像素归为墙面的一部分，将黑色像素归为地面的一部分。然而，当机器人从不同的方位观看或者在房间中走来走去时，不同的光线条件有时会使墙面呈现灰色，而有时又可能让地面呈现灰色。因此，机器人需要学习如何在各种各样的光线条件下区分墙面和地面。

为此，我们可以构建这样一个人工神经网络，其中输入由表明图像中单一像素颜色特征的值和表明整个图像的总亮度的值组成。构建完成之后，我们可以为它提供表示各种光线条件下的墙面部分和地面部分的像素的示例，并以此来训练这一网络。

除了简单的学习问题（如像素分类），人工神经网络已用于学习复杂的智能行为，前一节引用的ALVINN项目就是一例。实际上，ALVINN是一个人工神经网络，如图11-19所示，其构成出奇地简单。ALVINN从30×32阵列的传感器中获得输入，每个传感器负责观察前面道路视频图像的一个特定部分，并且向隐蔽层的4个神经元的每一个报告其发现。（从而，这4个神经元中每一个都有960个输入。）这4个神经元中每一个的输出都与30个输出神经元的每一个相连接，其输出指明了驾驶的方向。这30个神经元形成一行，一端处于兴奋的神经元表示向左急转弯，而另一端处于兴奋的神经元则表示向右急转弯。

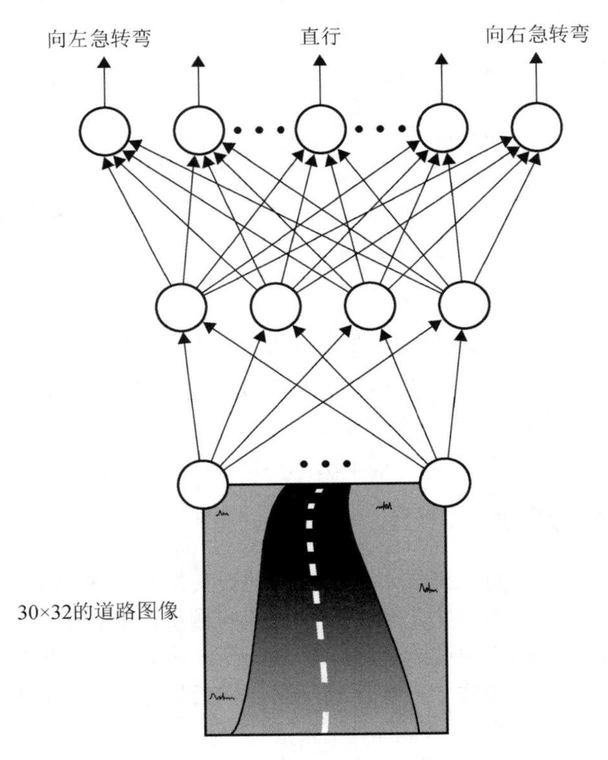

图11-19 ALVINN的结构

ALVINN的训练是通过“观察”一个人的驾驶进行的。当要做出自己的驾驶决定时，它把自己的决定与人的决定进行比较，并且稍微修改其权值使其更接近人的决定。然而，存在一个有意思问题，尽管ALVINN通过这个简单的技术学习了驾驶，但是它没有学习如何从错误中恢复过来。因此，从人那里收集的数据也要人为加强恢复状态。（最初考虑的恢复训练的一种方法是使人令交通工具偏离方向，以便ALVINN可以通过观察人来学习如何恢复。但在人进行初始的偏离过程时应该让ALVINN关闭，否则，ALVINN除了恢复也会学会偏离——这显然不是一个受欢迎的特性。）

11.5.3 联想记忆

人脑具有惊人的能力，能够从当前关心的情景中提取出与之关联的信息。当闻到特定气味时，我们很容易勾起对儿时的回忆；朋友的声音会唤起友人的身影和一段美好时光的回忆；特定的音乐可能会产生对某些假日的怀念。这些就是**联想记忆**（associative memory）——提取与手头信息相关的信息。

构建具有这种联想记忆能力的机器是许多年来的一个研究目标。途径之一是应用人工神经网络技术。例如，考虑一个由许多神经元组成的网络，这些神经元相互连接形成一个没有输入和输出的网。[有些设计中，每一个神经元的输出都连到每个其他神经元，作为这些神经元的输入，这种设计称为霍普菲尔德网络（Hopfield network）；在有些设计中，一个神经元的输出可能只连到与其直接相邻的神经元。] 在这样的系统中，处于兴奋状态的神经元将会使其他神经元进入兴奋状态，而处于抑制状态的神经元将会使其他神经元进入抑制状态。因此，整个系统可能会处于不断发生变化的状态中，也可能会找到办法实现稳定格局（其中，处于兴奋状态下的神经元会保持兴奋状态，而处于抑制状态下的神经元会保持抑制状态）。如果以一个接近某一稳定格局的不稳定格局启动网络，我们可以期望它进入稳定格局。从某种意义上说，当给定一个稳定格局的一部分，网络可能能够完成这一格局。

现在假设我们用1表示一个活跃状态，0表示抑制状态，这样任何时刻的整个网络的状态都能被想象成0和1的布局。然后，如果把网络设置为一个接近稳定模式的位模式，我们就可以期望网络转换到稳定模式。换言之，网络可能找到接近赋予它的模式的稳定位模式。所以，如果一些位用来编码成“气味”，另一些位用来编码成“儿时回忆”，那么，根据某个稳定布局初设的“气味”位，就能够使其余的位找到关联的“儿时回忆”。

现在我们考虑图11-20所示的人工神经网络。遵照用于描述人工神经网络的约定，图中每个圆圈代表一个神经元，其阈值记于圆中。连接圆圈的线（而不是箭头）代表两个相应神经元之间的双向连接。也就是说，一条连接两个神经元的线表示每个神经元的输出连到另一个神经元作为输入。因此，中央神经元的输出连到其周边每个神经元作为输入，而周边每个神经元的输出既连到中央的神经元作为输入又连接到其周边与其相邻的每一个神经元作为输入。两个相连的神经元相互的输出都有相同的权值。这个共同的权值记在连接线旁边。于是，图中顶部那个神经元从中央神经元接收的输入伴有权值-1，从其两个周边邻居接收到的输入伴有权值1。类似地，中央神经元从周边各神经元接收的输入伴有权值-1。

网络以独立的步骤运转，每一步，所有的神经元都以同步方式对其输入作出响应。为了从网络的当前布局确定其下一步布局，我们要确定整个网络中每一个神经元的有效输入，再让所有的神经元同时响应其输入。结果，整个网络遵循一个协调的顺序运作：计算有效输入，响应输入，计算有效输入，响应输入，等等。如果我们将网络最右边的两个神经元初始化为抑制状态，将其他神经元初始化为兴奋状态（见图11-21a），那么我们来考虑会发生哪些事件。最左边两个神经元的有效输入都为1，所以它们保持兴奋；但它们周边邻居的有效输入为0，所以会变成抑制状态。类似地，中央神经元的有效输入为-4，所以变为抑制状态。于是，整个网络转变成图11-21b所示的布局，只有最左边两个神元处于兴奋状态。因为中央神经元现在为抑制状态，所以最左边两个神经元的兴奋状态将导致顶部和底部两个神经元再次变成兴奋状态。同时，因为有效输入为-2，中央神经元继续保持抑制状态。于是网络转变成图11-21c所示的布局，然后它又导致了图11-21d所示的布局。（如果将网络初始化为只有上面4个神经元为兴奋状态，那么会出现一种闪烁现象。顶部神经元保持兴奋，而其2个周边邻居及中央神经元会在兴奋与抑制两种状态间不断切换。）

图11-20　实现联想记忆的一个人工神经网络

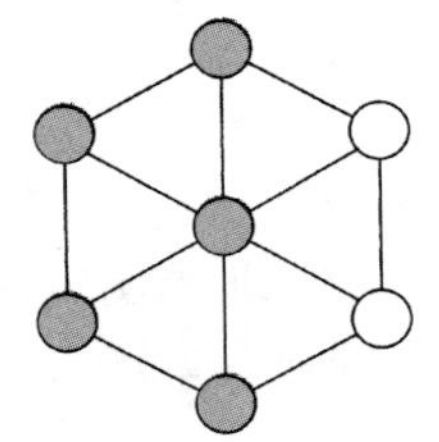

(a)

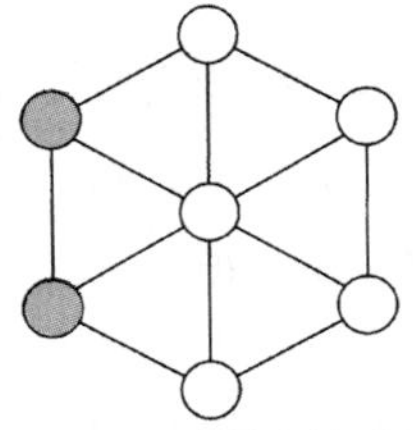

(b)

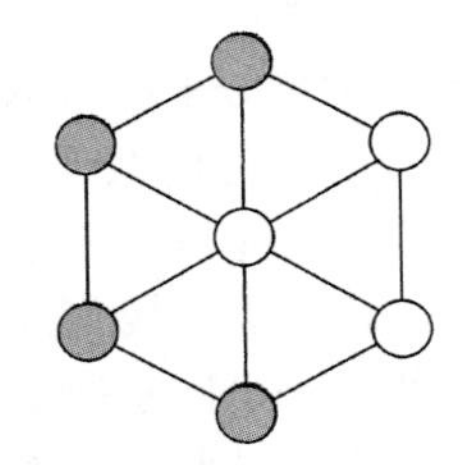

(c)

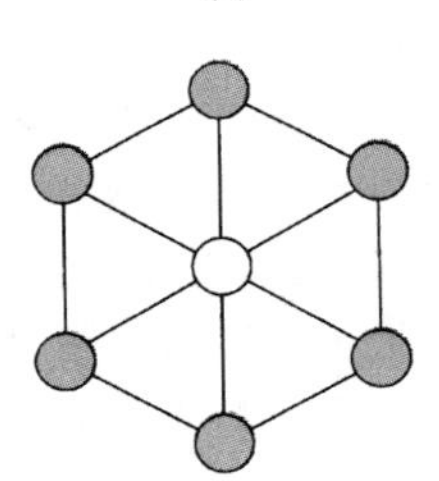

(d)

图11-21　导向稳定布局的步骤

最后，我们观察到这个网络有两种稳定布局：一种是中央神经元处于兴奋状态，而其他神经元处于抑制状态；另一种是中央神经元处于抑制状态，而其他神经元处于兴奋状态。如果我们将网络初始化为中央神经元兴奋而其他处于兴奋状态的神经元不超过两个，那么网络会走向前一种稳定布局。如果我们将网络初始化为至少4个相邻周边神经元处于兴奋状态，那么网络会走向后一种稳定布局。所以可以说，这种网络，如果初始模式为中央神经元及3个以下周边神经元处于兴奋状态，就与前一种稳定布局相关联；如果初始模式为4个或4个以上周边神经元处于兴奋状态，那么就与后一种稳定布局相关联。简单来说，这个网络表示基本的联想记忆。

问题与练习

1. 对于下面的神经元，当两个输入都是1时，输出是多少？如果输入模式是0,0、0,1以及1,0呢？

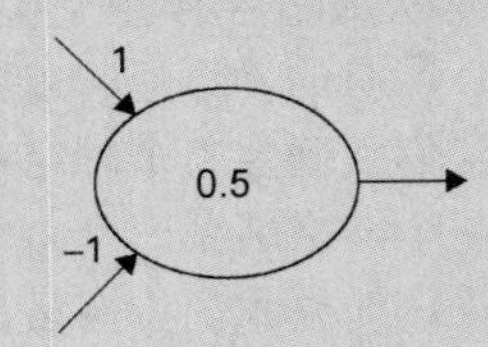

2. 调整下列神经元的权和阈值，使得当且仅当至少有两个输入为1时输出为1。

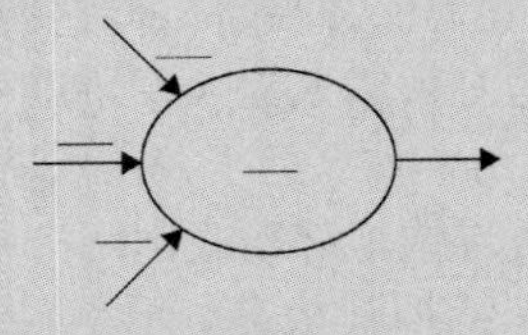

3. 确定一个在训练人工神经网络时可能会发生的问题。
4. 在图11-21中，如果将网络初始化为所有神经元都处于抑制状态，那么网络会走向哪个稳定布局？

11.6 机器人学

机器人学（robotics）是研究具有智能行为的物理上的自主智能体的一门学科。对于所有的智能体，机器人在所处的环境中必须能够感知、推理和发生作用。因此，机器人学涵盖了人工智能的所有研究范围，并借鉴了很多机械和电子工程方面的知识。

机器人需要用机械装置来回移动和操作目标物体来与外界交互。在早期的机器人学中，该领域与操作器的发展联系紧密，这些操作器通常是带有肘、腕及手或工具的机械臂。研究不仅涉及这样的装置如何操作，而且涉及如何维护和应用有关它们的位置和方向的知识。（你闭上眼睛也能够用手摸到自己的鼻子，因为你的大脑保存有鼻子和手指在什么地方的记录。）随着时间的推移，机械臂已经能够更灵巧地定位，使用基于力反馈的触觉，机械臂能够成功地握住鸡蛋和纸杯。

最近，更快速、更轻便的计算机的发展促进了移动机器人方面更重大的研究。这种灵活性导致了大量富有创意的设计。在机器人移动能力方面，研究人员已经开发出可以像鱼一样游动的机器人、像蜻蜓一样飞翔的机器人、像蝗虫一样跳跃的机器人，以及像蛇一样蜿蜒爬行的机器人。

因为带有轮子的机器人相对容易设计和建造，所以非常受欢迎，但是它会受地形的限制。结合使用轮子和导轨，克服这种限制，使机器人能够爬楼梯或翻越岩石是当前的研究目标。例如，NASA（美国国家航空航天局）的“火星漫游者”（Mars rover）就是使用特殊设计的轮子在火星的岩石层上行走。

有腿的机器人其可移动性大大提高，但是相当复杂。例如，设计能像人一样行走的两条腿机器人必须持续地监视和调整其姿态，否则它会跌倒。但是，这种困难能够克服，例如，本田公司开发的两条腿的具有人类特征的机器人Asimo，能够上楼梯，甚至能够跑。

尽管在操作器和移动能力方面取得了巨大的进步，但是大多数机器人仍然不是非常自主的。通常工业机械臂是为每个任务通过严格编程设计出来的，工作时不用传感器，它假设零件将会按照指定的位置精确地传送给它们。其他的移动机器人，如NASA的“火星漫游者”和军用无人机（Unmanned Aerial Vehicle，UAV），其智能都是依靠人的操作来实现的。

克服这种对人的依赖是当前研究的一个主要目标。问题涉及一个自主的机器人需要知道关于其所处环境的哪些知识，以及需要预先计划其行为到什么程度。一种方法是建造能维持所处环境详细记录的机器人，该记录包含目标物体的详细目录以及它们的方位，通过这些信息，机器人能够制定详细的行动计划。这个方向的研究很大程度上依靠知识表示和知识存储方面取得的进展以及推理和规划技术的改进。

另一个可选择的方法是开发反应型机器人，该方法不用保持复杂的记录，也不用耗费精力去构建详细的行动计划，只要应用简单的与外界交互的规则时时刻刻指导它们的行为即可。反应型机器人技术的支持者认为：当计划一个长途汽车旅行时，人们不会预先制定全面而详细的计划，相反，他们仅是选择主要路线，而对于像到哪吃饭、走哪些出口，以及如何绕道行驶等细节则到时候再考虑。同样，一个反应型机器人若要通过一条拥挤的走廊，或从一栋大楼走到另一栋大楼，也不会预先制定非常详细的计划，但是当碰到障碍时，它会应用简单的规则避开。这是历史上最畅销的机器人——iRobot Roomba真空吸尘器所采用的方法，真空吸尘器以反应模式在地面上来回移动，而不会为记住家具的详细信息和其他障碍而费心。毕竟，这次碰到的家庭宠物下次不可能还呆在同一个地方。

当然，单一的方法并不是对于所有情况都是最好的。真正的自主机器人最有可能使用多层标准的推理和计划，应用高级技术设定和达到主要目标，应用较低级的反应系统完成次要子目标。这种多层次推理的例子可在RoboCup比赛（一个机器人足球队的国际性比赛）中发现，人们力图在2050年开发出能够对抗世界级人类足球队的机器人足球队。这里，重点不仅是建造能够“踢”球的移动计算机，而是设计一个能够相互协作达到共同目标的机器人足球队。这些机器人不仅要移动和对自己的行为做出推断，而且还要对队友和对手的行为作出推断。

机器人学研究领域的另一个例子是进化机器人学，该领域把进化理论应用于开发低级反应规则所对应的方案和开发高级推理所对应的方案。这里我们发现，适者生存理论用到了设备的开发上，经过若干代的学习，这些设备已经能够自己获得平衡或移动的方法。这个领域的许多研究各有侧重，其不同之处在于机器人的内部控制系统（很大程度上是软件）及其形体的物理结构。例如，把一个能游泳的蝌蚪机器人的控制系统换在一个有腿的类似机器人身上，然后在控制系统中应用进化技术，就得到一个能爬行的机器人。还有一些例子中，进化技术已经被应用在机器人的物理形体上，让传感器发现执行特定任务的最佳位置。更具挑战性的研究正在寻求软件控制系统与形态结构同时发展的途径。

机器人学的研究成果很多都令人难忘，这方面的例子举不胜举。当前的机器人与科幻电影和小说中的超能机器人相差甚远，但是在执行特定任务上已经取得了重大成功。机器人已经能够驾驶交通工具，模仿宠物狗的行为举止，或者为武器导航。然而，享受这些成功的同时，我们应该注意，对人造宠物狗的钟情以及智能武器的可怕威力带来了社会问题和道德问题，这些都向社会发出了挑战。我们的未来是我们自己造就的。

机器人创造史

（a）两个机器人足球队于2013年4月26日在德国马格德堡举办的2013机器人世界杯德国公开赛中踢足球（Jens Schlueter/Stringer/GettyImages）。（b）Tartan Racing团队的赛车“Boss”——DARPA举办的无人驾驶汽车城市挑战赛Urban Challenge的大奖得主（© DARPA）。（c）NASA的一台漫游者——一台探测火星表面地质情况的机器人（Courtesy NASA/JPL-Caltech）。

问题与练习

1. 对于机器人行为的反应方法在何种方式上有别于更传统的“基于计划”的行为？
2. 当前机器人学领域研究的主题有哪些？
3. 进化理论用在机器人开发的哪两个层次？

11.7 后果的思考

毫无疑问，人工智能领域取得的进步可能会造福人类，人们很容易热衷于这些潜在的好处。然而，这也为将来留下了后患，它的破坏性后果与其带来的好处同样巨大。这种差异常常仅在于一个人的观点或一个人的社会地位的不同——彼之所得，此之所失。所以花一点时间从另外一个角度观察正在进步的技术对于我们来说是比较恰当的。

有些人把技术的进步看成是给与人类的一份厚礼——将人类从枯燥的、普通的任务中解放出来，为更愉悦的生活方式打开大门。但对于同一个现象，另一些人则把它看作是剥夺公民就业机会、把财富引向权势人物的祸根。其实，这正是印度忠诚的人道主义者圣雄甘地所预言的。甘地再三地辩称，如果用农夫家庭手纺车来代替大型纺织工厂，那么印度人的生活将会变得更好。他断言，通过这个途径，可以用一个分散的大宗生产系统取代只能雇用少数人的集中式大宗生产，这将有利于平民大众。

历史上有很多因财富和权力分配不均而引起的革命。如果今天正在进步的技术加固了这种差异，那将产生灾难性的后果。

但是，建造越来越智能的机器的后果，比对付不同社会族群间的权力斗争的后果更加微妙，也更加根本。这些问题触及了人类自身形象的核心。19世纪，查尔斯·达尔文的进化论及人类可能由更低等的生命形式进化而来的想法震惊了整个社会。那么，面对机器的智力向人类智力挑战的冲击，社会将如何反应呢？

过去，技术发展缓慢，有时间让我们重新调整智能的概念，维护人类自身形象。19世纪，我们的老祖宗会认为当时的机械装置具有超自然的能力，而今天我们决不会认为这些机械有什么智能。但是，如果机器真的挑战了人类的智能，或者更有可能的是，机器能力的进步远远超过了我们的适应能力，那么人类将如何应对呢？

考虑一下20世纪中叶社会对当时IQ测试的反响，也许可以从中得到一些线索，看看人类面对挑战我们智能的机器时的可能反应。这些测试可用来确定孩童的智力水平。美国常常依据孩童们在测试中的表现来对他们进行分类，并据此将他们纳入相应的教育计划。反过来，只向那些在测试中表现良好的孩子开放受教育的机会，而安排那些测试表现差的孩子去参加补习。简而言之，当给出一种衡量个体智能的标准时，社会会倾向于漠视被认为是低于这个标准的那些人的能力。那么，如果机器的“智能”能力已经变得可与人类相匹敌，甚至只是看上去可以相匹敌，社会将怎样应对这种局面呢？抑或社会也漠视那些能力看上去“不如”机器的人？如果这样，对于社会的这些成员来说，后果是什么？难道一个人的尊严会受他与机器的比较结果的影响吗？

我们已经看到，在一些特定场合，人类的智力正面临机器的挑战。机器现在有能力打败棋王；计算机化的专家系统能够给出治疗意见；管理证券投资的简单程序常常比投资专家做得更好。这样的系统是怎样影响所涉及人员的自我形象的？随着在越来越多的领域里机器的表现优于人类，个人的自尊心会受到怎样的影响？

由于人是生物，而机器不是，所以许多人认为机器拥有的智能与人类的智能有着本质的区别。因此，他们认为，机器永远不会再生出人类的决策过程。机器也许会得到与人同样的结论，但是得到这些结论所依赖的基础与人类并不相同。那么在怎样的程度上存在不同类型的智能？对于社会来说，如果按照非人类智能的“思维”方式来发展，是否合乎道德？

Joseph Weizenbaum在他的*Computer Power and Human Reason*一书中坚决反对不加抑制地应用人工智能，他这样写道：

> 计算机能够作出司法判决，计算机能够作出精神病判定。它们能够以比最有耐心的人更加老练的方式投掷硬币。关键在于不应当给它们这些任务。在某些场合，它们甚至能够得到“正确的”决策——但是其依赖的基础总是而且一定不是人类所乐于接受的。
>
> 已经有很多有关“计算机与人脑”的争辩。我在这里的结论是，问题的实质不在于技术，甚至也不在于数学，而在于道德。设定计算机去做什么，不能用“能够不能够”这样的问题，计算机适用性的限制最终只能根据“应当”来表达。最基本的认识应该是：因为我们现在还没有办法让计算机有智慧，所以我们现在就不应当让计算机去做有智慧的工作。

也许你会认为本节所述的许多内容近乎科幻小说，而不是计算机科学。就在不久前，许多人因抱有同样的“这永远不会发生”的态度，而拒绝考虑“如果计算机操纵了社会，会发生什么？”。但从许多方面来看，这一天现在已经来临。如果一个计算机化的数据库错报了你有不良的信用度、有犯罪记录或是银行账户透支，那么，是计算机的报告会奏效还是你自己的清白申诉会奏效？如果一个不正常的导航系统错误指示了大雾笼罩的跑道位置，那么飞机将降落在何处？如果一个机器用来预测公众对不同政治决策的反应，那么一个政治家应采取何种决策？你遇到过多少次因为“计算机坏了”所以服务员无法为你服务的情形？那么，究竟谁（或什么）掌管着这个社会？我们还没有准备让社会屈从于机器吗？

问题与练习

1. 如果把过去100年来发明的所有机器都去掉，那么今天的人还有多少能幸存？如果是过去50年呢？20年呢？幸存者会在何处？
2. 你的生活在多大程度上被机器所控制？谁又控制着这些影响你生活的机器？
3. 你从哪里获得那些作为你的日常决策基础的信息？对于你的重大决策呢？对这些信息的准确度你有多少把握？为什么？

复习题

（带*的题目涉及选读章节的内容。）

1. 正如11.2节说明的那样，人类会用一个问题来表达某个目的，而不是提问。另一个例子，“你知道你的轮胎漏气了吗？”，这也是用来提醒而不是问。给出一些用来表达安慰、警告或责备的问题的例子。
2. 把一个汽水分配机当作一个智能体来进行如下分析：它的传感器是什么？它的效应器是什么？它可以展现什么级别的反应（反射性反应、基于知识的反应或基于目标的反应）？
3. 确定下列每一个反应，是反射性反应、基于知识的反应还是基于目标的反应。证明你的回答。
   a. 一个计算机程序把文本从德文翻译成英文。

b. 当室内温度低于当前设定值时，恒温器打开暖气。

c. 一位飞行员驾驶飞机安全地在跑道上着陆。

4. 如果一个研究人员使用计算机模型来研究人脑的记忆能力，那么为机器所开发的程序必定要达到机器的最佳存储能力吗？请解释。

5. 举出几个陈述性知识的例子。举出几个过程性知识的例子。

*6. 在面向对象程序设计的环境中，一个对象的哪些部分用来存储陈述性知识？哪些部分用来存储过程性知识？

7. 下列活动中，你认为哪些是面向性能的？哪些是面向模拟的？

a. 一个自动往返系统的设计（通常用在机场两个航站楼之间）。

b. 用于预测台风路径的模型的设计。

c. 一个用于提取和维护万维网上存储的文档目录的Web搜索数据库的设计。

d. 一个用于测试理论的国家经济模型的设计。

e. 一个用于监视病人生命体征的程序的设计。

8. 当今，某些打给企业的电话由自动应答系统来处理，该系统利用语音识别与打电话的人进行通话。这些系统通过了图灵测试吗？请解释你的答案。

9. 确定能用来区分符号F、E、L和T的一组几何特征。

*10. 请描述通过与模板比较鉴别特性的技术与第1章介绍的利用纠错码鉴定特性的技术之间的相似之处。

11. 根据下面线绘图中标记A的那个角是凸起还是凹下，说明这个图的两种解读。

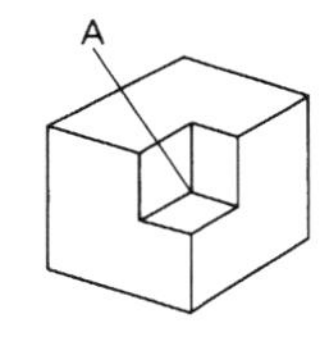

12. 比较下列两个句子中介词短语的作用(仅有一个词不同)。如何对一台机器编程让它做这样的区分？

The pigpen was built by the barn.
The pigpen was built by the farmer.

13. 下面两个句子的语法分析的结果有什么不同？语义分析的结果有什么不同？

An awesome sunset was seen by Andrea.
Andrea saw an awesome sunset.

14. 下面两个句子的语法分析的结果有什么不同？语义分析的结果有什么不同？

If X<10 then subtract 1 from X else add 1 from X.
If X>10 then add 1 to X else subtract 1 from X.

15. 正文中，与形式程序设计语言相比，简要讨论了理解自然语言的问题，作为讨论自然语言所涉及的复杂性方面的例子，给出问题“Do you know what time it is?”有不同含义的情形。

16. 一个句子上下文的改变能够改变这个句子的含义以及意思。在图11-3的上下文中，如果两人都出生于21世纪晚期，那么句子“Mary hit John.”的含义会怎样改变？如果一个出生在20世纪80年代，而另一个出生在21世纪晚期，那么含义又会如何改变？

17. 画一个语义网，把下列段落的意思表示出来。

Donna threw the ball to Jack, who hit it into center field. The center fielder tried to catch it, but it bounced off the wall instead.

18. 有时候回答一个问题的能力依赖于知识水平，这与对事实本身的依赖程度相同。例如，假定数据库A和B都包含一个完整的雇员名单，该名单与公司健康保险程序相关联。但是只有数据库A知道名单是完整的。那么关于一个不在名单里的员工，数据库A能够推断出的什么信息是数据库B推断不出来的？

19. 举出一个封闭世界假设导致矛盾的例子。

20. 举出两个共用一个封闭世界假设的例子。

21. 在产生式系统中，状态图和搜索树有什么区别？

22. 依照一个产生式系统分析解决魔方问题的任务。(状态是什么？产生式是什么？)

23. a. 假定搜索树是一个二叉树，达到目标需要8个产生式。如果该树是以广度优先的方式构建的，那么当达到目标状态时，树中最多的节点数是多少？

b. 解释通过同时构建两个搜索如何能够减少搜索过程中考虑的全部节点数目——一个搜索从初始状态开始，同时另一个搜索从目标状态逆向进行，直到这两个搜索会合。(假设记录在逆向搜索过程中发现的状态的搜索树也是一个二叉树，并且两个搜索以相同速度进行搜索。）

24. 正文中我们提到，产生式系统通常被用来作为从已知事实中得出结论的一种技术。系统的状态是推理过程的每一个阶段认为是真的事实，产生式对于操纵已知事实来说是逻辑规则。标识几个逻辑规则，支持从事实“John is a basketball player”、“Basketball players are not short”以及“John is either short or tall”中能够得出结论“John is tall”。

25. 下面的树表示一个竞赛游戏中可能的移动，选手X当前可在移动A和移动B中选择其一。选手X移动后，选手Y跟着选择移动，然后由选手X来移动最后一步。树的叶子节点标记为W、L或T，分别代表选手X最后是赢、输还是平局。选手X应选择移动A还是移动B？为什么？在一个竞赛性的氛围中选取一个“产生式”和八数码游戏等单人游戏中的选取有什么不同？

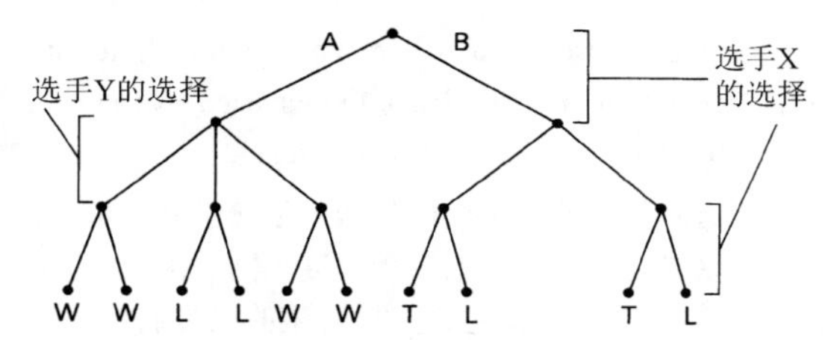

26. 按照产生式系统分析跳棋游戏，并描述一个用来在两个状态中确定一个更接近目标的状态的启发。这种情况中的控制系统与一个八数码游戏等单人游戏中的控制系统有什么区别？

27. 把代数定律看作产生式，代数表达式简化的问题就能在产生式系统的上下文中解决。确定一组代数产生式，使等式$3/(2x-1)=6/(3x+1)$简化为$x=3$。当进行这种代数简化时，一般规则（即启发法则）是什么？

28. 不用任何启发信息的帮助，画出利用广度优先搜索方法解决如下初始状态的八数码游戏生成的搜索树。

	1	3
4	2	5
7	8	6

29. 利用图11-10的最佳算法解决第28题的八数码游戏，用未到达正确位置的方块的数目作为启发信息，画出搜索树。

30. 利用图11-10的最佳算法解决如下初始状态的八数码游戏，假设使用与11.3节中一样的启发信息，画出搜索树。

1	2	3
5	7	6
4		8

31. 当解决八数码游戏时，为什么用未到达正确位置的方块的数目作为启发信息不如11.3节用的那种好？

32. 执行二叉树搜索（见5.5节）时决定考虑哪一半列表的技术，和执行一个启发搜索时决定要执行哪个分支的技术，二者有什么不同？

33. 注意，如果一个产生式系统的状态图中有一个状态的启发值与其他状态相比极其低，并且如果从这个状态到自身有一个产生式，那么图11-10的算法会陷入一个循环，一遍又一遍地考虑这个状态。说明如果执行该系统中任何产生式的代价至少为1，那么把启发值加上沿遍历的路径到达该状态的代价，通过这样计算规划代价，就可以避免这种无限循环。

34. 在一幅大的道路图上寻找两个城市间的道路，你会用怎样的启发？

35. 请看在寻找从Trent到Wildwood的路线时，根据图11-10中的最佳适应算法得出的4层搜索树。这一搜索树中的每个节点表示地图上的一个城市。开始节点为Trent。当扩展一个节点时，仅添加与被扩展的城市直接相连的城市。在每个节点中记录到Wildwood的直线距离并将其用作启发值。在其处理过程中，最佳适应算法有什么不足之处吗？如果有，应该怎样纠正？

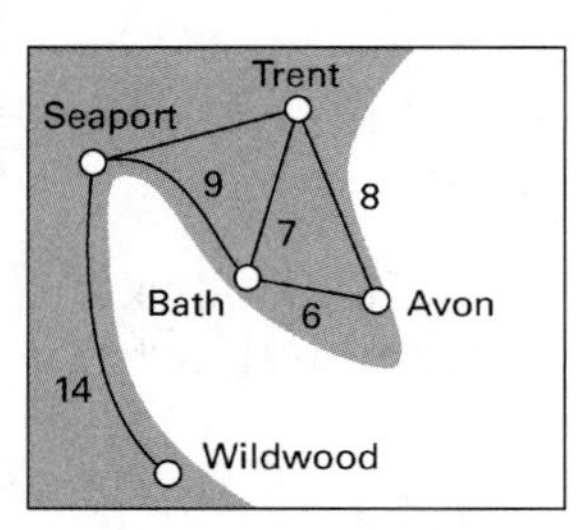

此处距Wildwood的直线距离：

Avon	10
Bath	8
Trent	15
Seaport	13

36. A*算法从两个主要方面修改了最佳适应算法。首先，A*算法记录到每个状态的实际成本。对于地图上的路线，实际的成本便是行进的距离。其次，当选择一个要扩展的节点时，

A*算法选择其实际成本与启发值之和最小的节点。根据这两个修改，请绘制问题35的搜索树。在每一个节点中记录行进至这一节点的距离、到达目标城市的启发值，以及它们的和。从Dearborn到Wildwood的路线是什么呢？

37. 列出可用于产生式系统的启发所具有的两个特性。
38. 假定有两个桶，一个容量是3升，一个容量是5升。任何时候你都可以把水从一个桶倒入另一个桶，把一个桶倒空，或把一个桶倒满。问题是要将正好4升的水注入5升的那个桶。说明这个问题如何可以设计成一个产生式系统。
39. 假设你的任务是监督两辆卡车装货，每辆车最多可载14吨货。货物装在不同的板条箱里，总重28吨，但各个箱子的重量不一样。每个箱子的箱边上都标示着箱子的重量。为了在两辆车上分装这些货物，你会采用什么样的启发式？
40. 下列哪些是元推理的例子？
    a. 他已经走了很长时间了，一定已经走远了。
    b. 因为我经常做出错误的决定，而所做的最后两个决定是正确的，所以我将逆转我的下一个决定。
    c. 我有些疲倦了，所以我可能不会清晰地思考。
    d. 我有些疲倦了，所以我想我将要打个盹。
41. 描述人类解决框架问题的能力如何帮助人类找到丢失的物品。
42. a. 模仿学习与监督训练在何种意义上相似？
    b. 模仿学习与监督训练在何种意义上不同？
43. 下图表示一个用于11.5节讨论的联想记忆的人工神经网络。如果模式中只有两个神经元处于兴奋状态，而这两个神经元被一个神经元分开，那么它与什么模式相关联？如果网络初始时所有单元都处于抑制状态，会发生什么情况？

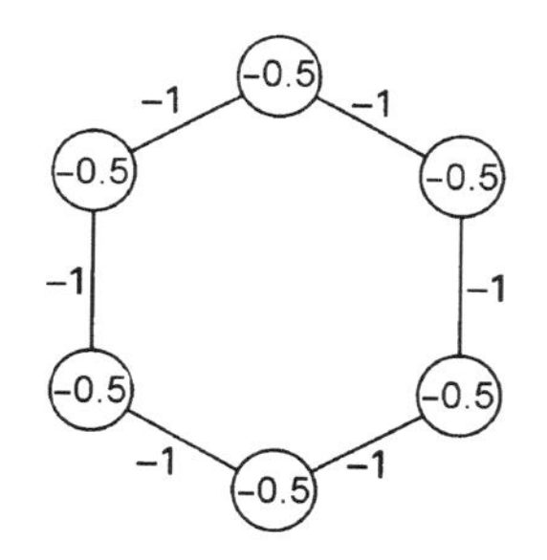

44. 下图表示的是一个用于11.5节讨论的联想记忆的人工神经网络。如果初始模式中至少有3个神经元兴奋，而中央神经元处于抑制状态，那么它与怎样的稳定布局相关联？如果初始模式中只有两个相对的周边神经元兴奋，那么将会发生什么情况？

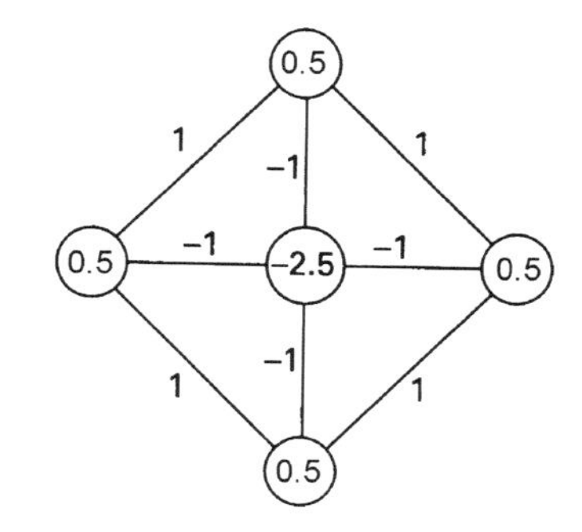

45. 设计一个用于联想记忆（11.5节所讨论的）的人工神经网络，它由一个神经元矩形队列组成，要移动到这样的稳定模式：其中一个纵列的神经都处于兴奋状态。
46. 调整图11-18所示的人工神经网络中的权值和阈值，使其在两个输入相同（全为0或全为1）时输出为1，两个输入不同（一个为0另一个为1）时输出0。
47. 画一个与图11-5类似的图，表示把代数表达式$7x+3=3x-5$简化为$x=-2$的过程。
48. 扩展你上题的答案，说明解题时控制系统可遵循的其他路径。
49. 画一个与图11-5类似的图，表示从初始事实“Polly is a parrot”、“A parrot is a bird”以及“All birds can fly”中得到结论“Polly can fly”的推理过程。
50. 与上题中的句子不同，有些鸟不会飞，如鸵鸟或是折了翅膀的鸟。但是，要建立一个演绎推理系统，其中把对陈述“All birds can fly”的所有例外都明确列出，看来并不合理。那么，我们人类如何确定一只鸟是能飞还是不能飞呢？
51. 详述句子“I read the new tax law”在不同上下文中的不同含义。
52. 说明怎样能够把从一个城市旅行到另一个城市的问题设计成一个产生式系统。状态是什么？产生式是什么？
53. 假定你要执行3个任务A、B和C，它们可以以任意次序执行（但不能同时）。说明这个问题如何设计成一个产生式系统，并画出其状态图。
54. 对于上一题中的状态图，如果任务C一定要在任务B之前执行，那么怎样改变状态图？

55. a. 如果(i, j)用来表示“若一个列表中第i个位置的项大于第j个位置的项，则把两项交换”，其中i和j为正整数，那么下面两个序列中哪一个能更好地完成一个长度为3的列表的排序？

   (1, 3)(3, 2)

   (1, 2)(2, 3)(1, 2)

   b. 注意，通过这种方式表示交换序列，序列能够加入子序列，然后重新结合形成新的序列。使用该方法，描述一种遗传算法，用于开发一个排序长度为10的列表的程序。

56. 假定一组机器人的每个成员都配备有一对传感器，每个传感器都能探测到正前方2米范围内的物体。每个机器人的形状都像一个圆的垃圾筒，能在任何方向移动。试设计一系列实验，用来确定传感器应该装在哪里，使得制造出的机器人能成功地将一个篮球直线抛出。你的一系列实验如何与一个进化系统相比较？

57. 你做决定时是倾向基于反应模式还是倾向基于计划模式？你的回答是否依赖于问题是关于决定中午吃什么还是作出职业决策？

社会问题

希望下面的问题能引导读者思考一些与计算领域相关的道德、社会和法律问题。回答出这些问题还不够，还应该考虑为什么这样回答，以及你的判断是否对每个问题都标准如一。

1. 核能、遗传工程以及人工智能领域的研究者应该对他们研究成果的利用方式承担多大责任？科学家对其研究揭示的知识是否负有责任？若因此产生了意想不到的后果，怎么办？
2. 怎样区分智能和模拟的智能？你认为二者有区别吗？
3. 假定一个计算机化的医疗专家系统因其给出合理的建议而在医疗界享有盛誉。作为一个医生，应该在多大程度上让这个系统代替他为病人作出治疗决定。如果医生的治疗方案与专家系统提出的治疗方案相对立，并且后来证实专家系统是正确的，那么那个医生是否应该对其不当治疗负有责任？一般说来，如果一个专家系统在某个领域内很有名，那么在多大程度上它会束缚而不是提高人类专家的判断力？
4. 许多人认为计算机的行为只不过是人类对它进行编程的结果，所以计算机不可能有自主意志。从而，计算机也不应对它的行为负责。人脑是计算机吗？人是否在出生的时候就事先被编程好了？人是否会被他所处的环境编程？人是否要对自己的行为负责？
5. 是否有这样一些手段，科学即使能够去做，也不应当去做？例如，如果有朝一日可以造出感知和推理技巧能与人类匹敌的机器，那么建造这样的机器是否恰当？这种机器的出现会带来什么样的问题？今天其他一些科学领域的进展正在引发哪些问题？
6. 历史上有许多例子表明，科学家、艺术家的创作活动会受其所处时代的政治、宗教及其他社会因素的影响。这样的一些因素以何种方式影响着当今的科学成就？特别在计算机科学领域情况如何？
7. 当今，技术的进步导致一些人的工作变得多余，许多文化至少应担负起一定的责任来帮助对这些人进行再教育。随着技术使我们越来越多的能力变得多余，社会应当或能够做些什么？
8. 假定你收到一张计算机处理的费用为\$0.00的账单，你该怎么办？假定你置之不理，30天后你又收到第二张\$0.00的催款通知单，你该怎么办？假定你依然不理睬，而30天后你又收到了一张\$0.00的催款通知单，而且还有提示，若不及时付款，将诉诸法律。谁将对此负责？
9. 是否有这样的时候，你会把个性与个人电脑联系在一起？计算机好像在施行报复或者固执难缠？计算机是否曾令你抓狂？对计算机恼火和对计算机所做的结果恼火有什么不同？计算机和你生过气吗？你与别的东西，如汽车、电视机、圆珠笔，有过类似的关系吗？

10. 根据你对问题9的回答，人在多大程度上会把一个实体的行为与智能和意识的存在联系起来？人应当在多大程度上做这样的关联？对于一个智能实体来说，是否可能用有别于其他行为的方式来展现它的智能？
11. 许多人觉得，能通过图灵测试并不意味着机器有智能。一个论点是，智能的行为本身并不意味智能。而进化论的基础是适者生存，这就是一种基于行为的测试。是否进化论意味着智能行为是智能的前身？机器能通过图灵测试，是否意味着它们正变得有智能？
12. 医疗手段已经取得了很大的进步，人体的许多器官现在都能用人造器官或者捐赠人的器官来替代。可以设想，终究有一天连大脑也能换。如果这变成现实，会产生什么样的道德问题？如果一个病人的神经细胞被人造神经细胞一点点换掉，那个病人还是同一个人吗？那个病人会觉察到有什么不同吗？那个病人还算人吗？
13. 一台汽车中的GPS能够提供友好的语音提示，通知驾驶员即将到来的转弯及其他操作。当驾驶员犯错时，GPS会自动进行调整，并在不带任何不当情绪的情况下指导驾驶员返回正确路线。你是否认为当驾驶员要驾车去一个未知目的地时，GPS可以减小驾驶员的压力？GPS又会从哪些方面给驾驶员带来压力呢？
14. 假设你的智能手机提供了语音到语音的语言翻译，你使用这个功能会觉得舒服吗？你相信它能传达准确的语义吗？你会有顾虑吗？

课外阅读

Banzhaf, W., P. Nordin, R. E. Deller, and F. D. Francone. *Genetic Programming: An Introduction.* San Francisco, CA: Morgan Kaufmann, 1998.

Lu, J., and J.Wu. *Multi-Agent Robotic Systems*. Boca Raton, FL: CRC Press, 2001.

Luger, G. F. *Artificial Intelligence: Structures and Strategies for Complex Problem Solving*, 6th ed. Boston, MA: Addison-Wesley, 2008.

Mitchell, M. *An Introduction to Genetic Algorithms*. Cambridge, MA: MIT Press, 1998.

Negnevitsky, M. *Artificial Intelligence: A Guide to Intelligent Systems*, 2nd ed. Boston, MA: Addison-Wesley, 2005.

Nilsson, N. *Artificial Intelligence : A New Synthesis.* San Francisco, CA: Morgan Kaufmann,1998.

Nolfi, S., and D. Floreano, *Evolutionary Robotics*. Cambridge, MA: MIT Press, 2000.

Rumelhart, D. E., and J. L. McClelland. *Parallel Distributed Processing*. Cambridge, MA: MIT Press, 1986.

Russell, S., and P. Norvig. *Artificial Intelligence: A Modern Approach*, 3rd ed. Upper Saddle River, NJ: Prentice-Hall, 2009.

Shapiro, L. G., and G. C. Stockman. *Computer Vision*. Englewood Cliffs, NJ: Prentice-Hall, 2001.

Shieber, S. *The Turing Test*. Cambridge, MA: MIT Press, 2004.

Weizenbaum, J. *Computer Power and Human Reason*. New York: W. H. Freeman, 1979.

第12章 计算理论

本章将讨论计算机科学的理论基础。从某种意义上说，正是本章所讨论的内容为计算机科学奠定了其真正的学科地位。尽管本质上有些抽象，但该知识体系已经有许多非常实际的应用。具体来说，我们将讨论有关编程语言能力的内在问题，以及如何通过它来构建广泛用于因特网通信的公钥加密系统。

本章内容

本章要讨论的是有关计算机能做什么以及不能做什么的问题。我们将看到，一种称为图灵机的简单机器如何被用来确定机器可解问题与机器不可解问题之间的界线。我们还将确定一个特定的问题，就是停机问题，这个问题的解决超出了算法系统的能力，所以也就超出了当今乃至未来计算机的能力。而且，我们会发现，即使在机器可解的问题中，仍然存在一些复杂的问题，从任何实际的角度来看还是不可解的。最后要讨论的是，复杂性领域内的知识如何被用来构建公钥加密系统。

12.1 函数及其计算

本章的目的在于研究计算机的能力。我们要理解机器能做什么和不能做什么，以及机器要实现其全部潜能需具备要哪些特征。我们在前面的章节里讲过一些Python函数的例子，但这里，我们从更一般的计算数学函数的概念开始进行讨论。

从数学意义上讲，**函数**（function）是一组可能的输入值和一组可能的输出值之间的对应关系，它使每个可能的输入被赋予单一的输出。例如，将度量从码转化为米的函数。如果是同样的距离，每次用码作为单位度量与用米作为单位度量的结果之间存在着对应关系。再如排序函数，该函数对每个输入的数值表都赋予了一个输出表，而输出表的数据项与输入表一样，只是输出表的数据项是按照升序排列的。还有一个例子就是加法函数，该函数的输入是一对数值，输出是该对输入值的和。

对于一个给定的输入，确定其具体的输出值的过程称为*函数的计算*。对函数进行计算的能力非常重要，因为正是通过对函数进行计算，问题才能得到解决。为了解决一个加法问题，就必须计算加法函数；为了对列表进行排序，则必须计算排序函数。因此，计算机科学的一个基本问题就是要找到能求解问题背后的函数的技术。

递归函数理论

没有什么比被告知某些事不能做更撩拨人性的了。一旦研究人员开始确定一些不可解的问题，也就是说找不到解决问题的算法，就会有另外一些人开始研究这类问题，试图理解问题的复杂性。今天，递归函数理论学科就成了这样一个研究领域，并且，很多人已经认识到了这种超难问题。事实上，正如数学家开发出数字系统来揭示超越无限的“量化”级别一样，递归函数理论学家也揭开了问题空间内的多级复杂性，这些问题已经超出了算法的能力。

例如，考虑下面这样一个系统，其中，函数的输入和输出能预先确定，并记录在一个表中。每当需要函数的输出时，我们只需查找表中的给定输入，就能找到所需的输出。这样一来，这个函数的计算就简化为表的搜索过程。这样的系统比较方便，但功能有限，因为许多函数不可能完全表示成表格形式。如图12-1所示的例子，例中展示的函数要将以码为单位的量值转化为以米为单位的量值。因为可能的输入/输出对是无限的，所以这个表注定是不完整的。

码（输入）	米（输出）
1	0.9144
2	1.8288
3	2.7432
4	3.6576
5	4.5720
.	.
.	.
.	.

图12-1 显示将码量度转化为米量度的函数的尝试

计算函数的一个比较有效的方法是遵循代数式所提供的方向，而不是试图将所有可能的输入/输出组合都显示在表格中。例如，可以用代数公式

$$V = P(1+r)^n$$

来表示怎样计算一个为P的投资额（年复利率为r）在n年后的金额。

但是，代数公式的表达能力也有它的局限性。有些函数，它的输入/输出关系太过复杂，以致不能用代数运算来描述。这样的例子包括三角函数，如正弦函数和余弦函数。如果要你计算38°的正弦值，你可能会画出相应的三角形，测出它的边长，然后计算所求的比率，而这样的一个过程就不能表示为对数值38的代数运算。用袖珍计算器来计算38°的正弦值也是比较费劲的。实际上，对38°的正弦值而言，必须利用较复杂的数学方法来得到一个非常接近的近似值，并将此作为答案。

于是可以看出，当考虑的函数越来越复杂时，我们不得不应用更为强大的技术来计算它们。我们的问题是，不管函数的复杂性如何，我们是否总能找到一个系统来计算它们。答案是否定的。有一个结论令人难受，那就是存在这样的一些函数，它们过于复杂以致找不到定义明确的、一步一步的过程来根据输入值确定它们的输出值。结果，这些函数的计算就超出了任何算法系统的能力范围，这样的函数就称为不可计算的。而有些函数，如果可以依据它们的输入值，通过算法来确定其输出值，就称其为**可计算的**（computable）。

在计算机科学中，可计算函数与不可计算函数之间的区别很重要。这是因为，机器只能执行由算法描述的任务，所以可计算函数的研究最终是对机器能力的研究。如果我们能够确定这样的能力，即允许机器计算所有可计算函数的能力，并造出具有这些能力的机器，那么就可以确信，所建造的机器就如我们所设想的一样强大。同样，如果发现一个问题的解决方案需要计算一个不可计算函数，那么可以得出这样的结论：该问题的求解超出了机器的能力范围。

问题与练习

1. 给出一些能完全由表格形式表示的函数。
2. 给出一些函数，要求其输出可以描述为包括其输入的一个代数式。
3. 给出一个不能用代数公式来描述的函数。你的这个函数是否仍然为可计算的？
4. 古希腊数学家用直尺和圆规画图形。他们借此探索出一些技术，用来找一条直线的中点，构建一个直角，以及画一个等边三角形。然而，他们的“计算系统”不能完成的“计算”是什么？

12.2　图灵机

在理解机器的能力及其局限性的工作中，许多研究人员已经提出并研究了各种不同的计算设备。其中之一就是图灵机，它是由阿兰·图灵于1936年提出来的，今天，它仍然被用作研究算法处理能力的一种工具。

12.2.1　图灵机的原理

图灵机（Turing machine）是由一个控制单元组成的，它能够通过一个读/写磁头对磁带上的符号进行读和写（见图12-2）。磁带两端可以无限延伸，并分成一个个单元，而每个单元可以包含符号的任意一个有限集合，这个集合称为机器的字母表。

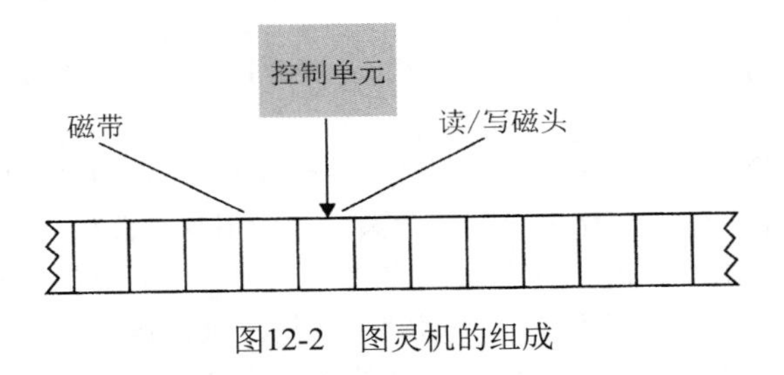

图12-2　图灵机的组成

图灵机的起源

20世纪30年代，在技术能够提供我们现在所知道的机器之前，阿兰·图灵就提出了图灵机的概念。事实上，图灵所想的是人用铅笔和纸来进行计算。图灵的目的是提供一个模型，并且利用这个模型来研究“计算过程”的局限性。在此前不久，1931年，哥德尔（Gödel）发表了著名的揭示计算系统局限性的论文，并且其研究的主要精力集中在理解这些局限性上。在图灵提出他的模型的同一年（1936年），埃米尔·波斯特（Emil Post）提出了另外一种模型（现在将其称为波斯特产生式系统），他所提出的这个模型与图灵的模型有着同样的能力。作为这些早期研究人员洞察力的见证，他们的计算系统模型（如图灵机和波斯特产生式系统等）在计算机科学研究领域，仍然可以作为有价值的工具来使用。

在图灵机计算的任何一时刻，机器一定处在有限个条件中的一个，这些条件称为状态。图灵机的计算开始于一个特定的状态，称为初始状态，而停止于另一特定的状态，称为停止状态。

图灵机的计算由机器的控制单元执行的一系列步骤组成。每一步都包括观察当前磁带单元中的符号（由读/写磁头所看到的那个），然后将符号写进这个单元，期间可能要将读/写磁头左移或右移一个单元，接下来再改变状态。要执行的确切操作是由程序决定的，程序通过机器的状态和磁带当前单元的内容来告诉控制单元做什么。

现在来考虑图灵机的一个具体的例子。为此，我们将机器的磁带表示成一条水平条带，并将条带分成一个个单元，且单元中可以记录机器字母表里的符号。可以通过在磁带当前单元放置一个标签来标示机器的读/写磁头的当前位置。本例中的字母包括0、1和*。机器的磁带的样子如图12-3所示。

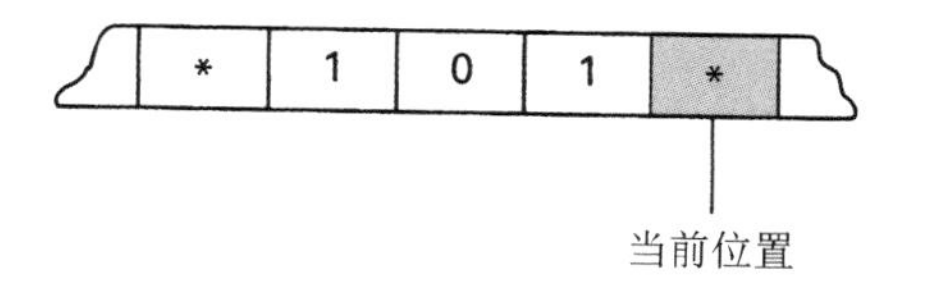

图12-3　机器的磁带的样子

磁带上的符号串可以解释为由星号分开的二进制数，那么可以看出，这个磁带包含的是值5。我们所设计的图灵机要把磁带上的这样一个值加1。更准确地说，假设开始位置是标在一串0和1右端的星号，接下来要做的是改变其左边的位模式，使其可以表示下一个较大的整数。

我们机器的状态有：START（开始）、ADD（相加）、CARRY（进位）、OVERFLOW（溢出）、RETURN（返回）以及HALT（停止）。这些状态对应的每一个动作和当前单元的内容如图12-4中的表所示。这里假设机器一直是从STRAT状态开始的。

当前状态	当前单元内容	写的值	移动方向	进入的新状态
START	*	*	左移	ADD
ADD	0	1	右移	RETURN
ADD	1	0	左移	CARRY
ADD	*	*	右移	HALT
CARRY	0	1	右移	RETURN
CARRY	1	0	左移	CARRY
CARRY	*	1	左移	OVERFLOW
OVERFLOW	（忽略）	*	右移	RETURN
RETURN	0	0	右移	RETURN
RETURN	1	1		RETURN
RETURN	*	*	不移动	HALT

图12-4　实现增加值操作的图灵机

现在把这个机器应用到图12-3所示的包含值5的磁带上。可以观察到，当处在START状态时，当前单元包含*（在本例中），图12-3中的表格指示我们要重写*，并将读/写磁头左移一个单元，这时就进入了ADD状态。做完这些后，机器的情况就如图12-5所示。

为了继续，我们查表看当处于ADD状态并且当前单元包含1时，机器要做些什么。图12-3所示的表告诉我们要用0代替当前单元的1，并把读/写磁头左移一个单元，这时就进入了CARRY状态。这样一来，机器的情况就如图12-6所示。

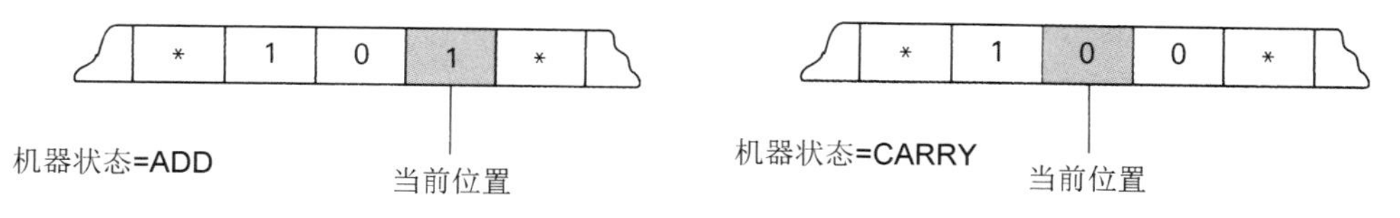

图12-5　机器状态为ADD时对应的情况

图12-6　机器状态为CARRY时对应的情况

接下来，我们再去查表格，看看当机器处在CARRY状态并且当前单元包含0时要做什么。表格告诉我们应该用1来代替0，并把读/写磁头右移一个单元，这时就进入了RETURN状态。做完这些后，机器的情况就如图12-7所示。

根据这个情况，表格指示我们用另一个0来代替当前单元中的0，并把读/写磁头右移一个单元，这时就保持在RETURN状态。结果，机器的情况就如图12-8所示。

图12-7　机器状态为RETURN时对应的情况　　图12-8　保持RETURN状态时对应的情况

在这个时候，我们可以看到，表格指示我们在当前单元中重写*，同时进入HALT状态。于是，机器就停止在如图12-9所示的情况（磁带上的符号就表示了所需要的值6）。

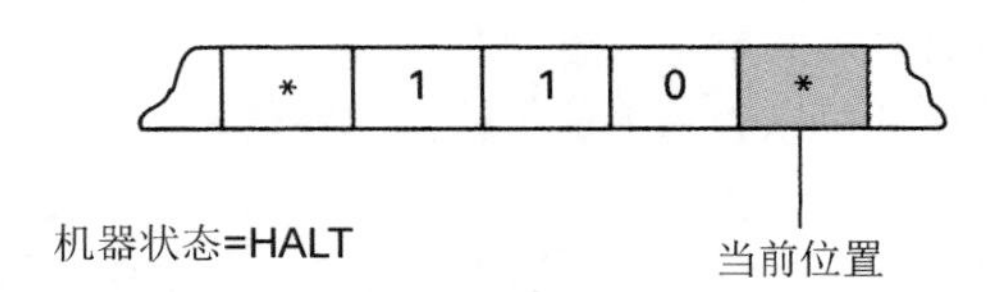

图12-9　机器状态为HALT时对应的情况

12.2.2　丘奇–图灵论题

前面例子中的图灵机可以用来计算所谓的后继函数，使用这种函数，每个非负整数输入值n的输出值为n+1。我们只需要把用二进制形式表示的输入值放在机器的磁带上，运行机器，直至停止，然后就可以从磁带上读取输出值。由图灵机以这种方式计算的函数称为**图灵可计算的**（Turing computable）函数。

图灵猜想是指：图灵可计算函数与可计算函数是一样的。换句话说，图灵猜想，图灵机的计算能力囊括了任何算法系统的能力，或者同样也可以这么说，（与表格和代数公式这些方法形成对比）图灵机概念提供了一个环境，在此环境下，所有可计算函数的解都能够被表示。在今天，这个猜想通常被称为**丘奇—图灵论题**（Church-Turing thesis），这是为了纪念阿兰・图灵和阿隆佐・丘奇这两个人的贡献。自从图灵的最初工作以来，已经收集了许多支持这个论题的例证，现在，丘奇-图灵论题已经被广泛接受了。也就是说，可计算函数与图灵可计算函数被认为是一回事。

这个猜想的意义就在于，它领悟到了计算机器的能力和局限性。更为准确地说，它把图灵机的能力确立为一种标准，因而其他计算系统就能够与此进行比较。如果一个计算系统能够计算所有的图灵可计算函数，那么就可以认为它的能力与任何计算系统的能力相当。

问题与练习

1. 应用本节所描述的图灵机（见图12-4），从如下的初始状态开始。

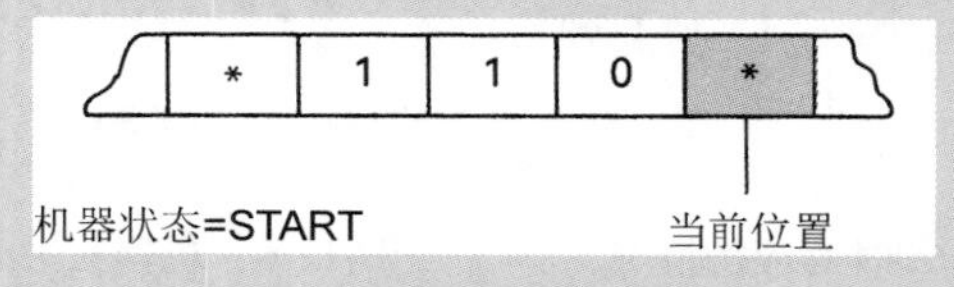

2. 描述一个图灵机，要求用一个0来替换一串0和1。
3. 描述一个图灵机，其要求是：如果磁带上的值大于0，则该值要减1；如果磁带上的值为0，则该值保持不变。
4. 给出一个日常生活的场景，要求该场景中要有计算的活动发生。这个场景怎样与图灵机进行类比？
5. 描述一个图灵机，要求它在输入某些值时最终会停止，而在输入其他值时永不会停止。

12.3 通用程序设计语言

在第6章中，我们讨论了高级程序设计语言中的各种特性。本节中，我们要应用可计算性方面的知识来确定这些特性中哪些特性是真正必需的。我们会发现，当今的高级语言中的许多特性仅仅是增强使用的方便性，而对语言的基本功能并没有什么贡献。

我们的方法是描述一种简单的指令性程序设计语言，而这种丰富的语言足以用来表达计算所有图灵可计算函数（因此也包括所有可计算函数）的程序。因此，如果以后的程序员发现一个用这种语言解决不了的问题，那么其原因并不在于这种语言的缺陷。相反，问题出在没有用于解决这个问题的算法。具有这种特性的程序设计语言称为**通用程序设计语言**（universal programming language）。

你也许会惊奇地发现，通用程序设计语言其实并不需要很复杂。事实上，我们将要介绍的这种语言会非常简单。因为它是从通用程序设计语言中分离出来的需求的最小集合，所以将它称为Bare Bones（基本要素）语言。

12.3.1 Bare Bones语言

为了表述Bare Bones语言，这里就先来考虑其他程序设计语言中的变量。尽管机器本身只能处理二进制位模式，并且不知道模式所表示的内容，但是程序员可以利用这些声明语句从数据结构和数据类型（如数值数组和字符串等）方面考虑问题。用来处理精巧的数据类型和数据结构的高级指令在提交给机器执行之前，必须被翻译成机器指令，这些指令操纵位模式来模拟所需的操作。

为了方便，可以将这些位模式解释成二进制计数法表示的数值。这样一来，由计算机完成的所有计算都能够表达成包括非负整数的数值计算，这是有目共睹的。而且，如果要求程序员按这种方式表示算法，那么程序设计语言就能得到简化（尽管这会大大增加程序员的负担）。

由于我们开发Bare Bones语言的目标是开发出最简单的语言，所以我们将遵循这个思路。考虑将Bare Bones语言中的所有变量都表示成位模式，为了方便，我们将其解释为二进制计数法表示的非负整数。这样一来，一个当前被赋值为模式10的变量将包含值2，而被赋值为模式101的变量将包含值5。

利用这种约定，Bare Bones程序中的所有变量都属于同一种类型，这样一来，这种语言就不需要用于转换值类型的操作，或者声明语句，来描述不同变量的名字和与之相关的属性了。当利用Bare Bones语言时，像Python一样，程序员可以在需要时只使用一个新变量名即可，这里，程序员理解的是，它是一个解释成非负整数的二进制位模式。

当然，用在Bare Bones语言中的翻译器必须能够把变量名和其他术语区分开来。要做到这一点，需要设计出Bare Bones语言的语法，以便只需通过语法就可以识别出任何术语的作用。为了达到这个目的，我们规定：变量名必须以英文字母开始，后面可以跟字母和数字（0～9）的任意组合。这样一来，字符串`XYZ`、`B747`、`abcdefghi`以及`X5Y`都能用作变量名，而`2G5`、`%o`和`x.y`就不能。

现在，让我们来考虑Bare Bones语言中的过程语句。这里有3个赋值语句和一个表示循环的控制结构语句。根据Python风格的语法，我们采用这样的原则：每行只写一条语句，并且使用缩进标记循环结构体。

3条赋值语句，每条都要求改变语句中所标识的变量的内容。第一条语句可以让一个变量清零，其语法为

```
clear name
```

其中`name`可以是任何变量名。

另外两条赋值语句的作用本质上是相反的：

```
incr name
```

和

```
decr name
```

同样，name表示任何变量名。第一条语句使标识的变量值增加1。这样一来，如果变量Y原来的值为5，那么执行语句

```
incr Y
```

后，赋给变量Y的值就变为6。

相反，decr语句被用来将标识的变量值减1。一种例外的情况是，当变量的值已经为0时，这条语句将保持值不变。所以，如果变量Y的值为5，那么执行语句

```
decr Y
```

后，变量Y所赋的值就为4。然而，如果变量Y的值已经为0，那么执行这条语句后，该变量的值仍为0。

Bare Bones语言只提供了一条控制结构语句，该语句由while表示。语句序列

```
while name not 0:
  .
  .
  .
```

（其中的name表示任意变量名）在变量name不为0的情况下，会反复执行while语句下面缩进的语句或语句序列。更为准确地说，在程序执行期间遇到while结构语句时，所标识变量的值首先和0进行比较：如果值为0，则跳过此结构，继续执行缩进循环体后面的语句；然而，如果变量的值不为0，那么就执行while结构中的缩进语句序列，并且控制回到while语句，于是再进行比较。注意，程序员要担起循环控制的一部分责任，为了避免陷入无限循环，程序员必须在循环体中明确要求改变变量的值。例如，语句序列

```
incr X
while X not 0:
  incr  Z
```

将会导致一个无穷的循环过程，这是因为一旦到达while语句，X的值永远不会为0。而语句序列

```
clear Z
while X not 0:
  incr  Z
  decr  X
```

最终会停止。该语句的作用是将X的初始值转移给变量Z。

可以观察出，while语句可以出现在被另一个while语句重复执行的结构中。在这种情况中，多级缩进将指示哪些指令属于内部嵌套的while语句的循环体。

最后一个例子是图12-10中的指令序列，该序列执行的结果是将X和Y的值的乘积赋给Z，虽然有一个副作用，即会破坏已经赋值给X的任何非零值。（由变量W控制的while结构起到了恢复Y的初始值的作用。）

```
clear Z
while X not 0:
  clear W
  while Y not 0:
    incr Z
    incr W
    decr Y
  while W not 0:
    incr Y
    decr W
  decr X
```

图12-10　一个用于计算$X \times Y$的Bare Bones程序

12.3.2 用Bare Bones语言编程

记住，我们提出Bare Bones语言的目的就是要研究什么是可能的，什么是不切实际的。事实证明，在实用的场合使用Bare Bones语言不太合适。另一方面，我们将很快看到，这种简单的语言达到了我们的目的，即它提供了一种基本的通用程序设计语言。在这里，我们只是要说明一下如何用Bare Bones语言来表示一些基本的操作。

我们首先注意到，运用几个赋值语句的组合可以把任何值（任何非负整数）赋给一个指定的变量。例如，下列语句序列能把值3赋给变量X，具体步骤是先将值0赋给X，然后对其值进行3次递增操作：

```
clear X
incr  X
incr  X
incr  X
```

程序中另一种常见的活动就是将数据从一个地方复制到另外一个地方。就Bare Bones语言而言，这就意味着我们需要能够将一个变量的值赋给另外一个变量。具体可以这样来实现：先将目标变量清0，然后对其进行合适次数的递增操作。事实上，我们已经看到，语句序列

```
clear Z
while X not 0:
  incr Z
  decr X
```

把X的值转移到了Z。然而，这个语句序列还有一个副作用，即破坏了X的初始值。为了避免这种破坏，可以引入一个辅助变量，先将对象的值从其初始位置转移至这个辅助变量。于是，我们就可以将这个辅助变量作为数据源，并从中恢复初始的变量，同时将变量的值放至所要求的目标位置上。通过这种方式，图12-11所示的语句序列实现了Today到Yesterday的转移。

```
clear Aux
clear Tomorrow
while Today not 0:
  incr Aux
  decr Today
while Aux not 0:
  incr Today
  incr Tomorrow
  decr Aux
```

图12-11　实现指令“copy today to tomorrow”的Bare Bones语句序列

我们采用语法

```
copy name1 to name2
```

（这里name1和name2都表示变量名）作为一种简略的符号，用来表示图12-11所示的语句结构。这样一来，尽管Bare Bones语言本身没有明确的copy指令，但是在写程序的时候就好像有这样的指令。而这里需要理解的是，要将这种非正式的程序转化成实际的Bare Bones语言程序，必须把copy语句用其等价的while结构来代替，并且所使用的辅助变量名不要与程序中其他地方已经用过的名字相冲突。

12.3.3 Bare Bones的通用性

现在就让我们来应用丘奇-图灵论题来证明我们的论断，即Bare Bones语言是一种通用程序设计语言。首先，可以看到，任何用Bare Bones语言编写的程序都能看作是对一个函数计算的指导。函数的输入包含的是程序执行前赋予变量的值，并且函数的输出包含的是程序结束时变量的值。要计算这个函数，我们只需从变量的适当赋值开始执行这个程序，然后观察程序终止时变量的值。

在这些条件下，程序

```
incr X
```

指导计算的函数和12.2节中图灵机例子的那个函数（后继函数）相同。事实上，它就是将X的值增加1。同样，如果将变量X和Y解释成输入，而将变量Z作为输出，那么程序

```
copy Y to Z
while X not 0:
  incr Z
  decr X
```

指导的就是加法函数的计算了。

研究者已经证明，Bare Bones程序设计语言能够用来表达计算所有图灵可计算函数的算法。如果把这与丘奇-图灵论题相结合，就意味着任何可计算函数都能由Bare Bones语言编写的程序来进行计算。这样一来，Bare Bones语言就是一种通用程序设计语言。从这个意义上讲，如果存在一个解决问题的算法，那么通过某个Bare Bones语言程序就能解决这个问题。因此，理论上可以这么说：Bare Bones语言可以用来作为一种通用程序设计语言。

之所以是从理论上讲，是因为这样一种语言当然不像第6章中介绍的Python或高级语言那样方便。但是，每种高级语言实质上都包含有Bare Bones语言的特性，并将其作为核心。实际上，正是这个核心，才保证了每种这样的语言的通用性，而各种语言中的其他特性都是为了方便使用才引入的。

尽管像Bare Bones之类的语言在应用程序设计环境中并不实用，但在计算机科学的理论研究中还是能找到用武之地的。例如，在附录E中，将使用Bare Bones语言作为一种工具来解决第5章所提出的关于迭代结构和递归结构等价的问题。事实上，我们会发现，这种等价性的猜测证明是正确的。

问题与练习

1. 证明语句invert X（此语句的功能是：如果X的初始值非0，那么就把X的值转化为0；如果初始值为0，那么就将该值转化为1）能够用一个Bare Bones程序段来进行模拟。
2. 证明即使简单的Bare Bones语言也包含了一些非必要的语句，如clear语句能利用语言中别的语句的组合来代替。
3. 证明if-else结构能够由Bare Bones语言来模拟。也就是说，用Bare Bones语言写一个程序序列，用来模拟以下语句的操作：

   ```
   if X not 0:
     S1
   else:
     S2
   ```

   其中S1和S2表示的是任意语句序列。
4. 证明：每一条Bare Bones语句都能用附录C的机器语言来表达。（所以Bare Bones语言可以作为这样一种机器的程序设计语言。）
5. 怎样用Bare Bones语言来处理负数？
6. 描述由下列Bare Bones程序计算的函数，假设该函数的输入由X表示，输出由Z表示。

   ```
   clear Z
   while X not 0:
     incr Z
     incr Z
     decr X
   ```

12.4 一个不可计算的函数

现在，我们来看一个函数，该函数不是图灵可计算的，因此，依据丘奇-图灵论题，可以完全相信它在一般意义上也是不可计算的。这样一来，对这个函数的计算就超出了计算机的计算能力。

12.4.1 停机问题

我们要讨论的是与这个不可计算函数相关联的一个问题，即**停机问题**（halting problem），（简略地说）这个问题就是要预先预测当一个程序在某些条件下开始后，是否能够终止（或者说是停止）。例如，考虑下面这个简单的Bare Bones程序：

```
while X not 0:
  incr X
```

如果用X的初始值0来执行这个程序，则这个循环体将不会执行，并且程序的执行很快就可以终止。但是，如果用X的任意其他初始值来执行这个程序，那么这个循环将会永远执行下去，这样就导致了一个不可终止的过程。

于是，在这种情况下就不难得出结论：只有当X的初始值为0时，该程序的执行才会终止。然而，如果考虑更为复杂的例子，那么对程序执行行为的预测任务就变得更加复杂了。事实上，在某些情况下我们将看到，这种预测任务几乎不可能完成。但是，我们首先需要做的是规范化术语，并使想法更为精确。

我们的例子已经表明，一个程序最终能否终止就取决于其变量的初始值。这样一来，如果我们想预测一个程序的执行是否能终止，那么必须在考虑这些初始值方面要做到比较精确。为这些值所做的选择粗看起来不太习惯，但是没有关系。我们的目标是利用一种称为**自引用**（self-reference）的技术，其思想是一个对象引用自己。从“这条语句是错误的”这样的句子所表示出来的通俗的好奇心，到“所有集合的集合是否包含其自身？”这样的问题所表示的悖论，这种手法在数学上已经多次导致了令人吃惊的结果。那么，我们所要做的就是建立起一组推理的步骤，而这些步骤就类似于：“如果它是，那么它就不是；但是，如果它不是，那么它就是。”

在我们的情况中，自引用是这样来实现的，即给程序中的变量赋一个初值，而这个值就表示程序本身。为此，我们注意到，每个Bare Bones程序都是利用ASCII码，以每字节一个字符的方式编码成单个长的位模式，然后将其解释为一个（相当大的）非负整数的二进制表示。我们赋给程序中变量的初始值正是这个整数值。

现在来考虑，如果在下面这个简单程序的情形下这么做，会有什么样的结果：

```
while X not 0:
  incr X
```

在这里，我们想知道，如果程序开始的时候X被赋予了表示程序本身的整数值（见图12-12），那么执行程序后会发生什么情况。这种情况下，答案非常明显。这是因为X将会是一个非零值，而程序就因此会陷入到死循环中。另一方面，如果用下面的程序做一个类似的试验：

```
clear X
while X not 0:
  incr X
```

因为不论初始值为多少，当执行到while结构时，变量X的值都将是0，这样程序就会终止。

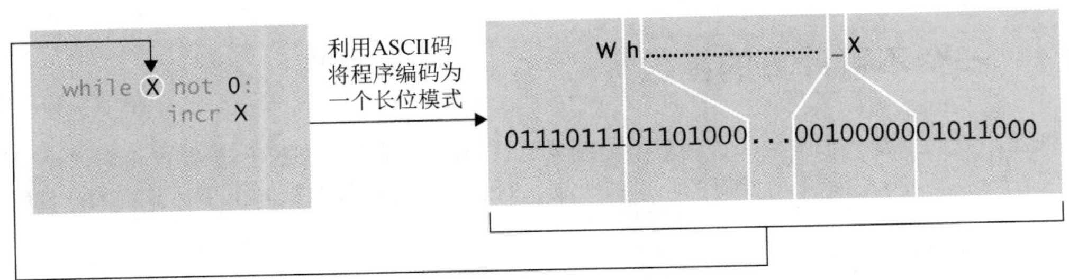

图12-12　测试一个自终止的程序

于是，可以作出以下定义：如果程序中所有的变量都是用程序自身的编码表示来进行初始化的，且这个程序的执行能够导致一个终止的过程，那么这个Bare Bones程序就是**自终止的**（self-terminating）。简单来说，如果一个程序以自身作为输入开始执行且能终止，那么这个程序就是自终止的。因而，这就是我们所期望的自引用。

注意，一个程序是否是自终止的可能与编写这个程序的目的无关。它仅仅是一种属性，每个Bare Bones程序要么具有这种属性，要么不具有这种属性。也就是说，每个Bare Bones程序要么是自终止的，要么就不是。

现在，可以以一种更为精确的方式来描述停机问题。这个问题就是确定Bare Bones程序是不是自终止的。我们将要看到，通常来说没有回答这个问题的算法。也就是说，当给定任何一个Bare Bones程序时，没有一个单一的算法能够确定这个程序是不是自终止的。因此，停机问题的解决方案超出了计算机的能力。

这样的一个事实，即在我们前面的例子中看上去已经解决了停机问题，而现在却声称停机问题是不可解的，听起来有些矛盾。所以这里要暂停下来加以解释。前面例子中所用到的观察法只对那些特定的情况适用，而不能将其运用到所有的情况中去。停机问题所要求的是一种单一的、一般性的算法，并能够用在任何的Bare Bones程序中，以确定它是否是自终止的。这里，这样一个事实，即运用某些孤立的观察能力来确定某个程序是否为自终止的，并不意味着存在着一个单一的、通用的且能够适用于所有情况的方法。简而言之，我们也许能够建造出能够解决某个特定停机问题的机器，但是不能建造出一个单一的机器，使之能用来解决出现的任何停机问题。

12.4.2　停机问题的不可解性

现在，我们要来证明求解停机问题超出了机器的能力。我们的方法是要证明，解决这类问题需要一个用来计算不可计算函数的算法。所涉及函数的输入是Bare Bones程序的编码版本，其输入仅限于值0和1。更准确地说，我们这样定义这个函数：表示一个自终止程序的输入就产生输出值1，而表示一个非自终止程序的输入则产生输出值0。为了简明起见，我们称这个函数为停机函数（halting function）。

我们的任务就是要证明：停机函数是不可计算的。所用到的方法是“反证法”。简而言之，要证明一条语句为假，只需证明它不为真即可。于是，证明语句“停机函数是可计算的”不为真。我们的整个论据都概括在图12-13中。

如果停机函数是可计算的，那么（因为Bare Bones语言是一种通用程序设计语言）一定存在一个能计算该函数的Bare Bones程序。换句话说，存在一个Bare Bones程序，如果它的输入是一个自终止程序的编码版本，那么它就将以输出值等于1而终止；否则就以输出值等于0而终止。

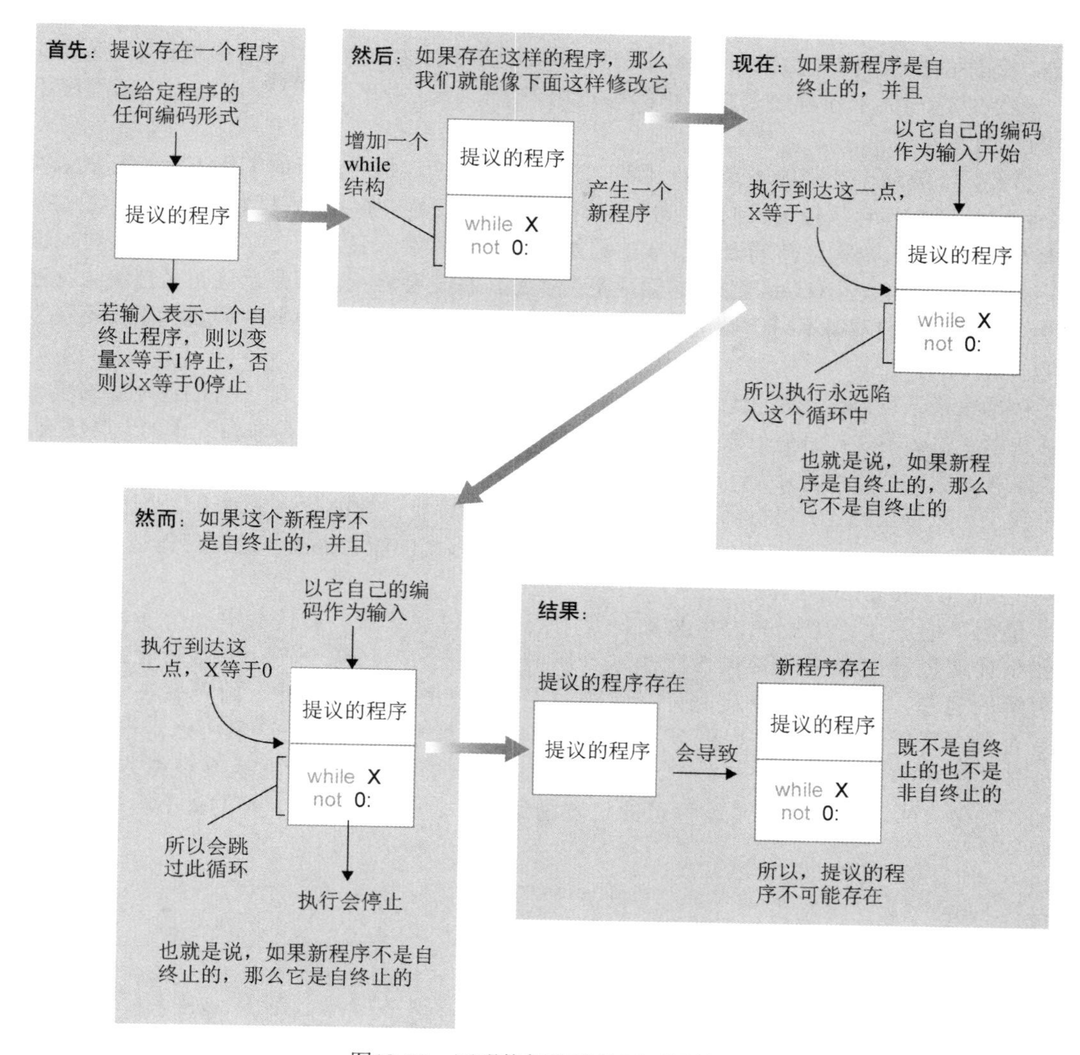

图12-13 证明停机程序的不可解性

为了用这个程序，我们并不需要确认哪个变量是输入变量，而只需把程序的所有变量初始化为被测试程序的编码表示即可。这是因为，如果一个变量不是输入变量，那么它的初始值本质上是不会影响到最终的输出值的。所以，可以这么说，如果停机函数是可计算的，那么就存在下面这样一个Bare Bones程序：如果其所有变量都初始化成一个自终止程序的编码版本，那么它将以输出值等于1而终止；否则将以输出值等于0终止。

假设该程序的输出变量名为X（如果不是，则对变量进行简单的更名即可），我们可以在程序的最后加上以下的语句来修改这个程序，从而产生一个新程序：

```
while X not 0:
```

而这个新程序必须要么是自终止的，要么就不是。然而，我们将会看到，它既不是自终止的，也不是非自终止的。

具体来说，如果这个新程序是自终止的，且用初始化为该程序自身的编码表示的变量来执行这个程序，那么当它执行到我们所加的while语句时，变量X将为1。（在这一点上，这个新程序与原始程序一样，如果其输入是一个自终止程序的表示，那么就会产生一个1。）在这一点，程序的执行将会始终陷入在while结构中，因为在这个循环中没有提供让X值递减的措施。但是，这与关于新程序是自终止的假设相矛盾，因此，我们必然得出结论：新程序不是自终止的。

然而，如果这个新程序不是自终止的，且用初始化为该程序自身的编码表示的变量来执行这个程序，那么当它执行到我们所加的while语句时，变量X就会被赋值为0。（之所以会这样，是因为在该while语句之前的语句构成的原始程序，在其输入表示一个非自终止程序时，输出0。）在这种情况下，while结构中的循环不会执行，程序会停止。但是，这正是自终止程序的特性，所以，我们不得不得出结论：该新程序是自终止的。这正如早些时候我们不得不认为它不是自终止的。

概括来说，可以看出，我们遇到了程序中的一个不可能的情况，即一方面程序必须要么是自终止的，要么不是；而另一方面程序又必须既不是自终止的，又不是非自终止的。其结果是，导致这种矛盾的假设必定不成立。

我们可以得出结论：停机函数是不可计算的。因为停机问题的解决依赖于这个函数的计算，所以必然得出结论：停机问题的解决超出了任何算法系统的能力范围。这种问题被称为**不可解问题**（unsolvable problem）。

最后，把刚才讨论过的内容与第11章中的思想联系起来。第11章中一个非常基本的问题就是计算机器的能力是否包含智能本身所需要的能力。回想一下，机器只能解决使用算法可解的问题，而现在已经发现有些问题使用算法无法解决。因此，问题就在于人类的大脑是否包含了比执行算法过程更多的东西？如果没有，那么我们在这里所确定出的局限性，也就是人类思想的局限性。不必说，这是一个极具争议的问题，有时也是情绪方面的问题。例如，如果人的大脑只不过是编程过的机器的话，那么可以推断出，人类就不再拥有自由的意志。

问题与练习

1. 下面的Bare Bones程序是自终止的吗？请解释你的答案。

```
incr  X
decr  Y
```

2. 下面的Bare Bones程序是自终止的吗？请解释你的答案。

```
copy X to Y
incr Y
incr Y
while X not 0:
  decr X
  decr X
  decr Y
  decr Y
decr Y
while  Y not 0:
```

3. 下面的场景有什么不对？

在某个社区里，每个人都拥有自己的房子。社区的房屋油漆工声称，他要为社区内所有没有被屋主自己涂过的房屋进行涂漆。（提示：谁来涂油漆工的房屋？）

12.5 问题的复杂性

在12.4节中，已经讨论过问题的可解性。本节我们关注的问题是一个可解的问题是否有一个实际解。我们将会发现，有些问题在理论上是可解的，但由于过于复杂，从实际的观点来看，它们是无解的。

12.5.1 问题复杂性的度量

我们首先回到5.6节中的关于算法效率的研究。在那里，我们用大写的希腊字母Θ来标记，并根据算法执行所需的时间来对其进行分类。我们发现，插入排序算法属于$\Theta(n^2)$这一类，顺序查找算法属于$\Theta(n)$，而二分搜索算法则属于$\Theta(\log_2 n)$。现在，利用这个分类系统来帮助我们确定问题的复杂性。我们的目标是开发出一种分类系统，使其能告诉我们哪些问题比另一些问题更为复杂，并最终确定出哪些问题太过复杂，以致实际上不能解。

我们现在的研究之所以是基于算法效率的知识，其原因在于希望从解题的复杂性角度来衡量一个问题的复杂性。我们认为：简单问题有简单的解法；复杂问题就没有简单的解法。可以注意到这样一个事实，一个问题有一个复杂的解并不一定意味着该问题本身很复杂。毕竟，一个问题可以有许多解，而其中的某个解必然会复杂些。所以，如果要确定一个问题本身很复杂，那么就需要证明它的所有解都不简单。

在计算机科学领域中，让人感兴趣的问题就是那些机器能够解的问题。这些问题的解都能明确地表示为算法。所以，问题的复杂性取决于解决该问题的算法的特性。更为准确地说，解决一个问题的最简单算法的复杂性可以被认为是该问题本身的复杂性。

但是，如何来衡量一个算法的复杂性呢？遗憾的是，术语复杂性（complexity）有着不同的解释。一种解释就涉及一个算法中所包含的判定和分支数量。如果按照这种理解，那么一个复杂的算法将会有着盘根错节的判定和分支。这种解释也许能够和软件工程师的观点相一致，软件工程师对与算法发现和表示相关的问题感兴趣，但是这并没有获得从机器的观点所看到的复杂性的概念。机器在选择下一条要执行的指令时，其实并没有做实际的判断工作，它只是一遍一遍地遵循机器周期，每次执行的都是程序计数器所给出的指令。所以，机器能够执行一组看上去很杂乱的指令，而事实上，它就像在执行一串简单有序的指令那样轻松。所以，复杂性的解释倾向于度量一个算法在表示中所遇到的难度，而不是算法本身的复杂性。

从机器的角度来看，能够更为准确地反映算法复杂性的一种解释是，要度量执行这个算法时所必须完成的步骤数。注意，这个数目与写好的程序中所出现的指令数目是不一样的。其循环体只有一条语句，但是其控制要求这个循环体执行100次的循环，在它被执行时，就相当于执行100条指令。所以，这样一个例程被认为要比一串50条分开写的语句更为复杂，尽管后者在书写形式上显得更长。与复杂性最终相关的是机器在执行一个解法时所花的时间，而不是用来表示解的程序的大小。

所以，如果一个问题的所有解都需要大量的时间，那么就认为这个问题是复杂的。这种复杂性的定义称为**时间复杂性**（time complexity）。在5.6节中介绍算法效率时，我们已经间接地遇到了时间复杂性这个概念。毕竟，对算法效率的研究就是对算法时间复杂性的研究，只是两者是对立的。也就是说，“较高的效率”等于“较低的复杂性”。所以，从时间复杂性的角度看，在解决一个表单搜索问题时，顺序搜索算法（属于$\Theta(n)$）要比二分搜索算法（属于$\Theta(\log_2 n)$）更为复杂。

现在，我们运用算法复杂性方面的知识来获得一个确定问题复杂性的方法。在解一个问题时，如果存在一个算法，其时间复杂性为Θ ($f(n)$)，并且解决该问题的其他算法没有比这更低的时间复杂性，那么我们就定义这个问题的（时间）复杂性为Θ ($f(n)$)，这里$f(n)$是n的某个数学表达式。也就是说，一个问题的（时间）复杂性定义为该问题的最优解的（时间）复杂性。但是，找到一个问题的最优解和确认该解为最优解本身往往就是一个难题。在这样的情况下，大Θ标记的变种，称为**大O标记**（big O notation，读作"big oh notation"），被用来表示对一个问题的复杂性的了解程序。更为准确地说，如果$f(n)$是n的某个数学表达式，并且如果一个问题能够被属于Θ ($f(n)$)这一类的算法所解决，那么我们就说，这个问题是属于O ($f(n)$)这一类的。这样一来，如果说一个问题是属于O ($f(n)$)的，那么也就意味着这个问题有一个复杂性属于Θ ($f(n)$)的解，但是它可能还有更优解。

对搜索和排序算法的研究告诉我们，一个长度为n的表（我们只知道列表预先已经排序好）的搜索问题是属于O ($\log_2 n$)的，这是因为二分搜索算法能够解决这个问题。而且，研究人员已经证明，搜索问题确实是属于Θ ($\log_2 n$)的，所以二分搜索算法就代表了这个问题的最优解。相反，我们知道，对一个长度为n的列表（这时是不知道列表中原始值的分布情况）的排序问题就属于O (n^2)，这是因为是用插入排序算法来解决这个问题的。然而，知道排序问题是属于Θ ($n\log_2 n$)，这就告诉我们，插入排序算法不是最优解（从时间复杂性的角度看）。

排序问题的一个更好的解决办法是归并排序算法。其方法是将表的一些较小的、排序过的部分归并成较大的、排序好的部分，然后再进行归并，得到更大的排序过的部分。每次归并过程都是利用在介绍顺序文件时所遇到的归并算法（见图9-15）。为了方便，再用图12-14来表示，而这次的情况是归并两个列表。完整的（递归）归并排序算法可由图12-15中所示的`MergeSort`函数来表示。当要求对一个列表排序时，这个过程首先检查被排序的列表，看其是否少于两个数据项：如果是，则该函数的任务已经完成；如果不是，则这个函数将列表分成两部分，再请求函数`MergeSort`的另外一个副本对这两部分进行排序，然后将这些排序好的片段合并在一起，这样就得到最后的排序过的列表。

```
def MergeLists(InputListA, InputListB, OutputList):
  if (两个输入列表为空):
    停止，OutputList为空
  if (InputListA为空) :
    声明它被用完了
  else:
    声明它的第一项为当前项。
  if (InputListB为空) :
    声明它被用完了
  else :
    声明它的第一项为当前项。
  while (两个输入表都没有用完):
    把“较小的”当前项放入OutputList
    if(该当前项是对应输入表的最后一项):
      声明该输入表被用完了
    else:
      声明该输入表的下一项为该表的当前项
  从未完的输入表中的当前项开始，将剩下的项复制到OutputList
```

图12-14　用来合并两个列表的`MergeLists`函数

为了分析这个算法的复杂性，首先来考虑在合并一个长度为r的列表和一个长度为s的列表时，必须要在列表的数据项之间进行比较的次数。归并过程是这样进行的：重复地对一个列表中的数据项与另一个列表中的数据项进行比较，然后将两者中的“较小项”放入到输出列表中。这样一来，每做一次比较，那么还要考虑的数据项的数目就要减1。由于开始时只有$r + s$个数据项，那么我们就可以得出结论：这两个列表的归并过程所包含的比较次数不会多于$r + s$次。

```
def MergeSort(List):
  if (List有多项):
    MergeSort(List的前半部分)
    MergeSort(List的后半部分)
    MergeLists(List的前半部分和后半部分)生成一个已排序的List
```

图12-15 实现为函数MergeSort的归并排序算法

现在来考虑完整的归并排序算法。它是通过这样的方式来处理一个长度为n的列表的排序工作的，即将最初的排序问题简化为两个相对较小的问题，每个问题是要对一个长度约为$n/2$的列表进行排序，接下来再对这两个问题进行分割，使其成为4个对长度约为$n/4$的列表进行排序的问题。这种分割过程可以由图12-16中的树结构来概括，图中树的每个节点表示的是递归过程中的一个问题，节点下面的分支表示的是从这个父节点衍生而来的更小的问题。所以，我们可以发现，将树中各个节点上发生的比较次数加起来，就能得到整个排序过程中所发生的总的比较次数。

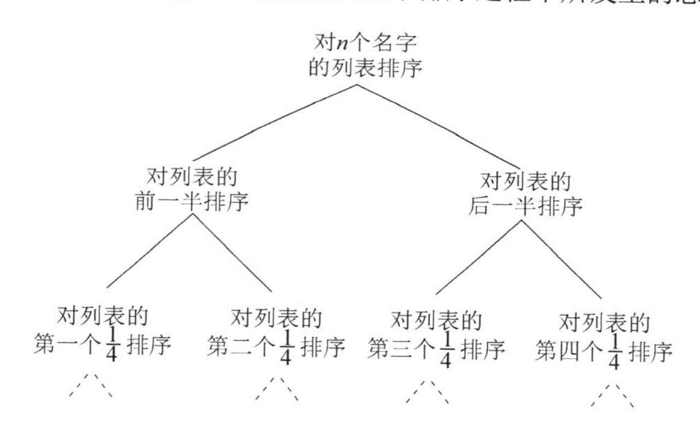

图12-16 由归并排序算法产生的问题的层次结构

首先，我们来确定树的每层上所进行的比较次数。可以看出，出现在树的任意一层的每个节点，其任务都是对初始列表的一个特定段进行排序。这个工作由归并过程来完成，因此正如我们已经指出过的，所要求的比较次数不会多于该列表段中的数据项的数。因而，树的每一层所需的比较次数不会多于该列表段中的数据项的总数，而且，因为树中所给定的一个层的段表示的是初始列表所分割的部分，因而这个总数不会比初始列表的长度大。因此，树的每一层所包含的比较次数都不会多于n。（当然，最底层所包含的排序列表的长度小于2，因而根本就不需要比较了。）

现在来确定树中的层数。为此，可以看到，把问题分割成更小的问题这个过程一直进行到所得到的列表的长度小于2为止。这样一来，树中的层数就由分割的次数所确定，从值n开始，反复除以2，直到其结果不大于1，那么这个次数就是$\log_2 n$。更为准确地说，树中所涉及的比较层数不多于$\lceil \log_2 n \rceil$，这里，标记$\lceil \log_2 n \rceil$表示的是将$\log_2 n$的值向上取整。

最后，把树中每层所做的比较次数乘以涉及比较操作的层数，这样就得到了在对长度为n的列表进行排序时，归并排序算法所做的总的比较次数。可以确定，这个次数不大于$n\lceil \log_2 n \rceil$。因为$n\lceil \log_2 n \rceil$对应的图形与$n\log_2 n$对应的图形在形状上大致一样，我们就可以得出结论：归并排序算法是属于$O(n\log_2 n)$的。把这个结论与研究人员告诉我们的排序问题的复杂性为$\Theta(n\log_2 n)$这个事实相结合，这就意味着归并排序算法代表了排序问题的一个最优解。

空间复杂性

除了从时间的角度来度量复杂性，还有一种方法就是通过度量所需的存储空间来衡量复杂性，我们将这种度量方法称为**空间复杂性**（space complexity）。也就是说，一个问题的空间复杂性是由解决该问题所需的存储空间的数量决定的。文中我们已经看到，一个有n个数据项的列表的排序复杂性是$O(n\lg n)$。而这个问题的空间复杂性将不超过$O(n+1)=O(n)$。要知道，利用插入排序对一个有n个数据项的列表进行排序，除了需要存放列表本身的空间，还需要1个存放临时数据项的空间。这样一来，如果要对越来越长的表进行排序，那么将会发现，每个任务所需的时间比所需的空间增长要快得多。事实上，这是一个很常见的现象。因为利用空间也要花费时间，所以一个问题的空间复杂性永远不会比它的时间复杂性增长得更快。

通常会在时间复杂性和空间复杂性之间做出一些折中。在某些应用场合中，为了方便会事先进行某些计算，并将计算结果以表的形式存放起来，这样一来，在需要时就能通过表很快地检索到。这样一种“查表”技术实际上是通过表所需的额外空间的代价来换取获取数据所需时间的减少。另一方面，通常用数据压缩来减少对存储空间的需求，其代价是数据压缩和解压缩所需要的额外时间。

12.5.2　多项式问题与非多项式问题

假设$f(n)$和$g(n)$是数学表达式。如果要说$g(n)$是受$f(n)$约束的，那么这就表示当把这些表达式用在越来越大的n值上时，$f(n)$的值最终将会大于$g(n)$的值，并且对所有更大的n值，$f(n)$都将大于$g(n)$。换句话说，如果$g(n)$受$f(n)$的约束，那么也就意味着对于“较大”的n值，$f(n)$的图像将会在$g(n)$的图像之上。例如，表达式$\log_2 n$受表达式n的约束（见图12-17a），而$n\log_2 n$受n^2的约束（见图12-17b）。

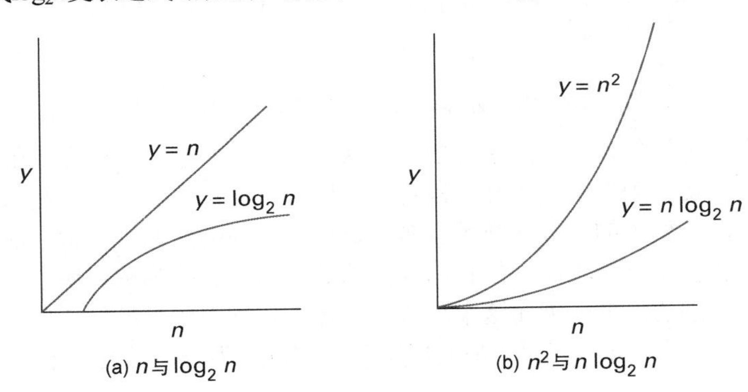

图12-17　数学表达式n、$\log_2 n$、$n\log_2 n$和n^2的图像

如果一个问题是属于$O(f(n))$的，其中，表达式$f(n)$要么本身是一个多项式，要么就是受一个多项式约束，那么我们就说，这个问题是一个**多项式问题**（polynomial problem）。所有多项式问题的集合用**P**表示。注意，前面的讨论告诉我们，列表的搜索和排序问题就属于P。

说一个问题是多项式问题，这就是关于解决该问题所需时间的一种陈述。我们经常会说到，P中的问题能够在多项式时间范围解决，或者说，该问题有多项式的时间解。确定出属于P的问题是计算机科学中非常重要的课题，这是因为，这个问题与问题是否有实际解密切相关。确实，

P类之外的问题，其特征都是具有极长的执行时间，即使是对中等规模的输入也是如此。例如，考虑一个求解需要2^n步的问题。指数表达式2^n不受任何多项式的约束，也就是说，如果$f(n)$是一个多项式，那么，当增加n的值时，我们就会发现，2^n的值最终会大于$f(n)$的值。这就意味着，如果一个复杂性为$\Theta(2^n)$的算法通常会比复杂性为$\Theta(f(n))$的算法效率低，因而就需要更多的时间。如果一个算法的复杂性是用指数表达式来确定的，那么就说该问题需要指数时间。

下面介绍一个具体的例子，考虑这样一个问题，即从n个人组成的群体中，列出所有可能的小组组合。因为这里可以有2^n-1种这样的小组（这里可以允许一个小组包含所有的人，但是不允许小组中没有人），所以解决此问题的任何算法必须至少有2^n-1步，这样一来，其复杂性也至少这么大。但是，表达式2^n-1作为一个指数表达式，不受任何多项式的约束。所以，随着可选人群规模的增加，这个问题的任何解都会变得极为费时。

上面的分组问题，其复杂性非常大，这只是因为它的输出规模太大，而与此不同的是，存在着这样的一些问题，虽然它们最终的输出只是是或否这样简单，但是其复杂性却非常大。一个例子就是能不能回答涉及实数加法的一些语句的真实性问题。例如，对于“存在一个实数，当自身相加时就得到值6。这是真的吗？”这样的一个问题，我们就很容易得到答案，即答案为真。而对“存在一个非零实数，当自身相加时就得到值0。这是真的吗？”这样的一个问题，显然答案为假。然而，当碰到这类问题越来越多时，我们回答这些问题的能力也就会开始减弱了。如果发现自己要面对许多这样的问题，那么我们就可能尝试着求助于计算机程序。遗憾的是，回答这类问题的能力已经证明需要指数时间，所以，随着所涉及的这类问题越来越多，最终的结果是，即使是计算机也做不到以一种实时的方式给出答案。

理论上可解但不属于P的问题有着巨大的时间复杂性，这一事实使得我们得出结论：从实践角度看，这些问题本质上是不可解的。计算机科学家称这类问题为难解型（intractable）问题。从而，类型P成为了用来区别难解的问题与那些可能有实际解的问题之间的一个重要分界线。因此，对类型P的理解已经成为了计算机科学领域的一个重要研究内容。

12.5.3　NP问题

现在来考虑**旅行商问题**（traveling salesperson problem），该问题中涉及了一个旅行商，她必须要访问到不同城市的每个客户，其花费不能超出她的出差预算。所以，她的问题就是要找到一条路径（从她的家里出发，遍历有关的城市，然后再返回她家），其总长度不超过允许的里程。

这个问题的传统解决办法是这样的，以系统化的方式来考虑各种可能的路径，然后把每条路径的长度与里程的限制数相比较，直到找到一条可接受的路径，或者是把所有可能的路径都考虑到。然而，这种方法并不能产生一个多项式时间解。随着城市数目的增加，所要测试的路径数目比任何多项式增长得都要快。因此，在所涉及城市的数目很多的情况下，按照这种方式来解决旅行商问题是不实际的。

我们可以得出结论：如果要在一个合理的时间范围内解决旅行商问题，必须要找到一个更快的算法。如果存在着一个令人满意的路径，并且碰巧一开始就选择了这条路径，所提出的算法也能很快地终止，那么这样就吊起了我们的胃口。具体来说，下面的指令序列能够很快地执行，并且也有解决这个问题的潜力：

```
取一个可能的路径，并计算其总距离。
if (此距离不大于允许的里程数):
   宣布找到。
else:
   宣布没找到。
```

然而，从技术意义上讲，这组指令不是一个算法。它的第一条指令就比较模糊，原因在于它既没有指出选择的是哪一条路径，又没有说明如何作出这样的决定。相反，它是依赖于程序执行机制的创造性来自己做决定。我们称这样的指令为非确定性指令，并将包含这样语句的“算法”称为**非确定性算法**（nondeterministic algorithm）。

确定性的和非确定性的

在许多情况下，一个确定性“算法”和一个非确定性“算法”之间存在着明显的界限。这种差别是非常清晰和明显的。确定性算法不依赖于执行该算法的机制的创造性能力，而非确定性算法可能会依赖。例如，比较指令

走到下一个十字路口，然后向右转或向左转。

与指令

走到下一个十字路口，按照站在路口的人所告诉你的，向右转或向左转。

在这两种情况中，这个人在真正执行指令之前，所采取的转向行动都是不确定的。然而，第一条指令要求行人根据自己的判断来决定其转向，所以这条指令是非确定性的。第二条指令对行人所要转的方向没有做这样的要求，只是告知行人每一步做什么。如果有几个不同的人执行第一条指令，那么有些人会向右转，而有些人会向左转。如果有几个人执行第二条指令，并且得到同样的信息，那么他们将会朝一个方向转。这里包含了确定性“算法”和非确定性“算法”两者之间的一个重要区别。如果用同样的输入数据反复去执行一个确定性算法，那么每次都将会完成同样的操作。然而，一个非确定性“算法”在同样的条件下反复执行，将会产生不同的操作。

注意，随着城市数目的增加，执行上述非确定性算法所需要的时间增加得相对较慢。选择一条路径的过程仅仅是产生一个城市清单，这能够在与城市数目成比例的时间范围内完成。而且，沿着所选择的路径，计算总距离所需的时间也与所访问的城市数目成正比，并且，将这个总数与里程的限定数进行比较所需的时间与城市的数目无关。于是，执行这个非确定性算法所需的时间就受一个多项式约束。因此，就有可能在多项式时间内，利用一个非确定性算法解决旅行商问题。

当然，这个非确定性解并不能令人十分满意，因为它依赖于猜测的运气。但是，它的存在足以表明：在多项式时间内，对旅行商问题而言，存在着一个确定性的解。无论其真假与否，它都是一个尚未确定的问题。事实上，有许多这样的问题，即知道它们在多项式时间范围内执行时有非确定性解，但还没发现多项式时间内的确定性解，旅行商问题就是这些问题中的一个。对于这些问题的非确定性解的这种可望而不可及的效率，使得许多人希望在某一天能找到有效的确定性解，然而，大多数人相信这些问题太复杂，以致超出了有效的确定性算法的能力范围。

一个能够在多项式时间内用非确定性算法解决的问题，称为**非确定性多项式问题**（nondeterministic polynomial problem），或者简称**NP问题**（NP problem）。习惯上把NP类问题表示成**NP**。注意，P中的所有问题也都属于NP问题，这是因为任何（确定性）算法都可以加上一条非确定性指令而不影响其性能。

然而，正如旅行商问题所说明的，所有的NP问题是否也都属于P问题还是个尚未确定的问题。在今天，这也许是计算机科学领域里最广为人知的未解问题。这个问题的解决将会带来重

大的影响。例如，12.6节我们将讨论到，已经设计出来的加密系统其完整性依赖于解决问题所需的大量时间，这类似于旅行商问题。如果证实了对这样的问题存在着有效解，那么这些加密系统的安全性就将受到威胁。

为了解决这样的问题（即NP类问题在事实上是否等同于P类问题）而作出的努力，导致在NP类问题中发现了一类称为**NP完全问题**（NP-complete problem）的问题。这些问题都具有这样一种特征，即任何一个问题的多项式时间解也为所有其他NP类问题提供了一个多项式时间解。也就是说，如果能够在多项式时间内找到一个（确定性）算法，使其能够解决一个NP完全问题，那么这个算法就能推广到以多项式时间来解决任何其他NP类问题。于是，NP类就和P类一样了。旅行商问题是NP完全问题的一个例子。

概括来说，可以看出，问题可以分为可解（有一个算法解）和不可解（没有算法解）两类，如图12-18所示。而且，可解问题可分为两个子类。一类是多项式问题的集合，该集合包含了有实际解的那些问题。另一类是非多项式问题的集合，这些问题只有当输入相对较少或者仔细选取的情况下才有实际解。最后，还有比较难理解的NP问题，至今还没有很准确的分类。

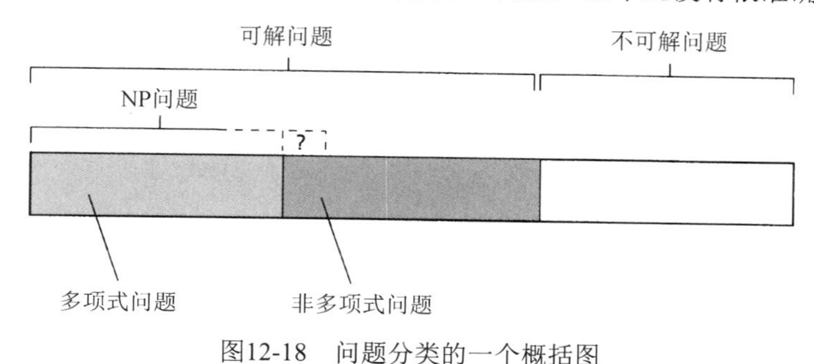

图12-18 问题分类的一个概括图

问题与练习

1. 假设一个问题能够通过一个属于Θ (2^n)的算法求解，那么对这个问题的复杂性，我们能得出什么样的结论？
2. 假设一个问题能够通过一个属于Θ (n^2)的算法求解，也可以通过另一个属于Θ (2^n)的算法求解，那么是否一个算法总是要优于另一个算法？
3. 如果一个委员会由Alice和Bill两个成员组成，那么请列出这个委员会的所有可能的分组。如果这个委员会是由Alice、Bill和Carol组成，那么请列出这个委员会的所有可能的分组。如果这个委员会是由Alice、Bill、Carol和David组成的，那么分组情况又会怎样？
4. 举出一个多项式问题的例子。举出一个非多项式问题的例子。举出一个尚未被证明是多项式问题的NP问题的例子。
5. 如果算法X的复杂性比算法Y的大，那么是否就意味着算法X一定就比算法Y难理解？请解释你的答案。

*12.6 公钥密码学

在某些情况下，某个问题难以解决这样一个事实已经不再是一个缺点，而变成了一个优点。特别有趣的一个问题是，为一个给定的整数找到它的因数，如果这样的解确实存在，那么就一定要为这个问题找到一个有效的解。例如，如果只用纸和笔，你将会发现，即使像2 173这样相对较小的数值，要找到其因数也比较花时间，而如果涉及的数大到需要用几百位数字来表示，那么即使用现在最好的因数分解技术，这个问题也还是难以解决。

对许多数学家而言，至今还没有找到一种有效的方法来确定大整数的因数，这让他们感到非常不安。然而，在密码学领域里，这种情况已经被用来产生一种对报文进行加密和解密的流行方法。这种方法称为**RSA算法**（RSA algorithm），选择这个名字是为了对该算法的发明者Ron Rivest、Adi Shamir和Len Adleman表示尊敬。这种方法，利用一组称为**加密密钥**（encrypting key）的数值对报文进行加密，并利用另一组称为**解密密钥**（decrypting key）的数值对报文进行解密。知道加密密钥的人可以对报文进行加密，但是不能对报文进行解密。只有持有解密密钥的人才能对报文进行解密。这样一来，加密密钥可以被广泛地分发而不会破坏系统的安全性。

这样的密码系统称为**公钥加密**（public-key encryption）系统，这个术语反映了用来对报文加密的密钥可以公开而不会降低系统的安全性。事实上，加密密钥通常被称为**公钥**（public key），而解密密钥则称为**私钥**（private key）（见图12-19）。

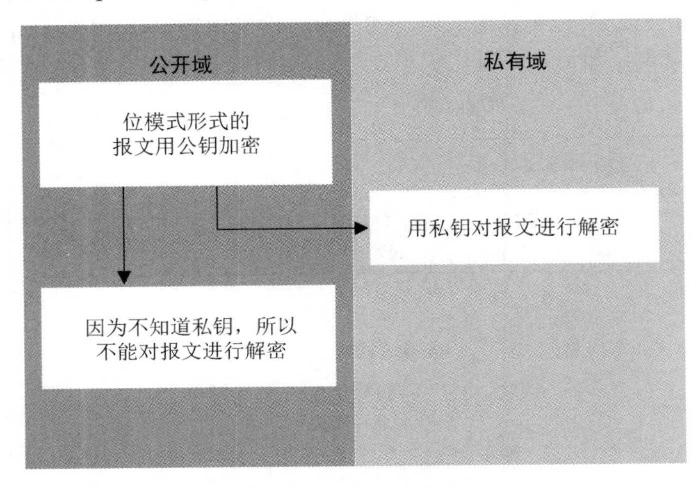

图12-19　公钥密码学

12.6.1　模表示法

为了描述RSA公钥加密系统，可以方便地采用记号$x \% m$来表示数值x被m除后所得的余数，这通常读作“x modulo m”或“x mod m”。这样一来，9 % 7就得2，因为9÷7的余数为2。类似地，24 % 7为3，因为24÷7的余数为3；14 % 7为0，因为14÷7的余数为0。注意，如果x是一个0到m−1的整数，那么$x \% m$的值就为x本身。例如，4 % 9的值就为4。

借助数学知识我们知道，如果p和q是素数，m是0到pq（表示p和q的乘积）的一个整数，那么，对于任意的正整数k，就有

$$1 = m^{k(p-1)(q-1)} \% pq$$

尽管在这里不证明这个命题，但考虑一个例子来解释这个命题还是有必要的。于是，我们假设p和q分别为素数3和5，并且m为整数4。那么，这个命题说，对于任意的正整数k，值$m^{k(p-1)(q-1)}$除以15（3和5的乘积）将得到余数1。具体来说，如果k=1，那么

$$m^{k(p-1)(q-1)} = 4^{1(3-1)(5-1)} = 4^8 = 65\ 536$$

正如前面所讲的，该值除以15所得余数为1。而且，如果$k = 2$，那么

$$m^{k(p-1)(q-1)} = 4^{2(3-1)(5-1)} = 4^{16} = 4\ 294\ 967\ 296$$

再将它除以15所得的余数为1。事实上，无论正整数k的取值如何，都将得到余数1。

12.6.2 RSA公钥密码学

现在，我们准备在RSA算法的基础上构建和分析一个公钥加密系统。首先，选出两个不同的素数p和q，其乘积用n来表示。然后，另外选出两个正整数e和d，使得对于某个正整数k，满足$e \times d = k(p-1)(q-1)+1$。我们之所以调用值$e$和$d$，是因为它们分别是加密和解密过程的组成部分。（事实上，所选取的值e和d能够满足前面的等式，这在数学上也是另一个已经证明过的事实，在这里我们不再证明。）

所以，这里选取了5个值：p、q、n、e和d。值e和n是加密密钥，值d和n是解密密钥，值p和q只是用来构建加密系统的。

这里就考虑一个具体的例子来进行说明。假设将值p和q分别选取为7和13，那么$n=7 \times 13 = 91$。而且，将值e和d分别选取为5和29，因为$5 \times 29=145=144+1=2(7-1)(13-1)+1=2(p-1)(q-1)+1$，这正是所需的。这样一来，加密密钥就是$n=91$和$e=5$，而解密密钥则为$n=91$和$d=29$。我们将加密密钥分发给想要给我们发报文的人，而解密密钥（以及p和q的值）我们自己保留。

我们现在来考虑如何对报文进行加密。为此，假设当前的报文是按照位模式（可能用的是ASCII码或Unicode码）编码的，当将其解释为二进制表示时，这个位模式的值就小于n。（如果它不小于n，就要把报文分割成较小的段，然后分别对每段进行加密。）

假设当报文解释为二进制表示时，我们的报文表示值m。那么，这条报文的加密形式就是值$c = m^e \% n$的二进制表示。也就是说，加密过的报文是m^e除以n后所得余数的二进制表示。

具体来说，继续就前面的例子来进行讨论，如果某人想要用加密密钥$n=91$和$e=5$对报文10111进行加密，他首先会看出，10111是值23的二进制表示，那么计算$23^e = 23^5 = 6\ 436\ 343$，最后，将此值除以$n = 91$，得到余数为4。所以这条报文的加密形式就是100，即为4的二进制表示。

为了解密一条用二进制记法表示的值为c的报文，就要计算$c^d \% n$的值。也就是说，计算c^d的值，将结果再除以n，并保留所得的余数。事实上，这个余数就是初始报文的值m，因为

$$
\begin{aligned}
c^d \% n &= m^{e \times d} \% n \\
&= m^{k(p-1)(q-1)+1} \% n \\
&= m \times m^{k(p-1)(q-1)} \% n \\
&= m \% n \\
&= m
\end{aligned}
$$

正如前面所述，这里用到了$m^{k(p-1)(q-1)} \% n = m^{k(p-1)(q-1)} \% pq = 1$，以及$m \% n = m$（因为$m<n$）。

继续讨论前面的例子，如果收到的报文是100，那么我们就能识别出这个值为4，然后计算出值$4^d = 4^{29} = 288\ 230\ 376\ 151\ 711\ 744$，将此值除以$n = 91$，从而得到余数23，即为用二进制记数法表示的初始报文10111。

概括来说，一个RSA公钥加密系统的产生过程是这样的：选取两个素数p和q，再从这两个数产生值n、e和d。值n和e被用于加密报文，即为公钥；而值n和d被用于解密报文，即为私钥（见图12-20）。这个系统的优势就在于只知道如何加密报文，而不能解密报文。这样一来，加密密钥n和e就可以被广泛地分发。就算你的对手得到这些加密密钥，也无法对他们所截获的报文进

行解密，因为只有知道解密密钥的人才能对报文进行解密。

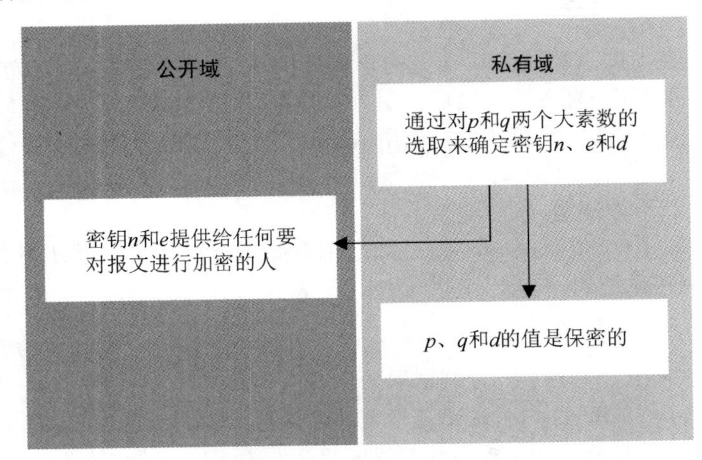

图12-20　建立一个RSA公钥加密系统

这种系统的安全性的基础在于，假定只知道加密密钥n和e，而不允许计算出解密密钥n和d。然而，确实有这样的算法能做到！一种方法是对值n进行因式分解找到p和q，然后找一个k值，使得$k(p-1)(q-1)+1$被e整除（那么商就为d），从而确定d。另一方面，这个过程的第一步就会很耗时，特别是在所选的p和q很大的情况。事实上，如果p和q大到需要用几百个二进制位来表示时，那么即使用最好的因式分解算法对n进行分解，也得需要好几年的时间才能确定p和q。因此，一条加密过的报文的内容，即使其重要性已经过时很久，它的安全性仍然能得到保证。

到今天，还没有人能够在不知道解密密钥的情况下，找到一种对基于RSA密码学加密的报文进行解密的有效方法，所以，基于RSA算法的公钥加密技术广泛地用于因特网通信，以获取通信的秘密性。

问题与练习

1. 请找出66 043的因数。（本题可能比较耗时，不必花费太多的时间。）
2. 用公钥$n=91$和$e=5$对消息101进行加密。
3. 用私钥$n=91$和$d=29$对消息10进行解密。
4. 在一个RSA公钥密码学系统中，根据素数$p=7$、$q=19$以及加密密钥$e=5$，为解密密钥n和d找出合适的值。

复习题

1. 请说明一下，如何用Bare Bones语言模拟如下结构：

```
while X equals 0:
    .
    .
    .
```

2. 写一个Bare Bones语言程序，使得：如果变量X小于等于变量Y，则将变量Z置为1；否则，将变量Z置为0。
3. 写一个Bare Bones语言程序，将变量Z置为2的X次方。
4. 根据以下每种情况写一个Bare Bones语言程序序列，实现指定的活动。
   a. 如果X的值为偶数，则将Z赋值为0；否则，将Z赋值为1。
   b. 计算整数0～X的和。

5. 写一个Bare Bones语言例程，用值X除以值Y，忽略余数。也就是说，1除以2得0，5除以3得1。
6. 描述由下列Bare Bones语言程序计算的函数，假设该函数的输入由X和Y表示，输出由Z表示：

```
copy X to Z
copy Y to Aux
while Aux not 0:
  decr Z
  decr Aux
```

7. 描述由下列Bare Bones语言程序计算的函数，假设该函数的输入由X和Y表示，输出由Z表示：

```
clear Z
copy X to Aux1
copy Y to Aux2
while Aux1 not 0:
  while Aux2 not 0:
    decr Z
    decr Aux2
    decr Aux1
```

8. 写一个Bare Bones语言程序，用于计算变量X和变量Y的异或，并将结果存放在变量Z中。你可以假设X和Y只从整数0和1开始。
9. 如果我们允许一个Bare Bones程序中的指令可以用整数值标号，并且把while循环结构用形如

```
if name not 0:
  goto label;
```

的条件转移指令代替，其中，name是任意一个变量，label是一个整数值，用来标记别处的一条指令，那么请证明：这个新语言仍然是一种通用程序设计语言。
10. 在本章中，我们已经看到，语句

```
copy name1 to name2
```

就如何用Bare Bones语言来模拟的。请证明：如果Bare Bones语言中的while循环结构用一个形如

```
repeat:...
  until (name equals 0)
```

的后测试循环结构来代替，那么上述语句仍能够被模拟。
11. 证明：如果while语句用一个形如

```
repeat:
  ...
  until (name equals 0)
```

的后测试循环结构来代替，Bare Bones语言仍为通用程序设计语言。
12. 设计一个图灵机，要求它一旦启动，将不会使用磁带上的一个以上的单元，而且永不会到达停止状态。
13. 设计一个图灵机，要求将当前单元左边的所有单元置0，直到遇到一个包含星号的单元为止。
14. 假设图灵机的磁带上0、1模式串的两端是用星号作为分界符的，那么请设计一个图灵机，将此模式左移一个单元，这里假设机器是从模式右端的星号处开始。
15. 设计一个图灵机，要求把在当前单元（它包含有一个星号）和其左边的第一个星号之间所发现的0、1模式串倒转。
16. 概述丘奇-图灵论题。
17. 下面的Bare Bones语言程序是自终止的吗？请说明理由。

```
copy X to Y
incr Y
incr Y
while X not 0:
  decr X
  decr X
  decr Y
  decr Y
decr Y
while Y not 0:
  incr X
  decr Y
while X not 0:
```

18. 下面的Bare Bones语言程序是自终止的吗？请说明理由。

```
while X not 0:
```

19. 下面的Bare Bones语言程序是自终止的吗？请说明理由。

```
while X not 0:
  decr X
```

20. 分析下面一对命题的有效性：

```
The next statement is true.
The previous statement is false.
```

21. 分析命题“船上的厨师为所有人做饭，但只为

那些自己不做饭的人做饭。”的有效性。（提示：谁为厨师做饭？）

22. 假设你在一个国家，这个国家的人要么是说真话者，要么是说假话者。（说真话的人一直说真话，说假话的人一直说假话。）那么，你怎样向一个人只问一个问题，就判断出这个人是说真话者，还是说假话者。

23. 请概括说明，图灵机在理论计算机科学领域里的重要性。

24. 请概括说明，停机问题在理论计算机科学领域里的重要性。

25. 假设你要在一群人中找出是否有人在某一天过生日。一种方法就是询问这群人中的每个成员一次。如果你采用这种方法，那么出现何种情况会让你知道：存在这样的人？出现何种情况会让你知道：不存在这样的人？现在，假设要找出至少一个具有某种特征的正整数，你可以应用同样的方法对整数一次一个地进行系统测试。事实上，如果某个整数具有这种特征，你会怎样将它找出来？然而，如果没有整数具有这样的特征，那你是怎样发现的？为了确定一个推测是否为真，是不是必须得与确定这个推测是否为假对称地进行测试？

26. 在一个列表中搜索遍历某个值的问题属于多项式问题吗？请证明你的答案。

27. 设计一个算法，确定一个给定的正整数是否为素数。你的解是否高效？你的解是多项式的还是非多项式的？

28. 一个问题的多项式解是不是一直都比其指数解要好？请说明理由。

29. 一个问题有多项式解这样一个事实，是否就意味着它能一直在实际可行的时间内求解？请说明理由。

30. 程序员查理要解决这样一个问题：将一个组（人数为偶数）分成人数相同的两个小组，要使得每个小组总年龄间的差别尽可能大。他提出的解决方案是：先构建出所有可能的小组对，计算每个对总年龄间的差别，然后选取差别最大的那一对。但是，程序员玛丽提出的解决方案是：首先将初始组按年龄进行排序，再分成两个小组，年龄较小的一半为一组，年龄较大的一半为另一组。每种解决方案的复杂性是什么？这个问题本身是属于多项式复杂性、NP复杂性还是非多项式复杂性？

31. 对于列表的排序问题而言，可以先生成列表的所有排列，然后再选出所需要的那一种排列。那么请问，为什么这种方法不是一个令人满意的方法？

32. 假设一种彩票基于的是正确选择4个整数值，每个值的范围都是1~50。并假设累计奖金已经大到对每种可能的组合分别买一张彩票都能获利的地步。如果买一张彩票要花一秒钟的时间，那么为每种可能的组合都买一张彩票得花多长时间？如果彩票需要选取5个数，而不是4个数，那么所需时间将如何变化？依据本章所讨论的内容，这个问题必须要做些什么？

33. 下面的算法是确定性的吗？请说明理由。

```
def mystery (Number):
  if (Number > 5):
    回答"yes"
  else:
    挑一个比5小的数并将这个数作为答案
```

34. 下面的算法是确定性的吗？请说明理由。

```
一直向前开。
在第三个十字路口，问站在拐角处的人你应该往右转还是应该往左转。
根据那个人指的方向转弯。
开两个区，然后停下来。
```

35. 请确定下列算法中非确定的地方：

```
从1~100之间选3个数。
if (如果所选数字之和大于150):
  回答"yes"
else:
  选择已选出的数中的一个，将该数作为答案
```

36. 下列算法是具有多项式时间复杂性还是具有非多项式时间复杂性？请说明理由。

```
def mystery (ListOfNumbers):
  从ListOfNumbers中选一组数。
  if (这些数加起来得125):
    回答"yes"
  else:
    不给出答案
```

37. 以下问题中，哪些问题是属于P类的？
   a. 复杂性为n^2的问题
   b. 复杂性为$3n$的问题
   c. 复杂性为n^2+2n的问题
   d. 复杂性为$n!$的问题

38. 概述声明一个问题是多项式问题和声明一个问题是非确定性多项式问题之间的区别。

39. 请举出一个问题的例子，要求该问题既属于P类，又属于NP类。
40. 假设给你两个算法用来解决同一个问题。一个算法的时间复杂性为n^4，而另一个算法的时间复杂性为$4n$，那么在什么样规模的输入上前者比后者更为有效？
41. 假设要解决的问题是旅行商问题，其中所涉及的城市数为15，而任意两个城市之间只有一条路相连。那么请问，遍历这些城市共有多少种不同的路径？这里假设每条路径的长度能够在1微秒内计算出来，那么计算出所有这些路径的长度要花多长时间？
42. 如果将归并排序算法（见图12-15和图12-14）应用到列表Alice、Bob、Carol以及David，那么要做多少次名字比较？如果应用到列表Alice、Bob、Carol、David以及Elaine，那么又将做多少次名字比较？
43. 请为图12-18所示的每一类问题都举出一个例子。
44. 设计一个算法，找到形如$x^2 + y^2 = n$的等式的整数解，这里，n是某个给定的正整数。确定你的算法的时间复杂性。
45. **背包问题**（knapsack problem）是另一个属于NP完全类的问题。该问题旨在从一个列表中找出一些数，使得这些数的和等于某个值。例如，列表

    ```
    642  257  771  388  391  782  304
    ```

    中的数据项257、388和782，它们的和为1 427。请找出和为1 723的数据项。你用的是什么算法？其复杂性又如何？
46. 请指出旅行商问题与背包问题的相似之处（见第45题）。
47. 下面的列表排序算法称为冒泡排序。当将其用到一个有n个数据项的列表中时，冒泡排序需要在列表项中进行多少次比较？

    ```
    def BubbleSort(List):
      Counter =1
      while (Counter < List中的项的个数):
        N = List中的项的个数
        while (N >1):
          if(List中的第N个项小于其前面的项):
            第N个项和前面的一项交换
        N = N-1
    ```

48. 用RSA公钥加密技术对报文110进行加密，这里公钥为n=91和e=5。
49. 用RSA公钥加密技术对报文111进行解密，这里私钥为n=133和d=5。
50. 假设你知道一个基于RSA算法的公钥加密系统，其公钥为n = 77和e =7。私钥是什么？怎样才能让你在一个合理的时间范围内解决这个问题？
51. 找出107 531的因数。这个问题与本章的内容有什么关联？
52. 如果正整数n在2～$\sqrt{n}$范围内没有整数因子，那么我们能够得出什么结论？对于找一个正整数的因子这样的任务来说，这又能告诉你一些什么？

社会问题

希望下面的问题能引导读者思考一些与计算领域相关的道德、社会和法律问题。回答出这些问题还不够，还应该考虑为什么这样回答，以及你的判断是否对每个问题都标准如一。

1. 假设求解一个问题的最优算法需要执行100年，那么你会认为这个问题是容易处理的吗？为什么？
2. 公民有权在免受政府部门监控的情况下对报文进行加密吗？你的回答是否考虑到了“合适的”法律执行？那么谁来决定“合适的”法律执行是什么？
3. 如果人脑是一个算法设备，那么关于人性，图灵论题会有什么结果？在何种程度上你会认为图灵机包含了人脑的计算能力？
4. 我们已经看到，不同的计算模型（如有限表、代数公式、图灵机等）有不同的计算能力。不同的生物体也有不同的计算能力吗？不同的人的计算能力也不同吗？如果是这样，那么具有较高能力的人是否能用这些能力来获得更好的生活方式？
5. 在今天，有许多网站提供了大多数城市的道路图。这些站点能够帮助寻找某个具体的地

址，并提供放大功能来看清小范围的街区布局。从这个事实出发，考虑下面一系列的假想。假设这些地图站点配备了具有缩放功能的卫星像片。假设这些缩放功能被增强到能对某个独立的建筑及其周边的景象给出更为详细的图像。假设这些图像又增强到包括实时视频。假设这些实时视频图像通过使用红外线技术而得到加强。到了这个地步，别人就能够一天24小时地监视你的家。在这一系列技术进步中，你的隐私权是在哪一点开始受到侵犯的？在这一系列技术进步中，你认为什么事情上我们的做法超越了当今间谍卫星技术的能力？在怎样的程度上，这个场景就只是假想的？

6. 假设一个公司开发了一个加密系统，并取得了专利权。该公司所在国家的政府机构是否有权以国家安全的名义来使用这个系统？该公司所在国家的政府机构是否有权以国家安全的名义限制这个公司对这个系统的商业使用？如果这个公司是跨国公司，那么情况又会怎样？
7. 假设你买了一个产品，其内部结构是加密的，那么你是否有权对这个产品的基本结构进行解密？如果是，你是否有权以商业方式来使用这些信息？以非商业方式使用呢？如果它的加密是利用一个秘密的加密系统来实现的，而你发现了这个秘密，那么你有权分享这个秘密吗？
8. 很多年以前，哲学家约翰•杜威（1859—1952）提出了“履责技术”（responsible technology）这个术语。请举出一些例子，说明你对“履责技术”是怎样理解的。在例子的基础上，阐明你自己对“履责技术”的定义。在过去的100多年里，社会实践了“履责技术”吗？应当采取措施来保证它的实施吗？如果是，则应采取什么样的措施？如果不是，为什么？

课外阅读

Garey, M. R., and D. S. Johnson. *Computers and Intractability*. New York: W. H. Freeman, 1979.

Hamburger, H., and D. Richards. *Logic and Language Models for Computer Science*. Englewood Cliffs, NJ: Prentice-Hall, 2002.

Hofstadter, D. R. *Gödel, Escher, Bach: An Eternal Golden Braid*. St. Paul, MN: Vintage, 1980.

Hopcroft, J. E., R. Motwani, and J. D. Ullman. *Introduction to Automata Theory, Languages, and Computation*, 3rd ed. Boston, MA: Addison-Wesley, 2007.

Lewis, H. R., and C. H. Papadimitriou. *Elements of the Theory of Computation*, 2nd ed. Englewood Cliffs, NJ: Prentice-Hall, 1998.

Rich, E. *Automata. Computability, and Complexity: Theory and Application*. Upper Saddle River, NJ: Prentice-Hall, 2008.

Sipser, M. *Introduction to the Theory of Computation*, 3rd ed. Boston, MA: Cengage Learning, 2012.

Smith, C., and E. Kinber. *Theory of Computing: A Gentle Introduction*. Englewood Cliffs, NJ: Prentice-Hall, 2001.

Sudkamp, T. A. *Languages and Machines: An Introduction to the Theory of Computer Science*, 3rd ed. Boston, MA: Addison-Wesley, 2006.

ASCII码

下面列出了ASCII码的一部分，并在每个位模式的左边都添加了一个0，以构成现在通用的8位位模式。第3列是每个8位位模式对应的十六进制值。

符号	ASCII	十六进制值	符号	ASCII	十六进制值	符号	ASCII	十六进制值
空行	00001010	0A	>	00111110	3E	^	01011110	5E
回车	00001011	0B	?	00111111	3F	-	01011111	5F
空格	00100000	20	@	01000000	40	`	01100000	60
!	00100001	21	A	01000001	41	a	01100001	61
"	00100010	22	B	01000010	42	b	01100010	62
#	00100011	23	C	01000011	43	c	01100011	63
$	00100100	24	D	01000100	44	d	01100100	64
%	00100101	25	E	01000101	45	e	01100101	65
&	00100110	26	F	01000110	46	f	01100110	66
'	00100111	27	G	01000111	47	g	01100111	67
(	00101000	28	H	01001000	48	h	01101000	68
)	00101001	29	I	01001001	49	i	01101001	69
*	00101010	2A	J	01001010	4A	j	01101010	6A
+	00101011	2B	K	01001011	4B	k	01101011	6B
'	00101100	2C	L	01001100	4C	l	01101100	6C
.	00101101	2D	M	01001101	4D	m	01101101	6D
/	00101110	2E	N	01001110	4E	n	01101110	6E
0	00101111	2F	O	01001111	4F	o	01101111	6F
1	00110000	30	P	01010000	50	p	01110000	70
2	00110001	31	Q	01010001	51	q	01110001	71
3	00110010	32	R	01010010	52	r	01110010	72
4	00110011	33	S	01010011	53	s	01110011	73
5	00110100	34	T	01010100	54	t	01110100	74
6	00110101	35	U	01010101	55	u	01110101	75
7	00110110	36	V	01010110	56	v	01110110	76
8	00110111	37	W	01010111	57	w	01110111	77
9	00111000	38	X	01011000	58	x	01111000	78
:	00111001	39	Y	01011001	59	y	01111001	79
;	00111010	3A	Z	01011010	5A	z	01111010	7A
<	00111011	3B	[	01011011	5B	{	01111011	7B
=	00111100	3C	\	01011100	5C	|	01111100	7C
	00111101	3D	]	01011101	5D	}	01111101	7D

附录B 用于处理二进制补码表示的电路

本附录介绍用电路实现对二进制补码表示的值进行取负及相加操作。我们从图B-1的电路开始，它将一个4位的二进制补码表示转换为该值的负值的表示。例如，假设给出3的二进制补码表示，则该电路产生-3的表示。算法与正文中所述一样。也就是说，它自右向左复制位模式，直至复制到一个1，然后当它从输入向输出移动时，求剩余各位的补码。由于最右边XOR门的一个输入值固定为0，所以此门只能将其另一个输入传送至输出。然而这个输出又向左传给下一个XOR门作为一个输入。如果这个输出是1，那么下一个XOR门将会把其输入位取反后送给输出。而且，这个1还会通过OR门向左传送，影响下一个门。就这样，复制给输出的第一个1也会向左传送，使得所有剩余的位在送到输出时都取反。

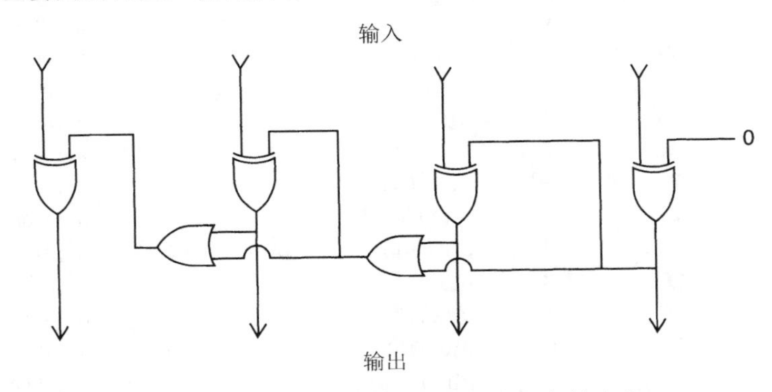

图B-1　将一个二进制补码位模式取负的电路

接下来，我们考虑一下用二进制补码表示的两个数值的加法。具体而言，解决问题

```
+ 0110
------
+ 1011
```

时，我们是从右至左一列一列地计算，并且每列都执行相同的算法。因此，只要获得这类问题一列的加法电路，通过重复这个单列电路，就可以构建许多列的相加电路。

多列加法问题中一个单列的相加算法是这样的：把当前列的两个数值相加，把相加的和加上上一列的进位，并将此和的最低有效位记为答案，然后将进位传向下一列。图B-2中的电路遵循的就是这个算法。上面的XOR门决定了两个输入位的和。下面的XOR门将这个和与上一列的进位相加。两个AND门及OR门一起把进位向左传送。具体来说，如果该列中最初的两个输入是1，或者这些位的和及进位都是1，那么就会产生一个进位1。

图B-3表示单列电路的副本如何用于产生计算用4位二进制补码系统表示的两个值和的电路。图中每个矩形表示单列加法电路的一个副本。需要注意的是：最右边矩形的进位值总是0，因为它没有来自上一列的进位。以此类推，最左边矩形产生的进位将被忽略。

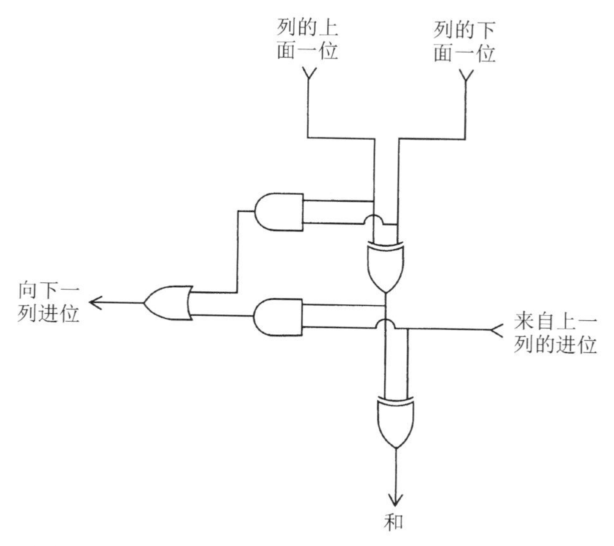

图B-2 在一个多列加法问题中进行单列相加的电路

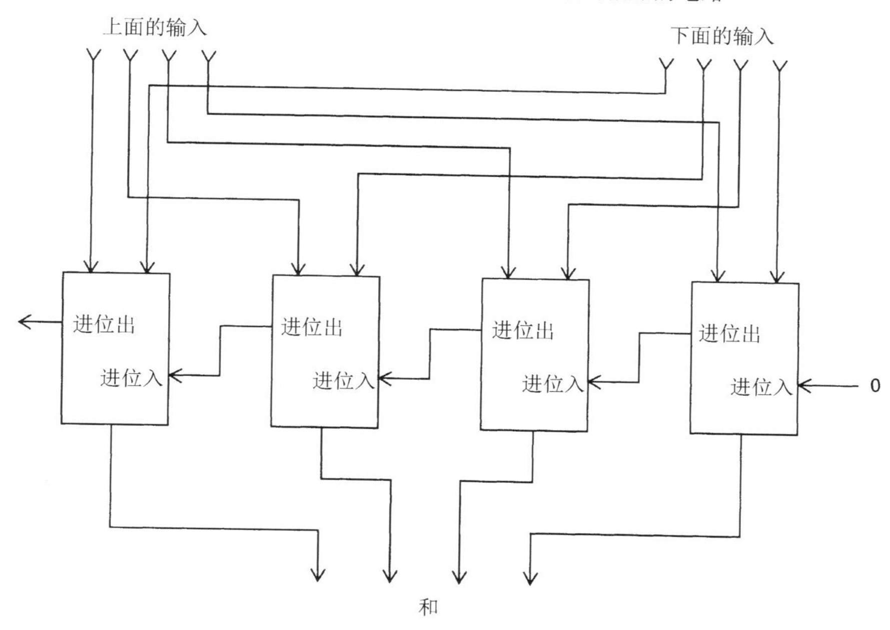

图B-3 使用图B-2中电路的4个副本将2个二进制补码表示的数值相加的电路

因为进位的信息自最右列向最左列传播，或者说波动，所以图B-3中的电路称为行波进位加法器（ripple adder）。这类电路尽管结构简单，但执行速度较慢，而一些更好的电路，例如，先行进位加法器，就可以将这种列到列的传播减到最小。于是，尽管图B-3中的电路足够满足我们的要求，但并不是当今机器中使用的电路。

附录C 一种简单的机器语言

本附录介绍一种简单却有代表性的机器语言。我们首先解释一下这一机器本身的体系结构。

C.1 机器体系结构

这种机器有16个通用寄存器，编号为0～F（十六进制表示）。每个寄存器的长度为1字节（8位）。为了在指令中标识寄存器，每个寄存器被赋予了唯一的4位模式，用于代表其寄存器号。于是，寄存器0由0000（十六进制0）标识，寄存器4由0100（十六进制4）标识。

机器主存中有256个单元，每个单元被赋予一个范围为0～255的整数地址。因此，一个地址可以由00000000～11111111（或者是十六进制值的00～FF）的一个8位模式来表示。

假设浮点值以1.7节讨论过并且概括在图1-24中的8位格式存储。

C.2 机器语言

每条机器指令都是2字节长：前面的4位是操作码，后面的12位组成操作数字段。下面的表格列出了用十六进制记数法表示的指令及简要说明。字母R、S及T在表示寄存器标识符的那些字段处用来替代十六进制数字，并且因指令的具体应用而异。字母X及Y用来在变量字段替代十六进制数字，而不是代表寄存器。

操 作 码	操 作 数	说 明
1	RXY	在地址为XY的存储单元中找到的位模式加载（LOAD）寄存器R 例：14A3将使得地址为A3的存储单元的内容放入寄存器4
2	RXY	以位模式XY加载（LOAD）寄存器R 例：20A3将使得值A3放入寄存器0
3	RXY	将寄存器R中的位模式存储（STORE）在地址为XY的存储单元中 例：35B1将使得寄存器5中的内容放入地址为B1的存储单元
4	0RS	将寄存器R中的位模式移入（MOVE）寄存器S 例：40A4将使得寄存器A的内容复制到寄存器4
5	RST	将寄存器S及寄存器T的位模式作为二进制补码表示相加（ADD），将求和结果存放在寄存器R中 例：5726将使得寄存器2和寄存器6中的二进制数值相加，并将和存放在寄存器7中
6	RST	将寄存器S及寄存器T的位模式作为浮点表示值相加（ADD），并将浮点结果存放在寄存器R中 例：634E将使得寄存器4和寄存器E中的浮点值相加，并将结果存放在寄存器3中

续表

操作码	操作数	说明
7	RST	将寄存器S及寄存器T中的位模式做或（OR）操作，并将结果存放在寄存器R中 例：7CB4将使得寄存器B和寄存器4的内容做或操作的结果存放在寄存器C中
8	RST	将寄存器S及寄存器T中的位模式做与（AND）操作，并将结果存放在寄存器R中 例：8045将使得寄存器4和寄存器5的内容做与操作的结果存放在寄存器0中
9	RST	将寄存器S和寄存器T中的位模式进行异或（EXCLUSIVE OR）操作，并将结果存放在寄存器R中 例：95F3将使得寄存器F和寄存器3的内容进行异或操作的结果存放在寄存器5中
A	R0X	将寄存器R中的位模式循环（ROTATE）右移一位，进行X次。每次都把从低位端开始的那个位放入高端 例：A403将使得寄存器4中的内容循环右移3位
B	RXY	如果寄存器R中的位模式等于寄存器0中的位模式，那么转移（JUMP）到地址XY处的存储单元中的指令；否则，继续正常的执行顺序（转移是通过在执行周期将XY复制到程序计数器来实现的） 例：B43C将首先比较寄存器4和寄存器0中的内容。如果二者相等，则把模式3C放入程序计数器，所以下一条执行的指令将是这个存储地址中的那条；否则，不做任何事情，程序将照常继续
C	000	停止（HALT）执行 例：C000将使得程序停止执行

附录D 高级程序设计语言

本附录包含了在第6章中作为例子使用的每种语言的简要背景。

D.1 Ada

Ada语言是根据奥古斯塔·艾达·拜伦（Augusta Ada Byron）（1815—1851）命名的。她是查尔斯·巴贝奇（Charles Babbage）的拥护者，诗人拜伦勋爵（Lord Byron）的女儿。这个语言最初是由美国国防部开发的，目的是为了得到一种满足其所有软件开发需要的通用语言。在Ada的设计期间，一个重点是加入实时计算机系统程序设计的特性，这类系统常用来作为更大型机器的一部分，如导弹制导系统、楼际间的环境控制系统以及汽车和小型家用电器中的控制系统。因此，Ada语言包含这样一些特征：既可以表达并行处理环境中的活动，又可以作为合适的技术解决在应用环境中出现的特殊情况（称为异常）。尽管初期是作为命令式语言设计的，但Ada的新版本中包含了面向对象范型。

Ada语言的设计一贯强调可实现可靠软件高效开发的特性，下面这个事实例证了这个特性：波音777飞机中所有内部的控制软件都是用Ada语言编写的，这也是Ada用作SPARK语言开发（正如第5章中说明的）的起始点的主要原因。

D.2 C

C语言是由贝尔实验室的丹尼斯·里奇（Dennis Ritchie）于20世纪70年代初期开发的。尽管它最初是作为开发系统软件的语言来设计的，但却在程序设计界颇为流行，并且已经被美国国家标准协会标准化。

C语言最初的设想只是跨出机器语言的一步而已。所以与使用完整的英语词汇的其他高级语言相比，它的语法十分简洁，原语都用专门符号表示。它的这种简练性可有效地表示复杂算法，这也是其广为流行的一个主要原因。（通常说来，简洁的表示比冗长的表达更易读。）

D.3 C++

C++语言是贝尔实验室的本贾尼·斯特劳斯特卢普（Bjarne Stroustrup）作为C语言的一个增强版本开发的。目的是开发一种可以与面向对象范型相兼容的语言。当今，C++凭其自身的实力已经成为著名的面向对象语言，同时它还作为另外两种主流面向对象语言（Java和C#）开发的起始点。

D.4 C#

C#语言是由微软公司开发的.NET框架中的工具，它是为运行微软系统软件的机器开发应用软件的一个综合系统。C#语言看起来很像C++或Java。事实上，微软公司将C#作为一种不同的语言来推介并不是因为它是一种全新的语言，而是因为它可以根据自己的需要定制语言的一些专门特性，而不必考虑与其他语言相关的标准，也不需要考虑其他公司的专利权问题。因此，C#的创新性在于：在利用.NET框架开发软件方面，它的作用非常突出。拥有微软公司的支持，在未来的几年里，C#以及.NET框架一定能够成为软件开发界的佼佼者。

D.5 FORTRAN

FORTRAN是FORmula TRANslator（公式翻译语言）的简写。该语言是第一批开发的高级语言之一（公布于1957年），并且是在计算界中最先获得广泛认同的语言之一。多年以来，它的官方描述经历了许多次的扩充，也就是说，今天的FORTRAN语言与原始的版本有很大的不同。事实上，通过学习FORTRAN语言的演变，人们能见证研究对程序语言设计产生的影响。尽管最初是设计成一种指令语言，但FORTRAN的新版本现在已经包含了许多面向对象特性。FORTRAN语言在科学界仍然是一种很流行的语言。具体来说，许多数值分析以及统计软件包都是使用FORTRAN语言编写的，而且仍将继续用FORTRAN语言编写。

D.6 Java

Java是Sun Microsystems公司在20世纪90年代早期开发的一种面向对象语言。该语言的设计者在很大程度上借了C语言以及C++语言的特性。Java带来的振奋不是由于语言本身，而是由于该语言的通用实现性以及在Java编程环境中大量预先设计好的模板。通用实现性指的是用Java语言编写的程序能够在很多机器上有效地执行；模板的可用性意味着复杂软件能相对比较容易地开发出来。例如，applet（小应用程序）及servlet（小服务程序）等模板使得万维网软件的开发更加流畅。

附录E 迭代结构与递归结构的等价性

在本附录中，我们使用第12章中的Bare Bones语言作为工具来回答第5章中提出的关于迭代结构与递归结构孰更强大的问题。回想一下：Bare Bones语言只包含3个赋值语句（clear、incr以及decr）和一个控制结构（由while语句构成）。并且这种简单的语言与图灵机具有相同的计算能力；因此，如果我们接受了丘奇-图灵论题，就可以得出结论：任何具有算法解的问题都有可用Bare Bones表达的解。

迭代结构与递归结构进行比较的第一步是将Bare Bones语言的迭代结构替换成递归结构。方法如下：将while语句从该语言中移出，并在它的位置提供可以把Bare Bones程序分成部分单元的能力，以及可从程序其他地方调用这些单元之一的能力。严格地说，我们建议用修改后的语言编写的每个程序由许多语法上分离的程序单元构成。假定每个程序必须正好包含一个称为MAIN的单元，它的语法结构如下：

```
def MAIN():
  .
  .
  .
```

（其中点表示其他缩进的Bare Bones语句）也可能包括具有以下结构的其他单元（语法上从属于MAIN）：

```
def unit():
  .
  .
  .
```

（unit表示单元的名称，与变量名具有相同的语法。）这种分割结构的语义是：程序总是从MAIN单元的开头开始执行，并且在该单元的缩进部分执行完成时停止。除了MAIN之外的程序单元都可以通过条件语句

```
if name not 0:
  unit()
```

作为函数来调用(其中name表示任何变量名,unit 表示除了MAIN之外的其他任何程序单元名)。而且，还允许MAIN单元之外的其他单元递归地调用自己。

有了这些附加的特性，我们就可以模拟原来Bare Bones中的while结构了。例如，一个如下形式的Bare Bones程序：

```
while X not 0:
  S
```

（其中S表示任何Bare Bones语句的序列），它可以被如下单元结构替代：

```
def MAIN():
  if X not 0:
    unitA()
def unitA():
  S
  if X not 0:
    unitA()
```

因此，我们得出结论：修改后的语言具有原始Bare Bones语言的所有能力。

也可以说明，任何能使用修改后语言解决的问题都能够用Bare Bones来解决。做到这一点的一种方法就是，说明任何用修改后语言表达的算法都可以用原始的Bare Bones语言编写。不过，这涉及“递归结构如何用Bare Bones语言的while结构来模拟”的一个精确的描述。

对于我们的目的，比较简单的就是根据第12章所介绍的丘奇-图灵论题。具体来说，丘奇-图灵论题，加上Bare Bones与图灵机具有相同的能力这个事实，表明了没有比原始Bare Bones更强大的语言了。所以，任何可以用我们修改后的语言求解的问题也能用Bare Bones解决。

我们得出的结论是，修改后语言的能力与原始Bare Bones的能力一样。两种语言之间的唯一区别是：一种提供的是迭代控制结构，而另外一种提供的是递归控制结构。因此，实际上这两种控制结构在计算能力上是等价的。

索　　引

符号

A

B

G

H

J

R

S

T

Z

教师支持申请表

尊敬的老师：

您好！

为了确保您及时有效地申请培生整体教学资源，请您务必完整填写如下表格，加盖学院的公章后传真给我们，我们将会在2~3个工作日内为您处理。

请填写所需教辅的开课信息：

采用教材			□中文版　□英文版　□双语版
作　　者		出版社	
版　　次		ISBN	
课程时间	始于　　年　月　日	学生人数	
	止于　　年　月　日	学生年级	□专　科　　□本科1/2年级 □研究生　　□本科3/4年级

请填写您的个人信息：

学　　校			
院系/专业			
姓　　名		职　　称	□助教　□讲师　□副教授　□教授
通信地址/邮编			
手　　机		电　　话	
传　　真			
办公电子邮箱（必填） （如XXX@ruc.edu.cn）		电子邮箱 （如XXX@163.com）	
是否愿意接受我们定期的新书讯息通知：	□是　　□否		

系/院主任：__________（签字）

（系/院办公室章）

_____年_____月_____日

资源介绍

–教材、常规教辅（PPT、教师手册、题库等）资源，访问www.pearsonhighered.com/educator。（免费）

–MyLabs/Mastering系列在线平台，适合老师和学生共同使用，访问需要Access Code。（付费）

100013　北京市东城区北三环东路36号环球贸易中心D座1208室

电话：(8610)57355086　　传真：(8610)58257961

欢迎来到异步社区！

异步社区的来历

异步社区（www.epubit.com.cn）是人民邮电出版社旗下 IT 专业图书旗舰社区，于 2015 年 8 月上线运营。

异步社区依托于人民邮电出版社 20 余年的 IT 专业优质出版资源和编辑策划团队，打造传统出版与电子出版和自出版结合、纸质书与电子书结合、传统印刷与 POD（按需印刷）结合的出版平台，提供最新技术资讯，为作者和读者打造交流互动的平台。

社区里都有什么？

购买图书

我们出版的图书涵盖主流 IT 技术，在编程语言、Web 技术、数据科学等领域有众多经典畅销图书。社区现已上线图书 1000 余种，电子书 400 多种，部分新书实现纸书、电子书同步出版。我们还会定期发布新书书讯。

下载资源

社区内提供随书附赠的资源，如书中的案例或程序源代码。

另外，社区还提供了大量的免费电子书，只要注册成为社区用户就可以免费下载。

与作译者互动

很多图书的作译者已经入驻社区，您可以关注他们，咨询技术问题；可以阅读不断更新的技术文章，听作译者和编辑畅聊好书背后有趣的故事；还可以参与社区的作者访谈栏目，向您关注的作者提出采访题目。

灵活优惠的购书

您可以方便地下单购买纸质图书或电子图书，纸质图书直接从人民邮电出版社书库发货，电子书提供多种阅读格式。

对于重磅新书，社区提供预售和新书首发服务，用户可以第一时间买到心仪的新书。

用户账户中的积分可以用于购书优惠。100 积分 =1 元，购买图书时，在 0 使用积分 里填入可使用的积分数值，即可扣减相应金额。